# Wasser in der Stadt

»Wasser in der Stadt«
:Transit Buchverlag,
Gneisenaustraße 2, 10961 Berlin


Treuhänderischer Entwicklungsträger des Landes Berlin,
Eiswerderstraße 18, 13585 Berlin
Geschäftsführer: Uli Hellweg, Manfred Nicolovius

Konzeption und Redaktion:
Uli Hellweg, Jörn Oltmanns
Bearbeitung der Exkurse (Workshops):
urbanPR
Englische Redaktion:
Gerald Blomeyer
Englische Übersetzung:
Julie Wedow
Recherchen:
Brigitte Bultmann
Bildrecherchen und Leihverkehr:
Dominique Krössin, Simone Tippach-Schneider
Umschlaggestaltung und Layout:
Gudrun Fröba
Druck:
Medialis Offsetdruck GmbH
Bindung:
Lüderitz & Bauer
ISBN 3-88747-153-9

# Wasser in der Stadt

## Perspektiven einer neuen Urbanität

: TRANSIT

# Inhalt

## Grußwort

Im Oktober 1997 wurde ich, damals noch als Bundesminister für Raumordnung, Bauwesen und Städtebau, von der Wasserstadt GmbH zu dem europäischen Kongress »Neue Adressen am Wasser« nach Berlin eingeladen. 200 Städtebauspezialisten aus neun Ländern und 35 Städten diskutierten zwei Tage lang die aktuellen Entwicklungstendenzen der Städte am Wasser. Die Revitalisierung von Industriebrachen und ehemaligen Lagerflächen ist eines der Hauptanliegen nachhaltiger Stadtentwicklung. Wo möglich sollen schon genutzte Flächen neu genutzt und damit ein Flächenrecycling betrieben werden. Gern habe ich damals die Schirmherrschaft für die Veranstaltung übernommen und mich an den Diskussionen beteiligt. Die Initiative der Wasserstadt GmbH, eines der Gebiete als weltweites EXPO-Projekt anzumelden, war folgerichtig.

Es freut mich festzustellen, dass die damals begonnenen Fachdiskussionen fortgesetzt wurden und dass das EXPO-Vorhaben der Wasserstadt GmbH Früchte getragen hat. Zusammen mit sechs weiteren Berliner EXPO-Projekten wird das Thema Nachhaltigkeit in den unterschiedlichsten Zusammenhängen im Rahmen einer Ausstellung in der Rummelsburger Bucht der nationalen und internationalen Öffentlichkeit präsentiert. Mit Freude habe ich die Patenschaft über die EXPO-Projektgruppe »Wasser in der Stadt« übernommen.

Die Tatsache, dass die EXPO 2000 in Hannover und darüber hinaus mit verschiedenen dezentralen Projekten an anderen Orten der Welt den Menschen neben technischen Fortschritten auch die Ziele der Agenda 21 näher bringen will, ist mir sehr wichtig.

Aus der Sicht der Vereinten Nationen spielt die Um- und Neunutzung von Industriebrachen eine große Rolle. Die Wiedernutzung alter Industrieflächen ist eine großartige Chance für die Entwicklung eines neuen innenstadtnahen Wohnens.

Die Integration der Ausstellung der Berliner Wasserbetriebe in das Gesamtkonzept macht Sinn und zeigt, wie eng die Verknüpfungen einzelner nachhaltiger Themenbereiche sind, wie hier zum Beispiel die Themen nachhaltige Stadtentwicklung (am Wasser) und nachhaltiges Wassermanagement.

Die Befreiung des durch die Industrieproduktion belasteten Bodens in der Rummelsburger Bucht war eine Grundvoraussetzung für die Entwicklung eines neuen innenstadtnahen Wohnortes am selben Standort. Die Altlastenbeseitigung, die Sanierung des Rummelsburger Sees und die Renaturierung seiner Ufer haben nicht nur positive Effekte auf die unmittelbare Lebensqualität der heutigen Bewohner und Nachbarn. Gleichzeitig wird auf diese Weise die Qualität des Berliner Grundwassers gesichert. Berlin ist in der glücklichen Lage, sich selbst mit Trinkwasser versorgen zu koennen. Durch Uferfiltrat und die natürliche Versickerung steht den Berlinern ausreichend und sauberes Trinkwasser zur Verfügung.

20 Prozent der Weltbevölkerung hingegen fehlt heute noch der Zugang zu frischem Trinkwasser. Die Verunreinigung von Trinkwasser hat viele Formen, zieht sowohl Boden- als auch Grundwasservorräte in Mitleidenschaft und hat zahlreiche Ursachen. Die öffentliche Teilnahme ist ein Schlüsselelement für ein verbessertes Umweltverhalten der Menschen und ein verbessertes Umweltmanagement.

Ich bin der Überzeugung, dass diese Publikation und die Ausstellungen das Interesse der Öffentlichkeit wecken und die Fachveranstaltungen die unterschiedlichen Akteure näher zueinander und zu innovativen Lösungen führen werden.

*Professor Dr. Klaus Töpfer*
*Under-Secretary General, Executive director*
*United Nations Environment Programme, Nairobi*

## Berlin und sein Wasser

Berlin entdeckt sein Wasser wieder: Als Ort zum Wohnen, zum Leben und Arbeiten sowie als touristischen Anziehungspunkt. Über lange Zeit haben wir die Ufer vernachlässigt. Die Zeiten, als das Wasser vor allem als Transportweg für die schnell wachsende industrielle Produktion genutzt wurde, sind lange vorbei. Dennoch prägen bis heute die Zeugen dieser Zeit das Bild unserer Ufer. Auch die jüngste Vergangenheit Berlins als geteilter Stadt zeigt noch immer ihre Spuren, als die Grenzbefestigungen eine freie Nutzung der Ufer auf weite Strecken verwehrte.

Mit der Einheit der Stadt hat eine grundlegende Wendung eingesetzt. Inzwischen sind mehrere große Projekte an Spree und Havel entstanden: Die Wasserstadt am Spandauer See, die Rummelsburger Bucht in Friedrichshain und Lichtenberg, der Spreebogen in Tiergarten, das Bundeskanzleramt und der Lehrter Bahnhof markieren neue Beziehungen von Stadt und Wasser im Zentrum; am Osthafen ersteht neue Stadt aus verwaisten Lagerhallen. In Berlins Südosten bringen am Spreeknie wiederbelebte Industriebauten neue Initiativen in alte Stadtquartiere.

Besonders mit den neuen Wohnquartieren am Wasser erschliessen sich Berlin neue Chancen. Hier kann attraktives Wohnen angeboten werden, das viele sonst eher jenseits der Stadtgrenzen in City-fernen Neubausiedlungen suchen.

Wasserlagen sind Kostbarkeiten des städtischen Lebens. Wir müssen behutsam mit ihnen umgehen. Uferwege sind Attraktionen, die nicht verbaut werden dürfen. Grüne Verbindungen für Fußgänger und Fahrradfahrer erschließen die Stadt auf sanfte Weise neu. Der Blick auf das Wasser ist gerade in der Stadt ein Stück besonderer Lebensqualität.

Berlin ist eine Wasserstadt im Sinne des Wortes. Nicht nur das sichtbare Wasser, die Flüsse und Kanäle mit ihren mehr als 2.000 Brücken, prägen Berlin. Viel mehr noch lebt Berlin von seinem Grundwasser. Während andere Städte ihr Trinkwasser in aller Regel über kürzere oder längere Strecken heranpumpen müssen, fördert Berlin sein Trinkwasser auf seinem eigenen Territorium. Gerade das Wasser im Untergrund der Stadt ist ein kostbares Gut. Und es war kein vergeudetes Geld, wenn in den letzten Jahren bei den riesigen Bauvorhaben zwischen Potsdamer Platz und Lehrter Bahnhof aufwendige Verfahren zum Einsatz kamen, die zum Ziel hatten, den sensiblen Berliner Grundwasserbereich zu schonen und Absenkungsmaßnahmen auf ein Minimum zu beschränken.

Und es gehört zum Selbstverständnis Berliner Planens und Bauens, dass Wasser, wo immer es möglich ist, wieder in die Erde versickern kann. Entsiegelung, Mulden-Rigolen-Systeme, Begrünung: Das Ziel aller Maßnahmen ist, möglichst viel Niederschlagswasser direkt wieder dem Grundwasser zuzuführen.

Wasser als Lebensmittel, Wasser und Ufer als Lebensraum: Berlin ist auf seinen Wasserreichtum angewiesen. Die neue Beziehung von Stadt und Wasser steht in Berlin erst am Anfang. Gerade der Blick auf andere Städte wie Paris zeigt, welche Potenziale Berlin mit seinen Ufern zukünftig noch erschließen kann. Mit rund 330 Kilometern See-, Fluss- und Kanalufern hat Berlin Entwicklungsmöglichkeiten, die ihresgleichen suchen.

*Peter Strieder*
*Senator für Stadtentwicklung, Berlin*

## Wasser heißt Ufer akzeptieren

Wir sind informiert und gebildet wie nie zuvor in der Menschheitsgeschichte. Wir haben Universitäten und Forschungsinstitute, ganze Institutionen und Burokratien, die Wissen verwalten und weitergeben. Wir wissen Bescheid über Kunst und Ästhetik, über Kultur und Geschichte wie kein Zeitalter vor uns. Scharen von Kultur- und Kunstwissenschaftlern sind in der Lage, uns alles und noch einiges mehr zu erklären. Doch das hilft uns nicht weiter! Die Mehrzahl von uns lebt in immer häßlicheren Umgebungen – nur wenige haben das Glück, in alten, historisch überlieferten Quartieren zu leben, die noch aus einer Zeit stammen, in der es die Disziplin »Städtebau« noch nicht gab.

Wir produzieren alles: Nötiges und Unnötiges. Wir legitimieren immer noch die Verteilung des Reichtums über einen eher unklaren Begriff der Arbeit, obwohl die Virtualisierung und die Globalisierung der Weltgesellschaft im Begriff ist, traditionelle Erwerbsarbeit zu überwinden.

Wir sprechen von Nachhaltigkeit und verbauen, sehnsüchtig nach Schönheit, die Naturlandschaft vor unseren Städten und nennen »Speckgürtel«, was statt dessen entsteht. Dieser Begriff definiert die Häßlichkeit, die wir uns selber zu verdanken haben.

Die Kunst ist nicht mehr Teil unserer Alltagswelt, sondern wird in den Bereich der Exotik verdrängt, so wie der Anspruch auf eine schöne Umwelt nicht mehr zum täglichen Leben, sondern zum Ausnahmefall »Urlaub« gehört.

Traditionen des 19. Jahrhunderts prägen unser gesellschaftliches Miteinander, obwohl es immer offensichtlicher wird, daß diese Grundlagen in unserer postindustriellen Gesellschaft so nicht weiter existieren können.

Städtebau am Wasser, öffentlicher Raum am Wasser kann und soll das Zeichen für nichts Geringeres als ein neues Miteinander in unserer Gesellschaft werden.

Die erste überlieferte Konfrontation der Menschheit mit dem Wasser ist – soweit ich weiß – die Geschichte der Sintflut. Eine Geschichte der Angst und der Hoffnung; der Hoffnung, die durch die Arche verkörpert wird. Jeder weiß, daß Angst ein unangenehmes Gefühl ist. Aber ist die Hoffnung denn besser? Setzt sie nicht die Abwertung unseres Lebens in der Gegenwart auf subtile Weise voraus, damit die Verbesserung in der Zukunft gesucht werden kann? Hoffnung ist also nur eine erträglichere Variante der Angst.

Claudio Tolomeo schrieb in Tetrabiblos, im 11. Jahrhundert, dem Wasser bestimmte symbolische Bedeutungen zu wie Einfühlungsvermögen, Phantasie, Sensibilität und Mütterlichkeit. Daß Menschen den Dingen Bedeutungen geben, gehört zu ihrer Fähigkeit, Kultur zu produzieren; dies geschieht , indem diese Bedeutungen und Phantasien einen allgemeinen Konsens finden. Dieser kulturelle Konsens wiederum bezieht sich auch auf die Schönheit: Die sogenannte Kulturlandschaft, die Menschen erschufen, wurde so lange als schön empfunden, solange die Spielregeln der Gesellschaft als nicht beliebig aushandelbar empfunden wurden, sondern solange darüber Konsens herrschte. Ob der Konsens nur deswegen zustande kam, weil die unteren Schichten der Bevölkerung keine Artikulationsmöglichkeiten hatten, soll hier unberücksichtigt bleiben. In unserer heutigen multikulturellen Gesellschaft herrscht nur ein Konsens darüber, daß alle Lebensstile ihre Berechtigung haben, solange sie anderen keinen Schaden zufügen. Dies verhindert einen allgemeingültigen Konsens in der Ästhetik – und läßt die Architekten verzweifeln.

Wasser kann da helfen. Mit seiner klar definierten natürlichen Grenze hat das Wasser eine eindeutige Position, die dem Menschen zweifelsfrei zeigt, wo er sich befindet und damit ein Gefühl von Sicherheit erzeugt. Mit dieser Wasserbegrenzung muß er sich abfinden, schließlich handelt es sich um Natur, wie Sonne, Regen, Bäume, Berge oder Schnee, Dinge mit denen er sich normalerweise nicht streitet.

Um diese grundsätzliche Akzeptanz geht es. Das Wasser lehrt uns die Dinge zu sehen wie sie sind: Grenzen, die die Natur uns setzt, Ufer, Wasser.

So erreichen Architekten und Stadtplaner oft bessere Ergebnisse mit ihrer Arbeit, wenn sie mit Gegebenheiten konfrontiert werden, wie z.B.mit Altbaubestand. Diese innere Haltung des Akzeptierens ist wohltuend: Ist diese Akzeptanz da, gibt es keine Angst.

So müssen wir uns am Ende des Jahrtausends unserer Angst stellen, in einer Epoche, die die reichste der Menschheitsgeschichte ist. Sich unserem Bedürfnis nach Schönheit, Zufriedenheit und Harmonie zu stellen, heißt auch die Regeln und Vorschriften zu überprüfen, die wir uns in einer Epoche der Bürokratie gesetzt haben. Wir sollten uns unserer eigenen Verantwortung überlassen, eine neue Offenheit für andere Lebensformen und auch Wohnformen entwickeln.

Wasser in der Stadt kann auch heißen: Hoffnung in der Stadt.

*Ludovica Scarpa*
*Città d' Acqua, Venezia*

*Uli Hellweg*

# Einführung

»Wasser in der Stadt« ist ein Buch über den Umgang mit zwei grundlegenden Ressourcen der Zivilisation, dem Wasser und der Stadt. Ohne Wasservorrat, das hatte schon Vitruv erkannt, kann keine Stadt existieren. Genau so wenig ist es denkbar, dass Städte ohne Regeln über die Verteilung ihrer Ressourcen funktionieren könnten, allem voran über die Verteilung des Wassers. Was für das wichtigste Lebensmittel gilt, lässt sich auch auf andere Ressourcen städtischen Lebens übertragen, auf die elementaren Leistungen der Stadt, die Bildung und Kultur, das Gesundheitswesen und die soziale Sicherung, auf Fläche und Mobilität.

Nachhaltige Stadtentwicklung ist im Kern die Frage der Verteilung, der Erhaltung und Regeneration von natürlichen, wirtschaftlichen und kulturellen Ressourcen. Viele Städte leben auf Kosten ihres Umlandes, der Region, des Landes oder sogar des Globus.

Angesichts der dramatisch zunehmenden Verstädterung entscheidet sich, wie es der Leiter der UN-Organisation Umweltschutzprogramm, Klaus Töpfer, formuliert, in der Tat die Zukunft der Menschheit in den Städten. Wenn, wie viele internationale Organisationen vermuten, die Verteilungskämpfe um die Ressource Wasser in Zukunft zunehmen werden, dann wird sich dieser Konflikt wesentlich in den Städten abspielen.

***Karl Friedrich Schinkel, Spreeufer bei Stralau, 1817***

Der Umgang mit dem Wasser in der Stadt wird damit zu einem Testfall des Umgangs mit Ressourcen und den Konflikten um ihre Verteilung. Je knapper die Ressourcen, desto gravierender die Konflikte und desto gefährlicher die Konsequenzen für das Prinzip Stadt.

»Wasser in der Stadt« ist ein Buch, das sich dem globalen Thema in lokalen Beispielen nähert. Es stellt Bezüge her zwischen Sydney, Rotterdam, Barcelona, Lissabon, Berlin oder Seattle, zwischen Göteborg, Hamburg, Paris oder Liverpool. Die Autoren der Beiträge sind Architekten, Stadthistoriker, Stadtplaner oder Ingenieure, die sich an verschiedenen Orten dieser Welt den vielfältigen Herausforderungen der

*Spreeufer bei Stralau, 1999*

*Rechts: Bild von Matthias Köppel, 1999*

»Stadt am Wasser« stellen. Es geht uns darum, Diskussionen und Erfahrungen aus internationalen Zusammenhängen und Projekten auf die Berliner Entwicklungen zu fokussieren, Unterschiede und Gemeinsamkeiten herauszuarbeiten. Wasserstädte, so heißt es in einem der Beiträge, sind lernende Städte. Zu jeder Zeit müssen insbesondere Städte am Wasser sich auf veränderte natürliche, ökologische, soziale und wirtschaftliche Verhältnisse einstellen. Berlin selbst ist hierfür ein interessantes Beispiel. 150 Jahre Industriegeschichte prägten den Umgang der Stadt mit den Gewässern. Mit dem Ende der industriellen Epoche verändert sich das Verhältnis zum Wasser. Da, wo früher Industriebetriebe an das Wasser zogen, um das Wasser zu nutzen, oder wo Waren von Schiff auf Schiene oder Straße umgeschlagen wurden, sind in den letzten Jahren große Flächen brachgefallen. Ihre Hinterlassenschaften erlauben keine sofortige Reurbanisierung der Fläche ohne vorherige Reinigung und Neuordnung. Andererseits waren und sind die Gewässer die zentralen Gestaltungselemente des Städtebaus. Auf dem Wasser spiegelt sich das Bild einer Stadt. Hier zeigt die Stadt ihre Schönheit und ihren Reichtum, aber auch ihre dunklen Seiten der Armut und des Elends.

Berlin ist eine Stadt am Wasser, die den Widerspruch des Umgangs mit der städtebaulichen und ökologischen Ressource des Wassers in sich trägt. Von Natur aus wasserreich, ist das Verhältnis zu diesem Lebenselement manchmal nachlässig bis ignorant, manchmal liebevoll und phantasiereich. Nach der industriellen Nutzung des Wassers und der Wasserwege hat das Wasser in den letzten Jahren eine Renaissance im Bewusstsein der Bevölkerung gefunden.

Die Öffnung der Mauer und die wiedergewonnene Zugänglichkeit der einzigartigen märkischen Wasserlandschaft hat die Sensibilität ebenso steigen lassen, wie die ökologischen Diskussionen über Wassersparen und Wasserrecycling.

Die Wasserstadt GmbH hat sich der Aufgabe des Bauens am Wasser verschrieben. Sie ist eine Gesellschaft, die vom Land Berlin und der Grundstücksentwicklungsgesellschaft der Landesbank Berlin, Bau- und Projektentwicklung, gegründet wurde und zwei ehemalige Industrie- und Lagerstandorte an Spree und Havel entwickelt. Im Rahmen der EXPO 2000 wurde das Entwicklungsgebiet Rummelsburger Bucht als internationales EXPO-Projekt registriert. Dies war uns Anlass, zusammen mit den Berliner Wasser Betrieben das Thema »Wasser in der Stadt« im Rahmen von Ausstellungen, Workshops und Kulturveranstaltungen aufzuarbeiten. Es geht hier um praktische Beispiele und konkrete Konflikte im Umgang mit dem Wasser in der Stadt. Es geht um Bauen am Wasser, um Gewässer und Grundwassersanierung, um Fragen des Regenwassermanagements, der Trinkwasseraufbereitung und der Abwasserentsorgung. Im Rahmen von vorbereitenden Workshops wurden internationale Erfahrungen diskutiert. Dabei ging es um Themen wie grundlegende Kriterien der Nachhaltigkeit von Stadtentwicklung am Wasser, um den öffentlichen Personentransport auf dem Wasser, um kostengünstige Möglichkeiten der Seesanierung, um integrierte Konzepte des städtischen Wassermanagements u.a.

Die wichtigsten Ergebnisse einzelner Workshops finden sich im letzten Abschnitt dieses Buches wieder. Sie spiegeln den aktuellen Stand der Stadtentwicklung am Wasser, bilden eine gute Grundlage für die weitere Diskussion.

»Wasser in der Stadt« erscheint begleitend zu der gleichnamigen Ausstellung, die vom 1. Juni bis zum 31. Oktober 2000 auf dem Gelände der alten Stralauer Glashütte, im Entwicklungsgebiet Rummelsburger Bucht in Berlin, stattfindet. Das Buch versteht sich als Beitrag zu einer urbanistischen Debatte, die gegenwärtig in vielen Städten – oft mit den gleichen Problemen – geführt wird.

*Laurenz Demps*

# Berlin am Wasser

## Ein historischer Ausflug

Diese Betrachtung zu einem bisher kaum beachteten Aspekt der Entwicklung des Raumes um die Stadt und der Stadt Berlin soll mit einer ungewöhnlichen Bemerkung begonnen werden, die in die Strukturen des historischen Alltagsdenkens eingreift. Warum hat Napoleon den Feldzug gegen Rußland im Jahre 1812 verloren? Sofort kommen Antworten aus dem strategischen und taktischen Bereich, aus dem Bereich des Wetters, der Waffentechnik, des Brandes von Moskau usw.

Schauen wir auf die Tatsachen: Die französische Armee zählte im Jahre 1812 442.000 Mann, darunter 85.000 Mann zu Pferde. 1.200 Geschütze gehörten zu dieser Armee, die bis dahin größte Konzentration von Artillerie. 363.000 Mann der Hauptarmee marschierten in das große, weite Land, etwa 80.000 Mann kehrten zurück.[1] Wie wurden sie eigentlich versorgt? Der Soldat brauchte Essen und Trinken, das konnte man aus dem Land besorgen. Aber woher kamen das Pulver, die Kugeln, der Ersatz für verlorenes oder vernichtetes Material?

Die bis dahin gezeigte Leistungskraft der französischen Revolutionsarmee beruhte u.a. auf der Aufgabe des Magazinsystem des 18. Jahrhunderts zur Versorgung der Soldaten und der Aufnahme der Versorgung aus dem Operationsgebiet selbst sowie dem organisierten Heranführen von Ergänzungen, die man nicht aus dem Operationsgebiet gewinnen konnte. Führte das erste zu einer Brutalisierung der Kriegsführung, da den Menschen im Kriegsgebiet die Nahrung genommen wurde, verlangte das andere den Aufbau einer besonderen logistischen Struktur. Truppenkörper von bis dahin nicht bekanntem Umfang waren zu konzentrieren, zu versorgen und dann sehr schnell wieder auseinanderziehen sowie zu ergänzen. Das begründete die besondere Beweglichkeit der französischen Armee und ruhte auf der Tatsache, daß die in Europa vorhandenen Wasserstraßen in überwiegend Nord-Süd- oder Süd-Nord-Richtung verliefen, damals auf dem Kriegsschauplatz jederzeit ein aktivistisches Element der Versorgung auf dem Wasserweg möglich war. Bis ein Husar oder Ulan den Säbel ziehen, ein Musketier oder Füselier sein Gewehr abfeuern oder ein Artillerist seine Kanone abfeuern konnte, mußte die Versorgungsfrage geklärt sein. Für den Menschen am Ende des 20. Jahrhunderts ein unverständlicher Gedanke, heute denkt man in den Kategorien Flugzeug, Auto und Eisenbahn, damals in der Kategorie Wasserstraße.

In einem Feldzug in der europäischen West-Ost-Richtung konnte dieses Konzept einer aktivistischen Kriegführung nur bedingt greifen. Die wissenschaftliche Fachliteratur ist sich einig, daß sich Napoleon versorgungstechnisch besonders gründlich auf den Rußlandfeldzug vorbereitet hatte. Er entschied sich für die Wiederaufnahme des alten Magazinsystems, d.h. er mußte sich bei dem Feldzug gegen Rußland (1812) angesichts der geringen Besiedlung, der wenig ausgebauten Verkehrswege, der gering vorhandenen Manufakturen sowie der großen Entfernung ein bereits als überholt geltendes Versorgungssystem wieder aufleben lassen. Er traf die Wahl für die brutale Wegnahme von Nahrungsmitteln in den eroberten Gebiete Rußlands und mußte so den immer stärker werdenden Widerstand der Bevölkerung »in Kauf nehmen«. Andererseits aber ging er den Weg des komplizierten Aufbaus eines Magazinsystems für die technische Ausrüstung. Das Standardwerk »Heerwesen der Neuzeit« stellt dazu fest: »Trat Operationsstillstand ein, erst recht in der Weite öder, unwirtlicher Räume, blieben sie auf ein System vielseitiger Aushilfen angewiesen. Es bestand in rücksichtsloser wirtschaftlicher Ausbeutung errungener Siege, in der Anlage großer Versorgungsstützpunkte und in einer sorgsam errichteten Etappenorganisation mit gesicherten Basis.«[2]

Napoleon, davon können wir ausgehen, hat dies berücksichtigt. Nun geschah etwas Unvorhergesehenes, nicht vorher zu Berechnendes. Der Wasserstand in den Kanälen und Flüssen in Mitteleuropa, insbesondere in Preußen bis etwa an die Weichsel, war 1812 sehr niedrig. Der Transport des Nachschubs stockte, das große Heer mußte mehr als einmal eine Pause einlegen. Der Vor- und Frühgeschichtler Klaus Goldmann (auf seine grundlegende Arbeit wird noch zurückzukommen sein) stellte 1987 fest: »Napoleon transportierte seinen Nachschub hauptsächlich auf den Wasserstraßen des Binnenlandes. Der niedrige Wasserstand in den Kanälen und Flüssen im Jahre 1812 ließ ihn, entgegen seiner Planung, zu spät nach Moskau gelangen. Dieser Verzug war ein Hauptgrund für seine spätere Niederlage.«[3]

Nur scheinbar spektakulär wird hier die Abhängigkeit der Region Berlins und der Mark Brandenburg vom Wasser angesprochen. Dieses Detail bedarf einer weitreichenden Betrachtung, die im folgenden versucht werden soll. Es mag gleichzeitig aber auch nur eine Legende sein; Napoleon soll angesichts dieser Situation gesagt haben: »Acht Monate Winter und vier Monate kein Sommer, und das nennen die Deutschen Vaterland!«

### Das Wasser der heutigen Region in der schriftlosen Zeit

Wenig bekannt ist, daß bereits vor der Landnahme im 11. und 12. Jahrhundert, d.h. in der slawischen Zeit und davor, die damals in der Region lebenden Menschen begonnen hatten, ein Verkehrsnetz durch Nutzung der vorhandenen Seen, Flüsse und Bäche aufzubauen. Es lag nahe und war verlockend. Durch archäologische Grabungen mehrerer Generation, vorallem in den letzten Jahren, in denen durch die Bauarbeiten immer mehr archäologisches Material zutage trat, ergab sich ein relativ geschlossenes Bild vom Zustand der Wasserwege. Klaus Goldmann hat 1987 dazu einen beachtlichen und viel beachteten Aufsatz vorlegt.[4] Nach seinen Ausführungen ist das heutige Landschaftsbild nicht erst Ergebnis der Ostsiedlung im 12. und 13. Jahrhundert, sondern diese Landnahme ging einher mit einer Umweltkatastrophe, da durch sie ein über längere Zeit bestehendes System der Landerschließung vernichtet wurde.

Wörtlich formulierte Goldmann: »Der Großraum Berlin ist auch das Zentrum einer seit Jahrtausenden von unseren Vorfahren umgestalteten Landschaft, die ähnlich etwa den Reisterassen in Südöstasien, zur dauerhaften Sicherung der Ernährung ihrer Bewohner große Erträge lieferte. Die ›Streusandbüchse‹ entstand erst nach dem Zusammenbruch des künstlichen Gleichgewichts im 13. Jahrhundert, aber auch schon einmal vorher um die Mitte des 1. Jahrhunderts vor Christus, wobei in beiden Fällen auch Klimaschwankungen mitgewirkt haben können.«

Goldmann geht davon aus und belegt es, daß der heutige Verlauf der Spree wie der Havel teilweise künstlich ist und durch technische Maßnahmen »vorgeschichtlicher Wasserbauingenieure« erst in den von Niederschlägen benachteiligten Berliner Raum geführt wurde. Weiterhin vertritt er die Auffassung von dem »Knoten Spandau« in einem europäischen Netz künstlich ausgebauter Wasser- und Landwege.

Die Landschaft in und Berlin entstand durch die Eiszeit, die letzte endete vor 12 000 Jahren. Sie hinterließ durch den mitgeschleppten Schutt Höhenzüge (Moränen) und Täler. In diesen floß das Wasser des Eises ab. In einem dieser Urstromtäler, dem Warschau-Berliner, in dem die Warthe, die Oder, die Spree und die Elbe fließen, liegt Berlin. Die großen Ströme – Weichsel, Oder und Elbe – fließen nur zum Teil in diesen Tälern. Ihr Wasser hatte die Kraft, die verschiedenen Endmoränen zu durchstoßen, und schnell in Ost- und Nordsee zu fließen. Die Urstromtäler selbst weisen dagegen ein geringes Gefälle auf, so daß das Wasser hier langsam fließt. Sie neigen deshalb zum Versumpfen.

Die Quelle der Spree liegt in etwa 400 Meter über dem Meeresspiegel am nördlichen Abhang des Lausitzer Gebirges. Nördlich von Bautzen, nachdem sie sich tief in das Granitgebirge der Oberlausitz eingeschnitten hat, teilt sich die Spree bei dem kleinen Orte Nieder-Gurig in die östliche Kleine Spree und die Hauptspree. Sie erreicht jetzt eine Höhe von 152 Meter über dem Meeresspiegel. Diese Teilung, so natürlich wie sie aussieht, ist künstlich. Wir wissen dies bereits seit dem 19. Jahrhundert. Da keine Urkunde darüber berichtet, muß sie in der schriftlosen Zeit erfolgt sein. Beide Spreearme fließen fast parallel durch die Goldene Aue und vereinigen sich dann bei dem Orte Klix, um dann sofort erneut geteilt zu werden. Auch diese erneute Trennung scheint künstlich angelegt worden zu sein.

Nun durchschneidet die Spree zwischen Spreewitz und Cottbus den Lausitzer Grenzwall und verliert dabei 35 Meter an Höhe. Sie gewinnt eine große Erosionskraft, durch die der Cottbusser Schwemmsandfächer entstanden ist, der bis Peitz und Burg verfolgt werden kann. Heute wird das Wasser der Spree zwischen Cottbus und Spremberg durch ein Stauwehr mit einem Stausee von 40 Mill. Kubikmeter Fassungsvermögen gespeichert. Auch dieses Stauwehr hatte einen vorgeschichtlichen Vorläufer. Heute dient der Stausee dem Zweck, in trockenen Sommern dem Spreewald, diesem

*Karte des mittleren Teils der Mark Brandenburg, 1663*

fruchtbaren Landstrich, Zuschußwasser zu liefern und ihn vor schädlichem Hochwasser zu schützen; eine Aufgabe, die bei der erstmaligen Besiedlung schon zehn Jahrhunderte vor Christus, in der jüngeren Bronzezeit, zu lösen war und gelöst wurde. Bei Spreewitz hatten unsere Vorfahren einen Staudamm errichtet. So läßt sich auch die durch die Jahrhunderte fehlende Besiedlung in diesem Raum erklären.

Es fällt weiterhin auf, daß etwa 70 Prozent des Einzugsgebietes der Spree ausgesprochen regenarm sind. Der Berliner Raum erreicht im Jahresmittel eine Niederschlagsmenge von 500 Millimeter Regenwasser. Auf dem sandigen Boden kann damit keine Landwirtschaft betrieben werden. Aber die Spree führt ausreichend Wasser heran. Ob dahinter weitere, noch nicht erkannte Wasserbaumaßnahmen zu vermuten sind, muß gegenwärtig Spekulation bleiben; ausgeschlossen sind sie nicht.

Der Spree fließt bei Peitz als Nebenfluß die Malxe zu, die ihren Ursprung wenige hundert Meter neben der Neiße bei Forst hat. Bei Sacrow liegt das Niveau der Neiße über dem der Malxe. An dieser Stelle konnte bei Bedarf Wasser aus der Lausitzer Neiße dem Spreewald zugeführt werden. Nicht recht erklärbar ist dann der weitere Verlauf der Spree. Sie schlägt den günstigeren Weg, mit großem Gefälle, aus und durchbricht nach Norden eine Eisrandlage. Bei Leibsch wird heute Spreehochwasser – so es noch vorhanden ist – über den Dahme-Umflut-Kanal in die Dahme geleitet. Dieser Kanal ist uralt und entweder bereits in der schriftlosen Zeit oder im frühen Mittelalter gegraben worden. So erklärt sich u.U. auch der Name der Dahme, die Wendische Spree genannt wird. Sie trifft nach etwa 40 Kilometer bei Köpenick wieder auf die Spree. Die Spree selbst fließt aber bei Leibsch plötzlich – wie sonst kein Fluß in diesem Gebiet – nach Osten, von der Topographie des Raumes nicht verständlich, um dann in den Schwieloch-See zu münden. Hier war im übrigen 1942 ein Staudamm geplant, der den Berliner Raum vor Hochwasser schützen sollte. Hier liegen Orte mit für das heutige Ohr eigenartig klingenden Namen wie »Sawall« und »Sabrodt« sowie eine ausgeprägte Uferterrasse: Die Namen bedeuten »Bei dem Wall« und »Bei der Furt« und könnten so aufgelöst werden. Möglicherweise ist auch dieser See Teil einer vorgeschichtlichen Wasserbaumaßnahme.

Vom Schwieloch-See fließt die Spree dann nach Norden und durchbricht erneut eine Eisrandlage, um dann endlich nach Westen, über Fürstenwalde in das Berlin-Warschauer Urstromtal zu stoßen. Das Fazit, das Klaus Goldmann zieht, verweist auf die Kanalbauten des 17. Jahrhunderts, die sich an diesen Gegebenheiten orientierten: »Offenbar hat der Große Kurfürst mit seinem Friedrich-Wilhelm-Kanal Grundlagen genutzt, die noch größere Vorgänger wohl 90 und 30 Generationen früher erst geschaffen hatten.

Die Landschaft des Berliner Raumes ist nach diesen neuen Erkenntnissen durch das Wirken vieler bedeutender Herrscher in der Vorzeit kunstvoll zu dem gestaltet worden, was sie seit Jahrhunderten als unser Lebensraum ist: Zentrum im Netz europäischer Wasserstraßen und das Herz von Europa«.[6]

Europa ist in fast allen seinen Teilen kein verkehrsfeindlicher Kontinent. Das Wasser, als Verkehrsweg zu allen Zeiten genutzt, verbindet die Siedlungen der Menschen. Straßen und Wege dienten ebenfalls diesem Zweck. Uralte Handels- und Heerstraßen durchzogen den Kontinent in unterschiedlicher Dichte, wurden »Königsstraßen« des Mittelalters, dann Reichstraßen und heute Bundes- oder Europastraßen genannt; manchen folgen auch die Gleise der Eisenbahnen.

Jeder der Verkehrswege hatte seinen speziellen Wert. Besondere Bedeutung kam und kommt den überregionalen Verkehrswegen zu, die schon sehr früh mehr oder weniger gut ausgebaut waren. Brücken und Dämme vermittelten den Übergang über Wasserwege, Bohlenwege ermöglichten den Verkehr in den Niederungen. Spuren haben diese Kunstbauten mehr als einmal hinterlassen, so daß wir – obwohl wir keine schriftlichen Quellen haben – ihren Zustand rekonstruieren können. Sie waren wichtig, denn man konnte mir ihnen Einnahmen, Zölle erwirtschaften. An den Verkehrswegen entstanden Raststationen, denn Tier und Mensch mußten trinken und essen. Also entstanden Krüge zur Versorgung, auch hier waren Einnahmen möglich. Auf der Autobahn und wichtigen Straßen ist es heute nicht anders. Die Einnahmen – modern ausgedrückt Mautgebühren – sorgten für Staatseinnahmen und Raststätten für das Wohl der Gäste und des Wirts sowie seiner Beschäftigten.

Die Wasserläufe spielten eine besondere Rolle. Sie waren und sind in Mittel- und Nordeuropa, mit Ausnahme weniger Monate, bis weit in den Oberlauf schiffbar. Belegt ist, daß die Wikinger mit ihren hochseetüchtigen Booten über die großen Flüsse Osteuropas von der Ostsee bis zum Schwarzen und Kaspischen Meer gelangten und auf den kleineren Flüssen Handel trieben oder Beutezüge unternahmen.

Wasserwege waren in dieser Zeit sichere, bequemere und wirtschaftliche Unternehmungen. Bereits aus römischer Zeit sind Angaben überliefert, die besagen, daß der Transport der gleichen Warenmenge auf dem Wasser nur ein Zehntel der Kosten verursachte, die bei der Nutzung von Transportmitteln auf dem Lande entstanden.[7] Die notwendigen Zugkräfte sind selbst bei der Bergfahrt geringer als auf dem Lande. Transportmittel zu Wasser oder zu Lande erreichten am Tage eine Beförderungsleistung, die um 40 Kilometer lag. Diese Zahlen galten bis weit in das 19. Jahrhundert. Beim Vergleich des Verhältnis von Aufwand und Nutzen zeigte sich, daß der Transport zu Wasser – selbst tonnenschwerer Güter – immer günstiger lag.

In unserem Raum entwickelte sich Spandau zu einem zentralen Verkehrsknoten der Wasserwege, und seine Bedeutung als wirtschaftliches und auch machtpolitisches Zentrum drückte sich in den Funden aus, die die Archäologen nach 1945 an diesem Ort ausgruben.[8] Ähnliches trifft für Köpenick zu.[9]

### Die Besonderheit der geographischen Lage Berlins

Der moderne Mensch schaut gerne in die Wiege der Weltkulturen und läßt sich in jüngster Zeit von überraschenden Entdeckungen der Archäologen beeindrucken. Das geschieht völlig zu Recht, aber auch im Berliner Raum konnten gerade in den letzten Jahre eine Reihe neuer Erkenntnisse – sei es durch Grabungen und Funde oder in ihrem Gefolge durch Neubetrachtungen bereits bekannter Tatsachen – gewonnen werden, die langsam zu einem Bild zusammenwachsen. Das trägt zwar noch thesenartige Züge, aber läßt doch ein verändertes, von keinen Nationalismen des 19. Jahrhunderts getragenes Bild der vorschriftlichen Zeit entstehen.

Das war auch im Berliner Raum so; es ist nur vergessen, da hier weder

Siegfried noch die Nibelungen durchgezogen sind und auch keine römischen Caesaren – also die Highligths der Vergangenheit – sich hier aufgehalten haben. Aber der Berliner Raum bildete seit Alters her einen überaus bedeutsamen Kreuzungspunkt transeuropäischer Verbindungen. Man muß sie mit den heutigen Städtenamen verbinden. Der Raum Berlin war über Straßen und Wasserwege mit Rostock, Greifswald sowie Stettin und damit mit dem Norden Europas verbunden. Andere Verkehrswege führten über Küstrin und Pommern in das Baltikum, über Frankfurt an der Oder, Posen und Warschau nach Rußland. In den Raum Krakau und Wien gelangte man über Breslau, nach Ungarn über Dresden und Prag. Nach Italien gelangte man über Leipzig, Hof, Frankfurt am Main. Paris erreichte der Kaufmann und Kriegsmann über Magdeburg, Braunschweig und Aachen. Nach Hamburg gelangte man über Spree, die Havel und die Elbe, dort hatte man Anschluß an den alten Ochsenweg durch Jütland, den heute die Urlauber mit ihren Autos nutzen. Funde bei Ausgrabungen dokumentieren durch die Jahrhunderte den Warenaustauch, Münzen aus unterschiedlichen Regionen belegen den Handel. Auf diesen Wege kamen die Heere der Wendenkreuzzüge, die Kaufleute und die Neusiedler des 12. Jahrhunderts in die Mark Brandenburg.

Die Wasserwege im Berliner Raum zwischen Elbe und Oder verliefen etwa gleich wie heute. Es gab einen Vorläufer des Oder-Spree-Kanals, der beim Burgwall Lossow südlich von Frankfurt an der Oder begann und über Müllrose zur Spree führte. Über mehrere Stufen gelangten die Boote zunächst bis Köpenick. Eine weitere Staustufe mit Schleuse lag bei Stralau, die durch eine Befestigung gesichert wurde. Die nächste dann bei Spandau. Dieser Stau verband die Untere Spree und die Oberhavel zu einem einzigen See, der auch die heutigen Gebiete von Charlottenburg, Tiergarten und das Gebiet der späteren mittelalterlichen Städte Berlin und Cölln unter »Wasser gesetzt« hatte. Der Stau bei Spandau hielt das Wasser von Havel und Spree in einer Höhe von 32 Meter über dem Meeresspiegel. Das entspricht in etwa dem heutigen Niveau der Oberhavel mit dem Tegeler See. Der Spiegel der Unterhavel lag dagegen bei 28 Meter.

Eine zweite Verbindung von der Oder zur Spree verlief im Mittelalter über Buckow in der Märkischen Schweiz nach Köpenick, eine dritte entlang des 1909 bis 1914 ausgebauten Oder-Havel-Kanals längs der Finow. Bereits im 14. Jahrhundert, im Landbuch Kaiser Karl IV., wurde an diesem Weg der Ort Schöpfuth (heute Ortsteil von Finow) vormals »Schepforde«, also Schiffsfurt, erwähnt.

Kurios war der Weg, den Kaiser Karl der Große im Jahre 789 durch die Mark nahm. In einem Kriegszug gegen die Burg Dragovit des Königs der Wilzen, die wohl östlich von Demmin lag, zog er mit einer friesischen Flotte elbe- und havelaufwärts, um dann über den gestauten Quellsee der Havel durch Ankershagen (dieser alte Name für den kleinen Ort deutet auf die Wasserscheide zwischen Nord- und Ostsee) zu kommen. Hier nutzte er die Verbindung, die zwischen der Havel, der Tollense und der Peene angelegt war. Es ist mehr als deutlich, daß bereits in vor- und frühgeschichtlicher Zeit die Wasserwege im Raum um Berlin künstlich ausgebaut waren und dies nicht nur in Verbindung mit den Handelswegen stand, sondern auch Teil landeskultureller Maßnahmen war. Die Wendenkreuzüge des 12. und 13. Jahrhunderts bluteten das Land aus. Alte Kanäle verfielen, die Flüsse uferten aus, und Teile des Landes versumpften. Ebenso ging das Wissen um diese Verkehrswege verloren.

Der Raum der Kernstadt von Berlin und Cölln konnte in dieser Zeit keine Bedeutung erlangen, da er – wie anzunehmen ist – unter Wasser stand. Erst als sich dies durch den Verfall der Struktur verlief, konnte der Raum besiedelt werden. Neue Handelswege entstanden, die sich wegen der kriegerischen Auseinandersetzungen fern von den bisherigen Burgzentren Spandow und Köpenick entwickelten. Die gefundene Stelle zeigte sich als besonders günstig, da sich die Hochflächen des Barnim und des Teltows am Platz der späteren Doppelstadt Berlin und Cölln auf eine Entfernung von etwa 4 Kilometer näherten. Das Gelände innerhalb des Urstromtals war sumpfig und von zahlreichen Wasserläufen durchzogen. Teiche und Moore bestimmten den Charakter des Geländes.

Als wichtig erwiesen sich innerhalb dieser Fläche vier Talsandinseln, die soliden Baugrund erbrachten. Drei lagen rechts der Spree und auf ihnen stehen heute die Nikolai-Kirche, die Marien-Kirche und der Fernsehturm (der im Zentrum nur an dieser Stelle gebaut werden konnte) und das Berliner Rathaus. Auf der linken Seite der Spree, dort wo dann die zunächst selbständige Stadt Cölln entstanden war, befand sich auf der Talsandinsel die Petri-Kirche. Das ist der Raum des heutigen Parkplatzes zwischen der Breiten- und der Brüderstraße. Weiterhin ergab sich, daß nach Osten entlang eines ehemaligen Flußbeetes – entlang der heutigen Greifswalder Straße – ein langsamer Aufstieg auf die Höhe des Barnims möglich war. Selbst in dem heutigen Stadtbild sind die Auffahrten auf die Höhenzüge noch auszumachen, z.B. entlang des Veteranenberges im Bezirk Mitte und entlang der Hermannstraße.

Der Gründungsort, der Kernbereich Berlins und Cölln wurde von drei Spreearmen umschlossen, die einen gewissen natürlichen Schutz boten. Der

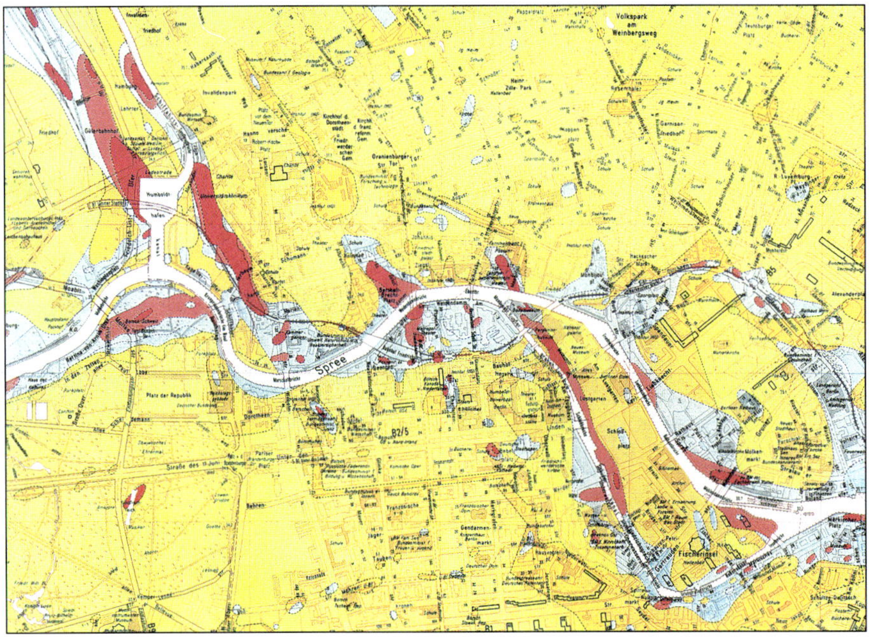


*Geologische Karte Berlins, die den historischen Gewässerverlauf erkennen läßt*

mittlere Arm der Spree erhielt einen Damm – in der Bezeichnung Mühlendamm für die Brücke über Spree hat sich die Erinnerung an ihn erhalten –, der die Verbindung zwischen den beiden entstehenden Siedlungen vermittelte. Durch den Stau entstand vor dem Damm ein größerer See, ein Hafen und durch das Gefälle des Wassers durch den Stau konnten auf dem Mühlendamm angelegte Mühlen angetrieben werden. Der überlokale Verkehr auf dem Wasser wurde durch den östlichen Spreearm um die Stadt herumgeführt. Dieser Arm, der bis in das 19. Jahrhundert der wichtigste Verkehrsweg um die Stadt war, existiert heute nicht mehr. Sein Verlauf wird in etwa durch den Viadukt der Stadtbahn zwischen den Bahnhöfen Jannowitzbrücke und Hackescher Markt markiert. Kleine, schmale Wassergräben – hier und an anderer Stelle der Stadt – ermöglichten den Transport der Waren und Güter dann direkt in die Häuser oder Produktionsstandorte.

Eine Karte des geologischen Untergrunds von Berlin zeigt neben der damaligen Situation auch die frühere, inzwischen veränderte oder ganz verschwundene historische Gestalt der Gewässersituation vor der Ansiedlung. Deutlich sind die inzwischen verschwundenen Gewässer, Teiche und Flußläufe zu erkennen, die die heute nicht mehr existierende Gestaltung des Geländes in der Stadt zeigt.

## Das Wasser und das Entstehen der Stadt

Wasser verbindet durch die Nutzung von Transport – und Verkehrswegen. Berlin beerbte im Mittelalter Spandau und Köpenick, später auch Brandenburg, als Verkehrsknoten, konnte aber die herausragende Stellung im Verkehr auf dem Wasser zunächst noch nicht erreichen, denn die anderen Städte waren befestigt, bevölkerungsreicher und hatten auch lokale, politische Funktionen.

Den langsamen wirtschaftlichen Aufstieg verdankte die Stadt im wesentlichen dem Handel. Die jahrzehntelangen Kriege und Gewalttätigkeiten der Wendenkreuzzüge hatten zu einer Veränderung der Wirtschaftsformen geführt. Herrschte bisher eine intensive Viehwirtschaft vor, brachten die Kolonisten eine intensive Bearbeitung des Bodens mit Getreideanbau mit. Diese Wandlung in der agrarischen Produktion sowie die intensivere Bearbeitung des Bodens ließ eine Überschußproduktion, insbesondere bei Roggen, zu. Dieser bildete das Rückgrat des Handels Berlins. Der Landesherr gab Erleichterungen und gewährte Vergünstigungen, um die Ansiedlung und den Landesausbau zu befördern. Die Gewährung oder Nichtgewährung dieser Privilegien entschied über das weitere Schicksal der Ansiedlungen. Die verkehrsgünstige Lage der Stadt an den natürlichen Wasserstraßen war offensichtlich ein Moment, den Ort besonders reich und günstig mit derartigen Privilegien auszustatten. Die Ansiedlung erhielt das Marktrecht, die Zollfreiheit sowie das Niederlagerecht. Gerade dieses Privileg war von besonderer Bedeutung, denn alle Kaufleute, die Berlin berührten, mußten ihre Waren »niederlegen«, d. h. zum Verkauf anbieten oder eine Steuer zahlen. Das zog Käufer an.

Politisch veränderte sich die Situation der Stadt als sie Sitz von, wenn auch noch einfacher, Verwaltungsbehörden des Landesherren wurde. Sie fanden ihren Platz in der Klosterstraße; aus heutiger Sicht unlogisch und abgelegen. Aus damaliger Sicht überaus günstig, denn auf diese Weise konnte der um die Stadt führende Verkehr auf dem Spreearm überwacht werden. Im August 1280 traten die Stände (Adel, Bischöfe, Äbte und Vertreter der Städte) der Mittelmark, der Altmark und der Prignitz zum ersten märkischen

Landtag in Berlin zusammen. Damit verbunden war eine ungeheure Aufwertung des Ortes. Er bot wegen der verkehrsgünstigen, zentralen Lage offensichtlich Voraussetzungen zu der politischen Zusammenkunft und zugleich auch bessere Unterkunftsmöglichkeiten als andere Orte der Mark.

Landtage boten die Möglichkeit des Kauf und Verkaufs. Die Grundbesitzer boten ihre Produkte an und kauften Waren von den Kaufleuten. Angeboten wurde Produkte der Landwirtschaft, insbesondere Roggen. Aus dem Jahre 1288 besitzen wir ein wichtiges Dokument, das auch den Handel der Berliner Kaufleute festhielt. Es handelt sich um das »Hamburger Schuldbuch«. Der Begriff ist eigentlich nicht korrekt, denn es ging nicht um Schulden im herkömmlichen Sinne. Die damaligen Jahre waren durch Geldmangel gekennzeichnet. Man handelte fast auf einer Vorstufe des Geldverkehrs. Käufer und Verkäufer einigtèn sich über den Umfang des Kaufs und seinen Wert. Dann ging man zum Rat der Stadt Hamburg und ließ das Geschäft in das »Schuldbuch« eintragen.

So trat am Fest des heiligen Jakobis, am 25. Juli 1308, der bekannte Hamburger Kaufmann Johannes Grove mit dem Berliner Bürger Thilo von Hameln vor die Hamburger Ratskanzlei. Grove bezeugte, das er Thilo von Hameln 480 Pfund Hamburger Pfennige schulde. Er wolle diese Summe Ostern nächsten Jahres bezahlen. Nach heutigen Geldwert müssen wir dafür in etwa die Summe von 120.000 DM ansetzen.[10]

Die Notiz hält nicht fest, welche Waren der Berliner Bürger lieferte, aber aus anderen Eintragungen erfahren wird, daß die Berliner Kaufleute Roggen und Holz aus der Umgebung von Berlin sowie aus den kleineren Städten der Mark transportierten, die auf dem Wasserwege nach Berlin und dann nach Hamburg verschifft wurden. Aus den weiteren Buchungen des Thilo von Hameln ist zu erfahren, daß dieser zunächst mit Eichenholz und dann mit Roggen handelte. Unklar ist, was Hameln in Hamburg kaufte. An anderer Stelle des Hamburger Schuldbuches erfahren wir über den Kaufmann Grove, daß dieser einen weitreichenden Handel bis nach Flandern führte. Es ist davon auszugehen, daß die landwirtschaftlichen Produkte aus der Mark Brandenburg in Hamburg als dem Endpunkte des Berliner Handels gegen flandrische Tuche und andere Produkte Nordeuropas getauscht wurden, die man in Berlin dann weiter verkaufte. Neben Holz und Roggen wurden in Hamburg Fisch, Honig, Felle, Salz, Bier und Wein usw. erkauft. Große Bedeutung kam auch dem Export von Leinen zu. Und neben Tuchen kamen Gewürze wie Ingwer, Pfeffer und Zimt nach Berlin auf den Markt. Das Wasser als Transportweg stellte daher eine unabdingbare Voraussetzung für den Handel und den wirtschaftlichen Aufstieg Berlins als Handelsstadt dar.

Über die Spree, Havel und Elbe war Berlin über Hamburg an den europäischen Handel eingebunden, ohne selbst an ihm teilzuhaben, da Hamburg den Endpunkt darstellte. Über den Landweg, aber auch Flußweg, nach Frankfurt an der Oder verlief der Verkehr nach Stettin, erfolgte der Anschluß an den Ostseehandel. Wasser und Verkehr ermöglichten den Aufstieg der Stadt, die – wenn auch nur kurzfristig – Mitglied der Binnenhanse war.

Das Marktrecht erbrachte das zweite, das lokale Standbein der Stadtentwicklung. Wir kennen das Datum nicht, an dem Berlin dieses Recht erhielt. Es muß aber von einem Zeitpunkt in der Mitte des 14. Jahrhunderts ausgegangen werden. In Berlin fanden Jahrmärkte zu Walpurgis (1. Mai), Sankt Crucis (14. September) und zu Allerheiligen (1. November) statt.

Die erste Bauten in der Stadt erhoben sich links und rechts auf der Spree, in unmittelbarer Nähe des Mühlendamms, den sie auch zu sichern hatten. Selbst heute kann der aufmerksame Beobachter diesen Zustand rekonstruieren. Die Ufer der Spree sind heute mit Kaimauern versehen, aber wenn man den Wasserstand mit der Umgebung in Verbindung bringt, dann wird z.B. um die Nikolaikirche deutlich, daß das Niveau der Straßen über dem Wasserspiegel liegt.

In mittelalterlicher Zeit waren die Ufer zunächst nicht bebaut, einerseits wegen Anlandens von Booten und Kähnen und anderseits wegen des immer wieder veränderten Wasserspiegels. Als die beiden Siedlungen sich nach und nach erweiterten, wurden zunächst die Talsandinseln um das Rathaus und die St. Marien-Kirche bebaut. Hier konnten große Steinbauten die notwendige Fundamentierung erhalten. Dann folgte die Bebauung zwischen den Talsandinseln, deren Grund durch Aufschüttung gefestigt wurde. Wer heute zur Marienkirche oder zur Ruine der Franziskaner-Klosterkirche kommt, muß einige Stufen nach unten gehen, um das Niveau des mittelalterlichen Berlins zu erreichen. Das weist darauf hin, daß durch die intensive Bebauung die Stadt durch den Kulturschutt langsam »festen Boden« erhielt.

Für lange Zeit war die vornehmste Straße in Berlin die Klosterstraße. Hier hatte der Landesherr seine Kanzlei und wohnte dort auch bei seinen Besuchen in der Stadt. Um diese Kanzlei entstand dann ein Wohnquartier für die Bediensteten der noch wenig ausdifferenzierten Verwaltung.

Die mittelalterlichen Städte Berlin und Cölln waren – wie gesagt – gleichzeitig entstanden und sicherten den Flußübergang am Mühlendamm. Sie waren Schwesternstädte, lebten aber nicht immer friedlich miteinander.

Man bemühte sich um Vereinigung, um eine gemeinsame Verwaltung, um nach außen und innen geschlossener auftreten zu können. 1307 vereinigten sich die Städte und schufen ein gemeinsames Zentrum. Um 1300 war entlang der heutigen Rathausstraße eine weitere Brücke entstanden, die dem innerstädtischen Verkehr zwischen beiden Städten diente. Sie erhielt den Namen Lange Brücke, da sie sowohl den Spreearm als auch einen kleinen Arm des Flusses im Verlauf der späteren Brugstraße zu überwinden hatte. Das Wasser gehörte sowohl allen als auch niemanden, und so war der Platz oberhalb der Brücke neutrales Gebiet, das weder zu Berlin noch zu Cölln gehörte. Auf ihr sollte deshalb nach einer älteren Überlieferung das gemeinsame Rathaus der vereinigten Kommune gestanden haben. Es diente gemeinsamen Zwecken bis zum Berliner Unwillen.

Das Wasser verband die gemeinsame Verwaltung. Nach der Niederlage der Städte fiel das Rathaus an den Landesherren, und die Städte wurden für lange Zeit wieder geteilt.

## Die Mühlen – Wasser als Antriebskraft

Der Mühlendamm, der Ort also, der an die Stelle der Furt durch die Spree entstand, stellte für die wirtschaftliche Entwicklung Berlins sowie für den Verkehr über lange Zeit den wichtigsten Ort in der Stadt dar. Über die genaue Struktur und die Besitzverhältnisse des mittelalterlichen Mühlendamms sind wir nicht unterrichtet. Es ist aber im Ergebnis der archäologischen Untersuchungen davon auszugehen, daß dieser Damm im Zuge der frühdeutschen Besiedlung am Ende des 12. Jahrhunderts entstand. Auf den Grundstücken in der Breiten Straße sind bei archäologischen Bodenuntersuchungen Holzstämme aufgetaucht, deren Fälldatum in der zweiten Hälfte des 12. Jahrhunderts Zeit lag.

Bei Grabungen auf dem Gelände des Mühlendamms am Ende des vorigen Jahrhunderts traten dann Reste eines Knüppeldamms zutage, der nach dem Befund aus verschiedenen Schichten quer durch das Flußbett gelegter Stämme bestand, zwischen denen in wechselnden Lagen Birkenreisig, mit Steinen beschwerte Faschinen sowie groben Sand lagen. Brücken ließen – wenn gewünscht – ein Durchfließen des Wassers zu. Leider ließen die zu diesem Zeitpunkt noch nicht so ausgereiften Methoden der Archäologie keine genaue Datierung des Fälldatums zu.

Vor dem Mühlendamm entstand – wie gesagt – ein großer Wasserkessel, der sich bis an die Stralauer Straße auf der Berliner Seite und in das heutige fälschlicherweise so benannte Fischerkietz auf der Cöllner Seite hinzog. Die flachen Ufer der Spree ließen keine Bebauung oberhalb des Dammes zu, so daß z.B. die Poststraße nur auf ihrer östlichen Seite bebaut war. Der Mühlendamm wurde erstmals urkundlich durch eine Eintragung in das Berliner Stadtbuch mit dem Datum vom 2. Januar 1295 erwähnt, aber wir können davon ausgehen, daß spätestens um 1230 dieser Knüppeldamm mit Mühlen versehen war. Mühlen, ob von Wasser oder Wind angetrieben, waren eine Voraussetzung für das Entstehen größerer Siedlungen. Mächtige Pfähle z.T. von 1/2 Meter Durchmesser[11] sicherten die Stabilität des Bauwerks. Bei den Umbauarbeiten der Schleuse in den Jahren 1936 bis 1942 mußten etwa 40 000 z.T. 15 Meter lange Pfähle entfernt werden.

Wasser verbindet nicht nur, es trennt auch, d.h. es erhält eine politische Funktion in den Auseinandersetzungen der Mächtigen um die Macht und mit den Städten. Diese Trennung traf auch den Handelsort Berlin, störte zunächst aber kaum, da die Siedlung klein war und der Mühlendamm zunächst problemlos die Verbindung herstellte. Dann kam der Einschnitt; Berlin wehrte sich gegen die Hohenzollern, die seit 1410 die Landesherren in der Mark Brandenburg waren, im Berliner Unwillen 1442 und 1448 und verlor das Eigentum an den Straßen, Plätzen und Brücken, die nun dem Landesherrn gehörten. Damit sollte die Stadt mehr gedemütigt werden, als daß der Landesherr einen großen Gewinn daraus ziehen konnte. Aber die Stadt wuchs entlang der Spree, und die innere Kommunikation mittels Brücken bekam eine immer größere Bedeutung.

Die erwähnte erste schriftliche Nachricht über den Mühlendamm ergibt keine genaue Klarheit über die Besitzverhältnisse, aber es ist davon auszugehen, daß der Landesherr das entscheidende Besitzrecht am Mühlendamm besaß. Mit der Festigung der Landesherrschaft, d.h. nach der Auflehnung der Berliner Bürger gegen den Kurfürsten und dessen Sieg über das Bürgertum, sicherte sich der Landesherr entscheidende Rechte an den Mühlen und dem Damm, einerseits wegen der strategischen Bedeutung als Verbindung der beiden Städte, aber auch wegen der hohen Einnahmen, die die Mühlen einbrachten. Die Mühlen verarbeiteten Getreide, aber es entstanden bald Nebenbetriebe wie Säge- , Loh- und Walkmühlen für die Weiterverarbeitung von Rohprodukten. Der Mühlendamm entwickelte sich zu dem ersten und für lange wichtigsten Standort gewerblicher Produktion in Berlin, und der Antrieb der gewerblichen Einrichtungen stützte sich ausschließlich auf das Wasser.

Vom Mühlendamm ging seit 1572 auch eine wesentliche Neuerung aus. Der Rat der Stadt ließ eine Wasserleitung anlegen, deren Mittelpunkt sich in Berlin an der Stralauer Straße, di-

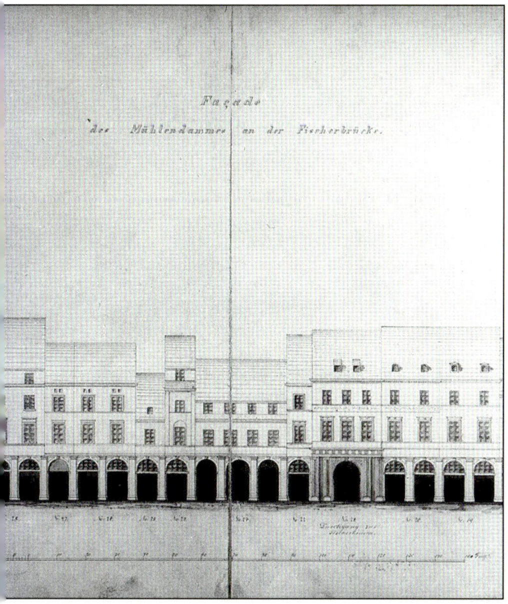

*August Stüler, Zeichnung der spreeaufwärts stehenden Mühlendammgebäude, 1850*

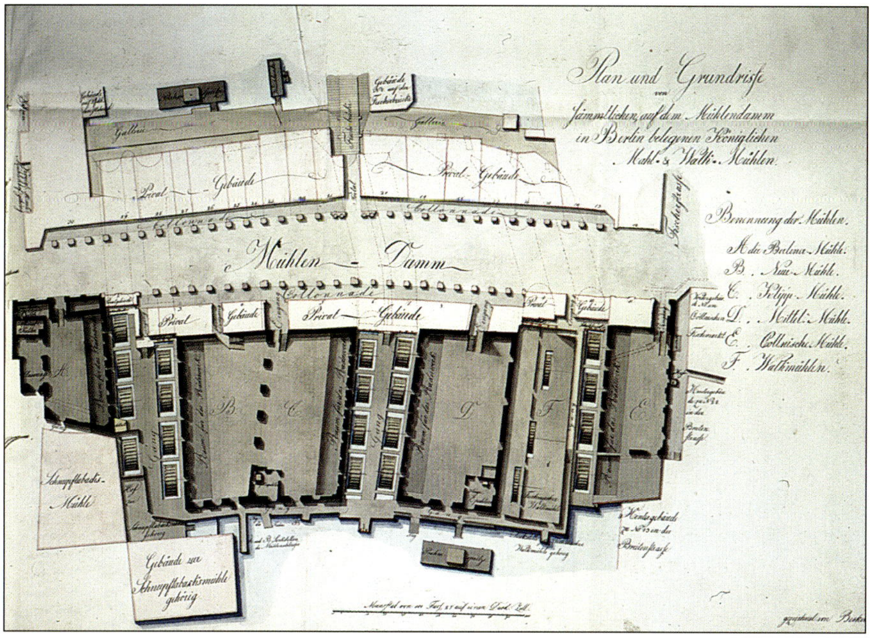


*Grundriß der Mühlen auf dem Mühlendamm, 1823*

rekt am Wasser befand. In ausgehöhlten Fichten und Kiefern wurde das Wasser durch ein Gerinne der Mühlen in Hochbehälter gehoben, die auf den Höfen der Grundstücke oder in den Gassen standen. So wurde die Wasserentnahme möglich. Eine weitere Anlage dieser Art entstand 1578 bei den Werderschen Mühlen, auf der Schloßfreiheit, zur Versorgung des Berliner Schlosses mit Wasser. Als Architekt der städtischen Anlage gilt der Baumeister und Berliner Bürgermeister Johann Blankenfelde, für die des Schlosses der Schloßbaumeister Rochus von Lynar, der auch am Bau der Festung in Spandau tätig wurde.

Die schlechte Qualität des Wasser sowie die hohen Unterhaltungskosten ließen die Zahl der Nutzer sinken, die Anlage ging dann im Dreißigjährigen Kriege ein. Die Versorgung des Schlosses mit Wasser von den Werderschen Mühlen hat sich dagegen bis fast in die achtziger Jahre des 19. Jahrhunderts erhalten.

Brände und Unfälle beeinträchtigten immer wieder den Betrieb auf den Mühlen des Mühlendammes. 1573 brannte die Sägemühle ab, und aus den Jahren 1581 sowie 1593 enthalten die Akten Berichte über Unfälle auf dem Mühlendamm, bei denen Menschenleben zu beklagen waren. Ständig wurden die Mühlen aus- und umgebaut, neue kamen hinzu, so daß neben dem Mahlen des Korns vor allem Lohmühlen zur Bearbeitung von Leder und Schneidemühlen zur Holzbearbeitung sowie eine Poliermühle entstanden.

Nach dem Dreißigjährigen Krieg wurden im Jahre 1650 die Mühlen repariert, aber die Schäden waren insgesamt so stark, daß 1660 der Betrieb z.B. der Schleifmühle eingestellt werden mußte. Die Arbeiten am Festungsbau – infolge des Sinkens des Wasserstandes – griffen dann auch in die Struktur der Mühlen ein, einige der Mühlen wurden verlagert, so die Lohmühlen erstmals vor das Spandauer Tor in die Nähe der Einmündung der Panke. 1683 begann eine großangelegte Rekonstruktion des gesamten Mühlendamms. Unter der Leitung des Mühlenhauptmanns wurde erstmals der Damm reguliert und wahrscheinlich nach Plänen des Architekten Nehring links und rechts bebaut, so daß die Fahrstraße auf beiden Seiten mit »Buden« für Handlungszwecke versehen war. Ein Anblick, wie man ihn heute auf der Krämerbrücke in Erfurt noch finden kann. Die Bauwilligen bekamen den Platz ohne Gegenleistung und erhielten auch einen Teil des Bauholzes billiger oder kostenlos und mußten die Gebäude oberhalb des Wassers massiv errichten. Sie hatten sich dabei auf der Südseite an die von Nehring entworfene Bogengalerie zu halten. Diese Bögen waren nach der Straße hin offen, ihre lichte Weite betrug 2,5 Meter. Die aufgeführten Bauten durften aber nicht für Wohnzwecke genutzt werden.

Auf der Nordseite schuf man durch Verlegung einer Schneidemühle vor das Stralauer Tor bzw. an den Schiffbauerdamm Baufreiheit, und 1683 begann der schrittweise Umbau aller vorhandenen Mühlen, der etwa um 1690 abgeschlossen war.

Am Mühlendamm wurde ständig gearbeitet, die Mühlen entweder repariert oder erneuert, so daß eine genaue Aufzählung durch die Jahrzehnte kompliziert ist. Eine genaue Übersicht ist für das Jahr 1823 vorhanden. Aus ihr erfahren wir, daß die Mehrzahl der Mühlen im Besitz des Staates war und dieser die Mühlen durch das Amt Mühlenhof verpachtete. Einige, wenige Mühlen waren auch in Privatbesitz.[12] Die laufenden Veränderungen der Mühlen auf dem Mühlendamm hingen von den sich verändernden Bedingungen des Gewerbes ab und dieser Ort und seine Umgebung war bis in das 19. Jahrhundert, bis sich die Dampfmaschine in der Berliner Industrie durchgesetzt hatte, der wohl wichtigste Ort zur Bearbeitung des Rohmaterials für das Textil- und Ledergewebe sowie die Tabakbearbeitung.

Ein mächtiger Brand vom 3. April 1838 vernichtete einen großen Teil der Baulichkeiten. Das rief in der Stadt große Aufregung hervor, denn nur mit Mühe war das Übergreifen des Brandes auf andere Gebäude der Umgebung verhindert worden. Die Wassermühlen des Dammes galten zunehmend als »Kuriosität«, deren mittelalterlicher Zustand so wenig mit dem Profil der aufstrebenden Industriestadt vereinbart werden konnte. 1842 fiel dann die Entscheidung, die Mühlen wieder aufzubauen, aber nun regte sich doch geharnischter Protest, der zunächst noch zurückgewiesen werden konnte. Es wurden zwei moderne Mühlengebäude in der Mitte des Dammes errichtet, an den Seiten entstanden Speichergebäude.

Erst in den achtziger Jahren des 19. Jahrhunderts setzten sich die Proteste durch. Die Stadt wurde durchgreifend modernisiert, und die Mühlen störten. Der Damm war für den anschwellenden Verkehr zu eng, die Spree konnte nicht reguliert werden. Weiterhin wollte man den Schiffsverkehr nun durch die Stadt leiten, um einen leistungsfähigen Verkehr auf der Wasserstraße zu ermöglichen. Die Mühlen und der Damm fielen, erhalten blieben die Umfassungsmauern der Mühlengebäude, die in ein städtisches Bürogebäude umgewandelt wurden. Diese »Engelsburg« im normannischen Stil stellte sich als Neubau unter Verwendung alter Umfassungsmauern dar. Er konnte am 11. Dezember 1893 der Nutzung übergeben werden. Neben dem Gebäude entstand spreeabwärts auf der rechten Seite zur Nikolaikirche hin der Neubau einer Schleuse, deren Kammer mit einer Länge von 110 Metern und einer Breite von 9,60 Metern das Durchschleusen von täglich 250 Schiffen mit einer Tragfähigkeit bis zu 600 Tonnen ermöglichte.

1937 erfolgte der Abriß aller Gebäude auf dem Mühlendamm und der Brücke selbst, und es entstand spreeaufwärts in den Jahren 1936 bis 1942 eine neue, moderne Schleuse mit zwei Kammern mit einer Länge von 140 Metern und einer Breite von 12 Metern. Den Verkehr über die Baustelle vermittelte zunächst eine Notbrücke, die dann im zweiten Weltkrieg zerstört wurde. 1945/46 entstand ein weiterer Behelfsbau, der dann in den Jahren von 1964 bis 1968 durch eine Betonspannbrücke abgelöst wurde, die wie eine große Schneise durch die historische Stadt geschlagen wurde. Auf ihr wickelt sich der Autoverkehr auf acht Spuren ab, und man erkennt die einstige Bedeutung nur noch im Namen der Brücke – »Mühlendammbrücke«. Aus der wirtschaftlichen Bedeutung ist dieser historische Ort aber nicht entlassen. Die Schleuse vermittelt nach wie vor den Verkehr zwischen Ober- und Unterlauf der Spree und spreeabwärts ist auf der rechten Seite des Ufers eine Kammerwand der am 25. September 1894 eröffneten alten Schleuse erhalten.

## Wasser – Freund und Feind

Die Siedlung an beiden Ufern der Spree bot im Mittelalter wohl einen nicht sehr ansehnlichen Anblick. Die Mehrzahl der Häuser waren aus Holz errichtet und standen einzeln. Zwischen ihnen zogen sich Gänge hin, die einen unerträglichen Geruch verbreiteten, denn diese Räume nutzte man als Kloaken und Abfalldeponie. Die leichte Bauart der Häuser mußte häufige und heftige Brände hervorrufen, denn besondere Vorschriften und Regeln zum Schutz vor dem Feuer waren zwar vorhanden, wurden aber wenig befolgt. Ein Wassereimer vor dem Haus und die Verpflichtung, bei Läuten der Sturmflocken sofort hilfreich zur Seite zu stehen, damit meinte man es sich genügen zu lassen. 1348 brannte die Stadt fast völlig nieder, und am 10. August 1380 zerstörte ein zweitägiges Feuer beide Städte fast völlig. Selbst die aus Stein erbauten Kirchen sowie das massive Berliner Rathaus fielen den Flammen zum Opfer. Wasser konnte wenig helfen, denn der Feuersglut konnte nur mit schwächen Kräfte begegnet werden. Gerade der Brand von 1380 führte dann dazu, daß in größerer Zahl feste Häuser aus Stein errichtet bzw. wenigstens die Fassade aus Stein gebaut werden mußte.

Eine nicht datierte und nicht unterschriebene Aktennotiz aus dem Jahre 1674 meldete, »Unser höchster Herr Wollen gnädigst, daß ein Rescript an den Obriestlieuntant Und Roßschenck Börstel abgefaßet, Und ehs darin befohlen werde, Weil zu besorgen, wens daß gemaßen großwasser Und die pancke Vor Berlin sich wieder die Meyerei ganz ergießen solte, I(hro) G(naden) garten Vorm Spandowschen thor gehörigst großer schaden zurücklassen könnte, daß der Obenerwähnte solches möglichst außen Verbattern (verzäunen, verbarrikadieren d. Vf.). Und etwa einen breiten Dams ganz über die Spandowsche Straße Von des Ziegelhofs Linden Allee an biß an den berg Vor der Hasenheide wol Vor wachsen laßen sol, damit daß Waßer dergestalt aufgehalten Und zurückgetrieben werden könne.«[13]

Wir haben die Begriffe aufzulösen, da die Ortsbezeichnungen für heutige Verhältnisse ungenau sind und sein müssen, denn das ganze Gelände war nicht gestaltet. Unstrittig ist, daß es sich bei der Meierei um das Gelände des späteren Schlosses Monbijou in der Oranienburger Straße handelt. Die »Spandowschen Straße« ist nicht die Spandauer Straße innerhalb Berlins, sondern die Heerstraße nach Spandau, also die heutige Oranienburger Straße. Das Gelände fiel zur Spree ab, und das Gelände um die Panke war voller kleiner Seen und Tümpel. Von des »Ziegelhofs Lindenallee« sollte ein Damm errichtet werden. Bei dieser Ortsbezeichnung handelt es sich um die Ecke an der heutigen Ziegelstraße und Friedrichstraße. Die Friedrichstraße gab es zu diesem Zeitpunkt noch nicht. Und von diesem Ort sollte nun ein Damm bis an den Berg an Hasenheide angelegt werden. Diese Berge, auch Wolfsberge genannt, befanden sich in der Gegend des späteren Unterbaums sowie in der Gegend der Chausseestraße. Sie wurden als Weinberg genutzt und später abgetragen.

Nach dieser Notiz erging 1674 ein Rescript des Kurfürsten aus Cleve, daß »ein breither Damm queer über die Spandische straße von der Ziegelhofes linden Alleé biß an den bergk von der Hasenheide verfertiget, auch an der Pancke seithen; mit reiß und faschinen wohl verwahret, und dadurch das Waßer aufgehalten und zurücker getrieben werden möge. Ebenmaßig haste an der ecke bey den thiergarten Vorwercks-Schürz die Spree mit ein paar schläge verbattern zulaßen, Damit dieselbe bey aufwachsung, oder wann grundtief gehet, den Scheunen und dem Flohr weiter keinen schaden könne zufügen.«[14]

Es folgte die Anlage der Dämme zum Abhalten des Wassers der Panke. Ein erster Damm entstand rechts der Spree, der heutige Schiffbauerdamm. Ein zweiter von Norden nach Süden, der die Panke sowie zwei heute nicht mehr existierende Teiche westlich liegen ließ – die nördliche Friedrichstraße, damals Dammstraße genannt. Der Damm ging bis zu Spree und 1674 entstand dort eine Brücke, die heutige Weidendammerbrücke. Weitere Einzelheiten der genannten Festlegungen betrafen andere Schutzmaßnahmen vor einem möglichem Hochwasser in der Nähe des Alexanderplatzes.

Heute schwer vorstellbar, daß das kleine Rinnsal Panke Überschwemmungen von so großer zerstörerischer Kraft hervorbringen konnte. Ein Hochwasser der Spree und der Panke – wer würde dem heute sanft dahin fließenden »Bach« derartiges zutrauen – hatte Teile der sich entwickelnden Vorstadt verwüstet. Um dem abzuhelfen, wurde eben der heutige Schiffbauerdamm und die nördliche Friedrichstraße angelegt. Auch außerhalb Berlins 1674 kam es zu einem Dammbruch bei Rogätz in der Altmark, der vierte Teil dieses Landstrichs stand unter Wasser.

Die Bewohner der Stadt hatten ihre alltäglichen Kampf gegen das Wasser zu führen. Es gab immer wieder Hochwasser bzw. Überschwemmungen. Die zahlreichen Mißhelligkeiten können nicht besser belegt werden als durch Auseinandersetzungen um die Anlage neuer Friedhöfe in der Nähe der Stadt. Am 24. September 1735 befahl der Magistrat auf Königliche Weisung, daß alle Beerdigungen innerhalb der Stadtmauer verboten seien. Neue Friedhöfe wurden u.a. vor dem Halleschen Tor am heutigen Mehring-Platz angelegt. Die Friedhöfe lagen in unmittelbarer Nähe des Schafgrabens, des heutigen Landwehrkanals. Die betroffenen Kirchgemeinden wehrten sich dagegen und machten darauf aufmerksam, daß »der Kirchhof so sehr niedrig liegt und wann 2 bis 3 Fuß tieff gegraben wird, die Todten ins Wasser zu liegen kommen und mit Erde nicht genugsam bedeckt werden können.«[15] Dieser Protest nutzte zwar nichts, war aber berechtigt. Das Frühjahrshochwasser des Jahres 1829, das Spree und Landwehrkanal in diesem Bereich, aber an anderen Stellen eben auch, die Wasserläufe über die Ufer treten ließ, führte dazu, daß der heutige Mehring-Platz einen Wasserstand von fast einem Meter führte, man also nicht trockenen Fußes in der Stadt gehen konnte. Die Friedhöfe am Halleschen Tor standen unter Wasser, ebenso der Invalidenfriedhof im Norden der Stadt.

### Das Schloß und das Wasser

Eine der ebenfalls wenig behandelten Eigenarten der in der zweiten Hälfte des 17. Jahrhunderts beginnenden Entwicklung in der Stadt- und Residenzlandschaft bestand in dem Kampf um die Höhendominanten. Gerade sie waren in den Städten, die Sitz eines Landesherren waren, ein bevorzugtes Mittel, die zentralen Orte, die Institutionen der Macht und des Kultus besonders in das Auge zu rücken.[16] Die Auseinandersetzung um sie stellte in Berlin einen Teil des Umwandlungsprozesses zur Residenz dar und war in dem ersten großen Versuch, königliche Macht darzustellen, mit dem Wasser verbunden.

Die Silhouette der Stadt wurde lange Zeit durch die Türme der Bürgerkirchen – St. Nikolai und St. Marien in Berlin sowie St. Petri in Cölln – bestimmt. Sie hatten mit einer Höhe um die 80 Meter zentrumsbildenden Charakter und ragten weit über den normalen Gebäudepegel, der um 15 bis 20 Meter lag, hinaus. Das 1451 fertiggestellte Schloß hatte keine Kuppel oder einen Turm. Daran war nicht gedacht worden, ging es zunächst im 15. Jahrhundert doch um die Sicherung der Macht des Landesfürsten. Es mußten in der Folge aber sichtbare Zeichen der kurfürstlichen Macht in die Stadtlandschaft gesetzt werden, die sich auf die Residenz zu beziehen hatten. Kurfürst Joachim II. hatte, auch um der Reformation zu widerstehen, die Idee, aus Berlin ein »Trutz-Rom« zu machen, ein Zentrum des katholischen Widerstandes.

Er vereinigte 1536 die Schloßkapelle und die Kirche der Dominikaner auf dem Schloßplatz zu einem Domstift. Der Bau erhielt 1538 an der Westfront turmartige Aufsätze mit hohen spitzen Kupferhelmen, und über dem Chor entstand ein Uhrturm. Die Aufsätze hatten höher zu sein als die Türme der Stadtkirchen, um so die Dominanz der landesherrlichen Macht zu dokumentieren, und die Uhr wies, in einer Zeit, da Uhren noch nicht Allgemeinbesitz waren, darauf, wer die »Zeit bestimmte« bzw. nach wem man sich zu richten hatte. Es gab oft genug Anmerkungen des Landesherren – so 1689 –, daß die Uhr am Dom nicht richtig gehe.

Ebenso verhielt sich mit dem Bau der Parochialkirche in der Klosterstraße. Diese Kirche entstand in den Jahren 1693 bis 1703 nach Entwürfen Johann Arnold Nerings durch Martin Grünberg. Nach dem Einsturz der Gewölbe im Jahre 1698 wurde der Entwurf verändert und in den Jahren 1713/14 mit einem 66,25 Meter hohen, mit Kupfer gedecktem Turm, nach einem Entwurf des Architekten Jan de Bodts, versehen. Als Krönung erhielt er ein Glockenspiel, das erste in Berlin. Die Auseinandersetzung um die Dominanz im Himmel über Berlin fand darin ihren Ausdruck.

Viel ausgeprägter und eindrucksvoller geschah dies aber bei den Entwürfen für den Neu- und Umbau von Schloß und Dom am Ende des 17. Jahrhunderts. Hier war das Wasser der Spree konstitutiver Bestandteil der Planungen. Die Abbildungen, die von den Ideen am Beginn des 18. Jahrhunderts angefertigt wurden, zeigen die Öffnung des Schlosses nach Osten. Insbesondere der Idealplan, den 1702/03 Jean Baptiste Broebes vorlegte, dokumentierte dies. Der Blick geht über die Lange Brücke, auf der das Reiterstandbild des Großen Kurfürsten stand, und führte auf die Domkirche. Der Brücke über die Spree kam besondere Bedeutung zu. Sie wurde so End- und Höhepunkt zugleich. Endpunkt, da sie den Übergang von der Bürgerstadt in den kurfürstlichen – ab 1701 königlichen – Bereich vermittelte. Das Schloß lag nicht mehr am Rande der mittelalterlichen Stadt, Stadterweiterungen nach Westen hatten seinen Standort in die Mitte der Stadt verschoben. Nun sollte durch diese Brücke die alte Stadt zum Schloß »geöffnet« werden. Wie eine Kulisse in einem Theater wird die Stadt, die nun auch architektonisch die »Königsstadt« werden sollte, »szenisch« gestaltet. Entlang der heutigen Rathausstraße zog sich 1701 der Zug des Hofes nach der Königskrönung im fernen Königsberg. Damit war diese Straße aufgewertet und sollte es auch durch die Stadtgestaltung. Als Höhepunkt dieser Gestaltungsabsicht sollte eine Münzturm entstehen, der in der Höhe von 94 Meter die Dominanz des Herrscherhauses über die Stadt zu dokumentieren hatte.

Auch in anderer Hinsicht stand der Münzturm mit Wasser in Verbindung. 1573 war – wie angemerkt – auf dem Fundament eines älteren Turmes – vermutlich aus der Entstehungszeit des Schlosses – ein Wasserturm für die Versorgung des Schlosses mit Brauchwasser und für die Wasserkünste des Lustgartens entstanden. Seit Anfang der siebziger Jahre des 17. Jahrhunderts stand sie in Verbindung mit einer Wassermühle in der Nähe der Schloßfreiheit am westlichen Rand des Schloßplatzes. Diese Mühle transportierte das Wasser in einen Kessel in diesem Turm. Die Planungen für einen Neubau des Turm gingen davon, daß dieser »als schlankes Ausrufezeichen«[17] die nordwestliche Ecke des Schlosses und den dort gelegenen Platz beherrschen. Der Architekt, Andreas Schlüter, bezeichnete den Turm als »zum Schmuck der Stadt und zu öffentlichem Nutzen« geplant.[18]

Der Turm konnte wegen des schlechten Baugrunds nicht wie geplant ausgeführt werden: er neigte sich. Die Verstärkung der Fundamente erhöhte nur die Last auf dem schlechten Untergrund. 1706 mußte er abgebrochen werden. An die Stelle des Münzturms, dies muß der Vollständigkeit halber nachgetragen werden, sollte später eine Kuppel auf dem Schloß diese Dominante darstellen.

Die hier für Berlin skizzierten Vorgänge vollzogen sich auch in einigen anderen Ländern. Als Beispiel sei auf Sachsen verwiesen. Auch dort mühte sich der Landesherr um eine Rangerhöhung und den Ausbau der Residenzlandschaft um Dresden. August der Starke errang 1697 die polnische Königswürde. Er baute Dresden als Residenz aus und ließ in der Nähe der Stadt zahlreiche Schlösser errichten. Auch hierbei spielte das Wasser eine wichtige

Rolle; erinnert sei an das Schloß Pillnitz, dessen Umbau 1719 begann.

### Die Festung und die Trockenlegung des Stadtgeländes

Am 25. September 1649 wies der Kurfürst Friedrich Wilhelm an: »Wir haben Unseren Ambts Cammer-Präsidenten und Räthen zu Cölln an der Spree in gnaden aufgegeben, daß Sie die gräben in der Spandowschen Vorstadt hinter Unserer Residenz gelegenen Garten aufräumen laßen sollen.«[19] Auf den Bericht, daß es an Tagelöhnern für diese Arbeit mangele, befahl der Kurfürst dem Obersten und Kommandanten der Festung Spandau, Hans von Ribbeck, Soldaten für diesen Zweck zu stellen.[20] Die folgende Phase der Stadterweiterung war eng mit einem Kampf mit dem Wasser verbunden. Dieser Zeitraum wird in der Literatur auch mit dem Begriff der »Verholländerung Berlins« bewertet.[21]

Ein langfristiger Vorgang von europäischen Dimensionen wirkte auf die Entwicklung des brandenburgischen Staates. Der Aufstieg der Republik der Vereinigten Niederlande zu einer führenden Handels- und Kolonialmacht sowie dem wirtschaftlich und geistig fortgeschrittensten Land Europas zeitigte nachhaltige Wirkungen. Zum einen hatte sich der junge Kurprinz Friedrich Wilhelm in den Jahren 1634 bis 1638 in den Niederlanden aufgehalten und seine Ausbildung u.a. an der Universität Leiden erhalten. In seinen Studien hatte er sich den modernen Lehren der Staats-, Rechts-, Natur- und Militärwissenschaften gewidmet. Er wurde vertraut mit den Quellen des wirtschaftlichen Aufstiegs der Niederlanden und den Grundlagen der militärischen Erfolge. Weiterhin gab es weiterreichende Beziehungen durch den im Jahre 1613 erfolgten Übertritt der Hohenzollern zur calvinistischen Lehre, deren Grundsätze (u.a. der Platz den man im Leben gewinnt, entscheidet über den Platz im Himmel) mobilisierend in alle Bereiche des täglichen Lebens wirkten. 1646 hielt der Kurfürst um die Hand der Prinzessin Louise Henriette von Oranien an und heiratete sie dann.

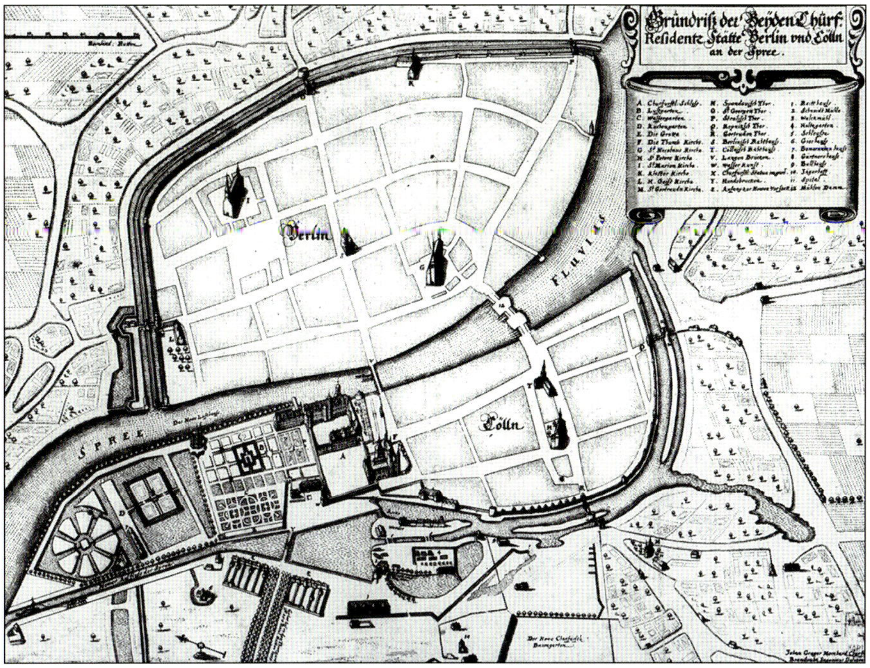


*Johann Gregor Memhardt, Plan von Berlin, um 1650*

Aber es waren nicht nur die persönlichen und religiösen Momente sowie die Ausbildung, sondern nach 1640, nach dem Regierungsantritt des Kurfürsten Friedrich Wilhelm, die Frage, an wen lehnt sich das Kurfürstentum an, welche Impulse aus welcher Hemisphäre können auf den Aufstieg des Landes stimulierend wirken? Die Mark Brandenburg war durch den Dreißigjährigen Krieg in eine schwere Existenzkrise, in eine Staatskrise, gekommen. Das Land war verwüstet und hatte große Teile seiner Bevölkerung verloren. Ackerbau und Viehzucht lagen danieder, das Gewerbe stagnierte, die Verkehrswege waren verfallen und die Menschen litten unter Perspektivlosigkeit. Warum soll der Acker bestellt oder das Haus wieder hergerichtet werden, wenn das Ergebnis der Mühen im Kriege von Soldaten geraubt oder zerstört wurde?

Kurfürst Friedrich Wilhelm lebte zunächst wenig in der Mark bzw. Berlin, sondern hielt sich bis 1650 vor allem in Cleve auf. Zum einem war er so den Widrigkeiten des Krieges und der Nachkriegszeit in Berlin entfernt und zum anderen konnte er Menschen gewinnen, Ideen prüfen und Anregungen aufnehmen. Niederländische Kolonisten wurden angeworben und mit materiellen Unterstützungen in den Flußgegenden an Elbe, Oder und Havel angesiedelt. Sie brachten neueste Erkenntnis in Gemüseanbau und Gartenpflege mit. Geschickte Handwerker konnten nach Berlin gezogen werden.

1650 siedelte der Hof nach Berlin über, und es begann der forcierte Ausbau der Residenz – z.B. im Bereich des Lustgartens – und der Bau einer großen Festungsanlage um die Stadt. Diese Festung sollte Kampfhandlungen von der Stadt fernhalten, sie sichern – und in einer Zeit, in der in Osteuropa verheerende Kriege wüteten, in die die östlichen Herrschaftsgebiete des Staates einbezogen waren, war das für den Aufstieg der Mark und Berlins von überragender Bedeutung.

Die Festung entstand nach holländischen Vorbild. In den Kämpfen der Niederländer mit den Spaniern hatte es bei der Entwicklung des Festungsbaus einige neue Momente gegeben. Das bisherige mittelalterliche System der Verteidigungsanlagen, wie es die Städte ausgeprägt hatten, bestand in einer geschickten Verbindung von einer um die Stadt gezogenen Mauer aus Feldsteinen und Ziegeln, die mehr oder weniger regelmäßig von Türmen unterbrochen war. Die Türme bildeten die entscheidenden Punkte in dem Verteidigungssystem. Die schwachen Stellen dieser Anlagen stellten die Durchbrüche für die Tore dar, die mit festen Bauten wie Fallgitter, Zugbrücken und Zwingern besonders gesichert wurden. Um die ganz Anlage konnte sich – mußte aber nicht – ein (oder mehrere) Graben ziehen, der, mit Wasser gefüllt, ein zusätzliches Hindernis für die Angreifer bildete.

Im Kampf der Niederländer gegen Spanien wurde dieses starre und durch den Einsatz der Artillerie überholte System überwunden. Die Niederländer setzten im Festungsbau das ein, was das Land bot: Wasser und Erde. Sie zogen große und tiefe Gräben und füllten sie mit Wasser. Dahinter errichteten sie hohe und feste Erdwälle. Diese Wälle wurden nach den Erfahrungen des italienischen Festungsbaus dem Gelände angepaßt und in regelmäßigen Abständen durch Bollwerke oder Bastionen geordnet. Sternförmige Bastionen, langgezogene Wälle und Wassergräben bestimmten das Bild der modernen Festung.

Nach diesem Vorbild wurde die Festung in Berlin geplant und angelegt. Der Kurfürst setzte den begabten Ingenieur Matthias Dögen ein, den er beauftragte, Material über die damals vorherrschenden Ansichten zur Festungsbaukunst zusammenzutragen. In seiner Schrift »Heutiges tages übliche Krieges Baukunst«, die 1652 erschien, damals in unüblicher Weise in deutscher Sprache, ließ sich Dögen über den Wert gebauter Festungen aus. Zur gleichen Zeit erschien Wendlin Schildknechts »Beschreibung Festungen zu bawen«. Beide Werke verfolgten nicht die Absicht, originell zu sein, sondern wollten vorherrschende Auffassungen dokumentieren, um sie übernehmen, also die Ergebnisse anderer nutzen, um möglichst schnell Brandenburg-Preussen auf die Höhe der Entwicklung zu bringen sowie von der Absicht zur Ausführung zu gelangen.

In beiden Schriften wurde besonders darauf eingegangen, wie man solche umfangreichen und großen Anlagen in Sumpfgebieten errichten konnte. Dabei wurden die Baubedingungen um die Stadt konkret in diese Überlegungen einbezogen. 1650 kam Johann Gregor Memhardt als kurfürstlicher Ingenieur und Baumeister nach Berlin und legte bereits um 1652 einen Grundriß der Stadt vor. Dieser Plan gehört zu den wertvollsten Dokumenten zur Geschichte Berlins. Er zeigt die über Jahrhunderte gewachsene Bürgerstadt in ihrer für Kolonisationsstädte des Mittelalters typischen Form. Der Plan beschreibt den Grundriß des mittelalterlichen Berlins und Cöllns mit seinen Verteidigungsanlagen, dem Rathaus und den Kirchen. Sehr detailliert ging Memhardt auf das Gelände ein, auf dem sich später die Festung erheben sollte. Der Memhardtsche Plan war sozusagen eine Bestandsaufnahme der Situation der Stadt vor Beginn des Festungsbaus.

Memhardt, der zu jener Zeit der einzige Baumeister in Berlin war, erhielt auch die Leitung des Baus der Festungswerke übertragen. Er tat sich besonders dadurch hervor, daß er als »Reise-Ingenieur« – wir würden heute sagen als Gutachter – im gesamten Staatsgebiet bei den zahlreichen militärischen Bauten des Kurfürsten als Fachmann beratend zur Seite stand. Er war der erste bedeutende Berliner Architekt des Frühbarocks, der durch gute Planung, prägnante Bauwerke und Anlagen wie dem Lustgarten in Berlin lange Zeit die Entwicklung der Stadt beeinflußt hatte.

Das Grundprinzip des Festungsbauwerks ergab folgendes Bild: Schwerpunkt der Verteidigungsanlagen war die Bastion, entsprechend dem Gelände recht- oder spitzwinklig. Auf den Bastionen stand die Artillerie, in Batterien zusammengefaßt. Zwischen den Bastionen befand sich die Kurtine, der Verbindungswall. Dieser wurde durch ein vorliegendes Werk, Ravelin genannt, gedeckt. Bastion, Kurtine und Ravelin bildeten einen Wall aus Erde, der unten und oben mit Mauerwerk, Ziegeln oder Sandsteinplatten abgedeckt oder geschützt war. Davor lag der Wassergraben.

Insgesamt gesehen war das eine weiträumige Anlage, die die gesamte damalige Stadt, den Hauptort, die Residenz der Hohenzollern einschloß. Am 18. März 1658 erging der Befehl zum Baubeginn mit dem Ziel, »... zur Versicherung dero hohen Personen zum Bestehen des Landes und der Stadt die Residenz-Städte zu fortifizieren« sind. Das beschreibt die Funktion der Festung, die den Krieg von der Stadt und dem Kern der Monarchie abhalten sollte. Gemeinsam mit weiteren Festungen wie Spandau, Küstrin, Peitz u.a.m. soll-

*Petrus Schenk, »Residentia Electoralis Brandenburgica«, 1701*

te so der brandenburgische Raum militärisch gesichert werden.

Insgesamt entstanden 13 Bollwerke, und der Bau der Anlage dauerte 25 Jahre. Man begann auf der Berliner Seite – also in etwa zwischen den heutigen Bahnhöfen Hackescher Markt und Jannowitzbrücke. Hier war der Boden fest, und der Bau schritt rasch voran. Fünf dieser Bollwerke lagen auf dieser Strecke, ein weiteres wurde auf der Spitze der heutigen Museumsinsel errichtet. Und auf der Westseite, der Cöllner Seite der Stadt, entstanden dann weitere 7 Bastionen. Der Wall war 8 Meter hoch. Die Breite des Hauptwalles von innen nach außen betrug etwa 6 Meter. Der Graben war 55 Meter breit. Der Festungsgürtel zog sich in einer Breite von 85 Metern um die Stadt. Da der Wassergraben nicht überall gleich breit sein konnte, sondern sich an den Seiten der Bollwerke beträchtlich verengte, war die Regulierung des Wassers sehr kompliziert. Der Wasserstand der Spree und ihrer Arme sowie in den Teichen und Tümpeln sank wegen des großen Umfangs der Anlage beträchtlich und mußte durch Kunstbauten und Wehre – nach holländischem Vorbild – geregelt werden. Diese Wehre hießen Bären, und eines von ihnen hat sich fast am ursprünglichen Ort hinter dem Märkischen Museum erhalten.

Während sich der Bau um die Berliner Seite wegen des festeren Untergrunds relativ leicht bewerkstelligen ließ, bereitete die Anlage des Walls und der Bastionen auf der Cöllner Seite enorme Schwierigkeiten. Hier waren tote Wasserläufe, Tümpel und der Mühlenteich zu beachten. Nicht in jedem Falle konnte sofort tragfähiger Boden in dem sumpfigen und morastigen Gelände erreicht werden. Schwere und mächtige Eichenstämme wurden in den Boden gerammt und darauf ein Schwellenrost gelegt. Darauf errichtete man wiederum dicke Mauer aus Feldsteinen. Diese sinnvolle, aufwendige Konstruktion, die auch an anderer Stelle verwandt wurde, trug dann den schweren Wall.

Eine Folge der Festung war – wie gesagt – das Absinken des Wasserstandes insbesondere im Westen der Stadt und am Mühlendamm. An einigen Stelle verlandeten die Spree und ihre Arme, was weniger erwünscht war, und an anderer Stelle zeigte sich der Boden nun vom Wasser frei. Eine neue Phase in der Stadtentwicklung war möglich. Einerseits konnte und mußte man den Verlauf der Spree und ihrer Arme einengen, also Schalungen aus Holz und später aus Stein herstellen, um die Wasserläufe einzuengen, um die Wasserläufe »schneller zu machen und so den Wasserstand in ihnen erhöhen. Anderseits boten sich die nun vom Wasser freien Stellen als Bauland für die Stadterweiterung an. In der Nähe des Mühlendamms trat eine besonders große Fläche hervor, die mit einem

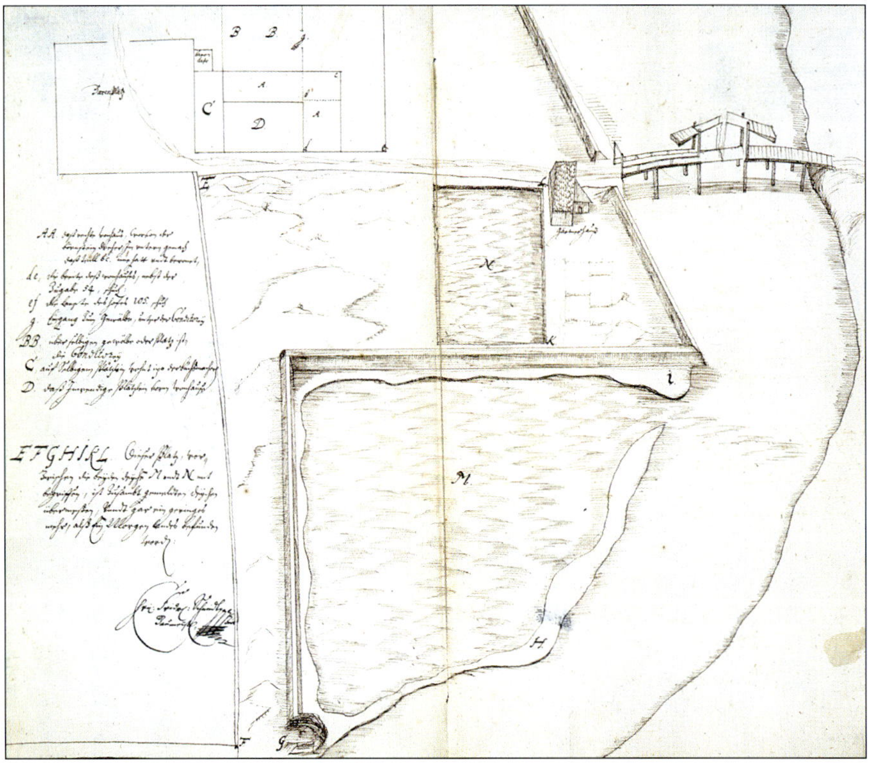

*Das Gelände vor der Hundebrücke (heute Schloßbrücke), um 1643*

Speicher bebaut wurde, der zeitweise auch einer Manufaktur als Unterkunft diente.

Die Wasserläufe in der Stadt erhielten somit ein weitestgehend künstliches Bett und konnten durch die Einengung mit einer Kaimauer versehen werden. Damit bestand die Gefahr von Überschwemmungen bei Hochwasser in der Stadt nicht mehr und die Stadtfläche konnten an diesen Stellen, die bisher kaum mit Baulichkeiten versehen waren, bebaut und nun mit Häusern versehen werden. So wurde u.a. die Burgstraße gegenüber dem Schlosse angelegt.

Besonderes Augenmerk legte man dabei aber auf die Umgebung des Schlosses, insbesondere im Westen dieses Herrschaftsmittelpunktes, der an keiner Stelle von den damals gebräuchlichen Kanonen erreicht werden durfte. Eine Kartaune des Jahres 1650 besaß eine Reichweite von etwa 750 Metern, d.h. eine Kugel, die aus ihr abgeschossen wurde, flog über diese Entfernung. Das wirkte sich dann auch auf die Stellung des Schlosses aus; die Festung mußte eben diesen Abstand zum Schloß erbringen, d.h. die Fläche davor war in die Bebauung einzubeziehen. Der Festungsbau als ingenieurtechnische Meisterleistung mußte seine Bewährungsprobe in der Stadtgeschichte aber nie bestehen.

Namen für Straßen – wie Werderstraße – in der Innenstadt von Berlin und ein historisches Gebiet – Friedrichswerder – finden in der heutigen Stadtlandschaft scheinbar keinen Bezug. Werder steht hier für Insel und die wird man heute in der Stadtlandschaft vergeblich suchen. Eine Handskizze aus dem Jahre 1643 ermöglicht uns einen orientierenden Blick auf das Gelände, wie es vor etwa 350 Jahren aussah. Westlich der beiden mittelalterlichen Städte Berlin und Cölln zogen sich verlandete Tümpel, kleine Wasserläufe und große Teiche hin. Auf der Zeichnung wird der größte von ihnen bereits Mühlenteich genannt und verweist auf eine Walk- und Schneidemühle, deren Standort sich nördlich der Werderstraße befand. Der Mühlenstau lag entlang der heutigen Schleusenbrücke, die durch ihren Namen auf die einst gewerbliche Nutzung hinweist.

Stadtpläne des 18 und 19. Jahrhunderts dokumentieren hingegen heute nicht mehr existente Wasserläufe und die dadurch vorhandenen Inseln. Östlich von der heutigen Schleusenbrücke lag der Mühlengraben, der in Höhe der Jungfernbrücke vom Spreearm abzweigte und sich durch das Stadtgebiet zog. Er mündete unterhalb des Fundaments des ehemaligen Kaiser-Wilhelm-Denkmals in die Spree; sein Ausgang ist auf der Nordseite des Fundaments noch zu erkennen. Westlich des Spreearms zog sich ein zweiter Wasserlauf hin. Er zweigte als Münzkanal ebenfalls in der Höhe der Jungfernbrücke ab und verlief in etwa bis in die Höhe der Schloßbrücke. Im 17. Jahrhundert mündeten beide in den Mühlenteich, eine seeartigen Erweiterung der Spree, in der eine größere Insel lag. Diese – auch Werder genannt – gab dem Viertel seinem Namen. Das gesamte Gebiet gehörte dem Landesherren, und als dieser – es handelte sich um Kurfürst Friedrich Wilhelm, den Großen Kurfürsten – in der Mitte des 18. Jahrhunderts hier bauen ließ, gab er dem Gelände seinen Namen: Friedrichswerder.

Die Einbeziehung dieses Teils der Umgebung der mittelalterlichen Städte Berlin und Cölln in die Stadterweiterung weist auf zwei dann für das Gebiet wichtig gewordenen Linien der

Stadtentwicklung nach dem Dreißigjährigen Krieg hin. Die beiden Städte waren im Mittelalter als Handels- und Bürgerstädte entstanden. Nach der Einsetzung der Hohenzollern als Landesherren in der Mark Brandenburg wählten diesen den wirtschaftlichen und politischen Mittelpunkt der Mittelmark als Sitz ihrer Residenz aus; es begann der langwierige und komplizierte Umwandlungsprozeß mittelalterlicher Bürgerstädte in eine landesherrliche Residenz. Ein Vorgang, für den es wenig Vergleichbares gab.

Und zum zweiten: Mit der Fertigstellung des Schlosses in Berlin (1451) entstand das Problem, den landesherrlichen Einrichtungen und dem Gefolge Platz in der Stadt zu verschaffen. Zunächst war das noch ein kleines Problem, das sich mit der Entwicklung des brandenburgischen und dann brandenburgisch-preußischen Staates zunehmend verschärfte. In den mittelalterlichen Städten war dafür kaum Platz zu finden, die Ansiedlung des Hofes war nur durch planmäßigen Ausbau – Etablissiment – der Umgebung der Städte zu schaffen. Und dieser bezog sich auf das Schloß als Mittelpunkt auch der weiteren Stadtplanung, und in der Folge fanden Angehörige des Hofes und Einrichtungen des Kurfürsten – ab 1701 Königs – ihren Platz westlich vom Schloß. Der Ausbau vollzog sich dabei entlang zweier Linien, einmal an der heutigen Straße Unter den Linden und ist dort auch mit dem Zeughaus und den späteren Königlichen Häusern noch heute nachvollziehbar geblieben. Die zweite Linie zog sich von der Schleusenbrücke nach Westen und verlief über das Gelände, das heute zum Auswärtigen Amt gehört. Eingeschränkt wurde die räumliche Ausdehnung nach Westen durch die Festungsanlagen. Sie schufen einerseits Sicherheit für die Stadt und insbesondere für den Hof, ihre Beseitigung und

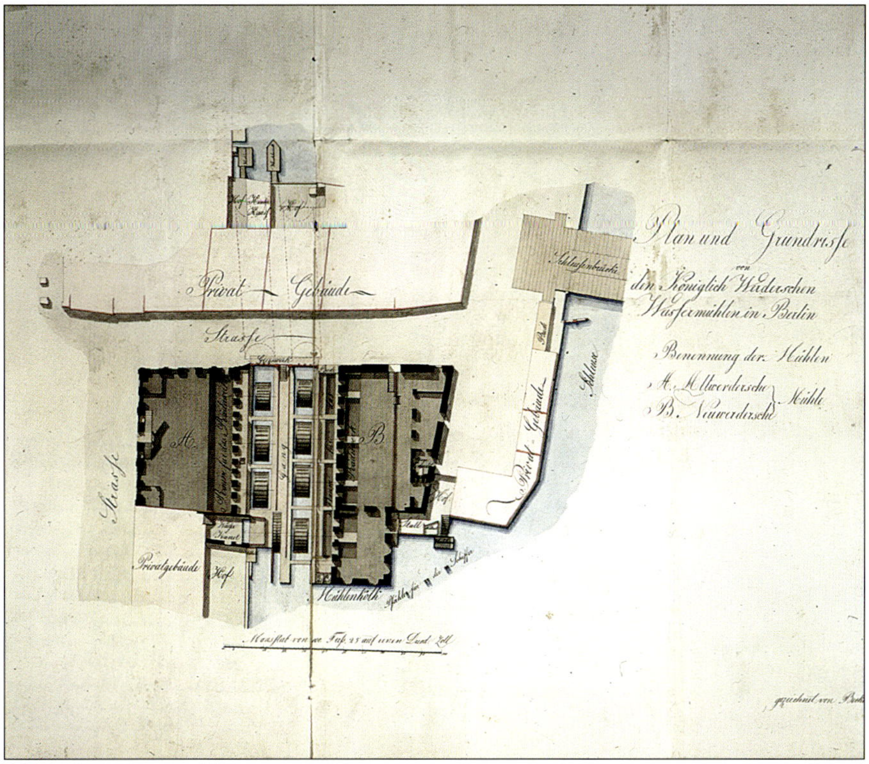


*Grundriß der Friedrichswerderschen Mühle, 1823*

die Anlage von Straßendurchbrüchen zur Anbindung der einzelnen Stadtgebiete warf für diesen Raum enorme Probleme auf. Einige Straßennamen in der Umgebung wie Unterwasser- und Oberwallstraße erinnern noch an die Festung.

Als erster Bau entstand die erwähnte Mühle auf schriftlichen Befehl des Kurfürsten Friedrich Wilhelm vom 5. Januar 1639. Immer wieder erneuert und dann 1875 abgerissen verweist ihre Entstehen auf die langsame Einbeziehung dieses Geländes in die Stadtentwicklung von Berlin. 1662 begann die Trockenlegung des Geländes und die Eindämmung. Für die Angehörigen des Hofes wurden Grundstücke angewiesen und mit besonderen Vergünstigungen versehen, da der Bauplatz schlecht war. Entlang dem südlichen Teil der heutigen Straße Unter den Linden erhielten hochgestellte Angehörige des Hofes einen Bauplatz, in dem Raum, der uns hier interessiert, dann die Bediensteten wie Jäger, Schreiber, Maurer usw. So erhielt der Maurermeister Schild am 15. Juli 1672 eine Baustelle »im Mühlenteich«. Er wird von der Einquartierung von Soldaten befreit. » Dahingegen soll er schuldig seyn,« heißt es in der Verschreibung, »von solcher Baustelle Zum Jährlichen Grund Zinß einen Thaler 15 Gr. Zu entrichten, weil aber die gantze stelle aus dem Waßer aus Zu füllen ist, hat er dafür gleich anderen, Zehn frey Jahre zu genießen, nach deren Verfließung er den obbemeldeten Grund Zinß mit Einem Tahler 15 Gr. Jährlich entrichten muß.«[22]

Straßen wurden angelegt und bebaut. Zu ihnen gehörte die Unterwasserstraße, die direkt am Ufer der Spree lag. Um Bauland zu gewinnen und die Gegend in der Nähe des Schlosses würdig zu gestalten, ließ Kurfürst Friedrich Wilhelm den hier befindlichen Holzplatz abräumen und am Ufer der Spree im Jahre 1670 zunächst eine hölzerne Schälung anbringen. Der Boden wurde aufgeschüttet – wie an anderen Stellen auch – und so besseres Bauland gewonnen. 1694 löste eine Kaimauer aus Werkstücken die hölzerne Schälung ab, und ein eisernes Geländer sicherte die Straße gegen das Wasser. Auf diesen Grundstücken entstanden repräsentative Gebäude, so der Sitz der Hausvoigtey – Unterwasserstraße 3 –, der kurfürstlichen, dann königlichen Behörde, die das Eigentum des Fiskus in Berlin verwaltete, und unter deren Jurisdiktion die Angehörigen des Hofes standen.

*Johannes Stridbeck, Die Friedrichsgracht mit der Spreegassenbrücke, 1690*

1704 erfolgte die Verlegung der Königlichen Münze auf das Grundstück Unterwasserstraße 4. Diese hatte sich bisher an unterschiedlichen Orten befunden, zuletzt im Schloß. Bei den weitreichenden Umbauten am Ende des 17. und des beginnenden 18. Jahrhunderts war daran gedacht worden, diese im Schloß besonders großzügig einzurichten und für das aus der Spree zu hebende Wasser einen besonderen Turm – den Münzturm – zu errichten. Nachdem dieser eingestürzt war, wurde als neuer Standort für die Münze die Unterwasserstraße bestimmt. Zu diesem Zwecke mußte der sich über das Gelände ziehende Graben eingeengt werden und eine Schälung erhalten. 1739 wurde er eingewölbt und überbaut. Seine Reste traten bei den archäologischen Untersuchungen in jüngster Zeit zutage.

Als herausragender Bau des Hofes entstand in der Jägerstraße der »Kurfürstliche Jägerhof«. Westlich vom Friedrichswerder befand sich der Tiergarten. Zur Aufbewahrung der Gerätschaften für die Jagd sowie für die Wohnung des Oberjägermeisters entstand bereits im 16. Jahrhundert ein festes Haus, das 1690 nach dem Plane des Architekten Arnold Nehring repräsentativ neu gebaut wurde. Noch war es durch den Bau der Festung vom Tiergarten abgetrennt. Nach der weiteren Westverlegung des Tiergartens diente der Jägerhof als Wohnung für Staatsbeamte. Um den Jägerhof herum entstanden weitere herausragende Bauten des Hofes, so das Palais Danckelmann, das sich der seit 1688 Wirkliche Geheime Staats- und Kriegsrat Eberhard von Danckelmann errichten ließ. Er war der wichtigste Minister des Kurfürsten Friedrich III.. Nach seinem Tode diente das Haus als Quartier für fremde Gesandschaften und hohe Gäste. So haben der Herzog von Marlborough, Prinz Eugen, Zar Peter der Große und viele andere mehr während ihres jeweiligen Aufenthaltes in Berlin in diesem Palais residiert. 1886 wurde es abgebrochen.

Unmittelbar im nördlichen Anschluß an dieses Palais entstand ab 1672 das Rathaus für den Friedrichswerder. Sein Architekt war der aus Italien stammende Baumeister Giovanni Simonetti, von dem auch die Parochialkirche in der Klosterstraße stammt. Das Gebäude, repräsentativ angelegt, diente unterschiedlichen Zwecken. 1794 brannte es ab und Heinrich Gentz baute auf diesem Grundstück zwischen 1798 und 1800 das Münzgebäude. Es war ein Erweiterungsbau der sich seit dem Jahre 1701 auf dem Grundstück Unterwasserstraße 3 befindlichen kurfürstlich/königlichen Münze.

Das Grundwasser und zahlreiche Teiche und Tümpel – insbesondere im westlich vom Schloß liegenden Gelände – waren für lange Zeit ein Hindernis beim weiteren Ausbau der Stadt. Als eine besondere Merkwürdigkeit sei auf den Hausbau des Geheimen Rats von Nüßler verwiesen. Der erhielt den Befehl zum Bau vom König Friedrich Wilhelm I. Als Baustelle wurde ihm ein Fischteich in der Nähe des Halleschen Tores angewiesen. Während des Einrammens der Pfähle sollen noch Karpfen aus ihm geholt worden sein. Nüßler war gezwungen, zahlreiche Eichenstämme von 60 Fuß Länge in den Boden einzubringen, um einen festen Untergrund zu erhalten. Das alleine soll ihm Kosten in Höhe von 4.000 Taler verursacht haben. Für den gesamten Hausbau mußte er 12.000 Taler aufbringen; das Haus hatte nach Abschluß der Arbeiten einen Wert von 2.000 Talern.

*Anna Maria Werner, gest. von Paul Busch, Die Königliche Residentz-Stadt Berlin, Nördliche Seite, 1717*

## Holland und Berlin am Wasser

Im »Fischerkietz«, der ehemaligen mittelalterlichen Stadt Cölln, gibt es einen Laufweg direkt am Wasser, der den Namen »Friedrichsgracht« trägt. Der Name deutet auf den Kurfürsten Friedrich Wilhelm und wiederum auf den holländischen Einfluß. Gracht oder Fleet bezeichnet einen schiffbaren Graben oder Kanal, der von einem Schiffahrtswege ausgeht und zu Lagerhäusern und ähnlichem führt; Grachten heißen diese Wasserstraßen insbesondere im Süden der Niederlande.

Dieser Kai entstand nach der Abtragung der mittelalterlichen Stadtmauer, die direkt am Ufer dieses Spreearmes gestanden hatte und im Zuge des Festungsbaus sowie der o.g. Schritte bei der Bebauung der Flußufer. Dieser Weg führte zum Packhof, der an der heutigen Niederlagstraße lag. Es ist zu vermuten, daß der Name Friedrichsgracht eine Beziehung zu den Erbauern und Bewohnern herstellen sollte. Es entstanden nun Häuser am Ufer der Spree und ihrer Arme. Diese Häuser hatten zwei Vorteile: zum einen konnten auf der Gracht Waren und Güter direkt bis an das Haus transportiert werden und zum zweiten: Wasser und Wind bewegten die verbrauchte Stadtluft, eine kühle Brise war hier im Gegensatz zu den dicht bebauten Gebieten der Stadt zu verspüren. Kurfürst Friedrich Wilhelm wollte in allen Teilen dem erfolgreichen, holländischen Vorbild folgen. Das galt sowohl für die innere Kolonisation des verwüsteten Landes, aber vor allem auf dem Gebiet der Schifffahrt und des Überseehandels. Und die folgenden Entwicklungen, auch über die Regierungszeiten verschiedener Herrscher, sind unter diesen Aspekten zu werten.

Stadtpläne Berlins vom Endes des 17. Jahrhunderts verzeichnen auf dem Gelände hinter dem jetzigen Bundespresseamt in der Dorotheenstraße 84 eine Schiffsbauanstalt, deren Geschichte noch weitgehend im Dunkeln liegt. Mit dem Vorschlag, einen »capitalen Schiffbau« durch den Bau einer Werft aufzurichten, wandte sich 1680 Benjamin Raule, von Geburt Holländer und kurbrandenburgischer Admiral, an den Kurfürsten Friedrich Wilhelm.

Die Begründung für diese Idee war typisch für den aufkommenden Merkantilismus – einer Wirtschaftform, die Mehrwert in Gestalt von Handelsprofit zum Ziel hatte. Raule argumentierte, daß sich in der Mark Brandenburg viel zum Schiffbau benötigtes Eichenholz befände und hier billig zu haben sei. In den Hafenstädten koste es fast das Zehnfache. Aber hiesige Holzbesitzer hätten kein Kapital, es dort hinzubringen. Schiffsbau in Berlin sollte nicht nur Geld im Lande halten, sondern auch den Verkauf dieser Gefährte gegen hohen Gewinn ermöglichen.

Raule argumentierte in einer Denkschrift vom 23. Mai 1682: »Fallß der Schiff-Bau in Berlin zu practiciren stehet, ob dann nicht gut und ratsamb gefunden werden müßte, daß man denselben mit aller Macht fortsetze, und zwar sölches nachfolgender Ursachen halber: erstlich wol sölchen Fallß alle Edelleute und Bürger, die Landgüter haben, wo von sie Holz anhero floßen können, dasselbe vortelhaftig tuen würden; zweetens weil alßdann die Stedte sehr viel an Wein, Bier, Brot, Fleische, Fischen, Kleidunge und allem, waß dem Menschen zum Unterhalt dienet, vertuen werden, wodurch das Land volkreicher werden würde, bevorab, wenn alle Kauf= und Handwerks=Leute eine jeder in seiner Nahrunge vom Commerz Collegio alle Assistence haben werden«.[24]

*La Vigne, »Plan Geometral De Berlin E Des Enviros«, 1695*

Der Gedanke hatte etwas Verlockendes. Der Kurfürst hatte bereits 1655 angeordnet, die durch den Dreißigjährigen Krieg verschlammte Spree räumen zu lassen, und 1656 wurde die Frachtschiffahrt auf Havel und Spree nach der Unterbrechung durch den Dreißigjährigen Krieg wieder aufgenommen. Im März 1682 erfolgte dann die Gründung der Ostafrikanischen Handelskompagnie mit ihrer Festung »Groß-Friedrichsburg« an der Westküste Afrikas. Dort ankerten brandenburgische Schiffe und unterhielten gemeinsam mit den Holländern einen schwunghaften Handel mit Sklaven. Wir wissen, daß z.B. 1696 auf brandenburgischen Schiffen 1297 Afrikaner nach Amerika auf holländische Plantagen verschleppt wurden, und man stolz war, daß »nur 109« im Ergebnis der elenden Lebensbedingungen während der Überfahrt starben.

Die Schiffe für den einträglichen Sklavenhandel mußte man im Ausland kaufen, ebenso die Kriegsschiffe zu deren Sicherung. So wurde der Gedanke geboren, im Lande selbst Schiffe zu bauen und möglicherweise auch einige zu exportieren. Aus ostpreußischen Hafenstädten holte man Schiffsbauleute, die dort ohne Arbeit waren, und der aus Holland stammende G.D. Pekkelhering richtete um 1685 an der Spree einen Schiffsbauplatz auf der neuangelegten Dorotheenstadt ein. Es ist zu belegen, daß in den Jahren 1684/85 mindestens zwei Hochseeschiffe auf dieser Werft gebaut wurden. Es handelte sich dabei um den »Chur-Prinz« und das Schwesterschiff »Chur-Prinzessin«. Beide trugen etwa 40 Kanonen und befuhren die Weltmeere. Nach 1712 – beim Verkauf der Flotte – existierte nur noch die »Chur-Prinzessin«. Sie hatte z.B. 1690 bis 1699 Fahrten nach Westafrika und nach Westindien unternommen, 1698 war sie an einem Gefecht mit englischen Freibeutern beteiligt.

Der Bau der Schiffe war den Transportmöglichkeiten auf Spree und Havel angepaßt. Sie durften nur einem geringen Tiefgang haben, um über diese Flüsse das Meer zu erreichen. Die komplizierten Transporte an die Nordsee machten den Bau von Hochseeschiffen in Berlin bald unmöglich. Die Werft wurde 1696 zum größten Teil nach Havelberg verlegt und 1712 auch dort geschlossen. Ein anderer Teil der Werft befand sich noch einige Zeit auf dem Grundstück Kupfergraben 7.[25]

Der Bau von Hochseeschiffen in Berlin war eine kleine Episode, sie fand aber ihre Fortsetzung im Bau von Transportschiffen für die Elbe- und Havelschiffahrt auf dem Schiffbauerdamm. Das Wasser war Teil innerstädtischer Verkehrsmittel geworden, und es entstand in und um Berlin die

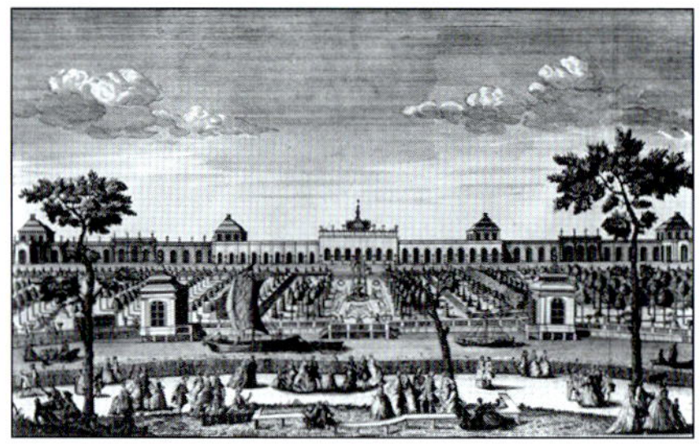

*Johann Schleuen, Schloß Monbijou, um 1750*

»Schlösserlinie«[26], die ihre Verbindung zum größten Teil auf dem Wasser fand.

Betrachten wir einen Teil der Stadtentwicklung Berlins im Zuge der Westwanderung der Stadt im 17. Jahrhundert, die Gegend zwischen dem ehemaligen Standort des Schlosses und dem heutigen Reichstag. Auf der linken Spreeseite – vor dem heutigen Brandenburger Tor – lag eine Meierei, die der Kurfürst Joachim Friedrich (1598-1608) seiner zweiten Frau Leonore zur Nutzung überwiesen hatte. Sie blieb im kurfürstlich/königlichen Besitz und wurde jeweils von der Kurfürstin/Königin betrieben. Nach 1705 ließ sie König Friedrich I. für seine Zwecke wohnlich herrichten. Ein Teil des Landes, das zu dieser Meierei gehörte, lag nördlich der Spree. Auf dem Gelände südlich der ehemaligen Meierei oder des Vorwerks erhebt sich heute das Reichstagsgebäude.[27]

*Carl Benjamin Schwarz, Schloß Köpenick, um 1780*

Von Bedeutung für dieses Gelände wurde ein Edikt des Kurfürsten Friedrich III., später Friedrich I., der am 26. August 1691 seiner Gemahlin gestattete, die zum dem Vorwerke vor dem Spandauer Thore belegenen Ländereien zu parzellieren und zu veräußern. Es heißt in diesem Dokument: » … demnach Unß, Unserer hochgeliebten Gemahlin Liebden zu vernehmen gegeben, daß sie ein für sie selbst unbrauchbar Stück Landes, so zu dem Antrettung Unserer Regierung Ihrer Liebden übergebenen Vorwercke vor dem hiesigen Spandauischen thore gehörig, und zwischen dero Garten, Ziegel=Scheune, Spree und Linden, so am Wege stehen, innen und wüste lieget, wiewoll bishero in weitläufftigen Zaun und Gehäge gehalten, eben dieser Ursache halber, damit hinführo dergleichen unnöthige Kosten möchten ersparet werden, unter einige, so darauf zu bauen sich unterhänigst angeben, auf und gewiße und Ihrer Liebden nützliche Conditiones zu vertheilen … « Die neuen Besitzer sollten das übergebene Stück Ackers »mit eben dem Rechte, wie sie einem und anderem von Unserer Gemahlin Liebden verschreiben werden, eigenthümlich zu behalten, zu besitzen, zu gebrauchen und zu nutzen, oder auch an anderer Unserer Untertthanen zu verkauffen, oder zu vereußern freye Macht haben sollen.«[28]

Ein weitreichendes Privileg. Die Ortsbezeichnungen sind aufzulösen. Die Gärtnerei ist das spätere Schloß Monbijou, die Ziegel-Scheune befand sich rechts der Panke am Schiffbauerdamm und mit den Linden ist nicht die Straße Unter den Linden sondern der Baumbestand in der späteren Friedrichstraße gemeint.

Der Anlaß für die städtebauliche Gestaltung kann nicht so detailliert aufzeigt werden wie in den anderen Stadterweiterungsprojekten der Regierungszeit Kurfürst Friedrich III./König Friedrich I. (seit 1701). Zwei Plandokumente geben Ansätze für Überlegungen. 1695 lag ein mit La Vigne bezeichneter »Plan Geometral De Berlin E Des Enviros« vor. Er zeigte eine relativ genaue Aufnahme sowohl der Residenz Berlin als auch ihre Umgebung und endete westlich vom heutigen Charlottenburg. Bemerkenswert ist die Behandlung der sieben Bögen oder Schleifen der Spree.

Es folgte eine handschriftliche Zeichnung, die die Umgebung der Stadt nicht so weiträumig erfaßte, aber wohl ebenfalls als Grundlage für deren Gestaltung angesehen werden muß. In der Regierungszeit Friedrich III./Friedrich I. erfolgte ein Ausbau der ringförmig um die Stadt in dörflicher Umgebung liegenden Schlösser und schloßähnlichen Gutshäuser. Dazu gehörten im Norden Oranienburg, das nach holländischem Vorbild von Johann Georg Memhardt ab 1651 anstelle einer Wasserburg auf einer Havelinsel erbaut wurde. Im Südosten erfolgte ab 1677 durch den Niederländer Rutger von Langerfeld in Köpenick der Umbau einer älteren Burgstelle zu einem kurfürstlichen Jagdschloß. Weitere Schloßbauten entstanden (oder wurden) umgebaut bei Bornim (1674), Caputh (1687), Jagdschloß Glienicke (1682), Klein Glienicke (1672), Schloß Niederschönhausen (1691) u.a. m.. Ein Kranz von Schlössern des Kurfürsten formierte sich um Berlin: die Residenzlandschaft Berlin entstand. Eine besondere Merkwürdigkeit dabei – ein großer Teil der Schlösser (z.B. Potsdam, Köpenick, Oranienburg) lagen am Wasser, konnten auf dem Wasserweg erreicht werden.

Die angemerkten Schenkungen in der Nähe des späteren Schlosses Monbijou standen offensichtlich im Zusammenhang mit dem Ausbau der Residenzlandschaft um das Berliner Schloß. Wir haben der Frage nachzugehen, warum Kurfürstin und Kurfürst derartig großzügige Landgeschenke machten und welche Gegenleistung von den neuen Besitzern erwartet wurde? Was sind »Ihrer Liebden nützliche Conditiones« und was hat das »eintzig und allein zu Garten« zu bedeuten? Im Detail wissen wir es nicht und es gibt dazu auch keine Unterlagen mehr, bzw. konnten bisher von der Forschung bisher nicht ermittelt werden. Um aber trotzdem eine Antwort zu wagen, muß die Örtlichkeit und ihre Beschreibung in den Dokumenten gründlich untersucht werden.

Die moderne Residenzforschung (für Berlin leider nicht besonders entwickelt) stellt die Frage nach einer Typologie der Residenzen. Empirisch kommt sie zu dem Ergebnis, daß zu einem derartigen Ort ein Erbbegräbnis, eine zum Hof gehörende Stiftskirche mit einem strengen Orden, der für das Seelenheil zu sorgen hat, eine Wohnstätte, die zwischen Privat- und Repräsentationsräumen unterscheidet und Fürst und Fürstin getrennt voneinander unterbringt. Wichtig war ein großer Saal für Feste und Zusammenkünfte. Ebenso gehörten dazu die »Communs«, die für die Versorgung des Hofes und seines Transport sorgen, wohnlicher Komfort und Einrichtungen zum Zeitvertreib in Gärten, Menagerien, auf Plätzen zum Ballspielen, Bäder und visuelle Zeugnisse der fürstlichen Macht in Form der Bauten oder anderer Insignien.[29]

Das traf für das Berliner Schloß zu. Die Trennung zwischen Kurfürst und Kurfürstin am Ende des 17. Jahrhundert war aber nicht eine räumliche Trennung im Schloße zu Berlin, sondern eine Trennung am Ort, und die Kurfürstin Sophie Charlotte wünschte eine besonders prägnante Trennung. Ihre Absicht war es wohl, am Orte des späteren Schlosses Monbijou eine eigene Hofhaltung zu errichten. Dazu gehörte auch die Bindung des regionalen Adels und der Beamtenschaft an den Ort und an sie. Einer eigenen Hofhaltung als punktförmiges Machtzentrum kamen für den Raum administrative, verwaltungstechnische und gerichtliche Aufgaben zu. Der regionale Adel und die Beamtenschaft ließen sich gerne an einen derartigen Ort binden, erhielten sie dadurch doch Vergünstigungen und verbesserte Möglichkeiten für den Lebensunterhalt, eine veränderte Rechtsstellung gegenüber denn normal Sterblichen sowie Aufstiegsmöglichkeiten.

Sehr bald zeigte sich, daß dieser Platz am Spandauer Heerweg für den Aufbau einer Residenz der Kurfürstin wenig geeignet war. Die Hofhaltung des Kurfürsten im Berliner Schlosse wirkte zu stark in den Raum, so daß eine eigene Infrastruktur und Kultur an diesem Ort nicht aufgerichtet werden konnte. Deshalb erfolgte die Verlegung der Hofhaltung in das spätere Charlottenburg. Dieser Ort bot wegen der Ferne zur Hofhaltung des Kurfürsten alle Möglichkeiten, eigene Vorstellungen – vom – Aufbau einer Infrastruktur bis hin zu eigenen Kulturvorstellungen – zu verwirklichen. Die Residenz der Kurfürstin und späteren Königin zog nicht in eine vorhandene Stadt mit bürgerlicher Wohnkultur, sondern für diesen Zweck wurde eine eigene, neue Stadt errichtet. Der Platz in der Oranienburger Straße verlor für die Kurfürstin nach 1695 (Baubeginn des Schlosses in Charlottenburg) jegliches Interesse, nicht aber für den Hof in Berlin.

Weiter stellt sich die Frage nach dem politischen Hintergrund der Verteilung der Grundstücke sowie der wieder auflebenden Bautätigkeit. Brandenburg-Preußen war nach dem Dreißigjährigen Krieg – wie angemerkt – von schweren Verwüstungen geprägt, von denen sich das Land als eines der am stärksten heimgesuchten Gebiete des Heiligen Römischen Reiches deutscher Nation nur langsam erholte. Ein gewisser Wendepunkt war um 1690 erreicht. Wirtschaftlich begann unter großen Schwierigkeiten ein Aufschwung, und machtpolitisch bedeutete die Erringung der Königswürde durch Kurfürst Friedrich III. (1701) den Beginn des Aufstiegs Brandenburg-Preußens in die Reihe der europäischen Großmächte. Dem sollte auch das Antlitz der kurfürstlichen und dann königlichen Residenz entsprechen, und dem ist auch der Vorgang der Verschenkung der Grundstücke westlich des Vorwerks der Kurfürstin untergeordnet.

14 Grundstücke wurden 1691 vergeben, sie lagen »zwischen Unserem Garten und der Ziegel Scheune vor dem Spandauschen Thore …«, also

westlich des Vorwerks und an der Gasse« so vom mittleren Thore des Gartens, nach gedachter Ziegel-Scheune führet ...«. Also haben wir zunächst eine Planung zu vermuten, die die Zufahrt zu diesem Vorwerk verschönerte. Anders formuliert, der Besucher kam über die Damm- oder Weidenstraße (damals vulgo Friedrichstraße benannt) zu einem freigelassenen Platz, von dem er sich nach rechts wenden, diesem Vorwerk näherte. Bei dem betriebenen Aufwand zeigte sich, daß dies alleine aber nicht der Grund für dieses Vorhaben sein konnte. Richtig ist, daß eine derartige Auf- oder Zufahrt immer glücklicher gestaltet werden kann, aber hier ist mehr zu vermuten.

Der erwähnte Plan von La Vigne aus dem Jahre 1685 mag auch hier als ein erstes Dokument für diesen Stadtraum herangezogen werden. Er zeigt die enge Anbindung an die Stadt und verweist auf die Tatsache, daß zu diesem Zeitpunkt bereits Baulichkeiten an dem Ort existierten. Eine Zuordnung der Baulichkeiten ist schwierig. Deutlich erkennbar aber ist der Verlauf der heutigen Oranienburger Straße unter der Nummer 24. Sie gabelt sich an einer Stelle, umfährt die Gänsepfühle, die der Stadt Berlin gehörten. Der Weg führt dann geradewegs über das noch unbebaute Gelände zur heutigen Sandkrugbrücke als zentraler Weg zur damals wichtigsten Festung des Staates, in der sich im Krisenfall der Hof sicherte, nach Spandau. An der Straße sind Baulichkeiten vermerkt, man kann davon ausgehen, daß sie das Vorwerk zeigen, das sich zu diesem Zeitpunkt, aus Verkehrsgründen, zu dem sogenannten Spandauer Heerweg öffnete. Rechts daneben einige Baulichkeiten, damals Buden genannt, die im Zusammenhang mit einer landwirtschaftlichen Nutzung des Geländes entstanden waren. Links davon, weitere Einzeichnungen, die wohl auf die Ziegelscheune verweisen, die bereits im Mittelalter als Blankenfeldsche Ziegelscheune, also als Besitz eines Bürgers der Stadt Berlin bezeichnet wird. Zu einem nicht bekannten Zeitpunkt kam sie dann in kurfürstlichen Besitz.

Als Folge der Schenkungen der Kurfürstin Sophie Charlotte zog sich bald entlang der Nordseite der Spree eine lockere Bebauung. Sie war Anlaß für die Verlegung der Stadtgrenze nach Westen, an den Unterbaum im Jahre 1698. Diese Stadterweiterung erhielt zunächst den Namen »Vorstadt vor dem Spandauer Thor« und dann »Spandauer Vorstadt« als Teil der Königsstadt. In einer zweiten Aktion vergab die Kurfürstin unter Berufung auf die Ordre Kurfürst Friedrich III. aus dem Jahre 1691 dreizehn weitere Grundstücke. Die gleichlautenden, formalisierten Verschenkungsurkunden vom 5. Januar erhielten folgende Einleitung: »Nachdem Unser Hochgeliebter Herr und Gemahl, der Churfürst zu Brandenburg Liebden auf gethane Vorstellung, concediret, daß, zu Ersparung unnöthiger Kosten, Wir Unseren vor dem Spandauschen Thore liegenden Garthen gegen einen Jährlichen Canonem möchten, austheilen und vergeben, ... gnädigst geschenckt und zu geeignet.«[30]

Es entstand – und hier muß ein entscheidender Ansatzpunkt gesehen werden – nach einem Entwurf von Johann Nehring nahe dem Dorf Lietzow ein neues Schloß für die Kurfürstin Sophie Charlotte, dessen Anlage 1701 vom Architekten Eosander von Göthe erweitert wurde. Nach dem Tode der Königin im Jahre 1705 erhielt das Schloß dann den noch heute gültigen Namen Charlottenburg. 1704 lag ein Entwurf für ein weiteres Lustschloß bei Schöneberg vor, der von Johann Bernhard Fischer von Erlach stammte. Die Konkurrenz zu den ersten Entwürfen für das Schloß Schönbrunn ist unverkennbar. Brandenburg-Preußen war im Begriff an den Kreis der europäischen Großmächte Anschluß zu finden, dem hatte auch das Antlitz der Residenz zu entsprechen.[31]

1704 schenkte der König die in der Nähe des Berliner Stadtschlosses gelegene Meierei seiner Favoritin, der Gemahlin des Grafen von Wartenberg, die im Jahre 1708 durch Eosander von Göthe ein Schlößchen errichten ließ, das den Namen »Monbijou« erhielt. Nach einem wechselvollen Schicksal wurde es im 19. Jahrhundert als Hohenzollernmuseum genutzt. Die Ruinen sind nach Kriegszerstörungen in den sechziger Jahren unseres Jahrhunderts aus Unwissenheit und kulturloser Bösartigkeit abgerissen worden.

Die Betrachtung eines scheinbar am Rande liegenden Vorgangs erschließt die Geschichte des Gebietes auf seine Weise. Die beiden vorerwähnten Plandokumente von 1685 und 1698 dienten wohl – wie ausgeführt – als Grundlage der Planung für um die Stadt liegende Territorien. Deutlich wird, daß es kaum Straßenverbindungen gerade in diesem Gelände gab. Aus zeitgenössischen Berichten ist bekannt, daß diese wenig bequem in ihrer holprigen, ausgefahrenen Qualität waren; es gab noch keine Chausseen. Friedrich III./Friedrich I. nutzte deshalb gern die Wasserwege, sie waren ruhiger und angenehmer. Hier offenbarte sich der holländische Einfluß auf die Entwicklung in Brandenburg/Preußen, die von seinem Vater, dem Kurfürsten Friedrich Wilhelm – der Große Kurfürst genannt – durch Kanalisierung natürlicher Flußläufe und den Bau von Kanälen gefördert worden war.

Friedrich I. ließ im Jahre 1702 den ersten Fahrgastbetrieb für den Hof zwischen dem Berliner Stadtschloß und dem Schloß in Lietzenburg/Charlottenburg einrichten. Dazu nutzte man zuerst eine kleine Gondel, eine soge-

*Johann Georg Wolffgang, Das Segelschiff »Liburnica« vor dem Stadtschloß, 1706*

nannte Treckschuyte oder Treckschute, die über einen festen Kajütenaufbau für die Mitfahrenden verfügte, aber weder Mast noch Segel trug. Diese Fahrten fanden zweimal am Tage zu vorgeschriebener Zeit statt, und es ging gemächlich auf dem geschwungenen Flußlauf – über Zeit verfügte man damals reichlich – zwischen Berlin und Charlottenburg hin und her. »Damit auch denen Leute die Passage dahin desto commoder gemacht werden möchte«, schrieb Faßmann in seinem »Reisenden Chineser«, »ließen Ihro Majestät eine Treckschuyte auf der Spree anlegen, welche alle Tage zweimal von Berlin nach Charlottenburg und davon wieder nach Berlin abging … Man gab seine zwei Groschen und setzte sich in die angelegte Treckschuyte, allwo stets Kompagnie (Gesellschaft d.Vf.) und auch die meiste Zeit Spielleute anzutreffen gewesen.«[32]

Leibniz schrieb über die Absicht des Königs: »Man geht hier mit dem Plane um, Treckschuyten nach holländischer Art einzuführen, welche täglich zweimal von Berlin nach Spandau und zurück gehen und stets Litzenburg berühren sollen. Der Hof der Königin wird dadurch eine bequeme Verbindung erhalten und anderseits die Treckschuyte dabei Vorteil haben, besonders wenn man in Litzenburg Theater spielt, was jetzt fast jede Woche der Fall ist.«[33] In der Regierungszeit Friedrich Wilhelm I. kam dieser Verkehr nach und nach zum Erliegen, 1728 gab es nur noch sonntags eine regelmäßige Fahrt.

Der Steuermann des Bootes hatte vor allem die Aufgabe, die Fuhrleute zur »fleißigen Arbeit« anzuhalten und darauf zu achten, daß die Zugpferde gut gefüttert waren. Dieses Projekt hatte mehrere Folgen: Der König ließ für seine Zwecke 1705 in Amsterdam ein prächtiges Schiff bauen. Am 21. September 1705 traf die Jacht über Hamburg elbaufwärts in Richtung Berlin auf der Havel ein. Mit »Gans und Hammel« wurden »deren Schiffers so das neue Schiff von Hamburg gebracht«[34] vom König begrüßt. Das Schiff sollte auf der Spree und der Havel verkehren; über sein weiteres Schicksal ist bis heute nichts bekannt geworden.

Im Jahre 1707 ließ der König ein weiteres Schiff in Holland bauen. Es soll 100.000 Taler gekostet haben und wurde auf den Namen »Friedrich« getauft. Seine Ausstattung war überaus prächtig, den Rumpf zierten weibliche Figuren in Rüstung und Zepter oder mit Palmen, Kamelen und Strauß, die Kontinente symbolisierend. Das Schiff war 26 Meter lang und 7 Meter breit. Zwei Genien trugen ein Medaillon mit dem Bild Friedrich I. und seinen Namenszug. Die Kajüten war im blauen und gelben Damast gehalten und insgesamt prächtig für die Bedürfnisse eines Königs gestaltet.[35]

Wegen des niedrigen Wasserstandes und ihres für Flüsse zu großen Tiefganges blieb die Jacht monatelang liegen. Es heißt in einem Schreiben von

*Johann Heinrich Hintze, Tiergarten, 1835*

Sophie Charlotte an den König: »Euer Königlichen Majestät schöne Jacht wirdt von ihderman ser gerümbt, es ist aber ein gross versehen, dass man sie nicht in die Spree kan bringen.«[36] Eine Hochseejacht konnte in Binnengewässern eben nicht segeln.

Erst im Frühjahrshochwasser kam das Schiff dann in Bewegung und traf am 8. März 1708 in Berlin ein. Bei der Einfahrt in die Stadt setzte der Wind aus und das stolze Schiff mußte wie eine Treckschute von 100 Soldaten an einen Platz vor dem Berliner Schloß gezogen werden. Es segelte dann nur selten auf der Spree, wurde zu Hoffesten genutzt. Im Jahre 1716 tauschte König Friedrich Wilhelm I. mit dem russischen Zaren das »unnütze« Lustschiff gegen Soldaten; Nachschub für die »langen Kerls«.

Die Idee dieses Schiffes mußte stadtgestalterische Folgen haben und in den Jahren zwischen 1702 und 1713 auch zu Konsequenzen in dem hier interessierenden Gebiet führen. 1704 kommt es zur Anlage des Nordgrabens mit dem Ziel eines Verbindungsweges zwischen Charlottenburg über die Spree bis zu diesem Ort und von hier nach Pankow-Schönhausen. Dort hatte der spätere König Friedrich I. im Jahre 1691 ein Landhaus, das »petit palais« erworben und ließ es zu einem Schloß ausbauen.[37] 1704 begann der Ausbau der Panke, deren Wasser für gewerbliche Zwecke genutzt wurden. Vom Dorfe Wedding wurde ein Graben in Richtung auf die Spree gezogen, der in der Nähe des Unterbaums die Verbindung zum Fluß herstellte.[38] Ein Verkehrsknoten sollte in dem Gelände an der Spree entstehen.

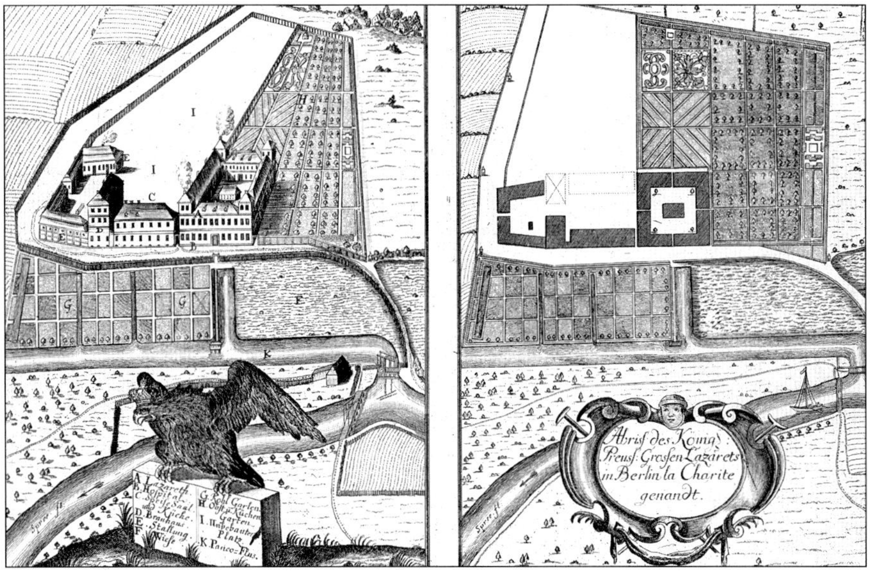


*Johann David Schleuen, »Maison Charité«, Ansicht und Grundriß, um 1730*

Das Aufschütten eines Damms für die Pferde, die die Schiffe zogen, war die unmittelbare Folge des Lustschiffes. Bei Aufnahme des Treckschutenverkehrs im Jahre 1702 mußte er im Zustand der Nutzung gewesen sein.

Barocke Stadt- und Landschaftsplanung sucht Blickpunkte, und es ist davon auszugehen, daß, nachdem das Gebiet zwischen dem Berliner Schloß und dem Schloß Charlottenburg verkehrsmäßig verbunden worden war, es nun auch stadt- und landschaftsgestalterisch durch die Spree in Verbindung gesetzt werden mußte. Nach dem Stil und dem Geist der Zeit legten der König und der Hof bei ihren Fahrten Wert darauf, daß sie ein nach holländischem Vorbild angenehm geordnetes Bild an den Flußufern vorfanden. Die Annahme ist berechtigt, daß die Sichtachsen holländischem Ursprungs waren, während sich die Architektur der Bauten bereits französischem Vorbild verpflichtet fühlte. Dem Gedanken, Stadtansichten zur Spree hin zu ordnen, folgte dann das 1710 angelegte Pesthaus – die »Charité« – und dann nach 1740 das Invalidenhaus, die beide ihre Schauseiten zum Nordgraben erhielten. Noch im 19. Jahrhundert blieb der Gedanke der Ordnung der Stadt zur Spree und den Kanälen, wenn auch untergeordnet, als stadtgestalterischer Gesichtspunkt erhalten.

Die letzten Regierungsjahre König Friedrich I. erbringen dann eine grundlegende Änderung der Politik, einen Wendepunkt. Der König entschied sich, nicht weiter dem holländischen Beispiel der Hochseeschiffahrt und des Überseehandels zu folgen, sondern eine rein binnenländische Wirtschaftspolitik zu betreiben, die auf die Belebung des inneren Verkehrs im Lande und auf die Beförderung gewerblicher Tätigkeit sowie der weiteren Erschließung des Landes zielte. Diese entscheidende Richtungsänderung veränderte aber nicht die Bedeutung des Wassers für die Entwicklung des Landes und der Stadt Berlin. Im Gegenteil, das holländische Beispiel der Landesentwicklung durch Mittel der Wasserbaukunst und der Melioration wurde intensiviert. Friedrich I. beförderte z.B. den Schleusenbau auf der Saale, durch die die untere Saale schiffbar gemacht werden konnte und die Verfrachtung des Halleschen Salzes möglich wurde.

Insbesondere der Landesausbau, die Landgewinnung durch Melioration steigerte in der Regierungszeit Friedrich Wilhelm I. und Friedrich II. die Möglichkeiten und die Rolle der landwirtschaftlichen Produktion, ermöglichte die Ansiedlung weiter Menschen und sicherte dem Aufstieg des preußischen Staates eine solide Basis. Grundlegend die Einschätzung: »Um den Ackerbau zu erwünschter Blüte zu bringen, wandte Friedrich das Mittel an, welches die tüchtigsten seiner Vorfahren von Albrecht dem Bären an öfter benutzt hatten; die Heranziehung fremder Colonisten. Man kann rechnen, daß unter seiner Regierung besonders solche Stricke Landes, welche bis dahin wüste und unfruchtbar gelegen hatten, unter großen Begünstigungen zur Urbarmachung angewiesen wurden. Der König hatte seine größte Freunde daran, wenn es ihm auf diese Weise gelang, morastige, öde Gegenden in Blühende Felder oder Wiesen umzuwandeln, wie er dies besonders in den Oder-, Warthe oder Netzebrüchen, in Pommern und Westpreußen mit großem Erfolg bewirkte. Als er einst die fruchtbaren Fluren überblickte, welche im Oderbruche gleichsam auf sein Geheiß entstanden waren, rief er voll Freude aus: ›Hier ist ein Fürstentum erworben, worauf ich keine Soldaten zu halten nöthig habe.‹«[39]

Das wirkte wiederum auf Berlin. Das Gewerbe erhielt durch die landwirtschaftliche Produktion Rohstoffe (Wolle, Flachs u.a.m.), und die Stadt wurde zunehmend nach dem Wasser ausgerichtet und zahlreiche barocke Palais so gelegt und gegliedert, daß sie zum Wasser geordnet waren. Hier wäre neben den beschriebenen Anlagen an das Palais Itzig in der Burgstraße zu denken. Ebenso aber auch an heute nicht mehr stehende Komplexe entlang der Burgstraße, der Friedrichsgracht sowie an der Wallstraße. Auch das 19. Jahrhundert folgte diesem Gedanken. Als Beispiel sei auf die Kaserne am Weidendamm (ehemals Garde-Grenadier-Regiment No. 1 Kaiser-Alexander von Rußland) mit ihren zwei Türmen zu verweisen, von dem sich leider nur einer erhalten hat. 1999 konnte am Schiffbauerdamm über dem Restaurant Ganymed ein verputztes Mosaik wieder freigelegt und restauriert werden, auf das man den besten Blick vom Wasser her hat. Berlin war und ist eine Stadt, die am Wasser aufgebaut wurde.

*Die Börse, Burgstraße, 1870 (oben), und Palais Itzig, an gleicher Stelle, 1858 abgerissen (1857)*

### Berlin als märkisches Verkehrszentrum zu Wasser – Die Kanalbauten

Im Detail ist es heute schwer, sich die Infrastruktur des innerstädtischen Verkehrs auf dem Wasser vorzustellen. Vielleicht kann ein kleines Detail dabei hilfreich sein. Bekanntlich ist Salz das am wenigsten Beachtete, aber wichtigste Detail bei der Zubereitung der Speisen. Salz ließ Städte und Verkehrswege aufblühen und die Tatsache, daß jeder Salz benötigte, schuf durch den Handel mit ihm Steuer- und Einnahmevorteile. Über lange Zeit wurde das Privileg der Salzversorgung Berlins verpachtet, und Privatpersonen übernahmen die Organisation des Kaufs, des Transports und der Verteilung. Am 20. September 1788 übertrug das »Königliche Salzdepartement« den »Salz-Schiffahrts Entepreneurs Andreas und Friedrich Wiesel Vater und Sohn von Trinitatis bis dahin 1803« die Verpachtung. Dazu gehörte der »Coctur-Holtz-Transport und die Verschiffung des Coctur-Salzes«.[40] Trinitatis wird am 6. Januar begangen und mit Coctur bezeichnete man damals die Siederei, hier speziell die Salzsiederei. Der Holztransport wurde deshalb mit einem besonderen Privileg versehen, da zu dieser Zeit in Brandenburg und Berlin ein großer Brennholzmangel bestand und das »Königlich Preußische Holzdepartement« die Verwendung des Holzes streng kontrolliere.

Vater und Sohn Wiesel bauten ein großes Unternehmen auf und erwarben das Grundstück Schiffbauerdamm 4, direkt neben der Kalkscheune. Auf diesem Grundstück mündete die Panke in die Spree, und es existierte im Hinterland ein Teich, ideale Voraussetzungen hier eine Salzsiederei und einen Ankerplatz einzurichten. Nach dem Tode des Vaters führte Friedrich Wiesel das Unternehmen weiter, das florierte und groß ausgebaut werden konnte. Wiesel stieg im Ansehen und in der Stellung im Staate; 1788 war er Geheimer Kriegsrat und trug den Titel »Königlicher Schiffahrts-Director«.

Im Jahre 1788 beschloß Friedrich II. das Privileg des Salzhandels zurückzunehmen und die »Königliche Seehandlungs Societät« damit zu beauflagen. Aus dem Kaufvertrag vom 22. März 1796 sind einige Angaben über den Umfang der Betriebsmittel dieses Unternehmens zu entnehmen. Es heißt in Paragraph 2: »Cedent übereignet daneben auch der General-Direction der Seehandlungs Societät, die bei diesen Contract … specifizierthen Drei und Achtzig Elb und Sieben und Siebzig Oder Schiffe, mit allem specificirthen Zubehör, Schiffs-Geräthschaften und Vorräthen ohne Ausnahme … «[41] Es muß auf diesem Spreeabschnitt alleine mit Salz ein gehöriger Verkehr gewesen sein. Wiesel erhielt für alle Einrichtungen, einschließlich des Grundstücks und der Salzsiederei den Betrag von 120.000 Talern, nach heutigen Begriffen ein Millionenvermögen.

In der Folge richtete die Seehandlungs-Societät bzw. später das Salzdepartement entlang der Spree eine Infrastruktur zur Versorgung der Stadt mit Salz ein. Am Gendarmen-Markt hatte die Königliche Salzdirektion ihren Sitz. Sie unterhielt in der Wallstraße 91 die in großen Teilen noch erhaltene Salzfaktorei. An der Rückfront dieses Gebäudes ist die Ladeluke, über das Salz in den Vorratsraum getragen wurde, erkennbar, ebenso – wenn jetzt auch verändert – die Anlegemöglichkeit. Der Vorratsraum war völlig mit Bleiplatten bedeckt, die im übrigen vor einigen Jahren noch erhalten waren. Die beiden Lager des Königlichen Salzmagazins in der Köpenicker Straße 32 und am Unterbaum waren für Lasten ebenfalls nur auf dem Wasserwege erreichbar. Auf dem Grundstück am Schiffbauerdamm hatte das »Salz-Schiffahrts-Comptoir« seinen Sitz. Gesiedet wurde das Salz hier nicht mehr, aber der Transport des Brennholzes gehörte nach wie vor zu seinen Aufgaben.

Bleiben wir noch einen Augenblick beim Salz. Ein Pfund Salz kostete um 1820 11 Pfennige, die Kosten für die Gewinnung und des Transports lagen bei sechs Pfennigen. Der Staat gewann also bei jedem Pfund Salz fünf Pfennige. Verbraucht wurden im Jahre 1806 etwa 1 000 Lasten[42] (1 Last = 60 preussische Scheffel, 1 Scheffel =54,962 Liter). Insgesamt also 3.247.720 kg. Salz. Aus den unscheinbaren Beträgen kamen beträchtliche Gewinne zusammen. Wie mit dem Salz verhielt es sich mit fast allen Gütern des täglichen Bedarfs. Sie wurden auf dem Wasser herantransportiert und für ihre Verteilung entlang der Wasserstraßen in Berlin eine Infrastruktur aufgebaut. Die Oderkähne faßten zu dieser Zeit etwa 5 Lasten, die Elbkähne konnten größer gebaut werden und konnten 40 bis 80 Lasten aufnehmen. Allerdings mußte sie immer ein kleineres Boot mitführen, da an unwegsamen Stellen nur durch Umladen die Ladung gelöscht werden konnte.

Diese kleinen, wendigen Schiffe fanden ihre Nachahmung in einem heute fast vergessenen Vorgang für die Versorgung der Stadt. Es war für die zweite Hälfte des 19. Jahrhunderts typisch, daß die große Mehrzahl der Berliner für den Winter vorsorgte. Das Einkellern der Kartoffeln war dann ein Detail, das sich noch lange bis in die Jahre um 1940 hinzog. In der angegebenen Zeit gehörte dazu auch die Vorratshaltung von Äpfeln für den Winter. Aus dem »Böhmischen« – wie man damals die Gebiete des heutigen Tschechien nannte – kamen im Herbst zahlreiche kleine Boote vollbeladen mit Äpfeln nach Berlin. Sie machten an den Kaimauern der Ufer, an einer Treppe Halt und boten die Äpfel körbeweise zum Verkauf. War das Obst verkauft, kam der Kahn an die Reihe und mit dem Erlös von Obst und Kahn zogen die Händler zurück in die Heimat. Das war der Ursprung des Berliner Begriffs »Äppelkahn«: die kleinen Boote blieben in Berlin und fuhren auf der Spree.

Wasser, Wind und Göpelwerke sowie die Kraft des Menschen waren in der vorindustriellen Zeit die Antriebsmittel für die Geräte und Maschinen. Fast alle Manufakturen des Textilgewerbes, die nach dem Dreißigjährigen Krieg entstanden, benötigten Wasser, das Voraussetzung für die Verarbeitung war. Nicht nur der billigere Transport auf dem Wasser war eine Voraussetzung des Gewerbes, sondern auch für das Bleichen, Färben und andere Produktionsschritte z.B. in der Textilherstellung wurde Wasser benötigt. Deshalb lagen die Standorte des vorindustriellen Gewerbes fast alle am Ufer der Spree sowie ihrer Arme und der Kanäle. Eine Schwerpunktbildung war am südostlichen Rand von Berlin und in der Königsstadt gegeben, eben an den Orten, an denen eine Entnahme von Wasser für Produktionszwecke möglich war. Die gesamte Infrastruktur der Stadt war vor der industriellen Entwicklung nach dem Wasser ausgerichtet.

Sehr früh aber zeigten sich auch die Probleme, denn eine Stadt ist immer mehr als nur die Summe ihrer Einwohner. Die insgesamt günstige Lage der Stadt Berlin und der Anteil, den die Mark Brandenburg an zwei Stromsystemen – Elbe und Oder – hatte, wurde dadurch beeinträchtigt, daß die Ausgänge zur See sich nicht brandenburgischen Händen befanden und beide Ströme nicht miteinander verbunden waren. Es gab insbesondere in Richtung auf Stettin ein Drängen der brandenburgischen Landespolitik, diesen Hafen in die eigenen Hände zu bekommen. In Richtung auf Hamburg beließ man es bei Nadelstichen, wissend, daß die Stadt zu mächtig war.

Die Landespolitik unternahm vordem Dreißigjährigen Krieges aber zunächst nichts, um die Wasserverbindungen im Lande durch landesplanerische Maßnahmen zu verbessern. Anstöße für Veränderungen kamen aus Wien. Zu den österreichischen Kronländern gehörte die reiche Provinz Schlesien, und das Haus Habsburg drängte darauf, die Schiffahrtsverhältnisse auf der Oder zu ordnen, u.a. durch eine Kanalverbindung zwischen Oder und Spree. Im Jahre 1558 gelang es der kaiserlichen Seite, den Kurfürsten Joachim II. dazu zu bewegen, gemeinsam entlang der Schlabe bei Müllrose diese Kanalverbindung zu verabreden. Dagegen rührte sich im Lande Widerstand, der insbesondere von Frankfurt an der Oder ausging. Die Kaufmannschaft der Stadt, im ständigen Gegensatz zu Berlin, befürchtete zu Recht eine Abwanderung der lukrativen Oderschiffahrt nach Berlin.

Die österreichische Seite begann trotzdem mit dem Bau, die brandenburgische hielt sich zurück, obwohl sie mit dem Königreich Polen in Verhandlungen stand, um einen Schiffahrtsweg zur Nordsee auch durch den Bau einer Verbindung von Weichsel und Warthe in die Wege zu leiten. Allerdings baute man im Zentrum Brandenburgs bei Rüdersdorf und in Berlin Kammerschleusen.[43] 1567 ging dieses Kanal-Unternehmen aber ein.

1571, beim Antritt seiner Regierung, gab Kurfürst Johann Georg den Auftrag, in Berlin eine erste Hafenanlage systematisch anzulegen. Ihr Standort war das linke Ufer des Köllnischen Stadtgrabens, am Mühlenteich, dicht an der Werderschen Schleuse in der Nähe des späteren Zeughauses. Dieser Hafen wurde zwar um 1670 verfüllt, um Platz für den Festungsbau zu erhalten, aber mit der Anlage des Packhauses – in der Nähe der heutigen Niederlagstraße – begannen merkantile Interessen des Landesherren die weitere Entwicklung zu charakterisieren. Ein weiteres Unternehmen befaßte sich mit der Herstellung einer Verbindung zwischen Havel und Oder von Liebenwalde durch die Finow-Niederung. Die Arbeiten begannen 1605 und konnten 1620 nahezu abgeschlossen werden. Es war ein kompliziertes Unternehmen, denn es waren beträchtliche Höhenunterschiede zu überwinden, und ständig fehlten Geld und Arbeiter. Der Handel von der Oder nach Berlin erhielt mit der Eröffnung des Finowkanals zwischen Liebenwalde und Oderberg einen starken Impuls. Der Kanal verfiel ebenso wie die Schleusen in Berlin im Dreißigjährigen Krieg und wurde zerstört.

Schwierig war der Neuanfang, der von dem seit 1640 regierenden Kurfürsten Friedrich Wilhelm in Angriff genommen werden mußte. Als Kurprinz erhielt er einen wesentlichen Teil seiner Ausbildung in Holland und wußte um die Bedeutung des Wassers, des Handels und des Verkehrs. Er sah wohl auch die günstige Lage, die die Stadt Berlin inmitten der zahlreichen Seen und Flüsse hatte. Zunächst wurden die vorhandenen Wasserwege »geräumt«, d.h. man reinigte sie von allerlei Unrat, Baumresten. Ästen und sonstigen Hindernissen. Mehr war noch nicht möglich, das Land lag nach dem Kriege darnieder und stand kurz vor dem Staatsbankrott. Es mußten Wege gefunden werden, das Land zu ordnen und einen Aufstieg zu ermöglichen.

Dazu gehörte der Ausbau der Verkehrswege auf dem Wasser. Der Finow-Kanal war unbedeutend geworden, denn Stettin – nun Schwedisch – war feindliche Konkurrenz, der es galt das »Wasser abzugraben«. Der Handelsweg nach Osten, nach Frankfurt an der Oder, das als Endpunkt der polnischen Westhandels aufgestiegen war, mußte schnell hergestellt werden. 1669 konnte der Friedrich-Wilhelms-Kanal zwischen Spree und Oder über Müllrose fertiggestellt werden. Damit kam Berlin in eine Mittlerposition zwischen dem Hamburger und Lüneburger Handel mit Gewürzen, Wein und Salz sowie mit dem aus Breslau mit Leinwand, Garn und Kupfer. Als der Kurfürst dann soweit ging, der Stadt Frankfurt an der Oder besondere handelspolitische Rechte wie die Pflicht zur Niederlage der Waren wegzunehmen, stand dem langsamen Aufstieg Berlins als barocke Handelsstadt nur noch wenig im Wege; Frankfurt an der Oder verlor seine Schlüsselrolle.

Die Eröffnung des Friedrich-Wilhelm-Kanals war der erste Schritt einer vorausschauenden Wasserbauplanung[44], die mit dem Tode des Großen Kurfürsten ihren Abschluß fand. Die Nachfolger auf dem Thron dachten weniger handels- und verkehrspolitisch, allerdings waren auch sie am Erhalt und Ausbau des vorhandenen Wasserstraßennetzes interessiert.

Eine zweite Phase des systematischen Ausbaus der Wasserwege in und um Berlin begann in der Regierungszeit Friedrich II. – auch der Große genannt. Die Eroberung Schlesiens und die Einbindung der neuen Provinz in den preußischen Staatsverband erforderte eine Neuordnung der Verkehrsverhältnisse. Zwischen 1743 und 1746 erfolgte der Bau des Plauer Kanals sowie zwischen 1744 und 1746 die Wiedererbauung des Finowkanals. So konnten die Verkehrswege der allgemeinen Verkehrsrichtung in Brandenburg und auch in Berlin von Südost nach Nordwest erheblich verbessert werden. Kleine Kanalbauten um Berlin ermöglichten den Antransport von Waren und Lebensmitteln aus dem Umland. Der Bromberger Kanal, 1774 fertiggestellt, erweiterte die Reichweite des brandenburgischen Waserstraßennetzes bis an die Weichsel. In Angriff genommen wurde im Norden Berlins die Schiffbarmachung des Rhins (Rhinkanal), 1791 fertiggestellt, sowie der Bau des Ruppiner Kanals. Damit war eine Querverbindung im Norden zwischen Oranienburg und der Havel und damit der Elbe erreicht.

Die systematischen Bemühungen zum Auf- und Ausbau eines brandenburgischen Wasserstraßennetzes in und Berlin fanden im Allgemeinen Preußischen Landrecht, 1794 erlassen, auch ihre rechtliche Absicherung. Das Landrecht bestimmte alle schiffbaren Gewässer zum Eigentum des preußischen Staates und verpflichtete diesen, die Voraussetzungen für die Schiffahrt zu schaffen und sie sicherzustellen. Der Streit mit Hamburg um die Rechte des Transport spitzte sich zu, die Hamburger Schiffer wurden 1748 aus der Frachtfahrt nach Berlin ausgeschlossen. Ebenso wichtig wurde die staatliche Hilfe, die dem Schiffsbau in Berlin gewährt wurde. 1719 z.B. gab es in Berlin nur 12 Schiffsbaumeister mit 12 Gesellen, 1801 waren es dagegen 14 Meister mit 88 Gesellen.[45]

Die Kanalbauten dienten einerseits wirtschaftlichen Interessen, resultierten anderseits aber auch aus politischen und militärischen Momenten der Zeit, die von Kriegen und Auseinandersetzung mit Schweden (Stettin gehörte zeitweise zum Königreich Schweden) geprägt waren. Schwierigkeiten gab es auf der technischen Seite in Fülle, Widerstände insbesondere von Frankfurt an der Oder. Nur durch zähe Verhandlungen mit der Breslauer Kaufmannschaft war zu erreichen, daß diese nicht mehr Frankfurt an der Oder berührten, um die Waren nach Stettin zu führen. Versprechungen über zu senkende und abzuschaffende Zölle sowie der Aufbau einer Infrastruktur für die Schiffsführer ermöglichten dann die schrittweise Verlagerung des Verkehrs von der Oder auf diesen Kanal. Mit der Eröffnung dieses Kanal aber geschah etwas Einschneidendes: Berlin wurde Umschlaghafen für den Verkehr von Schlesien nach Hamburg bzw. umgekehrt.

*Die märkischen Wasserstraßen, um 1850*

Gegen diese Politik regte sich vielerlei Widerstand. Die Handelsstädte befürchteten zu Recht, daß ihre Einnahmen sinken würden. Teilstücke von Wasserstraßen wurden gewaltsam für den Verkehr lahmgelegt, um jeglichen Schiffsverkehr von und nach Berlin zu unterbinden. Lüneburg z.B. duldete den Warenverkehr elbaufwärts nicht, Frankfurt an der Oder den unterhalb der Stadt. Anlieger machten durch die Nutzung des Wassers z.B. durch Mühlen, Mühl- und Fischwehren einen Verkehr z. T. unmöglich bzw. schränkten sie ihn ein. Trotzdem war dies ein Anfang bei der Vernetzung der Städte und Militärstandorte. Die Stadt Berlin war zum Zentrum eines märkischen Wasserstraßennetzes geworden.

Sofort gab es Überlegungen, diesen Vorteil zu nutzen und daran zu denken, den Transport von Personen innerhalb und über größere Strecken aufzubauen. Einerseits erforderte die Gewerbeentwicklung und der stärker werdende Handel dies und anderseits machte die zunehmende Ausdehnung der Stadt den langsamen Aufbau eines Öffentlichen Personennahverkehrs notwendig. Das war zwar noch kein öffentliches Bedürfnis, aber der Transport von Besuchern der Gaststätten in Treptow oder des Stralauer Fischzuges – eines Volksfestes, das seit 1574 jeweils am 24. August begangen wurde – erforderte dies.

Die Gewerbeentwicklung und die industrielle Revolution erforderten in der Stadt eine Umformung der Verkehrsverhältnisse. Das Gewerbe hatte sich von der Nähe der Oberbaumbrücke bis zum Mühlendamm sowie hinter dem Schiffbauerdamm entlang der Spree bis nach Moabit angesiedelt. Die große Stadtfläche mußte durch eine neue Infrastruktur gegliedert werden, und die schweren Lasten (z.B. Lokomotiven), die es nun zu transportieren galt, konnten auf den vorhandenen Straßen kaum bewegt werden. Die vorhandenen Wege waren dafür nicht hergerichtet und gepflastert, d.h. nicht ausgelegt,

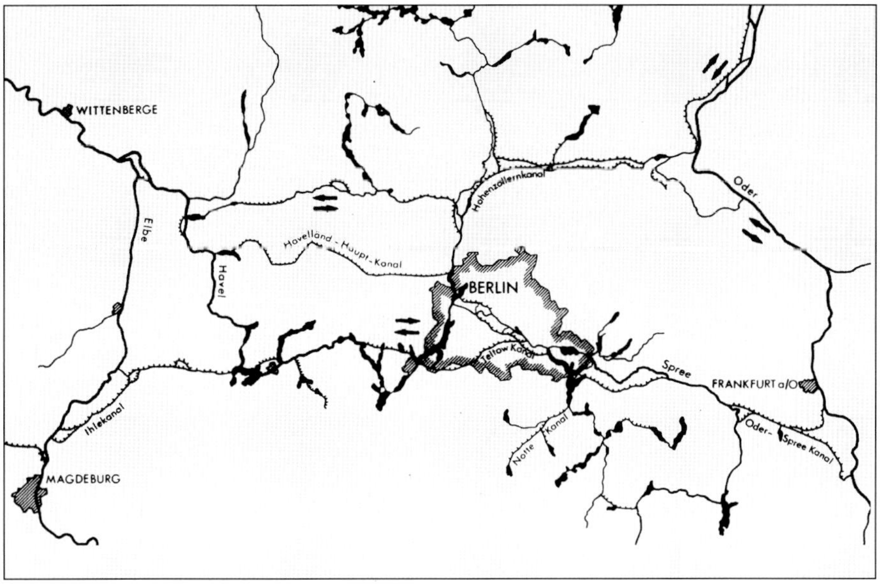


*Die märkischen Wasserstraßen, um 1910*

und deshalb wurde zunächst daran gedacht, die notwendige Verkehrsstruktur – nach englischem und amerikanischen Vorbild – auf den vorhandenen Wasserstraßen aufzubauen.

Mit dem Aufkommen der Dampfschiffe erhielten derartige Gedanken einen realen Hintergrund, denn diese Schiffe waren von Strömungen der Flüsse und Kanäle unabhängig und konnten eine Schnelligkeit entwickeln, die das Reisen mit ihnen nicht nur angenehmer, sondern auch günstiger erscheinen ließ. 1816 verkehrte das erste in England gebaute Dampfschiff auf dem Rhein. Am 7. August 1815 hatte der in Hamburg geborene Kaufmann John Humphreys einen Antrag an die preußischen Behörden gestellt, ihm die Erlaubnis zum Betreiben von Dampfschiffen zu erteilen. Bereits am 12. Oktober erhielt er ein auf zehn Jahre befristetes Patent. Dieses wurde später bis zum Ende des Jahres 1831 verlängert. Humphreys stellte sechs Dampfschiffe in Dienst und richtete einen regelmäßigen Verkehr zwischen Berlin und Hamburg sowie Magdeburg und Hamburg ein. 1816 begann er in Pichelsdorf mit dem Bau der Schiffe, deren Maschinen aus Birmingham bezogen wurden. Am 27. Oktober 1816 konnte dann die Jungfernfahrt des ersten Schiffes erfolgen. Zugleich mit der Aufnahme des überregionalen Verkehrs nach Hamburg war aber auch daran gedacht, regional Dampfer zwischen Berlin, Charlottenburg und Potsdam fahren zu lassen.

Gegen dieses Unternehmen regte sich Widerstand der Fuhrunternehmer; technische Unzulänglichkeiten erschwerten den Betrieb. Der Zustand der Wasserstraßen war dem Einsatz der Dampfschiffe noch nicht angepaßt. Die Gesellschaft scheiterte 1821, und die Schiffe mußten verkauft werden. Aber der Gedanke der Dampfschiffahrt hatte Fuß gefaßt, und es kam im Jahre 1828 zur Gründung der »Berliner Dampfschiffahrts-Gesellschaft«. Die wichtigsten Protagonisten dieses Unternehmens waren Johann Ludwig Bleßon, ein verabschiedeter Ingenieur-Offizier, sowie der Bankier Ferdinand Oppert und der Justizkommissar Robert. (Letzterer war später beim Bau der Berlin-Potsdamer Eisenbahn und Eisenbahn nach Frankfurt an der Oder beteiligt). Diese Gesellschaft war aus dem Bedürfnis entstanden, die Verkehrsverhältnisse des sich immer stärker entwickelnden Gewerbestandortes Berlins zu verbessern und insbesondere den modernen Anschluß an die Entwicklung in anderen wesentlichen Gewerbe- und Handelsorten zu behalten. In den Kreisen des Berliner Bürgertums befürchtete man das »Herabsinken« Berlins auf den Standard einer »Provinz-Stadt«, wenn sich die Verkehrsverhältnisse nicht verbessern ließen.[48]

Es fällt auf, wie eng der zeitliche Rahmen sowohl der Dampfschiffahrt als auch der Eisenbahnentwicklung gespannt war. Die »Berliner Dampfschiffahrts-Gesellschaft« scheiterte trotz staatlicher Unterstützung und dem Wohlwollen des Königs im März 1832. Es ließen sich keine nennenswerten Gewinne erwirtschaften, und der Zustand der Wasserstraßen war wenig erfreulich und diesem Verkehrs eher abträglich.

Aber die »Preußische Seehandlung«, ein staatliches Unternehmen, übernahm die Geschäfte der Gesellschaft und baute den regelmäßigen Verkehr von Berlin nach Hamburg aus. Neue Schiffe wurden angeschafft, die Qualität der Wasserstraßen verbessert. Die Berliner Zeitungen veröffentlichten die Fahrzeiten nach Hamburg und Berlin, ebenso die Fracht-Taxen. Es schien sich ein gutgehendes Unternehmen zu entwickeln. 1846 aber konnte die Eisenbahn von Berlin nach Hamburg eröffnet werden. Ihre Leistungen waren wetterunabhängiger, effizienter und schneller. Dieser Konkurrenz konnte die Personenschiffahrt nicht standhalten, im Mai 1849 mußte die Flußdampfschiffahrt für den Personenverkehr durch die Preußische Seehandlung eingestellt werden.[49] Die Bedeutung des Wassers für die industrielle Entwicklung der Stadt ging zurück.

Das Wasser blieb aber auch im 19. Jahrhunderts Bezugspunkt. Zwar änderte sich die kleingliedrige Gundstücksstruktur der Gewerbe- und Industriestadt Berlin in der Zeit der Wandlung Berlins zum Industriestandortes und der City-Bildung. Große Grundstücke für Geschäftshäuser wurden gebraucht, um die Gebäude für die Verwaltungs- und Geschäfthäuser bauen zu können. Deutlich konnte und kann man das in der Köpenicker Straße nachvollziehen. Einst eine prominente Gegend, in der Fontanes »Frau Jenny Triebel« verkehrte und in der »Sommerfrische«, dann griffen das Massenmietshaus, Geschäftshäuser und Industrie in diesen Stadtraum und veränderten ihn total.

Die Gewerbeentwicklung und die industrielle Revolution erbrachten eine völlig veränderte wirtschaftliche Struktur, zu der auch ein neues Medium des Verkehrs, die Eisenbahn gehörte, die 1838 in Preußen zuerst zwischen Berlin und Potsdam verkehrte. Das neue Verkehrsmittel benötigte die Wasserstraßen und Chausseen nicht mehr. Und die wichtigsten neuen Industrien wie die Werkstätten von Borsig, Wöhlert, Egells, Kufahl, Hoppe, Schwartzkopff u.a.m. bauten ihren Sitz unabhängig vom Wasser auf. Ebenso begannen sich die Schwerpunkte der weiteren Stadtentwicklung vom Wasser weg zu bewegen und Gebiete des unmittelbaren Umlands in die weitere Stadtentwicklung einzubeziehen (z.B. das Gelände des heutigen Bezirks Prenzlauer Berg), die vom Wasser entfernt lagen.

Die Personen, die damals Verantwortung trugen – wie z.B. Beuth, Schinkel, aber auch Lenné –, vertrauten nicht auf die Eisenbahn. Sie sahen in ihr nur ein kurzfristiges Mittel der »Volksbelustigung«, das über kurz oder lang wieder verschwinden würde. Alle Genehmigungen für den Bau von Eisenbahnstrecken wurden davon abhängig gemacht, daß sie den Vorstellungen von Schinkel, aber auch Lenné, über die stadtplanerische Entwicklung der Stadt nicht widersprachen. Die Bahnhöfe mußten vor der Stadt angelegt, und im Falle der Berlin-Frankfurter Bahn, deren Bahnhof innerhalb der Stadt zur Anlage kam, mußte die Linie so gelegt werden, daß ein von Lenné geplanter Platz umfahren werden könne. In dem Knick der Trasse zwischen den Bahnhöfen Warschauer Straße und Ostbahnhof ist diese Festlegung noch heute nachzuvollziehen.

Diese Bahngesellschaft kaufte ihre ihre Lokomotiven bei Norris in den USA, und sie wurden auf Segelschiffen nach Hamburg transportiert, um von dort auf Lastkähnen in die Depots des an der Spree gelegenen Packhofs (an dieser Stelle erhebt sich heute das Neue Museum) zu gelangen. Dort lagerten die zerlegten Maschinen, wurden zusammengesetzt und überprüft.[50] Selbst aus den Akten, die diese Vorgänge dokumentieren, gewinnt man den Eindruck eines eher nebensächlichen Vorgangs.

In der Verkehrsentwicklung der Stadt mußte etwas Neues geschehen. Umschlagplätze für den immer größer werdenden Warenfluß wurden gebraucht. Die steigenden Einwohnerzahlen (1840 betrug ihre Zahl bereits 360.000) erforderten den immer größer werdenden Transport von Massengütern und Lebensmitteln in die Stadt. Neues Siedlungsland um die bisher bestehenden Wohngebiete mußte erschlossen werden, d.h. im Falle des Köpenicker Feldes (heute zum Bezirk Kreuzberg gehörend) entwässert und vor Hochwasser geschützt werden. Auch die weitere Stadtplanung, so der Plan von James Hobrecht aus dem Jahre 1862, räumte der Eisenbahn nur geringen Platz in den neugeplanten Stadtteilen ein.

Karl Friedrich Schinkel hatte im Jahr 1826 gemeinsam mit Beuth England besucht, um dort Studien zu betreiben. Das Tagebuch dieser Reise, ein einzigartiges Dokument, zeigt u.a., wie Schinkel die Architekturentwicklung in England, das Verkehrswesen, aber auch die industrielle Entwicklung in sich aufnahm. Er wurde vor Ort direkt mit den Folgen der industriellen Revolution konfrontiert. Über die Industriebauten schreibt er am 17. Juli.: »Es macht einen schrecklich unheimlichen Eindruck: ungeheure Baumasse von nur Werkmeistern errichtet und fürs nackteste Bedürfnis allein und aus rotem Backstein aufgeführt.«[51] Und in einem Brief an seine Frau Susanne vom 19. Juli schrieb er: »In Manchester, wo wir gestern waren, sind seit dem Krieg 400 neue große Fabriken für Baumwollspinnerei entstanden, unter denen mehrere Gebäudeanlagen in der Größe des königlichen Schlosses zu Berlin stehen, Tausende von rauchenden Obelisken der Dampfmaschinen rings um, deren Höhe von 80 bis 100 Fuß allen Eindruck der Kirchtürme zerstört … Man ist sehr in Zweifel, was aus diesem furchtbaren Zustande der Dinge werden soll.«[52]

Schinkel muß einen nachhaltigen Eindruck von Hafenanlagen, Kanälen und Wasserwegen einerseits und von den unorganischem Wachstum der Industrie- und Wohnhausarchitektur anderseits gewonnen haben. Man kann sich des Eindrucks nicht erwehren, daß er derartige Zustände in Berlin und vor allem in Preußen nicht haben wollte. Alle folgenden Planungen versuchen das organische Wachsen der Stadt zu regulieren, und hier bildeten Flüsse und Kanäle in der Stadt ein inhaltliches Korsett. Mit ihrer Hilfe ließ sich die Stadt strukturieren, versorgen, sauber halten, entlüften und ein organisches, aus der Natur stammendes Element einbringen. Die Entwürfe z.B. für die

Bauakademie haben in der Gesamtansicht das Wasser der Spree als ein wesentliches gestaltendes Element in sich; abgesehen auch davon, daß durch die Spiegelung der Baumassen im Wasser das Objekt größer erschien und es harmonisierte.

Hier schloß sich Peter Joseph Lenné Schinkel mit seiner Stadt- und Landschaftsplanung für Berlin an. Er sah für das Köpenicker Feld mit seinem »Wasserreichtum« Kanal- und Hafenbauten vor. Das Kernstück der Planung in diesem Gebiet war die Anlage des Landwehrkanals, genauer gesagt, des Ausbaus des alten Landwehrgrabens im Süden Berlin im Zusammenhang mit einem Bebauungsplan des Köpenicker Feldes zwischen dem Görlitzer Bahnhof und der Lindenstraße. Dieser wurde ergänzt durch den Luisenstädtischen Kanal. Der Bau des Landwehrkanals begann 1845 und konnte 1850 abgeschlossen werden, der des Luisenstädtischen Kanals als Notstandsarbeit 1848, die 1852 abgeschlossen werden konnte. Hinzu kam im Westen durch den teilweisen Ausbau des Nordgrabens in den Jahren 1848 bis 1859 der Spandauer Schiffahrtskanal. So konnten die im Entstehen befindlichen neuen Industriegebiete im Süden und Südwesten der Stadt auf dem Wasser miteinander vernetzt und gleichzeitig auf dem Schiff umfahren werden. Für den »wasserlosen« Norden der Stadt ergänzte Lenné seine Planung durch den »Plan der Schmuck- und Grenzzüge«, so daß ein Gesamtplan für die Stadt entstanden, der englische Verhältnisse beim Stadtausbau vermeiden sollte.

Der Landwehrkanal verfügte über eine Länge von 10,7 Kilometern. Bei Niedrigwasser hatte er eine Breite von 22,6 Metern bei einer Wassertiefe von 1,57 Metern. Die Sohlenbreite wurde auf 10 Meter festgelegt, um Kähnen nach dem »Finowkanalmaß« (Länge 40,2 Metern, Breite 4,6 Meter) die Passage zu ermöglichen. Eine Ober- und eine Unterschleuse von je 44 Metern Breite und 10 Metern Breite hatten den Wasserstand zu regulieren.

Es entstand am Landwehrkanal zunächst ein Hafen, der Schöneberger Hafen, der 1960 beseitigt wurde, und in den Jahren 1883 bis 1890 der Urbanhafen, beseitigt 1964. Am Luisenstädtischen Kanal waren zwei Häfen konzipiert, der heutige Wassertorplatz und der Oranienplatz. Die Berlin-Frankfurter Eisenbahn antwortete auf diesen Kanal mit dem Bau einer eigenen Hafenanlage auf dem gegenüberliegenden Ufer der Spree, um Waren von der Eisenbahn auf das Wasser umladen zu können.

Letztendlich zeigte sich beim Bau des Landwehrkanals die Unvereinbarkeit der damaligen landesplanerischen Instrumentarien mit den politischen Verhältnissen in Preußen. Von der Seite der Planung wollte man die Infrastruktur verbessern und zugleich die Fehler der englischen Entwicklung vermeiden. Aber die Nutzer der Kanalanlage sowie die Industriellen, die diese Anlage benötigten, waren an der Planung nicht beteiligt, sie wurden nicht gefragt; Königlicher Wille war bestimmend. So kam es dann, daß der Königliche Gartenbaumeister zu entscheiden hatte – und der hatte andere Probleme als die Industrie. Er sorgte sich um die Absenkung des Grundwassers im Tiergarten. so daß der Kanal zu flach und die Unterschleuse notwendig wurde. Der Luisenstädtische Kanal wurde nach ästhetischen Grundsätzen angelegt und berührte die Standorte des Gewerbes nur bedingt. Die Brücken über den Kanal waren, um das Stadtbild nicht zu beeinträchtigen, so niedrig, daß die Schiffe den Kanal ohne deren Öffnung nicht passieren konnten. Das kostete Zeit und Geld. Ein Unding war dies bei der Brücke der Berlin-Potsdamer Eisenbahn, deren Fahrplan auf diese Aktion ausgerichtet werden mußte. Das kann man im übrigen noch heute bedingt nachvollziehen, da in der Kaimauer des Kanals in der Nähe der Potsdamer Brücke die Widerlager noch im Mauerwerk stecken. Die Zahl der Anlegeplätze wurde zu gering dimensioniert, so daß die Schiffe dort zur Entladung festmachten, wo ihre Waren adressiert waren. Das führte zur Verstopfung des Kanals und damit zur Behinderung der Durchfahrt. Und ein Letztes: Wegen der Sicherung des Grundwasserspiegels im Tiergarten wurde das Köpenicker Feld nicht ausreichend entwässert, das war wiederum mit Einschränkungen für den dort in Gang gekommenen Wohnhausbau verbunden. Trotzdem, es war dies ein letzter großer Versuch, die Stadt nach den natürlichen und künstlichen Wasserstraßen zu ordnen. Ein Versuch aber, der letztendlich von der Entwicklung überholt wurde.

Die zunächst günstige Entwicklung ließ 1847 auch den Gedanken aufkeimen, die Wasserstraßen für den innerstädtischen Verkehr zu nutzen, eine Art »Omnibus-Linie« auf dem Wasser einzurichten. Badeanstalten waren entstanden, so vor dem Schlesischen Tor. Der Besitzer ließ das Dampfschiff »Constitution« täglich siebenmal von der Inselbrücke zu der Badeanstalt verkehren, weitere Unternehmungen folgten dem Gedanken, aber er konnte sich nicht durchsetzen. Der Aufbau des Personennahverkehr auf der Eisenbahn nach 1865, die Einrichtung von Omnibus-Linien auf der Straße sowie die Pferdebahn, die in kürzeren Abständen verkehren und schneller fahren konnten sowie von Wasser unabhängig waren, ließen die Ideen – trotz immer neuer Vorstöße – als nicht realisierbar erscheinen. Aus ihnen heraus entwickelte sich aber dann der Ausflugsverkehr auf dem Wasser, der in den sechziger Jahren des 19. Jahrhunderts

*Eduard Gaertner, Blick auf die Waisenbrücke, 1836*

begann und sich bis heute größter Beliebtheit erfreut.

Der Bau von Brücken diente der Wirtschaftsentwicklung der Stadt, lag jedoch in den Händen des Landesherrn, der wenig Interesse und Finanzmittel hatte, um die innere Kommunikation in der Stadt zu verbessern. Ihm genügte der repräsentative Ausbau einiger Brücken auf dem Weg zum Schloß. Die Stadt dagegen hatte dringendes Interesse am Ausbau der Verkehrswege auch durch Brücken. Zum einen wegen der Manufakturentwicklung, den immer länger werdenden Verkehrswegen innerhalb der Stadt sowie den Wegen nach außen. Die Festungsmauern störten und es begann in den dreißiger Jahren des 18. Jahrhunderts die »Entfestung«, die aber die Festungsgräben als Verkehrswege und Entwässerungskanäle nicht beseitigte. Brücken mußten gebaut werden und entstanden. Im Jahre 1737 verfügte die Stadt über 37 Brücken, die aber keinesfalls ausreichten.

1759 verheerte ein Brand den Mühlendamm. Alle auf der Mühlenseite gelegenen Bauten fielen ihm zum Opfer. Das war der Beginn der großzügigen Verlagerung einiger Mühleneinrichtungen auf den Windmühlenberg (Prenzlauer Berg) und in die Lohmühlenstraße (Treptow). Längere Verkehrswege mußten in Kauf genommen werden. Nach 1815, unter den Wirkungen der sich ankündenden industriellen Revolution, wandelte sich Berlin. Zunächst blieb im zentralen Bereich der Residenzcharakter noch vorherrschend, prägte sich im äußeren Erscheinungsbild sogar verstärkt aus; aber in den Außenbezirken, zum Beispiel vor dem Oranienburger Tor, begann sich die neue Zeit anzukündigen. Das Eisen beherrschte alle neuen Produktionsverfahren. Neue Fabriken – insbesondere Eisengießereien und Maschinenbaufabriken – entstanden. Nach 1830 setzte die industrielle Revolution voll ein und begann ihren Siegeszug, der die Stadt total »umkrempelte«.

Es strömten immer mehr Menschen nach Berlin. Die Zahl der Einwohner wuchs von 250.000 im Jahre 1815 auf 800.000 im Jahre 1871. Eine Planung der Stadterweiterung war dringend geboten. Aber sie wurde nicht von der Kommune getragen, sondern von den zentralen Staatsbehörden. Diese beeil-

*Eduard Gaertner, Königsbrücke mit Kolonnaden, 1832*

ten sich wiederum nicht, da der Stadtausbau durch Anlage von neuer Strassen, Plätzen und Brücken mit Kosten verbunden waren, die der Staat nicht tragen wollte und nicht konnte. Der Magistrat war an vielen Straßen interessiert, um Raum für die Ansiedlung weiterer Bevölkerungsgruppen zu erhalten. Alles in allem stellte sich damit auch das Problem der inneren Kommunikation der Menschen und des rationellen Transports der Waren, denen das Wasser der Spree, der Kanäle und Bäche einen gewissen Sperrriegel entgegensetzte.

Der Bau neuer Brücken wurde immer dringender. Auch hier war der Landesherr bzw. der Staat gefordert, der dies aber wegen des chronischen Geldmangels des Staates nicht leisten konnte und wollte. Als Ausweg bot der Staat geschäftstüchtigen Unternehmern den Bau von Privatbrücken an, d.h. kapitalkräftige Berliner ließen, nachdem sie das notwendige Kapital zum Brückenbau aufgebracht hatten, auf eigene Kosten oder auf Kosten einer von ihnen gebildeten Kapitalgesellschaft eine Brücke errichten. Ihre Benutzung konnte nur durch Hinterlegung eines Brückenzolls erfolgen, und da sie an Stellen errichtet wurden, die bei Überbrückung von Wasserläufen entscheidend Wege verkürzten, konnten die Anteilinhaber auf hohe Einnahmen hoffen. Nach einigen Jahrzehnten ging dann das Privileg ein, und der Staat übernahm die Brücke. So entstanden beispielsweise a) im Jahre 1820 im Zuge der Artilleriestraße – heute Tucholskystraße – die Ebertsbrücke. Sie wurde auf Veranlassung des Seehandlungs-Rendanten und Rechnungsrates Ebert errichtet und war bis 1825 nur gegen einen Brückenzoll benutzbar. 1825 wurde sie vom Staat übernommen; b) 1822 ließ der Kaufmann Jannowitz eine hölzerne Jochbrücke als neue Verbindung zwischen der Luisenstadt und der Stralauer Vorstadt errichten. 1831 hatten die Aktionäre ihren Gewinn gemacht, der Staat übernahm die Brücke und gab sie 1840 zur freien Nutzung. Inzwischen neugebaut, trägt die Brücke noch immer den Namen des geschäftstüchtigen Kaufmanns.; c) 1824 ließ der Justizrat Kunowski im Zuge der neu durch die ehemaligen Festungsanlagen durchgebrochenen Rochstraße am Alexanderplatz eine Brücke, die Kunowski- oder Rochstraßenbrücke, erbauen. Auch auf sie, die im Jahre 1825 eröffnet wurde, bezieht sich die Bezeichnung »Sechserbrücke«, denn ihr Brückenzoll betrug einen Sechser, d.h. einen halben Groschen oder sechs Pfennige; d) 1840 ließ der Maurermeister Schilling, der einer Aktiengesellschaft vorstand, eine Brükke zur Verbindung der Luisenstadt mit dem Stralauer Viertel errichten. Sie sollte der schnelleren Verbindung zum im Bau befindlichen Frankfurter Bahnhof – heute Ostbahnhof – dienen. Der Nachfolgebau trägt bis heute den Namen dieses Maurermeisters. Weitere, kleinere Unternehmungen wären aufzuzählen, sie alle lösten aber das Problem nicht; das Wasser der Spree bildete ein Hindernis im innerstädtischen Gefüge. So gab es zwischen dem Oberbaum und dem Mühlendamm nur zwei Brücken, die eben von Privatleuten gebaut worden waren.

Ernsthafte Spannungen zwischen der Stadt und dem Staat wegen des Baus von Brücken zogen herauf. Die Bildung des Deutschen Reiches und die Übertragung der Funktion der Reichshauptstadt auf Berlin ließen das gesamte Dilemma schlagartig sichtbar werden; die neue Kaiserstadt, die über Nacht in den Reigen der europäischen Großstädte – wie Paris, London, Wien – aufgestiegen war, gab sich im Innern betulich, biedermeierisch sowie für den Straßenverkehr kaum erschlossen.

Der neue internationale Status der Hauptstadt eines sich zur Großmacht entwickelnden Deutschen Reiches erforderte großzügigere Lösungen. Man fand diese nach langen Verhandlungen und veränderte die Rechtsstellung der Stadt im Detail. Im Dezember 1875 schlossen der Preußische Staat und die Stadt Berlin einen Vertrag über die Straßen und Brücken Berlins, die nun in Besitz und Eigentum der Stadt übergingen. Der Preußische Staat zahlte eine jährliche Rente von 556.431,22 Mark an die Stadt und behielt sich das Recht vor, gegen Zahlung des zwanzigfachen Betrages diese Zahlung jederzeit abzulösen. Damit fiel die Last des Brückenbaus auf die Stadt. Das geschah im Jahre 1882. Jeder der Beteiligten war sich bewußt, daß die Rente bzw. der dann zur Auszahlung kommende Betrag niemals ausreichen würde, um Straßen und Brücken dem wachsenden Verkehrsbedarf anzupassen. Aber die reich gewordene Gemeinde Berlin wollte auf das ihr zustehende Recht nicht verzichten, selbst über die Entwicklung des Verkehrs innerhalb der Stadt zu entscheiden.

Berlin übernahm 77 Brücken vom Staat, 21 Brücken hatte sie bereits vorher zu unterhalten gehabt, so daß 98 Brückenbauwerke zur Verfügung standen. 17 Brücken führten über die Spree, 16 davon wurden bis 1900 abgebrochen und ersetzt. Über den Spreearm führten 11 Brücken, davon wurden bis 1900 zwei ersetzt. Über den Landwehrkanal führten 16, über den Luisenstädtischen Kanal 7, über den Spandauer Schiffahrts-Kanal 4 und über die Panke 19. Über die alten Festungsgräben wie den Königsgraben führten 6 und über den Grünen Graben 16 Brücken. Sie wurden ersatzlos abgebrochen und die Gräben verfüllt. Zwei weitere Brücken führten nicht über Wasserläufe. Neue Brücken entstanden. Die Stadt Berlin gab von 1876 bis 1898 mehr als 22 Millionen Mark für den Neubau von Brücken aus. Im Jahre 1901 verfügte die Stadt über 96 Straßenbrücken. Die Zahl der Brücken hatte sich nicht verändert, aber sie hatten andere Standorte und folgten dem Verkehrsfluß.

Die Brückenbauten Berlins waren wahre Meisterwerke der Ingenieurbaukunst. Neben ihrer Funktion gestaltete die Zeit sie teilweise sehr aufwendig und ihre Baumassen waren sowohl auf die gefällige Ansicht zur Straße als auch zum Wasser gerichtet. Das traf insbesondere auf die in den Jahren 1895 bis 1897 durch den Architekten Otto Stahn entworfene Oberbaumbrücke zu. In dem Bauwerk drückte sich der wiedergewonnene Stolz der Stadt Berlin auf besondere Weise aus. Das Bauwerk hatte den Straßenverkehr aufzunehmen und wurde zugleich für den 1902 aufgenommenen Verkehr der Hochbahn, der heutigen Linie 1, vorbereitet. Als Eingangsbrücke in die Kernstadt erhielt die Brücke zum Wasser hin eine besondere Gestaltung. Es wurde der Gedanke aufgenommen, die Brücke wie ein Tor zum Wasser hin zu gestalten.

Die Brücke aus rotem, märkischem Backstein wurde mit Elementen der städtischen Tradition der Mark reich versehen. Die beiden Türme waren den Mitteltortürmen des Prenzlauer Stadttores nachgebildet und mit Zinnen versehen. An den Schauseiten der damals längsten Brücke der Stadt wurden Glasmosaike mit Wappen märkischer Städte angebracht. Dort befinden sich noch die heute die Wappen von Küstrin, Stendal, Brandenburg, Potsdam, Prenzlau, Frankfurt/Oder, Salzwedel und Ruppin. Der Innenraum unter dem Viadukt erhielt die Gestalt eines Klosterkreuzganges. An den Konsolen grüßen Köpfe Berliner Volkstypen den Betrachter. Das Bauwerk hatte eine Strombreite von 150 Metern zu überwinden und besaß einst sieben Wasseröffnungen für den Verkehr. Bei den Kämpfen in der Innenstadt im Jahre 1945 gesprengt, erfolgte 1961 das Abtragen der Reste der Türme. Nach der Überwindung der Spaltung der Stadt ist sie nach denkmalpflegerischen Kriterien in den neunziger Jahren wieder hergestellt und in ihrem Mittelteil an die veränderten Größenverhältnisse der Schiffe angepaßt worden.

In der Nähe der Brücke verweist am Gröbenufer eine funktionslos gewordene Anlage auf die Gestaltungskriterien der Ufer der Stadt. Einst lag an dieser Stelle die Kattundruckerei von Dannenberg, einem frühen Berliner Industriellen, der die Wiese hinter seiner Fabrik sowie das Wasser der Spree für das Bleichen der Stoffe nutzte. 1895 entstand an dieser Stelle eine Dampferanlegestelle, die durch die zwei Figuren – Schiffsbauer und Ruderer – geschmückt war und einen Bezug zum Wasser herstellte.

So wuchs Berlin nach 1900 unter dem Druck der Regulierung des innerstädtischen Verkehrsflusses zur »brückenreichsten Stadt der Welt«. Für das Jahr 1938 liegt eine Statistik vor. Nach ihr gab es in Berlin 927 Brücken, von denen 319 städtische waren. 352 waren Eisenbahnbrücken und 256 weitere Brücken gehörten nicht der Stadt. Von allen Brücken führten 524 über Wasserläufe, 121 über Eisenbahnen und 382 über Straßen.[53]

**Wasser und Industrialisierung**

Neue Entwicklungen im Gewerbe kündigten sich am Ende des 18. Jahrhunderts an. In England ging man dazu über, Dampfmaschinen neben dem Einsatz in Bergwerken zum Abpumpen des Grubenwassers im Gewerbe, zum Antrieb anderer Maschinen einzusetzen. Preußen folgte sehr schnell diesem Weg. Der erste Einsatz einer Dampfmaschine nach dem Vorbild von James Watt fand im Jahre 1785 in Hettstedt statt. Die Maschine sollte die Grube des Kupferbergbaus vom Wasser frei halten. Aber dann folgte bereits im Jahre 1795 der Einsatz einer Dampfmaschine in einer Maschinenspinnerei, der von Johann Georg Sieburg auf dem Grundstück Pariser Platz No. 6. Die industrielle Revolution warf ihre Schatten voraus und das nur zehn Jahre, nachdem in England eine Dampfmaschine im Textilgewerbe eingesetzt worden war. Interessanterweise lag die Maschinen-Spinnerei von Sieburg am Wasser, am Ufer der Spree, und er hatte im Jahre 1766 das Privileg erhalten, eine Waschbank zum Waschen der gefertigten Waren aufzustellen.[54]

Wie immer vollzog sich auch hier die Entwicklung nicht gradlinig, sie ging einen Umweg, der wieder etwas mit Wasser zu tun hatte. Die Bevölkerung der Stadt wuchs und wuchs und damit die Probleme der Versorgung. Immer mehr Güter wurden gebraucht und immer weitere Transportwege waren zu überwinden. Die Waren, die in der Stadt ankamen, mußten gelagert werden und eine neue Verteilungsorganisation aufgebaut werden. Speicher in bisher nicht bekannter Größe wurden gebraucht, um die Waren zwischenzulagern. Einer alleine konnte und wollte die notwendigen Bauten nicht errichten. Einerseits war so viel Kapital nicht da, und anderseits wollte eine Person oder ein Bankhaus nicht alleine das Risiko tragen. Auf viele Schultern verteilt sollte es minimiert werden.

Man entschied sich, eine Aktiengesellschaft zu gründen, d.h. möglichst viele Personen und Einleger zusammen zu bringen, um das notwendige Kapital zum Bau eines Speichers zu erhalten. Es bildete sich im Jahre 1824 die »Speicher Actien Gesellschaft«, die in den Jahren bis 1827 in der Nähe der heutigen Mühlendammschleuse, auf einer Insel, einen Speicherbau für den o.g. Zweck errichten ließ. Heute stellt die Bildung einer Aktiengesellschaft nichts Ungewöhnliches mehr da. Aber nicht so in Preußen. Hier gab es zwar nach holländischen Vorbild bereits im 17. Jahrhundert Aktiengesellschaften, die aber alle nur für den auswärtigen Handel eingerichtet wurden. Im Lande selbst konnten Aktiengesellschaft nur durch die persönliche Erlaubnis des Königs, dem sogenannten Octroi errichtet werden. Sie standen unter Polizeiaufsicht, denn man hatte vor diesen Gesellschaften Angst. Das rührte aus dem Verständnis des Obrigkeitsstaates her, der dieser Organisationsform von Kapital sehr ablehnend gegenüberstand. Derartige Gesellschaften entstanden oligarchisch, wurden also von Wenigen beherrscht. Diese Wenigen mußten das Geld haben und in die Gesellschaft einbringen. Aber innerhalb dieser Gesellschaftsform gab es Formen, die durchaus demokratische Züge trugen, denn die Gremien wurden gewählt, mußten Rechenschaft legen und konnten abgewählt werden. Eine Eingriffsmöglichkeit auf Grund der Geburt sowie besonderer Rechte und Privilegien gab es nicht. Das galt im Königreich Preußen als politisch gefährlich. Auch wenn es noch längere Zeit dauerte, aber mit dieser Aktiengesellschaft begannen sich moderne Formen der Gewinnung von Kapital durchzusetzen.

Die Speicher-Actien-Gesellschaft erhielt am 5. Februar 1836 die Rechte einer juristischen Person. Das bedeutete u.a., daß sie Grundstücke erwerben und bebauen konnten. Sie legte weitere Speicher an. So u.a. an der Spree, direkt neben dem Schloß Monbijou. Neue Komplikationen tauchten auf. Der zu bauende Speicher (die Fundamente der Anlagestelle sind stromaufwärts noch an der Monbijoubrücke zu erkennen) hätte Schatten auf die Gärten des Schloß Monbijou geworfen. Lange Verhandlungen waren nötig, bis König Friedrich Wilhelm IV. am 25. November 1843 den Bau mit Auflagen genehmigte. Die moderne Zeit kündigte sich: Neue Formen der Kapitalgewinnung und Probleme des Umweltschutzes zeigten sich als Probleme neuer Entwicklungen.

Trotz aller beginnenden Abwendung vom Wasser als Verkehrsträger, Gestaltungsmittel bei dem Bau insbesondere neuer Industrieanlagen blieb es. Seit der Mitte der sechziger, aber dann vor allem in den achtziger Jahren wurden aus Platzmangel Industriebetriebe aus der Kernstadt zunehmend an den Rand verlegt; sie »wanderten« in das Umland. Dabei spielte das Wasser als Verkehrsträger eine nicht unbedeutende Rolle, vor allem nutzten es die Architekten bei der Errichtung der neuen, großzügigen Produktionsanlagen auch als Gestaltungsmittel. Verwiesen sei auf die Werkstätten des Militärs in Spandau, aber vor allem auf die um 1880 in der heutigen Ottomar-Geschke entstandene Wäscherei Spindler sowie im Industriegebiet zwischen einerseits der Wilhelminenhof- und Ostendestraße und der Spree anderseits. Dabei ragt die Anlage des ehemaligen Kabelwerkes Oberspree besonders heraus.

Die Verschiebung des Verkehrsaufkommens auf die Eisenbahn und dann die Straße tat dem Güterverkehr auf dem Wasser keinen Abbruch. Die Waren kamen auch auf dem Wasser nach Berlin, z.B. Ziegelsteine und Baumaterial. Das führte zu der Erkenntnis, daß »Berlin aus dem Kahn gebaut wurde«. Mit der Erarbeitung exakter Statistiken erhalten wir sehr genaues Material über den Umfang des Schiffsverkehrs. So zählte man 1866 – beladen oder unbeladen – 70.685 Schiffe in den Hafenanlagen Berlins; 1867 waren es dann 14.000 mehr.[55] Es kamen 25.122 beladene Schiffe an, aber nur 2.754 Schiffe verließen die Stadt wieder beladen. Berlin zog also Waren an, die in der Industrie der Stadt veredelt wurden. Weiterhin sind in diesen Summen die Brennstoffe enthalten, die diese Stadt verbrauchte sowie die Baumaterialien für den weiteren Ausbau der Stadt. Es war aber überwiegend ein nicht Grenzen überschreitender Verkehr mehr, sondern die Masse der Schiffe – über 90 Prozent – kam aus den Königreich Preußen.

Im Jahre 1905 z.B. wurden 2.275.080 Tonnen Steinkohle, Koks und Darrsteine nach Berlin transportiert. Davon kamen die Hälfte – oder 1.149.849 Tonnen – auf dem Wasser nach Berlin.[56] Trotz der Zunahme von Eisenbahn- und Autoverkehr, der Verkehr auf den Wasserstraßen blieb bedeutend. 1939 kamen Waren im Gesamtgewicht von 22.323.000 Tonnen nach Berlin, auf den Wasserstraßen wurden davon 7.738.000 befördert.[57] 6.235.000 Tonnen Güter verließen die Stadt, auf dem Wasserwege 1.416.000.[58]

Der Moloch Berlin brauchte jeden Tag neue Lieferungen, um sich am Leben zu erhalten. 1925 z.B. waren es pro Tag 23.000 Tonnen Kohle und etwa 3 bis 4.000 Schweine, um nur einige Daten zu nennen. 1929, um nur ein Jahr anzuführen, kamen 26, 3 Millionen Tonnen Güter in die Stadt, davon 9,3 Millionen (35 Prozent) mit dem Schiff. Im selben Jahr verließen 6,3 Millionen Tonnen die Stadt, davon 1,4 (22 Prozent) ebenfalls mit dem Schiff.[59]

Zu jeder Zeit wurde am Ausbau der Wasserstraßen um Berlin gebaut. In den achtziger Jahren des 19. Jahrhunderts begann die Randwanderung der Berliner Industrie, die enorme Forderungen an das Verkehrswesen stellte. Neu Kanäle entstanden, so in den Jahren 1874 bis 1885 der Finowkanal mit zwei Schleusen. Weitere Bauten waren der Großschiffahrtsweg von Berlin nach Stettin (1906 bis 1914), der Müllroser Kanal und der Oder-Spree-Kanal (Baubeginn 1887). Stichkanäle erschlossen Flächen für neue Industriegebiete. Mit 37 Kilometern Länge entstand der 1906 eingeweihte Teltowkanal, der Havel und Spree vom Verkehr entlastete, indem er die Umfahrung Berlins im Süden und an seinen Ufern die Anlage neuer Industrieanlagen ermöglichte. Hinzu kam der Große-Schiffahrts-Weg, der 1914 die Oberhavel mit dem Finowkanal verband. Damit konnte der Anschluß Berlins an den Hafen von Stettin verbessert werden.[60]

Die zwanziger Jahre erbrachten infolge von Einwirkungen der internationalen Politik große Veränderungen. Die Zahlungen der Reparationen des 1. Weltkriegs lagen schwer auf dem Land, sie mußten aufgebracht werden. Dem Dawes-Plan von 1925 folgten zwar Erleichterungen und Regulierungen, aber die Deutsche Reichsbahn hatte als Sicherheit für die aufzubringenden Summen zu dienen. Das machte die Tarife im Güterverkehr teurer, und die Eisenbahn konnte deshalb nicht oder nur begrenzt in die anstehende, notwendige Rationalisierung, die auch eine Verbilligung der Güterverteilung erforderte, einbezogen werden.[61] Als gangbarer Ausweg wurde der Ausbau der Wasserwege im Deutschen Reich angesehen, der wiederum auf Berlin zentriert werden sollte. Die Folge war ein enormer Ausbau der Hafenanlagen in Berlin.

Berlin besaß 1926 insgesamt sieben Häfen: den Osthafen, den Westhafen, den Neuköllner Hafen, den Spandauer Hafen, den Tegeler Hafen, den Humboldt-Hafen sowie den Urban- Hafen. Hinzu kamen mehrere Ladestraßen an verschiedenen Stellen der Stadt. Die Gesamtfläche aller Hafenanlagen betrug 1.207.000 Quadratmeter, davon waren 282.000 Quadratmeter Wasserfläche. Der größte Hafen war der 1923 fertiggestellte Westhafen mit einer Wasserfläche vom 103.000 und einer Landfläche von 288.000 Quadratmetern, gefolgt vom Osthafen.

Besonders bemerkenswert von den Gebäuden des Westhafens war der Getreidespeicher, der in zehn Geschossen 30.000 Tonnen loses Getreide aufnehmen konnte. Alle Arbeiten wurden durch moderne Geräte wie eine Saugförderanlage ausgeführt. Ebenso bedeutend war im Westhafen die Kohlenanlage, auf deren Lagerfläche bis zu 100.000

*Paul Andorff, Die Spree, 1881. Im Hintergrund die Wäscherei Spindler in Köpenick*

Tonnen Kohle gelagert werden konnten. Wesentlich kleiner waren die Anlagen des Osthafens, der Getreidespeicher konnte aber immerhin 9.000 Tonnen Getreide aufnehmen. Die Hafenanlagen, die in städtischen Besitz waren, wurden 1923 an die »Berliner Hafen- und Lagerhaus AG, genannt Behala« verpachtet und von ihr verwaltet.

Kaum fertiggestellt, begannen Erweiterungsarbeiten für den Westhafen, die dann am 1. August 1927 abgeschlossen werden konnten. Dieser Hafen wurde zum zweitgrößten deutschen Binnenhafen ausgebaut. Er erhielt ein drittes Becken, so daß sich seine Gesamtfläche auf 432.713 Quadratmeter vergrößerte; es konnten nun 150 Schiffe gleichzeitig anlegen. Dem inneren Ausbau dieser Anlagen folgten außerhalb der Stadt der weitere Ausbau der Kanäle sowie die Vergrößerung ihrer Kapazität. Der Mittellandkanal wurde von Hannover-Misburg bis zur Elbe bei Magdeburg geführt, und im Zusammenhang mit der Erweiterung des Ihle-Kanals und des Plauer Kanals konnte Berlin eine direkte Verbindung vom Rhein auch für Großschiffe erhalten. Im Osten der Stadt begann der Ausbau der Spree-Oder-Wasserstraße auf das Maß des Mittellandkanals. Ferner wurde damit begonnen, die Oder unterhalb Breslaus zu regulieren, um durch die Erhöhung der Fahrwassertiefe eine erweiterte Durchlaßfähigkeit für größere Schiffe zu erhalten.

Der Bau des Mittellandkanals war seit dem Beginn des 20. Jahrhunderts geplant, er stellte das Herzstück der Wasserstraßenpläne dar. Erbitterte Kämpfe wurde im preußischen Abgeordnetenhaus geführt. Ein Gesetz vom 1. April 1905 bestimmte, daß der westliche Teil des Mittellandkanals als Rhein-Weser-Kanal ausgeführt werden sollte. Eine Verlängerung über Hannover hinaus wurde damals verworfen.

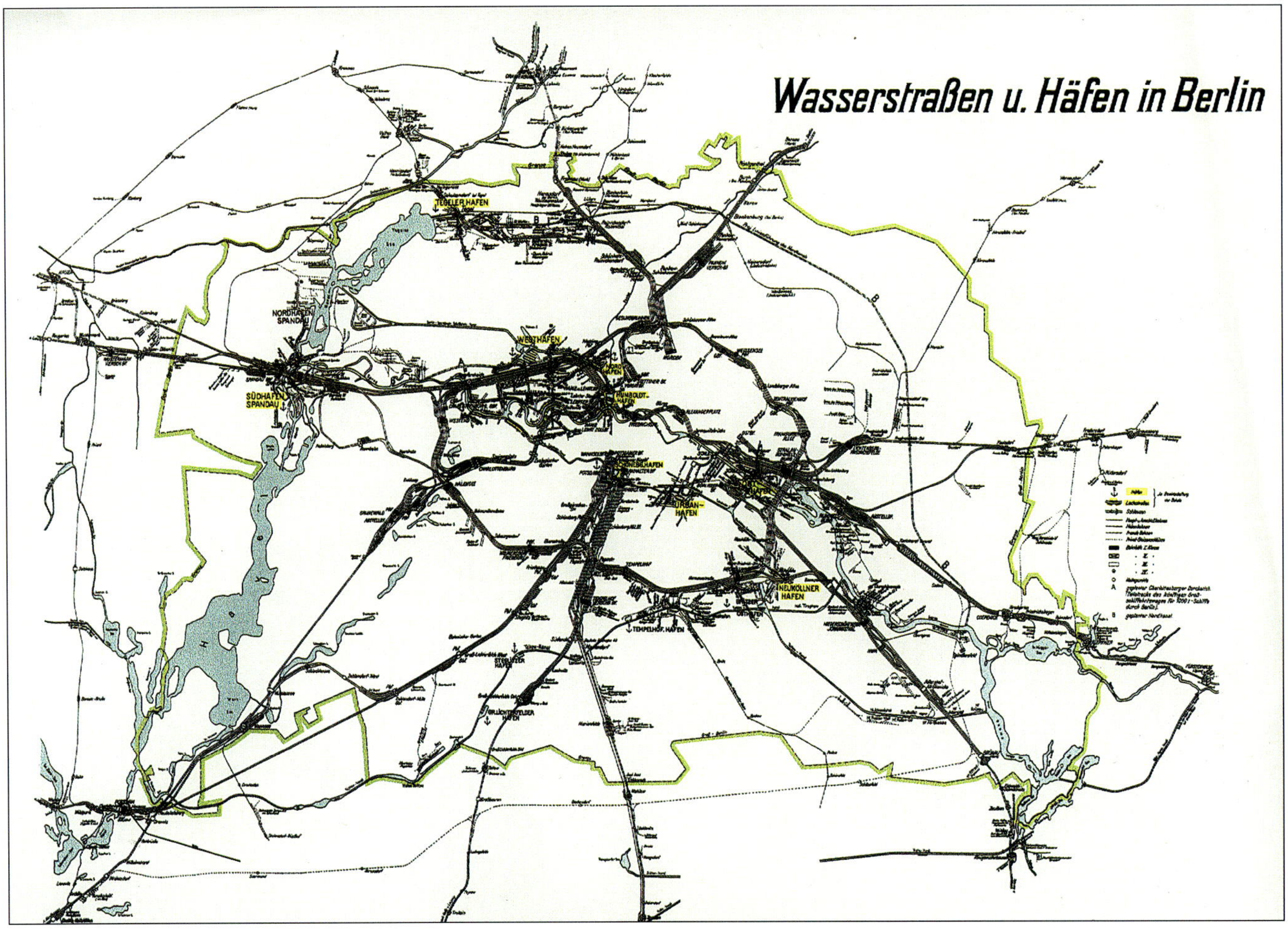


*Berlins Wasserstraßen und Häfen, 1924*

Nach dem 1. Weltkrieg schloß die Reichsregierung im Jahre 1921 mehrere Verträge mit den beteiligten Ländern des Deutschen Reiches, die dann die Erweiterung des Kanals nach Osten ermöglichten. Hintergrund der Auseinandersetzung waren massive wirtschaftliche Interessen. Insbesondere Hamburg sträubte sich gegen diesen Kanal, denn diese Stadt vermittelte u.a. die Lieferung von 1,5 bis 2 Millionen Tonnen englischer Kohle nach Berlin. Durch den neuen Kanal war aber auch der Transport der billigen Steinkohle aus dem Ruhrgebiet kostengünstig möglich. Fast gleichartige Auseinandersetzungen gab es auch im Osten Berlins bei der Herstellung der günstigen Verbindung zur Oder und zum Oberschlesischen Industrierevier.

Neue Schleusen wurden auf den Wasserstraßen errichtet. Besondere Bewunderung rief das Schiffshebewerk bei Magdeburg/Rothensee hervor, das aber noch durch das Schiffshebewerk bei Niederfinow übertroffen wurde. In einer Bauzeit von 1927 bis 1934 konnte dieses technische Meisterwerk zur Überwindung von 37 Metern Höhenunterschied nach Entwürfen von K. Plarre errichtet werden. Ein Trog von 85 Meter Länge und 12 Meter Breite hebt die Schiffe an oder senkt sie in fünf Minuten bei einer Gesamtschleusungszeit von 20 Minuten. Da das Werk frei in der Landschaft steht, zog und zieht es immer Menschen an, die dieses Wunderwerk der Technik besichtigen. Eine Karte der Berliner Wasserstraßen und Häfen aus dem Jahre 1924 zeigt eine Gesamtansicht der damals existierenden Anlagen sowie das komplizierte Geflecht der Wasserstraßen in und um die Stadt.

Und auch dieser Vorgang gehört zur Wasserstadt Berlin. In der Schlacht um Berlin, einer der letzten und bedeutenden Schlachten des zweiten Weltkrieges, kam es auf sowjetischer Seite zum Einsatz von speziellen Marinekräften, der Dnjeprflottille. Dieser Kampfverband wurde vom Bug und vom Pripjat innerhalb von 20 Tagen über 800 Kilometer Entfernung herangeführt. Ihr Einsatz war wohl dem Wasserreichtum in und um Berlin sowie der Einbindung der Mark Brandenburg in das beschriebene Wasserstraßennetz geschuldet. Ein Teil der Schiffe wurde auf der Eisenbahn transportiert, die anderen auf den vom Krieg gezeichneten Flüssen, Seen und Kanälen. Mehr als 75 zum größten Teil gesprengte Brücken mußten unterfahren und an den verschiedensten Stellen der Fahrweg gesäubert werden. Nur sehr knapp ging die sowjetische Geschichtsschreibung auf diesen bemerkenswertenVorgang ein: »Im engen operativ-taktischen Zusammenwirken mit den Landstreitkräften lösten die Schiffe der Flottille verschiedenartige Aufgaben. Sie wirkten bei der Artillerievorbereitung mit, unterstützten die angreifenden Truppen bei der Forcierung von Wasserhindernissen und nahmen auf der Spree aktiv am Kampf um Berlin teil.«[62]

## Vom Nutzen des Wassers in Haushalt, Freizeit und für die Stadt

Auch unterirdisch liegt Berlin am Wasser, das wird aber wenig zur Kenntnis genommen. Obwohl man in Berlin darum wußte, welche Bedeutung der Fluß für die Stadt hatte, war die Spree über lange Zeit die Kloake der Stadt. Alles, was man nicht mehr brauchte, warf man in den Fluß – Straßendreck und Fäkalien. Größere Gegenstände in den Fluß zu werfen, war verboten und das wurde auch streng kontrolliert, aber nicht immer eingehalten. Man vertraute auf die Selbstreinigungskräfte des Wasser und solange die Siedlung klein war, mag dieser Weg auch möglich gewesen sein.

Typisch für den Umgang mit dem Wasser war die Anlage der Schlachthäuser. Sie lagen am Ausgang der Städte, direkt am oder über dem Wasser. Das Schlachthaus von Berlin befand sich zunächst etwa in der Höhe der heutigen Friedrichsbrücke, und die Straße hieß dort »Am Wursthof«, später erfolgte eine Verlegung stadtauswärts auf die Höhe der Bunsenstraße. Die entsprechende Einrichtung für Cölln befand sich in der Nähe der heutigen Gertraudenbrücke. Hier wurde geschlachtet, Wurst gemacht usw. Die nicht zu verbrauchenden Reste trug dann der Fluß fort.

Nur langsam setzte ein Umdenken ein. Die Bewohner der Städte waren sorglos, was das Wasser betraf. Hof- und Straßenbrunnen versorgten die Stadt mit dem notwendigen Brauch- und Trinkwasser. Das waren zunächst durchweg Ziehbrunnen, die von Bürgern instandgehalten werden mußten. Strenge Strafen standen auf Verunreinigung und mangelnde Pflege. Später setzten sich die Ventilbrunnen durch, neben denen – für den Brandfall – jederzeit gefüllte Wassertonnen zu stehen hatten. Die Brunnen gaben der Lage der Stadt in der Spreetalmulde gutes Wasser in ausreichender Menge, die Bewohner der Stadt litten keine Not an Wasser. Eine zentrale Wasserversorgung setzte sich nicht durch, denn das Grundwasser stand relativ niedrig.

Der Einführung einer zentralen Wasserversorgung und der Behandlung des Abwassers sah man auch in der Stadtverwaltung als nicht dringlich. Insbesondere die Zustände in der Entsorgung der Stadt wurden aber durch das Wachstum der Stadt immer unhaltbarer. In den Straßen wurden steinerne Rinnen angelegt, über die kleine Brücken führten. Träge und übelriechend flossen die Abwässer in Richtung Spree. Wehe dem, der bei Dunkelheit die Übergänge verfehlte und in die »Rinnsteine« fiel.

Genauere Nachrichten über Krankheiten, insbesondere über die Cholera besitzen wir aus dem Jahre 1816. 1831 kam es dann zu einer Katastrophe, zur Choleraepidemie. Diese Krankheit breitete sich seit 1816 von Indien kommend aus, erreichte aber noch nicht Europa. Der zweite Seuchenzug der Jahre 1826 bis 1837 erreichte dann Rußland und 1831 auch Berlin. Der ersten Welle in diesem Jahre fielen in Preußen 32.647 Menschen zum Opfer, in der achten Welle im Jahre 1866 114.683 Personen.[63] Die Angst vor der Cholera beherrschte den Alltag, man suchte nach den Wurzeln und vermutete schon 1849 einen Zusammenhang zwischen Zusammendrängung der Bevölkerung und der Unreinlichkeit, ein Zusammenhang, der durch Robert Koch nach der Entdeckung des Choleraerregers nach 1883 bestätigt wurde.

Das intensivierte die Bemühungen Einzelner nach einer zentralen Wasserversorgung und der Behandlung der Abwässer. Man hatte im Magistrat Angst vor den hohen Kosten, die den Bürgern auferlegt werden mußten. Die Staatsregierung nahm deshalb den Handlungsfaden auf, und hier war es insbesondere der Polizeipräsident Carl Ludwig von Hinckeldey, der auch in Projekten der Stadtmodernisierung aktiv war. Er schloß am 14. Dezember 1852 namens der Staatsregierung mit zwei englischen Unternehmern einen Vertrag über die Wasserversorgung Berlins. Diesen wurde das Recht eingeräumt, vom 1. Juli 1856 an die Stadt Berlin gegen Entgelt mit fließendem Wasser zu versorgen. Das Anlagekapital für das Unternehmen wurde auf 1,5 Millionen Taler festgesetzt und der Stadt Berlin eine Beteiligung angeboten. Diese lehnte ab.

Am Stralauer Tor, vor der Stadt, in der Nähe der Oberbaumbrücke entstand das Wasserwerk und auf dem Windmühlenberg im heutigen Verwaltungsbezirk Prenzlauer Berg die Druckausgleichsanlage, deren Reste sich bis heute erhalten haben. Das Wasser wurde direkt der Spree entnommen. gereinigt und in die Häuser geleitet. Die Bewohner der Häuser, die an die Anlage angeschlossen waren, schienen dies genossen zu haben, denn sie verbrauchten pro Kopf und Tag im Jahre 1859 224 Liter Wasser – ein Wert, der den heutigen Verbrauch fast um das Dreifache übertraf.

Mit dem Anwachsen der Stadt hob sich die Wirtschaftlichkeit des Unternehmens, das 1859 als »Berliner Wasserversorgungsgesellschaft« mit Sitz in London firmierte. Für 25 Millionen Mark ging das Unternehmen dann am 1. Dezember 1873 in den Besitz der Stadt über, die am Tegeler See (seit 1877 in Betrieb) und am Müggelsee (seit 1893 in Betrieb) neue Werke errichtete. 1879 förderten diese Werke 21 Millionen Kubikmeter Wasser, und da die Mehrzahl der Grundstücke nun an das Rohrnetz angeschlossen war, florierte das Unternehmen. Die Einführung der Wasseruhren in den Wohnungen (1879) verminderte den Verbrauch auf 62 Liter pro Kopf und Tag.

Die Gemeinden um Berlin errichteten eigene Wasserwerke, so die Stadt Charlottenburg, die durch die »Charlottenburger Wasser- und Industriewerke AG.« versorgt wurde. Nach der Bildung von Groß-Berlin kam die Mehrzahl dieser Werke in den Besitz der Stadt, letztendlich dann alle.

Wo Wasser hinkam, mußte es auch wieder wegfließen. Zunächst ließ man es in die zahlreichen Sickergruben auf den Höfen der Häuser und in die Rinnsteine auf den Straßen ablaufen. Dort breite sich Gestank aus, und das Wasser wurde auf die primitivste Weise in die Spree geleitet. Abhilfe war dringend geboten, aber wegen der zu erwartenden hohen Kosten immer wieder hinausgeschoben. Hygienische Gebote, angesichts der hohen Zusammenballung von Menschen in Berlin immer notwendiger geworden, blieben unberücksichtigt. 1872 hieß es, daß die Stadt wegen ihrer mangelhaften stadthygienischen Einrichtungen unter den Hauptstädten der zivilisierten Welt als die »schmutzigste und pestathmendeste« auch »übelrichendste« galt.[64]

August Bebel, der Führer der Sozialdemokratie schrieb in seinen Lebenserinnerung über die Einrichtungen des Jahres 1867 in Berlin: »Bedürfnisanstalten auf den Straßen und Plätzen gab es nicht. Fremde und namentlich Frauen gerieten in Verzweiflung, bedurften sie einer solchen. In den Häusern selbst waren diese Einrichtungen meist unglaublich primitiv. Eines Abends besuchte ich mit meiner Frau das Königliche Schauspielhaus. Ich war entsetzt, als ich in einem Zwischenakt in den Raum trat, der für die Befriedigung kleiner Bedürfnisse der Männer bestimmt war. Mitten in dem Raumstand ein Riesenbottich, längs den Wänden standen einige Dutzend Pots de Chambre, von den man den benutzten höchst eigenhändig in den großen Kommunebottich zu entleeren hatte. Es war recht gemütlich und demokratisch. Berlin als Großstadt ist wirklich nach 1870 aus dem Zustand der Barbarei in den der Zivilisation getreten.«[65]

Diese Wandlung hat Berlin u.a. auch dem Wirken von Rudolf Virchow zu verdanken, der rückblickend selbstbewußt feststellte, daß, dank seiner Tätigkeit als Stadtverordneter, Berlin »eine der reinlichsten und schönsten, aber auch der gesündesten« Großstädte geworden sei.«[66] Am 6. März 1873 entschied sich dann die Stadtverordnetenversammlung zum Bau einer Kanalisation, für die Virchow als Führer der liberalen Mehrheit in dieser Versammlung gekämpft hatte. Die Stadt wurde unterirdisch entwässert und das Brauchwasser auf Rieselfelder außerhalb der Stadt gereinigt. Ein geschlossenes, ökologisches System konnte aufgebaut werden, das den Ruf der Stadt als »reinlichste Großstadt« Deutschland begründete.[67]

Das hatte wohltuende Folgen für die Hygiene in der Stadt und für die private und öffentliche Toiletten in den Wohnungen und den öffentlichen Gebäuden. Badeanstalten auf der Spree folgten bald Badezimmer in den Wohnungen, zuerst in denen der Bessergestellten und nach und nach auch in allen neugebauten Wohnungen der Stadt. Stadthygienische und stadttechnische Initiativen[68] bestimmten zunehmend das öffentliche und private Leben in der Stadt und ließen auch neue Formen der Reinlichkeit und der Erhöhung der Lebensqualität folgten.

Die neue Reinlichkeit ließ auch Erinnerungen an die Badeweise des Mittelalters wieder aufleben. In Berlin stand im 15. Jahrhundert im Krögel, in der Nähe des Mühlendamms, eine Badestube mit warmem und kaltem Bad. Die Geschlechter badeten gemeinsam. Auf einem Brettergestell stand Wanne neben Wanne, und über jede war ein Brett gelegt, auf dem Speisen und Getränke aufgetragen werden. Es liegt nahe, daß das Treiben nicht so ganz harmlos war. Sie galten in ihrer Zeit als Freß-, Sauf-, Unzucht- und Luderhäuser. Der Ruf der »Reibemägde« und »Reibeknechte«, der niemals gut war, wurde mit der Zeit immer schlechter. Es kam hinzu, daß für das Heizen der Bäder Raubbau am Wald getrieben werden mußte. Das Holz wurde knapper und damit auch teurer, die Erhöhung der Preise sowie die Ausbreitung neuer Seuchen – vor allem die »Mals franzosa«, die Syphilis – ließen die Häuser nach und nach eingehen. Die Jugend badete im Fluß oder in den Seen, die Reinlichkeit wurde immer teurer und ging teilweise auch verloren. In der zweiten Hälfte des 19. Jahrhunderts änderte sich das grundlegend und bestimmte den Alltag. Um 1900 entstand der Schlager: »Das ist die Berliner Luft, so mit ihrem holden Duft«, und diese Zeile bezog sich auf den neuen, erreichten Zustand der Hygiene in der Stadt.

Die neuen, sich langsam entwickelnden Möglichkeiten der Freizeit griffen auch nach dem Wasser. Ein Detail dabei war der Eislauf. Mit der holländischen Zuwanderung des 17. Jahrhunderts kam auch der Eislauf nach Berlin. Für die Kufen nutzte man die Knochen der Hinterbeine der Schweine, Eisbeine genannt; daher also der Begriff. Zunächst gab es keine Schwierigkeiten der Nutzung der Berliner Gewässer. Die zunehmende, dichtere Besiedlung der Stadt führte dazu, daß das Wasser in der Stadt nicht mehr fror, d.h. es gab immer weniger Flächen zum Eislaufen. Man mußte in die Umgebung ausweichen. Aber erst mit dem Aufbau des Öffentlichen Personennahverkehrs ergab sich die Möglichkeit, die außerhalb der Stadt liegenden Gewässer dafür zu nutzen. Es war fast ein Rausch, vergleichbar mit dem heutigen Inline-Skating. Man konnte mit dem öffentlichen Verkehr fast jeden Punkt an den Gewässern erreichen. Spezielle Karten mit Informationen über die Qualität der Eisstrecken erschienen; Ausdruck neuer Verbindung mit dem Wasser, in diesem Falle mit »gefrorenem« als Ausdruck neuer Lebensqualität.

Eine neue Lebensqualität hielt im Alltag Einzug, und die war im persönlichen Bereich eng mit dem Wasser verbunden. Auch der nach der Jahrhundertwende beginnende Ausflugsverkehr in die nahen und fernen Gebiete um die Stadt orientierte sich am Wasser, denn das Baden in der Freizeit gehörte zum harmlosen und einfachen Alltagsvergnügen. In dem populären Schlager » Pack die Badehose ein ...« fand das Anfang der fünfziger Jahre seinen Ausdruck.

Arbeitslosensiedlungen der zwanziger Jahre wie »Kuhle Wampe« am Müggelsee, Freikörperkultur, spezielle Bewegungen an Licht, Luft und Wasser orientiert, leiteten zu einem anderen, neuen Verhältnis zum Wasser über. Gewerbliche und industrielle Nutzung trat in den Hintergrund, der Verkehr auf dem Wasser war auch geringer geworden, in der Freizeit aber spielte das Wasser – auch als Lebenselexier – eine immer größere Rolle.

»Datschen«-Siedlungen, Dauercamper am Wasser, Segel- und Rudervereine entdeckten das Wasser in einem langen Prozeß neu. Es folgte die Wiederentdeckung des Wassers als stadtgestaltendes Element. Durch den Niedergang industrieller Nutzung von Flächen am Wasser ergab sich die Möglichkeit, diese Flächen durch Wohnungsbau stärker in das öffentliche Bewußtsein zu heben und am Wasser orientiertes Wohnen zu ermöglichen. In der Zukunft werden sich neue Formen ergeben, die in sich die Summe der historischen Entwicklung tragen und weitere Entwicklungen zulassen.

## Anmerkungen

1. Otto Berndt, Die Zahl im Kriege, Statistische Daten aus der neueren Kriegsgeschichte, Wien 1897, Tafel 20, S. 29 f.
2. Zit. nach Siegfried Fiedler, Kriegswesen und Kriegführung im Zeitalter der Revolutions- kriege. In: Heerwesen der Neuzeit, Abteilung III, Koblenz 1988, S. 177.
3. Klaus Goldmann, Neue Gesichtspunkte zur Entwicklung der Märkischen Landschaft. In: Bürger Bauer Edelmann, Berlin im Mittelalter, Berlin 1987, S. 36. Ob es sich allerdings bereits um Bauten aus der Bronzezeit handelt, darf bezweifelt werden. Siehe dazu Klaus Goldmann, Märkische Kulturlandschaft – das Erbe der bronzezeitlichen Kolonisation? In: Ausgrabungen in Berlin, Heft 6/1982, S. 5 ff.
4. Klaus Goldmann, Neue Gesichtspunkte zur Entwicklung der Märkischen Landschaft. In: Bürger Bauer Edelmann, Berlin im Mittelalters, Berlin 1987, S. 32 ff.
5. Ebd., S. 32.
6. Ebd., S. 36.
7. Ebd., S. 36.
8. Adriaan von Müller, Klara von Müller-Muci, Ausgrabungen und Funde auf dem Burgwall in Berlin-Spandau, Berlin 1987. Berlinische Beiträge zur Vor- und Frühgeschichte. Neue Folge Band 5.
9. Joachim Herrmann, Wasserstand und Siedlung im Spree-Havel-Gebiet in frühgeschichtlicher Zeit. In. Ausgrabungen und Funde, Bd. 4, 1959, S. 90 ff. sowie ders. Die Grabungen und der Schloßinsel in Berlin-Kπpenick im Jahre 1956. In: Ausgrabungen und Funde, B. 2, 1957, S. 183 ff.
10. Adriaan von Müller, Edelmann, Bürger, Bauer, Bettelmann, Berlin im Mittelalter, Berlin 1981, S. 177.
11. Siehe dazu u.a. Heinrich Herzberg unter Mitarbeit von Hans Joachim Rieseberg, Mühlen und Müller in Berlin, Berlin 1986, S. 50 ff.
12. Siehe dazu Laurenz Demps, Anmerkungen zu einem Dokumentenfund vom Mühlendamm und den Werderschen Mühlen. In. Jahrbuch Stiftung Stadtmuseum, 1997, S. 175 ff.
13. Geheimes Staatsarchiv Preußischer Kulturbesitz (im weiteren GStPK), Rep. 21, No. 192. Fasz. 1, Bl. 22.

14. Ebda, Bl. 23.
15. Peter Bloch und Ludwig Scherhag, Grabmäler in Berlin III, Exempel: Die Kirchhöfe des 18. Jahrhunderts vor dem Halleschen Tor. In: Berliner Forum 7/80, S. 7 f.
16. Bruno Flierl, Vom Münzturm zum Fernsehturm. Höhendominanten in der Stadtplanung von Berlin. In: Studien zur Berliner Kunstgeschichte, Leipzig 1986, S. 11 ff.
17. Werner Hegemann, Das steinerne Berlin. Die Geschichte der größten Mietskasernstadt der Welt. Lugano 1930. Bauwelt Fundamente 3. Berlin, Frankfurt/M., Wien 1963, S. 83.
18. Zit. nach Ebd., S. 84.
19. Ebd.
20. GStPK, Rep. 21, No. 192, Fasz. 1, Bl. 21
21. Gerhard Oestreich, Die Niederländische Bewegung und Brandenburg-Preußen. Ein Jahrhundert geistiger Beziehungen in der europäischen Gelehrtenrepublik, Berlin 1968, S. 17. Siehe auch Claudia Sommer, Niederländische Einflüsse auf die Landeskultivierung und Kunstentfaltung in Brandenburg von 1640 bis 1740. In: Onder den Oranje bomm, Nieder- ländische Kunst und Kultur im 17. und 18. Jahrhundert an deutschen Fürstenhöfen. München 1999, S. 205 ff.
22. Zentrales Archiv der geschlossenen Grundbücher (im weiteren ZAG), Grundbuchbezirk Werder, 6, Blatt 423, S. 9.
23. Siehe Adolf Streckfuß, 500 Jahre Berliner Geschichte. Vom Fischerdorf zur Weltstadt, Vierte Auflage, Berlin 1886, S. 358.
24. Zit. nach Wolfgang Müller, Die Anfänge des kurfürstlichen Schiffbaues in Berlin. In: Brandenburgische Jahrbücher, Band 11, Brandenburgische Schiffahrt, Potsdam und Berlin 1938, S. 95.
25. Siehe dazu Volker Wagner, Die Dorotheenstadt im 19. Jahrhundert, Berlin 1998, S. 309.
26. Diesen Begriff prägte Burkhard Hofmeister in seiner Studie »Berlin – eine geografische Strukturanalyse der zwölf westlichen Bezirke«, Darmstadt 1975 S. 16.
27. Ebd., S. 16
28. ZAG, Grundbuchbezirk Königsstadt, Band 42, Blatt 2586, S. 34 f.
29. Siehe dazu Werner Paravicini und Hans Patze in: Fürstliche Residenzien im spätmittelalterlichen Europa, Sigmaringen 1991, S. 463 ff. sowie Eckhard Müller-Mertens, Die landesherrliche Residenz in Berlin und Kölln 1280-1486. In: Zeitschrift für Geschichtswissenschaft, Jg. 36, 1988, S. 138 f.
30. ZAG, Grundbuchbezirk Königsstadt, Band 42, Blatt 2586, S. 2 f.
31. Jürgen Wilke, Berlin zur Zeit des Edikts von Potsdam, In: Hugenotten in Berlin, Berlin 1988, S. 14 ff.
32. Zit. nach Winfried Löschburg, Als das Lustschiff endlich am Schiffbauerdamm eintraf und andere Begebenheiten aus acht Jahrhunderten Berliner Geschichte, Berlin 1984
33. Hohenzollern-Jahrbuch 1900
34. Geheimes Staatsarchiv Preußischer Kulturbesitz, Rep. 36, Nr. 1889, Bl. 90.
35. Zu den Einzelheiten, siehe Winfried Löschburg, a.a.O., S. 72 f.
36. Ebenda, S. 74
37. Siehe dazu Dirk Finkemeier u. Elke Rölling, Vom »petit palais« zum Gästehaus. Die Geschichte von Schloß und Park in Pankow/Niederschönhausen. Hrsg. vom Kulturamt Pankow, Berlin 1998, S. 33.
38. So Hans Jahn, Bilder aus der Berliner Feldmark, Berlin 1940, S. 8.
39. Ludwig Hahn, Geschichte des preußischen Vaterlandes, Berlin 1881, S. 123.
40. ZAG, Grundbuchbezirk Friedrich-Wilhelm-Stadt, Band 11, Blatt 229, S. 52.
41. Ebd., S. 54.
42. Leopold Freiherr von Zedlitz, Neuestes Conversations-Handbuch für Berlin und Potsdam, Berlin 1834, Neudruck Berlin 1981, S. 693.
43. Siehe dazu Dieter Junge, Wasserwege in und um Berlin. In: Berlin: Von der Residenzstadt zur Industriemetropole, Aufsätze, Berlin 1981, S. 319 ff.
44. So ebd., S. 320.
45. Ebd., S. 321.
46. Kurt Groffert, Personenschiffahrt auf Spree und Havel, Berlin 1988, S. 41.
47. Ebd., S. 47.
48. So Joseph Mendelssohn in einer Eingabe an den preußischen Ministers des Innern vom 22. Juni 1830. Siehe dazu Laurenz Demps, Der Schlesische Bahnhof. Ein Kapitel preußischer Eisenbahngeschichte, Berlin 1991, S. 11 f.
49. Ebd., S. 88.
50. Siehe dazu u.a. Erich Eyser, Die Packhöfe in Berlin 1670 bis 1965, Manuskript 1965.
51. Karl Friedrich Schinkel, Reise nach England, Schottland und Paris, Hrsg. und kommentiert von Gottfried Riemann. Mit einem Beitrag von David Bindemann, Berlin 1986, S. 244.
52. Ebd. S. 252.
53. Berlin in Zahlen, Taschenbuch, Herausgegeben vom Statistischen Amt der Stadt Berlin, Berlin 1947, S. 37.
54. Siehe dazu Laurenz Demps, Der Pariser Platz. Der Empfangssalon Berlins, Berlin 1995, S. 30 ff.
55. Berlin und seine Entwicklung, Gemeinde-Kalender und städtisches Jahrbuch für 1868, 2. Jg.,Berlin 1868, S. 207.
56. Siehe Statistisches Jahrbuch der Stadt Berlin, 30. Jg., 1905, Berlin 1907, S. 193.
57. Berlin in Zahlen, 1945, Berlin 1948, S. 226.
58. Ebd., S. 227.
59. Berlin in Zahlen, S. 226.
60. Siehe zu dem gesamten Komplex Hans-Joachim Uhlemann, Berlin und die Märkischen Wasserstraßen, Berlin 1987, S. 22 ff und 131 ff. sowie Werner Natzschka, Berlin und seine Wasserstraßen, Berlin 1971.
61. Siehe Hermann Hahn, Die Wasserwirtschaft in ihrer Verbindung mit den deutschen Wasser-Straßenplänen. In: Probleme der neuen Stadt Berlin, Darstellung der Zukunftsausgaben einer Viermillionenstadt, Berlin 1926 S. 327 ff.
62. Geschichte des Zweiten Weltkriegs 1939 bis 1945 in zwölf Bänden, Zehnter Band, Berlin 1982, S. 414.
63. Siehe dazu Johann Friedrich Geist/Klaus Kürvers, Das Berliner Mietshaus 1740 bis 1862, München 1890, S. 152 ff.
64. Kommunalblatt Nr. 1872, zit. nach John von Simson, Kanalisation und Städtehygiene im 19. Jahrhundert, Düsseldorf 1983, S. 123.
65. August Bebel, Aus meinem Leben, Zweiter Teil, Berlin 1946, S. 125.
66. Zit. nach Arnold Bauer, Rudolf Virchow, Berlin 1982, S. 107.
67. Siehe dazu Manfred Stürzebecher, Stadthygiene. In: Jochen Bober, Tilman Fichter und Eckhardt Gillen, Exerzierfeld der Moderne, Industriekultur in Berlin im 19. Jahrhundert, Band 1, München 1984, S. 160 ff.
68. Hans Stimmann, Stadttechnik. In. Ebd. S. 170 ff.

Helmut Engel

# Bauen am Wasser

## Bauen in der Landschaft

Die Flüsse als Verkehrs- und Transportweg sowie die Flüsse und Seen als prägender Teil eines eindrucksvollen, romantisch empfundenen Landschaftsraumes bildeten die beiden Extreme, zwischen denen seit dem Mittelalter Stadtwerdung und Stadtentwicklung einsetzten, mit denen seit dem Hochbarock des späten 17. Jahrhunderts Architektur und Gartenkunst für den Monarchen und seinen Hofadel einen Bezugspunkt fanden und die seit der Romantik des späten 18. Jahrhunderts als Naturraumerlebnis für den Wanderer wie auch für den Bewohner solcher Naturräume der Lebensrahmen für einen empfindsamen Genuß wurden. Erst im 20. Jahrhundert wurde der Umgang mit Gewässer und Landschaftsraum zum Gegenstand stadtplanerisch wissenschaftlicher Betätigung, nicht nur im Hinblick auf den Erholungswert für die Großstadtbevölkerung, sondern nicht zuletzt auch unter den Gesichtspunkten von Schutz und Pflege sowie von Renaturierung, um die seit dem 19. Jahrhundert eingetretenen Zivilisationsschäden zu heilen.

Innerhalb der Stadt Berlin wurden – und werden heute in Ausnahmefällen immer noch – als Folge einer langen Entwicklungsgeschichte der Hof sowie

*Berliner Altstadt von »Neukölln am Wasser« aus gesehen, 1934*

*Dismar Dägen, Schloß Monbijou von der Wasserseite, um 1730*

*Johann Georg Rosenberg, Oberwasser vor dem Mühlendamm, um 1790*

die Wirtschaftsgebäude des Grundstücks in aller Regel, wenn es um gewerbliche Nutzungen ging, der Spree als einem Transportweg zugekehrt. Noch im späteren 18. Jahrhundert waren die auf das Wasser ausgerichteten Gewerbebetriebe – nicht zuletzt wohl auch der Fischer – in ihrer dichten Abfolge von Stegen, Fischkästen, Festmachern und Hinterhofgebäuden so eindrucksvoll, daß der Maler Johann Georg Rosenberg solche besonders von den Brücken aus wahrnehmbaren Vedouten in seinen Kupferstichen festhielt. Sein Bild hielt den Betrieb im Oberwasser vor dem Mühlendamm – und damit wohl auch ein seit dem Mittelalter andauernde Entwicklung – fest, denn der Mühlendamm als Standort der kurfürstlichen Mühlen zwang dazu, die Waren vom Oberwasser zum Unterwasser unterhalb des Mühlendammes umzuladen. Der Mühlendamm war denn auch jahrhundertelang im Stadtbild und in der Ansicht über den Flußlauf hinweg eine unübersehbare Landmarke, vergleichbar der Langen Brücke am Stadtschloß, die jedoch als Zäsur zwischen Bürgerstadt und Schloßbezirk des Kurfürsten frei von den Mühlenbauten und Verkaufsständen war, wie sie der Mühlendamm aufwies. Die Wasserlandschaft wurde auch an einem Ort wie dem Mühlendamm von Gewerbebauten bestimmt. Wie wichtig das Wasser als Wirtschaftsfaktor auch im 18. Jahrhundert war, belegte die Ansiedlung der Splittgerber'schen Zuckerraffinerie unter Friedrich dem Großen 1749 auf einem solchen wassernahen Grundstück an der Waisenbrücke, der dritten wichtigsten Brücke der Stadt. Daß die zum Berliner Hafen auf dem Friedrichswerder gehörenden staatlichen Ämter wie das Accise-Amt oder das Plombage-Amt sich dem Wasser zuwendeten, lag in der Funktion eines solchen Hafenbetriebes, der einen für Berlin entscheidenden Knotenpunkt im wichtigsten brandenburgischen Verkehrsweg aus der Zeit des Großen Kurfürsten bildete, dem Friedrich-Wilhelm-Kanal, mit dem nach seiner Eröffnung 1667 ein durchgehender Wasserweg zwischen Oder und Elbe über Berlin ermöglicht wurde. Der Hafen löste spätestens seit der Zeit des Großen Kurfürsten den Mühlendamm als Warenumschlagplatz ab.

Eher Ausnahme war es, wenn nach dem Dreißigjährigen Krieg auf der dem Stadtschloß schräg gegenüberliegenden Seite, begleitet von einer hölzernen oder sogar steinernen Uferbefestigung, eine Straße wie die Burgstraße entlang der Uferkante verlief, die die Schaufront der hier liegenden Vordergebäude und nicht das Alltagsgesicht des Hofes dem Wasser zukehren ließ. An solchen Stellen konnte sich auch das vornehme Wohnhaus niederlassen.

Neben diesem eindrucksvollen, im Laufe seiner geschichtlichen Entwicklung wohl bereits seit dem Mittelalter »gewachsenen« Bild der Gewerbegrundstücke (mit ihrer dichten Abfolge von in die Spree ausgreifenden Anlandebauten wie Stegen, Fischkästen und den ungeregelten und vermutlich nicht sonderlich gepflegten Hofbebauungen) kannte bereits die Zeit des Großen Kurfürsten sowohl den nach holländischem Vorbild kanalisierten Wasserweg mit einer den Kanal auf beiden Seiten begleitenden städtischen Randbebauung wie auch den mit seiner Schauseite auf einen solchen Wasserweg ausgerichteten Adelssitz. In der Residenzstadt Berlin wurde in der Vorstadt von Alt-Cölln – in Neukölln am Wasser – der vor der mittelalterlichen Stadtmauer liegende Wassergraben, der Cöllnische Stadtgraben, unter dem Großen Kurfürsten im Zuge des von ihm angelegten Wasserweges zwischen Oder und Elbe zu einem schiffbaren Kanal ausgebaut, über den der seit dem 16. Jahrhundert auf dem Friedrichswerder sich entwickelnde Hafen erreicht wurde. Bis dahin hatte der mittelalterliche Warenumschlagplatz im Umfeld des Mühlendammes gelegen und die gewerbliche Bebauungsstruktur der im Ober- wie im Unterwasser hier liegenden Grundstücke bewirkt. Jetzt entstand in der zweiten Hälfte des 17. Jahrhunderts von der heute verschwundenen Waisenbrücke in Höhe des Märkischen Museums an ein entlang seines Ufers befestigter Kanal mit einer ihn auf beiden Seiten begleitenden Straße und einer durchgehenden Randbebauung mit zum Teil bereits stattlichen Häusern. Die Straßen entlang der

*Rentzel, Spreeufer am Gasthaus Zenner, um 1840*

Friedrichsgracht wiesen die übliche Mischung von bescheidenen dreiachsigen Fachwerkhäusern mit zwei oder drei Stockwerken und mit Giebelstube ausgebautem Dach sowie von großen Steinbauten mit den Anspruch palastartiger Wirkung auf. Das Wohnen am Kanal war somit auch Gegenstand des Großbürgertums.

Daß während der Regierungszeit des Großen Kurfürsten selbst Prachtbauten des kurfürstlichen Hofes auf einen der gewerblichen Schiffahrt dienenden Wasserlauf bezogen waren, belegte seit den siebziger Jahren des 17. Jahrhunderts die kurzprinzliche Residenz in Köpenick, wo der Schloßbaukörper parallel zum Wasserweg dicht am Ufer errichtet wurde. Die Dahme war Teil der kurfürstlichen Wasserstraße, auf der sich der Verkehr von der Oder über den Friedrich-Wilhelm-Kanal und weiter über Havel und Elbe nach Hamburg abspielte.

Dieser Bezug zum Wasser als Form des vornehmen Wohnens und Lebens am Fluß rechnete augenscheinlich mit dem gewerblichen Verkehr. Der Wasserweg diente jedoch ebenso – mit aufwendig ausgestatteten Schiffen betrieben – dem Personenverkehr des kurfürstlich-königlichen Hofes zwischen den einzelnen Residenzen des Herrschers. Im Vergleich mit den abgrundtiefen, weil außerhalb der Städte noch nicht gepflasterten sandigen Verkehrstrassen stellte der Wasserweg die weitaus bequemere Art des Reisens dar. Die Spree verband deshalb seit der Zeit um 1700 nicht nur die zum Fluß ausgerichteten Adelssitze und großen Gärten wie das Schloß Monbijou oder die Villa Kamecke in der Dorotheenstadt untereinander, sondern das Stadtschloß in Berlin erhielt auf diese Weise eine Verbindung mit der Staatsfestung, der Zitadelle, in Spandau und über Spandau hinaus auch noch mit der Nebenresidenz in Potsdam. Um seine Sommerresidenz in Niederschönhausen bequemer auf dem Wasserwege erreichen zu können, ließ Friedrich I. 1704 den von der Spree beim Unterbaum abzweigenden Niederschönhauser Graben anlegen. Der Wasserweg zwischen Spandau und Potsdam verband sicherlich auch während des gesamten 18. Jahrhunderts die beiden

*Die Friedrichsgracht mit der Jungfernbrücke, 1909*

*Der Landwehrkanal am Gleisdreieck, vor 1914*

Niederlassungen der unter Friedrich Wilhelm I. gegründeten Gewehrmanufaktur, die in Spandau im Schutz der Zitadelle und in Potsdam am Stadtkanal an dessen Einmündung in die Havel angesiedelt worden waren.

Die achsiale Ausrichtung von Schloß, Villa und Garten auf die Spree, wie sie in der Zeit des Hochbarock während der Herrschaft des ersten preußischen Königs, Friedrichs I., vorherrschend war, änderte sich im letzten Drittel des Jahrhunderts grundlegend. Das in den siebziger Jahren für den Bruder Friedrichs des Großen am Tiergarten errichtete Schloß Bellevue wurde mit seinem Baukörper jetzt so zur Spree ausgerichtet, daß vom Haus aus der Blick in die Tiefe des Flusses möglich wurde und damit deutlich das räumliche Erlebnis des Wasserlaufes als Teil eines weiten Landschaftsraumes im Vordergrund stand und nicht mehr nur die gegenüber einem solchen Erlebnis eher eingeschränkt achsiale Zuwegung vom Fluß her über den achsial geometrisch angelegten Garten auf das Haus und vom Haus über den Garten zum Fluß. Die Uferkante dieser Grundstücke war denn auch befestigt, damit angelegt werden konnte, anders dagegen Bellevue und der die Spree begleitende Garten. Erst im späten 19. Jahrhundert verlor die Spree im Zuge ihrer Kanalisierung stadtnah die letzten Merkmale eines natürlichen Flüsses, der überdies zunehmend durch Abwässer aller Art stark belastet war.

Diese Entwicklung, wie sie mit Schloß und Garten Bellevue zum Ausdruck kam, machte indessen auch deutlich, daß eine solche naturraumbestimmte Erlebnisform innerhalb der dicht bebauten Stadt nicht mehr möglich war, und sie führte ebenso zwangsläufig dazu, daß es nur den Mitgliedern des königlichen Hauses und dem Adel vorbehalten war, sich im Umfeld der königlichen Residenzen in solchen eindrucksvollen Naturräumen niederzulassen. Die Pfaueninsel, Gatow und Glienicke wurden die ersten Stationen für eine solche Lebensform bereits schon im weiter abgelegenen Umfeld der Stadt. Allenfalls war es im 18. Jahrhundert noch dem vermögenden Kaufmann und Bankier möglich, in den flußnahen Dörfern wie im bei Schloß Charlottenburg gelegenen Dorf Lietzow ein Anwesen für den sommerlichen Aufenthalt zu erwerben oder als Mätresse des Königs ein schloßnahes Wassergrundstück geschenkt zu bekommen. Der einfachen Bürgerfamilie blieb nur der sonntägliche Ausflug mit dem Kahn flußaufwärts bis zur Stralauer Halbinsel, wo man – den Kahn im Schilf festgemacht – den Tag mit stimmungsvollen Empfindungen verbrachte, oder der Spaziergang entlang des Wassers, der ebenso ein bürgerlich sonntägliches Erlebnis darstellte. Wohl nur indirekt spielte der Fluß beim alljährlichen Volksfest des Stralauer Fischzuges eine Rolle. Oder man erlebte während des Sommers flußabwärts in den am Spreeufer gelegenen »Zelten« des Tiergartens einen eher derb vergnüglichen Tagesausflug, in dessen Verlauf man sich auch nach Moabit auf das andere Ufer zu den dort gelegenen Etablissements mit einer Gondel übersetzen lassen konnte. Im Winter lief man hier auf dem zugefrorenen Wasser bereits Schlittschuh. Solche allgemeinen Vergnügungen waren bis in die erste Hälfte des 19. Jahrhunderts üblich, als der Landschaftsraum im Südwesten über die frühen Niederlassungen auf der Pfaueninsel, in Glienicke oder in Gatow im Umfeld der Pfaueninsel schon mit dem Blockhaus Nikolskoe, der Heilandskirche in Sacrow und mit St.Peter und Paul durch weitere Erlebnispunkten vornehmlich für die königliche Familie, aber wenig später auch für den Ausflügler besetzt worden war. Die Ausflugsgaststätten im Umfeld der Stralauer Halbinsel, die mit dem Erlebnis der Wasserlandschaft rechneten, entstanden in neuer architektonischer Gestalt.

*Hans Baluschek, Die Friedrichsgracht, 1927*

In der Zeit der Romantik unternahme Schinkel 1817 den sicherlich utopischen Versuch, die Mitte der Stadt in ein weiträumiges und auf einzelne optische Bezugspunkte ausgerichtetes Stadtraumerlebnis umzugestalten, wobei die Wasserläufe eine bestimmende Rolle übernahmen. Die Friedrichswerdersche Kirche wollte Schinkel zum Beispiel als Doppelkirche für die französische und deutsche Gemeinde so direkt am und über dem Kupfergraben parallel zueinander anordnen, daß zwischen den beiden identisch ausgebildeten Kirchen eine schmale Passage als Wassertor für die Schiffe entstanden wäre und die Kirchen mit ihren Eingangsfronten selber von der Schloßbrücke aus über den Kanal hinweg in Erscheinung getreten wären – möglicherweise als Versuch einer Übersetzung seiner Gemälde von gotischen Domen am Wasser in die Realität des Berliner Stadtzentrums.

Zum Wasserweg auf den natürlichen Flüssen trat im 19. Jahrhundert zunehmend der Kanalbau. Und mit dem Kanalbau gab es erneut Häfen. Zum Paradebeispiel wurde nach dem Regierungsantritt Friedrich Wilhelms IV. 1840 der Luisenstädtische Kanal, der der auf der Spree zunehmend beschwerlicher werdenden Schiffahrt eine bessere und schnellere Umfahrung der Innenstadt bieten sollte. Der Kanal war aber nicht nur einfache Verkehrstrasse, sondern er wurde zur das Neubaugebiet der Luisenstadt beherrschenden Achse und mit seinen Wasserplätzen – dem Wassertor und vor allem dem Engelbecken – als städtebaulich stadträumliches Erlebnis gestaltet. Entlang der geraden Kanalstrecken und um die Wasserbecken herum wurde nicht nur

*Der Luisenstädtische Kanal, 1929*

*Landwehrkanal in Höhe des ehemaligen Reichsmarineamtes, 1934*

*Herkulesbrücke am Landwehrkanal, 1900*

eine Wohnbebauung mit Gewerbebetrieben in den Hinterhöfen errichtet, sondern der Wasserweg führte vom Landwehrkanal her kommend in gerader Linie auf die die Kanalachse dominierende Michaelskirche, vor der das Engelbecken als große Wasserfläche angeordnet war. Die städtebauliche Führung des Luisenstädtischen Kanals stand so im Vordergrund seiner Anlage, daß die Umfahrung der Innenstadt für einen dichten Schiffahrtsverkehr bald untauglich wurde.

Aber während des gesamten 19. Jahrhunderts konnte man am Ufer fast aller Kanäle anlanden und aus dem Kahn heraus umschlagen, beliefern oder sogar an die Kundschaft verkaufen. Die Kanaluferstraße diente besonders im Umfeld der Häfen dem gewerblichen Warenumschlag.

Der Luisenstädtische Kanal und seine beiden baumbestandenen Uferstraßen sowie die begleitende Wohnbebauung hatten in der Überzeugung Lennés mehrfachen Zwecken zu dienen – über die Wasserstraße die gewerbliche Ansiedlung auf beiden Seiten des Kanals zu befördern und auf den Straßen den Fahrverkehr zu bewältigen. Die Kanaluferstraßen hatten gleichzeitig aber auch als Promenade der Bewohnerschaft und damit einer neuen Form der Alltagskultur zu dienen, denn auf ihr sollte man sich nach der Tagesarbeit treffen und spazieren gehen können. Die geschlossene Bauweise zunächst mit Vorstadthäusern und schließlich mit einer Mietkasernenbebauung zum Teil mit eigenen Vorgärten ließ innerhalb der Stadt ein Eingehen auf örtliche topographische Besonderheiten mit Ausnahme der achsialen Blickpunkte nicht zu. Und die durchgehende Randbebauung entlang der Kanäle ließ trotz Vorgarten und Straßenbaum doch eher das »steinerne Berlin« überwiegen als eine räumlich offene oder malerisch geprägte Struktur entstehen, selbst wenn der Wasserlauf auch durch die die Straßen begleitenden Bäume einen nicht ausschließlich verkehrlich bedingten Duktus erhielt.

Lediglich an ganz vereinzelten Punkten wie in der Gabelung zwischen dem alten Schafgraben und dem Richtung Charlottenburg weitergeführten Landwehrkanal konnte in den sechziger Jahren des 19. Jahrhunderts die vornehme Villa des preußischen Finanzministers von der Heydt noch ein stadtnahes Landschaftserlebnis einbinden.

Der Kanalbau entwickelte sich unter Friedrich Wilhelm IV. in der Entwurfshandschrift von Peter Joseph Lenné zu einem Höhepunkt auch als städtebauliches Gestaltungsmittel. Besonders der Landwehrkanal mochte mit seinem schwingenden Verlauf zwar Rücksicht auf den alten Schafgraben nehmen, verriet andererseits auch, daß ein Kanal nicht einfach nur schnurgerade wie am Lineal gezogen werden brauchte und somit mit seinem kurvig geführten Verlauf seiner Bedeutung als erlebnisreiche Promenade um so mehr gerecht werden konnte. Neben dem Landwehrkanal und dem Luisenstädtischen Kanal, mit dem die südliche und südöstliche Peripherie Berlins für eine Bebauung erschlossen werden sollte, wurde der Humboldthafen im Westen der Innenstadt zu einem dem Engelbecken vergleichbaren Stadtraumerlebnis, denn auch hier sollte die Hafenachse vom Tiergarten aus über die Schleife der Spree hinweg zunächst mit einem dominierenden Blickpunkt im Norden in Gestalt einer Kirche belegt werden. Aus der Achse versetzt erhielt der Hafen schließlich mit dem Empfangsgebäude des Hamburger Bahnhofes einen vergleichbaren Bezug.

Die seit den sechziger Jahren des 19. Jahrhunderts für ein mittleres Bürgertum entstehenden Villenkolonien waren auf die Eisenbahn als der Lebensader angewiesen, mit der diese Niederlassungen vor allem auf den Flächen der aufgelassenen Rittergüter Lichterfelde und Giesensdorf im Südwesten Berlins mit der Residenzstadt verbunden wurden. Die ökonomischen Rahmenbedingungen einer Ansiedlung außerhalb der dicht bebauten Stadt und die Schnelligkeit, mit der ihr Zentrum erreicht werden konnte, waren bedeutsamer geworden als die landschaftsbetonte Nähe zum Wasser, die weiterhin gesucht, aber lediglich einem kapitalkräftigen Bürgertum vorbehalten blieb. Die kurz vor der Reichsgründung 1871 am Großen und am Kleinen Wannsee entstandene Kolonie Alsen blieb deshalb die einzige Niederlassung von Bedeutung, die den gewässerbetonten Landschaftsraum zum Ort zunächst nur von Sommerhäusern werden ließ. Während dieser Jahreszeit gab man sich nicht nur dem Landschaftserlebnis hin, sondern trieb man auch auf dem Großen Wannsee den aufkommenden Segelsport, der an der östlichen Peripherie der Stadt auf der Halbinsel Stralau seinen Niederschlag in der Gründung einer gutbürgerlichen Seglervereinigung mit einem hier errichteten Vereinshaus fand. Bis weit in das 20. Jahrhundert hinein blieb die Kolonie Alsen der Sommerort vermögender Berliner Familien, etwa repräsentiert durch die Siemens, Springer, Oppenheim, Langenscheidt oder Liebermann, deren Grundstücke weiterhin auf das Wassererlebnis ausgerichtet waren. Die Besiedlung der Insel Schwanenwerder und die sich entlang der östlichen Uferkante des Großen Wannsees an der Straße Am Sandwerder ausdehnende Villenbebauung belegten, daß das inzwischen ganzjährige Wohnen an den natürlichen Wasserläufen weiterhin seine ungebrochene Anziehungskraft bis in das 20. Jahrhundert ausübte. Kleinbürgerliches Gegenstück wurde die Kolonie Hirschgarten noch hinter Köpenick.

Gegen Ende des 19. Jahrhunderts und um die Jahrhundertwende wurden im Zuge der weitgehenden Parzellierung von Forst- oder Heideflächen die dem Grunewald östlich vorgelagerten größeren oder kleineren Seen in die Bebauung überwiegend mit vornehmen Villen einbezogen. Die Grundstücke erstreckten sich bis an das Ufer der Seen – eine öffentliche Begehbarkeit der Gewässerränder gab es nicht. Für die in den neunziger Jahren angelegte Villenkolonie Grunewald wurde sogar eine verlandete eiszeitliche Abflußrinne ausgebaggert, damit wieder Seen entstehen konnten. Die am Nikolassee um 1900 angelegte Kolonie bezog sich nur einem kleineren Teil auf den kleinen See dieses Namens, während sie überwiegend auf eine eiszeitliche Abflußrinne ausgerichtet wurde, die man nun nicht mehr wie ein Jahrzehnt vorher in der Villenkolonie Grunewald ausbaggerte, sondern in ihrem quasi naturräumlichen Zustand mit einem schmalen Rinnsal in der Längsachse der Niederung beließ. Von einer geschlossenen innerstädtischen Randbebauung umgeben wurde dagegen nur der Charlottenburger Lietzensee. Waren bei den Villenbebauungen dem See der Garten zugekehrt, so wurde am Lietzensee der Wohnhausbebauung zum Wasser hin eine öffentliche Grünanlage vorgelagert. Mit der zunehmende Ausdehnung der Stadt und der Verbesserung der Verkehrsanbindung durch die Vorortbahnen konnte sich nach der Jahrhundertwende aber auch der kleinere Rentier in Hessenwinkel am Dämmeritzsee ein Wassergrundstück leisten. Und sicherlich nicht zufällig legte sich der Volksschriftsteller und Radikalsozialist Bruno Wille in Friedrichshagen in seiner monistischen Lebensphilosophie ein Wassergrundstück direkt am Müggelsee zu.

Der Wasserweg war noch Ende des 19. Jahrhunderts unverzichtbare Grundlage für die gewerbliche Schiffahrt und die neuen Niederlassungen der Industrie im Zuge ihrer dritten

*Villa von der Heydt, 1989*

*Villa Siemens am Kleinen Wannsee, vor 1945*

*Das Bode-Museum auf der Spitze der Museumsinsel, vor 1914*

Randwanderung an die Peripherie der Stadt: Borsig in Tegel, Siemens in Fürstenbrunn und die AEG in Oberschöneweide waren auf den Wasserweg wegen des An- und Abtransportes von Kohle oder anderen Gütern angewiesen, Borsig und Siemens mit einem eigenen Hafen. Zum Ausdruck der weiterhin anhaltenden Funktion der Flüsse als Verkehrsweg wurde der Ausbau der Spree als Kanal auch mit der Folge, die Stadtbrücken erneuern zu müssen. Die Brücken konnten dabei sogar zu Wassertoren, also den Stadtraum schmükkenden und seine Geschichte erlauternden Bauwerken werden – bestes Beispiel die Oberbaumbrücke, die bis heute den Wasserraum der Spree mit ihren Türmen und dem aufgesattelten Viadukt der Stadtbahn beherrscht. Spätestens in den beiden letzten Jahrzehnten des Jahrhunderts verlor die Spree bei ihrer Durchquerung der Stadt ihre Qualität als Naturerlebnis und wurde zum Kanal. Die jetzt entstehenden großen Häfen konnten wie der Westhafen nur noch über ein Kanalsystem als rein technisch ausgebildeter Wasserweg ohne städtebaulich-stadträumliche Wirkung erreicht werden.

Die bauliche Verdichtung der Innenstadt trieb mit der Maximierung der Ausnutzung jedes einzelnen Grundstückes eine mehrgeschossige hohe Bebauung bis unmittelbar an die Uferkante der Spree. Der Fluß begann mit dem Eingebautwerden seine naturräumlichen Charaktermerkmale zu verlieren, denn ihn trennte nicht einmal mehr wie beim Kanal eine Straße von der Bebauung. Oder die in Hochlage geführte Bahn lief wie bei der Jannowitzbrücke parallel zum Fluß. Die Bauaufgabe der Romantik des Bauens in einem Landschaftsraum wurde nur noch zu einem Bauen am Wasser.

Aber wie sehr solche Lagen am Wasser für die Vertreter von Hochfinanz und Industrie bis in die Frühzeit des 20. Jahrhunderts weiterhin noch geschätzt wurden, machte Ernst von Borsig deutlich, als er auf der Halbinsel Reiherwerder sein neubarockes Landhaus errichten ließ. Johannes Guttmann bezog das alte Gatower Gutshaus und ließ es durch Paul Schultze-Naumburg umbauen und durch Alfred Grenander ausstatten. Der sich zum Wasser öffnende Garten blieb unberührt und ließ das romantische Naturraumerlebnis weiterhin zur Geltung kommen. Das Leben am Wasser erschloß sich weiterhin nur einer vermögenden Bürgerschaft Wolff Wertheim, für den Alfred Messel ein kleines neubarockes Herrenhaus mit ähnlicher Anspruchshaltung wie das historische Gatower Gutshaus entwarf. Ein berlin-brandenburgischer Heimatstil und das Landschaftserlebnis ergänzten sich gegenseitig.

Der Wassersport wurde im 20. Jahrhundert neben den vielen Vereinshäusern dann eine, wenn auch nicht weitreichende Triebfeder des Bauens am Wasser – bestes Beispiel wurde das besonders in den dreißiger Jahren entwickelte Neu-Venedig, eine in einem Kanalsystem eingebettete Wochenendhaussiedlung für Wassersport treibende Berliner, die sich allen sozialen Schichten erschloß. Die Weimarer Republik vermochte mit ihren Großsiedlungen so gut wie nicht diese Tradition fortzusetzen, und wo – wie mit der Hufeisensiedlung oder der Siedlung am Schäfersee – ein Gewässer einbezogen werden konnte, unterlag es eher dem Gestaltungswillen des Architekten als einer eigenständigen naturräumlichen Besonderheit. Der stadtplanerische Zielvorstellung der Jahre nach 1945 war denn auch wie stellenweise im Charlottenburger Abschnitt des Landwehrkanals oder wie entlang der Panke im Wedding darauf gerichtet, die innenstädtischen Wasserläufe von Grünstreifen begleiten zu lassen und sie von ihren steinernen Kanalufereinfassungen zu befreien. Das Gewässer sollte zumindest in Ansätzen als ein Naturraumerlebnis zurückgewonnen und damit das »steinerne Berlin« jedenfalls im Verlauf der Flüsse zurückgedrängt werden.

*Uli Hellweg*

# Wasser – Stadt – Planung

## Wasserzeichen der Berliner Baugeschichte

In der Geschichte der Stadtplanung ist das Wasser auf sehr unterschiedliche, z.T. widersprüchliche Weise behandelt worden. Vitruv, der dem Wasser das achte seiner zehn Bücher über Architektur widmet, warnt vor giftigen Gewässern und sumpfigen Standorten »ohne Abfluß«, denn sie »entsenden schädliche und krankheitserregende Dünste« – Warnungen, die bis ins 19. Jahrhundert in Europa aktuell waren – man denke nur an Friedrich Engels Beschreibung der Arbeiterquartiere am Fluß Irk in Manchester oder die Schriften Virchows zu den Ursachen der regelmäßig ausbrechenden Choleraepedemien. Noch heute steht das Thema der Gewässerverschmutzung und des Wassermangels weltweit auf dem ersten Platz der internationalen Umweltagenda. Internationale Umweltorganisationen sehen das Wasser als die bedeutendste zukünftige Konfliktursache im Verteilungskampf um die natürlichen Ressourcen an.

*Pieter Schenk, Spree mit der Yacht des Königs von Preußen, um 1700*

Das Wasser ist die Quelle des wirtschaftlichen und kulturellen Aufstiegs der Stadt. Die schönsten Städte der Welt – und fast alle Hauptstädte – liegen am Wasser. Seit Jahrhunderten spielt das Wasser eine zentrale Rolle für die Gestaltung einer Stadt. Städte am Wasser haben eine einmalige, unverwechselbare Physiognomie. Flüsse sind die »Leitfäden« schreibt Goethe in Dichtung und Wahrheit, »welche sowohl dem Anschauen als dem Gedächtnis zur Hilfe kommen«.

Bauen am Wasser ist von besonderer Faszination, aber auch nicht ohne Risiko. Immer wieder läßt das Wasser die Städte und ihre Bewohner seine Kraft und Unberechenbarkeit spüren. Trotz aufwendiger Schutzmaßnahmen werden Städte an Flüssen von Überschwemmungen und Flutkatastrophen heimgesucht. In diesen Städten ist das Verhältnis zum Fluß oft mehr von der

Bedrohung als von der Attraktivität des Wassers geprägt.

Das Zeitalter des Bauens am Wasser ist der Barock. Das Wasser wird zum wichtigsten Gestaltungselement der Architektur und des Städtebaus. Eine Barockvilla ist ohne Wasser ebensowenig denkbar wie eine Stadtansicht ohne Fluß oder Meer. Noch heute beeindrucken den Betrachter die Berlin-Veduten von Pieter Schenk, der die preußische Hauptstadt gegen Ende des 17. Jahrhunderts mit einer machtvollen Flotte auf einer seeartig erweiterten Spree darstellte.

Erst im 19. Jahrhundert wandelt sich das Verhältnis zum Wasser. Die Flüsse und Kanäle werden zunehmend zu Orten der Arbeit und der Technik. Verständlicherweise ist dieses Verhältnis zum Fluß besonders ausgeprägt in den Städten, die ihren wirtschaftlichen Aufschwung der Industrialisierung verdanken. Berlin gehört unter den Großstädten zu diesen Parvenus der industriellen Revolution. Mit der Spree verbindet man die Stadt der Arbeit, die »aus dem Kahn« gebaute Gründerstadt und – vielleicht noch – die »grünen Strände« außerhalb der Stadt, die aber eigentlich eher den Havelseen gehören. Wer Spree sagt, der meint nicht städtische Plätze und baumbestandene Uferpromenaden oder Wohnboote und Blumenmärkte auf dem Wasser. Die Spree ist »einfach nur ein Wasserlauf, über dem man sich keine Gedanken macht«, wie Karl Scheffler bemerkte.

Die Stadtufer der Spree haben auch andere Zeiten gesehen. Eine Reihe historischer Prozesse und Entscheidungen haben dazu geführt, daß Spree und Havel in der Wahrnehmung der meisten Berliner, auch der Berliner Planer, heute keine Elemente des Städtebaus und der Stadt, sondern allenfalls des Freiraums und der Landschaft sind. Wie kam es dazu?

### Berlin über der Spree

Die Doppelstadt am Wasser ist eine relativ seltene städtische Spezies. Die meisten europäischen Städte am Fluß wurden einseitig an den Ufern gegründet, meistens dort, wo eine Furt den Übergang erleichterte und ein mehr oder weniger ausgeprägtes Hochufer vor Überflutung schützte. Erst später wurde die Neustadt auf dem anderen Ufer gegründet. Bremen, Dresden, Kassel und Frankfurt/Oder sind Beispiele dafür. In manchen Städten wie z.B. Düsseldorf blieb die Besiedlung der anderen Uferseite bis ins 19. Jahrhundert aus.

Die Städte Berlin und Cölln wurden praktisch gleichzeitig im Zuge der Ost – Kolonisierung im 12. oder zu Beginn des 13. Jahrhunderts gegründet, Berlin auf der rechten und Cölln auf der linken Spreeseite. Bis zur Mitte des 17. Jahrhunderts lag die Doppelstadt Berlin-Cölln nicht an, sondern neben der Spree. Die wichtigsten Straßen des mittelalterlichen Stadtgrundrisses verliefen parallel zum Fluß und die Häuser kehrten ihm ihre Gärten zu. Die Rathäuser und Kirchen Berlins und Cöllns lagen auf hochwassergeschützten Sandkuppen in sicherer Entfernung vom damals noch wesentlich breiteren und unberechenbaren Fluß. Die beiden Städte kannten weder Uferstraßen, geschweige denn Uferplätze. Die Spree hatte für die Entwicklung der märkischen Handels- und Hansestadt keine städtebauliche, sondern eine primär wirtschaftliche und fortifikatorische Bedeutung.

Der Mühlendamm bildete über Jahrhunderte die einzige feste Verbindung zwischen den beiden Schwesterstädten. Er war in jeder Hinsicht das wirtschaftliche Zentrum. Zum einen verband er die zentralen Märkte, Berlins Molkenmarkt und Cöllns Fischmarkt, in direkter Linie. Zum andern bildete er ein Hindernis für die Schiffahrt, die gezwungen wurde, ihre Waren »niederzulegen«, vor der Weiterfahrt zum Kauf anzubieten und zu versteuern. 1693 richtete die Kaufmannschaft hier die erste Börse ein. Schließlich waren die Getreide-, Loh-, Säge- und Walkmühlen bis zur Erfindung der Dampfmaschine die wichtigsten Energielieferanten der Stadt. Ende des 18. Jahrhundert war der Mühlendamm eine der belebtesten Geschäftsstraßen Berlins, vergleichbar beispielsweise der Krämerbrücke in Erfurt oder dem Ponte Vecchio in Florenz. Nur an dieser Stelle, über den Wassern der Spree, hatten die Städte Berlin und Cölln einen gemeinsamen wirtschaftlichen und sozialen Ort, hier waren sie eine Stadt.

### Die barocke Wasserstadt Berlin

Mit dem Bau der Befestigungsanlage unter dem großen Kurfürsten in den sechziger Jahren des 17. Jahrhunderts ändern sich die Bedingungen für die Stadtentwicklung grundlegend. Die Anlage von Wassergräben, Flutgräben und der Bau der Schleuse im Spreekanal führt zu einer Senkung des Wasserstandes der Spree. An den Ufern geht die Überschwemmungsgefahr zurück, zusätzliche Vorlandflächen und Inseln treten zutage und die sumpfigen Gebiete Cöllns und des Werders fallen trocken.

Der Bau der barocken Befestigungsanlage gibt der Stadtentwicklung der Doppelstadt eine völlig neue Richtung. Das Stadtschloß an der Spree, ursprünglich an der Stadtmauer Cöllns gelegen, liegt nun fast im geometrischen Mittelpunkt der barocken Stadtfigur. Motor und Katalysator der Stadtentwicklung ist nicht länger das städtische Bürgertum, dessen Plätze und Rathäuser auf den abseitsgelegenen Sandkuppen stehen, sondern der absolutistische Herrscher und sein bauliches Manifest, das Schloß. Der Übergang von der Bürger- zur Residenzstadt wird in der zweiten Hälfte des 17. Jahrhunderts städtebaulich vollzogen. Die Auswirkungen auf die Stadtstruktur sind erheblich. Das Residenzschloß wirkt wie ein Magnet, der die Kraftlinien der Stadt konträr zum mittelalterlichen Stadtgrundriß auf den Schloßbezirk hin ausrichtet. Die frühere Rathausstraße, nach dem Einzug Friedrich I. als Preußenkönig Königsstraße genannt, wird neben der Breiten Straße Cöllns zur zweiten Hauptstraße der Residenzstadt. Berlin bekommt damit den Kern eines radialen Straßensystems, das – ganz nach absolutistischem Geschmack – auf den Sitz des Herrschers ausgerichtet ist. Ab 1698 hat die neue Stadtidee einen Planer, er heißt Andreas Schlüter.

Im Jahre 1699 zeichnete der aus Paris stammende Architekt Johann Baptist Broebes einen Vogelschauplan, der eine – für die damaligen Stadtansichten keineswegs ungewöhnliche – Mischung aus Bestands- und Perspektivplan darstellt, also eine Mixtur aus Planung und Wirklichkeit. Broebes stellt eine städtebauliche Planung Schlüters dar, der 1698 mit dem Umbau und der Erweiterung des Schlosses begonnen hatte. Schlüters städtebauliche Vorstellungen zielen auf eine Anbindung Cöllns und Berlins an den Schloßbezirk. Neben der Königsstraße als städtebauliche Achse über den Fluß wird die Breite Straße im Cöllnischen Teil durch das kolossale Südportal des Schlosses als point de vue aufgewertet. Das Gesicht des Schlosses ist den Bürgerstädten Berlin und Cölln zugewandt, die gewissermaßen an die Leine der städtebaulichen Achsen gelegt werden.

1702 detaillierte Jean Baptiste Broebes eine Idealansicht des Schloßbezirkes, die eine grundlegende historische Option Berlins als bürgerliche Residenzstadt an der Spree visionär verdeutlicht. Der Blick geht von Osten über die Königstraße auf das Schloß, den Schloßplatz und den neuen Dom anstelle der alten Dominikanerkirche. Im Hintergrund sind die Stadterweiterungen Dorotheen- und Friedrichstadt sowie der Friedrichswerder mit dem mächtigen Zeughaus zu erkennen. Nach der Vorstellung Schlüters und auch des Königs – wie der Plan vermerkt (»avec privilège du roi«) – orientiert Broebes Schloß, Dom und Platz zum Berliner Ufer der Spree. Der Schloßhof ist nicht nur End- und Höhepunkt der beiden Hauptachsen der Stadt, sondern gleichzeitig Terrasse und Ehrenhof zur Spree. Der durch eine mächtige Kuppel gekrönte Dom nach einem Entwurf von Jean de Bodt zeigt die Schaufassade nach Osten und bildet so den point de vue der Königsstraßenachse und den höhendominanten Mittelpunkt der Stadt.

Die optisch verbreiterte Spree wird durch die segmentförmige Uferterrasse Bestandteil eines cour d'honneurs des Schloßbezirkes. Das Reiterstandbild des Großen Kurfürsten mitten auf der Langen Brücke – der einzig realisierte Aspekt dieser Planung – ist der Auftakt zu dieser eindrucksvollen Gesamtanlage und gleichzeitig Höhepunkt einer städtebaulichen Inszenierung der Stadtspree. Der Stadtfluß wird zum Bindeglied zwischen der historischen Stadt

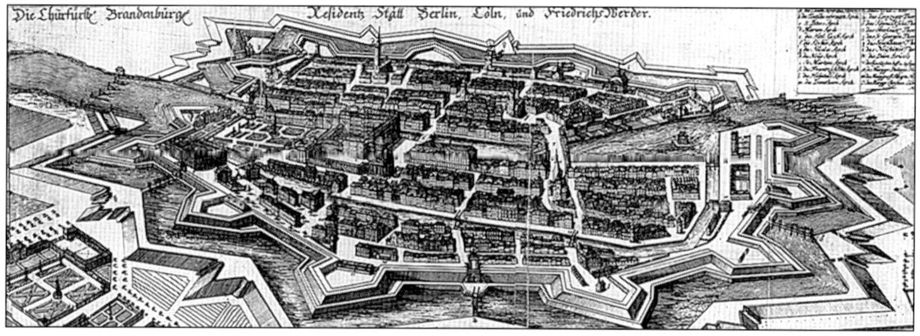


*Jean-Baptiste Broebes, Perspektivplan von Berlin, 1699 (Ausschnitt)*

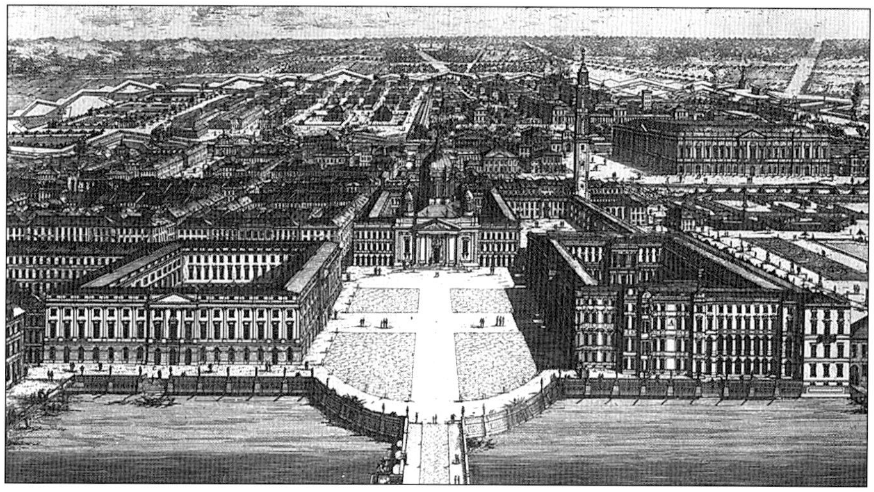

*Jean-Baptiste Broebes, Idealansicht des Schloßbezirks, 1702*

*Louis Serrurier/Christian Jonas Peter Haas, Spree und Burgstraße mit der Langen Brücke, um 1790*

*Ephraim-Palais, 1999*

und der Residenz. Die in den Proportionen sehr unterschiedliche Bebauung auf den beiden Seiten der Spree wird über die Raumwirkung des Flußlaufes und die sich daraus ergebenden Sichtachsen integriert. Mit dem umgestalteten Schloßplatz bekommt die Stadt nicht nur einen räumlichen Schwerpunkt, sondern erstmals einen Stadtplatz am Wasser. Durch die optische Vergrößerung der Spree erweitert Broebes den in seinen Abmessungen eher bescheidenen Schloßplatz zum Wasser hin und führt damit erstmals in Berlin den Typus des Wasserplatzes ein.

Broebes faßt die Stadtspree mit einer beidseitigen Bebauung ein, die sich auch nördlich des Schlosses am Lustgarten fortsetzt. Sogar die ärmliche Flußseite der Stralauer Spree wird im Bereich des Holzmarktes durch ein Palais ersetzt, das die repräsentative Gartenseite zum Ufer zeigt. Der städtebauliche Typus des barocken Stadtpalais am Wasser war Ende des 17. Jahrhunderts in Berlin noch keineswegs üblich. Erst nach 1708 errichtet Eosander von Goethe für den Grafen Kolbe von Wartenberg die erste Schloßanlage dieser Art, das spätere Schloß Monbijou, in der flußräumlich attraktiven Lage nördlich der Spreeinsel (heute Monbijoupark). Ebenfalls durch Eosander von Goethe entstand am Schiffbauerdamm das Wartenslebensche Palais mit Garten. 1712 wurde nach Plänen von Andreas Schlüter das Palais Kamecke auf dem linken Spreeufer nahe der Dorotheenstädtischen Kirche gebaut.

Die wachsenden repräsentativen Bedürfnisse der Hofes, der Beamten und der reichen Bürger drängen in die Nähe des Schlosses. Neben den städtebaulichen Achsen, Breite Straße in Cölln und Königsstraße in Berlin, werden die Ufer in der Nähe des Schlosses zu den ersten Adressen. Gegenüber dem alten Teil des Schlosses und dem Apothekenflügel an der Spree wird auf neu gewonnen Vorlandflächen seit den sechziger Jahren des 17. Jahrhundert die Burgstraße angelegt. Hier entstehen eine Reihe repräsentativer Gebäude wie das Joachimsthaler Gymnasium (1714-1717), das Palais des Bankiers Daniel Itzig (1724) und die Königliche Ritterakademie (1765-69) von Boumann. Südlich der Langen Brücke errichtet Schlüter 1701-1703 ein Attika – gekröntes Palais für den Minister von Wartenberg. Noch heute existiert – 1987 wenige Meter vom ursprünglichen Standort an der Ecke Poststraße/Mühlendamm rekonstruiert – eines der schönsten städtischen Bürgerhäuser Berlins, das 1761-65 nach Plänen von Friedrich Wilhelm Diterichs errichtete Ephraim-Palais.

Der städtebauliche Typus des Palais am Wasser findet sich in den folgenden Jahrzehnten immer wieder, sowohl im Schloßbau (z.B. Schloß Bellevue) oder bei bürgerlichen Wohnbauten ebenso wie bei staatlichen Gebäuden, z.B. dem »Pesthaus« der Charité oder dem Invalidenhaus, die beide ihre Schauseiten zum Nordgraben zeigen und später wichtige Bestandteile der Schinkel'schen und Lenné'schen Planung für das Moabiter Pulvermühlengelände werden. Laurenz Demps hat darauf hingewiesen, daß zwischen dem Schloß- und Palaisbau am Wasser und der Aufnahme des regelmäßigen Schiffsverkehrs auf Spree und Havel 1702 ein enger Zusammenhang bestand. In einem für den Barock typischen, ganzheitlichen ästhetischen Verständnis von Architektur und Landschaft sollten dem Betrachter vom Fluß aus angenehme Stadtansichten präsentiert werden.

Der Barock zeichnete sich überall in Europa durch große Stadtentwicklungsprojekte aus. Bedingt durch den Dreißigjährigen Krieg und die religiösen Wanderungsbewegungen finden grundlegende stadtentwicklungspolitische und bevölkerungspolitische Umschichtungen statt. Stadterweiterungen außerhalb der mittelalerlichen Grenzen der Stadt stehen in allen größeren Residenzstädten auf der Tagesordnung. Die planmäßig angelegte Barockstadt entspringt der Rationalität des aufgeklärten Absolutismus. Ihre wirtschaftliche Basis ist der Merkantilismus. Auf Grund der hohen Bedeutung der Flußschiffahrt und des Handels für die Einnahmen des Staates werden im 17. Jahrhundert die Wasserwege erheblich ausgebaut und bevorzugt hier neue Städte gegründet. 1606 gründet der Kurfürst Friedrich IV. von der Pfalz an der Mündung des Neckars in den

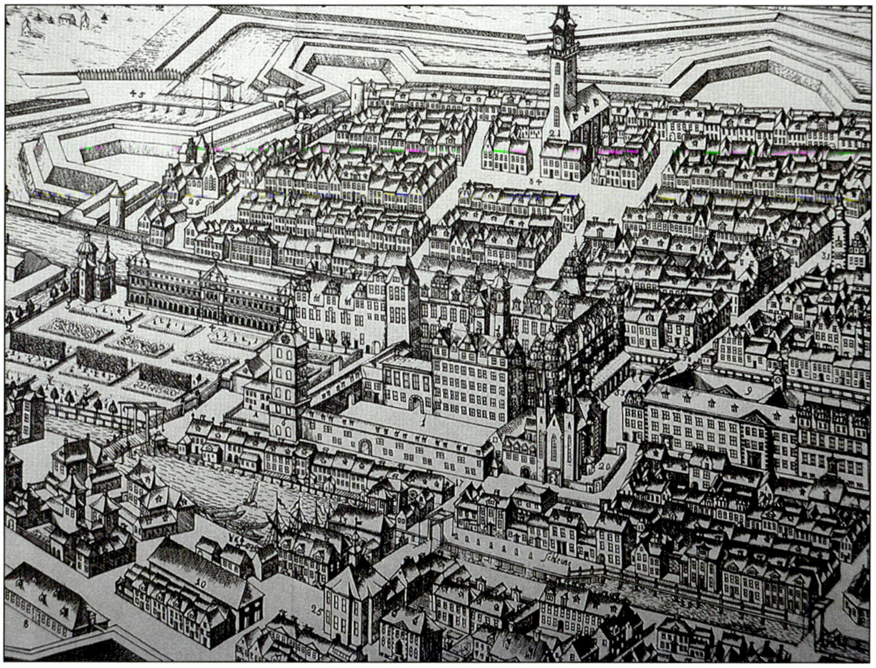

*Schultz-Plan mit dem Zentrum des neuen Stadtteils Friedrichswerder, 1688 (Ausschnitt)*

*Kupfergraben mit Magnushaus, 2000*

*Märkisches Ufer, ehemals Neukölln am Wasser, 2000*

*Die Spreeseite der Stralauer Straße, 1887*

Rhein die Stadt Mannheim. Im Norden läßt König Christian IV. von Dänemark 1616 Glücksstadt an der Mündung des Rhin in die Elbe anlegen. 1621 wird zwischen der Eider und der Treene Friedrichsstadt von holländischen Siedlern gebaut. Ab 1700 entsteht, benannt nach dem gleichnamigen Landgrafen von Hessen-Kassel, Karlshafen an der Weser für hugenottische Einwanderer.

Das Wasser ist in jeder Beziehung das Element des Barock. Besonders die neuen Städte am Wasser zeigen die enge städtebauliche und funktionale Verbindung zwischen dem Wasser und der Stadt. In Karlshafen wird das Rathaus direkt an den zentralen Wasserplatz in der Stadtmitte gebaut, der gleichzeitig als Hafen dient. In Friedrichsstadt und Glücksstadt werden die Marktplätze durch Kanäle erschlossen. Die ab 1660 auf dem Cöllner Werder nach Plänen des Festungsbaumeisters Gregor Memhardt entstehende Stadterweiterung, der Friedrichwerder, folgt den gleichen Prinzipien. Das Zentrum des neuen Stadtteils wird der Packhof, also der Hafen. Daran schließt sich unmittelbar der Werdersche Markt mit Rathaus und Kirche an. Der Spreekanal wird nicht nur zum Zentrum der Flußschiffahrt, sondern zur zentralen städtebaulichen Orientierung des neuen Stadtteils, wie es die Vogelschau von Schultz anschaulich darstellt.

Friedrich Nicolai rühmt in seiner »Beschreibung der königlichen Residenzstadt Berlin« die vielen »ansehnlichen Privathäuser«, die zwischen Spittelmarkt, Hausvogteiplatz, dem Werderschen Markt und dem Spreekanal trotz widriger Gründungsverhältnisse gebaut werden. Daran erinnern heute nur noch wenige Bauten wie z. B. einige Bürgerhäuser im nördlichen Teil des Spreekanals, dem Kupfergraben, oder das südlich des Spreekanals gelegene Märkische Ufer, das historische Neukölln am Wasser. In den

*Pieter Schenk, Lange Brücke mit Marstall, Schloß und Dominikanerkirche, um 1700*

kriegsbedingten Baulücken wurden in den sechziger Jahren Bürgerhäuser des alten Berlins und Cöllns rekonstruiert, so auch das 1740 erbaute, aus der Friedrichsgracht stammende Haus Märkisches Ufer Nr. 12.

Mit der Differenzierung der Nutzungen tritt auch eine Differenzierung der sozialen Verhältnisse an den Ufern ein. Während der Friedrichswerder als Zentrum des Handels auch ein Ort bürgerlichen Wohnens ist, leben an der Stralauer Spree südöstlich des Mühlendamms Fischer, Tagelöhner und Handwerker. Neben den zum großen Teil ärmlichen Häusern befinden sich bis in das 19. Jahrhundert wasserbezogene Produktionsstätten wie Färbereien, Gerbereien, Wäschereien.

## Go west im Kommandoschritt

Zu Beginn des 18. Jahrhunderts stellt sich die preußische Residenz als eine durch Gräben und Wälle geschlossene Stadt dar, deren Bautätigkeit sich schwerpunktmäßig auf die Innenentwicklung der drei Städte Berlin, Cölln und Friedrichswerder konzentriert. Der Friedrichswerder bot Platz für 320 Häuser mit zirka 4.800 Einwohnern. Für die stadtentwicklungs- und bevölkerungspolitischen Ziele, insbesondere die Ansiedlung der Hugenotten nach 1685, konnte aber diese erste Stadterweiterung nicht genug Bauplätze liefern.

Die außerhalb des Festungsrings unter dem großen Kurfürsten begonnenen Stadterweiterungen, die Dorotheenstadt (seit 1678) und insbesondere die Friedrichstadt (seit 1688), sollten die Flächenpotentiale für erwünschte ausländische Zuwanderer sichern. Um das Jahr 1700 war fast jeder fünfte Einwohner der Hauptstadt französischer refugié. Zur Unterstützung der privaten Bautätigkeit wurden Bauland und Baumaterialien kostenlos zur Verfügung gestellt. Öffentliche Investitionen wie beispielsweise die Königliche Gold- und Silbermanufaktur sollten den Standort für Handwerker attraktiv machen.

Trotzdem schritt die Entwicklung nach anfänglichen Erfolgen nur langsam voran. Die südliche Friedrichstadt blieb bis in das 19. Jahrhundert hinein ein wenig dicht bebauter, kleinbürgerlicher Stadtteil für Glaubensflüchtlinge, Handwerker und Soldaten der Garnison. »Zwischen Kochstraße und Belle-Alliance-Platz (heute Mehring-Platz) war stundenlang nichts als grelle Sonne sichtbar« schrieb Fontane noch 1866.

Erst gegen Ende des 18. Jahrhunderts hatten sich die Straße Unter den Linden, die Dorotheen- und die Wilhelmstraße sowie der Pariser Platz als vornehme Adressen etabliert. Hierzu trugen vor allem die massiven städtebaulichen und stadtgestalterischen Interventionen Friedrich II. bei. Hatte sein Vater die Bebauung der Friedrichstadt – notfalls mit Gewalt – durchgesetzt, so machte sich Friedrich daran, das vielfach eher ärmliche Erscheinungsbild der bescheidenen Bebauung durch staatlich geförderte Fassadenkosmetik zu verschönern. Zwischen 1769 und 1796 entstanden überwiegend in den westlichen Vorstädten zirka 300 sogenannte Immediatbauten, bei denen mehrere Fassaden zusammengefaßt wurden, um einen repräsentativeren Eindruck zu erwecken. Die Anlage des Forum Fridericianum, das ursprünglich sein Berliner Stadtschloß aufnehmen sollte, oder der Ausbau des Gendarmenmarktes zum schönsten Platz der Stadt sind Schlüsselvorhaben für die Veränderung der

*Johann Georg Rosenberg, Blick auf Lustgarten mit Dom, Bibliothek und königlichem Schloß, im Hintergrund der Rokokodom, 1780*

städtischen Kraftlinien nach Westen. 1780 entwarf Gontard im Auftrag des Königs die zwei signifikanten Kuppeln, die den Domen am Gendarmenmarkt aufgesetzt wurden. Sie prägen von nun an die Silhouette der Stadt markanter als jedes andere Bauwerk und werden so zum weithin sichtbaren Ausdruck eines veränderten städtischen Gravitationsfeldes.

Friedrichs Desinteresse an den historischen Stadtteilen war eine Mischung aus emotionaler Abneigung gegenüber dem Schloßbezirk und einer für das Rokoko und die Aufklärung typischen Stadtfeindlichkeit. Die städtebauliche Chance der Schlüter'schen Vision, die alte Dominikaner Kirche am Schloßplatz zum stadtbildprägenden Dom auszubauen, nutzte Friedrich II. nicht. Stattdessen ließ er die städtebaulich für die Königsstraßenachse wichtige Dominikanerkirche an der Westseite des Schloßplatzes abreißen und durch einen neuen Dom an der Spreeseite des Lustgartens ersetzen. Die zwischen 1747 und 1750 durch Johann Boumann dem Älteren errichtete zierliche Rokokokirche zeigt mit ihrer Fassade nach Westen und bringt damit die Spree erstmals in der Geschichte des Schloßbezirks in eine Rückseitenlage. Auch wenn der neue Dom städtebaulich eher unbedeutend und nur ein Schmuckelement des Lustgartenplatzes war, so begründet er doch die sich nun verfestigende Tendenz, den Stadtfluß aus der städtebaulichen Planung für die Spreeinsel auszublenden und als Zäsur der Residenz zur historischen Stadt zu betrachten.

Friedrich II., der lieber in Potsdam und Charlottenburg als in Berlin residierte, hinterließ ein polyvalentes Stadtgebilde, das einige bedeutende Einzelbauwerke und Plätze aufwies, aber keine klare städtische Textur. Die Stadtteile und Vorstädte existierten weitgehend beziehungslos nebeneinander. Vor dem Spandauer-, Königs- und Stralauer Tor expandierten planlos neue Vorstädte als Arbeiter- und Handwerkerquartiere. Die noch mittelalterlich anmutenden Bürgerstädte Berlin und Cölln verloren ihre Standortattraktivität aufgrund der zunehmenden Westorientierung des Schloßbezirks. Der Friedrichswerder und Neukölln am Wasser lagen im wahrsten Sinne des Wortes als Inseln zwischen der mittelalterlichen Altstadt und den westlichen Stadterweiterungen.

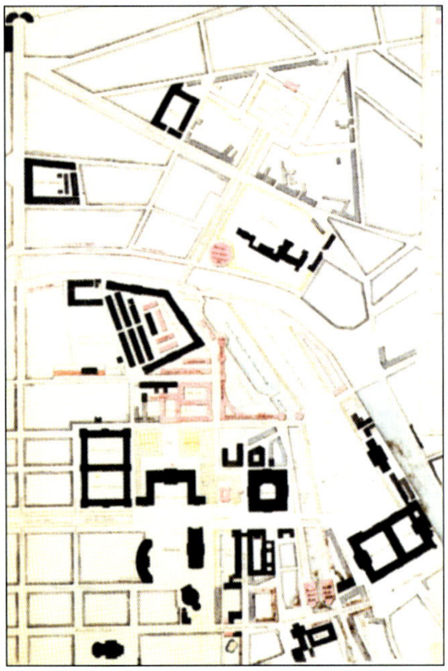

*Karl Friedrich Schinkel, Bebauungsplan für die Erneuerung des Zentrums von Berlin, 1817*

**Schinkels Stadtintegration am Wasser**

Es war im wesentlichen noch diese Stadt der Stadtteile, die Schinkel nach den Befreiungskriegen bei seinem Amtsantritt als Geheimer Oberbaurat vorfand. Die Wälle waren zwar seit 1735 eingeebnet, aber noch als deutliche Zäsuren im Stadtgrundriß erkennbar. Die Wassergräben der Befestigungsanlage trennten nach wie vor die Stadtteile und waren zu unansehnlichen Sammelbecken von Unrat und Abwasser geworden. Ende des 18. Jahrhunderts gab es in der Stadt zirka 40 Brücken, davon 11 über die Spree. Nur 14 Brücken waren massiv gemauert; die meisten bestanden aus Holz. Nicht eine einzige durchgehende Straße verband die neuen Stadtteile im Westen mit dem historischen Berlin. Die gegen Ende des 18. Jahrhunderts bereits renommierte Straße Unter den Linden endete hinter der hölzernen Hundebrücke als Sackgasse im Paradeplatz auf der Spreeinsel. Am Pomeranzengraben zwischen Lustgarten und der nördlichen Spree-Insel, der als Zufahrt zum Packhof auf dem Friedrichswerder diente, bildeten Verkaufsbuden und Schuppen das vis à vis der herrschaftlichen Schloßfassade.

Schinkel hat zwar niemals, wie wenig später Lenné oder Hobrecht, einen Gesamtplan für Berlin vorgelegt, seine Entwürfe für einzelne Gebäude sind jedoch – wie Hermann G. Pundt in »Schinkels Berlin« nachgewiesen hat – aus einer präzisen städtebaulichen Vorstellung entstanden. Sie manifestieren sich in mehreren Bebauungsplanvorschlägen für die Spreeinsel und den Friedrichswerder, also das Gebiet östlich und westlich des Spreekanals. Im Bebauungsplan von 1817 wird erstmals der Versuch unternommen, die isolierten Teile der inneren Stadt durch städtebauliche Maßnahmen zusammenzufügen. Dabei spielen die Gewässer der Stadt eine besondere Rolle. Schinkel unterscheidet zwischen solchen, die trennen – das sind im wesentlichen die Festungsgräben – und solchen, die eine städtebauliche Bedeutung haben. Die Festungsgräben, insbesondere auch der die Spreeinsel durchtrennende Pomeranzengraben, werden verfüllt, während der für Schiffsverkehr und Handel wichtige Spreekanal eine besondere »katalytische« Rolle (Pundt) wahrnimmt. Im nördlichen Abschnitt am Kupfergraben entsteht mit dem neuen Packhof ein leistungsfähiges Zentrum für die Flußschiffahrt und den Warenumschlag. Der Kupfergraben wird zu einem großzügigen geometrischen Hafenbecken ausgeweitet, das direkt von der Spree erschlossen wird. Vor dem Lustgarten und dem Schloß wird der Spreearm begradigt und beidseitig von baumbestandenen Promenaden eingefaßt. Den südlichen Abschluß der Anlage bilden zwei neue Kirchen rechts und links der Werderschen Schleuse auf dem Gelände des alten Packhofs.

Auf dem nur wenige Hundert Meter langen Streckenabschnittes des Spreekanals hätten sich nach dieser Schinkelschen Planung also vier unterschiedliche städtebauliche Typologien am Wasser befunden. Im Norden liegt der für die Flußschiffahrt nutzbare große Wasserplatz an der Einmündung des Spreekanals in den Fluß. In dieser ersten Planung sieht Schinkel den Packhof auf der westlichen Seite des Hafenbeckens vor, sodaß die Spreeinsel für eine großzügige Grünanlage mit öffentlicher Promenade zur Verfügung steht.

Als zweites Element plant Schinkel südlich der eisernen Brücke, beiderseits des begradigten Spreekanals, repräsentative Promenaden bis zu einer neuen Brücke, der späteren Schloßbrücke, die die alte Hundebrücke ersetzt. Daran schließt sich die Wohnbebauung der Schloßfreiheit an, die gestalterisch aufgewertet werden soll. Den Abschluß dieser wasserarchitektonischen Sequenz bildet die Werdersche Schleuse. Die durch das Schleusenbauwerk bedingte Verengung des Spreekanals wird von Schinkel in besonderer Weise als städtbauliches Ensemble und Blickfang inszeniert. Er plaziert auf beiden Seiten der Schleuse ein Kirchenbauwerk, die Schinkel als »Deutsche und Französische Friedrichwerdische Kirche« bezeichnete. Mit dem Bau dieser Doppelkirche soll ein weiteres städtebauliches Problem gelöst werden. Die Französischestraße wird über den Werderschen Markt zum Schloßplatz durchgebrochen und verbindet nun in einem Zuge die Friedrichsstadt über den Friedrichswerder und den Schloßbezirk mit Cölln und Berlin.

Auch nach Norden soll die Stadt defragmentiert werden. Vom Schloß bis zum Monbijoupark jenseits der Spree plant Schinkel auf der Spreeinsel eine großzügige Grünanlage, deren Ende ein Pantheon als point de vue markiert. Der Rundbau verkörpert den Sprung der Stadtentwicklung des zentralen Bereichs nach Norden in die bis dahin vernachlässigte Spandauer Vorstadt. Schinkel war ein pragmatischer Planer, der immer die Nutzung als Basis jeder städtebaulichen Gestaltung im Auge hatte. So verband er die Aufwertung der Spandauer Vorstadt mit der Erschließungsfunktion für den neuen Packhof. Eine repräsentative Brücke unmittelbar nördlich der Spreeinsel sollte den Kupfergraben bzw. Packhof mit einer vierreihigen Baumallee verbinden, die bis zu einem großzügigen Schmuckplatz nördlich der Oranienburger Straße geführt werden sollte.

Schinkels Bebauungsplan von 1817 stellt den ersten Versuch dar, die innerstädtischen Wasserläufe, vor allem den Spreekanal, in eine ganzheitliche städtebauliche Planung zu integrieren. Dabei spielt nicht nur die gestalterische Dimension unterschiedlicher Wasserarchitekturen und Wasserräume eine Rolle, sondern vor allem die Nutzung des Wassers und der Ufer selbst. Schinkel belegt die Ufer auf klar definierten Abschnitten mit ganz unterschiedlichen Funktionen und Bedeutungen. Dadurch entsteht eine Raumfolge von hohem Erlebnischarakter und großer Aufenthaltsqualität. Die Ufernutzungen verbinden die Stadtteile; das Wasser selbst wird zum Focus der Wahrnehmung. Der Fluß integriert die Stadt – räumlich, sozial und wirtschaftlich.

Schinkels Plan von 1817 stieß bei seinem König, Friedrich Wilhelm III., auf wenig Resonanz. Auch wenn dieser Idealentwurf nie gänzlich umgesetzt wurde, so bestimmte er doch Schinkels weitere stadtplaneriche und städtebauliche Arbeiten. Die Bebauungspläne von 1823 und 1832 greifen die Ziele des Plans von 1817 in pragmatischer und bescheidenerer Weise wieder auf, ohne sie jedoch grundsätzlich aufzugeben.

Der Bebauungsplan von 1823 entstand in Zusammenhang mit dem geplanten Bau des neuen (heute: Alten) Museums. Friedrich Wilhelm III. favorisierte zunächst, ganz in der Tradition seiner Vorgänger, einen Standort in den westlichen Stadterweiterungen, nämlich den alten Marstall unter den Linden. Schinkel dagegen befürwortete einen Standort auf der Spreeinsel, und zwar am unansehnlichen Pomeranzengraben. Schinkel wies nach, daß es stadtwirtschaftlich vorteilhafter sei, das Museum im Zusammenhang mit dem Bau eines neuen Packhofes am Kupfergraben zu bauen. Er argumentierte, daß die Zufahrt von der Spree über den Pomeranzengraben zum alten Packhof auf dem Friedrichswerder verkehrliche und wirtschaftliche Nachteile mit sich bringe. Die meisten Waren würden aus Hamburg angeliefert, also von Norden. Die Schiffe sollten daher direkt (wie schon im Bebauungsplan von 1817 vorgesehen) in den Spreekanal einfahren und nicht erst umständlich um die nördliche Spreeinsel und

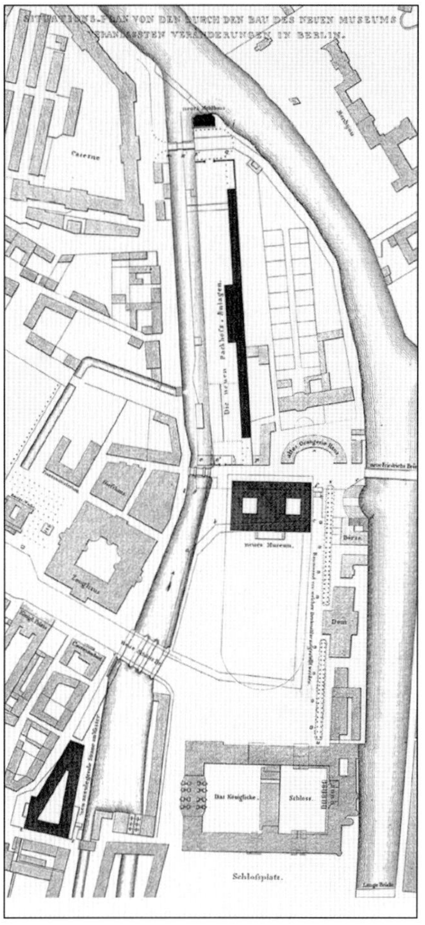

*Karl Friedrich Schinkel, Bebauungsplan für die Umgebung des Lustgartens, 1823*

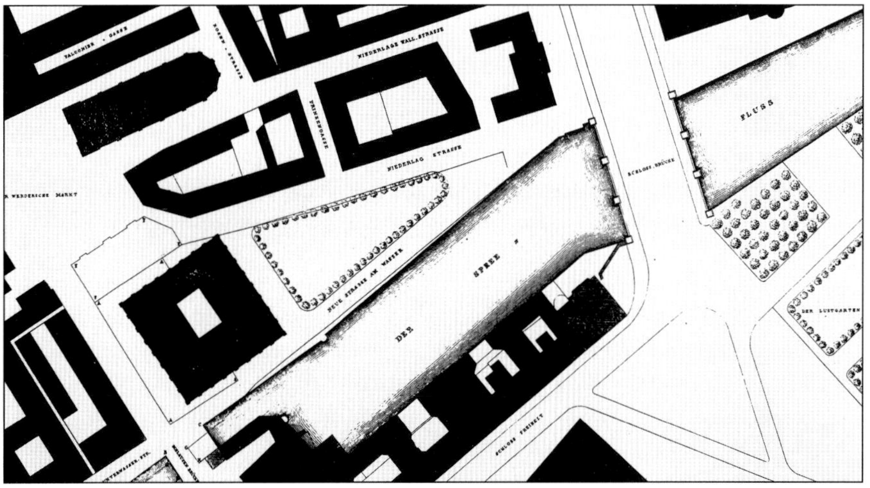

*Karl Friedrich Schinkel, Bebauungsplan für die Bauakademie, 1832*

*Schloßfreiheit, 1860*

den Pomeranzengraben. Daher sei es sinnvoll, den Packhof im Zusammenhang mit dem Museumsbau auf die Nordseite des Kupfergrabens zu verlegen, um hier den direkten Anschluß an die Spree zu nutzen. Die Vermarktung der Flächen, so Schinkel weiter, könnte »einen Theil der erforderlichen Kosten decken, und Gelegenheit zu einer schönen neuen Straße am Wasser zwischen der Schloß- und Schleusenbrükke geben, die mit anständigen Gebäuden geziert« werden könnte. Mit den Erdmassen aus der Verbreiterung des Kupfergrabens könnte kostengünstig der nun nicht mehr benötigte Pomeranzengraben zugeschüttet werden, womit letztendlich wiederum ein preiswerter und städtebaulich äußerst vorteilhafter Bauplatz für das Museum gewonnen sei.

In seiner Argumentation für den Standort des Museums verband Schinkel geschickt mehrere Argumente: Die Frage der wirtschaftlich vertretbaren Verlagerung des Packhofs in den nördlichen Bereichs des Kupfergrabens; die Beseitigung der störenden Zäsur des Pomeranzengrabens auf der Spreeinsel; den städtebaulichen Abschluß des Lustgartens durch den Bau des Museums auf dem verfüllten Graben; die Aufwertung des heruntergekommenen Areals um den alten Packhof und den Werderschen Markt.

Freilich waren es nicht die städtebaulichen Argumente, die den König überzeugten, sondern Schinkels kluge stadtwirtschaftliche Argumentation, die er mit dem Bau des Museums verband. So wurde das Museumsprojekt zum Katalysator einer komplexen städtebaulichen Neuordnung, die weit über die Bedeutung des Museums hinausging. Wenngleich Schinkel in dieser Planung erhebliche Abstriche machen mußte von der idealtypischen Wasserraumarchitektur von 1817, so sind doch wesentliche Elemente seiner Raumfolge erhalten geblieben. Der nördliche Abschnitt des Kupfergrabens kann zum neuen Packhof umgestaltet werden, wenngleich nicht auf der westlichen, sondern auf der Inselseite des Spreekanals. Auch der repräsentative zweite Abschnitt zwischen dem Museum und dem Schloß mit Lustgarten kann realisiert werden. So reihen sich ein wirtschaftlich genutzter Flußabschnitt, ein repräsentativer Stadtraum am Wasser und ein Ort bürgerlichen Wohnens und Arbeitens in szenischer Reihenfolge aneinander und bieten ein Stück jener attraktiven Wasserarchitektur, die der Plan von 1817 intendierte. Die großen stadträumlichen Verbindungen jedoch, insbesondere der Brückenschlag in die Spandauer Vorstadt, sind allerdings aufgegeben.

### Schloßfreiheit

Seit den achtziger Jahren des 17. Jahrhunderts war die Schloßfreiheit, also die westlich, ursprünglich »hinter« dem Schloß liegenden Grundstücke, bebaut worden. Die Befreiung (»Freiheit«) von den städtischen Lasten wie Einquartierung von Soldaten und Wachten war notwendig, um »Investoren« für die schwierigen Baugrundverhältnisse zu finden. Die Bebauung, deren Fassade der Schloßseite zugewandt ist, bildet mit ihren Hinterhäusern und Anbauten einen nicht geraden attraktiven Anblick. Bereits im Bebauungsplan von 1817 hatte Schinkel eine städtebauliche Neuordnung bei Beibehaltung der vorhandenen Bebauung vorgeschlagen. Durch Abriß der unansehnlichen Mühlen sollte Platz für eine neue Ufergestaltung und die Anbindung der Häuser der Schloßfreiheit an die neugestaltete Schleusenbrücke geschaffen werden. Im Rahmen seines Auftrags zur Errichtung der Bauakademie 1831 setzte er sich wieder mit der Situation auseinander. Schinkel schlug im Bebauungsplan von 1832 erneut die Verlängerung der Französischen Straße über eine neugestaltete Schleusenbrücke zum Schloßplatz vor. Mit der Fertigstellung der Friedrichs-

*Karl Friedrich Schinkel, Perspektivische Ansicht der Bauakademie, 1831*

werderschen Kirche 1830 war das Thema des Abschlusses des Schleusenkanals durch Sakralbauten erledigt. Die Integration der Bebauung an der Schloßfreiheit sollte nun durch ein Kaufhaus geschaffen werden, das auf dem Areal der alten Mühlen den südlichen Abschluß der Schloßfreiheit zur neuen Straßenverbindung hin bildete.

Wie schon in seinem Bebauungsplan von 1817 respektierte Schinkel die bürgerliche Bebauung vis à vis des Schlosses und schlug deren städtebauliche Integration und architektonische Verschönerung vor. Durch »mäßige Schälung und Ausfüllung einiger Ruten« des Wasserbassins zwischen Schleusenbrücke und Schloßbrücke sollte den Eigentümern Bauland für »Hinterhäuser mit anständigen Fassaden nach der Wasserseite« zur Verfügung gestellt werden – ein städtebauliches Mittel, das bereits 150 Jahre zuvor bei Anlage und Bebauung der Burgstraße angewandt worden war. Auch dieser Vorschlag, dessen Beachtung wahrscheinlich die Schloßfreiheit vor dem späteren Abriß gerettet hätte, wurde nicht umgesetzt.

Mit Schinkel bekommt Berlin erstmals seit Schlüter wieder einen Baumeister, der die städtischen Gewässer als wesentliches Gestaltungselement des Städtebaus und der Stadtplanung begreift. Schinkel erkannte die verbindende Kraft der Wasserläufe in der Stadt. Für Schinkel waren die städtischen Gewässer räumliche Bänder, die Beziehungen zwischen Gebäuden und Stadträumen herstellten. Die Integrationskraft dieser Verknüpfungen war so stark, daß so autonome und unterschiedliche Gebäude und Nutzungen wie das Schloß, der Packhof, der Dom oder die Bauakademie als souveräne Individuen eines gemeinsamen städtebaulichen Kontextes koexistierten.

Für die gestalterische Qualität und Vielfalt der Stadträume am Wasser spielte bei Schinkel die Nutzung eine entscheidende Rolle. Das Wasser war für Schinkel Ort der Arbeit, des Wohnens, der Begegnung und der Muße. Das Wasser war weder reines Anschauungsobjekt einer romantisierenden Naturbetrachtung noch Verfügungsobjekt einzelner Interessen. Es war räumlich und sozial die Mitte und das Vermittelnde, nie das Trennende. Schinkels Planungen, wenn auch nur rudimentär realisiert, führten zu einer städtebaulichen Integration der Spreeinsel, des Friedrichswerder und der westlichen Stadterweiterungen des 17. und 18. Jahrhunderts, wie sie seitdem nie wieder erreicht wurde. Dabei konnte er allerdings ein wesentliches Problem nicht lösen: die sich seit dem Ende des 17. Jahrhunderts vollziehende 180-Grad-Wende der Kraftlinien der Stadt von Ost nach West. Im Gegenteil: durch seine Werke und die neuen öffentlichen Räume rechts und links des Kupfergrabens und Spreekanals bekam die Westseite der Spreeinsel eine so hohe stadträumliche und architektonische Qualität, daß dem gegenüber die eigentliche Stadtspree noch mehr ins Hintertreffen geriet. Damit wurde die Westorientierung des Schloßbezirks endgültig verfestigt und die Berliner

Seite der Spreeinsel und damit der eigentliche Stadtfluß selbst zur unbedeutenden Rückseite der Berliner Mitte.

*Schloß-Panorama, um 1900*

### Von der Spreeinsel zur Museumsinsel

Das wilhelminische Zeitalter hat den städtebaulichen Integrationsansatz Schinkels für die Spreeinsel und die angrenzenden Stadträume nicht nur ignoriert, sondern revidiert. Drei städtebauliche Interventionen sind dafür maßgeblich.

Die erste betraf den Dom von Boumann am Lustgarten. Nach den Vorstellungen Wilhelm IV. sollte hier der Dom des deutschen Protestantismus entstehen. Die Ideen des Königs wurden 1842 in einem Entwurf von Friedrich August Stüler umgesetzt, der deutlich zeigte, daß das zur Verfügung stehende Grundstück mit gerade einmal 80 m Durchmesser als Bauplatz ungeeignet war. Um die gewollte monumentale Größe auch nur annähernd zu erreichen, mußte die Spree um ein Drittel verschmälert werden. Die Fundamentarbeiten wurden 1844 begonnen und im Revolutionsjahr 1848 eingestellt. Unter König Wilhelm I. wuchsen die Ansprüche weiter. Der Nationaldom des deutschen Protestantismus und der preußischen Siege sollte den Vergleich mit dem Petersdom standhalten. Der 1867 ausgeschriebene Wettbewerb verlangte allerdings von den Teilnehmern, aus wirtschaftlichen Gründen die Fundamente der Stüler'schen Planung in ihren Entwurf mit einzubeziehen. Der – nicht nur in Sachen Eisenbahnplanung – weitsichtige August Orth kritisierte diese Entscheidung, die zu einer Zerstörung des Schinkelschen Platzensembles führen mußte. In seiner »Denkschrift über eine Reorganisation der Stadt Berlin« machte Orth einen Gegenvorschlag, der sich auf städtebauliche Überlegungen des ersten Berliner Denkmalkonservators, Ferdinand von Quast, bezog.

Quast hatte bereits in den vierziger Jahren als Alternative zum Stüler-Entwurf einen Standort auf der anderen, der Berliner Spreeseite vorgeschlagen. Das nach Westen gerichtete Portal des Doms sollte über eine durch Kolonnaden eingefaßte Brücke vom Lustgarten aus erreicht werden. Orth erkannte, daß der städtebauliche Sprung über die Spree die Chance beinhaltet hätte, das historische Berlin an den Lustgarten und den Schloßbezirk anzubinden. Räumlich hätte sich die Platzanlage über die Spree erstreckt, die damit wieder Bestandteil des Schloßbezirks geworden wäre.

August Orth hatte dabei nicht nur den Städtebau, sondern auch die Wirtschaftlichkeit und Leichtigkeit der Schiffahrt auf der Spree im Auge. Bekanntlich bewegte sich der gesamte Schiffsverkehr bis zum Umbau des Mühlendamms bzw. der Fertigstellung der neuen Schleusenanlage im Jahre 1894 auf dem Kupfergraben und dem Schleusenkanal. Orth argumentierte, daß eine Zunahme und Beschleunigung des Wassertransportes nur durch eine »Regulierung« der inneren Spree möglich sein würde. Dabei war – und ist – die Verengung der Spree durch den Dombau ein künstliches Hindernis, das die Attraktivität des Schiffsverkehrs auf der Spree bis heute stark beeinträchtigt.

Die zweite Fehlentscheidung Wilhelm IV. betraf die Idee, »die ganze Spreeinsel hinter dem Museum zu einer Freistätte für Kunst und Wissenschaft umzuschaffen«. Auch hierzu hatte Stüler 1840 einen städtbaulichen Plan nach den Vorstellungen des Königs für die Nationalgalerie vorgelegt, der – bei Respektierung des Schinkelschen Packhofes – einen zusammenhängenden Museumskomplex im Anschluß an den Lustgarten vorsah. Die stadträumlich exponierte Inselspitze, das vis à vis des Schlosses Monbijou und die angrenzenden Ufer blieben baulich frei und öffentlich zugänglich. Nur im Osten bildet die Bebauung eine Fassade zum Wasser.

Seit dem Bau der Stadtbahn über den nördlichen Teil der Spreeinsel war an die Realisierung des Gesamtentwurfes nicht mehr zu denken. Die durch Schinkel aufgehobene Trennung der Spreeinsel im Bereich des Pomeranzengrabens fand nun seine verkehrstechnisch aktualisierte Umkehrung durch das Hochbahnviadukt. Städtebaulich hatte diese Entscheidung verheerende Konsequenzen. Die Zerstückelung der Spreeinsel bei gleichzeitig wachsenden repräsentativen Ansprüchen führte zu der desolaten heutigen Situation, die kein städtebauliches Konzept mehr erkennen läßt. Das Kaiser-Friedrich-Museum, heute Bodomuseum, blockiert die Inselspitze, die wie in der Schinkelplanung von 1817 die Prominenz eines Square du Vert Galant, der einzigartigen Inselspitze der Ile de la Cité in Paris, bekommen konnte. Stattdessen verengen die zu dicht am Wasser stehenden Gebäudemassen die Spree und degradieren sie zum Kanal.

Das nach den Plänen von Alfred Messel erbaute Pergamon-Museum steht als städtebauliches Rudiment einer nicht mehr ablesbaren Planung isoliert und wird von dem Besucher unsinnigerweise vom Westen über den Spreekanal betreten. Ohne qualitative öffentliche Räume bilden die Großbauten der Museumsinsel Torsi eines Ensembles, das wohl nur unter Denkmalschutzaspekten als Weltkulturerbe betrachtet werden kann.

Die dritte Entscheidung zur Zerstörung des städtebaulichen Ensembles am Kupfergraben verdanken wir der imperialen Selbstinzenierung des Wilhelminischen Kaiserreiches durch Wilhelm II. Die Westorientierung des Schloßbezirks hatte mit dem Kuppelbau Stülers über dem Eosanderportal bereits 1853 ihren symbolischen Abschluß gefunden. Nun war es nur eine Frage der Zeit, wann die historische Bebauung vor dem neuen Hauptportal des Schlosses, die Gebäude an der Schloßfreiheit, verschwinden mußten. Da die Schinkelschen Vorschläge für »Hinterhäuser mit anständigen Fassaden nach der Wasserseite« nicht umgesetzt worden waren, wurden die Gebäude am Schleusengraben ein leichtes Opfer selbstherrlicher Stadtverschönerung. Nach dem Tod Wilhelm I. bot die vaterländische Begeisterung für ein Nationaldenkmal zu Ehren des Kaisers den willkommenen Anlaß, sich der letzten Reste bürgerlicher Präsenz im Schloßbezirk zu entledigen. 1893 wurden die Häuser der Schloßfreiheit abgerissen. Es entstand das monströse Denkmal von Reinhold Begas, das nicht zufällig der Stadt und dem Spreekanal das Hinterteil des Reiterstandbildes Wilhelms I. zeigt.

## Lennés Integration der Peripherie

Die Bevölkerung Berlins war im ersten Viertel des 19. Jahrhunderts um gut ein Viertel von 172.000 auf 220.000 Einwohner gewachsen. Im zweiten Quartal des Jahrhunderts verdoppelte sich die Zahl der Einwohner. Die historische Stadt geriet an die Grenzen ihrer Aufnahmefähigkeit; die Stadt drängte in die Peripherie. Die Stein-Hardenberg'schen Reformen hatten eine Liberalisierung des Bodenmarktes eingeleitet, die den Grund und Boden von den alten Feudallasten befreite und vor den Toren der Stadt zu einem wild wuchernden Nebeneinander von Wohnhäusern, Ausflugsgaststätten, landwirtschaftlichen Gebäuden, Manufakturen und Industrien führte.

Lenné war 50 Jahre alt, als er im Jahre 1839 von Friedrich Wilhelm III. den Auftrag erhielt, einen Bebauungsplan für Berlin zu erarbeiten. Lenné hatte kurz zuvor für das 160 Hektar große Gelände der Pulvermühle in Moabit einen Bebauungsplan vorgelegt, der sein differenziertes und komplexes Verständnis eines auf die Integration und Inszenierung des städtischen Kontextes gerichteten Städtebaus verdeutlicht. Die Pulvermühle war wegen der extensiven Stadtentwicklung nach Spandau, nördlich der Spandauer Zitadelle, in den Bereich der heutigen Wasserstadt am Spandauer See, verlagert worden. Auch Schinkel wurde fast gleichzeitig (1840) mit einem Bebauungsplanvorschlag beauftragt – die letzte große planerische Arbeit vor seinem Tod.

Im Vergleich des Umgangs beider Planer mit dem Thema der Wasserlagen ergibt sich ein interessantes Paradoxon. Es fällt auf, daß der preußische Oberbaudirektor den landschaftsplanerischen und der Königliche Gartenbaudirektor den städtebaulichen Entwurf vorlegt. Während Lenné sowohl nördlich wie südlich des markanten Spreebogens, im späteren Alsenviertel, eine Bebauung vorschlägt, gestaltet Schinkel diesen Bereich gärtnerisch, ebenso wie die der Charité gegenüberliegenden Holzlagerflächen am Schönhauser Graben. Lennés radial-symmetrische Straßen-

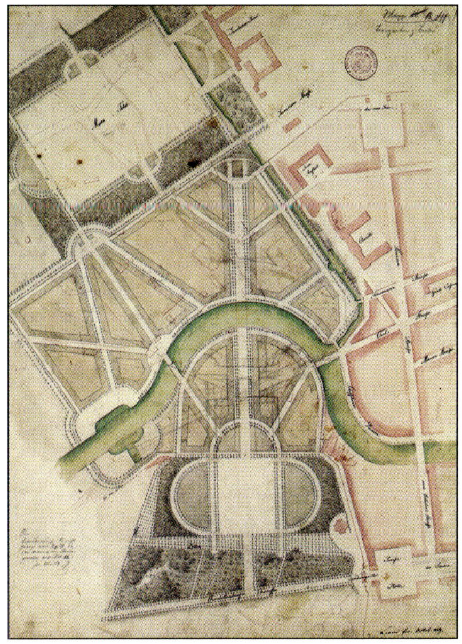

*Peter Joseph Lenné, Bebauungsplan für Königsplatz und Exercierplatz, 1839*

*Karl Friedrich Schinkel, Bebauungsplan zum Pulvermühlengelände in Moabit, 1840*

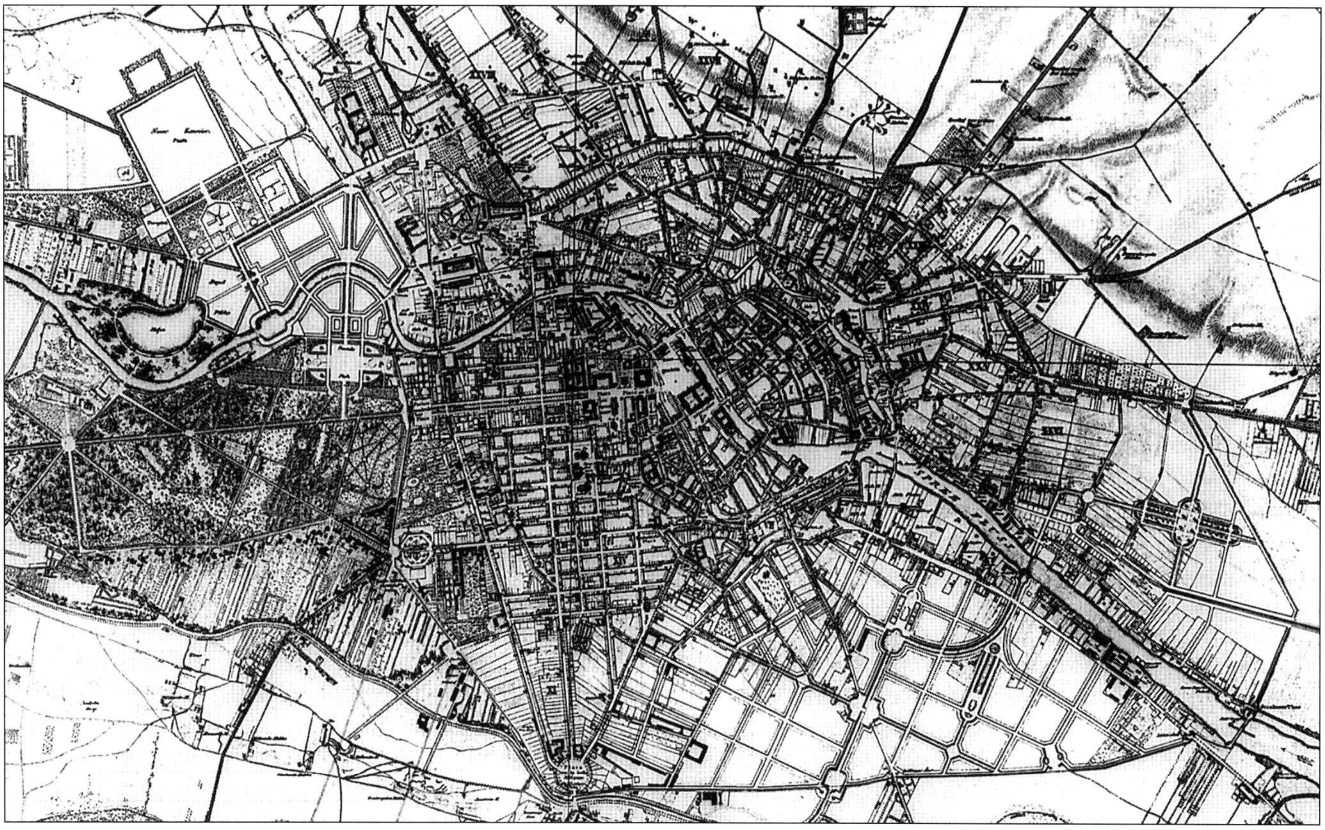

*Peter Joseph Lenné, »Schmuck- und Bauanlagen der Residenz Berlin«, 1843*

führung bindet die nah an die Ufer heranrückende Bebauung zusammen und gestattet damit, den Fluß als Stadtraum mit Promenaden und Plätzen auszubilden. Auch die Ufer des Schönhauser Grabens werden in einen promenadenartigen Straßenzug zwischen der Charité und dem neuen Pulvermühlenquartier eingebunden. Damit findet der Schiffbauerdamm einen städtebaulich gelungenen Anschluß sowohl an die Spree wie an die »Alte Panke«.

Aus heutiger Sicht scheint die Lenné'sche Planung die weitsichtigere gewesen zu sein, da sie einen der Prominenz dieses Moabiter Spreebogens angemessenen Vorschlag lieferte, während sich die Schinkel'sche Planung noch weitgehend an den historisch überholten vorstädtischen Nutzungen orientierte.

Beide Pläne gelangen jedoch nicht bzw. nur in Teilen zur Ausführung, da die Dynamik der Entwicklung, vor allem der unaufhaltsam in die Stadt drängende Eisenbahnbau, ständig veränderte Anforderungen an die Planungen stellt. Lenné selbst bestimmt 1853 den Bereich westlich des Schönhauser Grabens als Standort für den Hamburger Bahnhof, womit seine städtebauliche Planung von 1839 in diesem Bereich hinfällig wird. Immerhin gelingt 1850 mit der Anlage des Humboldthafens ein städtebaulich markanter Abschluß dieses Spreebogens und des neuen Spandauer Schiffahrtskanals. Einer der wenigen Versuche, auf die Prominenz dieser Wasserarchitektur auch mit den neuen Verkehrsbauten zu reagieren, war der Lehrter Bahnhof, dessen palastartige Fassaden zu Spree und Humboldthafen seinen Ruf als schönster Berliner Bahnhof begründeten.

Im Jahr 1840 legte Lenné den ersten Bebauungsplan für das Köpenicker Feld, dem heutigen Kreuzberg SO 36, vor, das zum wichtigsten Entwicklungsgebiet der aufstrebenden preußischen Hauptstadt wurde. Obwohl 1845 der von Lenné vorgeschlagene Landwehrkanal als nicht gerade unbedeutende Infrastrukturvorleistung des Staates gebaut wurde, ging die Bebauung zunächst nicht recht voran. Als Gründe wurden die hohen Grundstückskosten und die schlechte Verkehrsanbindung genannt. Die Bebauung konzentrierte sich zunächst um die neu entstehenden Bahnhöfe.

Neben dem Landwehrkanal schlägt Lenné, nach seinen eigenen Angaben aus Gründen des Wirtschaftsverkehrs, die Anlage eines zwei Kilometer langen Verbindungskanals zwischen der Schillingsbrücke an der Spree im Norden und dem Landwehrkanal im Bereich des späteren Urbanhafens im Süden vor. Der sog. Luisenstädtische Kanal wird 1848 bis 1852 gebaut und 1926 wegen Unwirtschaftlichkeit im Rahmen einer Arbeitsbeschaffungsmaßnahme wieder zugeschüttet.

Landwehrkanal und Luisenstädtischer Kanal sind städtebaulich und freiräumlich völlig verschiedene Elemente. Während der Landwehrkanal Bestandteil eines grünen, landschaftlich mäandernden Promenadenzuges als »Grenzzug« der dichten Stadt geplant war, stellte sich der Luisenstädtische Kanal als eine streng geometrische, mit massiven Klinkermauern eingefaßte und dicht angebaute innerstädtische Wasserachse dar. Mit Wasserplätzen wie dem Engelbecken und traufständig bebauten Uferstraßen entstehen öffentliche Stadträume am Wasser, die ihre ästhetische Wirkung auf die Zeitgenossen nicht verfehlten. 1890 schwärmte der Journalist Wilhelm Lösche: »Ein himmelblauer Kanal … Wo immer man eine größere Straßenlinie verfolgt, stößt man auf das Wasser. Die Mehrzahl dieser Straßen ist schnurgerade, einem der Kanäle parallel, alles neue, himmelhohe, schöne Häuser, verschwenderisch breit die Ufer der Kanäle und Becken selbst, so daß vor diesen Riesenflächen selbst die gigantischen Frontlinien der Neubauten zu niedrigen Rahmen zusammenschmelzen.«

Der 1840 im ersten Entwurf und 1843 überarbeitete Gesamtplan der »Schmuck- und Grenzzüge von Berlin mit nächster Umgebung« ist eine städtebauliche und landschaftsplanerische Gesamtplanung, die jedoch auch nur in

*Oranienplatz mit Luisenstädtischem Kanal, 1920*

*Luisenstädtischer Kanal mit Engelbecken, Winter 1926*

Teilen Realität wurde. Hier allerdings, wie z.B. heute noch am Fraenkel-, Plan- oder Maybachufer, an den seinerzeitigen Wasserplätzen wie dem Engelbecken oder dem Oranienplatz zeigt sich, daß die Lenné'sche Vision von den neuen Stadtteilen am Wasser eine ebenso große und einmalige städtebauliche Qualität bedeutete wie die Schinkel'schen Planungen für die historischen Quartiere an der Spree. Der Lenné'sche Plan von 1843 war der letzte Gesamtplan für Berlin, der die naturräumlichen Qualitäten der märkischen Wasserlandschaft und die städtebaulichen Traditionen des Bauens am Wasser in Berlin in ein ganzheitliches gestalterisches Konzept integrierte. Das Wasser, so Lenné, ist »in der Tat die Seele des Ganzen«.

## Trügerische Idyllen am Wasser

Mit dem explosionsartigen Wachstum der Stadt, dem Aufschwung der Industrie, des Handels und des Finanzwesens hatte sich seit Mitte des 19. Jahrhunderts die Citybildung in den historischen Quartieren, vor allem aber in den westlichen Stadterweiterungen durchgesetzt. Es entstanden die berühmten Zeitungs-, Banken-, Botschafts-, Konfektionsviertel usw., die das Wohnen verdrängten. Aber auch die historischen Stadtteile Berlin und Cölln verloren einen Großteil ihrer Wohnbevölkerung an die neuen Wohnquartiere in Kreuzberg, Friedrichshain oder Tiergarten. Die innerstädtischen Ufer, die unter der Westwanderung des städtischen Gravitationsfeldes im 18. Jahrhundert ihre repräsentative Stellung weitgehend eingebüßt hatten, wurden im 19. Jahrhundert immer mehr zu Orten der Arbeit und des kleinbürgerlichen Wohnens. »Hier gibt es noch die alten Patrizierhäuser« schreibt Wilhelm Raabe 1856 in seiner »Chronik der Sperlingsgasse« über das Quartier an der Friedrichsgracht, »die Geschlechter selbst sind freilich meistens lange dahin«.

Es dauerte allerdings nicht mehr lange, bis auch die baulichen Zeugen des repräsentativen städtischen Wohnens am Wasser selbst »dahin« waren. So wurde in der Burgstraße das 1724 nach dem Modell des Hôtel de Soubise erbaute Palais des Bankiers Daniel Itzig 1858 abgebrochen. Hier entstand 1863 als Flaggschiff des neuen wilhelminisch-bürgerlichen Stils, der Neubau der Börse nach einem Entwurf von Georg Friedrich Hitzig, dem Urenkel des Bankiers. Schlüters Wartenbergsches Palais an der Poststraße wurde 1888 abgerissen.

Die erste Stadtfluchtbewegung der wohlhabenden Schichten führte vor die Tore der Stadt, in den Tiergarten. Aus Sommerhäusern und Gastwirtschaften entwickelte sich ab den vierziger Jahren Berlins erste grüne Vorstadt (»untere Friedrichstadt«). Hier wohnte alles, was in Kunst, Kultur und Wissenschaft Rang und Namen hatte: Lenné, Friedrich Hitzig, Iffland, Drake, die Brüder Grimm .... Ab 1860 entwickelte sich die erste Villenbewegung Berlins, die sich als bewußte Alternative zum Hobrecht'schen Modell der sozialen Mischung verstand. 1863 entstand vor dem Potsdamer Tor zwischen dem Landwehrkanal im Süden und dem alten Schafsgraben im Tiergarten eine der ersten Villenkolonien Berlins, der »Albrechtshof«. Georg Friedrich Hitzig, der Architekt der Börse, hatte das Gelände an der heutigen Rauchstraße mit der Berliner Diskontogesellschaft erworben und damit das Finanzierungsmodell für die zukünftigen Terraingesellschaften kreiert. Hitzig legte dem Minister für Handel, Gewerbe und öffentliche Arbeiten, von der Heydt, einen Plan für 50 Villen vor. Die Hitzig'schen Gebäude waren zwei bis maximal dreigeschossig und begründeten den neuen Baustil einer bürgerlichen villa suburbana im Grünen, möglichst am Wasser. Wenige Jahre später folgten andere Villensiedlungen wie z.B. das Kielganviertel südlich des Landwehrkanals an Kurfürstenstraße und Lützowplatz, dessen exponiertester Vertreter heute noch das »Café Einstein« an der Kurfürstenstraße ist.

Kaum ein halbes Jahrhundert später überrollte die Großstadtentwicklung diese erste Vorstadt zwischen Wasser und Park. Die Häuser wurden von Spekulanten aufgekauft und durch Berliner Mietshäuser oder Staatsbauten (z.B. Marineamt am Reichpietschufer) ersetzt. Man zog weiter nach Westend, Grunewald, Wannsee, Nikolassee, Schlachtensee. Der Ausbau der Eisenbahn, insbesondere der Vorortbahnen, machte es möglich. Ausgerechnet die Villa des Ministers von der Heydt (heute Sitz der Stiftung Preußischer Kulturbesitz), die idyllisch zwischen dem Landwehrkanal und einem Altarm des Schafgrabens liegt (darin erinnert heute noch die kleine Ausbuchtung des Landwehrkanals), überstand den städtischen Funktionswandel – exterritorial als chinesische Botschaft.

Die Villa von der Heydt verkörpert den Wandel von Städtebau und Architektur am Wasser im 19. Jahrhundert, nämlich den vom städtischen Bürgerhaus am Ufer zur suburbanen Villa im Grünen oder – wer es sich leisten kann – am Wasser. Mit diesem typologischen Wechsel ist eine grundlegend veränderte Beziehung zwischen dem Wohnen und dem Wasser verbunden. Das Wasser wird Bestandteil des privaten Wohnumfeldes. Keine Straße, kein Bürgersteig trennt die Wohnbebauung vom Ufer. In den privilegiertesten – und teuersten – direkten Wasserlagen wird das Ufer zum Prestigeobjekt und

*Aus einem Werbeprospekt für die Villenkolonie Zehlendorf-West, um 1910*

Gegenstand exklusiven privaten Gebrauchs. Selbst da, wo das Ufer nicht eigener Besitz ist, aber nahe, wird die Wasserlandschaft zur teuren Kulisse einer schönen Aussicht. Das Blau wird zum Superlativ des Grüns.

Natürlich gilt diese Wertschätzung des Wohnens am Wasser nicht allen Wasserlagen, sondern nur denen, die als gesund und schön geschätzt werden können, also vornehmlich denen in landschaftlicher Umgebung. Dabei ist die Landschaft vor der ständigen Transformation durch die gesellschaftlichen und wirtschaftlichen Prozesse nicht sicher. Was heute noch eine idyllische Wasserlage sein kann, ist morgen schon Standort für ein Kraftwerk oder neue Industrieanlagen. Die Halbinsel Stralau im Entwicklungsgebiet Rummelsburger Bucht ist hierfür ein treffendes Beispiel. In manchen seiner Romane beschreibt Fontane diese vorstädtische Landschaftsidylle, die Schinkel in seinem Bild »Bootsfahrt bei Stralau« idealisiert hat. In seinem Spätwerk »Der Stechlin«, das den gesellschaftlichen Umbruch der Zeit selbst zum Thema hat, beschreibt Fontane eine Dampferfahrt von der Jannowitzbrücke zum Eierhäuschen gegenüber der Stralauer Halbinsel. Noch im Bereich der Stadtbahnbögen, also zwischen Jannowitz- und Michaelbrücke, sahen die Gäste der Schiffsfahrt »immer wieder ein Stück Gartenland, darin ein paar verspätete Malven oder Sonnenblumen blühten. Erst als man die zweitfolgende Brücke [Schillingbrücke, d.V.] passiert hatte, traten die Stadtbahnbögen soweit zurück, daß von einer Ufereinfassung nicht mehr die Rede sein konnte; statt ihrer aber wurden jetzt Wiesen und pappelbesetzte Wege sichtbar.«

Die Situation sollte sich in den nächsten Jahrzehnten radikal ändern. Beide Seiten der Spree wurden Standorte von

Industrie und technischer Infrastruktur. Seit Ende des Jahrhunderts werden auch die Stralauer Halbinsel und die Rummelsburger Bucht von der Randwanderung der Industrie erfaßt. Außer den ebenso berühmten wie – wegen ihrer »Ausschweifungen« – berüchtigten Stralauer Fischzügen blieb wenig von der landschaftlichen Aura dieses beliebten Berliner Ausflugsziels.

### Straßen und Strände für die Großstadt

Das explosionsartige Wachstum der Stadt in den viel zu engen kommunalpolitischen Grenzen von 1861, die grassierende Spekulation und Wohnungsnot und die zunehmenden verkehrstechnischen und stadthygienischen Probleme führten gegen Ende des Jahrhunderts zu einer lebhaften öffentlichen Debatte über ein Entwicklungskonzept für die Stadt und ihre Vororte. Auf Vorschlag der Berliner Architektenverbände wurde 1906 der städtebauliche Wettbewerb Groß-Berlin ausgeschrieben. Die Aufgabenstellung war äußerst anspruchsvoll. Ausgehend von einer Überprüfung der Bebauungspläne von 179 Gemeinden im Raum Berlin sollte ein Generalbebauungsplan einschließlich Freiflächen für den Raum Berlin erstellt werden. Darüber hinaus sollte eine Verkehrsplanung sowohl für den Schienen- und Wasserstraßenverkehr sowie für die Hauptverkehrsstraßen erarbeitet werden. Schließlich waren künstlerische Einzelvorschläge für wichtige Teilräume gefragt. Auf Grund des zu leistenden Arbeitspensums wurden 1909 nur 27 Arbeiten eingereicht, von denen zwei mit dem Ersten Preis ausgezeichnet wurden.

Im Wettbewerb standen zwei grundsätzliche Siedlungsmodelle zur Diskussion. Hermann Jansen, einer der beiden 1. Preisträger, plante – ganz in der Tradition von Otto Wagner und Josef Stübben – einen Wald- und Wiesengürtel um die Stadt, den die erholungssuchenden Städter per Bahn erreichen konnten. Dem gegenüber schlug der 3. Preisträger, die Gruppe Bruno Möhring, Rudolf Eberstadt und Richard Petersen, ein radiales Siedlungsmodell vor. Grüne Keile entlang der Berliner Gewässer und Urstromtäler sollten die Verbindung vom landschaftlichen Umland bis tief in die Stadt hinein sicherstellen. Die Siedlungsentwicklung selbst sollte entlang der S-Bahnlinien und an den Haltepunkten stattfinden. Ein Modell, das noch heute ein Leitmotiv der Raumordnung in der Bundesrepublik darstellt.

Beide Siedlungsmodelle gehen von dem Schutz und der Erhaltung der bedrohten Flüsse und Seen aus, denen eine zentrale Funktion für Erholung, Freizeit und Sport zugewiesen wird. Die landschaftlich geprägten Gewässer sind grundsätzlich frei zu halten, wenngleich – so Hermann Jansen – »kapitalschwache Gemeinden die Möglichkeit, Seeufer zu erwerben und zu unterhalten, erst durch den Verkauf eines Teiles Uferland erhalten; prinzipiell soll es jedoch möglichst nicht mehr als die Hälfte sein. Ferner ist die Freihaltung eines schmalen, mindestens 5 – 8 m breiten Fußsteiges rings um den See durchzusetzen.« Auch Eberstadt, Möhring und Petersen schlagen neue Siedlungsgebiete in Wassernähe vor. Schwerpunkte einer sozial gemischten Bebauung soll das westliche Havelufer sein, und zwar sowohl südlich wie nördlich von Spandau. Beide Entwicklungsgebiete sollen über neue Eisenbahnlinien gut erreichbar werden. Die südliche Strecke soll die Dörfer Gatow, Kladow, Krampnitz sowie einen neuen Villenvorort »Neu Sacrow« zwischen den Ufern des Sacrower und Glienicker Sees erschliessen. Als Folge dieser Überlegungen wurde 1913 ein Wettbewerb für eine vorstädtische Siedlung an der Havel zwischen Gatow und Kladow ausgeschrieben. Auf Grund von Streitigkeiten zwischen den noch selbständigen Gemeinden kam es jedoch erst nach der Eingemeindung von 1920 zu einer koordinierten Planung. Seit dem Ende der zwanziger Jahre entstand hier die Siedlung Hohengatow, die noch heute – wenngleich in kaum noch erkennbarer architektonischer Form – die Prinzipien der vorstädtischen Siedlung am Wasser aus dem Hauptstadtwettbewerb von 1910 verkörpert. Ein breiter, öffentlich zugänglicher Uferstreifen trennt das Wasser von einer aufgelokkert bebauten Waldsiedlung mit großzügigen Grundstücken.

Auch für den nördlichen Bereich Spandaus planen Eberstadt, Möhring und Petersen Vororte an der Havel. Erschlossen durch eine nördliche Eisenbahnlinie sollen flußnah Siedlungen für die Arbeiter der großen Industriegebiete entstehen. Der gesamte westliche Uferbereich soll dabei von »industriellen Anlagen verschont und für Promenadenwege, Spiel- und Badeplätze für die Anwohner vorbehalten bleiben«. Der Spandauer Teil des rechten Havelufers, also u.a. der Bereich der heutigen Wasserstadt am Spandauer See, erscheint den Preisträgern »wie keine andere Stelle bei Berlin geeignet, Gartenstädte auf der Grundlage gemeinsamen oder genossenschaftlichen Bodenbesitzes zu schaffen, die einer großen Anzahl von Arbeitern eigene Wohnungen in gesunden Häusern bieten können«.

Die städtebauliche Visionen der Preisträger des Groß-Berlin-Wettbewerbes orientieren sich an den Vorstellungen Camilo Sittes, Josef Stübbens und der Gartenstadtbewegung. Das Berliner Mietshaus und der Hobrechtsche Block werden als die Ursache allen sozialen und hygienischen Übels

*Martin Wagner, Gartenstadt Lindenhof in Schöneberg, 2000*

betrachtet. Statt dessen soll eine vorstädtische Bebauung, die sich bei manchen als Einzel- und Reihenhaussiedlung, bei anderen als etwas dichter gemischte Einzel- und Mehrfamilienhausbebauung darstellt, die Siedlungsform der Zukunft repräsentieren. In diesen grünen Wohnvorstädten ist das Wasser gewissermaßen eine Spielart des Grüns. Wasser und Grün werden bei Camillo Sitte als »dekorative« oder »sanitäre« Elemente des Städtebaus definiert. »Dekorativ« sind sie im Zusammenhang mit der Verschönerung städtischer Plätze und Grünanlagen, »sanitär« als Biotope zur Generierung von Licht, Luft und Sonne. Damit werden die Grundlagen für ein Verständnis des öffentlichen Raums am Wasser gelegt, das für die gesamte Moderne charakteristisch ist.

Der Protagonist des modernen Bauens der zwanziger Jahre, Martin Wagner, schreibt noch als Abteilungsleiter im »Zweckverband Groß-Berlin« 1915 eine grundlegende Untersuchung über »städtische Freiflächenpolitik«. Darin setzt sich Wagner intensiv mit den Siedlungsmodellen des »Groß-Berlin-Wettbewerbs« von 1910 auseinander und legt die Grundlagen für ein normatives Versorgungsmodell der Stadtbevölkerung mit Grün- und Freiflächen. Im Mittelpunkt steht die »sanitäre« Aufgabe des Grüns als Freizeit- und Erholungsfläche für die durch den industriellen Prozess belastete Arbeiterschaft der Großstadt und die stadtklimatische Ausgleichsfunktion. Dem »dekorativen Grün« kommt die Rolle des schmückenden Beiwerks der neuen Vorstädte und Siedlungen zu. Wagners erste Siedlung, die Gartenstadt Lindenhof in Schöneberg, ist hierfür ein treffendes Beispiel. Zweigeschoßige Reihenhäuser und dreigeschoßige Mietshäuser gruppieren sich in lockerer Bebauung um einen dekorativen Teich – eine veritable Gartenstadt ganz nach den Ideen von Sitte und Stübben.

Auch in den Ende der zwanziger Jahre entstehenden Großsiedlungen wie der Hufeisensiedlung in Britz, der Siemensstadt in Spandau, der Weißen Stadt in Reinickendorf oder der »Reichsforschungssiedlung für Wirtschaftlichkeit im Bau- und Wohnungswesen« in Spandau spiegelt sich die Monofunktionalisierung der Nutzung in einer entsprechenden Verkümmerung des öffentlichen Raums auf das sanitäre und dekorative Grün. Bemerkenswert erscheint in diesem Zusammenhang die Planung von Walter Gropius und Stefan Fischer für die Reichsforschungssiedlung in Spandau, im Bereich der heutigen ESIGO-Siedlung und dem Quartier Pulvermühle am Spandauer See.

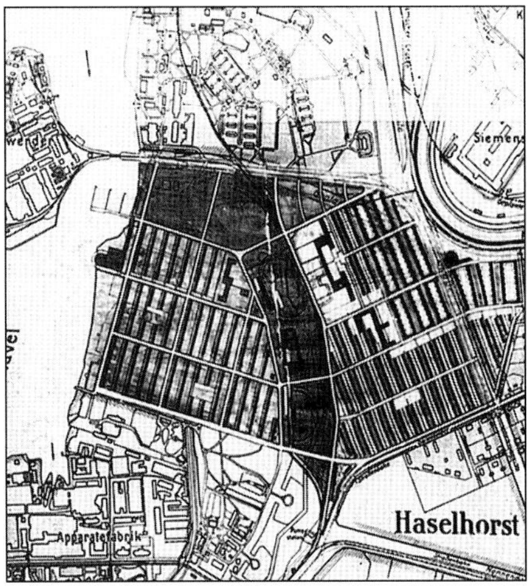


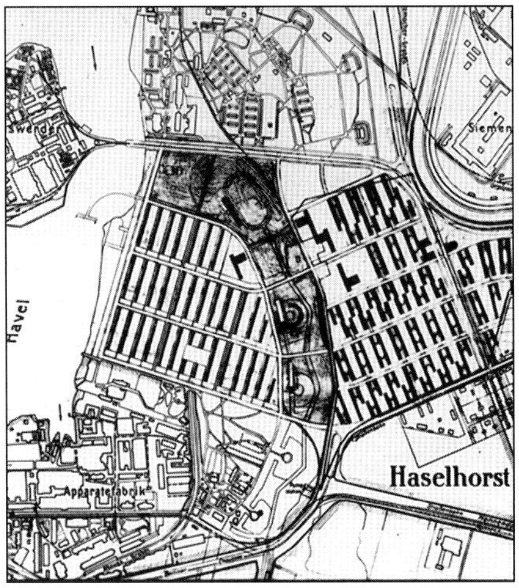


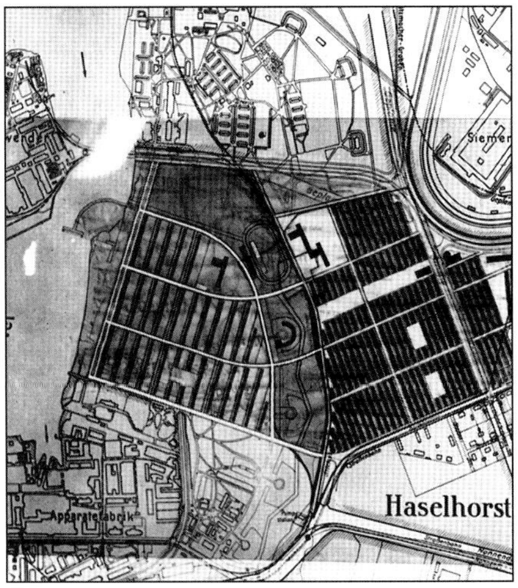


*Walter Gropius, Wettbewerb Haselhorst, 1928/29. Lagepläne A-B-C*

Im 1928 ausgeschriebenen Wettbewerb für eine Reichsforschungssiedlung in Haselhorst bestand die Aufgabe darin, eine Siedlung mit wirtschaftlich und hygienisch optimierten Wohngebäuden in Zeilenbau zu entwerfen. Die erstprämierte Arbeit von Gropius und Fischer sieht in mehreren Alternativen eine strenge Zeilenbebauung rechts und links der alten Befestigungsgräben im Bereich der Daumstraße vor. Die Zeilen führen westlich bis an das Ufer der Havel und enden dann schematisch an der Uferkante. Das Wasser spielt in diesem Entwurf – im Gegensatz zum inneren Grünzug der alten Befestigungsanlage – keine städtebauliche, scheinbar nicht mal eine freiräumliche Rolle. Wenngleich die Rigorosität dieses Entwurfes nicht zuletzt der Ausschreibung und Programmsetzung der Reichsforschungsgesellschaft für Wirtschaftlichkeit im Bau- und Wohnungswesen zu verdanken ist, so zeigt der Entwurf doch die Wende zu einer neuen radikalen Entwurfsphilosophie, deren Regeln sich scheinbar aus allgemeingültigen »Funktionen der Baukörper, der Straßen und der Verkehrsmittel« (Gropius) ableiten lassen.

## Wiederaufbaukonzepte für die Stadt an der Spree

Die Entwicklung des modernen Städtebaus in Deutschland war durch den Nationalsozialismus abrupt abgebrochen worden, die wichtigsten Architekten emigriert oder vertrieben. Nach Krieg und Kapitulation waren die großen deutschen Städte weitgehend zerstört. Die planerische Diskussion über den Wiederaufbau wurde – nicht nur in Berlin – durch zwei gegensätzliche Positionen bestimmt. Auf der einen Seite standen die Radikalreformer der sozialistisch orientierten Moderne, die die »mechanische Auflockerung durch Bombenangriffe und Endkampf« (Scharoun) als Chance einer Neuentwicklung von Stadt und Gesellschaft sahen. Auf der anderen Seite die Wertkonservativen und die »unpolitischen« Technokraten des Vorkriegsstädtebaus in Deutschland, die auf der Grundlage der noch vorhandenen Infrastruktur (insbesondere Stadttechnik und Erschließung) die alte Stadt mehr oder weniger modernisiert wieder aufbauen wollten.

Die Fraktion der Reformer wurde in Berlin durch das Planungskollektiv um Hans Scharoun repräsentiert. In der am 22. August 1946 eröffneten Ausstellung »Berlin plant« legte das Planungskollektiv einen Vorschlag zur vollständigen Neu-Urbanisierung Berlins vor. Anknüpfend an das Leitbild der Bandstadt, wie es in den Zwanziger Jahren u.a. in der Sowjetunion diskutiert worden war, sollte das neue Berlin entlang der Flußläufe von Spree und Havel entstehen. Die Arbeitsstandorte für Industrie, Wirtschaft, Verwaltung und die City lagen direkt an der Spree. Dahinter erstreckten sich die Wohngebiete, die sich in Nachbarschaften mit jeweils 4-5.000 Bewohnern gliedern sollten. Zentrales Erschließungselement der Stadt sind die Hauptverkehrsstraßen mit großen begleitenden Grünzügen. Sie bilden ein rasterförmiges Muster, das beliebig fortgesetzt werden kann und damit das bandartige Wachstum entlang des Flußlaufes ermöglicht.

Die Gewässerbänder waren in diesem Siedlungsmodell das Rückgrat der Stadtentwicklung. Scharoun erklärte die »Stadtlandschaft« zum Gestaltungsprinzip für den Städtebauer, »um der Großsiedlungen Herr zu werden. Durch sie ist es möglich, Unüberschaubares, Maßstabsloses in übersehbare und maßvolle Teile aufzugliedern und diese Teile so zu einander zu ordnen, wie Wald, Wiese, Berg und See in einer schönen Landschaft zusammen wirken«. Das Siedlungsmodell versteht sich nicht nur als eine radikale Alternative zur steinernen Stadt des 19. Jahrhunderts und den städtebaulichen Gigantomanien des Nationalsozialismus, sondern als Ausdruck eines neuen demokratischen und sozialen Gesellschaftsentwurfes. Der gesellschaftsreformerischen Anspruch wurde allerdings mit einer vollständigen Zerstörung der Tradition der bürgerlichen Stadt erkauft und entsprang einem absolutistischen Machtbegriff von Planung, wie er durch die barocken Stadtgründer vertreten wurde. Für den Wiederaufbau Berlins hatten diese Idealstadtvorstellungen der Moderne letztlich keine Chance. Die drängenden Probleme der Wohnungsnot, des Wiederaufbaus und der Stabilisierung der Wirtschaft ließen die Realisierung solcher Fundamentalmodelle nicht zu.

Scharouns Idee der Stadtlandschaft nahm auf den Wiederaufbau Berlins nicht als Siedlungsmodell, wohl aber als städtebauliches Modell Einfluß. Im Hauptstadtwettbewerb von 1957 wurde der Entwurf von Hans Scharoun und Wils Ebert mit dem zweiten Preis ausgezeichnet. Die Planungsphilosophie der Arbeit ist wieder die der Stadtlandschaft. Keine monumentalen Straßenachsen und Aufmarschplätze; dafür durchziehen Grünzüge und landschaftlich geprägte Wasserläufe die Stadt. Wieder ist es die Spree, die eine besondere freiräumliche und stadtbildnerische Bedeutung erhält.

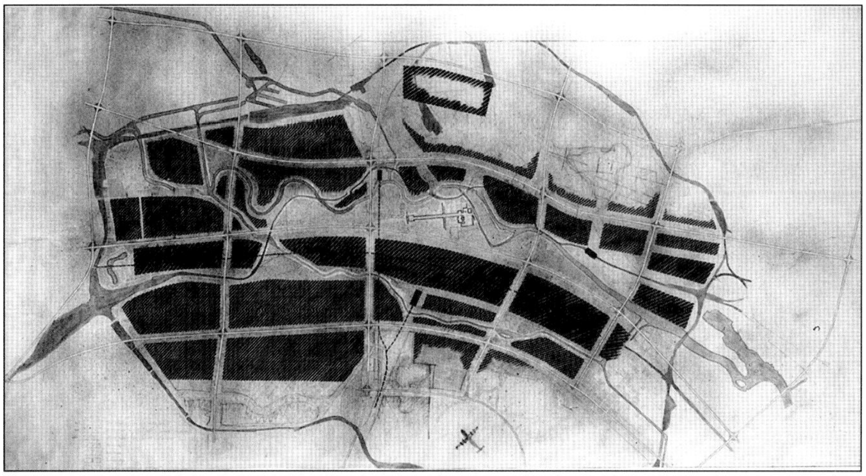

*Planungskollektiv Hans Scharoun, Vorschlag zur vollständigen Neu-Urbanisierung Berlins, 1946*

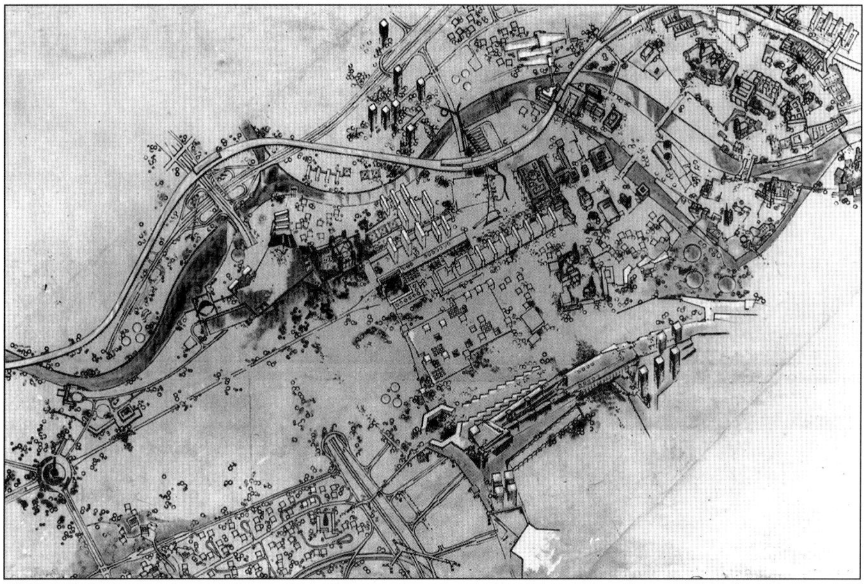

*Hans Scharoun, Wils Ebert, Hauptstadtwettbewerb, 2. Preis, 1957*

Entlang der landschaftlich mäandernden Spree reihen sich bei Scharoun eine Reihe markanter Gebäude auf, beginnend mit dem Schloß Bellevue im Westen. Im Bereich des Kongreßzentrums, das anläßlich der Interbau 1957 eröffnet worden war, weitet sich die Spree vor der Terrasse des Gebäudes von Hugh Stubbins zu einem Wasserplatz. Das eigentliche Parlaments- und Regierungsviertel ist ein landschaftlich eingefaßtes Ensemble von Solitären, dessen städtebauliche Figur sich auf den Scheitel des Moabiter Spreebogens bezieht. Die Geometrie des Humboldthafens wird von Scharoun aufgegeben zu Gunsten einer natürlich anmutenden Einmündung des Berlin Spandauer Schiffahrtskanals in die Spree. Zwischen Schiffbauer Damm und Friedrichstraße wird die Spree als ein landschaftsbetonter Fluß gestaltet, der von Wohn- und Verwaltungshochhäusern gesäumt wird. Im Bereich der Spreeinsel wird die städtebauliche Struktur der nördlichen Spreeinsel von Scharoun respektiert. Entlang des Spreekanals werden die Bauakademie und das Zeughaus wieder zu wichtigen Bezugspunkten der Schinkel'schen Wasserachse.

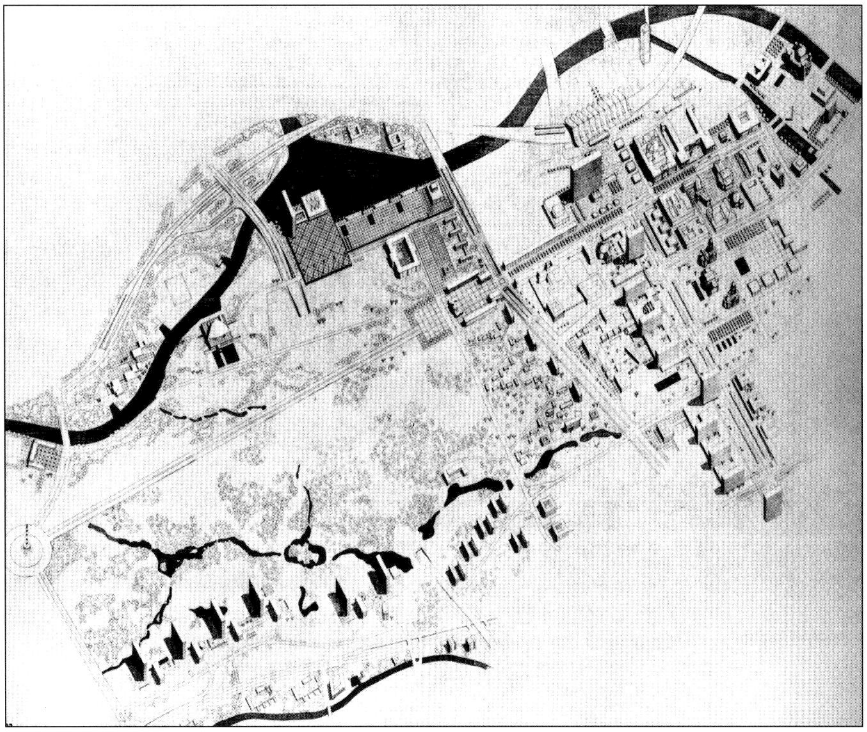

*Spengelin, Eggeling, Pempelfort, Hauptstadt-Wettbewerb, 1.Preis, 1957*

Scharoun, der sich mit der Planung Schinkels für die Spreeinsel befaßt hatte, interpretiert hier das Prinzip der freistehenden Gebäude am Wasser neu. Dabei wird die räumliche Situation als Grün- und Freiraum gestaltet, in dem das Wasser eine schmückende Funktion erhält – und nicht, wie bei Schinkel, öffentlicher Ort von wasserbezogenen Nutzungen ist. Die Spreeinsel und das Friedrichsforum sollten das Zentrum einer kulturellen Zone werden, die sich nördlich der Spree zu einem Universitätsbereich erweitert. Anstelle des Schlosses sah Scharoun ein Bauwerk vor, daß »gemeinsamen, kulturellen Aufgaben gewidmet« sein sollte; später sprach er sich jedoch gegen den Abriß der Schloßruine aus. Die historische Altstadt von Berlin und Cölln wurde zumindest teilweise erhalten, als »Brücke zur Geschichte und Tradition«.

Die Gewässerlandschaft Berlins spielt auch in anderen Entwürfen des Haupstadtwettbewerbes von 1957 eine große Rolle. Der erste Preisträger, die Gruppe Friedrich Spengelin, Fritz Eggeling und Gerd Pempelfort, bauen das Wasser gleich zweimal als zentrale Gliederungs- und Gestaltungselemente in ihre Arbeit ein. Auch bei ihnen wird der Moabiter Spreebogen grundlegend umgeformt. Statt der strengen klassizistischen Figur windet sich die Spree durch den Tiergarten und weitet sich vor dem Regierungsforum im Spreebogen zu einer binnenseeartigen Wasserfläche auf. Hierhin wird der neue Platz der Republik verlegt. Die offene, durch keine Randbebauung begrenzte Fläche wird durch solitär stehende Baukörper und eine erhobene Platzanlage mit großer Freitreppe zum Spreebecken definiert. Es entsteht eine moderne »hauptstädtische«Wasserplatzinterpretation, wie sie Oskar Niemeyer in Brasilia oder Burley Griffin in Canberra realisierten. Das Wasser wird hier zu dem zentralen öffentlichen Ort der Stadt und des Staates. Aber anders als beim Großen Becken von Speer ist die Wasserfläche nicht primär Spiegel zur Verdoppelung der Baumassen und zur Steigerung der Monumentalität ins Gigantische, sondern eine Referenz an die Landschaft und die Stadt. Die Verlagerung des Platzes der Republik an die Spree sollte zwei Ziele erreichen. Zum einen sollte der Platz der Republik aus der Rückseitenlage zur Stadt geholt werden; zum andern sollte die Stadtspree als Element der Stadt und Landschaft in das Ensemble des Staates integriert werden. Die Jury fand hierfür die lobenden Worte: »die hervorragende Lösung des ersten Preisträgers, der Architekten Spengelin, Eggeling und Pempelfort, mit der Lage des Parlaments am erweiterten Spreebogen unter Einbeziehung des Wassers kann mit Recht ein Geschenk an Berlin genannt werden.«

Auch mit einem zweiten Vorschlag verdeutlichen Spengelin, Eggeling und Pempelfort das Verständnis von den Gewässern in den Planungen der fünfziger Jahre in exemplarischer Weise. Die Seenkette des Tiergartens wird in die südliche Friedrichstadt hineingeleitet und, begleitet von einem Grünzug, bis an die Spreeinsel herangeführt. Das Blau der Teichkette ist auch hier die Steigerung des Grüns. Beides sind stadtplanerische und städtebauliche Instrumente zur Auflockerung der Stadt, zu ihrer Verlandschaftung. Das Wasser wird zur sanften Waffe gegen die steinerne Stadt.

Die Entwürfe des Hauptstadtwettbewerbs von 1957 sind bekanntlich in den Schubladen der Geschichte verschwunden. Die Teilung der Stadt, die zunehmende Systemkonkurrenz und der Kalte Krieg verhinderten eine gemeinsame Planung der beiden Teilstädte. Berlin (West) wurde mit hohem Aufwand als Schaufenster des Westens herausgeputzt, und Berlin (Ost) geriet immer mehr unter den Druck, nicht nur die Eigenständigkeit der Hauptstadt der DDR unter Beweis zu stellen, sondern auch als Prunkstück des »ersten sozialistischen Staates auf deutschem Boden« zu glänzen.

Auf der Grundlage des Londoner Protokolls vom 12. September 1944 war die Verwaltung Berlins auf die alliierten Siegermächte verteilt worden. Das historische Stadtzentrum sowie der größte Teil der Stadterweiterungen des 17. und 18. Jahrhunderts lagen im sowjetischen Sektor. Der Kollektivplan Scharouns fand nach der Spaltung des Magistrats seine Fortsetzung im Ostberliner »Generalaufbauplan von Berlin«, der die Idee der Stadtlandschaft weiter ausarbeitete und die Spree zur städtebaulichen Hauptentwicklungsachse erhob. Politisch war der Kollektivplan damit für Berlin(West) diskreditiert.

Am 27. Juli 1950 beschloß die Regierung der DDR »Sechzehn Grundsätze des Städtebaus«, die zur programmatischen Grundlage des »Aufbaus ganz Deutschlands« werden sollten. Die Grundsätze sind ein Bekenntnis zur Stadt, in der das Zentrum der »bestimmende Kern« ist. Hier sollen die »wichtigsten und monumentalsten Gebäude« gebaut werden, die die architektonische Silhouette der Stadt bestimmen. Gleich im nächsten Grundsatz werden die Flüsse als städtebauliche »Hauptadern und die architektonische Achse« einer Stadt bestimmt. Der hierin liegende Widerspruch zwischen einem am zentralistischen Staatsaufbau orientierten räumlichen Hierarchiemodell mit einer Stadtkrone im Zentrum und dem von Scharoun und dem Landschaftsplaner Reinhold Lingner für Berlin entwickelten Bandstadtmodell am Fluß wurde auch in Berlin (Ost) historisch zugunsten des hierarchischen Raummodells entschieden.

*Hermann Henselmann, Modell »Wettbewerb für das Zentrum der Hauptstadt der DDR«, 1959*

Am 23. August 1950 beschlossen der Ministerrat und der Magistrat der Stadt »Grundsätze für die Neugestaltung Berlins«. Leitidee ist eine zentrale Achse – quer zur Spree – von der Stalinallee über den Alexanderplatz, die Spreeinsel bis zum Brandenburger Tor. Das Schloß auf der Spreeinsel sollte »zur Erweiterung des Lustgartens« abgerissen werden und an seiner Stelle der »Zentrale Platz« für Aufmärsche, Demonstrationen und Volksfeiern entstehen, wie er in den Sechzehn Grundsätzen gefordert worden war. Zwischen diesem Platz und der Spree war als Stadtkrone ein »repräsentatives Gebäude (Kongreßhalle oder etwas ähnliches)« vorgesehen. Richard Paulik entwarf 1950 ein 120 Meter großes Hochhaus östlich der Spree, das über zwei Brücken mit dem früheren Areal des Schlosses, jetzt Marx-Engels-Platz genannt, verbunden war, und dem Anspruch des Zentrums von Staat und Gesellschaft städtebaulichen Ausdruck verleihen sollte.

In der wachsenden Systemkonkurrenz gewann die Zentrumsplanung eine immer wichtigere Bedeutung für die Selbstdarstellung der sozialistischen Staates. Als Reaktion auf den Hauptstadt-Wettbewerb 1957 schrieb die Regierung 1959 kurzfristig einen Wettbewerb für das Zentrum der Hauptstadt der DDR aus. Die wichtigsten Arbeiten liefen außerhalb der Konkurrenz. Hermann Henselmann schlug vor, das Thema der städtebaulichen Dominante durch einen Fernsehturm auf dem Gelände des ehemaligen Stadtschlosses zu beantworten. Als Pendant sollte auf der Ostseite der Spree (heutiges Marx-Engels-Forum) ein Kongreßzentrum

*Kosel, Hopp, Mertens, »Wettbewerb für das Zentrum der Hauptstadt der DDR«, 1959*

entstehen, das mit dem »Turm der Signale« durch eine Brücke über die Spree verbunden werden sollte. Der zweite bemerkenswerte Entwurf stammte von Gerhard Kosel, Hans Hopp und Hans Mertens. Sie plazierten die Stadtkrone auf die Ostseite der Spree und flankierten sie durch zwei große Wasserbecken nördlich und südlich angrenzend. Damit wurde das zentrale Gebäude durch vier Plätze, davon zwei Wasserplätze eingerahmt, die das Motiv der Binnenalster nach Berlin transportierten.

Der landschaftsräumliche Bezug der Spree, der bei Scharoun und Lindner noch konzeptionell dominierte, wird in beiden Entwürfen zugunsten eines weitgehend ortsunabhängigen, gestalterisch-funktionalen Verständnisses des Wassers als Element der städtebaulichen Inszenierung aufgegeben. Vor allem im Entwurf von Kosel, Hopp und Mertens dienen die Wasserflächen der monumentalen Steigerung der Architektur. Die Fernwirkung der Silhouette sollte durch die Nahwirkung der Spiegelung ergänzt werden. Im Entwurf Henselmanns wird die Spreeinsel durch das Doppelbauwerk Fernsehturm-Zentrales Gebäude mit dem östlichen Spreeufer verbunden und die Spree als städtebauliches Verbindungsglied integriert. Damit wird nicht nur eine im Fluß- und Stadtraum weithin sichtbare Dominante geschaffen, sondern auch der Versuch unternommen, die trennende Wirkung der Spree städtebaulich zu überwinden. Der Gedanke, den Fluß in die Mitte zunehmen statt ihn als Grenze zu deklassieren, geht in den Planungen der folgenden Jahre allerdings verloren.

Die Auseinandersetzung um den Standort des zentralen Gebäudes fand einen vorläufigen Abschluß im Plan zum Aufbau des Stadtzentrums vom 4. Mai 1961. Danach sollte das zentrale Gebäude auf der Ostseite der Spree stehen und der Marx-Engels-Platz vollständig von Bebauung freigehalten werden. Die im folgenden Jahrzehnt getroffenen städtebaulichen Entscheidungen revidieren jedoch schrittweise den grundlegenden Gedanken einer Ost-Orientierung des Zentrums und bringen die Spree wieder in ihre wilhelminische Rückseitenlage. Die von 1962 bis 1976 entstehenden zentralen Gebäude des Staates und Gesellschaft werden nicht auf dem Ostufer der Spree, sondern auf der Spreeinsel gebaut.

Mit der Mitte der siebziger Jahre abgeschlossenen Neuordnung des zentralen Bereichs zwischen der Spreeinsel und dem Alexanderplatz hatte sich die Ostberliner Zentrumsplanung letztlich wieder in die wilhelminischen Tradition der Monofunktionalisierung der Spreeinsel für die Bedürfnisse des Staates und seiner Institutionen eingeordnet. Diese unglückselige historische Verhaftung spiegelt sich nicht zuletzt darin, daß zwar der symbolträchtige Dom wieder errichtet, die im Wiederaufbau begriffene Bauakademie jedoch schließlich doch abgerissen wurde. Die Spreeinsel wurde zur Bühne staatlicher Selbstdarstellung, in denen Kupfergraben und Spree die Rolle von Grenzflüssen zufiel.

## Die Wiederentdeckung der Stadt am Wasser

Der Umgang mit den Ufern außerhalb der Stadtzentren während der fünfziger bis achtziger Jahre stand in beiden Teilen Berlins gleichermaßen in der Tradition der Vorkriegsmoderne. Die Gewässer und ihre Ufer dienten entweder der Industrie und dem Transport oder der Freizeit und Erholung. Eine städtebauliche Bedeutung, insbesondere für das Wohnen, kam ihnen nicht zu. Der Flächennutzungsplan von Berlin (Ost) weist noch 1985 die Ufer der Spree zwischen der Jannowitzbrücke und der Stralauer Halbinsel fast ausschließlich für Industrie und Gewerbe aus. In Berlin (West) fielen Ufer wegen der Insellage der Stadt und der anhaltenden Deindustrialisierung schon in den fünfziger Jahren brach und wurden zu wichtigen Ressourcen der Frei- und Grünflächenversorgung. Allein bis 1957 wurden 50 Kilometer Uferwege und Uferbegrünungen durchgeführt. Die Panke, die Wiege der wasserbezogenen Industrie in Berlin, der nicht mehr benötigte Nordhafen, große Teile des Teltowkanals wurden über weite Strekken öffentlich zugänglich gemacht. Aus Mangel an innerstädtischen Grünflächen wurden auch historisch und städtebaulich wichtige Hafenbecken wie z.B. am Schöneberger Ufer des Landwehrkanals 1960 oder der Urbanhafen 1963 zugeschüttet und in Grünanlagen umgewandelt. Hierin spiegelt sich die Auffassung von den städtischen Gewässern und ihren Ufern als Subkategorie des städtischen Grüns und Verfügungsmasse der Freiflächenpolitik. Diese funktionale Reduzierung der Ufer auf den Aspekt der Freiflächenversorgung entspricht dem Begriff der funktionsgetrennten, räumlich segregierten Stadt, deren Lebens- und Aufenthaltsqualität in den Richtzahlen von wohnungs- und siedlungsnahen Grünflächen gemessen wird. Da in diesem Verständnis von Freiflächenversorgung die städtischen Wasserflächen als nicht nutzbar gelten, wird ihnen auch kein anrechenbarer Wert für die Qualität der Versorgung der Bevölkerung zuerkannt.

*Internationale Bauausstellung 1984/87, Wohnbebauung am Tegeler Hafen, 2000*

Die Chancen eines städtisch geprägten Begriffs der Ufer und Gewässer, wie er in der Tradition der barocken Stadtplanung und der Konzepte von Schinkel für die Spreeinsel und Lenné für den Luisenstädtischen Kanal zum Ausdruck kommt, werden erst in den achtziger Jahren sichtbar. Die Kritik an den sozialen und stadtkulturellen Folgen des modernen Städtebaus und einer Sanierungspolitik im Dienste der Spekulation fand 1975 ihren Ausdruck in dem internationalen Denkmalschutzjahr. Hausbesetzungen in allen großen deutschen Städten brachten den notwendigen politischen Druck für die Wende. Allerdings war auch deutlich geworden, daß sich die Strategie der tabula rasa auf Dauer nicht finanzieren ließ. Der Paradigmenwechsel zur behutsamen Stadterneuerung führte zu einer neuen Wertschätzung der historischen Innenstädte und insbesondere der durch die Moderne diskreditierten Gründerzeitviertel. Mit der schrittweisen Rehabilitierung des Städtebaus des 19. Jahrhunderts gerieten auch wieder seine prägenden gestalterischen Elemente, die Blockkante, die Straße, der Platz und das Ufer in das Blickfeld der Planer.

Diente in den fünfziger Jahren das Wasser noch als sanfte Waffe gegen die historische Stadt, so wird es im Rahmen der behutsamen Stadterneuerung wieder zu einem gestaltenden Wesensmerkmal des öffentlichen Raums. Die Internationale Bauausstellung 1984/87 gab der neuen baulichen Philosophie und der Renaissance des Städtischen ihren vorzeigbaren Ausdruck. An mehreren Stellen der Stadt setzte sich die IBA explizit mit dem Bauen am Wasser auseinander. In Kreuzberg SO 36, dem Fokus der Wiedergutmachung an der geschmähten Mietskaserne, entstanden am Fraenkelufer die ausdrucksstarken Gebäude von Inken und Hinrich Baller. Damit wurde der sich vom Kottbusser Tor ausbreitenden Flächensanierung die Alternative der Erhaltung und maßstabsgerechten Ergänzung der Stadt des 19. Jahrhunderts entgegengesetzt. Mit der Wiederaufnahme des historischen Stadtgrundrisses und der parzellenorientierten Bebauung wurde es möglich, den Landwehrkanal und seine Uferstraßen wieder entsprechend dem ursprünglichen Lenné'schen Konzept in die Stadterneuerung zu integrieren. Der von Hardt-Waltherr Hämer, dem Chef der IBA-Alt, geprägte Begriff der Stadtreparatur findet hier in einem umfassenden Sinn seine Bestätigung. Repariert wurde nicht nur der Block in

*Leon Krier. Wettbewerbsentwurf für den Tegeler Hafen, 1980*

*Moore, Ruble, Yudell. Wettbewerbsentwurf für den Tegeler Hafen, 1980*

seiner fehlenden formalen Struktur, sondern auch der öffentliche Raum, die Typologie der Uferstraßen und Uferplätze im Sinne des Lenné'schen Schmuck- und Grenzzuges. In Ost-Berlin wurde gleichzeitig mit dem Bau des historisierenden Nicolai-Viertels der Versuch unternommen, das Bild von »Alt-Berlin« an der Spree zu rekonstruieren.

Am Tegeler Hafen beschritt die IBA-Neu unter der Leitung von Josef Paul Kleihues einen anderen Weg der Rekonstruktion der Stadt am Wasser. Der 1908 im Zuge der Industrialisierung Tegels gebaute Hafen hatte in den sechziger Jahren seine verkehrswirtschaftliche Bedeutung verloren. Der Hafen bestand aus einem 556 Meter langen Becken mit Ladekaien und Eisenbahnanschluß. Nach mehreren Planungsansätzen in den sechziger und siebziger Jahren wurde das Projekt in die Demonstrationsgebiete der Internationalen Bauausstellung aufgenommen.

Der 1980 ausgeschriebene Wettbewerb brachte sehr unterschiedliche Lösungen, die alle unter dem Leitbegriff der IBA-Neu, der »kritischem Rekonstruktion«, subsumiert wurden. Die Entwürfe reichten von der interpretativen Aufnahme der Berliner Blockstruktur (Ralph Erskine) über die Neuerfindung einer Kleinstadt am Wasser (Leon Krier) bis zu freien Siedlungskonfigurationen. Der 1. Preis ging an Charles Moore, John Ruble, Buzz Yudell (Santa Monica/USA) und brachte ein Stück kalifornischen Waterfront-Städtebaus an den Tegeler See. Moore, Ruble und Yudell verformen die strenge Geometrie des orthogonalen Hafenbeckens in eine inszenierte Wasserlandschaft mit einer künstlichen Insel, auf der sich die Kultur- und Freizeiteinrichtungen befinden. Routiniert wird das Repertoire des postmodernen Freizeitstädtebaus am Wasser zitiert: historisierende Architektur, landschaftlich gestaltete und hochwertig ausgeführte Promenaden am Wasser, eine künstliche Insel als Schiffsmotiv und ein großzügiger Wasserplatz zur Stadt hin.

Josef Paul Kleihues nannte die Bebauung am Tegeler Hafen das »wohl populärste« Projekt der IBA. Dennoch bleibt der Zweifel, ob es für die Berliner Planungsstrategien am Wasser richtungsweisend ist. Die Beliebigkeit der städtebaulichen Figur, die mangelnde Geschichtlichkeit des Entwurfs, die einseitige räumliche Orientierung der Nutzungen auf besondere Orte und nicht zuletzt die hohen Kosten lassen das Projekt als einen Sonderfall eines ambitionierten Ausstellungsprojektes erscheinen, das für die Stadtplanung am Wasser in Berlin keine Vorbildfunktion haben kann.

## Die neuen Wasserstädte an Spree und Havel

Als die Internationale Bauausstellung 1987 ihre Pforten schloß, war sie eine der erfolgreichsten Bauausstellungen, die jemals in Deutschland stattgefunden hatten. Die Philosophie der behutsamen Stadterneuerung, die Prinzipien der kritischen Rekonstruktion und der Stadtreparatur wurden zum Markenzeichen einer ganzen Planergeneration. Auch als Ende der achtziger Jahre deutlich wurde, daß die dramatische Bevölkerungszunahme in den deutschen Großstädten aufgrund von Zuwanderung nicht mehr durch die Stadterneuerung aufzufangen war, war die Philosophie der IBA noch der Leitfaden der neuen urbanistischen Debatte. Die in vielen Großstädten entstehenden Entwicklungsgebiete nach dem Baugesetzbuch zeigen die planungstheoretische Grundhaltung der Internationalen Bauausstellung: Geschoßwohnungsbau in blockähnlichen Figuren, Anspruch auf Nutzungsmischung, Herausarbeitung öffentlicher Räume von Straßen und Plätzen, Reduzierung des Individualverkehrs, Bürgerbeteiligung und Betroffenenvertretung.

In Berlin wurden zu Beginn der neunziger Jahre sechs Entwicklungsgebiete festgelegt, von denen sich zwei explizit mit der Thematik der neuen Städte am Wasser befassen, die Entwicklungsgebiete Wasserstadt Berlin Oberhavel in Spandau und das EXPO 2000 Projekt Rummelsburger Bucht an der Stralauer Spree. Das 1992 förmlich festgelegte Entwicklungsgebiet am Spandauer See steht in unmittelbarer Tradition der Internationalen Bauausstellung 1984/87. Die Kontinuität stellt sich nicht nur über die Akteure her, sondern vor allem über den Ansatz. Im Projekt Tegeler Hafen hatte Kleihues den Begriff der kritischen Rekonstruktion bis zur Beliebigkeit geöffnet. Es ging nicht mehr eigentlich um eine »kritische« Rekonstruktion der historischen Stadt, wie sie in den IBA-Demonstrationsgebieten in Kreuzberg und Tiergarten stattgefunden hatte, sondern um eine Interpretation von Stadt im Sinne ihrer historischen Orte. Kleihues reklamierte »eine in die Zukunft gerichtete Stadtbaupolitik, einen Stadtbauentwurf, der die Geschichte, die Reflexion sehr unterschiedlicher, sehr verschiedenartiger Entwicklungslinien respektiert.«

Der ursprüngliche Masterplan von 1992 für das Entwicklungsgebiet am Spandauer See war der Versuch, diesen »metatheoretischen Anspruch« (Kleihues) einzulösen. Auf einen (Ideen-) Wettbewerb für das alte Industrie- und Lagergelände an der Havel wurde verzichtet, da die Stadtidee durch die Architektengruppe Hans Kollhoff, Christoph Langhof, Jürgen Nottmeyer und Klaus Zillich vorgegeben wurde. Der von der Gruppe erarbeitete Masterplan bezieht sich konsequent auf den Stadt-

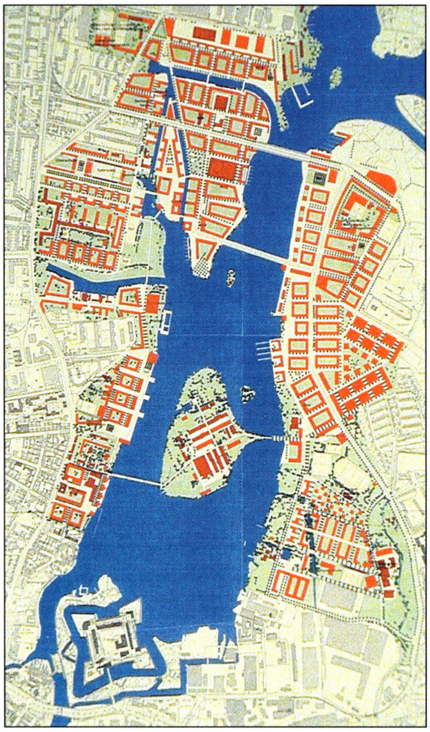

*Gestaltplan Wasserstadt am Spandauer See, 1992*

*Gestaltplan Wasserstadt am Spandauer See, 1999*

bauentwurf des 19. Jahrhunderts und plaziert das Charlottenburg am Lietzensee an die Havel. Wie aus dem Lehrbuch Lennés gliedert sich der erste Masterplan in einen blockorientierten Stadtgrundriß mit Plätzen, Kanälen, Uferstraßen und Promenaden.

Mit dem Rückgriff auf die formalen Stadtbausteine des 19. Jahrhunderts suggerierte der Plan, die Stadt nicht neu erfinden zu wollen. Tatsächlich entsprachen aber weder die wirtschaftlichen noch die sozialen Rahmenbedingungen der Wasserstadt denen der Terraingesellschaften des 19. Jahrhunderts, von den Besonderheiten des Entwicklungsrechtes nach dem Baugesetzbuch ganz zu schweigen. Außerdem war der Ort, die Schnittstelle der Mittelstadt Spandau zur Seenlandschaft der Havel, mit den gründerzeitlichen Stadterweiterungen Berlins im 19. Jahrhundert nicht vergleichbar. Dieter Hoffmann-Axthelm, der Theoretiker der »kritischen Rekonstruktion«, hatte bereits früh darauf hingewiesen, daß mit dem Konzept von Langhof, Kollhoff, Nottmeyer und Zillich die »richtige Idee am falschen Ort« realisiert werden sollte.

Dieser letzte Idealstadtentwurf des 20. Jahrhundert in Deutschland war bis Mitte der neunziger Jahre nur mit erheblichen öffentlichen Mitteln umzusetzen. Der Wegfall der Wohnungsbauförderung, vor allem aber die veränderte Wohnungsnachfrage nach der Maueröffnung, führten zu einer Krise des Konzeptes, das mit den Mitteln der »kritischen Rekonstruktion« nicht zu retten war. Ohne den Anspruch, einen neuen Idealplan zu erfinden, wird der Masterplan nun zusammen mit Investoren, Nutzern, den beteiligten Verwaltungen und politischen Institutionen quartiersweise fortgeschrieben. Dabei differenziert sich nicht nur die städtebauliche Konfiguration, sondern auch der Typus von Stadt.

Die absehbare Varianz städtebaulicher Figuren und die Ansprache unterschiedlicher Zielgruppen birgt die Gefahr einer gestalterischen Beliebigkeit in sich, wie sie als abschreckendes Beispiel an der Themse in den Docklands zu besichtigen ist. Die Vermeidung einer solchen »Versiedlung« der Wasserstadt ist eine der großen zu lösenden Aufgaben. Dies ist kein Plädoyer für den rigiden Formalismus des ursprünglichen Masterplans, sondern für die Notwendigkeit, die differenzierten Baustrukturen in ein übergreifendes und verbindendes Netz räumlicher Strukturen einzubinden. Hierbei kann das Wasser, wie die Baugeschichte Berlins zeigt, der maßgebliche Integrator sein. Mit der Individualisierung des Städtebaus wächst die Verantwortung für den öffentlichen Raum, insbesondere an den Ufern. Solange die Quartiere am Wasser und zum Wasser durch Promenaden und Plätze, Uferwege und Grünanlagen miteinander verbunden werden und somit gemeinsame öffentliche Räume für unterschiedliche Bewohner und Nutzer entstehen, wird es keine Isolierung der einzelnen Quartiere geben.

Das Ziel in der Wasserstadt am Spandauer See ist heute also nicht, zwangsweise »Stadt« bauen zu wollen, wo die entsprechenden Voraussetzungen fehlen. Die Aufgabe besteht vielmehr darin, neue urbanistische Modelle von Vorstadt zu entwickeln. Sie müssen Raum für Vielfalt lassen, sowohl in der städtebaulichen Gestaltung wie in den Lebensstilen. Neue Formen von integriertem Wohnen und Arbeiten müssen dort genauso Platz haben wie das traditionelle Wohnen auf der Etage oder im Reihenhaus. Entscheidend ist, daß eine Fragmentierung der Stadt durch entsprechend qualitätsvolle, integrierende öffentliche Räume verhindert wird.

Die Idee für das zweite ambitionierte Wasserstadtprojekt Berlins, das Entwicklungsgebiet Rummelsburger Bucht, entstand im Rahmen der Olympiabewerbung der Stadt in den Jahren 1990 bis 1993. Für die landschaftlich äußerst reizvolle und innenstadtnahe Halbinsel Stralau und die Rummelsburger Bucht wurde ein kooperatives Gutachterverfahren ausgelobt, zu dem fünf Planungsbüros eingeladen worden waren. Drei Büros (Klaus Theo Brenner, Berlin; Herman Hertzberger, Amsterdam; David Mackay von MBM, Barcelona) wurden beauftragt, die konzeptionellen Grundlagen für den Masterplan zu schaffen. Der schließlich von Klaus Theo Brenner erarbeitete Masterplan wurde 1994 Grundlage der förmlichen Festlegung als Entwicklungsgebiet nach dem Baugesetzbuch. Der Plan stellt einen Konsens zwischen unterschiedlichen urbanistischen Ansätzen der 20. Jahrhunderts her, die sich allerdings nicht ideologisch, sondern aus der Vielfalt des historischen Stadtraums zwischen dem Kraftwerk Klingenberg und der Halbinsel Stralau ableiten. Die städtebaulichen Lösungen des Masterplans machen den unterschiedlichen und gegensätzlichen Charakter dieser Schnittstelle zwischen Innenstadt und Landschaft selbst zum Thema und werden damit dem Ort und seinen Qualitäten in besonderer Weise gerecht.

Charakteristisch und treffend ist der von Brenner geprägte Begriff der »städtischen Landschaft«. Dieses Motto ist nicht nur eine Hommage an den Ort, nämlich die Schnittstelle zwischen der dicht bebauten Gründerstadt und dem landschaftlich geprägten Raum der Südostspree, sondern es verkörpert auch die städtebauliche Philosophie des Entwicklungsgebietes Rummelsburger Bucht. Städtische Konfigurationen wie der Baublock finden sich dort in abgeschwächter Form ebenso wie die Zeilen aus der Scharoun'schen Konzeption der Stadtlandschaft. Beides freilich in moderierter und moderater Form. Die Blöcke werden an der dem See zugewandten Seite aufgebrochen, so daß eher eine dem barocken Stadtpalais am Wasser entsprechende Figur entsteht als der Eindruck eines Blockes. Die von Herman Hertzberger gezeichneten, quer zum Wasser orientierten Zeilen auf der Stralauer Halbinsel sind nicht 10- oder 20-geschossig wie bei Scharoun oder in dem Entwurf von Gropius und Fischer für die Reichsforschungssiedlung in Haselhorst, sondern fünfgeschossig. Die städtebaulichen Figuren der Moderne und des traditionellen Bauens gehen in der Rummelsburger Bucht in der Tat eine völlig neue und – wie sich heute zeigt – erfolgreiche Symbiose ein, deren verbindendes Moment attraktive Prome-

*Herman Hertzberger, Modell Masterplan Rummelsburger Bucht, 1994*

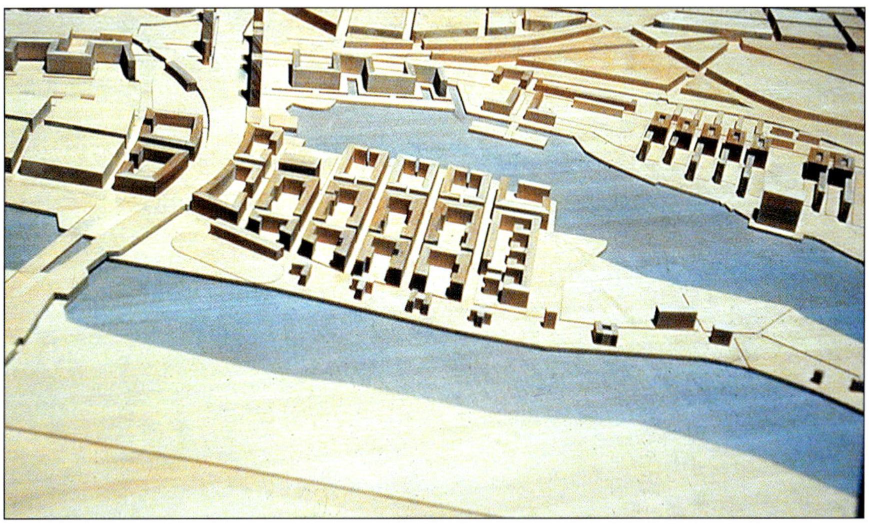

*Klaus Theo Brenner, Modell Masterplan Rummelsburger Bucht, 1994*

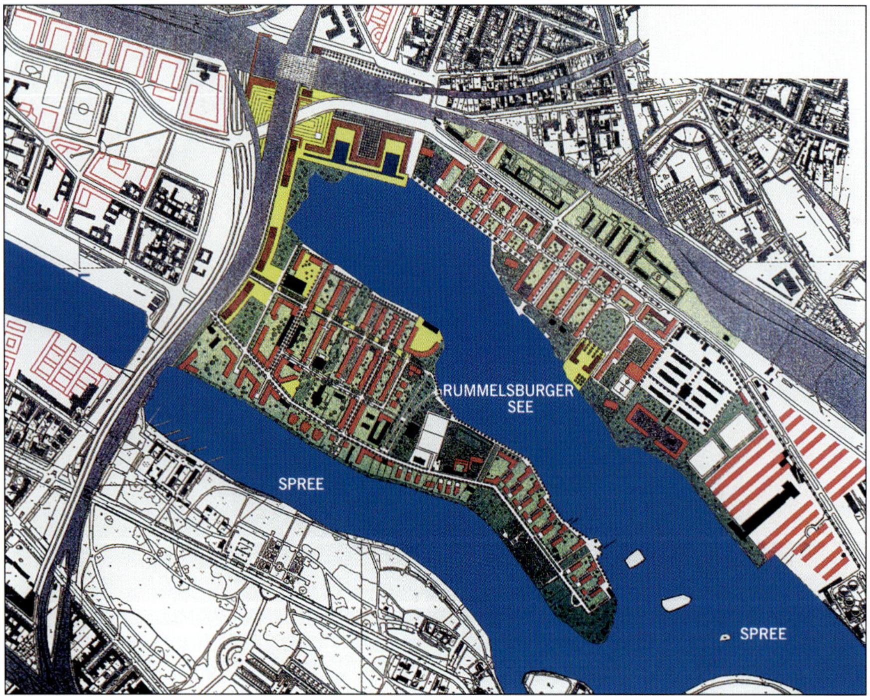


*Masterplan Rummelsburger Bucht, 1994*

naden und Wanderwege am Wasser sind. Hier erweist sich, daß durchaus unterschiedliche städtebauliche Figuren durch den Leitfaden der Gewässer und ihre Ufer räumlich integriert werden können.

Trotz seiner hohen Qualität zeigt der öffentliche Raum am Wasser auch in der Rummelsburger Bucht noch jene Dominanz des Uferverständnisses, das nicht aus der Typologie der Stadt, sondern der Landschaft kommt. Städtische Uferkanten und Plätze sind bisher nur in Ansätzen erkennbar. Das Verständnis des Wassers als Landschaftsraum und des Ufers als Erholungsfläche dominieren die Planungen. Die Diskussion über die Wechselwirkung von Wassernutzung und Städtebau ist erst im Entstehen begriffen. Vor allem im Bereich des Ostkreuzes, das in den nächsten Jahren entwickelt werden soll, wird sich zeigen, ob an der Rummelsburger Bucht wirklich eine Stadt am Wasser entsteht, wie es der Lagegunst dieses Ortes – nur fünf Kilometer vom Alexanderplatz entfernt – enspricht.

Berlin hat als Wasserstadt eine wechselvolle und widersprüchliche Geschichte, in der die städtebaulichen Potentiale der Gewässer, insbesondere der Stadtspree, nur teilweise und nur zeitweise genutzt wurden. Mit dem Ende der industriellen Phase der Stadtentwicklung entstehen neue Chancen, die Attraktivität und die Urbanität der Stadt durch die Wiederentdeckung des Wassers als städtebauliches Gestaltungselement und als Standortfaktor zu steigern. Dabei darf man die Tradition der Stadt am Wasser nicht allein aus der Perspektive der industriellen Phase, also den letzten 150 Jahren, betrachten. Wichtig sind auch die Entwürfe des Bauens am Wassers, die eine historische Option darstellten, selbst wenn diese Option – aus welchen Gründen auch immer – nicht wahrgenommen wurde. Die neuen Bedingungen der Stadtentwicklung beinhalten die Chance, an städtebauliche Prinzipien und Erfahrungen der Stadt in der vorindustriellen Phase anzuknüpfen. Die räumliche Trennung der Funktionen kann aufgrund der neuen Technologien und veränderter Lebensstile zumindest teilweise wieder aufgehoben werden. Das Wohnen gehört wieder in die Stadt und die Stadt gehört wieder an das Wasser.

Hans Stimmann · Uli Hellweg

# Zukunft am Wasser

## Ein Gespräch

**U. H.**: Karl Scheffler beklagte in den Zwanziger Jahren, dass die Berliner kein Verhältnis zum Wasser haben. Die Spree sei nur ein Wasserlauf, über den man sich keine Gedanken macht. Stimmt diese Ansicht noch heute und wenn ja, woran liegt das?
**H. S.**: Das ist die Sicht eines Flaneurs, der die Binnenalster, Biarritz oder andere mondäne Badeorte am Meer vor Augen hatte. Städte wie Berlin wurden nicht am Wasser, sondern an einem Fluss gebaut, der nützlich war. Wasser war etwas Nützliches, ein Ort der Arbeit, aber kein Ort der Erholung. Als die Spree noch Umschlagplatz für Holz, Steine, Kohle, usw. war, fand alles dort statt. Der West- und der Osthafen wurden neu gebaut. Es war die Zeit der Industrie und des industriellen Hafenumschlags. Dieses von der Arbeit geprägte Verhältnis zum Wasser ist nicht Berlin-typisch, sondern gilt grundsätzlich für fast alle Städte mit Häfen.

*Alte Meierei Bolle in Moabit, Architekt Wolfgang-Rüdiger Borchardt, 1999*

**U. H.**: Ein Teil des Problems ist also, dass die Erfahrung der Berliner wesentlich von der Industrie geprägt wurde. Kaum einer kennt Berlin als Stadt am Wasser der vorindustriellen Zeit. Nach der Regulierung der Spree Mitte des 17. Jahrhunderts entstanden unter dem Großen Kurfürsten z.B. die Burgstraße oder Neukölln am Wasser und die Friedrichsgracht. Friedrichswerder wurde als Stadt am Wasser neu gegründet. Nicht nur Marktplatz und Rathaus, sondern auch der merkantile Mittelpunkt, der Packhof, lagen am Wasser.
**H. S.**: »Arbeit« ist aber nicht »Stadt am Wasser« im heutigen Sinn. Berlin hat sich, genauso wie Hamburg, Bremen oder Lübeck, um das Wasser gekümmert. Überall wurde das Wasser reguliert, wurden Häfen und Kanäle gebaut und das Wasser zum Transport, aber auch als Vorfluter benutzt. Heute haben sich die Rollen von Spree und Teltowkanal verändert. Der Osthafen ist eigentlich nur Hafenfragment.
Der Güterumschlag hat sich leider auf den LKW und die Schiene verlagert, rund um die Stadt sind Logistikzentren

*Hauptsitz der Berliner Wasserbetriebe an der Mühlendamm-Schleuse, Architekt: Joachim Ganz, 1999*

entstanden und die Industrie und Gewerbe sind weggezogen. Von Oberschöneweide bis Spandau entdecken wir Wasserlagen für die Nutzungen des 21. Jahrhunderts.
**U. H.**: In der vorindustriellen Phase gab es bestimmte städtebauliche Typologien, wie das Bürgerhaus am Wasser, die wir wiederentdecken können.
**H. S.**: Die behutsame Stadterneuerung und die Denkmalpflege haben uns geholfen, das Erbe der Industriestadt – ohne den früheren Dreck, Schmutz, Lärm und Ausbeutung – neu zu sehen. Durch sie haben wir entdeckt, dass die historische Stadt wunderbar ist, wenn man die negativen Umstände der Arbeit herausnimmt.

Das Auswandern, der Niedergang der Industrie eröffnet neue Potenziale, die den vorindustriellen Qualitäten des Wohnens, des Arbeitens und vielleicht des Badengehens in der Spree nahekommen. Unser Verhältnis zum Wasser in der Stadt hat ähnlich wie das zur Natur einen Paradigmenwechsel erfahren.
**U. H.**: Das bedeutet, dass wir eine viel größere typologische Vielfalt am Wasser entwickeln können. Die industrielle Epoche nutzte die Areale für Industrie, Verkehr oder zur Erholung. In der vorindustriellen Phase gab es darüber hinaus Plätze und Arbeitsstätten am Wasser. Schinkel machte Vorschäge zur städtebaulichen Aufwertung der Ufer von Spree und Spreekanal. Wir haben noch keine neuen Plätze am Wasser. Auch die nicht-industrielle Nutzung des Wassers selber ist noch ausgeblendet, weil wir postindustriell, aber mit dem industriellen Verständnis von den Gewässern bauen.
**H. S.**: Die Spree ist heute fast wie eine leere Autobahn. Ein paar Kähne, die Touristenboote, sonst nichts. Die prognostizierten Zuwächse der Bundeswasserstraßenplanung sind nicht eingetreten. Das waren dramatische Fehleinschätzungen. Problematisch ist auch die fast ausschließliche Sicht von den Flussufern, die von der Siebziger-Jahre-Öko-Bewegung, also der Blockdurchquerungs- oder Uferwanderwegs-Philosophie, geprägt ist. Die Planer wollten Ufer die freibekommen für Grünzüge und Wanderwege. Es ist aber falsch, in der Stadt vom »Wandern« zu reden.
**U. H.**: Die Öffentlichkeit gelangt zwar zum Ufer, aber seine Ausgestaltung wirkt trennend. Wanderwege nivellieren. Sie schaffen ein lineares Niemandsland zwischen Wasser und Land. Diese Räume sollten stärker profiliert werden, indem das Wasser und die Landnutzung stärker aufeinander bezogen werden, indem man Nutzungen ans Wasser rückt und dem Wasser erneut eine Funktion gibt. Der grüne Wanderweg kann durch einen Platz oder einen Bau unterbrochen werden und muss sich auch in Promenaden, Bootsanlegern oder Wohnstraßen verwandeln dürfen.
**H. S.**: Ich empfinde es als kurios, durchgehende Wanderwege am Wasser anzulegen. In Moabit oder Charlottenburg gibt es Situationen, wo die Häuser von der Straße getrennt am Wasser stehen. Das ist städtisch, berlinisch und schön. An anderer Stelle rücken die Häuser direkt ans Wasser wie in der Hamburger Speicherstadt. Auch das ist berlinisch. Unser Aufgabe heute ist es, jeden Ort spezifisch zu entwickeln, um das Wasser hier auszunutzen. Dazu gehört auch die Nutzung des Wassers, z.B. für Freizeitnutzungen, Veranstaltungen, Sport.
**U. H.**: Diese Wahrnehmung von Gewässern ändert sich nicht von sich aus. Das braucht sowohl neue Nutzungen als auch Aktionsschwerpunkte wie Beleuchtungskonzepte oder die Blumenmärkte auf der Seine in Paris, um die Ufer in der Wahrnehmung der Öffentlichkeit zu stärken.
**H. S.**: Ich bin gegen zu viele Inszenierungen als Stadtmarketing. Natürlich sollte man an geeigneten Stellen Ufer und Brücken anleuchten, um die Konturen sichtbar zu machen. Besonders

die Spree zwischen dem Allianz-Tower als dem neuen Stadteingang und dem Fischerkiez wäre dafür geeignet. Auf der einen Seite steht die »Mauer« in einem Niemandsland. Auch die andere Seite, die Köpenicker Straße, hat vom Wasser aus keine Kontur und von der Straße sieht man das Wasser nicht. Dieser Bereich sollte stärker ins Bewusstsein gerückt werden. Dazu zählen die Brücken. Die Brücke ist das erste Element, um das Wasser in den Blick zu bekommen. Hier fehlen die historischen Brücken. In der Zwischenzeit sind sonst in den Innenstädten die Sequenzen der Brücken dichter geworden. Nur in Berlin nicht, hier haben wir einen vorindustriellen Zustand, wo kilometerlang keine Überquerungsmöglichkeit der Spree existiert.

*Nikolaiviertel, 1999*

**U. H.**: An keiner Stelle der Stadt hat die Spree eine so hohe stadträumliche Bedeutung und zugleich so eine trennende Wirkung wie in diesem Stralauer Bereich. Sie ist hier auch besonders breit und hat dadurch stadtbildnerisch eine hohe Bedeutung, weil so etwas wie die Silhouette der Stadt übers Wasser sichtbar ist. Hier sollte man eine Bandstadt an der Spree mit unterschiedlichen Stadtquartieren, Promenaden, Plätzen und Brücken entwickeln.

**H. S.**: Ich halte zwar nichts von Bandstädten, aber es ist vernünftig, diese Lagen am Wasser zu entwickeln. Die Wahrnehmung passiert bisher gedanklich nicht vom Wasser her, sondern von den Straßen. Das ist an dieser Stelle falsch. Hier konstituiere ich einen Nachholbedarf an konzeptioneller Beschäftigung mit diesem Abschnitt. Wir beschäftigen uns deshalb ja auch seit einiger Zeit mit dem Thema Bauen am Wasser.

Zu diesem Thema gehört die Auseinandersetzung mit den Brücken. Heute ist die Wasser- und Schiffahrtsdirektion bestimmend. Für die Europaschiffe müssen die Brücken an der Spree und am Landwehrkanal eine Durchfahrtshöhe von 4,80 Meter haben. Weil die Stadt auf 3,50 Meter liegt führt diese Erhöhung dazu, dass die Stadt in eine Hügellandschaft verwandelt wird. Die neuen Brücken von Calatrava an der Reinhardt-Straße oder von Gerkan und Marg, die am Landwehrkanal in den Tiergartentunnel hereinführt, sind mit Berg- und Talfahrten verbunden. Diese Hügellandschaft wurde bislang nicht planerisch thematisiert, sondern punktuell realisiert. Eine zusammenhängende Betrachtung der Niveaus von Brükke, Straße und Ufer, der Kaimauern und Uferbefestigung, der Beleuchtung sowie der dahinter liegenden Bebauung fehlen bislang.

**U. H.**: Das sollte auch im Bereich der Spreeinsel passieren. Der Kupfergraben ist eine Art Rückgrat für die wichtigsten Architekturen Schinkels, das Alte Museum, die Bauakademie und die ehemalige Schlossfreiheit. Warum wird der Spreekanal nicht wieder für kleinere Schiffe geöffnet? Da hätte man doch die Chance, das Wasser, den Schleusenbetrieb und den öffentlichen Raum zur Attraktion zu machen.

**H. S.**: Das ist ein interessanter Vorschlag. Im Senat wurde beschlossen, die Mühlendammbrücke mit einem Haus mit Blick aufs Wasser zu bebauen. Wasser ist eine Freifläche mit eigener Qualität, die man für Freizeit, Angeln nutzen kann. Trotzdem kommt es in den Kategorien der Genehmigungsplanung nicht vor. Man müsste sie eigentlich bei der BGF- oder GFZ-Berechnung einbeziehen.

Der planerisch spannende Bereich ist von der Mühlendammbrücke bis zur Einmündung des Spreekanals in die Spree, hier haben wir Wohnen am Wasser vorgeschlagen. Das lehnt der Bezirk Mitte allerdings ab. Die Hochhausbebauung der Fischerinsel wurde in der DDR als eine andere Typologie gebaut, die explizit nichts mit dem Wasser zu tun hat. Nur der Uferwanderweg sorgte für die Verbindung, auch wenn sie nur von Menschen, die dort wohnen, benutzt wird.

**U. H.**: Im Bereich zwischen Mühlendamm und Bode-Museum prägte die

Spree die Stadtmitte. Der Schlütersche Schlossbezirk war zur Spree orientiert. Damals sollte der Schlossplatz sich zur Spree bzw. nach Berlin mit einer Terrasse öffnen. Der Friderizianismus hat das dann umgedreht. Soll die integrierende Wirkung des Schlosses auch nach Osten zum Wasser genutzt werden?

**H. S.**: Die DDR hat sich mit dem Palast der Republik zum Marienquartier orientiert. Die Bewegung von der Stalinallee, Frankfurter Allee und Alexanderplatz findet ihren Endpunkt in dem Palast. Das ist das Gegenteil von den heutigen Planungen, die der Westsicht wieder einen Fokus geben.

Das Schloss soll als Figur mit einer gesamtstädtischen oder staatlichen Nutzung aufgebaut werden. Dabei soll der Übergang zur Spree bzw. vom Schlossbereich in die Stadt wieder wahrnehmbar werden. Wir haben in der Planwerksdebatte beschlossen, diesen offenen Raum grundsätzlich frei zu halten. Damit bleibt das alte Berlin grün. Die DDR-Stadtplanung hat Staat und Stadt politisch egalisiert. Es war alles verstaatlicht, und auch räumlich wurde alles egalisiert. Die wichtigen Unterschiede zwischen der bürgerlichen Stadt und ihren Räumen und dem Staatsort, dem Schloss und der Museumsinsel, wurden ausradiert. Die wollen wir wieder zurückgewinnen. Deswegen diskutieren wir demnächst über Marx-Engels-Forum, Marienviertel und den Wert dieses Raums für die Stadt. Am Ende der Debatte ist ein Ideenwettbewerb geplant.

Die Schlossfreiheit war ja staatlich, wie auch der Lustgarten und die Museen. Die Ost-Berliner Planung hat Staat und Stadt baulich und inhaltlich egalisiert. Es gilt jetzt, dieses Verhältnis mehr herauszuarbeiten. Natürlich soll nicht nur beim Wiederaufbau des Schlosses, sondern auch beim Umbau des Palastes die Spree einbezogen werden.

**U. H.**: Ist es jetzt an der Zeit, das Planwerk Innenstadt durch ein Planwerk für das Wasser zu ergänzen?

**H. S.**: Im Planwerk Süd-West haben wir uns bereits mit dem Wasser beschäftigt, die Lagen ausfindig gemacht und entsprechende Vorschläge erarbeitet. Planwerke zu erstellen ist ein aufwendiger Prozess. Für das Wasser wäre es wichtiger, statt eines Gesamtansatzes exemplarische Bereiche wie die Köpenicker Straße, das Behala-Gelände und den Mauerstreifen unter der Perspektive des Wassers in der Stadt zu planen. Die individuellen Orte sind wichtiger als das Ganze.

Die Annahme der Fragestellung durch die Öffentlichkeit ist der erste wichtige Schritt und schon ein großer Gewinn. Wer sich mit dem Thema Leben am Wasser beschäftigt, entdeckt automatisch mehr als nur einen Uferwanderweg. Ein Planwerk Spree ist dazu nicht unbedingt notwendig.

*Ein Gespräch zwischen Dr. Hans Stimmann, Senatsbaudirektor, Berlin, und Uli Hellweg, Geschäftsführer Wasserstadt GmbH, Berlin*

# Rummelsburger Bucht

## Ein Beispiel nachhaltiger Stadtentwicklung

# *Herbert Helle*
# Die Wasserstadt an der Rummelsburger Bucht

Die Wasserstadt Rummelsburger Bucht zählt noch zum inneren Bereich der Bundeshauptstadt Berlin. Sie ist durch eine hohe Lagegunst gekennzeichnet. Zum Alexanderplatz sind es nur 5 Kilometer. Gleichzeitig ist das Gebiet verkehrlich gut erreichbar durch die S-Bahn Linien der Stadt- und Ringbahn. Hinzu kommt die Einbindung in das übergeordnete Hauptverkehrsstraßennetz mit Verknüpfung zur Innenstadt, zum Flughafen Schönefeld und in die nördlich und südlich angrenzenden Stadtgebiete.

Durch die Lage am Rummelsburger See mit der dort beginnenden Landschaftsspree wird ein Ambiente von besonderer Qualität vermittelt. Die unmittelbare Nähe zu den attraktiven Naherholungsgebieten des Treptower Parks und des Plänterwalds verstärkt diese Lagegunst.

Der Senat von Berlin hatte im Rahmen der Bewerbung Berlins für die Olympischen Spiele 2000 entschieden, den Standort Rummelsburger Bucht als Wohn- und Dienstleistungsschwerpunkt zu entwickeln. Hier sollte zwischenzeitlich die Olympische Familie ihr Quartier nehmen. Ein von der Olympia GmbH beauftragtes Standortgutachten bestätigte die Tragfähigkeit für die Wohn- und Dienstleistungsnutzung. Auf dieser Basis wurde sodann das städtebauliche Rahmenprogramm entwickelt. In der Zeit von Juni 1992 bis Juni 1993 wurden weitere, grundlegende Gutachten und Untersuchungen durchgeführt: Analyse des Untersuchungsbereichs, insbesondere Realnutzung, Siedlungsstruktur, Verkehr, technische und soziale Infrastruktur, Erholungs- und Freiflächen, Altlasten, Denkmalschutz; Auswertung vorhandener Planungen und übergeordneter Entwicklungsziele; Eigentumsverhältnisse und Mitwirkungsbereitschaft der privaten Grundstückseigentümer; Erarbeitung einer Umweltverträglichkeitsstudie (UVS); Internationales Gutachterverfahren zur Erlangung eines städtebaulichen Entwicklungskonzeptes; Erarbeitung eines Rahmenplans, eines städtebaulichen Programms sowie eines Maßnahmeplans, die als Grundlagen der Abstimmung und Erörterung dienten; Ermittlung der Anregungen und Bedenken der betroffenen Bürger sowie der öffentlichen Aufgabenträger.

Des weiteren musste geklärt werden, ob die gesetzlichen Voraussetzungen für die förmliche Festlegung des Entwicklungsgebietes nach Paragraph 165 BauGB gegeben waren, d.h. daß die einheitliche Vorbereitung und Durchführung im öffentlichen Interesse liegt.

Die Untersuchung kam zu dem Ergebnis, daß die Voraussetzungen für die gesetzliche Festlegung als Entwicklungsbereich vorlagen. Die Rechtsverordnung für das 131 Hektar umfassende Gebiet wurde am 26. April 1994 im Gesetz- und Verordnungsblatt von Berlin verkündet.

In einer gesonderten Dokumentation zur Rechtsverordnung (RVO) werden nachstehende Sachverhalte ausführlich begründet und erläutert: die besondere Bedeutung des Entwicklungsbereichs für die städtebauliche Entwicklung und Ordnung Berlins; die Ziele und Zwecke der Entwicklungsmaßnahme; die Erforderlichkeit der Maßnahme aus Gründen des Allgemeinwohls; die Begründung für die Abgrenzung des Entwicklungsbereichs; Auswirkungen auf Eigentümer, Mieter und Pächter im Gebiet; Gewährleistung der Zügigkeit der Durchführung der Maßnahme; Zusammenfassung der Abwägung und Flächenbilanz.

Die Zielsetzung für den Entwicklungsbereich Rummelsburger Bucht kann kurzgefasst wie folgt formuliert werden: Entwicklung und Realisierung nachhaltiger städtebaulicher Quartiere auf Stralau und um die Rummelsburger Bucht mit zufriedenen Nutzern.

Die hierzu erforderlichen Planungen und Maßnahmen sollen zügig, wirtschaftlich und transparent realisiert werden. Die Gesamtkosten wurden bei Beschlusslage mit 1.126 Mio. DM veranschlagt. Davon sollten 693 Mio. DM aus Haushalts- und Fördermitteln und 433 Mio. DM aus Einnahmen des Treuhandvermögens durch Verkaufserlöse und Ausgleichsbeträge aufgebracht werden. Veranlasst durch die 1996 verfügten Sparmaßnahmen des Landes Berlins (Senatsbeschluß 199/96) und die hierdurch notwendig gewordenen Reduzierungen und Überplanungen, konnten die Kosten erheblich verringert werden. Nach Fortschreibung der Kosten- und Finanzierungsplanung zum Stand 12/1999 werden die Gesamtkosten nur noch mit 631 Mio. DM veranschlagt. Davon sollen 288 Mio. DM aus Haushalts- und Fördermitteln und 343 Mio. DM aus Einnahmen des Treuhandvermögens aufgebracht werden. Demgegenüber beträgt das geschätzte private Investitionsvolumen der Baumaßnahmen voraussichtlich 2.800 Mio. DM.

Ursprünglich sollte die Durchführung der Entwicklungsmaßnahme Rummelsburger Bucht in einem Zeitraum von 12 Jahren, d.h. bis 2006 erfolgen. Die notwendig gewordenen Sparmaßnahmen, die nun eine weitgehend freie Finanzierung der Wohnungsbauvorhaben erfordern, sehen jetzt eine Streckung des Durchführungszeitraumes bis 2010 vor.

Für die überörtliche Entwicklung Berlins hat die Rummelsburger Bucht eine besondere Bedeutung. Im »räumlichen Strukturkonzept« des Landes Berlin wird der Bereich um das Ostkreuz, als größter Berliner Umsteigebahnhof, als einer der wichtigsten Dienstleistungsschwerpunkte der Stadt benannt. Ferner ist die Realisierung eines Wohnungsbauschwerpunktes an der Rummelsburger Bucht aufgrund seiner stadt- und landschaftsräumlichen Attraktivität eine Alternative zum Wohnen im Berliner Umland.

Neben den gesamtstädtischen Gründen, die eine Entwicklung der Rummelsburger Bucht erforderten, zeigte insbesondere die Situation Vor-Ort einen dringenden Entwicklungsbedarf. Das Gebiet war gekennzeichnet durch erhebliche städtebauliche Mißstände und Funktionsschwächen sowie durch ehemalige Industrie- und Brachflächen. Ebenso waren Stadtstruktur, Verkehrssituation und Infrastruktur in einem schlechten Zustand. Untersuchungen zeigten, daß die Rummelsburger Bucht in bezug auf ihre Lagequalität unzureichend genutzt war und noch über beachtliche Flächenpotentiale verfügte.

Die Eigentumsverhältnisse im Gebiet erwiesen sich ebenfalls als komplex. Dies resultierte aus der Gebietsgröße von 131 Hektar Fläche mit mehreren hundert Grundstücken, der

*Promenade mit Schiffsanlegestellen, Stralau Dorf, 1999*

vielfältigen Nutzungsstruktur sowie der Problematik ungeklärter Eigentumsverhältnisse mit Dutzenden von Restitutionsansprüchen.

### Das städtebauliche Konzept

Auf der Basis der Ergebnisse der Voruntersuchungen hat die Entwicklungsträgergesellschaft Ende 1992 ein zweistufiges internationales Gutachterverfahren durchgeführt.

Der Gewinner des Verfahrens war der Berliner Architekt Professor Klaus Theo Brenner in Zusammenarbeit mit dem Landschaftsplaner Karl Thomanek mit dem Konzept der »Städtischen Landschaft«. Für den Teilbereich Stralau Stadt jedoch überzeugte die Obergutachter das Konzept des Niederländers Professor Herman Hertzberger, der später mit dem Landschaftsplaner Professor Hans Loidl kooperierte. Für den geplanten Gewerbepark Klingenberg wurde der Entwurf des spanischen Büros Martorell / Bohigas / Mackay (MBM) ausgezeichnet.

Das Konzept von Professor Brenner beruht auf einer übergreifenden Ordnung von landschaftlicher Offenheit und städtischer Konzentration. Dies äußert sich in der Gliederung des Gesamtbereichs in funktionsfähige Quartiere, die einerseits durch Grünanlagen oder Gemeinbedarfseinrichtungen voneinander getrennt sind und anderseits durch das Erschließungssystem miteinander verknüpft werden.

Professor Hertzberger wählte für die westliche Stralauer Halbinsel eine Zeilenbebauung, die Durchblicke durch das neue Quartier und die Verbindung zwischen Rummelsburger See und Spree deutlich werden lässt.

Alle Einzelkonzepte sind im städtebaulichen Gestaltplan als Masterplan zusammengeführt. Der städtebauliche Gestaltplan wird kontinuierlich fortgeschrieben und den erforderlichen Entwicklungstendenzen angepasst. Die architektonischen Entwürfe für einzelne Bauvorhaben wurden mit den Verfassern des Masterplanes abgestimmt.

Auf der Basis der zuvor formulierten Ziele sowie des Masterplans und der

*Städtebaulicher Gestaltplan Rummelsburger Bucht, Februar 2000*

daraus entwickelten teilräumlichen Konzepte erfolgte von April bis Juni 1993 die Erarbeitung des Rahmenplanes und eines städtebaulichen Programms. Auf dieser Grundlage fand sodann die Abstimmung mit den Senatsverwaltungen sowie mit den Trägern öffentlicher Belange, den Bürgern und den Gewerbetreibenden statt. Die Pläne legen die Art der Nutzung, Baugrundstücke, überbaubare Flächen, Freiflächen und Gemeinbedarfsstandorte fest und bilden die Grundlage der städtebaulichen Entwicklung. Veränderungen können nur erfolgen, wenn die beteiligten Stellen hierüber Einvernehmen erzielen.

## Das Nutzungskonzept

Das 131 Hektar große Entwicklungsgebiet gliedert sich räumliche in drei Bereiche:

1. Die Halbinsel Stralau mit ihren Quartieren Stralau Stadt und Stralau Dorf. Hier dominiert mit zirka 2.900 geplanten WE der Wohnungsbau.

2. Das Rummelsburger Ufer mit den Quartieren Rummelsburg 1 und 2, dem »Gerichtsgarten« (benannt aufgrund der geplanten Gerichtsnutzungen in den denkmalgeschützten Gebäuden der ehemaligen Haftanstalt Rummelsburg) und dem Gewerbepark Klingenberg. Neben Gewerbe-, Dienstleistungs- und Gerichtsnutzung dominiert auch hier mit zirka 2.100 WE das Wohnen.

3. Der Bereich Ostkreuz mit seinen vier »Zugangsquadranten« und das Quartier Markgrafendamm. Dieser Bereich wird dominiert durch vielfältige Verkehrsfunktionen und Dienstleistungsnutzungen.

Die neuen Stadtquartiere des Entwicklungsbereichs Rummelsburger Bucht entsprechen in typischer Weise der »Berliner Mischung« von Wohnen und Arbeiten. In den insgesamt 5.700 Wohnungen sollen künftig zirka 11.000 Einwohner leben und zirka 10.000 Arbeitsplätze entstehen. Die geplanten Flächen für Dienstleistungen und Handel betragen zirka 212.000 qm Bruttogeschoßfläche (BGF). Im Bereich des Gewerbeparks Klingenbergs sind zirka 200.000 qm Bruttogeschoßfläche an Gewerbeflächen vorgesehen.

Die auf den Bedarf des Entwicklungsgebietes reduzierte soziale Infrastruktur sieht nunmehr folgende Einrichtungen vor: 5 Kindertagesstätten; 2 Grundschulfilialen; 2 Sportanlagen; 1 schwimmende Jugendfreizeiteinrichtung.

Der Anteil der öffentlichen Grünanlagen, einschließlich eines 5,5 Kilometer langen Uferwanderweges sowie 7 Spielplätze, beträgt 21 Hektar. Das entspricht 16 Prozent der Gesamtfläche. Die Flächen für die öffentliche Erschließung mit Verkehrsanlagen inkl. des geplanten Autobahnanschlusses und Straßenbegleitgrün betragen knapp 23 Prozent der Gebietsfläche.

*Kindertagesstätte Schlichtallee, 1999*

Zahlreiche Gebäude und Baudenkmäler werden erhalten, um u.a. ihren identitätsstiftenden Charakter mit der früheren, überwiegend industriellen Nutzung des Gebiets zu dokumentieren.

Der zirka 50 Hektar große Rummelsburger See ist nicht Teil des Entwicklungsbereichs. Dennoch wird der See bis Ende 2001 mit einem Kostenaufwand von 25 Mio. DM saniert. Danach soll er in vielfältiger Weise überwiegend für Wasserfreizeitnutzungen zur Verfügung stehen. Eine Prüfung, inwieweit der See auch als Standort für eine Stadtmarina und für Hausboot - Liegeplätze genutzt werden kann, ist noch nicht abgeschlossen.

## Der Realisierungsprozess

Die zeitgleiche Realisierung einer Vielzahl parallel laufender Maßnahmen mit mehr als 40 Institutionen erfordert ein komplexes Entwicklungsmanagement. Unter Beachtung der einschlägigen Gesetze und Normen, obliegt der Wasserstadt GmbH als Entwicklungsträger die Planung, Koordination und Durchführung der Maßnahmen einschließlich des Interessenausgleichs aller Beteiligten.

»Treugeber« und gleichzeitig Auftraggeber der Wasserstadt GmbH ist der Senator für Stadtentwicklung. Die öffentlichen Interessen werden ferner von den Ämtern der Bezirke Friedrichshain und Lichtenberg wahrgenommen. Die privaten Interessen werden durch die Eigentümer und Investoren sowie von den Nutzern und Mietern gewahrt. Letztere werden durch eine sogenannte »Betroffenenvertretung

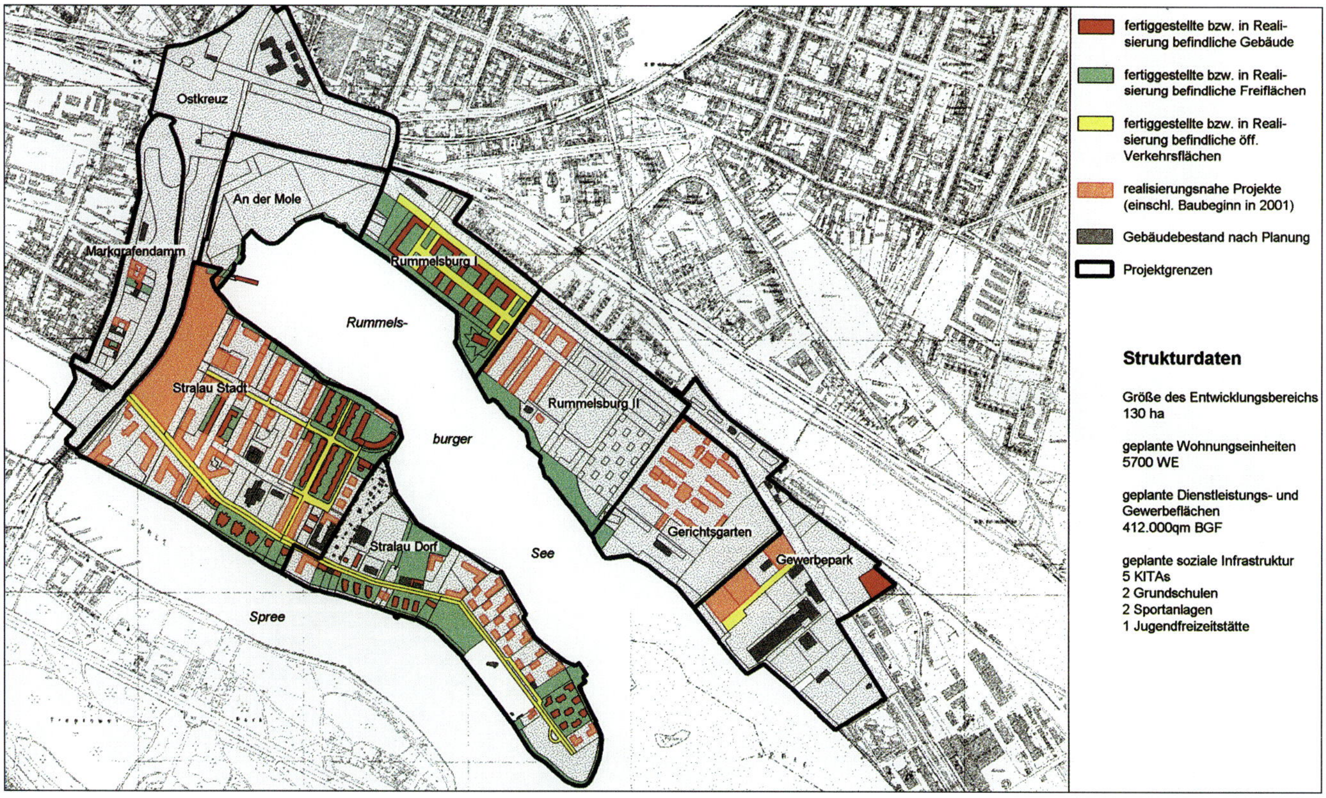


*Realisierungsplan, Stand 2000*

Rummelsburger Bucht« unterstützt. Zu den wesentlichen Aufgaben des Entwicklungsträgers zählt: die städtebauliche Planung der neuen Quartiere einschließlich der Schaffung des hierfür erforderlichen Planungsrechts; die Freimachung und Dekontaminierung der betroffenen Grundstücke; die Planung und Herstellung der erforderlichen neuen Erschließungsanlagen wie Straßen, Uferwege, Frei- und Grünflächen einschl. Spielplätze; Grundstücksankäufe und -verkäufe, Verkehrswertermittlung, Erhebung der Ausgleichsabgabe; Planung und Bau der erforderlichen sozialen Infrastruktur wie Kindertagesstätten und Schulen; Marktanalyse, Investorenakquise und -betreuung, Projektentwicklung und Standortmarketing; Grundstücksbewirtschaftung und Verwaltung öffentlicher Flächen; die kaufmännischen Tätigkeiten wie Bewirtschaftung des Treuhandvermögens, Erstellung der jährlichen Wirtschaftspläne sowie Fortschreibung der Kosten- und Finanzierungsübersicht und Bilanzierung; die öffentliche Darstellung des Entwicklungsgebiets einschl. der Präsentation anlässlich der EXPO 2000.

## Projektstand

Zu Anfang des Jahres 2000 waren 1350 Wohnungen im Gesamtgebiet fertiggestellt und weitgehend bezogen. Weitere 2.000 Wohnungen befinden sich in einem realisierungsnahen Zustand.

Auf der Stralauer Halbinsel sind damit bereits knapp 30 Prozent der dort geplanten Wohnungen realisiert. Die erforderliche soziale Infrastruktur wurde zeitgleich erstellt. Die erste Kindertagesstätte am Speicherplatz wurde bereits 1997 dem Bezirk übergeben; die modernisierte denkmalgeschützte Grundschule in Stralau Dorf konnte 1999 fertiggestellt werden.

Am Rummelsburger Ufer ist das Quartier Rummelsburg 1 mit 544 Wohnungen, einer Kindertagesstätte und der erforderlichen privaten Nahversorgung realisiert. Das entspricht einem Anteil von 25 Prozent der dort vorgesehenen Wohnungen.

Das erste schwimmende Jugendfreizeitheim Berlins am Westende des Sees wird im Mai 2000 dem Bezirk Friedrichshain übergeben.

Drei Kinderspielpätze sind schon in Betrieb. Von dem geplanten 5,5 Kilometer langen Uferwanderweg sind bereits 4 Kilometer benutzbar. Ein erster »Pocketpark« nahe der Halbinselspitze ist fertiggestellt. Die Neugestaltung des Parks am Friedhof wird im Mai 2000 abgeschlossen sein. Die Erschließungsstraßen im Quartier Stralau Stadt sind zu 85 Prozent ausgeführt.

Die Fertigstellung des kompletten Neubaus des Straßenzuges Alt Stralau / Tunnelstraße, einschließlich der Neuverlegung aller Versorgungsleitungen, ist bis zur Jahresmitte 2000 zu erwarten. Im Rahmen des ökologischen Rückbaus wurden 1,2 Mio. cbm Bauschutt fachgerecht entsorgt. Das entspricht 550 Eisenbahnzügen mit je 30 Waggons. Damit ist zirka 80 Prozent des geplanten Abrissvolumens realisiert. Die Altlasten konnten auch bereits zu mehr als der Hälfte entsorgt werden.

## Chronik der bisherigen Entwicklung

| | |
|---|---|
| 1992 | Einleitung von Voruntersuchungen |
| 1992/1993 | Zweistufiges städtebauliches Gutachterverfahren |
| März 1993 | Ausstellung der Ergebnisse im Roten Rathaus |
| September 1993 | Senat beschließt, die Entwicklung des Gebiets unabhängig von der Entscheidung über den Olympiastandort weiterzuführen |
| 15. März 1994 | Beschluß des Senats von Berlin über die förmliche Festlegung des Entwicklungsbereichs Rummelsburger Bucht |
| 31. März 1994 | Abschluß des Entwicklungsträgervertrages mit dem Land Berlin |
| 21. Juli 1994 | Beteiligung der Landesbank Berlin (LBB) an der ERB mit 49 Prozent |
| Februar 1995 | Wahl der ersten Betroffenenvertretung Rummelsburger Bucht |
| November 1995 | Baubeginn Concordia, Alt Stralau 13-16 |
| März 1996 | Festsetzung des ersten Bebauungsplans V-37 im Quartier Stralau- Stadt |
| 11. Juni 1996 | Senatsbeschluß 199/96: Sparbeschluß und Reduzierung der baulichen Dichte |
| 14. Juni 1996 | erster Spatenstich des VEBA-Projekts »Wohnpark Stralau«, zirka 450 WE |
| August 1996 | Eröffnung der ERB Werkausstellung »Städtische Landschaft – die Rummelsburger Bucht« auf der Halbinsel Stralau |
| Mai 1997 | Fusion der ERB mit der TET Wasserstadt Oberhavel zur Wasserstadt GmbH unter Beteiligung der LBB Grundstücksentwicklungsgesellschaft mbH Bau- und Projektentwicklung mit 49,5 Prozent |
| Sommer 1997 | der Entwicklungsbereich wird ein »von der Bundesjury zur Registrierung empfohlenes Berliner Expo-Projekt« |
| Herbst 1997 | Fertigstellung des 1. Teilabschnittes des Uferwanderweges mit ca. 700m Länge |
| 23. bis 25. Oktober 1997 | Veranstaltung des europäischen Kongresses »Neue Adressen am Wasser« durch die Wasserstadt |
| Dezember 1997 | Fertigstellung und Bezug von 450 Wohnungen im Wohnpark Stralau |
| Dezember 1997 | Fertigstellung und Bezug der ersten 438 Wohnungen am Rummelsburger Ufer |
| März 1998 | Übergabe des 1. Infrastrukturprojektes (Kindertagesstätte mit 140 Plätzen) an die zuständige Fachverwaltung des Bezirks Friedrichshain |
| Juni 1998 | Abschluss der Schilfrenaturierungsmaßnahmen am Rummelsburger Ufer |
| Oktober 1998 | Fertigstellung des »Stadtpalais« mit 106 Wohnungen am Rummelsburger Ufer |
| August 1999 | Übergabe und Inbetriebnahme der 2-zügigen Grundschule Alt-Stralau 34 an den Bezirk Friedrichshain |
| August 1999 | Übergabe der »Schiefen Kita« an den Bezirk Lichtenberg |
| Oktober 1999 | Beginn der Wasserstadt-Workshops als Auftakt des EXPO-Fachprogramms im ehemaligen Werkstattgebäude der Glashütte |

# Winfried Brenne · Heike Brandhorst
# Geschichte und Denkmale in der Rummelsburger Bucht

Im Entwicklungsbereich Rummelsburger Bucht befinden sich Denkmale aus mehreren Jahrhunderten. Sie dokumentieren die Siedlungsgeschichte des Gebietes und zeigen Entwicklungslinien der Architekturgeschichte auf.

Der Denkmalbestand umfasst alle Denkmalarten nach dem Berliner Denkmalschutzgesetz: Baudenkmale, Denkmalbereiche im Sinne von Gesamtanlagen und Ensembles, Garten- und Bodendenkmale.

Denkmale zur frühen Siedlungsgeschichte finden sich auf der Halbinsel Stralau, im Umfeld des alten dörflichen Siedlungskernes. Hier haben sich Bau- und Bodendenkmale aus mittelalterlicher Zeit erhalten.

Baudenkmale des ausgehenden 19. Jahrhunderts und aus der ersten Hälfte des 20. Jahrhunderts bilden den wesentlichen Teil des Denkmalbestandes in der Rummelsburger Bucht. An ihnen wird der tiefgreifende Strukturwandel vom idyllischen, naturbezogenen Landschaftsraum zum städtisch geprägten Industrie- und Gewerbe- sowie Wohnstandort anschaulich, der ab Mitte des 19. Jahrhunderts einsetzte. Der Denkmalbestand aus dieser Zeit umfaßt Industrie- und Gewerbebauten, Verwaltungsbauten, Bauten des Verkehrs sowie Wohn- und Mietshäuser und öffentliche Gebäude.

In ihrer Gesamtheit veranschaulichen diese Denkmale mit ihren vielfältigen Nutzungen die großstädtische Entwicklung des 19. Jahrhunderts, die schließlich die Einbindung dieser Bereiche in die Metropole Berlin zur Folge hatte.

*Luftaufnahme von Stralau, 1928*

Schließlich vervollständigen Sonderbauten den Denkmalbestand in der Rummelsburger Bucht: Hierzu gehört die aus der DDR-Zeit stammende Karl-Marx-Gedenkstätte, einzig erhaltenes Denkmal dieser Zeit. Die Wiedervereinigung bedeutete für das später zum Entwicklungsbereich erklärte Gebiet Rummelsburger Bucht mit seinem damaligen Bau- und Denkmalbestand einen tiefen Einschnitt, weite Flächen fielen brach. Ein erheblicher Teil des Gebäudebestandes war von Nutzungsverlust betroffen, seine Substanz verschlissen. Dies galt besonders für Speicher-, Lager- oder Produktionsgebäude der Industrie und gewerbliche Anlagen, die ihre an einen speziellen Produktionsprozeß gebundene Nutzung verloren hatten.

Der überkommene Denkmalbestand verpflichtet zum Erhalt dieser bedeutsamen Bausubstanz und verlangt nach einer sinnfälligen, substanzsichernden Integration in das neue Stadtquartier. Gleichzeitig schafft die Synthese von historischen Bauten und Neubauentwicklung die Chance, ein unverwechselbares Stück Stadt mit besonderer Identität zu schaffen. Unter der Prämisse des Nachhaltigkeitsgedankens ist ein ganzheitlicher Planungs- und Realisierungsansatz gefordert, der einen ressourcenschonenden Umgang mit

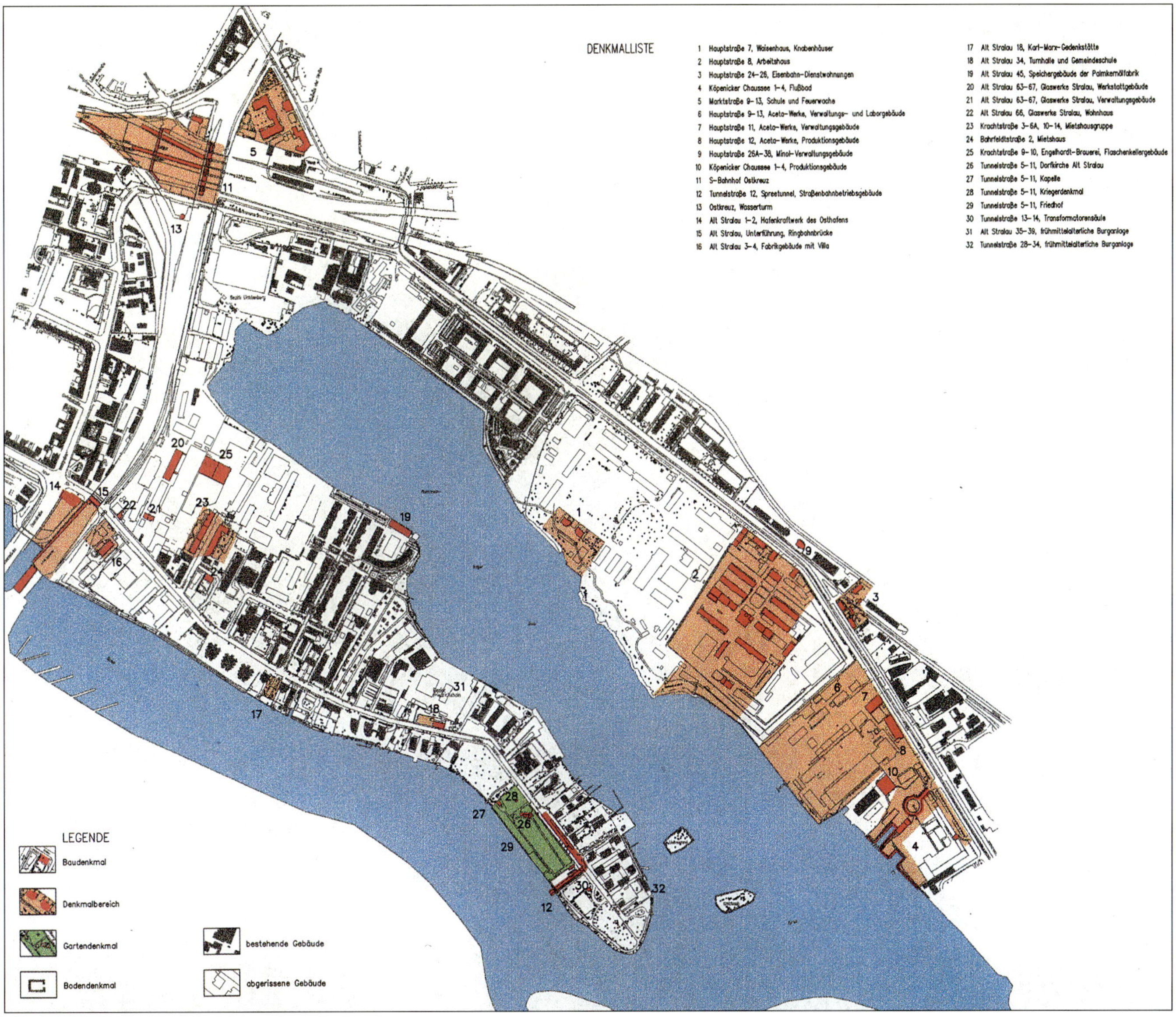


*Bau- und Naturdenkmale in der Rummelsburger Bucht, 1999*

*Blick auf die Liebesinsel bei Stralau, um 1900*

vorhandener Bausubstanz beinhaltet und Denkmalpflege als Instrument einer zukunftsweisenden integrierten Stadtentwicklung versteht. Der Startschuß für einen solchen umfassenden Neubeginn der städtebaulichen Entwicklung wurde 1994 mit der förmlichen Festlegung des Entwicklungsgebiets gegeben.

## Geschichte der Rummelsburger Bucht

Eine Besiedlung des Gebietes um Spree und Rummelsburger See kann schon für die Steinzeit angenommen werden. Entsprechende Funde, die im 19. Jahrhundert auf Stralau geborgen worden sein sollen und als Beleg herangezogen werden könnten, sind verschollen.

Die dokumentierte Geschichte Stralaus beginnt im 13. Jahrhundert mit einer ersten urkundlichen Erwähnung aus dem Jahr 1240. Für das 13./14. Jahrhundert ist die Existenz des Dorfes Stralau als kleines Fischerdorf nachgewiesen, das gegenüber der heutigen Kirche gelegen war. Aufgrund regelmäßig wiederkehrender Überschwemmungen wurde das Dorf bald nach Norden verlegt.

Über Jahrhunderte bestimmten ein ländlicher Charakter und eine dünne Besiedlung das Bild der Halbinsel Stralau. Das Leben der Einwohner rund um den See wurde über Generationen hinweg von der Fischerei geprägt. Alljährlicher Höhepunkt bildete der sogenannte »Stralauer Fischzug«, ein seit 1574 veranstaltetes Volksfest. Es markierte den Beginn der neuen Fischsaison und unterstrich die traditionelle Bedeutung des Fischereiwesens für Stralau.

Das 19. Jahrhundert brachte für die Rummelsburger Bucht einen einschneidenden Strukturwandel. Zunächst lockten hervorragende Wassersportbedingungen Segel-, Ruder- und Anglervereine an. Neu angelegte Bootsstege und Klubhäuser säumten die Uferstreifen an der Spree und beiderseits des Rummelsburger Sees. Infolge des zunehmenden Ausbaus zum stadtnahen Erholungs- und Wassersportgebiet erhöhte sich auch die Zahl der gastronomischen Betriebe zur Beköstigung der immer zahlreicher werdenden Besucher. Die Entdeckung Stralaus als Erholungsgebiet zog schließlich den Bau von Wochendhäusern, Villen und Sommersitzen nach sich, womit sich die Einwohnerzahl erhöhte.

Das Nordufer des Rummelsburger Sees war bis Mitte des 19. Jahrhunderts flächendeckend von einem Waldgebiet besetzt. Nur im Bereich des heutigen S-Bahnhofes Rummelsburg hatte sich ein aus wenigen Kolonistenhäusern bestehender Siedlungskern gebildet, die Kolonie Rummelsburg. Sie wurde 1775 gegründet, 1889 mit der Kolonie Boxhagen zur eigenständigen Landgemeinde Boxhagen-Rummelsburg vereinigt und 1912 der Stadt Lichtenberg eingemeindet.

Stralau und Rummelsburg konnten ihre Bedeutung als Freizeit- und Naherholungsgebiet für die Großstadt Berlin noch bis zum ersten Weltkrieg bewahren. Aber der Strukturwandel, die schnell fortschreitende Industrialisierung, hatte seit Beginn der Gründerzeit auf Grund der günstigen Lage am Wasserweg auch in den Bereich der Rummelsburger Bucht Einzug gehalten. Schwerpunkte der industriell-gewerblichen Nutzung befanden sich am Ende der Rummelsburger Bucht, im Bereich des heutigen Quartiers Stralau Stadt, und im südöstlichen Teil des Nordufers des Rummelsburger Sees, im Bereich des heutigen Gewerbeparks Klingenberg. Freizeit-, Erholungs-, Sport- und Gastronomieeinrichtungen wurden damit zurückgedrängt und mußten schließlich den Gewerbe- und Industrieanlagen weichen. Nur im Bereich der Inselspitze von Stralau beschränkte sich die gewerbliche Nutzung auf einige Werftbetriebe. Die Zeit als Ausflugsziel für »Sommerfrischler« ging damit ihrem Ende entgegen.

Die zunehmende Verstädterung führte auch zur Neuordnung der Verwaltungszuständigkeiten: Lichtenberg, das seit 1907 eine eigenständige Stadtgemeinde bildete, wurde nach Berlin eingemeindet und als 17. Verwaltungsbezirk weitergeführt. Dem neugegründeten Bezirk Friedrichshain, großenteils bereits zum ursprünglichen Stadtgebiet Berlin gehörend, wurde Stralau eingegliedert, das bis dahin eigenständige Gemeinde des Kreises Niederbarnim gewesen war.

Im 20. Jahrhundert wurde der Industriestandort Rummelsburger Bucht sukzessive weiter ausgebaut. Allerdings zerstörten die Bombenangriffe des zweiten Weltkriegs große Teile der Bebauung: Wohnhäuser, Ausflugslokale, Werften, 70 Prozent der Stralauer Glashütte und der größte Teil des Friedrichs-Waisenhauses fielen den Bomben zum Opfer.

Der Wiederaufbau konzentrierte sich auf Industrieanlagen. Das Gebiet wurde zu einem unverzichtbaren Industriestandort der DDR ausgebaut, in dem Wohnen kaum mehr eine Rolle spielte. Das Lichtenberger Ufer war Standort der Chemie- und Elektroindustrie. Auf Stralau gab es die leistungsstarke Engelhardt-Brauerei und das Stralauer Glaswerk. Auch die Schiffahrt spielte nach wie vor eine große Rolle, Werftbetriebe und die Binnenreederei waren auf Stralau ansässig. Nicht zuletzt gab es »konspirative Objekte« der Bezirksverwaltung des Ministeriums für Staatssicherheit, so u.a. den Mielke-Pavillon Alt Stralau 20, der Gästehaus für deren Mitarbeiter war.

*Ehemalige Haftanstalt Rummelsburg und NVA-Kasernen, 1994*

## Denkmalschutz und Denkmalbestand

Mehrheitlich wurden die Gebäude des heutigen Denkmalbestandes erst nach 1990 unter Denkmalschutz gestellt. Ausnahmen bilden die Stralauer Dorfkirche, das ehemalige Städtische Arbeitshaus und die Karl-Marx-Gedenkstätte, die schon zu DDR-Zeiten in die Denkmalliste aufgenommen worden waren. Die eingetragenen Denkmale unterliegen den Bestimmungen des Berliner Denkmalschutzgesetzes vom 7. Mai 1995.

Der Denkmalbestand im Entwicklungsbereich Rummelsburger Bucht umfaßt unter anderem Bodendenkmale, die von einer frühmittelalterlichen Besiedlung der Stralauer Halbinsel Zeugnis ablegen. Neben vorzeitlichen Funden bilden Reste des frühen Stralauer Dorfes sowie Burgwallanlagen des 13. und 14. Jahrhunderts die ältesten, nachweisbaren Siedlungsspuren auf Stralau.

Von der Geschichte des alten Dorfes Stralau zeugen heute noch die spätgotische Dorfkirche, zugleich Wahrzeichen der Halbinsel, und der dazugehörige Friedhof aus der ersten Hälfte des 15. Jahrhunderts. Dorfkirche und Friedhof sind als Bau- bzw. Gartendenkmal von ortsgeschichtlicher Bedeutung in der Berliner Denkmalliste verzeichnet.

Baulichkeiten aus der ersten Hälfte des 19. Jahrhunderts, die den einsetzenden Strukturwandel Stralaus als Erholungs- und Wassersportgebiet bezeugen, sind heute nicht mehr vorhanden. Nur die erhaltenen Wohnhäuser Alt Stralau 3-4 und Alt Stralau 66, um die Jahrhundertwende von Berliner Fabrikbesitzern errichtet, zeigen mit stark verändertem Erscheinungsbild das frühe Vorhandensein bürgerlichen Wohnens auf Stralau. Beide Häuser stehen aufgrund ihrer ortsgeschichtlichen Bedeutung unter Denkmalschutz.

Den Hauptanteil des heutigen Denkmalbestandes stellen Bauten des späten 19. und frühen 20. Jahrhunderts. Sie dokumentieren den Wandel der Rummelsburger Bucht zum Industriestandort im Osten Berlins, die verkehrliche Entwicklung und die einhergehende Verstädterung des Gebietes mit verschiedenen infrastrukturellen Folgeeinrichtungen.

Großflächige Sozialbauten der Stadt Berlin bildeten ab Mitte des 19. Jahrhunderts den Kristallisationspunkt für die Entwicklung des Gebietes nördlich des Rummelsburger Sees, das bis dahin unbebautes, stadteigenes Areal war. Zunächst entstand auf dem heutigen Grundstück Hauptstraße 7 das städtische Friedrichs-Waisenhaus, 1854-1859 nach Plänen des Stadtbaurates Gustav Holzmann errichtet. Anschliessend baute Hermann Blankenstein, Holzmanns Nachfolger im Amt des Stadtbaurates, auf dem Nachbargrundstück Hauptstraße 8 das zentrale Arbeitshaus der Stadt Berlin von 1877-1879. Die Neubauten und damit die Verlegung dieser Einrichtungen vor die Tore der Stadt begründet sich aus der zunehmenden Anzahl von Fürsorgebedürftigen und dem daraus resultierenden, hohen Flächenbedarf für Einrichtungen dieser Art. Sie entstanden als vielteilige Gesamtanlagen, die aus zahlreichen, im Pavillonsystem errichteten Gebäuden bestehen.

Die nach 1850 einsetzende Industrialisierung des nordwestlichen Teils der Stralauer Halbinsel und des Nordufers des Rummelsburger Sees war im wesentlichen bedingt durch die verkehrsgünstige Lage am Wasser und den umfassenden Ausbau des Eisenbahnnetzes, was den Transport von Rohstoffen und industriell gefertigten Produkten sicherstellte.

Großflächige, aus einem Guß entstandene Industrieareale, wie sie z.B. von der AEG im Berliner Wedding errichtet wurden, finden sich in der Rummelsburger Bucht nicht. Bei dem Gebäudebestand der Produktionsbetriebe handelt es sich um Einzelbauten und sukzessiv vorgenommene Erweiterungsbauten, die den jeweiligen Bedingungen eines geänderten Produktionsprozesses entweder angepaßt wurden oder nach Abriss mit anschließendem Neubau entstanden. Dementsprechend wird der denkmalgeschützte Gebäudebestand zur industriellen Produktionsgeschichte von funktionsspezifischen Einzelgebäuden mit besonderer orts- bzw. architekturgeschichtlicher Bedeutung bestimmt.

An Industriedenkmalen haben sich erhalten: auf Stralau ein Produktionsgebäude der Teppichfabrik Protzen & Sohn, das Speichergebäude der Palmkernölfabrik Rengert, beide aus dem 19. Jahrhundert, sowie das Werkstattgebäude der Stralauer Glashütte und das Flaschenkellereigebäude der Engelhardt-Brauerei aus der Zeit zwischen 1910 und 1930; auf der Lichtenberger Seite die Labor- bzw. Produktionsgebäude auf dem Gelände der ehemaligen Aceta-Kunstseidefabrik, die von der Jahrhundertwende bis 1940 entstanden sind.

Teil des Gebäudebestandes der Industrie- und Gewerbebetriebe sind die jeweiligen Verwaltungsbauten, die als Sondergebäude mit repräsentativem Anspruch errichtet wurden. Der heutige Denkmalbestand in der Rummelsburger Bucht kennt vier Gebäude dieser Art: diese befinden sich auf den Standorten der Stralauer Glashütte, der Aceta-Werke und der Mineralöl-Asphalt-Werke an der Lichtenberger Hauptstraße und des Straßenbahnbetriebshofes der Berliner Ostbahnen, die um 1900 an der Stralauer Inselspitze den Spreetunnel baute.

Der Spreetunnel – neben der Dorfkirche sicherlich das bekannteste Bauwerk Stralaus – ist ein technisches Denkmal. Er hatte als Versuchsbauwerk große Bedeutung für den Bau der Berliner U-Bahn, galt es doch zu beweisen, daß die Berliner Bodenverhältnisse den Bau von Untergrundbahnen erlauben. Hinsichtlich der Erschliessung der Halbinsel Stralau stellte der Straßenbahntunnel lediglich eine Verkehrsverbindung mit Treptow her, eine übergeordnete Erschließungsfunktion besaß er nicht.

Hier kam und kommt dem S-Bahnhof Ostkreuz eine zentrale Bedeutung zu. Der Bahnhof Ostkreuz ist 1881 als Knotenpunkt von Vorort-, Ring- und Stadtbahn entstanden, nachdem 1841/42 mit dem Bau der Eisenbahnstrecke Berlin-Frankfurt/Oder, der späteren Niederschlesisch-Märkischen Eisenbahn, erstmals das Gebiet des heutigen Ostkreuzes durchschnitten wurde. Der Bahnhof wurde mehrfach umgebaut. Zu den denkmalgeschützten Bestandteilen zählen Bahnsteige, Stellwerke, Wärterhäuschen und ein in den Jahren 1909-1912 errichteter Wasserturm als weithin sichtbare Landmarke des Ostkreuzes.

Der stete Ausbau von Verkehrsanbindungen, die zunehmende industrielle Entwicklung des Gebietes förderte auch den Zuzug von Arbeitskräften, die dem Wohnungsbau in der Rummelsburger Bucht Impulse verliehen. So wurden auch Werkswohnungen errichtet: die Arbeiterwohnhäuser der Stralauer Glashütte an der Friedrich-Junge-Straße oder die Eisenbahnerdienstwohnungen in der Hauptstr. 24-26, die die Königlich-Preußische-Eisenbahndirektion im Zusammenhang mit dem 1879 eröffneten Rangierbahnhof Rummelsburg bauen ließ.

Teil des Strukturwandels vom Ländlichen zum Städtischen in der Rummelsburger Bucht ist die Ausdehnung einer Mietshausbebauung im nördlichen Teil Alt-Stralaus. Noch vor Ausbruch des Krieges war die Bebauung der Kracht-, Bahrfeldt- und Friedrich-Junge-Strasse mit mehrgeschossigen Mietshäusern abgeschlossen, von denen ein heute denkmalgeschütztes Ensemble in der Krachtstraße die Zerstörungen des Zweiten Weltkrieges überlebt hat. Die mit der Verstädterung einhergehende Bevölkerungszunahme erzeugte den Bedarf an infrastrukturellen Folgeeinrichtungen. So entstanden als öffentliche Gebäude Schulneubauten und Versorgungseinrichtungen.

Bereits im 19. Jahrhundert konnte auf Stralau die erste Gemeindeschule

*Sportunterricht auf dem Dach der Schule Alt-Stralau, zwanziger Jahre*

*Grundschule Alt Stralau, 1999*

errichtet werden. Die Grundschule Alt Stralau 34 bildet auch heute, seit 1999 wieder in Betrieb genommen, einen Kern des Gemeinwesens. Erweiterungen der Schule aus den Jahren 1912-1914 und aus den zwanziger Jahren belegen den am Bedarf orientierten, prozesshaften baulichen Wandel in der Rummelsburger Bucht.

Auf der Rummelsburger Seite entstand kurz nach der Jahrhundertwende in der Marktstraße 9-13 ein Gebäudekomplex, bestehend aus zwei Schulgebäuden mit einer Turnhalle und einer Feuerwache. Der enge räumliche Zusammenhang und die einheitliche Gestaltung der Gebäude im Stil märkischer Backsteingotik verleihen der Baugruppe einen in sich geschlossenen Charakter.

Zu den Gemeindebauten, die ein großstädtisches Bild abgeben, zählte das Städtische Flußbad an der Köpenicker Chaussee in Lichtenberg, geprägt vom Nebeneinander von Industrie, Kraftwerk und Freizeiteinrichtung. Es bedeutete eine große soziale Errungenschaft und dokumentiert die gesundheitspolitischen Bemühungen der Stadt Berlin in den zwanziger Jahren.

### Erhalt und Integration denkmalgeschützter Bausubstanz für das zukünftige Stadtquartier

Mit der Aufnahme der Tätigkeit der Wasserstadt GmbH als treuhänderischer Entwicklungsträger sind wesentliche Schritte zur städtebaulichen Neuordnung und Revitalisierung in der Rummelsburger Bucht eingeleitet und vollzogen worden. Qualitätvolles Wohnen und Arbeiten am Wasser als wesentliche Entwicklungsziele, eingebettet in den natürlichen Landschaftsraum, wurde bereits zu einem guten Teil realisiert und kann heute vor Ort in Augenschein genommen werden.

Seit Beginn der Planung sind die Belange des Denkmalschutzes, der Erhalt denkmalgeschützter Gebäude und anderer wertvoller Bausubstanz sowie das Aufzeigen von Lösungsmöglichkeiten für eine sinnfällige, in die Zukunft weisende Nutzung der Gebäude unverzichtbarer Bestandteil des städtebaulichen Konzeptes und dessen Umsetzung. So sind in dem von Klaus-Theo Brenner aufgestellten Masterplan zur Rummelsburger Bucht Baudenkmale und denkmalwerte Gebäude als Bausteine für die Schaffung lebendiger Stadtquartiere verankert.

Anders als Neubausiedlungen vor den Toren der Stadt, die »auf der grü-

*Flaschenturm der ehemaligen Engelhardt-Brauerei von Bruno Buch (erbaut 1930), 1999*

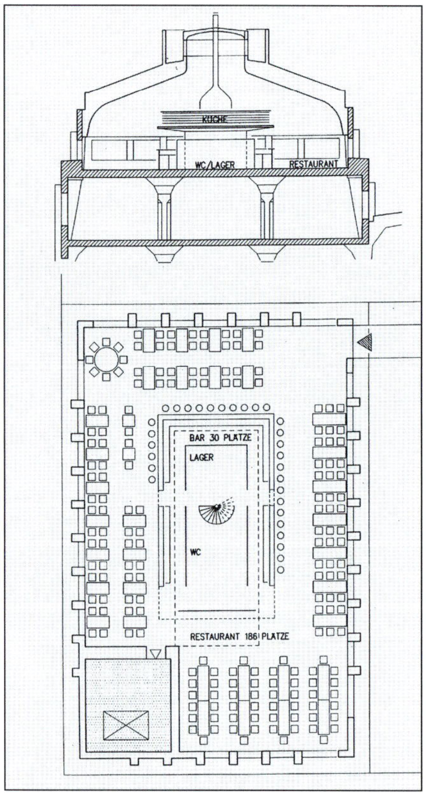


*Grundriß Flaschenturm*

nen Wiese« aus dem Nichts entstehen, beschreibt das Gebiet der Rummelsburger Bucht einen gewachsenen historischen Ort in Stadtrandlage, der vor allem seit Ende des 19. Jahrhunderts durch das Nebeneinander von Wohnen und Arbeiten geprägt war. Diesen Charakter zu bewahren, zeitgemäß zu interpretieren und weiterzuentwickeln, stellt ein maßgebliches Ziel der städtebaulichen Planung dar. Darum ist vor allem bei der Entwicklung der Wohnungsbauschwerpunkte auch die Integration von Gewerbeeinheiten ein integraler Bestandteil des Entwicklungskonzeptes.

Es gilt, die vorhandenen Potentiale, die sich aus der Geschichtlichkeit des Ortes herleiten, aufzugreifen, nutzbar zu machen und als Beitrag für eine nachhaltige Entwicklung des Gebietes verstanden zu wissen. Erfahrungen zeigen, dass die Lebendigkeit und Akzeptanz eines Quartiers wesentlich von identitätsstiftenden Momenten geprägt sind. Baudenkmale und deren Gedächtniswert leisten hierzu einen entscheidenden Beitrag.

Eine erfolgreiche Wieder- oder Umnutzung alter Gebäudesubstanz wird in erster Linie vom Bedarf an Nutzungen und deren Wirtschaftlichkeit bestimmt. Nicht alle denkmalrelevanten Objekte können erhalten werden. Ihre Weiternutzung wird immer ein Abwägungsprozess sein.

Es geht also darum, die Qualitäten der zu erhaltenden historischen Gebäude, die sich aus ihrer Architektur - konstruktives Gefüge, Grundriss, Volumen- ergeben, herauszuarbeiten und auf ihre Wertigkeit bezüglich einer Neu- oder Umnutzung, einschließlich Erweiterungsmöglichkeiten, zu überprüfen.

Da die Gebäudetypologien und -strukturen jeweils höchst unterschiedlich sind, bietet sich die Möglichkeit vielfältiger Nutzungen, die an den entsprechenden Bedarf angepasst werden müssen. Ein Speicher- oder Produktionsgebäude mit großflächigen, hallenartig ausgestatteten Geschossen, wie das Flaschenkellereigebäude der Engelhardt-Brauerei oder das Werkstattgebäude der Stralauer Glashütte, bieten andere Nutzungsmöglichkeiten als ein in seiner Grundrißstruktur kleinteilig angelegtes Wohn- oder Verwaltungsgebäude, wie z.B. das Bürogebäude auf dem ehemaligen Minolgelände. Dabei schafft die unterschiedliche Konstruktion eines Gebäudes andere Voraussetzungen für eine spätere Umnutzung, besonders vor dem Hintergrund einer potentiellen Erweiterung eines Gebäudes. Ein Stahlskelettbau mit rastermäßiger Gliederung ist anders zu betrachten als ein Mauerwerksbau mit innenliegenden, tragenden Wänden.

Der dauerhafte Erhalt eines Industriedenkmals ist nur möglich, wenn zumindest mittelfristig Vorstellungen für eine zukünftige Nutzung existieren. Auch eine Zwischennutzung wirkt stabilitätsbildend und zeigt die Prozeßhaftigkeit einer auf Langfristigkeit angelegten Um- oder Wiedernutzung. Das zur Zeit als Ausstellungsgebäude im Rahmen der EXPO 2000 genutzte Werkstattgebäude auf dem Grundstück der ehemaligen Glashütte ist ein Beispiel dafür.

*Werkstattgebäude der Glashütte, EXPO 2000-Ausstellungsgebäude, 1999*

Als Vorbereitung bedarf es einer grundlegenden Planung, das heißt Bestandsaufnahme und Konzeptentwicklung für Umnutzungen der vorhandenen Bausubstanz. Hierzu braucht es flexibler Handlungsmuster, mit denen auf Bedarfsänderungen reagiert werden kann. Entsprechende Untersuchungen müssen frühzeitig erfolgen, damit sie in die Planung und Vermarktung eingebunden werden können. Grundlage für den dauerhaften Erhalt eines Baudenkmals ist zunächst die genaue Kenntnis des Gebäudes, die einen Sachstand zur vorhandenen Bausubstanz, bezogen auf Konstruktion, Erschließungsmöglichkeiten, Grundrissgefüge oder auch vorhandenen Kontaminationen eröffnet. Dies erfolgt im Entwicklungsbereich Rummelsburger Bucht über die Aufstellung eines Bestandskatasters, mit Darstellung von möglichen Nutzungsprofilen, wie auch dem Aufzeigen von Möglichkeiten einer temporären Verwertung.

Zu fast allen denkmalgeschützten Gebäuden sind Bestandsaufnahmen und Umnutzungsstudien in Auftrag gegeben worden, die Entwicklungsmöglichkeiten und Potentiale für eine Umoder Neunutzung aufzeigen. Ein besonderes Augenmerk lag auf den Industrie- und Gewerbebauten, die eine anspruchsvolle Herausforderung für eine zukünftige Umnutzung darstellen.

Die Schaffung von Grundlagen, das Aufzeigen von zukunftsorientierten Nutzungsmöglichkeiten ist für den dauerhaften Erhalt des Baudenkmals von entscheidender Bedeutung. Es gilt bei Eigentümern und Investoren dahingehend ein Interesse zu wecken, daß das Baudenkmal als Chance begriffen wird und nicht einseitig als Investitionshemmnis. Ein pragmatischer Umgang mit der Altbausubstanz läßt durchaus Investitionen berechtigt erscheinen, die sich auch betriebswirtschaftlich rechnen. »Gebäuderecycling« ist nicht nur kostensparend, sondern auch ein Beitrag zur nachhaltigen Stadtentwicklung: vorhandene Ressourcen sollen genutzt und vielfältige Forderungen des Bedarfs wie soziale, ökonomische, ökologische, denkmalrelevante Aspekte berücksichtigt werden.

Mit der Revitalisierung des Entwicklungsbereiches Rummelsburger Bucht zu einem gehobenen Wohn- und Arbeitsstandort in naturbezogener und verkehrsgünstiger Lage sind auch erste Voraussetzungen für eine Wiedernutzung denkmalwerter und denkmalgeschützter Wohnhäuser gegeben. So sind – neben den Wohnneubauten – die instandgesetzten Glasarbeiterhäuser und auch das wiederhergestellte Mietshausensemble in der Krachtstraße bereits integraler Bestandteil des neuen Wohnquartiers im Quartier Stralau Stadt. Das in der Lichtenberger Hauptstraße 13 von der EAW Industrieholding instandgesetzte und wiedergenutzte Produktionsgebäude der ehemaligen Aceta-Kunstseidefabrik setzt für den Entwicklungsbereich Rummelsburger Bucht ein weiteres hoffnungsvolles Zeichen.

Auch für einige denkmalgeschützte Gebäude, die schon zu ihrer Erbauungszeit öffentliche Funktionen zu erfüllen hatten, war eine gleichbleibende Wiedernutzung oder vergleichbare Neunutzung relativ unproblematisch. In den denkmalgeschützten Schulbauten an der Marktstraße befindet sich die Fachhochschule für Technik und Wirtschaft, das alte Feuerwehrgebäude wird von der Polizei als Dienststelle genutzt. Als jüngstes Beispiel sei die denkmalgeschützte Schule in Stralau genannt, die nach Instandsetzung und Erweiterung gemäß den neuzeitlichen Anforderungen seit August 1999 dem Bezirk Friedrichshain als Grundschule wieder zur Verfügung steht.

# Klaus Theo Brenner
# Wohnen an der Rummelsburger Bucht

## Städtische Landschaft

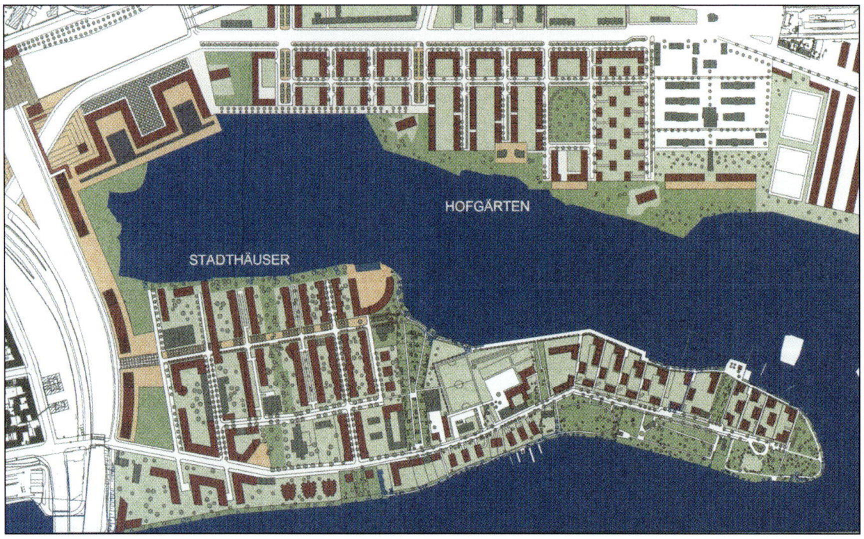


*Masterplan Entwurf Rummelsburger Bucht mit Hofgärten im Bereich Rummelsburg 2 und Stadthäusern in Stralau Stadt, 1999*

Der Begriff der Städtischen Landschaft als Leitbild für die städtebauliche Entwicklung an der Rummelsburger Bucht formulierte eine Art Utopie, nämlich die Versöhnung zwischen Architektur und Natur. Diese Utopie ist keineswegs neu und wurde im Laufe der Architekturgeschichte immer wieder in veränderter Form und Zielsetzung aufgelegt. Die klassische Architekturtheorie ging dabei – zumindest was die Inszenierung hervorragender Gebäude wie Tempel, Tempelbezirke oder Theater angeht – von einer Art heiligen Allianz in einer harmonischen Ordnung zwischen Architektur und Landschaft aus, wobei diese harmonische Ordnung zur Verstärkung der Wirkung beider Elemente beitragen sollte – sowohl der Architektur wie auch der Landschaft. Der Begriff der Landschaft stellt hier bereits einen durch die kultivierte Wahrnehmung bzw. Anschauung des Menschen erhöhten Naturbegriff dar, der sich damit grundsätzlich von einem eher primitiven Naturverständnis abhebt. Diese Vorstellung von einer ästhetisch anspruchsvollen räumlichen Inszenierung des Gegensatzes zwischen Architektur (geometrisch, rational, künstlich) und Landschaft (amorph, organisch, natürlich) in einer übergreifenden harmonischen Ordnung prägt auch die Visionen und Projekte des romantischen Klassizismus von Schinkel und Lenné im Preußen des 19. Jahrhunderts, im Kontrast zu einer eher utilitaristisch-militaristischen Lebensauffassung dieses absolutistischen Staates. Interessant ist hierbei allerdings die wichtige technische und landreformerische Komponente, die z.B. Lennés Konzeption der Potsdamer Kulturlandschaft auszeichnet. Dieser aufgeklärte Begriff von Kulturlandschaft als ästhetische, aber auch sozialreformerische Konzeption, ist für unser Konzept der Städtischen Landschaft bedeutender als spätere Utopien der frühen Moderne oder der jüngsten ökologisch orientierten Reformbewegung, die, mit aller hier gebotenen Vereinfachung gesagt, in der Aufhebung des Gegensatzes zwischen Architektur und Natur nicht nur die klassische Architekturauffassung vom monumentalen, raumbildenden Körper in Frage stellt, sondern auch eine weitgehende Entstädterung, eine Entgrenzung der Städte und die damit verbundene Zerstörung der Landschaft eingeleitet hat.

Städtische Landschaft an der Rummelsburger Bucht, einem ebenso zentrumsnahen wie landschaftlich attraktiven Bereich, heißt vor diesem Hintergrund zweierlei: Erstens, die Bebauung ist verdichtet und weist bezüglich der strukturellen Ordnung der einzelnen Quartiere eine klare städtische, hierarchische und betont architektonische Qualität auf. Zweitens aber ist die architektonische Ordnung der kompakten Quartiere bei aller Strenge immer auf das Wasser gerichtet. Die Quartiere sind in ihrer Gesamtordnung in lockerer Folge und mit deutlichen Brüchen um den amorphen Uferverlauf der Bucht herumgruppiert, wobei das Zentrum im Wasser liegt. Großzügige Freiflächen schieben sich zwischen die Bruchstellen der Quartiere bzw. umspielen sie. Städtische und landschaftliche Qualitäten überlagern und durchdringen sich. Städtische Landschaft ist also hier nicht, wie bei Scharoun etwa, als Aufhebung, sondern als Inszenierung der Gegensätze gemeint. Voraussetzung allerdings für das Gelingen eines solchen Ansatzes ist die anspruchsvolle und wohlausgewogene Komposition der Teile bezogen auf die Bebauungstypologie, die Qualität der Freiräume, das funktionale Profil und die architektonische Qualität der Quartiere als Ganzes, aber auch der Häuser in ihrer Gestalt und Materialität.

### Wohnen am Wasser

Wie oben gesagt, ist die Hauptrichtung der städtischen Räume auf das Wasser gerichtet, also orthogonal zum Uferverlauf und zur Uferpromenade. Dies gilt für die Wege, Straßen und öffentlichen Freiflächen genauso wie für die privaten Gärten. In den drei großen Wohnquartieren Rummelsburg, Stralau Stadt (Planung Herman Hertzberger) und Stralau Dorf gilt das gleichermaßen, aber in unterschiedlicher Form. In Rummelsburg ist das dominierende Prinzip das der zum Wasser offenen sogenannten »Hofgärten«. Große gefaßte Baufiguren mit Wasserblick in Analogie zu barocken Schloß- und Parkanlagen. In Stralau Dorf sind das die kleinteiligeren »Gehöfte«, von Einzelhäusern umstanden und mit diagonalen Durchblicken zum Wasser. In Stralau Stadt ist das der zum Wasser offene Zeilenbau mit stark linearer Ausprägung.

Unter den genannten Voraussetzungen einer jeweils speziellen Quartierstypologie mit grundsätzlich festgelegten Bebauungsformen (Hof, Einzelhaus, Zeile) und Raumfolgen stellt sich die Frage nach modellhaften Lösungen im Detail. Oder, wie interpretiere ich die städtebauliche Struktur auf der Ebene von Haus und Wohnung, und zwar ohne das städtebauliche Modell zu beschädigen und mit Blick auf konkrete Wohnbedürfnisse und Marktchancen. Voraussetzung für alle Lösungen ist das Ende des Sozialen Wohnungsbaus inklusive der darin festgelegten Standards und dessen Ablösung durch den freien Wohnungsmarkt, der, bei weitgehend gesättigter Marktlage, nach typologisch interessanten, neuartigen und lagemäßig bevorzugten Projekten verlangt. Ein zunehmendes und generelles Interesse für die Stadt (trotz unbestreitbarer Abwanderungsbewegungen ins Umland), und das besonders auch an landschaftlich reizvollen Sonderlagen (Tegeler See, Lietzensee, Rummelsburger Bucht), verlangt nach Lösungen, die, bei allen Vorteilen im Wohnungsgrundriß und im wohnungsnahen Freiraum (also den eher privaten Aspekten des Wohnens) ein überzeugendes städtebauliches Konzept (mit Bezug zum Wasser) aufweisen, das in einem starken Thema in Analogie zu bekannten Bildern und Beispielen gefaßt werden kann. Diese städtebauliche Komponente, die im öffentlichen Raum und seiner monumentalen Erscheinung dargestellte Civitas, in der Verknüpfung aller Bereiche, von der Straße über das Haus und die Wohnung und deren große Bedeutung in der stadt-landschaftlichen Komposition, unterscheidet unsere Arbeit heute von allen vorhergehenden der letzten Jahrzehnte grundsätzlich, wo das Private und die damit verbundenen Qualitäten in den Vordergrund gestellt wurden.

### Wohnlandschaft Hofgärten (Rummelsburg 2)

Das Konzept der sogenannten Hofgärten wurde im Bereich Rummelsburg 1 bereits realisiert. Dieses Konzept ermöglicht »Seeblick für alle«, die in einem solchen Hofgarten wohnen; das genau macht auch den Erfolg dieses Konzeptes aus. Die bauliche Groß-

*Hofgärten, Entwurf für den Bauabschnitt Rummelsburg 2, 2000*

*Entwurf Hofgärten für den Abschnitt Rummelsburg 2, 2000*

form stellt darüber hinaus ein betont städtisches und bedeutendes Einzelelement innerhalb der Gesamtkonfiguration der Städtischen Landschaft an der Rummelsburger Bucht dar. Diese Großform kann im einzelnen unterschiedlichen Wohn- und Marktbedürfnissen angepaßt werden. Dies gilt insbesondere für das zentrale 3-er Feld der großen Hofgärten, die nun zur Realisierung anstehen.

Die veränderten Finanzierungsbedingungen mit einer starken Präferenz des freifinanzierten Wohnungsbaus erfordern eine Differenzierung des Konzeptes der Hofgärten hinsichtlich der Baukörpergliederung, aber auch im Sinne einer Differenzierung des Wohnungsangebots. Oberstes Ziel ist, bei möglicher Reduktion der Baumasse insgesamt, ein abwechslungsreiches und möglichst attraktives Wohnungsangebot unter Ausnutzung der privilegierten Lage am See zu erhalten. Unter Beibehaltung des Konzeptes der »Hofgärten« als große zusammenhängende Blockfiguren mit hohem Freiflächenanteil und großzügiger Öffnung zum Wasser werden folgende Maßnahmen vorgeschlagen:

1. Die Höhe der Hofgartenblöcke wird differenziert, indem eine abwechslungsreiche Silhouette mit 3 und 6 Geschossen geschaffen wird, die einerseits eine akzentuierte Gliederung der Blöcke darstellt, andererseits aber mit den 6-geschossigen turmartigen Erhöhungen die Beziehung zu den Blöcken von Rummelsburg 1 und zur

6-geschossigen Baukante an der Hauptstraße aufrechterhält. Damit bleibt trotz genereller Reduzierung der Baumasse die Kontur und der Zusammenhang im Stadtteil insgesamt erhalten. Die Turmhäuser sind über das gesamte Baufeld von Rummelsburg 2 gestaffelt verteilt, so daß diagonale Bezugslinien entstehen, die die lineare Ausrichtung der Blöcke überlagern. Der praktische Vorteil dieser bewegten Silhouette, bezogen auf das Wohnungsangebot, ist, daß in den Türmen bis nördlich der Erschließungsstraße südorientierte Wohnungen mit Seeblick und einem Dachgarten davor entstehen.

2. Die langgezogenen Baukörper der Hofgärten werden in einzelne Hauseinheiten gegliedert. Dabei entstehen neben den strukturell über das gesamte Baufeld verteilten, unterschiedlich dimensionierten Turmhäusern (mit dreigeschossiger Basis) dazwischengeschobene 3-geschossige Reihenhäuser. In Verbindung mit diesem strukturellen Rhythmus werden versetzte Querdurchwegungen der Blöcke geschaffen. Das differenzierte Angebot der Wohnungsgrundrisse, die Addition verschiedener Haustypen und die versetzten Durchwegungen schaffen eine komplexe Blockstruktur.

3. Jeder Hofgarten bekommt einen eigenen, thematisch individuell gestalteten Garten, der bei der übergreifenden Baukörpergestaltung der 3 Blöcke die Eigenständigkeit jedes Blockes betont. Damit überschneiden sich 2 Strukturkonzepte: Dort das übergreifende Prinzip des strukturalistisch gegliederten Feldes; hier das individualistische Hofkonzept. Die besondere Bedeutung der Gartengestaltung in diesem Konzept erweist sich auch darin, daß das Thema des jeweiligen Gartens die Gestaltung und Materialität der Hoffassaden beeinflussen müßte.

Somit ergibt sich für den Stadtteil Rummelsburg 2 ein insgesamt stark aufgelockertes und auf die landschaftlichen Bereiche Garten und See orientiertes Bebauungskonzept. Die gesamte Struktur bietet Ansätze zur Individualisierung, sowohl bezogen auf den einzelnen Block, als auch bezogen auf den gesamten Stadtteil in seiner übergreifenden strukturalistischen Gliederung. Diese Gliederung liefert unter Wahrung eines übergreifenden Rhythmus und Erscheinungsbildes klare Spielregeln für die Realisierung. Dieses Konzept mit seiner spezifischen Struktur bietet eine gute Grundlage für ein kooperatives Modell zwischen Bauherren und Architekten und könnte zum Modellfall für eine differenzierte Realisierung städtebaulicher Großformen in bevorzugter Lage werden.

### Stadthäuser an der Krachtstraße

Die Krachtstraße ist eine Straße mit geschlossener Bebauung, die direkt und orthogonal auf das Wasser zuführt. Dieser Umstand schafft bei der überschaubaren Länge der Straße eine ganz besondere Atmosphäre im gesamten Straßenraum, die allen Wohnungen zugute kommt. Wir können uns sicherlich alle an ähnliche Situationen in Küstenstädten in Holland, England oder Italien erinnern, wo sich beim Betreten einer Straße oder Gasse, die an ihrem Ende den Blick auf das Meer freigibt, sofort der Zauber einer besonderen und reizvollen Situation einstellt – auch wenn, und vielleicht gerade weil noch ein Weg bis dahin zurückzulegen ist. Die Wirkung einer solchen Situation ist um so zwingender, je geschlossener die Straßenrandbebauung ist. Entsprechend ist im Bebauungsplan für diesen Bereich auch eine geschlossene Randbebauung vorgesehen. Allerdings bedeutete dies unter den bisher geltenden Vorstellungen eine Zeilenbebauung mit zum Teil geförderten Mietwohnungen. Geänderte Zielvorstellungen für das Projekt in Richtung einer stärkeren Privatisierung im freifinanzierten Wohnungsbau erzwingt ein Nachdenken über angemessene Bebauungstypologien ohne Aufgabe der bisher geltenden, grundlegenden städtebaulichen Ziele.

Der Typus des städtischen Reihenhauses nach dem Vorbild der englischen Terraces scheint ein für diese Stelle ganz besonders geeignetes Vorbild zu sein. Die einzelnen Häuser mit

*Entwurf Stadthäuser an der Krachtstraße auf Stralau, 2000*

*Entwurf Stadthäuser an der Krachtstraße auf Stralau, 2000*

mehreren Geschossen und Wohnungen sind als einzelne Hauseinheiten erkennbar, ordnen sich aber einem einheitlichen Gesamtbild der Straße mit hohem Identifikationswert unter. Damit entspricht ein solches Modell in besonderer Weise den Kriterien, die sich aus dem Begriff der Städtischen Landschaft an der Rummelsburger Bucht ergeben: Landschaftsorientiert im Atmosphärischen, aber städtisch im Maßstab und gestalterischen Duktus der Bebauung. Beides zusammen schafft den einmaligen Reiz der Rummelsburger Bucht in der Zukunft.

Die städtischen Reihenhäuser (nicht zu verwechseln mit Einfamilien-Reihenhäusern) sind jeweils 4-geschossig mit einer Maisonettewohnung und Garten unten, einer Maisonettewohnung mit Dachgarten oben und einem dazwischengeschobenen eingeschossigen Appartement. Jeweils 2 Häuser werden aus Kostengründen über ein Treppenhaus zusammengefaßt. Somit entstehen insgesamt 24 Reihenhäuser (12 pro Seite), die sowohl als Ganzes, wie auch über einzelne Wohnungen vermarktbar sind. Die architektonische Erscheinungsform der Stadthausstraße ist im Ganzen großzügig und homogen, ganz im Sinne eines Stadtbausteins mit hohem Identifikationswert. Feine Farbnuancen und subtile Detailunterschiede in den Eingangsbereichen stellen die Individualität der einzelnen Häuser her. Die englischen Beispiele, besonders die von John Nash, zeigen, wie die damals in England am Schloßbau orientierte Großform der Stadthauszeilen städtebaulich und atmosphärisch attraktiv sein kann, sowohl für den Besucher wie auch für den Bewohner oder Käufer. Anscheinend müssen wir uns in Berlin erst wieder daran gewöhnen, daß Großzügigkeit in der Architektur ein Qualitätskriterium sein kann.

# *Herman Hertzberger*
## Städtebauliches Konzept für die Stralauer Halbinsel

Fast der gesamte westliche Bereich der Stralauer Halbinsel, auf dem jetzt das städtische Stralau mit zirka 2.300 Wohnungen entstehen soll, war früher Industriegebiet. Die Aufgabe bestand darin, eine Reihe historisch wertvoller Elemente aus jener Zeit zu bewahren, ihnen eine neue Funktion zu geben und sie in das neue Wohnquartier zu integrieren. Eine derartige Umnutzung verleiht der ansonsten ausschließlich durch Neubau geprägten Wohnatmosphäre nicht nur eine besondere Note, sondern hält auch die Erinnerung an die frühere Nutzung lebendig. Die dafür in Frage kommenden Bauten werden so sorgfältig wie möglich in die Neuparzellierung einbezogen.

*Blick auf Stralau mit Palmkernölspeicher (1883-1885) und Neubebauung (1996-1998), 1999*

Das städtebauliche Konzept des städtischen Bereichs der Halbinsel geht von einer zeilenförmigen, zu beiden Ufern hin senkrecht ausgerichteten Wohnbebauung aus. Die als Bebauungsstruktur gewählten parallelen Wohnzeilen gestatten freie Durchblicke zu beiden Gewässern und gewährleisten somit visuelle Offenheit.

Die sich entlang dem Bahnkörper hinziehende, geschwungene Gebäudewand ist hauptsächlich für die Nutzung als Gewerbe- und Bürogebäude bestimmt. Die Gebäudewand bildet zugleich eine lärmdämmende Abschirmung für das dahinterliegende Wohnquartier.

Das dem Konzept zugrundeliegende Raster aus sich in Nord-Süd-Richtung erstreckenden Zeilen wurde so über das Gebiet gelegt, daß die erhaltenswerten historischen Elemente und die Reste des ursprünglichen Straßenmusters darin Aufnahme finden konnten. Das Ergebnis läßt sich also als eine Überlagerung der alten mit der neuen Struktur auffassen.

Um im westlichen Bereich der Stralauer Halbinsel eine möglichst natürliche Integration zwischen der Neubebauung und den noch vorhandenen alten Wohnhäusern bzw. den zu erhaltenden Industriebauten denkmalwürdiger Qualität zu erreichen, werden stellenweise halbgeschlossene Baublöcke eingefügt.

Großer Wert wird auf eine möglichst geringe Fragmentierung der Bebauung gelegt. Eine Solitärlage bleibt daher den zu bewahrenden denkmalwürdigen Objekten vorbehalten.

Nachdrücklich in die Planung einbezogen wird wenigstens einer der alten Fabrikschlote. Als Denkmal der früheren Nutzung des Gebietes sollte eines dieser charakteristischen Bauwerke unbedingt bewahrt bleiben.

Die bedeutendsten erhaltenswerten Industriebauten – der Speicher und die

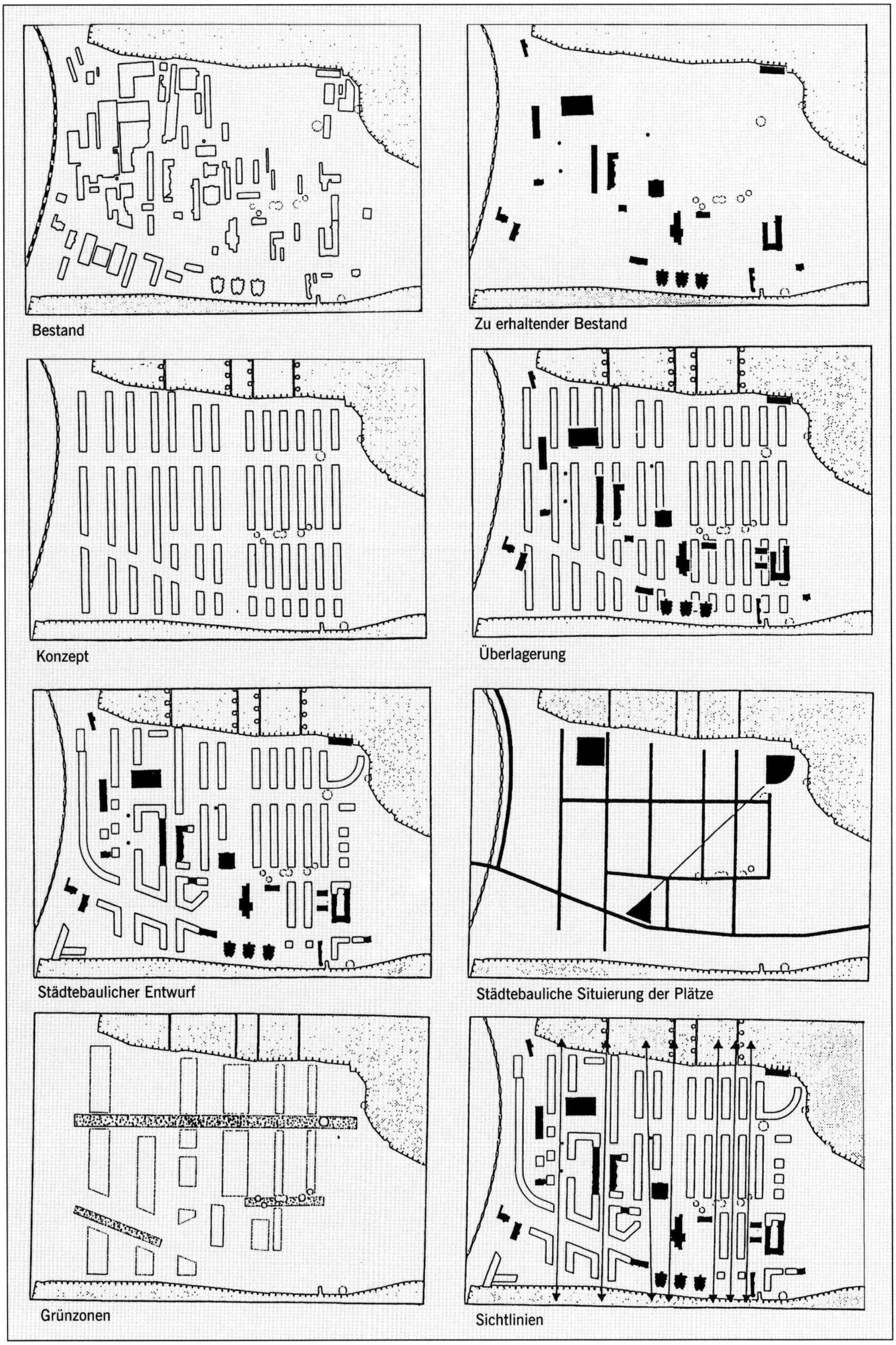


*Entwicklung des städtebaulichen Konzepts durch Überlagerung und Integration von Bestand und Planung*

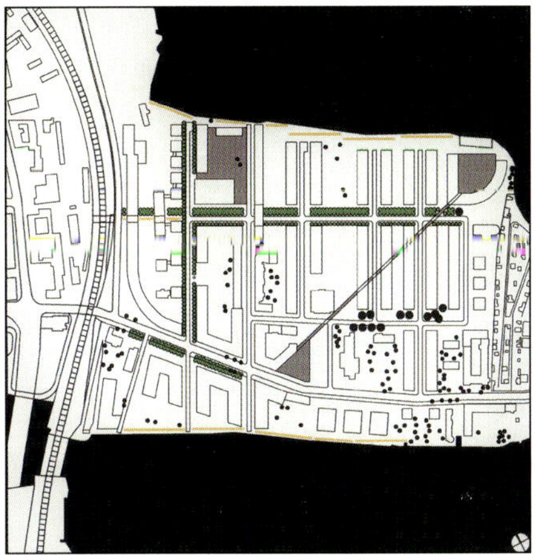

*Öffentliche Räume in Stralau Stadt*

*Stralau Stadt, Realisierungsstand 1998*

ehemalige Glashütte mit dem Flaschenturm – dienen als Anlaß, hier zwei öffentliche Plätze einzurichten und an ihnen bzw. in ihrem Umfeld Geschäfts- und Gewerbezonen zu konzentrieren.

Zusammen mit der platzähnlichen Ausweitung der Straße Alt-Stralau, wo gleichfalls Geschäfte eingerichtet werden können, entstehen somit in diesem Viertel drei Schwerpunkte. Diese werden durch Fußwege miteinander verbunden. Die Verkehrserschließung des Gebietes erfolgt von der Straße Alt-Stralau aus. Eine parallel zu dieser Straße verlaufende Baumallee verbindet als neue Fußgängerhauptachse das ganze Gebiet in ost-westlicher Richtung. Die Allee fungiert als Verkehrsverteiler. Von erstrangiger Bedeutung bleibt, daß ein Fußgängertunnel unter der S-Bahn hindurch zum Markgrafendamm führt.

Außer durch die visuelle Offenheit zum Wasser hin wird die Atmosphäre in diesem neuen Wohngebiet einerseits durch eine Kombination von städtischer Intensität und Bebauungsdichte gekennzeichnet, andererseits durch ein Umfeld, in dem Bäume und Grünflächen dominieren. Das Gebiet wird

*Wohnbebauung Stralau Stadt am Rummelsburger See, 1999*

von mehreren Fußwegen durchzogen. Eine entscheidende Funktionen kommt dabei dem diagonalen, die Baublöcke durchschneidenden Fußweg sowie der Baumallee und den begrünten Ufern zu.

Von Ausnahmen abgesehen, wird auf den Straßen und Plätzen des Quartiers nicht geparkt. Für die meisten Baublöcke sind halbtiefe Sockelgeschosse vorgesehen, groß genug, um als Garagen fungieren zu können. Außerdem lassen sich an mehreren Stellen weitere Halbtief-Garagen anlegen.

Die Bebauung des Gebiets ist in Händen sehr vieler Projektentwickler und damit sehr vieler Architekten. Ihnen sind in den Grenzen des Rahmenplans große Freiheiten zugestanden.

*Grüne Spielhöfe führen zum Wasser, 1999*

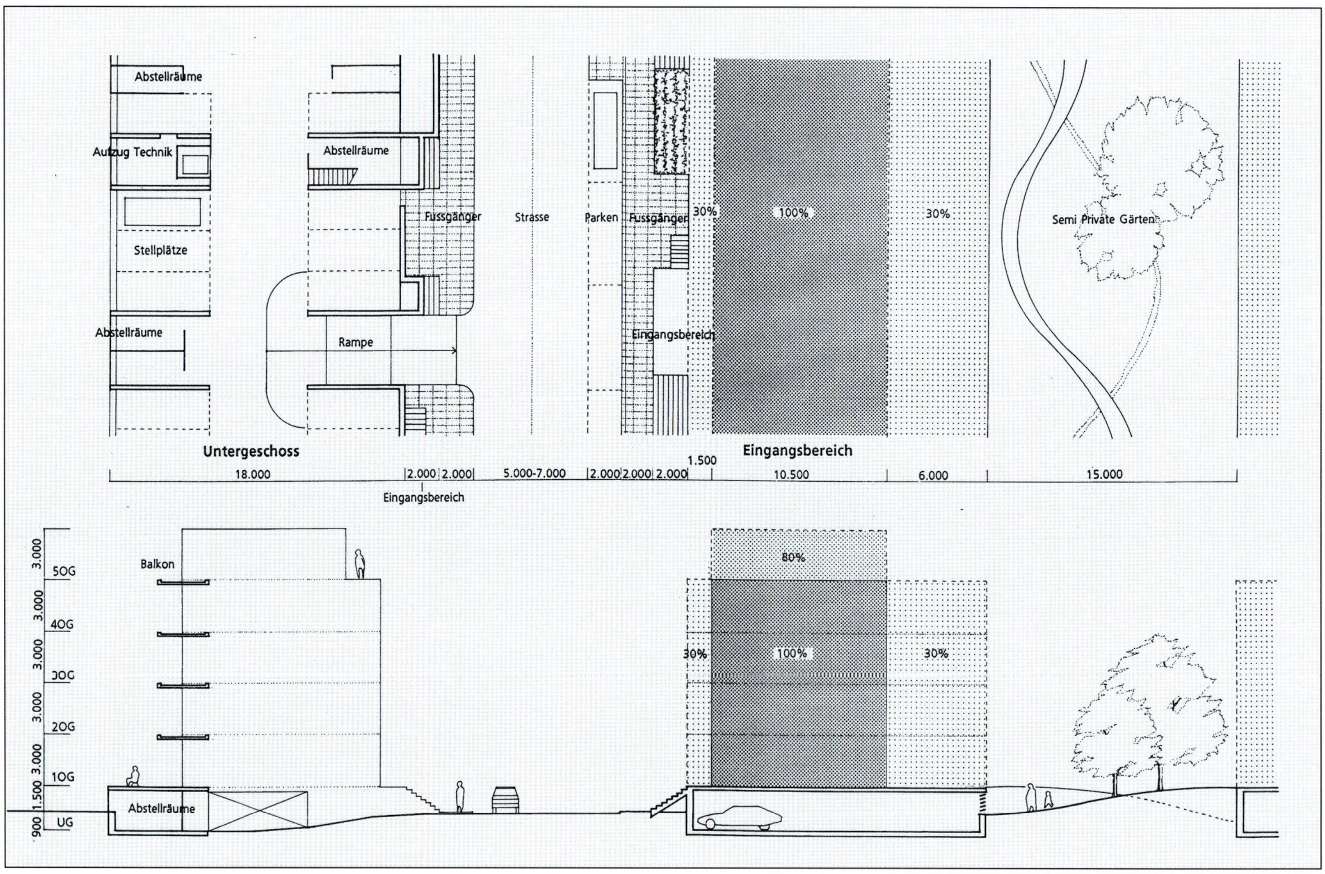


*Gestaltungsrahmenplan für Stralau Stadt*

Angestrebt wurde keine Homogenität der Materialien und Formen, sondern gerade möglichst große Vielfalt. Diese Vielfalt hat sich aber an allgemeine, die räumliche Einheit des Stadtteils im weitesten Sinne garantierende Regeln zu halten, an Regeln, die aber nicht die Gefahr zu großer Einförmigkeit in sich bergen dürfen.

Für die Bebauung des Gebietes wurden allgemeine Richtlinien festgelegt bezüglich: der Bauhöhe; der Verpflichtung zum Staffelgeschoßbau; der Sockelgeschosse; der Stirnseiten der Bauzeilen, die durch größere Breite und Höhe zu betonen sind; der Abschnitte in Längsrichtung der zeilenförmigen Blöcke, in denen mit Hilfe vorspringender Bauteile die Möglichkeit einer ausgeprägten plastischen Fassadengestaltung besteht.

Da der das Bebauungsgebiet nördlich begrenzende Rummelsburger See nicht von der Berufsschiffahrt als Wasserstraße genutzt wird, ist er für die Funktionen Wassersport und Wohnen besonders gut geeignet. Der See wurde daher in das Planungsgebiet einbezogen. Die sich durchgängig um die Rummelsburger Bucht ziehende Fußgängerpromenade bietet sich für die Anlage von hölzernen Bootsstegen an, die sowohl Sportbooten als auch Schwimmhäusern als Liegeplätze dienen können.

*Integration eines Naturdenkmals in den »Platz an der Weide«, 1999*

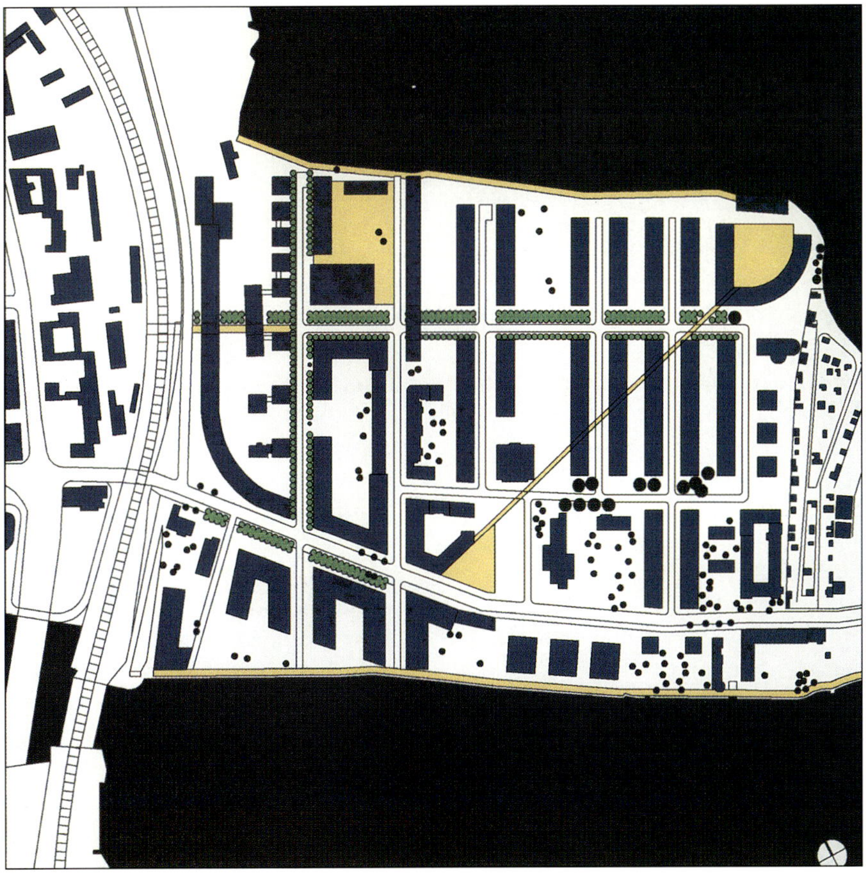

*Rahmenplan-Entwurf Stralau Stadt, 2000*

*Karl Thomanek*
# Neue Landschaft an der Rummelsburger Bucht

Die Gestaltung des Landschaftsraumes an der Rummelsburger Bucht von den ersten planerischen Überlegungen des Gutachterverfahrens bis zur heute vorgefundenen Wirklichkeit ist Gegenstand der nachfolgenden Betrachtungen und Anmerkungen. Dabei werden die Verbesserungen hinsichtlich Altlastensanierung, Mikroklima, Renaturierung von Uferzonen, Regenwassereinleitung und weitere bedeutende Komplexe des Umweltschutzes hier nur als positiv für das vormals vernachlässigte Gebiet erwähnt.

Insbesondere das Gutachterverfahren, Masterpläne und Vorentwürfe sind die drei planerischen Ebenen, auf denen die Entwicklung des Gebietes die entscheidenden Impulse, Änderungen und natürlich auch Konkretisierungen erfahren hat. Sie werden im folgenden näher vorgestellt, wobei immer auch der Städtebau mit betrachtet wird, da die Gleichwertigkeit von Landschaft und Stadt die Grundidee des Projektes beinhaltet. Mit großer Emphase begonnen, verdeutlicht die fragmentarische Präsenz des Projektes das Trügerische von Visionen und die Ungenauigkeit von Prognosen zu Zeiten großer politischer Umwälzungen.

Zur Erinnerung: Die Rummelsburger Bucht war innerhalb des Bewerbungsverfahrens der Stadt Berlin zur Ausrichtung der Olympischen Spiele 2000 als Standort für die »Olympische Familie« – Trainer und Betreuer der Athleten – in einer Größe von zirka 20.000 bis 25.000 Menschen auserkoren und sollte diese in einer entsprechenden Anzahl von Wohnungen beherbergen. Die Vorstellung, daß zum gegenwärtigen Zeitpunkt der Innenausbau der Wohnungen und die Arbeiten am neuen Landschaftsraum in ihrer entscheidenden abschließenden Phase sein sollten, macht schmerzlich deutlich, welche Chancen für diesen Standort vergeben wurden, als im Herbst 1993 die Entscheidung des Internationalen Olympischen Komitees zuungunsten Berlins getroffen wurde. In Folge dessen war die Kontinuität und Stringenz der Entwicklung aus dem Projekt gewichen, da die Vorgabe nicht mehr bestand, zu einem fixen Datum im Jahre 2000 die Maßnahme abzuschließen.

Unabhängig von der Vergabe der Olympischen Spiele waren die Prognosen über die ökonomische und demografische Entwicklung Berlins Anfang der 90er Jahre durchaus hoffnungsvoll. Bis zum Jahre 2000 war eine Zunahme der Bevölkerung auf 4 Mio. Menschen vorhergesagt, so daß für die Rummelsburger Bucht mit ihren positiven Standortfaktoren wie Innenstadtnähe, verkehrliche Anbindung und landschaftsräumliche Qualitäten, optimale Voraussetzungen gegeben waren. Allerdings gab es zeitgleich mehrere städtebauliche Großprojekte in Berlin, wie Karow-Nord, Altglienicke, Rudower Felder, Biesdorf-Süd und die Wasserstadt Oberhavel, um nur die bedeutendsten zu nennen, die zum Teil planerisch fortgeschrittener und eher fertiggestellt waren.

Die zwischenzeitlich vorgenommene Anpassung der Prognosen an die Realitäten der Berliner Gesamtentwicklung mit einer schrumpfenden Bevölkerungszahl auf zur Zeit 3,4 Mio. Menschen, erschwert den weiteren Ausbau des Gebietes, trotz seiner nach wie vor bestehenden standortlichen Vorteile.

Diese Anmerkungen tragen zum Verständnis der Diskrepanz bei, die in den seinerzeit geforderten städtebaulichen Vorgaben und Richtzahlen der Entwürfe des Gutachterverfahrens und der gebauten Realität deutlich werden. In diesem, in der Öffentlichkeit breit diskutierten und hochrangig besetzten Gutachterverfahren wurde der Entwurf des Architekten Professor K. T. Brenner und des Landschaftsarchitekten K. Thomanek als Grundlage für die weitere Bearbeitung ausgewählt.

### Gutachterverfahren 1992

Leitmotiv des prämierten Entwurfs war die Schaffung einer »Städtischen Landschaft«. Es sollte ein aus Teilen zusammengesetztes, ausgewogenes Ganzes entstehen. Die einzelnen Teile bzw. Quartiere waren im Sinne einer frei bewegten Ordnung aufeinander bezogen. Jedes dieser Teile sollte in sich vollständig und abgeschlossen sein. Ihre Verbindung bestand in der Reaktion und dem Nebeneinander von in sich gleichwertigen Teilen. Im Versuch eines differenzierten Ganzen aus Verschiedenem bestand das Bestechende dieses Entwurfs.

Ausgerichtet waren diese Teile auf das Unverwechselbare in diesem Gebiet, die Wasserflächen von Spree und Rummelsburger Bucht. Sie waren das bewegende Moment der Planung. Das Ziel war, eindeutig begrenzte Teile zu schaffen und gleichzeitig die Grenzen zu den benachbarten Stadtteilen zu überwinden, indem der Entwurf Räume westlich der Bahntrasse besetzte und definierte. Die Teile waren mit einfachen Planfiguren wie Mäander, geschlossener und offener Block belegt, die als leicht verständliche Städtebilder identifizierbar waren.

Die Orte mit Benennungen wie Zentralpark, Quartier Stralau, Zentrum Ostkreuz, Kommunales Zentrum am See und Siedlungsbereiche am See waren trotz der Eindeutigkeit und Geschlossenheit ihrer städtebaulichen Figuren mannigfaltig mit der Landschaft verzahnt.

Metaphorisches Programm des landschaftsräumlichen Konzeptes war u.a. Karl Friedrich Schinkels Bild einer Abendstimmung am Spreeufer bei Stralau von 1817. Hier kam ein romantisch utopischer Gedanke zum Ausdruck, der Mensch, Natur, Stadt und Kunst in einen Zustand fragiler Balance versetzte, gleichwohl aber die Veränderung dieses Zustandes der Ausgewogenheit zum Inhalt des Bildes machte. Die architektonische Fiktion eines Stadtraumes von Ordnung und Bewegung, Offenheit und Geschlossenheit, Masse und Leichtigkeit, wie sie bei Schinkel erschien, wurde auch zur landschaftsräumlichen Fiktion.

Der markante Landschaftsraum der Oberspree – seit dem 18. Jahrhundert Erholungsort der Stadtbevölkerung – sollte mit seinem weiten Flußpanorama als Naturerlebnis und -erholungsraum wiedergefunden werden. Die Erfahrung landschaftsräumlicher Kontinuität an den Ufern von Spree und Rummelsburger Bucht in Form unterschiedlicher, in sich geschlossener Freiräume mit vielfältig differenzierten Nutzungsangeboten sollte wieder möglich gemacht werden. Differenzierung und

*Landschaftsplan, Gutachterverfahren 1992*

Kontinuität, Kleinteiligkeit und Ganzheit waren nicht als Gegensätze zu verstehen, sondern waren die Kräfte, welche zur bewegten Ordnung im vorher zitierten Sinn führten.

Anregungen zur Erneuerung und Kultivierung des Landschaftsraumes an der Oberspree konnte der zwischen 1861 und 1874 entworfene Treptower Park am Südufer der Spree am Rande unseres Planungsgebietes geben. Trotz jahrzehntelanger Vernachlässigung existieren hier Raumqualitäten, die auf Lenné zurückgehen. Der Entwerfer Gustav Meyer war Schüler und Nachfolger Lennés, aber zu dem utopischen Ansatz der Lenné'schen Landesverschönerung kam in den neuen Volksgärten ein sozialer Aspekt hinzu. Dem Aufenthalt im Freien, der Bewegung der Menschen, dem Spiel der Kinder wurde eine zentrale Bedeutung zugemessen. Die große hippodromartige Spielwiese rückte in die Mitte des Parks, pittoreske Landschaftsgestaltung wurde zugunsten einer offenen, benutzbaren Wiesenfläche zurückgestellt. Diese Gestaltungsidee, in den zwanziger Jahren im Volkspark vervollkommnet, ist im wesentlichen auch in heutigen Parkanlagen anzutreffen. Sie wurde gestalterischer Leitgedanke des Stadtgartens im zentralen Park.

Der Stadtgarten wurde das neue, hinzugewonnene Freiraumelement im Planungsgebiet. Er war Teil des Volksparksrings um Berlin und lag zwischen dem Park Friedrichshain und dem Treptower Park. In den an Freiflächen unterversorgten Stadtteilen Friedrichshain und Lichtenberg verbesserte er mit seinen Nutzungsangeboten die Erholungssituation im Gebiet. Die optische Erweiterung des Rummelsburger Sees durch den zentralen Park in westlicher Richtung führte zu einer Rhythmisierung des Stadtraumes im Planungsgebiet.

Der Bereich des zentralen Parks an der Rummelsburger Bucht wurde nördlich von einem baulichen Mäander gefaßt. Er war Metapher der früheren Landschaft, in welcher die Spree sich geschlungen bewegte. Der Rummelsburger See war ein Relikt des ehemaligen Flußlaufes der Spree, ein Altarm. Diese bauliche Figur erlaubte eine Durchdringung und Verzahnung verschiedener Landschafts- und Stadträume, gleichzeitig war sie – ähnlich dem Fluß – Zäsur im räumlichen Gefüge.

Die anderen Bereiche am zentralen Park, wie Mole und Vorplatz des Ostbahnhofes, variierten das Thema Verzahnung und Durchdringung von Stadt und Landschaft, ohne die Grenzen zu verwischen.

Der zentrale Park selbst war Freiraum in Weiterentwicklung des sozialen Gedankens der Berliner Volksparks: Wiesenflächen mit Baumgruppen zum Spielen und Lagern, leicht modellierte Landschaft am Seeufer und Überleitung zum Stadtraum an den Parkrändern durch Alleen und Promenaden. »Das räumliche Oszillieren zwischen zweiter und dritter Dimensionalität« (Kenneth Frampton) charakterisierte die Beziehung zwischen zentralem Park und umgebendem Stadtraum.

Die Halbinsel Stralau unterteilte sich in zwei Bereiche, den durch dichte, hofartige Bebauung geprägten westlichen Teil als Fortsetzung der dichten Blockstrukturen westlich der Bahn und den mit kleinteiliger, offener Bebauung geplanten östlichen Landschaftsraum.

Das Nordufer der Halbinsel, welches mit Gewerbenutzung belegt war, sollte renaturiert werden. Schilfanpflanzungen in den Uferzonen standen in natürlicher Folge zur geplanten Auenwaldvegetation. Gleiches geschah an dem mit Gewerbe besetzten nördlichen Ufer des Rummelsburger Sees. Östlich der Mole begann ein bewaldeter Uferstreifen mit weichen Uferausbildungen, wie er für weite Bereiche der Havel charakteristisch ist. Im Gegensatz zum parkartigen Ufer des Treptower Parks waren hier sich natürlich entwickelnde Uferzonen geplant, die von einem Uferweg begleitet wurden. Unaufwendige Stege bzw. Aufenthaltsplätze begleiteten in Abständen den Weg und ermöglichten Ausblicke auf Bucht und See. Die Übergänge zwischen Wald und rückwärtigen Bebauungsinseln waren fließend. Ein aus der Bebauung kommendes orthogonales Wegenetz erstreckte sich bis in die Waldbereiche, wie auch der Wald unmittelbar an die Bebauung grenzte.

Die freiräumliche Infrastruktur der Wohnbebauung war zwischen den Wohnzeilen integriert. In Anlehnung an die »Wasserburgen« der Siedlungsinseln reichten öffentliche, platzartige Freiflächen bis ans Ufer. Hier entstanden räumliche Bezüge zwischen dem See und der das Planungsgebiet im Norden begrenzenden Erschließungsstraße. Diese schneisenartig gestalteten Freiflächen waren städtisch geprägte Grünräume in einer überwiegend landschaftlich-naturräumlich geprägten Flußlandschaft. Der Verweis auf die Künstlichkeit des Natürlichen in unserem Einflußgebiet sei hier erlaubt.

Der Blick des Stadtbewohners auf die Natur war Leitgedanke des landschaftsräumlichen Konzeptes. Mies van der Rohe, der diese Perspektive der Naturwahrnehmung in zahlreichen Entwürfen aufnahm, legte diesem Entwurfsansatz folgenden Gedanken zu Grunde: »Wir sollen uns bemühen, Natur, Häuser und Menschen zu einer höheren Einheit zusammenzufassen. Wenn man aus dem Inneren des Farnsworth House durch die Fenster auf die Natur blickt, dann erhält sie plötzlich eine tiefere Bedeutung als draußen. Es wird mehr von der Natur erwartet, weil sie ein Teil des größeren Ganzen wird.«

Das gutachterliche Verfahren hatte zum Ergebnis, daß das vorgestellte Konzept Grundlage der weiteren Planung wurde. Ausgenommen war der westliche Teil der Halbinsel Stralau, wo sich, im Gegensatz zu dem in unserem Plan entwickelten Blockkonzept, die Jury für den Entwurf einer Zeilenbebauung in Nord-Süd-Richtung mit dazwischen verlaufenden Kanälen entschieden hatte. Dieses Konzept des Architekten Professor Hertzberger und des Landschaftsarchitekten Professor Loidl hatte eine für diesen Ort hohe Signifikanz und gewährte den von Fluß und See entfernten Wohnungen einen unmittelbaren Bezug zum Wasser.

Der im folgenden entwickelte Masterplan verknüpfte beide Konzepte und setzte auf Stralau und in Rummelsburg neue Akzente.

### *Der Masterplan*

Das Konzept von Professor Hertzberger auf Stralau änderte sich essentiell, da auf die Kanäle verzichtet wurde, um das Wasser des Rummelsburger Sees auf Grund der hohen Belastung des Spreegrundes mit Schwermetallen nicht mit dem Spreewasser zu mischen. Dadurch hatten nur noch die Kopfbauten der Zeilen eine unmittelbare Beziehung zum See. Anstelle der Kanäle traten in diesem Quartier, Stralau Stadt genannt, den Wohnungen zugeordnete Freiflächen.

Für den sich östlich anschließenden Bereich Stralau Dorf, der sich durch seinen hohen Freiflächenanteil, insbesondere dem Park an der Inselspitze, auszeichnete, mußte ein eindeutiges städtebauliches Konzept entwickelt werden.

Auf der Lichtenberger Seite fiel der zentrale Park mit dem gebauten Mäan-

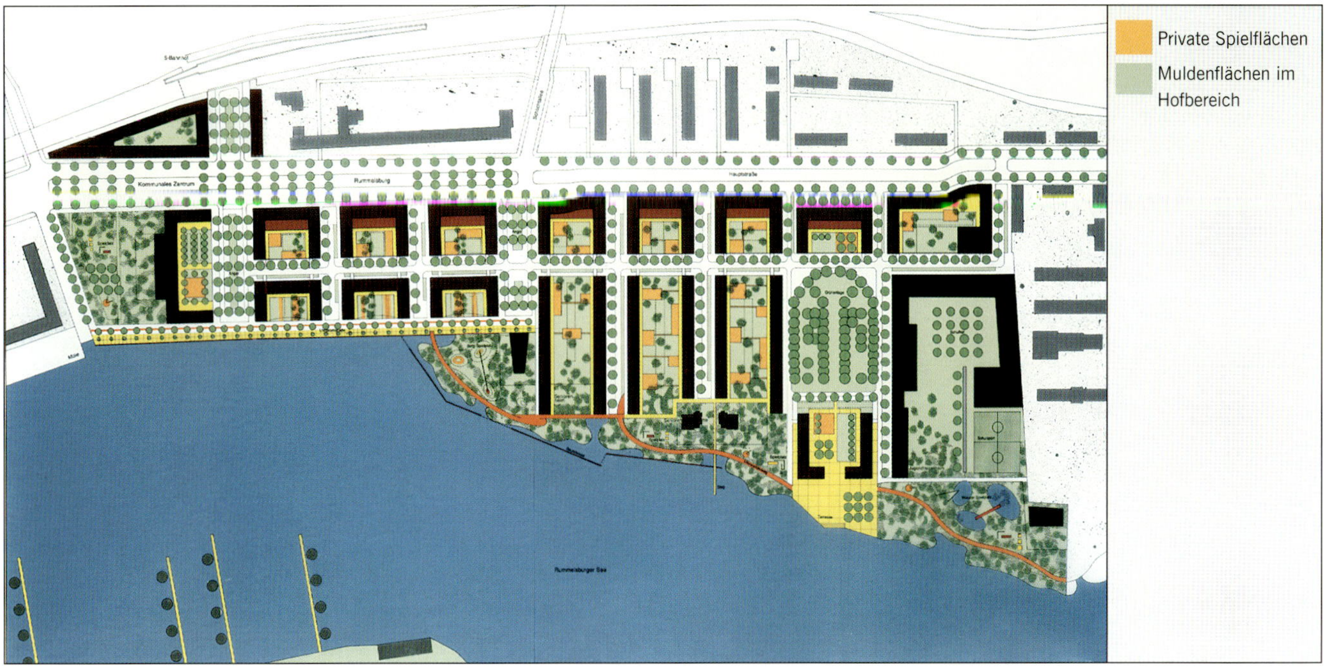


*Masterplan Rummelsburger Bucht (Teilgebiet Rummelsburg), 1994*

*Vorentwurf Rummelsburger Bucht (Teilgebiet Rummelsburg), 1994*

der sowie dessen Fortsetzung östlich des Ostkreuzes mit der vorgelagerten Mole der Planung zum Opfer, da die Grundstücke für den Stadtgarten nicht zur Verfügung standen. Die Planung konzentrierte sich auf die Bereiche östlich des Ostkreuzes und dort vornehmlich auf das Quartier Rummelsburg an der Hauptstraße zwischen dem Übergang zum S-Bahnhof Lichtenberg und dem ehemaligen Gefängnis Rummelsburg.

Gleichzeitig gab es neue gestalterische Anforderungen für die Planung im Gesamtgebiet, die sich aus der Notwendigkeit der direkten Regenwassereinleitung von Gebäuden und Straßen über Mulden und Rigolen herleitete. Bis zu diesem Zeitpunkt waren nur Beispiele von Mulden und Rigolen im öffentlichen Straßenland in einigen vorstädtischen Gebieten bekannt. Dieses Entwässerungssystem in Einklang zu bringen mit dem angestrebten städtischen Charakter der Quartiere war die gestalterische Herausforderung. Exemplarisch geschah das im Quartier Rummelsburg. Gegenüber dem Gutachterverfahren verdichtete sich die Planung zu einem Konzept von unterschiedlich langen, zum See geöffneten Blöcken, die an der Hauptstraße eine geschlossene Bebauung bildeten, nur unterbrochen von Stichstraßen in Nord-Süd-Richtung und einer quartiersinternen Straße parallel zur Hauptstraße. An den Übergängen zum S-Bahnhof Lichtenberg und der Schlichtallee erweiterten sich die Stichstraßen zu Angern, die als baumbestandene grüne Plätze konzipiert waren, an deren Längsseiten von Straßen gefaßt.

Die öffentlichen Freiflächen im Bearbeitungsgebiet erstreckten sich in unterschiedlicher Ausprägung längs des Ufers. Darüberhinaus gab es parkartige Flächen am Kommunalen Zentrum als

Gelenk zum Teilgebiet am Ostbahnhof sowie auf der mit Bäumen bestandenen zentralen Platzfläche des ehemaligen Waisenhausareals, dem Medaillonplatz nördlich der sogenannten Wasserburg. Innerhalb der Erschließungsflächen bildeten die breiten Anger in Nord-Süd-Richtung alleeartige Freiflächen und Grünverbindungen zwischen der Hauptstraße und den Uferzonen.

Wie im gesamten Entwicklungsgebiet bestand die Qualität der Uferzonen aus dem Wechsel von städtischen und landschaftlichen Partien. Im Westen grenzte die Bebauung direkt an die Uferpromenade, die in ihrer Ausgestaltung, Materialwahl und Zonierung von Aufenthalts- und Bewegungsbereichen einen städtischen Charakter aufwies. Die Promenade setzte sich bis zum breiten Anger im zentralen Bereich des Teilgebietes fort.

Die anschließende Partie mit dem Uferwanderweg war geprägt von einem naturhaften Uferbild mit einer weichen Uferlinie, die durch den Platz an der Wasserburg geteilt wurde. Die vorhandene Spundwand zwischen Promenade und Wasserburg wurde an einigen Stellen unterbrochen und hinter der Spundwand eine neue Uferlinie mit bewaldeten Uferböschungen gebildet. Die Wasserlinie wurde teilweise direkt bis zum Uferwanderweg geführt, so daß von hier Ausblicke zum gegenüberliegenden Stralauer Ufer erlaubt waren. Die seewärts liegenden Uferpartien sollten nicht begangen werden und sollten sich mit einem Schilfgürtel

*Vorentwurf Stralauer Halbinsel (Teilgebiet Stralau Dorf)*

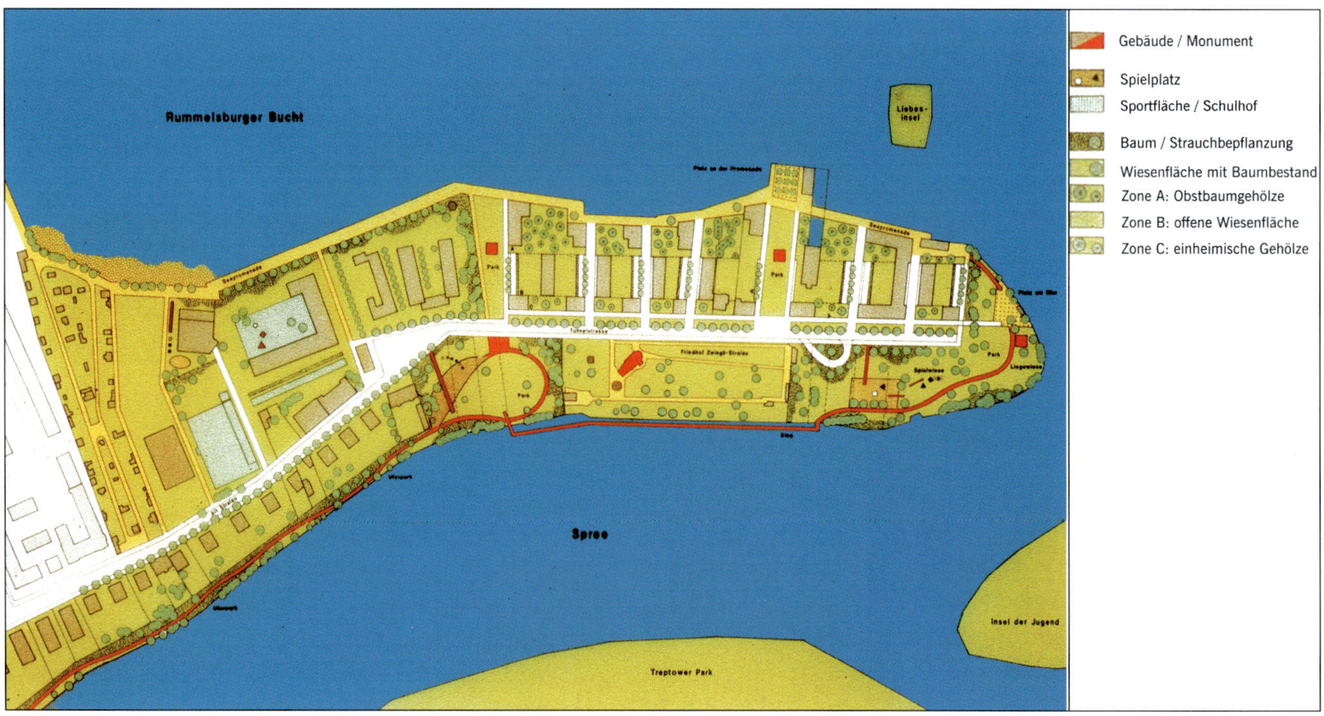


*Landschaftsplan Stralauer Halbinsel (Teilgebiet Stralau Dorf)*

vor der vorhandenen Spundwand als Uferbiotop entwickeln. Der zur Bebauung gelegene Teil der öffentlichen Freiflächen der Uferzone war als Funktions- und Aktivitätsbereich mit Spielflächen und Aufenthaltsplätzen von unterschiedlicher Dimensionierung geplant. An den westlichen und östlichen Eckpunkten dieser Uferpartie befanden sich Spielplätze, die mit Geländemodelllierung und Teichflächen unterschiedliche Spielaktivitäten ansprechen sollten.

Die große gepflasterte Freifläche mit dem Baumplatz und der Freitreppe am See war Endpunkt der mit architektonisch streng räumlichen Mitteln gestalteten Freiraumachse, die sich vom Torhaus an der Hauptstraße über den durch Baumpflanzungen ergänzten Gartenplatz des ehemaligen Waisenhauses bis zur Wasserburg erstreckte.

Für Stralau Dorf entwickelte sich die Situation anders, da hier eine parzellengenaue, städtebaulich-signifikante Bebauungsstruktur gefunden werden mußte, die dem gewünschten, stark durchgrünten Charakter der Halbinsel Rechnung trug. Es wurden Korrespondenzen geschaffen zwischen der Kulturlandschaft des Treptower Parks am Südufer der Spree und einer Gartenlandschaft mit Villenbebauung am gegenüberliegenden Stralauer Ufer. Desgleichen existierten Korrespondenzen zwischen einem bewaldeten Bereich auf der nördlichen Seite der Stralauer Halbinsel und einem ähnlich gearteten Ufer vis à vis auf der Rummelsburger Seite. Die Straße Alt-Stralau/Tunnelstraße war die Verbindungslinie zwischen den beiden unterschiedlich gestalteten Landschaftsräumen.

Die Präzisierung der Planung im nachfolgenden Masterplan und die Auseinandersetzung mit dem Bestand auf Stralau veränderte den landschaftlich großräumigen Aspekt dahingehend, daß die gesamte östliche Stralauer Halbinsel als kultivierte, gestaltete Landschaft betrachtet wurde, deren Grad an Natürlichkeit abhängig war von den geplanten freiräumlichen Funktionen und der zu erwartenden Nutzungsintensität. Dies war eine entscheidende Veränderung zum Gutachterverfahren, da hier die Renaturierung der Uferbereiche im Vordergrund stand. Die Planungsentwicklung führte von einer heterogenen zu einer homogenen Landschaftsauffassung.

Es wurden mehrere städtebauliche Varianten entwickelt und ihre Auswirkungen auf die Landschaft überprüft, wobei sich der Typ »Gehöft« als idealtypisch für diesen Bereich erwies. Er erlaubte die Gestaltung einer kultivierten Landschaft von hoher Diversifikation. Die Variante ermöglichte unter Einbeziehung und Sicherung der vorhandenen Landschaftspotentiale sowohl auf den öffentlichen wie auch den privaten Freiflächen, Räume verschiedenartiger Erlebnisqualität zu schaffen.

Groß- und Kleinteiligkeit, Geschlossenheit und Offenheit, Ordnung und freie Gestaltung als Synonyme städtischer und dörflicher Typologien waren in einem stetigen Wechselspiel. Die herausragenden Qualitäten des Landschaftsraumes waren seine Verzahnung in Nord-Süd-Richtung durch die platzartigen Pocketparks und die schmalen Gassen zwischen den Gehöften. In Ost-West-Richtung erfolgte das System der Durchdringung durch eine Zonierung von Vegetationsstrukturen innerhalb der Gehöfte, so daß diese über die Bepflanzung in einem räumlichen Zusammenhang standen.

Desgleichen war die verschiedenartige Ausprägung des öffentlichen Uferweges vom landschaftlich geformten Weg, über den technischen Steg, den integrierten Parkweg bis hin zur städtischen Seepromenade und zum Kai entscheidendes Gestaltelement des Landschaftsraumes.

Auf der Grundlage dieser Masterpläne entwickelten sich Vorentwürfe für die beiden Teilbereiche.

## Die Vorentwürfe

Der Vorentwurf für die Rummelsburger Seite wurde gegenüber dem Masterplan stark modifiziert. Die Möglichkeit, die Spundwand längs des Uferwanderweges zu unterbrechen, verbat sich auf Grund der Altlasten auf dem Seegrund, die durch Baumaßnahmen nicht tangiert werden sollten. Es entwickelten sich zwei Bereiche, wobei die Uferpromenade und der anschliessende Uferwanderweg zur Teilbaumaßnahme Rummelsburg 1 gehörten, deren Bau beschlossen war. Die naturnahen Uferzonen an den Knabenhäusern, die Steganlagen und Pontons an der Wasserburg sowie die anschließenden Spielflächen mit ihren eingeschnittenen Hafenbecken waren Teil von Rummelsburg 2, dessen Bebauung längerfristig vorgesehen war.

Die Vorentwürfe wurden weitgehend umgesetzt, so daß sich dem Besucher die Uferpromenade als lineare Struktur mit vertikalen Elementen und horizontalen Flächen in Ost-West-Richtung längs der Rummelsburger Bucht darstellt. Die starke Linearität, die ausgewogenen Proportionen der Flächen zueinander wie auch die Gleichmäßigkeit der Baumbepflanzung in Art und Abstand geben der Uferpromenade eine kraftvolle Ruhe, die den Raum, vom Wasser betrachtet, sehr homogen erscheinen läßt. Die vertikalen Elemente und Baumpflanzungen mit Geländer, Leuchten, kugel- und säulenförmigen Bäumen staffeln sich von der Uferlinie zu den Wohngebäuden in der Höhe und bilden eine differenzierte Abstufung zwischen dem Wasser und den Gebäuden. Die horizontalen Flächen aus wechselnden Materialien und Bewuchsformen unterstreichen die Richtung der Uferpromenade in Ost-West. Die Themenkomplexe Wasser und Schiff finden sich in der Gestaltung der Geländer, des Schiffsanlegers und der segeltuchbespannten Richtungsanzeiger in vielfältiger Form wieder.

Der Uferwanderweg verläuft in unterschiedlicher Breite unmittelbar an der Spundwand und längs der Fläche des öffentlichen Spielplatzes, welcher sich an die Außenanlagen der geplanten Kindertagesstätte anschließt. Eine niedrige Mauer grenzt den öffentlichen Spielplatz vom Wanderweg ab. Leichtigkeit erlangt der Entwurf durch die wie zufällig angeordneten blatt- oder bootsähnlichen Elemente im Übergang vom Wasser zum Land.

Auf Stralau kann die Planung auf wesentlich mehr Freiflächensubstanz zurückgreifen, so daß der Vorentwurf vorhandene Parkanlagen arrondiert, wie an der Inselspitze, andere Grünflächen, wie westlich des Friedhofes, in das umlaufende Uferwegekonzept einbindet und mit den zwei Pocketparks zwischen Rummelsburger See und der Tunnelstraße als dem verkehrlichen Rückgrat der Halbinsel zwei raumstrukturierende Grünverbindungen schafft.

In Verlängerung des östlichen Pocketparks entwickelt sich ein Platz am Wasser, an den eine kurze Promenade anschließt, die mit ihren Treppen zum Wasser und den Bäumen in den Pflanztrögen Elemente der großen Promenade auf der Rummelsburger Seite variiert.

Schon im gutachterlichen Entwurf war intendiert, daß die einzelnen Bebauungsinseln über den Landschaftsraum in einem Zusammenhang gehalten werden und aus diesem Grund die gestalterischen Mittel sehr diszipliniert und mit hohem Wiedererkennungswert einzusetzen seien. In der Vorentwurfsphase ist versucht worden, Elemente der Freiraumplanung wie Außenmöbel, Beleuchtung, Beläge, etc. zwischen den beteiligten Landschaftsplanungsbüros zu koordinieren. Dieses gelang nur hinsichtlich der Beleuchtungstypen, wobei die Farbgebung der Leuchten divergiert.

Im fertiggestellten Rummelsburg 1 ist es gelungen, über eine ausgesuchte Materialität der Mauern, Plattenbeläge, Wegeflächen, Geländer, Bänke und eine einheitliche Farbgebung, dem Quartier eine Homogenität von öffentlichem Freiraum und Architektur zu verleihen. Den öffentlichen Freiraum präzise und prägnant in seinen Gestaltelementen, aber ohne Aufdringlichkeit zu formulieren, ist hier am besten erreicht worden. Dies schafft die Voraussetzung dafür, diese Gestaltvorgaben in Rummelsburg 2 fortzuführen.

Auf Stralau ist dies nur in Ansätzen erreicht worden. Dennoch ist auch hier über eine Vereinheitlichung der Materialität – Holz für Pergolen und Treillagen – und eine Aufnahme vorhandener Elemente – Fortsetzung des Eisenstabzaunes am Friedhof – die Absicht zu erkennen, den Freiraum gestalterisch soweit zu stärken, daß er die Heterogenität der zu erwartenden Einzelbebauung in die Gesamtgestaltung der Halbinsel einbindet.

**Resümee**

Die neue Landschaft an der Rummelsburger Bucht ist in zahlreichen Abschnitten in verschiedensten Stadien der Ausführung erkennbar. Es gibt provisorisch hergestellte Partien wie in Rummelsburg 2 und am westlichen Kopf des Sees, die sich mit fertiggestellten Bereichen in Rummelsburg 1 und Stralau Stadt sowie im Bau befindlichen Teilen auf Stralau Dorf abwechseln. Es ist gelungen, ein nahezu geschlossenes System aus Uferwegen und Promenaden im Wechsel mit Freiflächen unterschiedlichster Ausprägung zu schaffen. Die Erlebbarkeit dieser einzigartigen Wasserlandschaft ist ermöglicht und die Fertigstellung des Landschaftsraumes im Großen fortgeschrittener als die des Stadtraumes. Dennoch ist die Herstellung eines geschlossenen Ganzen – Landschaft und Stadt – aus verschiedenen Teilen, wie im ursprünglichen Konzept idealiter angedacht, noch weit entfernt, vielleicht ist dieser Anspruch auch nicht mehr einlösbar. Diese Empfindung überwiegt insbesondere auf Stralau, wo weder der Typ des »Gehöftes« modellhaft entwickelt wurde noch bislang mit den Solitären längs der Spree ein eigener Typus des zum Wasser orientierten, landschaftsbezogenen Hauses gefunden werden konnte.

Eine Gestaltsatzung als Vorgabe für die Präsentation der Vorgärten zum öffentlichen Straßenland und die Gestaltung der Gassen zwischen den Gehöften auf Stralau hätte zu größerer gestalterischer Konsequenz geführt und den Eindruck des Zufälligen gegenüber dem Geplanten vermieden.

Wenn das Fragmentarische am Ende überwiegt, wäre der im ursprünglichen Entwurf gewollte Ansatz verfehlt worden. Aber vielleicht ist das Fragmentarische das Berlintypische.

*Wolfgang Mesenich*

# Nachhaltige Stadtentwicklung im Sinne der Agenda 21

## Die Rummelsburger Bucht als Baustein für ein zukunftsfähiges Berlin

Im Juni 1992 wurde in Rio de Janeiro auf der Konferenz der Vereinten Nationen für Umwelt und Entwicklung unter anderem die Agenda 21 von mehr als 170 Staaten verabschiedet. Sie gilt seitdem als ein zentrales Dokument zur Umweltpolitik im 21. Jahrhundert (daher: 21). Das Wort Agenda bedeutet: »Das, was wir machen müssen.« Kernstück ist das Leitbild einer globalen nachhaltigen Entwicklung (sustainable development).

In der Agenda 21 werden die erforderlichen Maßnahmen formuliert, die einer Verschlechterung der sozialen und ökologischen Situation entgegenwirken, eine schrittweise Verbesserung erreichen und eine nachhaltige Nutzung der Ressourcen sicherstellen sollen. Es gilt, einen Veränderungsprozeß in Gang zu setzen und voranzutreiben, der zur Einsparung von Rohstoffen, Energie und Fläche führt, und der die Schad- und Reststoffe, die an Luft, Boden und Wasser abgegeben werden, ganz wesentlich reduziert.

Der Begriff der Nachhaltigkeit ist inzwischen in der Stadtentwicklungspolitik zum Imagefaktor geworden. In Deutschland haben sich bereits über 60 Städte und Gemeinden aktiv dem lokalen Agenda 21-Prozeß angeschlossen.

Ein wichtiger Kristallisationspunkt der Nachhaltigkeitsthematik ist die Weltausstellung EXPO 2000 in Hannover. Mit dem Thema »Mensch-Natur-Technik« wird ebenfalls die Frage nach den Wegen einer nachhaltigen Entwicklung aufgeworfen. Aufgrund seines beispielhaften Rufs für nachhaltige Stadtentwicklung wurde das Vorhaben »Rummelsburger Bucht« zu einem dezentralen Projekt für die EXPO 2000 ausgewählt

Die grundlegende Umstrukturierung eines innerstädtischen Areals von zirka 130 Hektar Fläche führt notwendigerweise zu einer Vielzahl umweltrelevanter positiver wie negativer Wechselwirkungen. Daß die Entwicklungsmaßnahme Rummelsburger Bucht den Grundsätzen einer nachhaltigen (Stadt-) Entwicklung verpflichtet war und ist, zeigen unter anderem die Ergebnisse einer 1994 vorgelegten Umweltverträglichkeitsstudie und einer 1997 erstellten Umweltbilanz. Letztere hatte im wesentlichen folgende Aufgabenstellung: Analyse der bereits erfolgten Umweltveränderungen und vorausschauende Prognose der noch zu erwartenden Be- und Entlastungseffekte im Sinne eines Umweltmonitorings; Bereitstellung von Umweltdaten und -bewertungen für Politik, Verwaltung und Öffentlichkeit, u.a. zur fachlichen Untermauerung der öffentlichen Standort- und Umweltdiskussion.

Auf der Grundlage der fertiggestellten Projekte und der aktuellen Planungen für die noch anstehenden Stadtquartiere gibt die Umweltbilanz eine Prognose, welche Effekte bei vollständiger Realisierung der Entwicklungsmaßnahme zu erwarten sind.

In einer abschließenden Gesamtbewertung werden die voraussichtlichen Belastungs- und Entlastungseffekte einander gegenübergestellt, und es erfolgt in Form von Trendaussagen eine Globaleinschätzung der Entwicklungsmaßnahme.

### Umweltschutz durch Städtebau

Zu den zentralen Anforderungen an ökologischen Städtebau zählt die Reduzierung von Verkehr durch die räumlich dichte Zuordnung von Wohn- und Arbeitsstätten sowie eine leistungsfähige Erschließung mit öffentlichen Verkehrsmitteln (ÖPNV). Dies wird in der Rummelsburger Bucht in beispielhafter Weise verwirklicht.

Das schon jetzt attraktive ÖPNV-Angebot wird durch ein speziell erarbeitetes Mobilitätskonzept weiter verbessert (verbesserte Bahnhofszugänge, optimiertes Bus- und Tramnetz, Wassertaxen und fährähnliche Verbindungen). Die vorrangige Förderung öffentlicher Verkehrsmittel spiegelt sich auch in dem anvisierten Modalsplit (Verhältnis ÖPNV zu motorisiertem Individualverkehr) von 80 zu 20 im Bereich Bahnhof Ostkreuz und von 60 zu 40 im übrigen Untersuchungsgebiet wider.

Das Rad- und Fußwegenetz wird so ausgebaut, daß attraktiv gestaltete und direkte Wegeverbindungen zu allen Nahzielen und entlang der Uferpromenade entstehen. Dies beinhaltet auch sichere Querungsmöglichkeiten der Hauptverkehrsstraßen.

Auch nach mehrfachen Korrekturen zugunsten des Wohnanteiles ist die Bruttogeschoßfläche für Dienstleistungen und Gewerbe in etwa genauso hoch wie für Wohnungen. Diese ideale Nutzungsmischung im Verhältnis von 1 : 1 wird sich allerdings erst dann einstellen können, wenn sich aufgrund verbesserter ökonomischer Rahmenda-

*Sanierung des Rummelsburger Sees, 2000*

ten die Nachfrage im Dienstleistungs- und Gewerbebereich wieder belebt.

Nach dem Prinzip der Konfliktminimierung werden die gewerblichen Aktivitäten künftig im Gewerbepark Klingenberg konzentriert.

Die Flächenversiegelung wird sich nach dem jetzigen Planungs- und Ausführungsstand in fast allen Stadtquartieren gegenüber der Ausgangssituation reduzieren. Die bereits 1994 prognostizierte Verringerung des Versiegelungsgrades von 80 bis 85  Prozent auf etwa 60 bis 65 Prozent ist somit nach wie vor erreichbar. Bezogen auf alle Bauflächen errechnet sich eine durchschnittliche Geschoßflächenzahl (GFZ) von etwa 1,6.

### Ausgesuchte Beispiele des Umweltmanagements in der Rummelsburger Bucht

Die Umgebung der Rummelsburger Bucht war für etwa 100 Jahre ein Schwerpunkt industrieller und gewerblicher Betriebe mit den heute hinlänglich bekannten Folgeschäden. Ein zentrales Ziel der Entwicklung bildet deshalb die Beseitigung von Altlasten, insbesondere von grundwassergefährdenden Stoffen. Im Rahmen der Altlastenerkundung wurden die 63 Grundstücke des Entwicklungsgebiets auf Altlasten untersucht und 91 Grundwasserbeschaffenheitsmeßstellen eingerichtet. Bei etwa 2.600 Bodenproben wurde der Gehalt an Schadstoffen analysiert. So liegt heute eine detaillierte Übersicht der Schadstoffverteilung in Boden und Grundwasser vor.

Zwischen 1995 und 1997 wurden unter der Regie des Entwicklungsträgers etwa 40.000 Tonnen verunreinigter Boden entsorgt. Des weiteren wurden seit 1995 umfangreiche Bodensanierungen vorgenommen. Unter anderem wurde der ehemalige Standort eines Galvanikunternehmens für 2 Mio. DM dekontaminiert und an mehreren Standorten wurde ein Bodenaustausch während der Bauarbeiten als begleitende Maßnahme durchgeführt.

Rummelsburger See und Spree sind die zwei prägenden Gewässer für den Entwicklungsbereich Rummelsburger Bucht. Weitgehend intakte ökologische Verhältnisse sind von daher sowohl für alle Freizeitaktivitäten als auch für die Wohn- und Lebensqualität von großer Bedeutung, weshalb der Entwicklungsträger die Gewässersanierung mit hoher Priorität behandelt.

Die Wasserqualität sowohl des Sees als auch der Spree ist in entscheidendem Maße an Verbesserungen im gesamten Berliner Gewässersystem sowie im Mittellauf der Spree in Brandenburg gekoppelt. In mehreren Punkten wurden in den letzten Jahren wesentliche Entlastungen möglich. Optimierungen in der Klärwerksreinigung haben den Eintrag von Schadstoffen verringern können und teilweise auf unkritische Konzentrationen sinken lassen.

Im Jahr 2002 steht die Schließung des Klärwerkes Falkenberg bevor, was die Spree, und mittelbar den Rummelsburger See, entlasten wird. Eine Teilentlastung erfolgte bereits 1992, als ein Teilvolumenstrom aus der Kläranlage Falkenberg nicht mehr über den Marzahn-Hohenschönhauser-Grenzgraben in den See eingeleitet wurde. Ruschegraben und Marzahn-Hohenschönhauser-Grenzgraben werden zudem durch die Eliminierung von Fehlanschlüssen entlastet. In Brandenburg haben ebenfalls Fortschritte in der Klärwerkstechnik und ein verringerter Eintrag von Phosphaten durch Landwirtschaft und Haushalte zur besseren Gewässergüte in der Spree geführt. Durch die in Berlin insgesamt zunehmende und im Entwicklungsgebiet flächendeckende Bewirtschaftung des Regenwassers, zum Beispiel über Mulden-Rigolen-Systeme, werden sich ebenfalls die ökologischen und wasserwirtschaftlichen Verhältnisse weiter stabilisieren. Ein seit 1999 im Entwurf vorliegender Abwasserbeseitigungsplan für Berlin trifft klare Vorgaben für die anzustrebenden Werte von Einleitern.

Durch ein ganzes Bündel von Maßnahmen soll in der Spree nach Aussagen der Senatsumweltverwaltung in etwa 20 bis 30 Jahren Badewasserqualität erreicht werden.

Dem Potential der Rummelsburger Bucht zu einer einzigartigen wassergeprägten Erholungslandschaft und zu einem bedeutenden ökologischen Ausgleichsraum stehen Konflikte und Belastungen gegenüber. Aufgrund der fast hundert Jahre langen Einleitung von industriellen Abfällen und einer sehr geringen Fließdynamik im Rummelsburger See haben sich auf dessen Grund industrielle Schadstoffe abgelagert. Diese sind zum allergrößten Teil fest an den Schlamm am Seeboden gebunden. Die frühere gewerbliche Nutzung mit intensivem Wasserumschlag zog zudem eine weitgehende Verspundung der Ufer nach sich.

Für den Rummelsburger See sind drei Sanierungsziele formuliert worden: Zum einen Verbesserung der Wasserqualität, zum zweiten Entschlammung zur Reduzierung der Sedimentbelastung und zum dritten Entwicklung eines zusammenhängenden Ufergrünzuges und Uferrenaturierung. Das Sanierungs- und Restaurierungskonzept für den Rummelsburger See mit einem Finanzvolumen von 25 Mio. DM befindet sich bereits in der Umsetzung (von der EU gefördert). Die Geruchsbelästigungen durch Schwefelwasserstoff werden durch Bindung an Eisen und Oxidation reduziert und beseitigt. Durch die Eisen- und Nitratbehandlung kommt es zur Verbesserung der Wasserqualität. Die Sauerstoffsituation wird durch eine Destrifikationsanlage verbessert. In dem flachgründigen hinteren Teil des Sees erfolgt eine Teilentschlammung.

Eine Studie für den Marzahn-Hohenschönhauser-Grenzgraben strebt mit verschiedenen Maßnahmen ebenfalls Verbesserungen an.

Im Rahmen einer Renaturierungs- und Bepflanzungskonzeption für die Uferzonen des Entwicklungsgebietes wurden 1995 geeignete Uferabschnitte für eine Renaturierung erkundet, Vor-

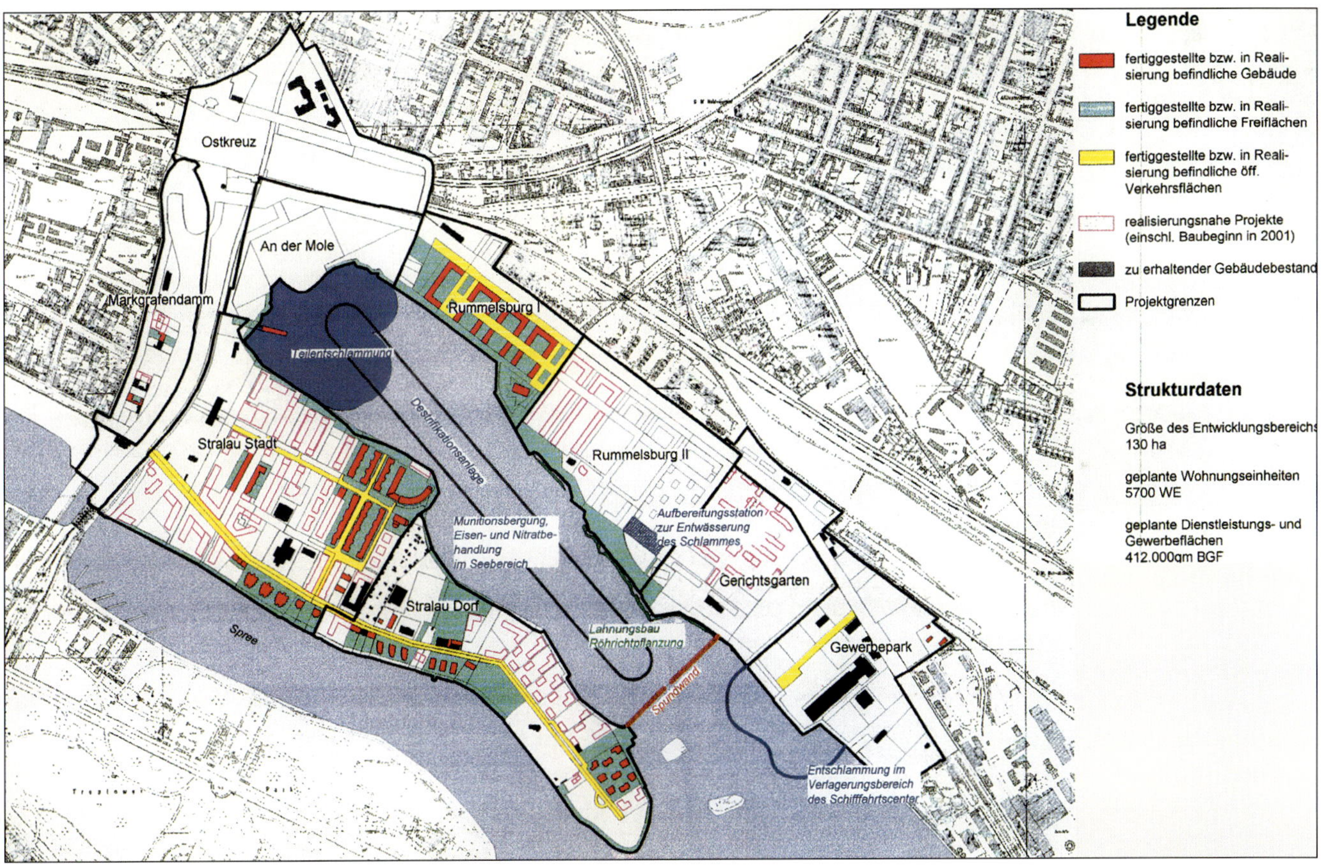


*Restaurierungsmaßnahmen am Rummelsburger See*

schläge für geeignete Pflanztechnologien entwickelt und die Kosten für diese Maßnahmen ermittelt. Auf der Grundlage dieser Konzeption erfolgte 1997 und 1998 eine Röhrichtanpflanzung auf einem etwa 1 Kilometer langen Uferabschnitt an der Hauptstraße. Das von Erosion bedrohte unverspundete Ufer wird als naturnaher Bereich langfristig gesichert. Noch vor dem Wohnungsneubau entstehen so neue, naturnahe Erlebnismöglichkeiten.

Die konventionelle Lösung für die Regenwasserentsorgung besteht grundsätzlich in der Ableitung in das nächste Gewässer auf dem kürzesten Wege. Das im Entwicklungsbereich vorgesehene Mulden-Rigolen-System behandelt Regenwasser in naturnaher Weise. Durch die Anwendung eines Systems aus Mulden, Ablaufrinnen und unterirdischen Becken, die jeweils mit Mutterboden, Kies und/oder anderen Materialien gefüllt sind, werden wichtige ökologische Verbesserungen erzielt. Das Regenwasser wird gefiltert und durch die Kleinstorganismen im Mutterboden gereinigt.

Dieses ökologisch sehr sinnvolle Konzept stößt üblicherweise dort an seine Grenzen, wo höhere bauliche Dichten die Konkurrenz um die knappen Freiflächen verstärken. Der Rummelsburger Bucht kommt deshalb ein Modellcharakter für intelligente und gestalterisch ansprechende Lösungen der Regenwasserbewirtschaftung zu. Voraussichtlich werden etwa 12.250 Quadratmeter Muldenflächen angelegt. Die Einsparungen dieser Anlagen im Vergleich zu einer konventionellen Lösung liegt bei etwa 9 Mio. DM.

Ein öffentlicher Ufergrünzug von insgesamt 6,4 Hektar Fläche ist bereits in weiten Teilen realisiert. Lange Zeit unzugängliche Uferzonen sind für die Bürger nunmehr erschlossen worden. Ein durchgehender 5 Kilometer langer Rad- und Fußweg führt in der Endausbaustufe rund um den Rummelsburger See und um die Halbinsel Stralau.

Durch die Anlage eines zusammenhängenden Ufergrünzuges werden attraktive Fuß- und Radwegeverbindungen geschaffen

Durch eine Uferkonzeption wurden die Bedingungen und Möglichkeiten für die verschiedenen Wassersportarten aufgezeigt und Vorschläge für ihre Integration in das Gebiet entwickelt. Die Neuanlage von Bootsstegen erfolgt in den weniger empfindlichen Uferbereichen in Form von Sammelstegen und grundstücksbezogenen Einzelstegen. Wegen der Flächenknappheit wird auf größere landseitige Flächen verzichtet.

Im Rahmen einer Tragfähigkeitsuntersuchung für die gewerbliche Schifffahrt wurde unter Abwägung aller öffentlichen und privaten Belange die Empfehlung ausgesprochen, die zur Zeit noch zahlreichen Schiffseinheiten aus der Bucht heraus zum Gewerbepark Klingenberg zu verlagern. Neben einer erheblichen gestalterischen Aufwertung zentraler Teile des Rummelsburger Sees würde die Umsetzung dieses Projektes weitere positive Impulse für den Wassersport auslösen. Bereits im Jahr 2001 ist die Verlagerung der zum Schiffahrtscenter zusammengeschlossenen Betriebe vorgesehen.

Als Teil des vorsorgenden Umweltschutzes beauftragte die Wasserstadt GmbH den Deutschen Wetterdienst (DWD) mit einem umfangreichen stadtklimatischen Gutachten für das Gebiet. Der DWD kommt zu dem Ergebnis, daß die stadtklimatischen Verhältnisse der Rummelsburger Bucht sich insgesamt auf einem relativ niedrigen Belastungsniveau vereinheitlichen werden. Vor dem Hintergrund einer intensiven Durchgrünung haben die Klimatologen gegen die städtebauliche Planung aus bioklimatischer Sicht nichts einzuwenden.

Die Untersuchungen bestätigten, daß es eine Frischluftschneise in Ost-West-Richtung entlang Spree und Rummelsburger See gibt sowie eine Schneise, die das Entwicklungsgebiet von Süden nach Norden quert. Diese sorgen zwischen den bebauten Bereichen nördlich der Hauptstraße und den Grünflächen süd-östlich des Treptower Parks für Luftaustausch. Auch bei den weiteren Planungen ist sichergestellt, daß insbesondere für das Dienstleistungszentrum im Quartier Ostkreuz/An der Mole die klimatischen Austauschprozesse berücksichtigt werden.

Ein weiteres, wesentliches Ergebnis des Klimagutachtens war die Bestätigung der nord-südlichen Bauweise der »Hertzberger Zeilen« auf Stralau. Ihre Ausrichtung in Nord-Süd-Richtung ermöglicht bei austauscharmen Wetterlagen einen Frischluftaustausch zwischen dem Treptower Park und Lichtenberg.

Insgesamt werden die Lärmwerte im Entwicklungsgebiet später auf dem gleichen Niveau liegen wie vor der Entwicklungsmaßnahme. Einerseits ist es nur in geringem Ausmaß möglich, den überörtlichen Verkehr als einen Hauptemittenten deutlich einzuschränken, was vor allem die Lichtenberger Seite betrifft. Andererseits werden die Werte auf der Halbinsel Stralau trotz des Zuzugs von über 6.000 Menschen leicht verringert werden können, da die meisten Gewerbe- und Industriebetriebe verlagert sind.

Bei der großräumigen Luftverschmutzung sind leichte Rückgänge zu verzeichnen. Die Zahlen bewegen sich im Schnitt zwischen 20 und 50 Prozent der zulässigen Grenzwerte. Besonders die Emissionen aus dem Gebiet sind auf ein Minimum reduziert worden, da die gewerblichen Emittenden ihren Betrieb eingestellt oder verlagert haben, zum Beispiel Galvanik (1994), Brauerei (1996) und Glashütte (1996).

Für das Entwicklungsgebiet wurden im vorhinein verschiedene Varianten der Energieversorgung in Form einer Energie- und Umweltbilanz untersucht. Zur Diskussion standen Fernwärme aus dem BEWAG-Fernwärmeverbundnetz Gas- und Dampfturbinen (GUD) Heizkraftwerk (HKW) Mitte und HKW Klingenberg, Nahwärme aus örtlichen Blockheizkraftwerken und dezentrale Wärmeversorgung durch objektbezogene Erdgaskessel.

Im Ergebnis zeigte sich, daß die Fernwärmeversorgung aus dem GUD-HKW Mitte den geringsten Brennstoffeinsatz erfordert und gleichzeitig die niedrigsten $CO_2$-Emissionen verursacht und daher aus ökologischer Sicht die günstigste Variante zur Energieversorgung darstellt.

Zwischen Entwicklungsträger und BEWAG ist daraufhin ein Rahmenvertrag über die Fernwärmeversorgung geschlossen worden. Alle Neubauten im Entwicklungsgebiet werden nunmehr über Fernwärme beheizt. Einzige mögliche Ausnahme ist der Einsatz von Solarenergie. Für Stralau erfolgt die Versorgung seit September 97 über das gerade völlig sanierte Gas- und Dampfturbinen-Heizkraftwerk Berlin-Mitte. Lichtenberg wird zunächst von verschiedenen Kraftwerken versorgt, ehe zu einem späteren Zeitpunkt der Anschluß an das ebenfalls grundlegend modernisierte Heizkraftwerk Klingenberg erfolgt.

Die Rummelsburger Bucht liegt unmittelbar am Übergang der städtisch geprägten Spree in die Landschaftsspree. Während man nordwestlich der Elsenbrücke zumeist von der »Stadtspree« spricht, geprägt von harten baulichen Uferkanten, an die die Gebäude oft direkt herantreten, handelt es sich südöstlich der Elsenbrücke um die sogenannte »Landschaftsspree«. Hier finden sich flussbegleitende Wälder, Grünsäume, Park- und Freizeitanlagen.

*Flächenhafte Dachbegrünungen im Entwicklungsgebiet Rummelsburger Bucht, 1999*

Von der Rummelsburger Bucht aus sind diverse Freizeit- und Grünflächenangebote in den Nachbarbezirken vergleichsweise nah und schnell zu erreichen.

Treptower Park und Plänterwald sind unmittelbare Nachbarn; Volkspark Friedrichshain, Tierpark, Hasenheide und Wuhlheide sind rasch erreichbar, und für kleine Ausflüge kann auch der Müggelsee mit den angrenzenden Erholungsflächen ohne große Mühe angesteuert werden.

Trotzdem herrscht in den nördlich angrenzenden Stadtquartieren von Friedrichshain und Lichtenberg ein erheblicher Mangel an Grünflächen und Parks. Die Rummelsburger Bucht spielt deshalb eine wichtige Rolle für den Defizitabbau, insbesondere durch die Lückenschließung eines durchgängigen Ufergrünzuges entlang der Spree.

Insgesamt werden an der Rummelsburger Bucht rund 26 Hektar neue Grünflächen geschaffen, so daß der heutige Bestand etwa verdoppelt wird. Es liegt ein besonderes Augenmerk auf der Bewahrung des vorhandenen wertvollen Bestands, wie der noch zu 30 Prozent naturnahen Uferbereiche, alten Parkanlagen, Alleen und Einzelbäumen, die dem Gebiet an vielen Stellen eine unverwechselbare Prägung geben. Die geltenden Richtwerte zur Versorgung mit öffentlichen Grünflächen werden im Durchschnitt erfüllt. Darüber hinaus entstehen verschiedene private und halböffentliche Frei- und Grünflächen, die neben der Erholungsvorsorge auch zum Landschaftsbild beitragen.

Die Freiflächengestaltung an der Rummelsburger Bucht erschöpft sich nicht in der quantitativen Erfüllung von Richtwerten. Die Vielfalt an Gestaltungsvarianten und Grünflächencharakteren macht den eigentlichen Reiz der geplanten Symbiose aus Altem

*Renaturierter Uferwanderweg am Paul-und-Paula-Ufer, 1999*

und Neuem aus. Vom erwähnten Ufergrünzug über kleinere und größere Gartenanlagen, begrünte Innenhöfe, den alten Dorffriedhof bis hin zu »pocket parks« zwischen einzelnen Gebäudegruppen werden hier sehr unterschiedliche Natur-Stadt Situationen realisiert.

Nicht zuletzt verlangt die große Konkurrenz auf dem freifinanzierten Wohnungsmarkt nach einem attraktiven Umfeld. Für die Vermarktungsfähigkeit der Bauten an der Rummelsburger Bucht spielt ein hochwertiges landschaftliches Ambiente mit großzügigen und attraktiven Freiflächen hier eine besondere Rolle.

Neben der Anlage erdgebundener Grün- und Freiflächen ist bei verschiedenen Vorhaben eine teils intensive, teils extensive Dachbegrünung vorgesehen, wodurch es unter anderem auch zu einer wesentlichen Reduzierung des Regenwasserabflusses kommt. Ebenfalls werden zum Teil Fassadenbegrünungen als gestalterisches wie ökologisches Element eingesetzt.

Die Uferwanderwege werden so trassiert, daß erhaltenswerte Bäume ausgespart bleiben. Auch für die, auf eine gute Besonnung angewiesenen, Röhrichtanpflanzungen wurden keine Baumfällungen vorgenommen. Auch der Städtebau hat markante Bäume größtenteils als Fixpunkte aufgegriffen. Im Rahmen der Planerarbeitung ist mehrfach auf den Baumschutz reagiert worden, indem die städtebaulichen Entwürfe entsprechend modifiziert wurden. Einem Naturdenkmal im Quartier Stralau Stadt wurde sogar ein »Platz An der Weide« gewidmet.

*Das Jugendfreizeitschiff auf der Fahrt in die Rummelsburger Bucht, 1999*

Katrin Urbitsch · Gabriele Schulze

## Wasser- und genehmigungsrechtliche Zuständigkeiten

Wasser- und Schiffahrtsverwaltung des Bundes

Beim Rummelsburger See handelt es sich um eine Bundeswasserstraße. Der Bund ist gemäß Grundgesetz (GG) Eigentümer der Bundeswasserstraßen. Er verwaltet sie durch eigene Behörden und nimmt die staatlichen Aufgaben der Binnenschifffahrt und Seeschifffahrt wahr. (Artikel 87 und 89 GG)
Verschiedene Ausführungsgesetze und Verordnungen regeln den Handlungsrahmen der Wasser- und Schifffahrtsverwaltung konkreter. Am bekanntesten dürfte hier die Binnenschifffahrtsstraßenordnung sein, die Befahrensregeln und Verhaltensregeln für die Schifffahrt beschreibt, vergleichbar mit der StVO auf der Straße.
Das Bundeswasserstraßengesetz (WaStrG) regelt die hoheitliche Zuständigkeit der WSV für die Unterhaltung und den Betrieb der Bundeswasserstraßen. Bundeswasserstraßen nach dem Gesetz sind die Binnenwasserstraßen, die dem allgemeinen Verkehr dienen, als solche gelten die in der Anlage zum Gesetz aufgeführten Wasserstraßen und Seewasserstraßen einschließlich der Schifffahrtsanlagen wie Schleusen, Wehre, Pumpwerke usw.
Der Amtsbereich des Wasser- und Schifffahrtsamtes (WSA) Berlin umfasst zirka 420 Kilometer Wasserstraße in Berlin und Brandenburg. Oberstes Ziel ist die Gewährleistung der Sicherheit und Leichtigkeit des Schiffsverkehrs. Hier ist in erster Linie der durchgehende Güterverkehr von Bedeutung. Der Begriff Schiffsverkehr umfasst aber auch die Fahrgastschifffahrt und den Sportbootverkehr. Die Statistik des Schleuse Mühlendamm zeigt, welche Bedeutung die Sportboot- und Fahrgastschifffahrt im Berliner Raum hat. Im Sommer passieren monatlich etwa 800 Güterschiffe, bis zu 1600 Fahrgastschiffe und 2000 Sportboote die Schleuse.
Um den Touristen und Sportbootkapitänen Möglichkeiten zur Erkundung der Hauptstadt vom Wasser aus zu geben, wurden im Land Berlin seit 1998 14 Sportbootliegestellen eingerichtet.

Die Liegedauer ist auf maximal 24 Stunden begrenzt. Eine Hausmüllentsorgung ist nicht vorgesehen, und es erfolgt auch keine Versorgung mit Wasser und Strom. Für längere Aufenthalte stehen private Bootshäuser oder Marinas zur Verfügung.

### Genehmigungsverfahren bei Anlagen Dritter

### Strom- und schiffahrtspolizeiliche Genehmigung

Nach Bundeswasserstraßengesetz (WaStrG) § 31 sind Anlagen Dritter in, über oder unter der Bundeswasserstraße oder an ihrem Ufer genehmigungspflichtig, wenn eine Beeinträchtigung des für die Schifffahrt erforderlichen Zustandes zu erwarten ist. Anlagen Dritter können z.B. sein: Steganlagen, Düker, Brücken, Uferbefestigungen, aber auch Gebäude an der Bundeswasserstraße, die u.U. statischen Einfluss auf evtl. vorhandene Uferbefestigungen haben können. Hier ist jeweils eine Einzelfallprüfung erforderlich.
Die zur Prüfung des Vorhabens wesentlichen Unterlagen sind analog dem Baugenehmigungsverfahren auf dem Land: der Lageplan, Schnitte, Beschreibung des Vorhabens, Materialien, geprüfte Statik für gewerbliche Anlagen und Vereine.
Die Strom- und schifffahrtspolizeiliche Genehmigung wird dem Betreiber der Anlage erteilt. Dieser ist insbesondere für die Verkehrssicherheit und die Unterhaltung der Anlage zuständig.
Für die Inanspruchnahme des bundeseigenen Grundstückes Rummelsburger See wird mit jedem Betreiber einer Anlage ein privatrechtlicher Nutzungsvertrag abgeschlossen. Das jährliche Entgelt beträgt z.Zt. 3 DM je Quadratmeter.

### Wasserbehördliche Anlagengenehmigung in und an oberirdischen Gewässern

Neben der Strom- und schiffahrtspolizeilichen Genehmigung nach WaStrG benötigt der Betreiber der Anlage eine Wasserbehördliche Genehmigung nach Landeswassergesetz. Das Bundeswasserstraßengesetz § 31 (6) regelt hier eindeutig: »Die Genehmigung ersetzt nicht die nach anderen Rechtsvorschriften erforderlichen Verwaltungsakte.«
Nur bei Vorliegen beider Genehmigungen darf die beantragte Anlage auch errichtet und betrieben werden. Da es sich hier um ein für den Bürger aufwändiges Verfahren handelt, ist zwischen Bund und Ländern vereinbart worden, dass die Genehmigungsfähigkeit aller Vorhaben abgestimmt wird. Die wasserbehördliche Genehmigung ist in Berlin bei der Senatsverwaltung für Stadtentwicklung, Referat VIII D Gewässerschutz, zu beantragen.
Im Gegensatz zum WSA kann die Wasserbehörde in Berlin gemäß § 62 ff Berliner Wassergesetz (BWG) auch für Anlagen in einem Abstand landeinwärts bis zu zehn Metern von der Uferlinie bei Gewässern erster Ordnung die wasserrechtliche Genehmigung erteilen.
Die Erfordernis einer Anlage ist der Wasserbehörde gemäß § 62 (3) nachzuweisen.
§ 62 a (1) legt fest: »Die wasserbehördliche Genehmigung von Anlagen in Gewässern darf nur erteilt werden, wenn von dem beabsichtigten Unternehmen weder eine Beeinträchtigung des Wohls der Allgemeinheit, insbesondere der öffentlichen Sicherheit und Ordnung, noch erhebliche Nachteile für Rechte oder Befugnisse anderer zu erwarten ist. Die Genehmigung ist ... zu versagen, wenn die Erhaltung oder Schaffung zusammenhängender, unbebauter Uferwasserflächen durch das Vorhaben gefährdet oder unmöglich gemacht wird. Die Wasserbehörde kann die Genehmigung davon abhängig machen, dass eine gemeinverträgliche Nutzungsdichte des jeweiligen Gewässers nicht überschritten wird und dass diejenigen, deren Rechte als Eigentümer oder Nachbarn durch die Anlage beeinträchtigt werden können, dem Vorhaben zustimmen. Die Überbauung von Wasserflächen ist durch ökologisch wirksame Ausgleichsmaßnahmen wie Pflanzungen auszugleichen.«
Im wasserrechtlichen Genehmigungsverfahren prüft die Wasserbehörde zunächst i.S. von § 62 a (1); hierzu werden die betroffenen Behörden (z.B. WSA, Stadtplanungsamt, Naturschutz- und Grünflächenamt, Fischereiamt) sowie Dritte (z.B. Fischereiberechtigte, Nachbarn) beteiligt und um Stellungnahme gebeten. Nach Würdigung der Gesamtumstände entscheidet die Wasserbehörde über den eingereichten Antrag.
Der wasserrechtliche Bescheid kann mit Nebenbestimmungen erlassen werden. U.a. können Maßnahmen zur Reinhaltung festgelegt werden: »Bei der Genehmigung von Anlagen in und an Gewässern ... sind im Interesse der Reinhaltung der Gewässer (von der Wasserbehörde) geeignete Einrichtungen zur Aufnahme von flüssigen und festen Abfallstoffen zu fordern.« (§ 62 c BWG).

# Wasserstädte

## Eine internationale Zwischenbilanz

# Peter Droege
## Sydney: Waterfront oder Lernende Wasserstadt

*Sydney, Circular Quay*

Was haben städtische Wasserlagen mit nachhaltiger Entwicklung zu tun? Die folgenden Beispiele von drei internationalen Wasserstädten, Sydney, Singapur und Amsterdam, zeigen, wie die Besonderheit der knappen Wasserlagen Verpflichtungen gegenüber Umwelt und zukünftigen Generationen impliziert.

Sydney ist eine schnell mutierende lernende Wasserstadt, lernend in geographischem wie auch organisatorischem Sinn. Die neue Waterfront schiebt sich vom Stadtkern aus westwärts. Das Waterfront-Unternehmen kämpft zur gleichen Zeit um eine neue Rolle im Stadtmanagement. Es entwickelt sich von der traditionellen Liegenschaftsbehörde zum dynamischen Stadtinnovator. Jahrzehntelange Erfahrungsprozesse wurden hier gemacht, und immer wieder werden Zwischenergebnisse lokal sofort umgesetzt.

Singapur, die »intelligente Insel«, hat sich nach der Phase ihrer Industrie- und Gesellschaftsvirtualisierung im Zusammenhang mit der bekannten IT 2000 Stadtentwicklungsstrategie seit Ende der achtziger Jahre nun auch zur urbanen kulturellen Vergegenständlichung ihres globalisierten Stadtbildes entschieden.

Und Amsterdam schließlich ist eine der Urwasserstädte der Welt, gemeinsam mit Venedig, Suzhou und den berühmten Pfahlstädten Süd-Thailands, der Süd-Philippinen oder auch Mexikos. Amsterdam ist aber auch eine Stadt, die sich im Zuge der Globalisierung um die Zukunft ihrer Innenstadt sorgt und dafür ganz bewusst Waterfront-Strategien einsetzt.

Alle drei Städte sind zunächst milde Stimulatoren gesamtstädtischer Nachhaltigkeit, sowohl im baubiologischen wie auch im biohydrologischen Sinn. Der Singapore – Fluss wurde im Zuge eines Präsidentenerlasses, Fischkulturen wieder lebensfähig zu machen, in seinen Boat Quay-, Clark Quay- und Robertson Quay-Abschnitten renaturiert. Amsterdam hat neue Wasserreinheits- und Baustandardgesetze im Zuge von wasserorientierter Stadtentwicklung nicht nur formal verabschiedet, sondern stadtweit popularisiert. Und in Sydney hat die zuständige Entwicklungsgesellschaft, die Sydney Harbour Foreshores Authority (SHFA), im Zuge eines staatlichen Rahmengesetzes eine Reihe von Baunachhaltigkeitsforderungen adoptiert. Ein sehr bekanntes Waterfront-Prokjekt sind die olympischen Anlagen Australiens: Die Energie- und Wassersparprinzipien, die für das olympische Dorf gelten, sollen nun zur stadtweiten, allgemeingültigen Mindestanforderung erhoben werden. Alle drei Städte zeigen übrigens ein klares Interesse an dichten, innerstädtischen Bauformen. Besonders offensichtlich ist dies in Sydney und Amsterdam, wo Waterfronts Teil der gesamtstädtischen Verdichtungspolitik sind: Urban consolidation bzw. de kompakte stad.

Die Waterfront Strategen der drei Städte stimmen in der Einschätzung überein, dass ohne eine Gesamtstrategie auch gut konzipierte Einzelprojekte scheitern müssen. Allerdings sind sie sich auch darin einig, dass ohne das Engagement des individuellen Projektträgers am Markt auch das gesamte Planwerk keinen Erfolg haben kann. In allen drei Fallbeispielen hat die öffentliche Hand viele Vorleistungen erbracht. In allen drei Fällen leitet sie die Entwicklungen, oft bis in Details, wenn auch nicht bei der Architektur.

### Das Besondere an Waterfront-Entwicklungen

Nur allzu oft wird das Besondere der Wasserlagen auf die reizvolle Sicht, das wasserseitige Wohnen und Promenieren und ein bestimmtes Arsenal von architektonischen und landschaftlichen Ufertypologien reduziert. Das postindustrielle Zeitalter bringt neben höheren Gesundheits- und Ökokriterien und angezogenen Bodenwerten leider auch einen Erfahrungsverlust mit sich. Die öffentliche Erschließung von Wasserlagen über Fähren und Wassertaxis bleibt eher eine Randerscheinung in der Bandbreite des gesamtstädtischen öffentlichen Personennahverkehrs. Sidney, wo der Öffentliche Personen Nahverkehr (ÖPNV) auf dem Wasser eng in den Transportverbund eingeschlossen ist, bleibt dabei die Ausnahme.

In »alten« Wasserstädten wie Amsterdam, wo die Wasserlage eher etwas Alltägliches ist, bedarf es kaum oder weniger besonderer Inszenierungen. Das, was die Stadt inszeniert, findet traditionell auch am Wasser statt. In

*Singapore, Central Business District*

*Amsterdam, Eastern Docks*

*Sydney, Olympiagelände*

Sydney und Singapur wird dagegen fleißig und erfolgreich an Feuerwerks-, Konzert-, an feierlichen und Unterhaltungsprogrammen gearbeitet, um die Standorte ins Gespräch zu bringen oder im Gespräch zu halten. In allen Fällen ist die wasserseitige vorhandene oder neu gebaute Kulturpräsenz eine klare Priorität der Stadtentwicklung, ob nun in der Gesamtstrategie oder als Einzelinitiative.

Die Herausforderung bei der Frage, welche städtischen Funktionen sich für Wasserlagen eignen, besteht darin, diejenigen Funktionen zu wählen, die ein Maximum von Akteuren einbeziehen, die ein Maximum unverwechselbarer Gebäudeformen schaffen, die extrovertiert sind. Büro-, Austellungs- und Konferenzzentren sind deshalb an direkten Wasserlagen ebenso unangebracht wie geschlossene Einkaufszentren. Ihre Gemeinsamkeit ist die sterile Wirkung. Und leider trifft man sie dennoch gerade hier oft an. Und leider überleben immer weniger Marina-Industrien und –Gewerke aus den wichtigen Randfunktionen auf den ehemaligen Industriebrachen am Wasser, leider gelingt es kaum, Künstlerateliers oder kapitalknappe Start-up-Firmen hier anzusiedeln.

Da die drei Fallbeispiele alle im Zeitalter der Deregulierung und mikroökonomischen Reformbewegung erblühten, sind sie im Wohnungsbau Beispiele einer gewissen, wenn auch undramatischen sozialen Entmischung. Das heißt, dass Wasserlagen aufgrund ihrer Attraktivität und wegen des beschränkten Angebots als knappes Gut sowie infolge der im allgemeinen hohen Sanierungs- und Erschließungskosten mehr den besser Betuchten zugute kommen – und das in allen drei Fallbeispielen, also auch in Singapur und Amsterdam, wo sozialer Wohnungsbau bekanntlich noch einen hohen Stellenwert hat.

## Das Beispiel Sydney

Nachhaltige Stadtentwicklung am Wasser muss fünf Kriterien genügen, die sich wechselseitig bedingen: Die Rede ist von wirtschaftlicher, ökologischer, kultureller, sozialer und städtebaulicher Nachhaltigkeit. Weil alle drei Städte diese Definition stützen, soll sie am Beispiel der Sydney Harbour Foreshores Authority SHFA, dieser jungen, flexiblen Behörde, der ursprünglichen »Sunset«-Organisation, umrissen werden.

Private Finanzierung ist unentbehrlich. Bei der SHFA kommt hinzu, dass sie über keinerlei öffentliche Budgets verfügt. Der Boden wird nach strikten Regeln entweder verkauft oder als sog. Kernland auf 99 Jahre verpachtet. Die Einnahmen erlauben den Ankauf neuer Gebiete und Grundstücke. Die SHFA fungiert auch als Grundstücksverwalter für Dritte, entwirft und organisiert Grundstücksdispositionsstrategien. Sie arbeitet auch mit sog. place management contracts, Gebietsverwaltungsverträgen, die es ermöglichen, die verschiedenen und oft widersprüchlichen amtlichen Rollen der Behörde für ein bestimmtes Gebiet zu verknüpfen, ohne die eigentliche Hohheitsstruktur anzutasten. Sie ist Partner in der Reinigung von Quartieren und Standorten, übernimmt also als Dienstleister städtische Funktionen, die Einnahmen bringen. Viele andere Dienstleistungen, bis hin zum Gaststättenbetrieb, könnten hier noch aufgeführt werden. Die SHFA ist übrigens auch bedingt berechtigt, Zwangsenteignungen vorzunehmen. Ihr Ziel ist die komplette Liegenschaftsbetreuung. Sie verfolgt standortbezogene Marketingstrategien und Maßnahmen zur Identitäts- und Imagebildung an Standorten und in Quartieren.

In allen drei Städten tritt die öffentliche Hand außerhalb der Infrastruktur nicht mehr direkt als Bauherr auf. Auch traditioneller städtischer Wohnungsbau geschieht in Joint Ventures mit einem Finanzdienstleister, einem Developer, Bauträgern in verschiedensten Konsortien und jeweils mit eigenem Risiko. Dann werden die Profite geteilt. Zeitliche Fristen und Kosten sind die Ursachen dafür, dass der Staat nicht mehr selbst baut.

In Sydney sind die Wasserqualität selbst, die Quantität und Qualität der »ecologically sustainable development« (ESD)-Kriterien überhaupt, ja die allgemeinen Erwartungen an Umweltleistungen innerhalb der letzten zwei Jahrzehnte gestiegen. Die ESD-Kriterien sind gesetzlich verankert und für die SHFA bindend. Planungs- und Baurichtlinien hängen davon ab. Die staatliche Behörde für die Entwicklung nachhaltiger Energienutzungen (Sustainable Energy Development Authority – SEDA) ist mit im Boot.

Wenn es in Europa ein Land gibt, das im Sinne der Nachhaltigkeit weiter und fortschrittlicher ist als andere, dann sind es die Niederlande. In Amsterdam wünscht sich jeder Bürger, nachhaltig zu leben. Die Frage ist nur, wie setzt man als Wirtschaftsorganisation Bewusstsein im Sinne der Nachhaltigkeit in entsprechendes Verhalten um? Beim IJ-Projekt in Amsterdam gibt es die allerstrengsten Auflagen im Sinne ökologischer Nachhaltigkeit. Für Gebautes muss hochwertiger neuer Freiraum entstehen, wo Wasser verdrängt wird, müssen neue Wasserflächen geschaffen werden. Das Wasser darf nicht ins Abwassersystem geleitet, es muss erst gesäubert werden. Seltene Entenarten und Eidechsen kommen dort zu neuem Leben. Ein neuer Naturpark entsteht. Für die Verminderung der Kluft zwischen Umweltbewusstsein und Umweltverhalten ist entscheidend, wie transparent für jeden Bürger das Planen, Entwickeln und Bauen geschieht.

Die zentrale Wasserlage Sydneys ist der Circular Quay, der Hauptknotenpunkt von Fähren in der Stadt. Diese Lage wurde mit dem Bau der Oper berühmt. In der Walshbucht betreibt die SHFA nach Vereinbarungen mit der Hafenbehörde und dem Kultusministerium demnächst ein Theater. Sie veranstaltet Yachtregattas und andere Events, wie zum Beispiel Silvester- und Neujahrsfeste.

Der Denkmalschutz ist gesetzlich verankert, die Kosten dafür müssen jedoch privat aufgebracht werden. Ein wichtiges Ziel der SHFA sind Kulturtourismus und öffentliche Erziehung, das historische Gebiet der Rocks spielt hier eine besonders wichtige Rolle. Das Kongress- und Ausstellungszentrum in Darling Harbour wird ab 2001 von der SHFA verwaltet, die Darling Harbour Authority in die SHFA eingebunden.

*Sydney, Walsh Bay*

Wohnen und Arbeiten, Entertainment und Kultur sollen bezahlbar bleiben. Beim Wohnen hält sich dieser Anspruch in Sydney in Grenzen. Nur wenige Neubauwohnungen unterliegen den »Bezahlbarkeitsrichtlinien«. Lediglich drei Prozent des Wohnungsmarktes müssen sozialer Wohnungsbau sein. Und alle Wohnungen werden nach Marktlage errichtet, verpachtet und vermietet. In Amsterdam sind das immerhin noch 30 Prozent, die allerdings auch öffentlich finanziert werden. Man muss sich der Frage stellen, ob soziale Mischung immer wünschenswert, und wenn ja, auch immer machbar ist. Vielleicht ist sie nur in Mangelsituationen und unter staatlichem Zwang vertretbar? Die Schaffung von idealtypischen, zukunftsicheren Arbeitplätzen in Wasserlagen spielt eine wachsende, wenn auch immer noch untergeordnete Rolle.

Städtebauliche Nachhaltigkeit in Wasserlagen bedeutet: Innovation muss in städtebaulicher und technologisch-ökonomischer Hinsicht eine Konstante bilden; Flexibilität und Anpassungsfähigkeit als urbanistische Idealeigenschaften sind am Wasser besonders gefragt; Verbundenheit mit dem städtischen Umfeld, den Nachbarschaften, ist unentbehrlich; Vielfalt und Mischung sind wichtig: Wohnen, Arbeiten, Kultur, Events; Originalität und Echtheit stellen in Wasserlagen eine besondere Herausforderung dar. Gefragt ist der authentische »sense of place«; strategische Vereinbarungen zwischen der öffentlichen Hand und Finanzdienstleistern, Bauträgern und lokalen Akteuren und Gruppen sind in jedem Fall wichtige Grundlagen für den Erfolg von Städtebau und Architektur am Wasser.

# Riek Bakker
## »Das neue Rotterdam«: Kop van Zuid

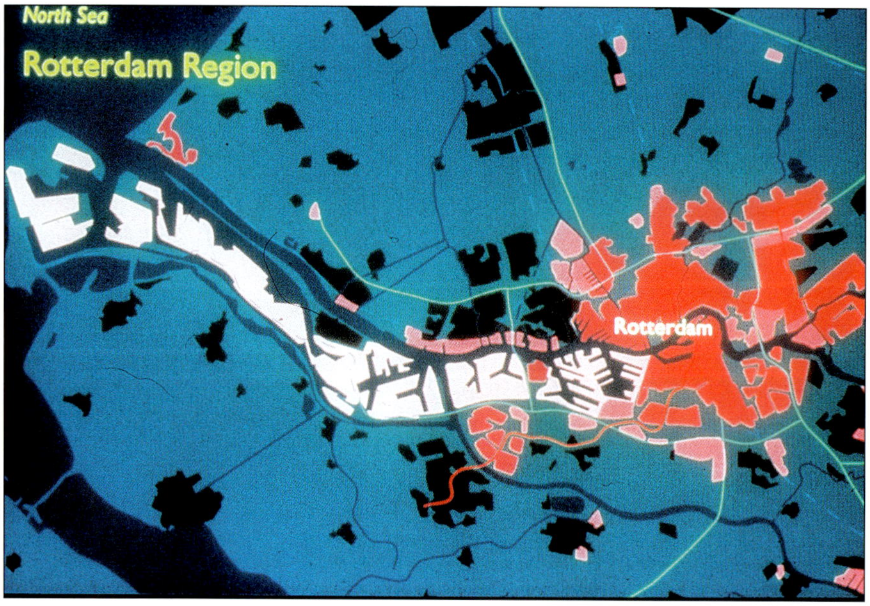


*Rotterdam und Maas-Delta*

Die Natur hat Rotterdam das Flussdelta geschenkt. Die Rotterdamer lernten graben, bauen und Ufer befestigen. Alles in der Stadt ist Handarbeit, nichts ist so von der Natur vorgegeben. Die heute schöne naturräumliche städtische Situation wurde dem Meer und dem Delta abgerungen, jeder Quadratmeter steinerne Stadt dem Wasser entzogen. So wurden die Rotterdamer große Bauherren und Baufachleute am Wasser. Rotterdam gehört der größte Hafen der Welt. Der Hafen begann einst dort, wo die Stadt begann. Stadt und Hafen leben mit dem Tidenhub von bis zu drei Metern. Es gibt ein Leben innerhalb und außerhalb der Deiche.

Die Entwicklung der Stadt begann am Nordufer des Flusses. Der Fluss war die Autobahn der Stadt, der Wirtschafts- und Transportweg schlechthin. Die Waterfront bedeutete nichts anderes, als dass die Menschen am Wasser wohnten, mit dem Wasser lebten aufgrund der ökonomischen Bedingungen, die ihnen das Wasser bot. Man lebte um den Hafen herum.

Später erst wurde der Hafen südlich des Flusses erweitert. Das Südufer des Flusses war weniger beliebt, das Image schlecht, die Quartiere wenig belebt. Status und Prestige gehörten nicht hierher. Hier wohnte kaum der Rotterdamer, hier wohnten viele Arbeitskräfte aus anderen niederländischen Provinzen oder Ausländer.

Das Wasser war die Barriere und zugleich doch der Motor, die Lebensader der Stadt. Hier verdiente die Stadt das Geld.

Rotterdam ist eigentlich eine junge, städtebaulich und architektonisch mutige Stadt am Fluss. Die vergangenen 50 Jahre der Rotterdamer Stadtentwicklung sind geprägt von den Folgen des Zweiten Weltkrieges. Das Stadtzentrum und der Hafen wurden in den vierziger Jahren bombardiert und weitestgehend zerstört. Der Wiederaufbau einer modernen City und des Hafens als wirtschaftlichem Motor der Stadt wie der gesamten Niederlande hatten Priorität.

Im Zuge der wirtschaftlichen und technologischen Entwicklungen, der Containerschiffahrt und gigantischen Löschkapazitäten zog sich der Hafen immer weiter nach Westen zur Nordsee, bewegte sich aus der Stadt heraus. Der Hafen gehört dem ganzen Land. Lag er nicht mehr im Zentrum Rotterdams, verlor die Stadt staatliche Unterstützung. Der Hafen ernährte die Stadt. Er machte sie zur Stadt der kurzen Wege. Man gelangte zu Fuß vom Wohnort zum Arbeitsplatz. Plötzlich aber brauchten diejenigen, die noch Arbeit im hochtechnologisierten Hafen fanden, Autos. Viele andere suchten nun woanders Arbeit in Rotterdam. Die Arbeitslosenrate schnellte auf 20 Prozent und liegt noch heute im niederländischen Maßstab außergewöhnlich hoch. Zugleich entstanden jedoch mit den Brachen in den ehemaligen Hafenarealen inmitten der Stadt Chancen der behutsamen Stadterweiterung.

## Eine Initiative für das neue Rotterdam

1986 hatte Rotterdam eine Abteilung für Stadterneuerung, eine Abteilung für Wirtschaftsförderung und eine für Stadtplanung. Jeder arbeitete isoliert an über die ganze Stadt verstreuten Einzelprojekten, und alle kämpften – nicht miteinander, sondern gegeneinander. Jeder nutzte seine Lobby in Politik und Verwaltung, manchmal stand man Schlange, um die jeweiligen Konzepte und Forderungen vorzubringen. Oberbürgermeister und Stadträten gelang es kaum, politische, wirtschaftliche und soziale Prioritäten zu setzen. Die Rotterdamer Stadtentwicklung glich einem Ameisenhaufen, und niemand war glücklich mit dieser Situation. Rotterdam versank in einer Identitätskrise, brauchte soziale Erneuerung, Stadtentwicklung und neue wirtschaftliche Weichenstellungen. Ändern musste sich etwas an der städtischen Identität. Die Stadt musste in Bewegung kommen, sie brauchte den Aufbruch und eine Bewegung für sich selbst, eine gute Strategie, ja eine Überlebensstrategie. Der Oberbürgermeister von Rotterdam und jetzige niederländische Innenminister Bram Peper initiierte diese Bewegung in der Stadt für die Stadt: »Das neue Rotterdam«. Zunächst musste die öffentliche Hand lernen, zum Wohle der Stadt über den jeweiligen Tellerrand zu schauen. Danach wurden Strategien entwickelt, die Bürger der Stadt und die angesiedelten Wirtschaftsunternehmen für »das neue Rotterdam« zu begeistern. Ein langwieriger Prozess führte die Vielzahl von wichtigen Projekten für die Stadt zu einer integrierten Strategie.

Das Projekt auf der Südseite des Flusses, die alte Brache, der Kop van Zuid, sollte künftig mit zum Stadtzentrum gehören. Die City sollte den

*Rotterdam, Das Entwicklungsgebiet Kop van Zuid*

*Die Erasmus-Brücke verbindet als City-Boulevard das Süd- mit dem Nordufer der Maas*

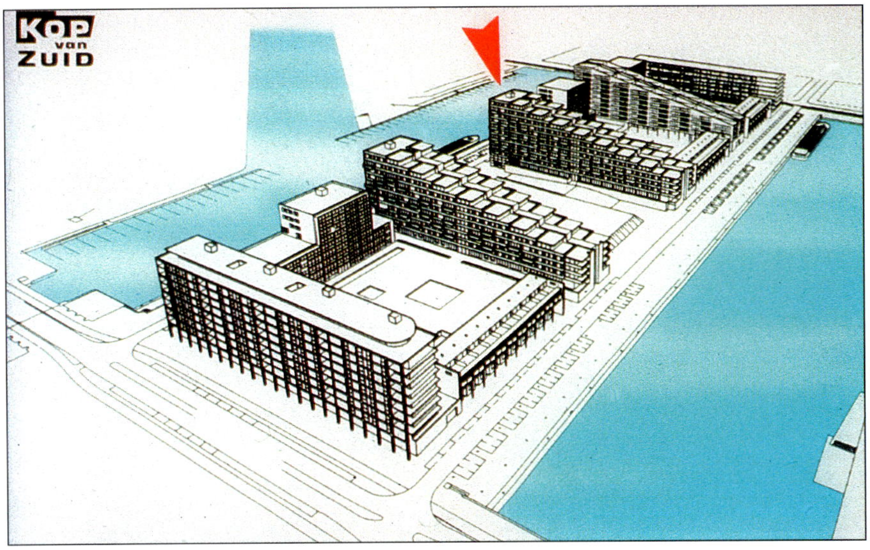


*Wohnbebauung Kop van Zuid*

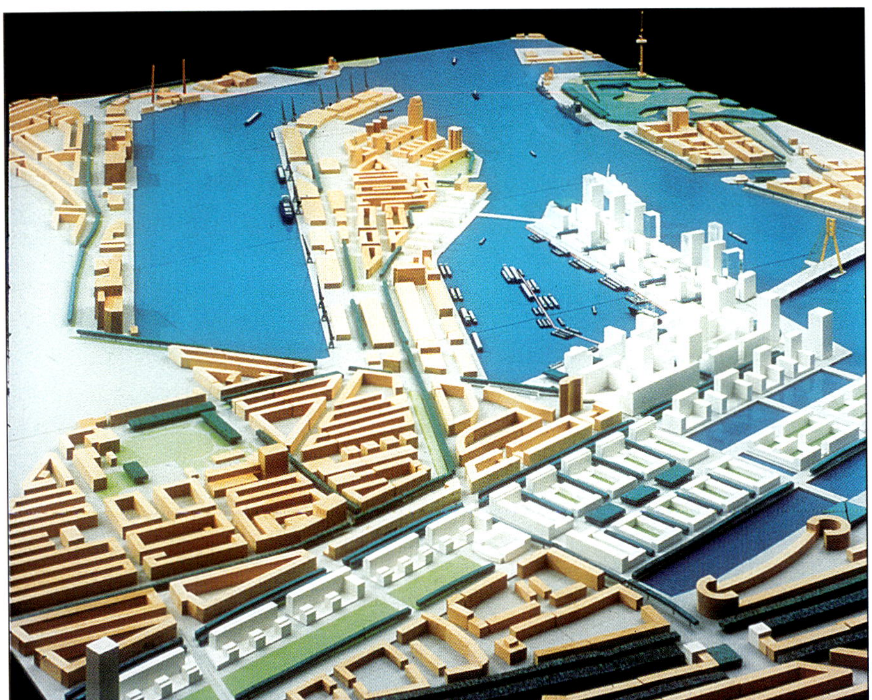

*Planungsmodell Kop van Zuid*

Fluss in ihre Mitte nehmen, Rotterdam sollte an seinem Fluss zusammenwachsen. Eine Brücke war dafür unerlässlich. Die Hafenbehörde scheute die Bauarbeiten, weil sie den Verkehr auf dem Fluss behindern könnten. Doch Kop van Zuid konnte nur mit einer Brücke funktionieren, und diese musste enorme Signalwirkung haben. Kop van Zuid konnte auch nur mit der Verlängerung der U-Bahn-Linie funktionieren, und die musste mit Gewissheit kommen. Für die Politiker hatte das alles zunächst keine Priorität. Doch Politiker backen auch keine Investoren. Die Betroffenen, die Zielgruppen mussten es wollen, die Bewohner mussten organisiert werden. Mit ihnen gemeinsam und sogar initiativ mit ihnen musste die Planung begonnen werden. Für Kop van Zuid wurde alles mit den Bewohnern entwickelt, mit ihnen vordiskutiert in Hinterzimmern und mitten in der Nacht. Alle möglichen Leute kamen zu Versammlungen. Die große Diskussion darüber, ob es wirklich möglich sei, das Südufer mit dem Nordufer identitätsstiftend zu verbinden, wurde zu einer Identitäts-, Image- und Statuskampagne zwischen den Leuten vom Süd- und Nordufer.

Man begriff, dass Kop van Zuid nicht nur die Chance für das Südufer bedeutete, Teil der Rotterdamer City zu werden, sondern auch den Menschen vom Nord-Ufer einen Zugewinn Rotterdamer Identität und Image brachte. Also wurden beide Ufer miteinander verbunden. Stadtentwicklung bedeutet eben nicht nur, allgemein über die Hardware der Stadt zu sprechen, sondern mit den Menschen, auch auf der Straße, konkret darüber zu reden, wie man Kräfte in Bewegungen organisieren und Pläne verwirklichen will.

Das große Modell von Kop van Zuid wurde von der Hafengesellschaft finanziert, deren Direktor hier wohnte und aufgewachsen war. Die Betroffenen müssen frühzeitig wissen, dass etwas und was passiert. Nicht nur ihr Kommentar, ihre Meinung war gefragt, die breite Öffentlichkeit sollte die Planungsfehler benennen. Ohne Umsetzungsmanagement und breite Diskussion nützen die professionellsten und tollsten Pläne der Welt nichts.

Das Erste bei der Stadtentwicklung am Wasser ist das Untersuchen und Definieren der Aufgabe: Was ist die Situation? Wie sind die Verhältnisse? Wo muss interveniert werden? Welche Geschichte hat der Standort? Wie sind die Befindlichkeiten der Menschen hier, was mögen sie, was mögen sie nicht? Grundsätzlich ist ohne präzise Kenntnisse über den Ort kein vernünftiges Ergebnis möglich. Vieles ist notwendig, aber nicht hinreichend, wenn man große städtebauliche Projekte anstoßen will: Fachexperten, Qualifikationen, Berufspraxis, Kenntnisse und Fertigkeiten. Entscheidend aber ist ein integraler Projektansatz, und der kann beim Bauen am Wasser nur vom Wasser ausgehen. Entscheidend ist also, ein Verhältnis zum Wasser zu entwickeln. Das Wasser ist unser Freund und unser Feind. Wenn wir es nicht bekämpfen, nicht immer wieder von Neuem versuchen, es zu meistern, dann saufen wir ganz einfach ab. Wir lieben das Wasser und wir bekämpfen es. Wir arbeiten am und mit dem Wasser. Dieses Verständnis immer und immer wieder zu entwickeln ist außerordentlich wichtig. Wer unser Land und seine Geschichte kennt, wird das sofort begreifen.

Die Stadtentwicklung am Wasser braucht ein besonderes Verständnis für die Umgebung, die nähere unmittelbare wie die weitere europäische. Rotterdam, naturräumlich im Flussdelta gelegen, muss dann schon auf andere große europäische Städte zugehen und deren Bereitschaft evaluieren, ihre Abfälle und Gifte nicht weiter in die Flüsse

*Rotterdam, Vrij Entrepot mit City-Marina*

hineinzupumpen, die dann in Rotterdam ankommen. Stadtentwicklung am Wasser in Rotterdam bedeutet zunächst die ökologische Grundsatzfrage zu beantworten: Wie halten wir das Wasser sauber, wie reinigen wir es, wie verhandeln wir mit unseren Nachbarn, die ja mit die Verursacher sind?

Mit der »Auswanderung« des Hafens in Richtung Westen war ein zweites ökologisches Problem zu lösen. Rotterdam brauchte plötzlich ein landschaftsgestalterisches Konzept für den alten Hafen. Damit wurden Experten aus Nordholland und von den friesischen Inseln betraut. Ihre Lösungen waren nicht nur ökologisch wertvoll, sondern identitätsstiftend, imagebildend. Plötzlich nisteten hier wieder Vögel, die über Jahrzehnte nicht zu beobachten waren, denn Rotterdam und sein Hafen waren der große Umweltzerstörer. So kann Umweltverbesserung stadtentwicklungspolitischen Elan auslösen.

### Die große Bedeutung der richtigen Reihenfolge

Der entscheidende Anker für Kop van Zuid war die Brücke. Unabhängig vom schönen Entwurf des Architekten – wichtig war: Die Menschen mussten diese Brücke mögen, die Menschen vom Süd- wie vom Nordufer mussten sie mit Herz und Verstand wollen. Investoren als Bedenkenträger waren dafür nicht wichtig. Erst nach dieser breiten öffentlichen Zustimmung zum Projekt war der Schritt zur Den Haager Regierung mit der Forderung nach Infrastruktur folgerichtig. Es wurde eine große und sehr teure Brücke gebaut. Sie wurde das Zeichen dafür, dass sich das Königreich der Niederlande und die Stadt Rotterdam zum Projekt bekannten, dem Projekt Priorität einräumten. Kop van Zuid war ernst gemeint. Letztlich wurde die gesamte Infrastruktur vom Staat finanziert: die Brücke, die Hauptverkehrsstraßen, der neue U-Bahnhof, der Justizpalast als großes Bürogebäude und andere Ämter, die als erste öffentliche Nutzungen von Kop van Zuid Signalwirkung hat-

*Vrij Entrepot, Umwandlung eines alten Lagerhauses in Wohnungen, Shops und Gastronomie*

ten, weil die Privaten am Markt meinten, Büronutzungen am Südufer würden niemals funktionieren. Wichtig war diese Reihenfolge: Erst die Infrastruktur; erst müssen die Menschen mit öffentlichen Verkehrsmitteln und mit ihrem Auto dorthin gelangen. Dann öffentliche Nutzungen. Und dann erst wurden Wohnungen gebaut.

Kop van Zuid sollte, wie die gesamte Stadt Rotterdam, ein Schwerpunkt des sozialen Wohnungsbau werden. Es gibt nur wenige wirklich teure Wohngegenden in der Stadt. Genau das war der Grund dafür, das erste Gebäude nicht im sozialen Wohnungsbau zu errichten. Es ging um die Gewichtung, andere Schwerpunktsetzung, um ein höherpreisiges Marktsegment. Um sich vom üblichen Wohnungsbau zu unterscheiden, waren neue Wohnungstypologien wichtig, solche, die es in Rotterdam noch nicht gab und die Zielgruppe ansprachen. Für die Lebendigkeit des Quartiers war es aber wichtig, nicht nur Luxuswohnungen zu errichten. Studentenwohnungen sollten hierher, und das gelang.

Erst dann war der Markt an der Reihe. Kop van Zuid ist heute etwa zur Hälfte realisiert. Für Kop van Zuid finden sich Investoren, die alles mögliche bauen wollen. Architekten wie Foster und Piano sind dabei. Die Nachfrage nach Wohnungen und nach Büros steigt. Hotels wurden gebaut, ein ganzes Restaurantviertel. Alte Speicher wurden zu Wohnungen und Lofts umgenutzt, neue Gebäude werden errichtet; und alles geschieht, wie geplant, im höherpreisigen Segment. Ein Drittel der Investoren wie auch der Neubewohner kommt nicht aus Rotterdam. Die Rede ist also von Zuzug und positivem Bevölkerungssaldo. Auf ein weiteres Drittel der Neubewohner sind alle am Projekt Beteiligten besonders stolz: Sie zogen vom Nord- zum Südufer! Damit wird Kop van Zuid ein Schmelztigel mit ganz besonderen persönlichen »Planungs«-Erinnerungen seiner Bewohner, die heute gemeinsam Feste feiern. Der Rest kommt vom Südufer oder aus anderen Rotterdamer Quartieren. Manche Wohnungen haben zwischenzeitlich einen Wertzuwachs von bis zu 100.000 hfl. Gulden erfahren. Schulen, Freizeitangebote und hochwertige Grünflächen waren selbstverständlich. Die Entwicklung von Kop van Zuid sollte marktgerecht erfolgen und den Zielen der Stadt gerecht werden. Das ist gelungen.

### Es lohnt sich für die Stadt

Die Öffentliche Hand muss eine Schlüsselrolle wahrnehmen. Sie muss nicht alle Probleme selbst lösen, aber sie muss die Richtung unterstützen, den politischen Willen zum Ausdruck bringen. Sie muss die Vision mit entwickeln und das Vertrauen zur Investorenseite wie auch zu den Bewohnern herstellen und täglich von neuem beweisen. Andernfalls wird es niemals eine breite Bewegung der Öffentlichkeit für neue Stadtentwicklung geben. Die Bürger machen im besten Falle dann einfach nicht mit, im schlechtesten werden sie zu Gegnern. Die Öffentliche Hand ist für das Klima in der Stadt verantwortlich. Und es lohnt sich für die Stadt. Nach 50 Jahren kommt Rotterdam auf seine Kosten. Bereits heute verdient die Stadt in Kop van Zuid richtig Geld. Doch dass dieser Punkt bereits heute erreicht ist, war vor 10 oder 15 Jahren überhaupt noch nicht sicher. Rotterdam hat auch niemals Grundstücke verkauft, sondern stets nur verpachtet. Die Grundstücke sind das Kapital der Stadt. Durch die Höhe der Pacht kann sie Entwicklungen steuern. Sie ist nutzungsabhängig, bei Büros, Hotels oder Restaurants anders als bei Wohnungen oder Studentenheimen. Eine Stadt muss Mut zu Entscheidungen haben und bereit sein, Risiken zu tragen.

*Joan Busquets*

# Wasserbezogener Städtebau: Barcelona

Ingenieure, Architekten und Stadtplaner gestalten die physische Form der Stadt. Sie bieten uns Möglichkeiten, den Raum zu lesen und die Konsequenzen von Entscheidungen zu interpretieren. Dies ist wichtig, um neue Fragen an die Stadt zu stellen. Ein Architekt kann jedoch den Politiker nicht ersetzen. Manchmal scheint es uns, dass wir die Arbeit des Bürgermeisters machen. Wir sind aber deshalb nicht der Bürgermeister. Wenn Politiker die Stadt verändern wollen, dann ist es unsere Aufgabe, den politischen Ideen Form zu geben.

In den letzten drei Jahrzehnten haben sich viele Städte neu zum Wasser ausgerichtet. Manhattan ist ein Beispiel dafür, wie sich eine Stadt im Laufe von 110 Jahren vollständig verändern kann. Anfangs war alles Wichtige im Zentrum, und an den Ufern lag ein funktionaler Hafen. Heute hat der Hafen seine Rolle verändert. Er ist längst keine »Maschine« mehr. Einst war die Stadt quer gerichtet und hat die »Maschinen« auf beiden Seiten verbunden. Heute verläuft die Stadt senkrecht und die wichtigen Bauten liegen nicht mehr in der Mitte, sondern näher am Rand. Eine solch radikale Neubewertung der Waterfront bedeutet, dass wir die Ursachen für diese veränderte Stadtentwicklung verstehen müssen.

*Barcelona, Promenade am Olympia-Hafen*

Man kann die großen Wasserstadtprojekte in aller Welt in drei Modelle fassen:

1. Das amerikanische Modell »Die Finger einer Hand«: Das Finger-System erlaubt uns, den einzelnen Fingern Nutzungen und Eigentümer zuzuordnen. Das macht es einfach und flexibel. Wenn die Schiffe größer werden, bricht man einfach einen Finger. Wenn man das Wasser für städtische Funktionen nutzen will, kann man es, wie in Battery Park, einfach auffüllen und es wieder zu einem Stück Land machen.

Von einem schönen Ort wie Battery Park hat man jedoch keine Gesamtübersicht über die Stadt.

2. Das asiatische Modell »Die Aufschüttung«: Eine beliebte Lösung bei Knappheit an Raum ist es, Land am Ufer durch Aufschüttung neu zu gewinnen. Dieses einfache Modell findet man in Hafenstädten wie Macao, Osaka, Tokio, Hongkong und bei vielen anderen Orten in Asien. Die Waterfront ändert sich auf einer Länge von 500 Meter oder einem Kilometer zirka alle zehn Jahre. Kurz nachdem die

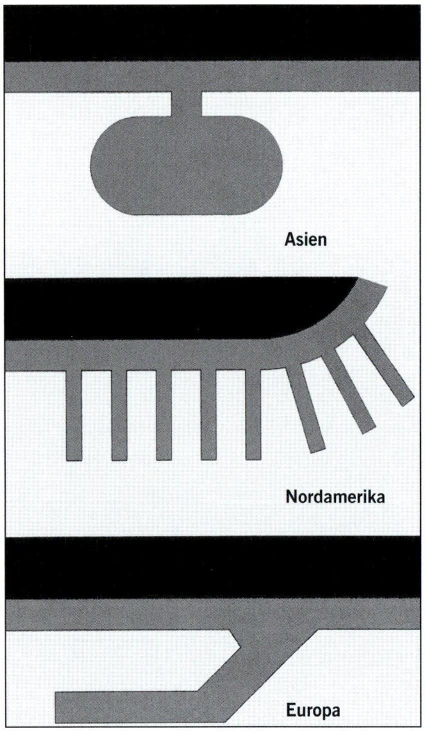


*Hafen- und Wasserfronttypologien*

*Barcelona, Port Vell mit Museum für Katalonische Geschichte*

sorgfältig gestalteten neuen Bauten am Ufer fertig gestellt sind, werden sie durch die nächste Generation von Bauten verdeckt.

3. Das europäische Modell »Die Kombination im kleineren Maßstab«: Die Situation in Europa ist anders, weil der Hafen und die Stadt schon immer eine klare Beziehung zueinander hatten. Der Dialog zwischen Geschichte und neuer Gestaltung macht deshalb die aktuellen Hafenprojekte so spannend. Wir sind mit einer Reihe von Herausforderungen im Bereich der Infrastruktur, der Landgewinnung und der Finanzierung konfrontiert, aber in einem ganz anderen Maßstab als dem in Asien.

In den letzten hundert Jahren haben sich sowohl Toronto als auch Hamburg durch Aufschüttung verändert. In Barcelona wurden sogar einige hundert Hektar neu aufgeschüttet. Aus den Häfen von gestern werden die Stadterweiterungen von morgen. Zu Beginn dieses Jahrhunderts hatte dieser Dialog etwas Selbstverständliches. Seit den dreißiger Jahren vernachlässigte die städtische Blockstruktur diesen Dialog, den wir heute neu etablieren wollen.

Die Geschichte ist international ähnlich, ob Buenos Aires oder Toronto: die Stadtmitte lag auf dem trockenen Land, und die Infrastruktur befand sich zwischen der Stadt und dem Hafen. Schnellstraße und Eisenbahn lagen an der Stelle aufgrund der funktionalen Anforderungen des Hafens. Niemand hat daran gedacht, dass dieser Raum ein wichtiger Bestandteil der Innenstadt werden könnte. Das bedeutet, dass ein riesiger leerer Raum in den meisten Städten die Innenstadt vom Hafen trennt. Es ist fast unmöglich, diese Lücke zu überbrücken. Die Probleme, die durch Schnellstraßen und Eisenbahnen verursacht werden, definieren aber auch das Potenzial einer Stadt.

In Toronto ist diese Schneise 700 Meter breit. Man begann, sie in den sechziger Jahren durch Bebauung zu transformieren. Das Projekt war typisch für diese Zeit, gigantisch im Maßstab und schwer vermietbar. Die Stadt hat deshalb beschlossen, daraus ein «Logo-Projekt« zu machen. Wir definieren heute unsere Identität mit Logos. Genauso wie Berlin die Hauptstadtfunktion, Barcelona die olympischen Spiele und Hannover die EXPO 2000 bekam, will Toronto in 2008 die olympischen Spiele am Wasser abhalten. Man glaubt, dass nur durch ein solches Prestigeprojekt die Gegend zwischen der Bahn, der Schnellstraße und den Ufern zusammenhängend als Stadtteil entwickelt werden kann. Ich bezweifle, dass das funktionieren wird. Es ist, als wollte man viele Gläser in einen Korb werfen und dann noch damit losrennen. Es gibt so viele Gläser, die man kaum halten kann, wenn man steht, geschweige denn, wenn man versucht, mit ihnen zu laufen.

1998 nutzte Lissabon die EXPO, um seine Wasserstadt zu entwickeln. Die neuen Bauten präsentieren sich am Tejo-Fluss, der hier so breit ist wie das offene Meer. Rund 200 Hektar, die zuvor von Raffinerien benutzt wurden, wurden umgewandelt und es wurde gigantisch in die Infrastruktur investiert. Santiago Calatrava baute einen neuen Hauptbahnhof in die Mitte und schuf damit einen neuen Zugang vom Süden der Region. Die neue Infrastruktur wurde als «Zwei-Phasen-Projekt« entwickelt, d.h. sie diente sowohl der EXPO als auch der Nachnutzung. Durch den Verkauf der neu erschlossenen Flächen an private Entwickler konnte der Staat seine Investitionen in die Infrastruktur vollständig abdecken.

Auch in Buenos Aires liegen 200 Hektar Land zwischen dem Stadtzentrum und dem Hafen. Am Anfang des Jahrhunderts bauten die besten europäischen Ingenieure einen phantastischen Hafen, ähnlich wie die Londoner Docklands. Nur zehn Jahre nach Fertigstellung wurde der Hafen geschlossen, weil die Schiffe soviel größer geworden waren. Ein neuer Hafen wurde gebaut. Er wurde vor rund dreißig Jahren geschlossen. Dieser schön gelegene Ort liegt unmittelbar vor der Casa Rosada, wo der Premierminister residiert, von dem Wasser nur durch Bahn und Schnellstraße getrennt. Wir haben vorgeschlagen, aus den großen Hafenbecken schöne Orte zu machen und sie durch zentrale grüne Plätze zu ergänzen. Weite Blicke sollten die Beziehungen zwischen der Stadt und dem Rio de la Plata, dem silbernen Fluss, der eher aussieht wie das Meer, wieder herstellen.

Die allgemeine Form einer Stadt setzt sich aus typischen Elementen zusammen. Diese sollten wir respektieren, ebenso wie ihre Beziehung zu der bestehenden Stadt. Hamburg ist wunderschön und die alten Stadtmauern prägen seinen Grundriss. Wichtig ist die Beziehung zwischen dieser Form und dem Hafen sowie die Frage, ob man sie so gestalten kann, dass sie im tagtäglichen Gebrauch erlebbar wird.

Wie viele Städte hat sich Barcelona landeinwärts entwickelt. Erst spät haben wir begriffen, dass wir das Wasser lieben. Auch bei uns gibt es die große Schneise mit Eisenbahn, Containern und brach liegenden Flächen. Das Abwasser der Stadt wurde direkt ins Meer geleitet. Unsere Aufgabe war es, zu sagen: Halt! Wenn ihr eine bessere Stadt wollt, müsst ihr erst dieses Problem lösen. Wir haben einen neuen Platz für die Bahn geschaffen, neue Grünräume und Straßen gebaut, und einen Boulevard geschaffen, der es ermöglichte, das olympische Dorf und weitere neue Projekte an das Ufer anzubinden.

Als wir die Vision öffentlich bekannt machten, hatten wir zur Umsetzung nur ein Minimum an Infrastrukturinvestition sichergestellt. Wir hatten allgemeine Regeln festgelegt, denen die pri-

*Barcelonas Wasserfront vor und nach der Olympiade 1992*

*Generalperspektive Buenos Aires*

*Strandpromenade von Barcelonetta*

*Barcelona, Strandpromenade an der Carrer de Marina*

vaten Entwicklungen folgen mußten, trotz der Forderung, ein Drittel des Wohnungsbaus in einem bezahlbaren Standard zu realisieren. Sogar die Infrastruktur am Wasser wurde schließlich privat finanziert.

Als Gestalter müssen wir unterschiedliche Rollen spielen. Wir sind für Konzepte zuständig, repräsentieren die Verwaltung oder arbeiten für private Bauträger. Es ist wichtig, dass man in Abhängigkeit zur Position die Karten in der Hand hält, die man spielen will. Es sind Karten des Wissens und unseres Bekenntnisses zur Stadt. Wir spielen sie, um drei Dinge zu erreichen:

A. Wir müssen eine funktionierende Stadt bauen, indem wir einen Schritt nach dem anderen tun. Das bedeutet, solange das Abwasser ins Meer fließt, können wir keine Wasserfront entwickeln.

B. Damit die Städte für alle Menschen ein besserer Wohnort werden, müssen wir sozial verantwortlich handeln. Wir brauchen keine entmischten Städte.

C. Unsere Städte sollen schön sein. Nur die Qualität des öffentlichen Raumes kann die Qualität einer Stadt sicherstellen. Wir sollten sie nicht wie im neunzehnten und zwanzigsten Jahrhundert gestalten, sondern zeitgemäßer und besser.

*Jörn Walter*

# Öffentlicher Raum am Wasser: Hamburg

Die Haltung zum öffentlichen Raum in den Städten ist in den vergangenen Jahren aufgrund ganz unterschiedlicher Tendenzen indifferenter geworden. In Fachkreisen mag die Diskussion um die Vorteile der aufgelösten, der geschichts- und gesichtslosen Stadt, die auf alles funktionslose und wirtschaftlich nicht Tragfähige verzichtet und sich für strukturverändernde Neuerungen öffnet, eine Rolle gespielt haben. Diese »Stadt ohne Eigenschaften« wird zusammengehalten vom Funktionalen, z.B. den Straßenflächen, dem Ungenutzten und Übriggebliebenen. In politischen Kreisen mag mehr eine Rolle gespielt haben, dass andere Probleme wie die Bewältigung des Strukturwandels und der Wohnungsbau im Vordergrund standen. Die enger gewordenen Spielräume der öffentlichen Haushalte machten es darüber hinaus schwerer, im öffentlichen Raum zu investieren, schon gar nicht ihn angemessen zu unterhalten. Hinzukommen die Folgeprobleme aus der sozialen Polarisierung der Gesellschaft, die in Form von Obdachlosigkeit, Kleinkriminalität und Drogenhandel die öffentlichen Räume verändern. Eine Stilisierung dieser Probleme reduziert die Debatte über den öffentlichen Raum dann sehr schnell auf Sicherheits- und Überwachungsprobleme und befördert die Akzeptanz von Privatisierungsangeboten zur Lösung der Probleme außerhalb der öffentlichen Haushalte. Die Privatisierungstendenzen haben aber immerhin bewirkt, Politik und Fachöffentlichkeit daran zu erinnern, dass es beim öffentlichen Raum um mehr geht als nur die Verwaltung ungeliebter Flächen.

*Hamburg, Binnenalster*

Nicht die Abschaffung der öffentlichen Räume ist eine Perspektive für die Stadt, sondern allein ihre Erhaltung und Ergänzung als Orte der Begegnung und Kommunikation für die Stadtgesellschaft. Diese These ist Grundlage der nachfolgenden Betrachtungen. Sie wird gestützt von einer Auffassung, die den Qualitäten der geschichts- und gesichtslosen Stadt ohne Eigenschaften mit ausgesprochener Skepsis gegenübersteht und die darin eher einen Irrweg denn einen Ausweg sieht. Sie wird weiter gestützt von der Annahme, dass die Frage der Identität der Städte als Gesamtheit auch in einer globaler werdenden Welt eine eher größere, denn kleinere Rolle spielen wird, und sich diese Identität weit weniger als in der Vergangenheit durch wirtschaftliche oder infrastrukturelle Spezifika definiert, sondern vielmehr durch kulturelle Besonderheiten. Diese werden maßgeblich vom Bild der Stadt geprägt, und das Bild der Stadt wiederum maßgeblich durch das Netz ihrer öffentlichen Räume.

Vor diesem Hintergrund bleibt es eine der wichtigsten Aufgaben des Städtebaus dafür Sorge zu tragen, dass der

*Hamburg, Deutsch-Japanisches Zentrum*

*Hamburg, Neu-Allermöhe-Ost*

öffentliche Raum nicht zum undefinierten und eigenschaftslosen Restraum verkommt. Vielmehr muss seine Gestaltung dazu stimulieren, dass er seine Funktion als Ort des Aufenthalts, der Begegnung und der Kommunikation erfüllen kann.

## Öffentlicher Raum am Wasser

Uferzonen sind ebenso unterschiedlich und vielfältig wie das Netz der öffentlichen Räume in der Stadt aus Gassen, Wegen, Straßen, Alleen, Boulevards sowie Plätzen und Freiräumen ganz eigener Charakteristik. Allein am Beispiel Hamburgs lassen sich eine ganze Reihe völlig verschiedener öffentlicher Räume am Wasser ausmachen. Exemplarisch sei hier auf die weiträumige Elblandschaft mit ihren naturnahen Sandbänken im Bereich Blankenese verwiesen, oder die leider nur rudimentär verwirklichten Planungen Schumachers für eine Villenkolonie an der kanalisierten Oberalster mit öffentlichen Terrassenanlagen, Platzräumen, von Alleen bestandenen Kaianlagen und präzise durchgestalteten Uferkanten und Brückenbauwerken, oder die freigestaltete Parklandschaft des Alstervorlandes oder schließlich die durch Boulevards und eine einheitliche Bebauung gefaßte Binnenalster, die die Transformation vom öffentlichen Raum am Wasser zum Wasser selbst als öffentlichem Raum wie kaum ein anderes Beispiel verkörpert.

Schon an diesen wenigen Beispielen lässt sich erkennen, dass es grundsätzlich keine Hierarchie zwischen den unterschiedlichen Typologien von öffentlichen Räumen am Wasser gibt, sondern sie über jeweils spezifische Reize verfügen – ob naturbelassen oder gestaltet, ob unbebaut oder bebaut. Gemeinsam ist den Uferzonen in jedem Fall, dass von ihnen eine überdurchschnittliche Ausstrahlung für die Öffentlichkeit ausgeht. Die Grenze zwischen dem festen und dem flüssigen Medium ist ein bleibender Ort von magnetischer Anziehungskraft.

In der Praxis kommt es darauf an, die jeweilige Spezifik dieser Grenze aus dem konkreten Ort heraus zu bestimmen. Im Falle Hamburgs geht es dabei in den kommenden Jahren vorrangig um die Reintegration ehemaliger Hafengebiete in das angrenzende Stadtgefüge. Dies betrifft die Elbuferzone zwischen St. Pauli und Övelgönne ebenso wie den Harburger Binnenhafen und das zur Zeit bedeutsamste Projekt, die Entwicklung der sogenannten Hafen-City. Für dieses Gebiet wurde im Dezember 1998 eine Masterplankonzeption beschlossen, die die städtebaulichen Rahmenbedingungen hinsichtlich Art und Maß der Nutzung, Hochwasserschutz usw. festlegte und Grundlage für einen im Jahr 1999 durchgeführten städtebaulichen Ideenwettbewerb war. Von diesem gerade jüngst entschiedenen Ideenwettbewerb soll im folgenden berichtet werden. Nicht im Hinblick auf die generelle Beurteilung der einzelnen Arbeiten durch das Preisgericht, sondern allein unter dem Gesichtspunkt des Umgangs mit dem öffentlichen Raum am Wasser, genauer: mit dem vorgefundenen spezifischen Hafenmilieu des Planungsgebietes. Dabei ist zu berücksichtigen, dass es sich um ein Planungsgebiet von insgesamt 155 ha handelte und der Kern der Aufgabe in der Erarbeitung eines Masterplanes im Maßstab 1:2000 lag. Die nachfolgende Betrachtung wird aber zeigen, dass schon in dieser Maßstabsebene der Thematik eine sehr unterschiedliche Bedeutung beigemessen wird.

*Hamburg, Blankenese an der Unterelbe*

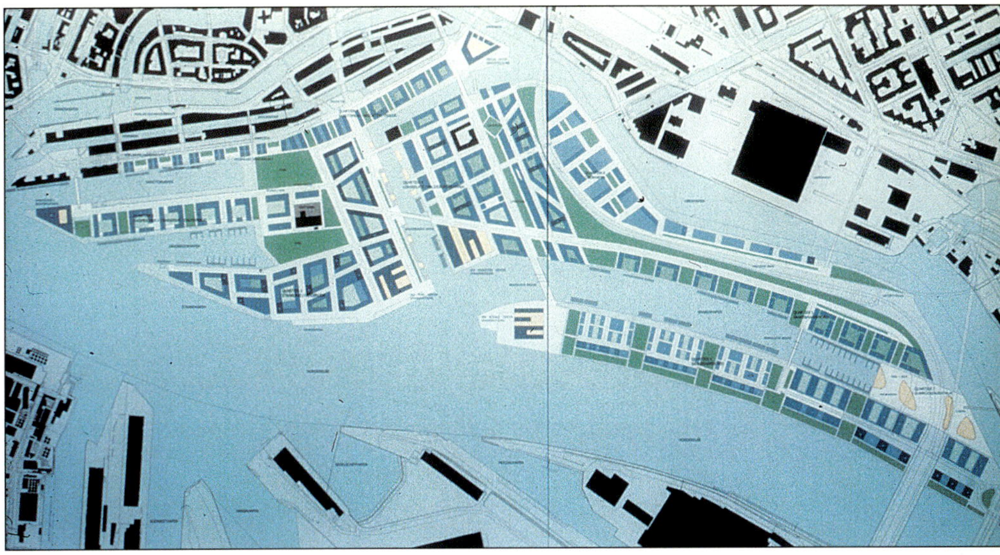

*Masterplan-Entwurf Hafen-City, 1999*

## Die Rolle des öffentlichen Raumes im Wettbewerb für die Hafen-City

Einen sehr großräumigen Umgang mit der Frage des öffentlichen Raumes am Wasser zeigt die Arbeit des ersten Preisträgers, dem Team HamburgPlan mit Kees Christianse/ASTOC. Diese sich insgesamt in ihrer Darstellung auf wesentliche Elemente zurücknehmende Arbeit differenziert die in der Bebauung meist einheitlich durchgestalteten Uferkanten auf befestigte und grüne Bereiche. Mit Ausnahme des zentralen und steinern gehaltenen Bereiches rund um den Magdeburger Hafen sind

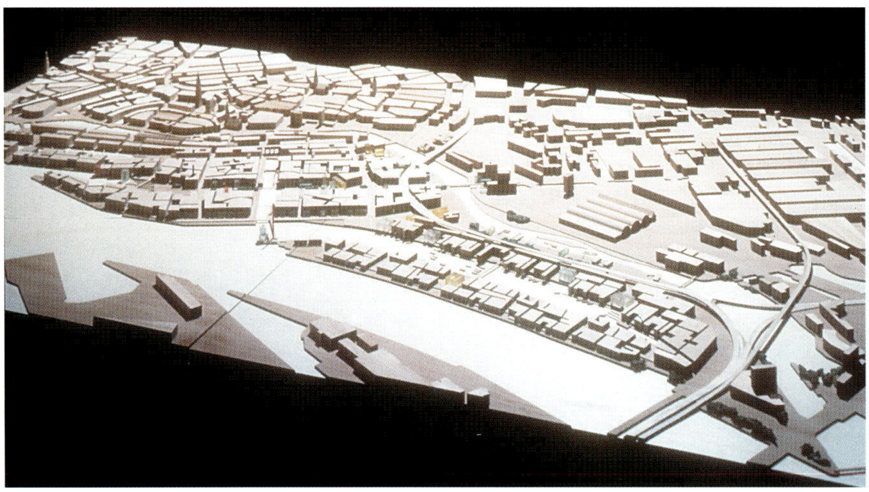

die öffentlichen Räume im wesentlichen differenziert auszugestaltende Grünräume, deren maßgebliche Aufgabe es ist, das große Baugebiet in sinnvolle Quartiere zu gliedern. Kleinräumige Differenzierungen in ein Straßen-, Wege- und Platzraumsystem zeigen sich sowohl in der Beziehung zum Wasser wie innerhalb der Baugebiete nur punktuell. Ein Entwurfskonzept, das den öffentlichen Raum zumindest in dieser Maßstabsebene noch sehr als ein Frei- und Grünraumthema begreift und den öffentlichen Raum als wichtige Entwurfsaufgabe zwar ermöglicht, aber nicht zum eigenen Thema macht. Die besonderen Qualitäten der Arbeit liegen sicherlich auf anderen Gebieten, wie der Robustheit des Konzeptes für eine langfristige Entwicklung und die hervorragende Verknüpfung mit der Innenstadt durch die klare Orientierung der Straßenzüge und Bebauungsstrukturen, wie vom Preisgericht zu Recht herausgestellt wurde.

Ein hohes Maß an Verwandtschaft in der städtebaulichen Grunddisposition zeigt der zweite Preis (Buffi/Feichtinger/ASW/Agence Ter). Unter dem Gesichtspunkt der öffentlichen Räume am Wasser ist aber ein differenzierteres Bild erkennbar. Eine Ähnlichkeit auf den ersten Blick zeigt sich in der ge-

*Wettbewerb für die Hafen-City.*

*Oben: 1. Preis: Team HamburgPlan mit Kees Christianse / ASTOC*

*Mitte: 2. Preis: Buffi / Feichtinger / ASW / Agence Ter*

*Unten: 3. Preis: BPHL / Bruno und Maunula / Bendtfeld*

danklichen Verlängerung der Becken von Sandtor- und Grasbrookhafen, die vom zweiten Preisträger aber wie am Ende des Baakenhafens als tideabhängige Feuchtbiotope vorgeschlagen werden. Wenngleich das Preisgericht von diesen wattenmeerähnlichen Feuchtbiotopen in der steinernen und stählernen Hafenlandschaft nicht so recht überzeugt war, heben sich diese Bereiche doch damit deutlich von den übrigen »hart« ausgebildeten Uferkanten im Entwurf ab. Eine nähere Betrachtung letzterer zeigt wiederum eine Differenzierung in baumbestandene Promenaden und steinern gehaltene Kaiflächen. Der Blick auf den in der Mitte gelegenen nord-südorientierten Magdeburger Hafen und das neue Baukörperensemble am südlich gelegenen Strandkai zeigt aber vor allem, dass sich die Verfasser hier eine verspringende Uferkante mit kleineren vorgelagerten und in der Regel dreiseitig geschlossenen Plätzen vorstellen, obwohl die Bebauung selbst nur in ganz wenigen Ausnahmefällen bis an das Ufer heranrückt. Es wird schon auf dieser Maßstabsebene spürbar, dass die Verfasser der Thematik des öffentlichen Raumes am Wasser eine große Bedeutung beimessen und dabei sehr unterschiedliche Typologien schaffen wollen.

Ein ausgesprochen innovatives Herangehen an die Thematik zeigt die Arbeit des dritten Preises von BPHL / Bruno und Maunula / Bendtfeld, Schröder, Franke. Hier springt einerseits die Gliederung des Baugebietes durch großzügige ost-westgerichtete Grünräume ins Auge, die ähnlich wie beim zweiten Preis mit »weichen« Ufern ins Wasser übergehen. Von mindestens ebensolcher Radikalität ist aber die Aussage, eine abwechslungsreiche und hier durchgehend eher steinern gedachte Uferkante allein mit Hilfe der begleitenden Bebauung erreichen zu können, die tatsächlich ein ausgesprochen differenziertes Bild aus schmalen und großzügigen Kaianlagen, kleinen und großen, recht- und vieleckigen Plätzen bis hin zu auskragenden Baukörpern reichen. Ein deutlicher Hinweis auf den Variationsreichtum uferbegleitender Bebauung und eines sich daraus ergebenden Systems öffentlicher Räume, das in diesem Entwurf noch durch den zwingenden Vorschlag zur Schaffung je eines Quartiersplatzes innerhalb der einzelnen Blöcke verstärkt wird.

Noch ein anderes Detail ist an diesem Entwurf von Interesse: Die Verfasser waren die einzigen, die die Führung einer Hauptverkehrsstraße direkt an der südliche Uferkante entlang des Strand- und Versmannkai vorschlugen. Obwohl dies vom Preisgericht zurecht im Hinblick auf die speziellen Nutzungsanforderungen der angrenzenden Gebäude, des Infrastrukturaufwandes und der Aufenthaltsqualität des öffentlichen Raumes selbst an dieser Stelle eher kritisch bewertet wurde, thematisiert es doch einmal den besonderen Reiz, den eine Uferkante auch für den fließenden Individualverkehr hat.

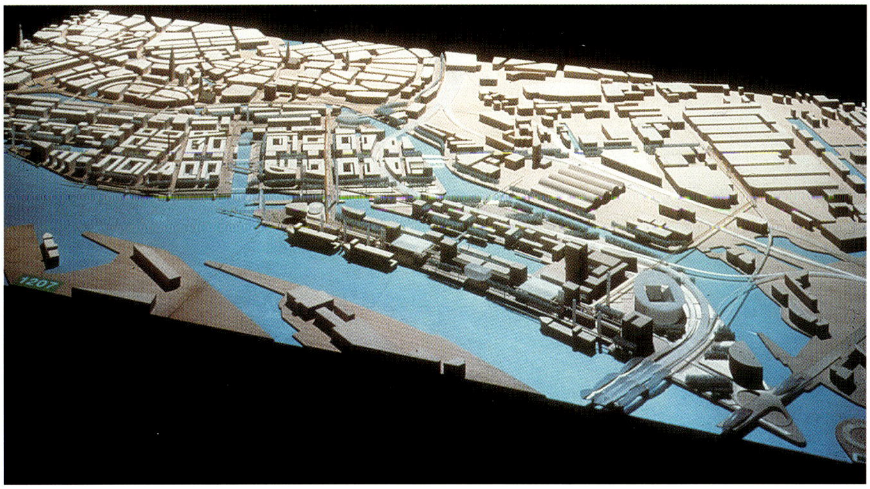

*Modell des Teams Trojan-Trojan-Neu/3-Plus-Freiraumplaner*

Eine Arbeit, die schon auf der Masterplanebene das Netz der öffentlichen Räume ganz ins Zentrum ihres Entwurfes rückt, ist die von Trojan-Trojan-Neu/3-Plus-Freiraumplaner, die im Wettbewerb mit einem Ankauf ausgezeichnet wurde. Das Leitbild einer in den Fluß gebauten Stadt wird neben dem bestehenden Hafenbecken durch drei neue Wasseradern noch verstärkt, die in Verbindung mit den angrenzenden unterschiedlichen Bebauungsstrukturen und der Einlagerung von Inseln und Pontons in den Wasserraum selbst ein ausgesprochen vielfältiges Netz von öffentlichen Räumen aus Straßen, Promenaden und kleinen Plätzen an, im und hinter dem Wasser erzeugen. Wenngleich das Preisgericht wegen des damit verbundenen hohen Infrastrukturaufwandes vor dieser Arbeit zurückschreckte, war es doch im Rahmen des Wettbewerbes das wohl expliziteste Plädoyer für den öffentlichen Raum am Wasser als eigentlich qualitätsbildendem Element der künftigen Stadt.

*Hamburg, Bergedorf*

### Ausgewählte Themen für den Städtebau und öffentlichen Raum am Wasser

Anhand des Vergleichs der Wettbewerbsarbeiten für die Hafen-City lässt sich ganz gut erkennen, dass die Elemente Wasser, öffentlicher Raum und Städtebau sowohl in einem sehr engen wie auch einem sehr lockeren Zusammenhang gedacht und geplant werden können – je nach Standpunkt der Verfasser. Die hier vertretene Position sieht die besondere Chance für wassernahe Quartiere in der Herstellung sehr enger Zusammenhänge. Von daher begründet sich das Plädoyer für städtebauliche Typologien, die eine enge visuelle Beziehung zwischen einer möglichst großen Zahl von Gebäuden und dem Wasser herstellen.

Grundsätzlich für dieses Ziel geeignete Entwurfselemente sind zum Wasser geöffnete U-förmige Bebauungen, differenzierte Höhenentwicklungen zwischen der Uferkante und der »zweiten Reihe«, gegeneinander versetzte Bebauungsstrukturen usw.

Gut nachvollziehbar wird am Beispiel der Hafen-City auch, wie wichtig es für den Städtebau ist, sich mit den Dimensionen und Proportionen von Wasserflächen auseinanderzusetzen, hier vor allem mit den erheblichen Längenausdehnungen der Hafenbecken. Wenn – wie hier – ein städtischer Charakter angestrebt wird, bedarf die Höhenentwicklung der Randbebauung, die Prägnanz der städtebaulichen Struktur aus der Ferne und die Gliederung der uferbegleitenden Bebauung in sinnvolle Teilabschnitte besonderer Beachtung. Durch zu niedrige Bebauung gehen Zusammenhänge schnell verloren, endlos lineare und uferbegleitende Strukturen bergen die Gefahr der Eintönigkeit usw. Sicherlich gibt es keine prinzipiellen Vorteile für geschlossene oder offene Bebauungen an Uferkanten, relativ zweifelsfrei ist aber, dass sich eine Differenzierung in größeren Abschnitten durch Vor- und Rücksprünge, unterschiedliche Höhen, unterschiedliche Architektursprachen usw. in der Regel vorteilhaft für ein abwechslungsreiches, spannungsvolles Erlebnis auswirkt.

Hinsichtlich der Gestaltung der öffentlichen Räume am Wasser bleibt die Promenade ein Schlüsselgestaltungselement. Es ist kein Zufall, dass sie auch in vielen Wettbewerbsarbeiten zur Hafen-City auftaucht. Das wasserbegleitende Promenieren ist auch in der Internetgesellschaft eine ausgesprochen beliebte Freizeitbeschäftigung. Insoweit ist es auch überhaupt nicht verwerflich, auf dieses traditionelle, aber eben vielfach bewährte Gestaltungselement zurückzugreifen. Im Falle der Umstrukturierung von alten Hafengebieten muß aber auch eingestanden werden, dass es sich um ein im Grunde untypisches Gestaltungselement für diese Orte handelt. Die steinerne, harte, manchmal knappe und manchmal weiträumige Uferkante ist das Charakteristikum dieser Gebiete. Solche Charakteristika sollten bei der Konversion nicht verloren gehen, weshalb es auch darum geht, sie in einem veränderten Nutzungszusammenhang neu zu interpretieren. Dabei können sich interessante Synergien im Zusammenhang mit anderen Problemen ergeben: z.B. der Überwindung der Höhendifferenzen zwischen Land und Wasser, eine Thematik, die zumindest in Hamburg wegen des durchschnittlichen Tidenhubs von 3,50 Meter eine besondere Rolle spielt. Zum Wasser auslaufende Treppenanlagen mit Aufenthaltsqualitäten und Sitzmöglichkeiten und auf dem Wasser festinstallierte Pontons mit unterschiedlichen Nutzungen sind hier klassische und bewährte Gestaltungselemente.

Dies führt zu dem wichtigsten Bestandteil der Qualität öffentlicher Räume am Wasser, nämlich der Nutzung des Wassers selbst. Hierzu ist allem voran eine Beförderung der Nutzung durch Schiffe und Boote zu erwähnen, weshalb im Falle der HafenCity die Stadt Hamburg der Errichtung eines Kreuzfahrtterminals, eines Traditions-

*Hamburg, Anlegestelle Jungfernstieg*

schiffhafens und der Beibehaltung von Liegeplätzen für sonstige Schiffsverkehre besondere Priorität beimisst. Dies schließt ein, dass der Wasserweg möglichst auch für den regelmäßigen öffentlichen Personennahverkehr wieder zurückgewonnen werden sollte. Daneben liegen besondere Standortpotentiale – gerade für das Wohnen – in der Erschließung des Wassers als Freizeit- und Erholungsraum. Marinas und Sportboothäfen, gastronomische und kulturelle Nutzungen an und auf dem Wasser machen solche Gebiete nicht nur für die unmittelbar angrenzenden Nutzer attraktiv, sondern auch für Besucher und Touristen. Sie ermöglichen, das ganz spezifische Flair wassernaher Orte zu erfahren und zu erleben.

Es ist schon angesprochen worden, dass es sich um ganz unterschiedliche »Wassermilieus« handeln kann. Solche Spezifika gilt es auch bei der Transformation der Nutzungen zu bewahren. Im Falle ehemaliger Hafengebiete ist es ein Milieu aus Lagerung und Güterumschlag, Ruhe und Bewegung, den Gerüchen des Wassers und der Güter aus aller Herren Länder, Heimat und Ferne, geheimnisvollen und manchmal auch finsteren Ecken u.v.a.m. Um dieses Milieu zumindest in Teilen zu bewahren, ist es wichtig, erhaltenswerte Speicherbauten der Hafengeschichte, bauliche Anlagen wie Kräne, historische Kaianlagen, Brücken usw. als Zeugen der Historie des Ortes in Neuplanungen einzubeziehen.

Dies führt zu dem abschließenden Postulat, wonach es beim Städtebau und der Gestaltung des öffentlichen Raumes am Wasser darauf ankommt, die natürlichen oder antropogenen Vorprägungen mit der Aufgabe des künstlerisch inszenierten Stadtraumes zu verbinden. Hier liegt das spezifische Potential für Stadtentwicklungen am Wasser. Deshalb müssen selbst bei aller Beachtung der Sparsamkeitsgrundsätze öffentliche Mittel gezielt in dieses Potential investiert werden.

## Dieter Steffen
# Der größte Binnenhafen: Duisburg

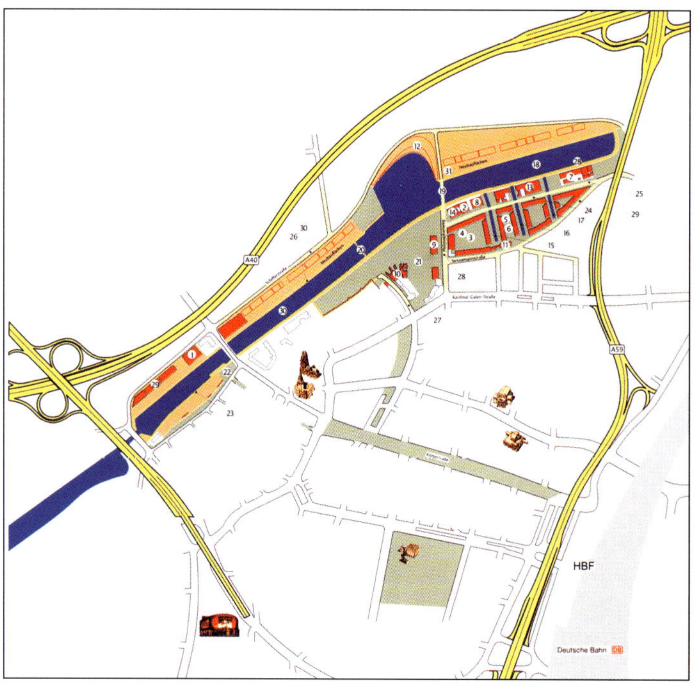


*Oben: Modell des 1. Preisträgers des Städtebaulichen Wettbewerbs. Büro Norman Foster & Partner.*

*Links: Realisierungskonzept Innenhafen Duisburg*

Duisburg hat den größten Binnenhafen der Welt und damit Hafentradition. Das Hafenareal hat als Logistikstandort über 100 Jahre eine wesentliche Rolle bei der Industrialisierung des Ruhrgebietes gespielt. Es war die Kornkammer Westdeutschlands und ist heute noch geprägt von Speicher- und Mühlengebäuden. Durch seine Nähe zur Duisburger Innenstadt bestimmt dieses Areal das Stadtbild, obwohl es mit nur 90 Hektar relativ klein ist.

Die Entwicklung des Hafens im Rahmen der IBA Emscherpark ist ein strukturpolitisches Ziel, das die Stadt am Wasser wiederbeleben soll. Über 100 Jahre lang hat der Hafen die Stadt von ihren nördlichen Bezirken getrennt. Als er ebenso wie die alten Speichergebäude brach fiel, gab es politische Diskussionen darüber, was mit so einem innerstädtischen Areal am Wasser geschehen sollte. Als 1993 die »Duisburg Innenhafen Entwicklungsgesellschaft« vom Land Nordrhein-Westfalen und der Stadt Duisburg gegründet wurde, war das vorrangige Ziel, neue Arbeitsplätze, insbesondere im tertiären Sektor, zu schaffen.

Gemeinsam mit der IBA Emscherpark schrieb die Stadt Duisburg einen städtebaulichen Wettbewerb aus. Erster Preisträger und damit Verfasser des Masterplans wurde das Büro Norman Foster & Partner / London. Anfangs waren die wesentlichen Leitlinien für die Entwicklung von den Themen »Arbeiten und Wohnen am alten Hafenbecken« bestimmt. Um neues Leben an das zwei Kilometer lange Ufer zu bekommen sowie um Akzeptanz bei

Investoren und der Bevölkerung zu schaffen, wurde die Nutzungspalette um die Aspekte »Freizeit und Kultur am Wasser« ergänzt.

Eine der ersten Herausforderungen war es, aus einigen stadtbildprägenden Altbauten Referenzobjekte in Übereinstimmung mit dem Denkmalschutz zu entwickeln. So wurde z.B. ein Getreidespeicher, 1913 erbaut, rückseitig aufgeschnitten, um eine Büronutzung zu ermöglichen. Die 11.000 Quadratmeter Fläche wurden relativ schnell belegt.

Wichtiges Ziel war es, eine Mischung verschiedener Nutzungen zu erreichen. So wurde die 1909 erbaute »Küppersmühle« von den Baseler Architekten Herzog & de Meuron als Museum für deutsche Gegenwartskunst und für die Sammlung Hans Grothe umgebaut.

Durch die ansprechende städtebauliche und architektonische Qualität der Einzelmaßnahmen ist es gelungen, diesem Standort ein Profil zu geben und ihn am Markt zu positionieren.

Duisburg hat 37 Kilometer Rheinfront, die fast nirgendwo für die Bevölkerung zugänglich ist. Wir haben den Hafen genutzt, um die Stadt wieder zum Wasser zu öffnen und die einst verbotene Zone der Hafenbahngleise für die Öffentlichkeit zugänglich zu machen. Die Promenaden an den nach wie vor harten Uferkanten werden von der Bevölkerung intensiv genutzt.

Um das Wasser in die Stadt zurückzuholen, haben wir zusätzlich in einer neuen Wohngegend mit 600 Wohneinheiten Grachten angelegt. Die Grachten und die Infrastruktur wurden von meiner Gesellschaft als Vorlaufleistung für private Investitionen erstellt. Das hat es ermöglicht, dass hier hochwertige Eigentumswohnungen im hochpreisigen Segment realisiert werden konnten. Ein Zeichen dafür, dass die Bevölkerung diesen Standort angenommen hat.

*Duisburg, Binnenhafen, Neue Gracht*

Duisburg hat nicht die Tidenprobleme von Hamburg, aber es liegen über 7 Meter zwischen Niedrig- und Hochwasser. Von den Kai-Anlagen kann man das Wasser nur in 10 Meter Tiefe sehen. Dies mindert die Aufenthaltsqualität. Um das Wasser erlebbar zu machen, wurde deshalb ein nicht mehr benötigter Teil des Hafenbeckens aufgestaut, um den Wasserspiegel 6 Meter zu heben. So ist eine künstliche Seenlandschaft, eine Wassererlebnisfläche für die Freizeit parallel zu einem Standort des tertiären Sektors entstanden.

Das Ganze ist in ein ökologisches Wasserbewirtschaftungssystem eingebunden. Hierdurch wurden Wasserspielorte für Kinder geschaffen, so dass sich auch Aufenthaltsqualitäten für Familien ergaben.

Als weiterer Standortfaktor wurde die Kultur bewusst in die Entwicklungsstrategie einbezogen. So bildet der »Garten der Erinnerung«, gestaltet vom Landschaftskünstler Dani Karavan, mit weißen Betonsteinen die Umrisse der alten Gebäude nach, um mit gestalterischen Elementen an die Vergangenheit dieses Industriestandorts zu erinnern. Jedes dieser Gebäude, das hier nachgezeichnet ist, hatte eine eigene Geschichte. Die Baulichkeiten wurden so weit reduziert, dass sie nur noch als skulpturale Elemente wirken. Vom Verwaltungsgebäude einer Speditionsfirma ist der Treppenturm als Aussichtsturm übrig geblieben. Das Ganze

*Duisburg, Neue Grachten für hochwertigen Wohnungsbau*

*Duisburg, »Garten der Erinnerung« von Dani Karavan*

wird eingerahmt von zwei Neubauten, dem Jüdischen Gemeindezentrum des Architekten Zvi Hecker und einem Seniorenzentrum. Diese Maßnahmen wurden anfangs in der Öffentlichkeit durchaus kritisch diskutiert.

Im Juni 1999 haben wir ein Stadtfest im Rahmen der IBA-Schlusspräsentation am neuen, aber noch nicht fertigen Hafen veranstaltet. Wir wollten der Bevölkerung zeigen, welche Konturen durch den Erneuerungs- und Veränderungsprozess schon sichtbar werden. Dieser Bereich soll zum neuen Identifikationsmerkmal für Duisburg werden . Die Bürger gehen mit ihren Besuchern dort spazieren. Sie erklären und zeigen die Fortschritte voller Stolz. Dazu trägt auch der öffentliche Raum bei. Hier steht z.B. die erste bewegliche Hängebrücke der Welt. Sie ist touristisch so interessant geworden, dass wir sie an den Wochenenden mehrmals heben lassen müssen, wenn Besuchergruppen sich anmelden

Mit der Akzeptanz der Bevölkerung ist die Akzeptanz der Investoren gestiegen. Gab es 1993 200 Arbeitsplätze so sind es sechs Jahre danach über 2000. Bis 2004 werden es insgesamt 6000 sein. Erstmals müssen wir Investoren ablehnen, weil unsere Neubauflächen fast vollständig belegt sind.

Unser Ausgangspunkt war eine Industriebrache, die wir revitalisieren wollten. Das verlangte Vorleistungen. Entscheidend für den Erfolg war, dass, finanziert durch die öffentliche Hand und EU-Mittel, schnell öffentliche Infrastruktur und ein intaktes Umfeld geschaffen wurden. Das Verhältnis von öffentlicher Infrastruktur-Vorleistung in Relation zum Investitionsgesamtvolumen beträgt rund 10 Prozent. Wir sind im Moment bei der Hälfte des Weges angekommen. Man sagt: »Einen Weg von 1000 Meilen beginnt man mit einem ersten Schritt.« In Duisburg war dieser Schritt in den herkömmlichen Strukturen der Kommunalverwaltung undenkbar. Das aktive Gestalten wurde erst durch die Schaffung einer eigenen Gesellschaft möglich, die die Aktivitäten aller handelnden Akteure so weit koordinierte, dass der vor uns liegende Weg gemeinsam bewältigt werden konnte.

*Hans Ander*

# Waterfront Göteborg: Eine Vision neuer Planung

Göteborg, eine Stadt mit 450.000 Einwohnern, kleiner als Berlin, Toronto oder London, brauchte eine Vision. König Gustav Adolf verlieh hier 1621 die Stadtrechte, weil er zum Kriegführen eine Garnison brauchte. Die Altstadt ist Anker der städtischen Identität. Göteborg ist heute Hauptstadt der Westküste, regionales Kultur- und Bildungszentrum mit einer stolzen Industriegeschichte. Die letzten Schiffe wurden hier 1975 bis 1978 gebaut. Die Industrie zieht sich weiter zurück. Göteborg wird immer mehr Stadt der Begegnungen, der Events. Sie generiert heute ganz andere Unternehmen und städtische Einkünfte.

Der Stadtentwicklungsplan für Göteborg wurde 1993 aufgestellt und führte zu einer neuen Vision von Planung überhaupt, die sich in zwei Begriffe fassen lässt: Wettbewerbsfähigkeit und Nachhaltigkeit. Beide Themen ziehen sich wie ein Leitfaden durch die städtische Planung.

Entscheidend, auch für politisch korrekte Lösungen, ist der Zusammenhang zwischen beiden. Ob bei der Flächennutzungsplanung oder der Wirtschaftsförderung: Ökonomie und Ökologie dürfen die produktive Planung sozialer Aspekte, wie Einkommen, Beschäftigung, Bildung, Erziehung, Gesundheit, Chancengleichheit, den inneren Reichtum der Menschen nicht außer acht lassen. Planung kann soziale Lagen verbessern oder verschlechtern. Empowerment nennt Göteborg diese gewollte Stärkung der Bewohner der Stadt, ihre Einbeziehung in Entscheidungsstrukturen und -verfahren.

*Göteborg, Altstadt*

Stadtentwicklung in Göteborg bedeutet u.a. Planung am Fluss, Vitalisierung der Waterfront. Mit dem Fluss musste die Vision von Nachhaltigkeit und Wettbewerbsfähigkeit dekliniert werden. Der Fluss gibt der Stadt ihre Existenzberechtigung. Und auch der Fluss hat Entwicklungspotenziale: Zum Beispiel könnten Kais und Piers verkauft und bebaut werden. Zur Water-

*Ehemalige Maschinenhalle, zum Hotel umgebaut, 1999*

*Werfthalle vor Beginn der Entwicklung, 1978*

frontentwicklung Göteborgs gehören Wohnungsbau, der historische Hintergrund der alten Werften, die Qualifizierung kleiner und mittlerer Unternehmen, die neue Identität schließlich der Wasserstadt. Vor allem aber gehören zur Waterfront Göteborgs die Menschen, die viel wichtiger sind als die Stadt selbst. Zur Waterfront gehört Kultur. Planer können Kultur nicht verordnen, aber sie können Angebote schaffen, damit Kultureinrichtungen entstehen. Manchmal ist schon viel erreicht, wenn Planer es vermeiden, Kulturhindernisse zu errichten.

## Kontinuität in der Vision und Flexibilität in der Planung

Die Stadt Göteborg hatte Architekten, und die privaten Developer hatten Architekten. Die Hafenbehörde hatte ihre eigenen Pläne. Jeder entwickelte seine eigenen Ideen. Erst als man gelernt hatte, auch bei der Waterfront-Entwicklung zur Identität Göteborgs zurückzukehren und diese zu wahren, marschierten alle in dieselbe Richtung. Das gemeinsame Ziel war, viel auf einmal zu leisten. Dazu musste innerhalb eines Jahres Konsens erreicht werden. Eine der Prioritäten war die Kernaussage: Die Pläne können jederzeit geändert werden, Vorschläge, Flexibilität sind gewollt. Nicht verändert werden kann die Vision.

Der Masterplan beinhaltete deshalb neben dem eigentlichen Wohnungsbau vor allem auch Mischnutzungen, ein Erholungsgebiet, die Umwandlung einer ehemaligen Werft in einen Campus mit mehreren Bildungseinrichtungen. Straßen waren natürlich vom Entwicklungsträger mit öffentlichen Mitteln zu bauen und dann der Stadt zu übergeben. Strategisch wichtig war die schwierige Entscheidung, den eigentlichen Cityrandbereich erst nach dem

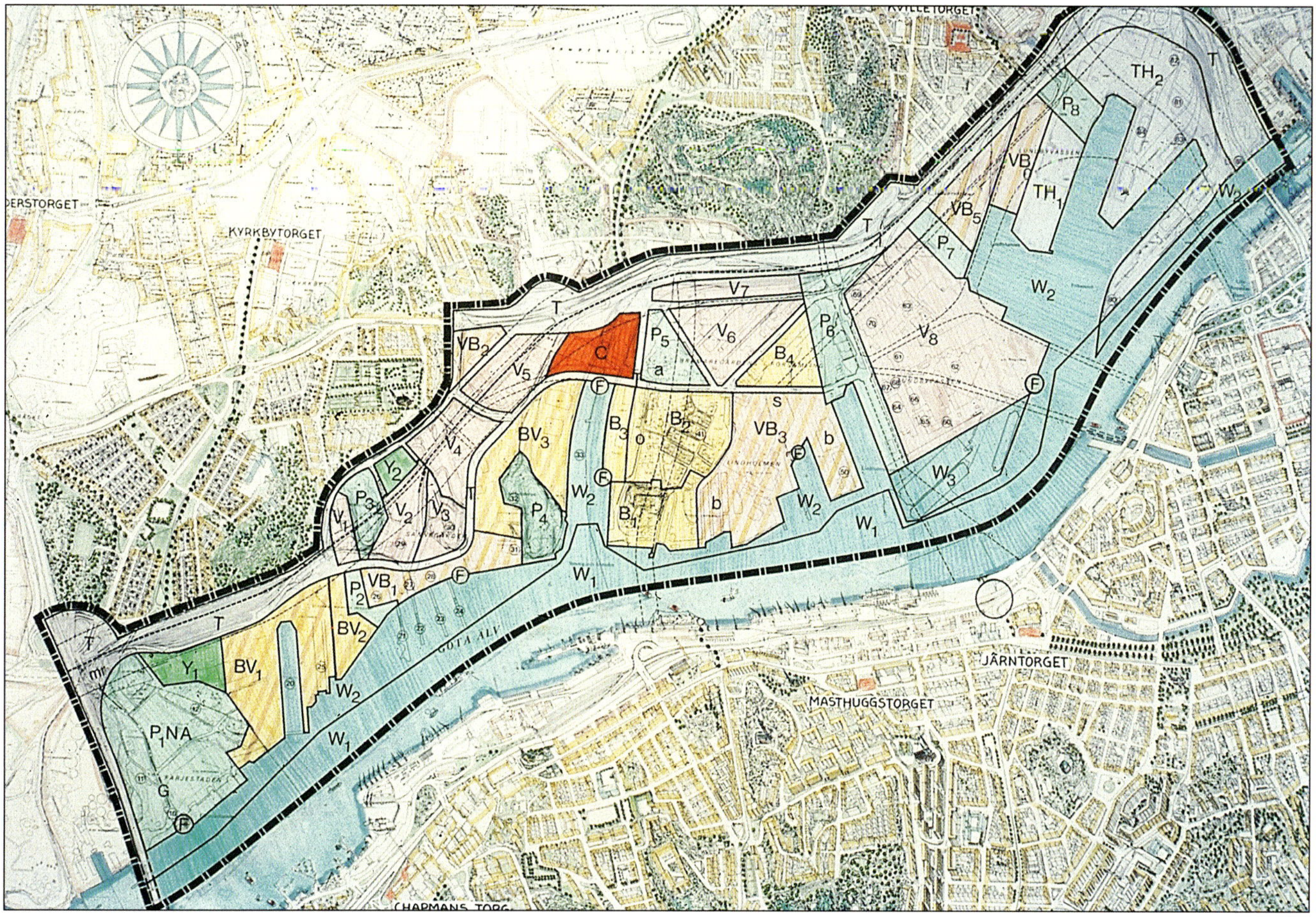


*Bebauungsplan des Entwicklungsgebietes (am rechten Rand die Altstadt)*

Jahr 2005 zu beplanen. Die mögliche Erweiterung des Stadtkerns wäre aus technischen und wirtschaftlichen Gründen eine Überforderung gewesen. Für die erste Entwicklungsphase wurden die Planungsbereiche und die zulässigen Bebauungsvolumen, Zeit- und Kostenpläne in einer vertraglichen Vereinbarung zwischen der Stadt und dem Entwicklungsträger sowie dessen Partnern definiert.

Das Entwicklungsgebiet sollte die Lebensqualität in der Stadt nachhaltig steigern. Leben möchten viele aber am liebsten in Vororten. Einen Vorort am Cityrand Göteborgs zu entwickeln, war verständlicherweise unmöglich, doch vorstädtische Lebensqualität mit innerstädtischem Flair am Cityrand sollte realisierbar sein. Dafür waren soziokulturelle Aspekte wichtig. Sie sind identitätsstiftend und machen Wertsteigerungen oft erst möglich.

Ergänzt wurden die Planungen Göteborgs schließlich durch verständliche Beschreibungen der gewünschten Ergebnisse, die das Entwicklungsgebiet für jedermann plastisch erlebbar machen. Hierbei können auch Private öffentliche Aufgaben wahrnehmen, zum Beispiel bei Untersuchungen zum genius loci, der Beschreibung von Baudenkmalen. Wichtig ist, das Besondere der Stadtentwicklung am Wasser festzuhalten und auch die Bauherren aufzufordern, selbst ihre Qualitätsziele am Wasser öffentlich zu bestimmen.

Die Stadt bekannte sich zur vorrangigen Entwicklung der Waterfront und legte zugleich Wert auf Ausgewogenheit. Entschieden wurde, nicht mehr als 25 Prozent des jährlichen Wohnungsneubaus im Entwicklungsgebiet zu realisieren, um das Gleichgewicht der Stadtentwicklung nicht zu stören. Das Entwicklungsgebiet sollte nicht zur entwicklungspolitischen Dominante der Stadt werden. Nicht mehr als 500 Wohneinheiten pro Jahr sollten hier entstehen. Der Start fiel aufgrund wirtschaftlicher Probleme dann noch

*Innenansicht der zum Hotel umgebauten Maschinenhalle, 1999*

etwas langsamer aus. Tatsächlich wurden zunächst nur 100 Wohneinheiten pro Jahr gebaut.

Die Kais und Piers sind das Filetstück der Stadtentwicklung am Wasser. In Göteborg wurden sie zum Sonderentwicklungsbereich erklärt. Die öffentliche Hand als Träger kam für eine gute Lösung nicht in Frage. Dafür war sie nicht qualifiziert genug. Sie sollte aber mit 10 Prozent Eigentumsanteilen an Bruttoflächen ein Mitspracherecht bei den unmittelbaren Wasserlagen behalten. Die Bebauungspläne gerade für diesen Bereich wurden sehr großzügig angelegt und können jederzeit flexibel gehandhabt werden. Definiert werden nur Grenzen, wie Gebäudetiefen und Traufhöhen sowie funktionale Gestaltungsregeln (Geschosshöhen) für Erdgeschoss und erstes Obergeschoss, in Abhängigkeit davon, ob es dort einmal Wohnungen oder Gewerbe geben wird. Definiert wurden keine Details, darüber soll später entschieden werden. Wichtig ist nur eines: Jeder soll den Blick auf den Fluss genießen können. Und: In einer besonderen Lage müssen neben normalen Wohnbebauungen auch besondere, luxuriöse Wohnungen entstehen dürfen. Warum soll man exklusive Gebäude verhindern, nur weil es sich nicht jeder leisten kann, dort zu wohnen. Auch Luxusangebote tragen zur Gesamtqualität der Stadt bei.

Nach dem Masterplan mussten Entscheidungen zum ersten Entwicklungsbereich getroffen, Bebauungspläne erstellt und erste wichtige Baugenehmigungen als Signale erwirkt werden. Die ersten Bebauungspläne waren natürlich zu großteilig. Nationale Baudenkmale, das architektonische Erbe waren ebenso zu beachten wie eine Eisenbahnlinie mit Gefahrengütertransporten. Allein die Frage, ob 100 oder 300 Meter Sicherheitsabstand bei der Bebauung einzuhalten seien, beschäftigte einen Ausschuss drei Jahre lang.

Eine denkmalgeschützte Maschinenhalle wurde zum Hotel umgebaut. Eine alte Getreidemühle sollte nicht nur erhalten, sondern erweitert werden. Die Kosten für Umbau, Erweiterung, für neue leisere und damit wohnumfeldverträgliche Maschinen und eine neue Erschließung wurden zwischen dem Betreiber und dem Entwicklungsträger geteilt und ohne hoheitliche Genehmigung auf dem Verhandlungswege zwischen beiden rechtskräftig vereinbart. Insgesamt 120 neue, meist kleine Firmen mit drei bis fünf Mitarbeitern haben sich im Entwicklungsgebiet gegründet. Mit ihnen muss der Entwicklungsträger in unmittelbarem Kontakt bleiben, denn nur so erhalten

*Göteborg, Lindholmen, ehemaliges Werftareal, heute ein Zentrum für Wissenschaft und Forschung*

und bewahren sie ein Gefühl ihres Stellenwertes für Stadtentwicklung überhaupt.

Eine große Werfthalle, für die es noch keine neue Nutzung gibt, wird als Sporthalle zwischengenutzt. Hier finden Handballturniere statt. Wichtig war: Das Dach ist dicht. Alles weitere hat Zeit. Doch Menschen kommen dorthin und sind sportlich aktiv.

Die stolze Lindholmenwerft mit früher 5.000 Arbeitsplätzen ist heute ein Zentrum von Wissenschaft und Forschung mit 9.000 Studenten und Dozenten, die hier auch einen Teil ihrer Freizeit verbringen. Die Werftarbeiter von Lindholmen wohnten hier in typischen Werkswohnungen nahe am Arbeitplatz. Mit ihnen wurden Bürgerversammlungen und Workshops veranstaltet, um sie für die neuen Entwicklungen ihrer Heimat zu sensibilisieren und als Partner zu gewinnen. Die Werftarbeiter mussten aber auch qualifiziert, umgeschult werden. Die Automobilindustrie erlebte einen Aufschwung. Dafür waren Bildungseinrichtungen zu schaffen. Die Botschaft »Qualifizierung als Mehrwert der Stadtentwicklung« war wichtig. Heute kommen jährlich 3.000 bis 4.000 Menschen zu Fortbildungsmaßnahmen in dieses Gebiet.

Kunst im öffentlichen Raum zu initiieren, ist schließlich auch eine wichtige Aufgabe des Entwicklungsträgers. Glücklicherweise sorgt in Göteborg eine Stiftung seit 1909 dafür, dass diese Kunst im öffentlichen Raum auch wirklich ankommt.

# Ronald Klein-Knott

## Kai-City Kiel: Die Hörn und Kiel-Wik

*Kiel-Wik, oben im Bild der Nord-Ostsee-Kanal, rechts der Tirpitzhafen*

Kiel, Landeshauptstadt von Schleswig-Holstein, Ostseehafen, Dienstleistungsstandort und Universitätsstadt, hat ca. 250.000 Einwohner und 30.000 Studenten. Im direkten Einzugsbereich, dem eng mit der Stadt verklammerten Umland, wohnen weitere 150.000 Menschen, in der Gesamtregion eine Million. Kiel ist Fördestadt an der Ostsee mit allen Hafenfunktionen, Werften, Marine, mit Fischerei und dem größten Passagierumschlag aller deutschen Häfen (mehr als zwei Millionen Passagiere 1998); schließlich, in Konkurrenz zu Melbourne, Welthauptstadt des Segelns. Kiel lebt wirtschaftlich gesehen vom Wasser, im Hinblick auf die Freizeit auf dem Wasser, im Hinblick auf die weitere Stadtentwicklung am Wasser.

Die handelspolitisch schwierige, militärstrategisch allerdings vorteilhafte Lage der Förde mit Wassertiefen bis zu 18 Meter und die marinepolitischen Prioritäten im Deutschen Reich machten Kiel im letzten Viertel des 19. Jahrhunderts zum Reichskriegshafen. Der Nord-Ostsee-Kanal entstand. Erhebliche Uferflächen, insbesondere im Osten der Stadt, wurden militä-

*Die erste Faltbrücke der Welt verbindet das Ostufer der Hörn mit der City*

*Rechts: Kai-City Kiel, Germaniahafen*

risch und rüstungswirtschaftlich genutzt. Die Marine machte Kiel Ende des 19. Jahrhunderts zur Großstadt mit über 300.000 Einwohnern. Im Zweiten Weltkrieg wurde die Stadt fast völlig zerstört. Nach dem Krieg wurde Kiel erneut Marinestandort. Seit den siebziger und achtziger Jahren wurden im Rahmen der Werftenkrise die ersten Flächen frei. Die Fischerei verlangte nach anderen Schiffstypen, man war auf dem Wasser organisiert. Die Hafeninfrastruktur wurde weniger wichtig.

Die Stadt begann, ihre historisch wirtschaftliche Basis zu verlieren. Der Verlust vieler Arbeitsplätze war damit verbunden. Die deutsche Vereinigung und die Öffnung nach Osteuropa relativierten das Standortkonzept der Bundeswehr. Die Marine verliert für Kiel an Bedeutung. Schließlich ist aktuell der Wegfall von »Duty Free« für die Skandinavienfähren ein großer Verlust. Damit steht die Stadt in einem erheblichen Strukturwandel, der ökonomisch und stadtentwicklungspolitisch zu bewältigen ist.

Im Entwurf zum aktuellen Flächennutzungsplan sind die bis zu Beginn der neunziger Jahre als Hafen, Werft oder militärisch genutzten Flächen markiert. Erhebliche Flächenumnutzungen sind im Gange oder stehen an. Dies ist – wenn auch in anderem Maßstab – ein Konversionsprozess mit ähnlichen Herausforderungen wie im Ruhrgebiet oder im Saarland. Auf zwei große Flächen möchte ich besonders eingehen: Die Hörn in Gaarden und der gemischt gewerblich-militärische Bereich im Stadtteil Wik.

## Die Hörn und der Germaniahafen-Gaarden

Die Hörn ist das südliche, historisch für Werft- und Rüstungsindustrie genutzte Ende des Hafenbeckens. Die brach gefallenen Flächen wurden zur Chance für die Stadt. Ost- und Westufer sind in Kiel zwei verschiedene Welten – auf dem Westufer die historisch gewachsene Innenstadt, auf dem Ostufer Werften und Arbeiterquartiere. Der Brückenschlag im Rahmen der Konversion kann hier am südlichen Ufer und über das Wasser hinweg erfolgen, eine historische Chance für die Stadt. Das Nutzungskonzept sieht 80 Prozent gewerb liche Nutzungen und 20 Prozent Wohnen vor. Das Thema heißt »Dienstleistungen am Wasser«, arrondiert durch Wohnen und Gastronomie. Kiel als Dienstleistungshauptstadt hatte die Möglichkeit, die Ansiedlung neuer Arbeitsplätze durch die Unterstützung des Landes und der EU zu fördern. Etwa 100 Millionen DM standen für die Umnutzung der Brache zur Verfügung.

Die Kieler Freizeitreviere liegen am Eingang zur Förde, nicht an ihrem Ende an der Hörn. Von hier mit dem Segelboot braucht man bei ungünstigem Wind mehrere Stunden bis zur Ostsee. Die Hörn ist daher für eine Marina ungeeignet. Gleichwohl ist die Wassernutzung von hoher Bedeutung. Stege und Ankerplätze für Gastlieger und Traditionssegler während der Kieler Woche, eine großzügige Treppenanlage, die zum Wasser herunterführt, und Aktionsflächen auf dem Wasser sollen

*Brachgefallenes altindustrielles Ufer*

angeboten werden. Das Wasser darf kein schmückendes Beiwerk, nicht nur nette Umgebung sein. Auf dem Wasser muss etwas passieren.

»Schlepp&Fähr«, die Betreibergesellschaft des ÖPNV auf dem Wasser, mit ihren hochseetauglichen attraktiven Kieler Fährbooten und Hochseeschleppern, soll inklusive Werkstätten, Betankungsanlagen etc. am westlichen Ufer des Hörnbeckens auf Pontons konzentriert werden, eben auch, weil sie aktives Freizeitelement und Teil der maritimen Kulisse der Stadt ist. Nachgedacht wird auch über Gastronomie auf Schiffen. Eine chinesische Dschunke, die von Stockholm nach Rotterdam unterwegs war, sollte hier für ein halbes Jahr als Restaurantschiff anlegen. Die Arbeitsverträge wurden zum Problem, und die Dschunke konnte ihren Anker nicht in Kiel fallen lassen.

Die Hörn war früher ein hervorragender Laichplatz für Heringe, im Frühjahr ein Eldorado für Angler. Im Rahmen der ökologischen Ausgleichsmaßnahmen wurde eine neue spezielle Laichbank ausgebildet, die nun von keiner anderen Nutzung mehr berührt wird. Hoffentlich fühlen sich die Heringe hier bald wieder wohl.

Um den Germaniahafen, ein neues Hafenbecken in der Hörn, wird aktuell ein 200-Millionen-Projekt realisiert: Gewerbliche Nutzungen und Büros nach Norden, Wohnungen, auch »Betreutes Wohnen« zum Wasser hin, in den Erdgeschossen Gastronomie und Entertainment, dahinter ein medizinisches Zentrum. Die Eingliederung universitärer Nutzungen könnte das Nutzungsmix attraktiv ergänzen. Letztes nördliches Element der Wassernutzung ist der Norwegen-Terminal mit den Oslofähren, die hier anlegen.

Für Kiel geht es weniger um Nutzungskonflikte und Unverträglichkeiten. Kiel muss nicht nur für brach gefallene Flächen, sondern auch für die Wasserflächen neue Nutzungen und Nutzungskombinationen finden! Kiel lebt von der Wasserlage, deren Attraktivität ausschlaggebend für den Erfolg der Uferquartiere ist. Kiel muss eine konzeptionelle Klammer finden, von der 280 Meter langen Oslofähre über die Traditionssegler, die »Wasserbusse« von »Schlepp& Fähr« bis zu kleinen und großen Veranstaltungen auf dem Wasser.

## Kiel-Wik

Kiel-Wik am Nord-Ostsee-Kanal und Tirpitzhafen: Man erzählt, zur Zeit der Flottenprogramme und bis zum Zweiten Weltkrieg lagen hier die Kriegsschiffe zeitweise so dicht, daß man zu Fuß über die Förde gehen konnte. Merkmal des Quartiers heute ist ein Mix von militärischer Nutzung (Tirpitzhafen u.a. mit der Gorch Fock, Militärhospital, technische Marineschule und eine alte Garnisonkirche aus dem 19. Jahrhundert), Stadtwerke, Industrie- und Gewerbebetriebe mit Wasserbezug und der großen Schleusenanlage am Nord-Ostsee-Kanal.

Die Marine möchte den Standort nicht insgesamt aufgeben, aber sich von einem Teil des Geländes zurückziehen und ihren Standort konzentrieren. Diskutiert wird eine gemeinsame Nutzung der Wasserfläche für militärische und zivile Zwecke und eine zivile Neunutzung der von der Marine freigegebenen Flächen. Eine ungewöhnliche Herausforderung, neue Adressen zu schaffen. Die Marine, deren Vertreter übrigens einen großen Teil der Entwicklungsperspektive aus eigenem Interesse und außerordentlich kooperativ mitformulierten, möchte auch nur einen Teil des Wasserbeckens des Tirpitzhafens als Liegeplatz für Kriegsschiffe behalten. Nicht nur die planerische Verknüpfung von Land- und Wassernutzungen, die Abstimmung von zivilem und militärischem Nebeneinander, auch die dabei aufgeworfenen Rechtsfragen, wann welche Hoheiten greifen, wie das Sicherheits- und Versicherungsverständnis gewährleistet bleiben, sind eine neue Herausforderung. Drei Alleen sollen das Gebiet von Westen nach Osten strukturieren und die Verbindung des Stadtteils Wik zur Förde herstellen. Ein Grünzug wird von Nord nach Süd den Stadtteil gliedern, Quartiere neu verbinden und eine direkte Beziehung zum Nord-Ostsee-Kanal herstellen. Der Scheerhafen soll mit einer eigenen städtebaulichen Figur umfasst werden und einen Nutzungsschwerpunkt für wassergebundene Gewerbe bilden. Leider, und das ist ein Problem für Wassersportler, hat er keinen Schwellschutz nach Osten. Zur Zeit überprüfen wir, ob und mit welchen finanziellen Konsequenzen ein solches Schutzwerk errichtet werden kann.

In Kiel-Wik könnte eine Marina für Freizeitsegler (300 bis 400 Liegeplätze) mit allen komplementären Landnutzungen entstehen, dazu Wohnungen und Gastronomie, ein Technologiegründerpark für wassergebundene Gewerbe. Die Lagegunst ist der Ausgang an der Förde und am Nord-Ostsee-Kanal, evtl. auch geeignet als Terminal für Kreuzfahrtschiffe und große Yachten. Denn die Ostsee hat inzwischen Kreuzfahrtkonjunktur.

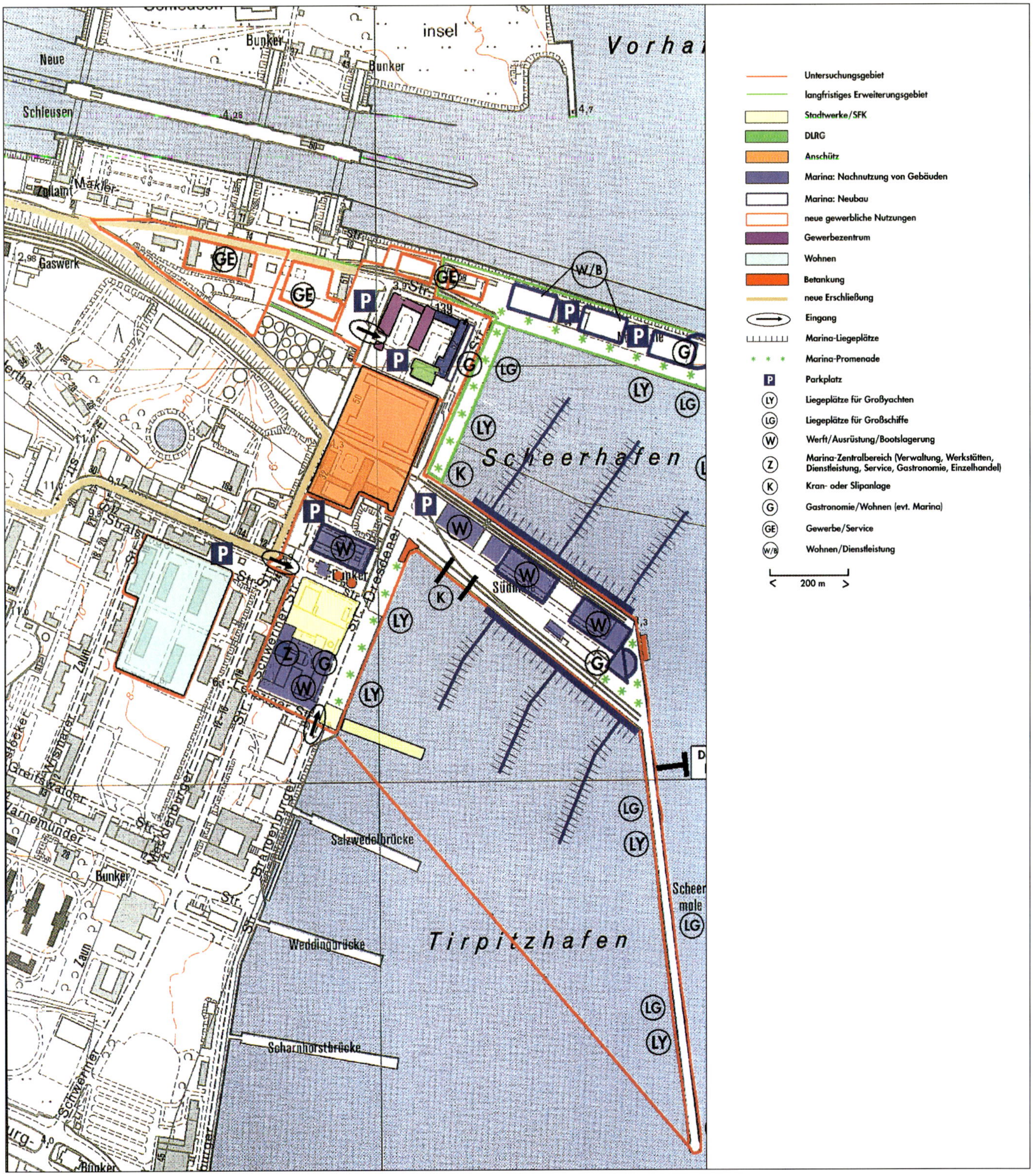


*Kiel-Wik, Nachnutzungskonzept*

# Herman Hertzberger
## Amsterdam: Wohnen am und auf dem Wasser

*Amsterdam, Idylle auf dem Hausboot*

In den Niederlanden hat man über Jahrhunderte auch *auf* dem Wasser gewohnt. Boote wurden zu Wohnungen umgebaut. Für die Behörden war das von Beginn an nicht leicht, nicht nur deshalb, weil dort die Bauvorschriften nicht galten. Da wohnten auch Lebenskünstler, manche durchaus »subversiv«, viele nicht unbedingt reich, darunter eine Menge Künstler, in Wirklichkeit saubere Zustände, die hingegen behördlich immer auch als ein Stück »Verschmutzung der Stadt« verstanden wurden. Doch das Wasser war der einzige freie städtische Raum, wo man fast ohne Bauvorschriften bauen und wohnen konnte. Errichtet wurden sehr schöne und manche unschöne, aber alles in allem freie, individuelle Wohnobjekte. So etwas darf Behörden nicht gefallen. Und sie haben immer wieder und stets auf neuen Wegen versucht, diese Wohnklientel aus der Stadt zu drängen. Keiner der Versuche hat gefruchtet.

Heute entwerfen wir schwimmende Gärten auf dem Wasser. Eine ganz neue, absolut der Ökologie verschriebene Wohnkultur, Häuser auf schwimmendem Polystyrol, hat sich entwickelt. Eine neue Industrie gruppiert sich um diese Projekte. Man könnte fast meinen, die Niederlande haben das Wasser neu entdeckt. Das ist natürlich Unsinn, denn wir haben soviel Wasser, und es gehörte immer allen. Dem Wasser haben wir Land abgerungen und so auf friedliche Weise unser Territorium vergrößert. Doch vor etwa zehn Jahren begannen wir darüber nachzudenken, Landnutzungen auf dem Wasser zu verorten. Das war ein wirklicher Umdenkungsprozess: städtebauliche Entwicklungen und Wohnen auf dem Wasser zu entwerfen. Und wie gesagt: Wasser haben wir genug.

Die Niederlande waren einmal das Traumland der Freiflächen. Inzwischen ist alles privatisiert. Soziale Wohnungsbauprogramme gibt es nicht mehr. Investoren sind gefragt. Und Investoren wollen kleine Grundstücke und hohe Nutzungen, private Gärten und keine öffentlichen Freiflächen. Fazit: Man hat das Wasser neu entdeckt. Neue Wasserflächen werden geschaffen. Nichts ist in den Niederladen einfacher als das. Ein wenig Erdaushub und man hat neue Wasserflächen. Um neue Stadtentwicklungen auf dem Lande herum entstehen keine begrünten Freiflächen, sondern Wasserflächen. Und das sieht gut aus.

Unternehmen in den Niederlanden propagieren den Erwerb der eigenen Burg auf dem Wasser. Das hat große Vorteile. Die psychologische Distanz zum Nachbarn, die empfundene Unabhängigkeit und Freiheit sind größer, auch wenn der Abstand dem auf einer Straße gleicht. Die Menschen wollen ja das eigene Haus auf dem eigenen Grundstück; je größer das Grundstück,

*Quartiere auf schwimmenden Inseln*

um so höher das Ansehen. Das Territorium der Niederlande gibt so viel Grund und Boden nicht her. Also versuchen Investoren und Architekten, die Grundflächen klein zu halten. Nun plötzlich hat man die perfekte Lösung: Grundstück gleich Null, dazu ein großartiges Haus und dazwischen, wie in Venedig, die Traumboote, nur alles in der Realität. Ich bin davon überzeugt: man kann und man muss auf dem Wasser bauen. Selbstverständlich sind damit auch Probleme verbunden, neue Probleme: es gibt kaum Freiflächen für Kinder. Wir denken über schwimmende Kinderspielplätze nach.

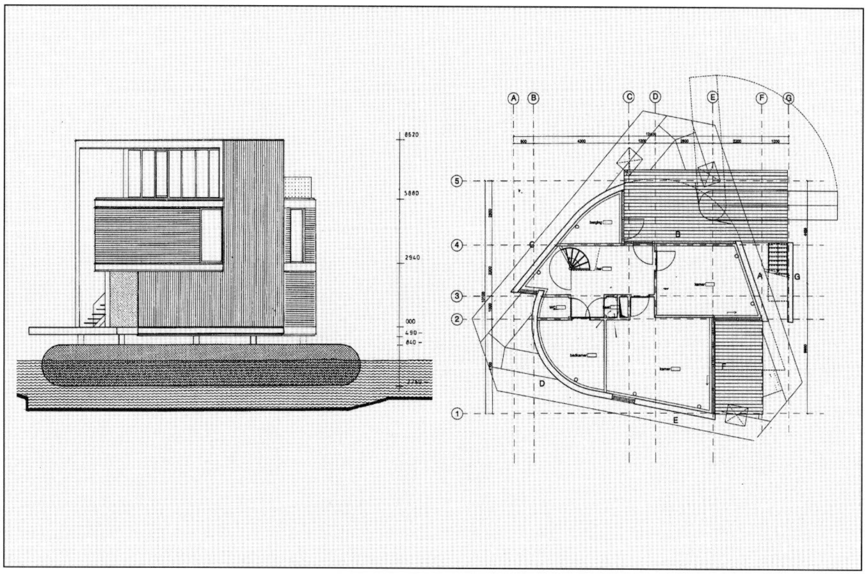

*Herman Hertzberger, Floating Home, Ansicht und Grundriß Erdgeschoß*

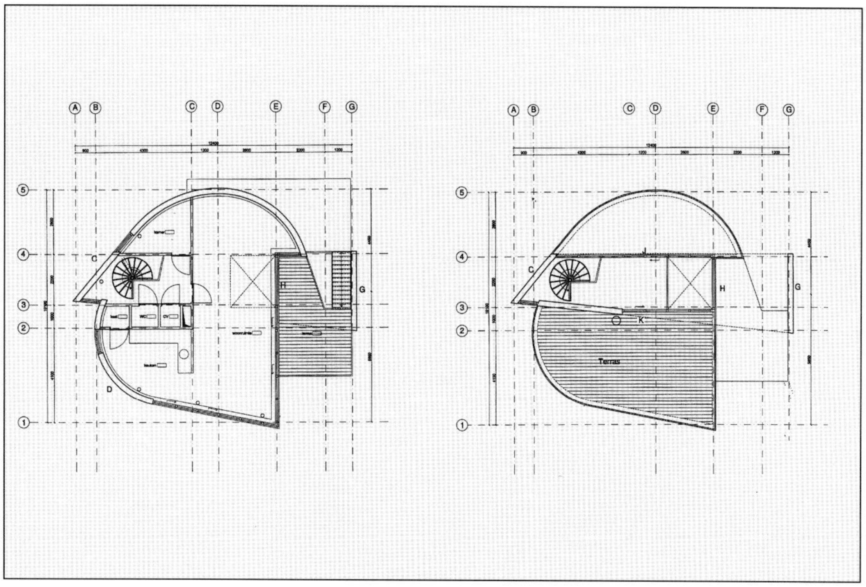

*Grundriß 1. und 2. Etage*

In den Niederlanden lernen die Kinder sehr frühzeitig Schwimmen, und das sollten sie natürlich können. Architekten müssen neue Lösungen für die dauerhafte Haltbarkeit der schwimmenden Gebäude entwickeln, aber das ist ihr Job!

Das dargestellte dreistöckige schwimmende Haus ist nach zehn Jahren Arbeit, Debatten und Kampf nun im Bau. Große technische, statische und Stabilitätsprobleme konnten mit neuen Technologien gelöst werden. Schließlich soll es vor dem Haus auch Berufs- und Sportschiffahrt geben dürfen. Also müssen Wellenbewegungen aufgefangen werden. Große Wellen schlugen auch Fragen nach Hypotheken. Die Immobilie war plötzlich nicht mehr immobil! Sie kann sogar am Standort gedreht und verschwenkt werden. Man kann sich der Sonne oder dem Nachbarn zu- bzw. von ihm abwenden. Daraus ergeben sich wiederum klimatechnisch interessante Sparpotenziale im Sommer und im Winter. Und im Voranschreiten konnten fast die Hypothekenfragen gelöst werden. Eine wichtige Frage dabei ist nach wie vor offen: Privatisiert man das Wasser grundstücksadäquat oder bleibt es öffentliches Eigentum? Die öffentlichen Wasserflächen erhalten eine besondere Mobilitätsoption: Die ideale Wasserstadt erlaubt den Wechsel der Gebäude an andere Standorte.

Eine städtebauliche Entwicklung in der Provinz Zeeland geht neue Wege beim Thema Stellplätze. Von vornherein waren im Bebauungsplan für hochpreisige Eigentumswohnungen schwimmende Geschosswohnungen mit Stellplätzen (für den teuren Porsche) auf der ersten schwimmenden Ebene neben dem Schlafzimmer vorgesehen. So kann man das gute Automobil am besten bewachen. Der B-Plan war mutig, und dieser Mut ist wichtig. Er wurde genehmigt, weil niemand daran glaubte, dass dies jemals realisiert werden könnte. Inzwischen ist es soweit, die Bebauung hat begonnen.

Der Eingangsbereich zu einer grossen Wohnung gleicht einem Steg oder einer Landungsbrücke mit Abstellraum für die Fahrräder und einem kleinen Vorgarten. Bäume, Rasen, alles Grün sind auf dem Wasser möglich. Im Erdgeschoss wird geschlafen und das Auto geparkt. Das Wohnzimmer befindet sich im ersten Obergeschoss, dazu gehört eine große Dachterrasse, die natürlich auch ein Stück Grünraum kompensieren muss, wenn man sich nicht für schwimmende Gärten entscheiden kann. Dieser Typ »freischwimmendes Einfamilienhaus« kann natürlich auch in Quartieren zusammengefasst werden. Mit den Quartieren entstehen somit Inseln (Abbildung Seite 173) von etwa 100 bis 150 Wohnungen. Die Terrassen sind variabel, ebenso die Balkone. Es gibt Wasserstege, Kanäle, traditionelle Grachten. Dieses Inselprinzip ist natürlich auch landseitig durch Aufschüttungen realisierbar.

In den Niederlanden haben wir es traditionell beim Bauen immer mit Wasser zu tun. Doch was wir spüren: Wir integrieren trotzdem immer wieder immer mehr Wasser in unsere Planungen. Als ich für die Rummelsburger Bucht Grachten vorschlug, verweigerten sich die Behörden: Der Boden sei kontaminiert, und wenn man Grachten wolle, so sei das nur mit Trinkwasserqualität statthaft. Entweder sind die Deutschen wasserscheu oder sie vermuten, dass alle, auch die deutschen Touristen, in Amsterdam aus den Grachten trinken! Bitte tun Sie das nicht, es könnte lebensgefährlich sein. Wir tun das auch nicht, und deshalb leben nach wie vor viele Niederländer!

In Deutschland und besonders in Berlin ist das Wasser Naturschutzgebiet. Manche Überlegungen dabei, auch zum qualitativen Freiflächenkonzept, sollten sich auch die Niederländer zu eigen machen. Die naturbelassene Gestaltung der Ufer in einer Stadt kennt man in den Niederlanden kaum noch. Aber es sollte auch in Berlin möglich sein, das Wasser in städtebauliche Entwicklungen einzubeziehen. In anderen deutschen Städten wie Hamburg geht es doch auch. Beide Qualitäten sollten nebeneinander existieren können.

*Herman Hertzberger, Floating Homes*

*Herman Hertzberger, Floating Homes*

*Klaus Kürvers*

# Die »Floating Home Docks« von Seattle

*Seattle, Portage Bay, Eine Reihe von »Floating Homes« von der Wasserseite aus gesehen*

Seattle als größte Hafenstadt im Nordwesten der USA liegt einige Kilometer südlich der Kanadischen Grenze auf einer schmalen Landzunge zwischen dem Lake Washington im Osten, der die Stadt vom übrigen Festland trennt, und dem Puget Sound im Westen, der zu einem System von Buchten gehört, die mit dem Pazifischen Ozean verbunden sind. Die Stadt liegt zwischen dem 47. und 48. Breitengrad, etwa auf gleicher Höhe wie Zürich, und sie gilt als einer der regenreichsten Orte der Erde. Nördlich des Stadtzentrums von Seattle liegen zwei Seen – der Lake Union und die kleinere Portage Bay – die über einen im Jahre 1917 fertiggestellten Kanal sowohl mit dem Puget Sound als auch mit dem Lake Washington verbunden sind. An den Ufern dieser beiden Seen befindet sich eine Vielzahl von in die Seen hinausreichenden Steganlagen – »docks« oder »moorings« genannt –, die zum Teil als Hafenanlagen für die zahlreichen Segel- und Motoryachten dienen. Daneben gibt es jedoch auch etwa 20 bis 30 solcher »docks« zur Erschließung der 450 bis 500 hier offiziell zugelassenen Hausboote oder »floating homes». Es ist eine der größten schwimmenden Einfamilienhaussiedlungen der USA mit einer langen, bis ins 19. Jahrhundert zurückreichenden Geschichte.

Die Geschichte der Hausboote in und um Seattle hängt eng mit der Holzindustrie zusammen, durch die die Stadt groß geworden ist. Bereits um 1870 fanden sich auf den Flüssen in der Umgebung der Stadt zahlreiche Floßhäuser, die vor allem als Unterkünfte, Küchenhäuser und Kantinen von Waldarbeitern genutzt wurden. Es waren mobile Camps, zu denen auch schwimmende Lagerhäuser und Kontore gehörten, die an die jeweils zu schlagenden Waldareale verlegt wurden. Ähnliche, von Seeleuten genutzte Floßhäuser konnte man auch im Bereich des Hafens von Seattle finden. Um 1880 sind die ersten Wohnhausboote im Stadtgebiet von Seattle belegt, die vor allem von den Familien der in den zahlreichen Sägemühlen beschäftigten Arbeitern bewohnt wurden. Um 1890 wurde diese Hausform von wohlhabenden Familien aus Seattle aufgegriffen, die sich nun elegante schwimmende Wochenendhäuser bauen ließen. Sie lagen zunächst auf dem Lake Union, wo erste kleine Hausbootkolonien entstanden. Um die Jahrhundertwende etablierte sich dann der große Lake Washington als bevorzugtes Gebiet dieser schwimmenden Sommerhäuser. Einige davon wurden nun auch bereits ganzjährig zum Wohnen genutzt. Auf dem Duwamish River etablierte sich zur gleichen Zeit eine sehr viel ärmlichere schwimmende Wohnsiedlung von Arbeitern und Seeleuten.

Anlässlich der Weltausstellung in Seattle – der »Alaska-Yukon-Pacific

*Lake Union, Alte Steganlage, zu beiden Seiten die eingeschossigen Hausboote der traditionellen Bauart*

*Rechts: Portage Bay, Restauriertes Hausboot auf einem Floß aus Zedernstämmen aus der Zeit um 1900*

Exhibition« – wurden im Jahre 1909 auf dem Lake Union Dutzende von schwimmenden »Teehäusern« gebaut, schwimmende Klubs, auf denen alkoholische Getränke ausgeschänkt, Unterhaltung und Spiel geboten wurde.

Sie waren erreichbar über private Steganlagen, sogenannte »docks», die an den zuvor zur Finanzierung der Ausstellung zum Teil privatisierten Ufern und ufernahen Wasserflächen angelegt worden waren. Nach der Expo wurden diese Hausboote verkauft und zu Wohnzwecken umgebaut. Einige sind noch heute erhalten. Bis heute befinden sich die »docks« auf privatem Terrain.

Während der zwanziger und dreißiger Jahre vollzog sich infolge der wirtschaftlichen Depression und Krisen eine zunehmende Proletarisierung der Hausbootbewohner. Man wohnte nun auf dem Wasser, weil es billig war.

Man musste kein Grundstück erwerben, zahlte keine Steuern, und außerdem hatte man durch den Fischreichtum der Gewässer eine einträgliche und kostenlose Nahrungsquelle direkt vor der Haustür.

Nach dem Zweiten Weltkrieg begannen mit den ersten Versuchen, die Hausboote zu besteuern, die langwierigen Auseinandersetzungen zwischen der Stadtverwaltung von Seattle und den Hausbootbewohnern. Die Siedlungen wurden nun als »unhygienische Slums« eingestuft und und entsprechend bekämpft. Wurden um 1940 noch etwa 2.000 Hausboote in und um Seattle gezählt, so waren es 1953 nur noch 1.100. Die gesamten fünfziger Jahre waren für die Hausbootbewohner geprägt durch den Kampf gegen die Stadtverwaltung um ihr Wohnrecht auf dem Wasser. Erst als 1961 die Stadt sämtliche noch verbliebenen 700 Hausboote mit dem Verweis auf die Wasserverschmutzung, die sie angeblich verursachten, beseitigen wollte, gründeten die Hausbootbewohner die »Floating Home Association« als organisierte Interessenvertretung. Die Bezeichnung »floating home« wurde gewählt, um die Hausboote einerseits als eine besondere Art des Einfamilienhauses zu kennzeichnen und sie andererseits von mobilen Hausbooten mit einem eigenen Antrieb zu unterscheiden.

Der »Floating Home Association« gelang es, erfolgreich mit der Stadt zu verhandeln und ein öffentliches Bewusstsein darüber entstehen zu lassen, dass Hausboote und »floating homes« zur Geschichte der Stadt gehörten. Die Stadt erließ 1963 erste Verordnungen zum Schutz der Hausboote und beschloss zusammen mit der »Floating Home Association« ein Programm, das den Anschluss aller Hausboote an das städtische Abwassernetz zum Ziel hatte. 1968 waren es noch 444, die mit Elektro- sowie Frisch- und Abwasseranschlüssen legalisiert wurden. Die Liegeplätze an den privaten »docks« werden seitdem rechtlich als Grundstücke betrachtet und die Hausboote haben den Status von Häusern. Die Bewohner haben offizielle Meldeadressen und bezahlen Grund- und Eigentumssteuer. Ein »dock« mit den 10 bis 20 schwimmenden Einfamilienhäusern schließt diese zu einer Nachbarschaft zusammen und ist zugleich die städtebauliche Grundeinheit der »floating home colonies», die aus mehreren solcher »docks« bestehen.

Die meisten der schwimmenden Häuser sind wie auch die Liegeplätze

*Lake Union, Das »Dock« von »Roanoke Reef« mit den größten und teuersten Schwimmhäusern von Seattle*

*Portage Bay, Zwei der »Floating Homes« nach Entwürfen des Architekten Grant Copeland auf Betonflossen*

an den »docks« heute im Privatbesitz der Bewohner. Die »docks« werden von privaten Gesellschaften unterhalten, einige sind auch im genossenschaftlichem Besitz der »houseboat»-Besitzer. Die hölzerne Steganlagen sind etwa 1,80 Meter breit, etwa 100 Meter lang, sind elektrisch beleuchtet und hier in Seattle zumeist reichhaltig mit üppig gedeihenden Topfpflanzen oder Farnen und Sträuchern, die auf den aus dem Wasser herausragenden Oberflächen der Zedernstämme wachsen, begrünt. Unterhalb der Laufplanken befinden sich die mit den städtischen Netzen verbundenen Versorgungsleitungen für Strom, Wasser, Gas und Telefon, an die jedes der Hausboote über flexible Leitungen angeschlossen ist. Den Steg betritt man vom Ufer aus durch ein Tor, neben dem sich – wie in einem Mehrfamilienhaus – die Briefkästen der Bewohner und die durch einen Sichtschutz verdeckten Sammelmülltonnen befinden. Zum Teil stehen diese Tore offen, zum Teil sind sie verriegelt und durch Klingel- und Gegensprechanlage gesichert. Der Steg ist nur für Fußgänger zu benutzen. Die Eigner der Liegeplätze zahlen an den Eigner der Steganlage eine monatliche Gebühr, in der alle Nebenkosten für Strom, Wasser und Gasversorgung, die Pflege, Instandhaltung und Beaufsichtigung der Steganlage einschließlich der Müllentsorgung, PKW-Parkplatz und Steuern enthalten sind.

Vor dem Hintergrund der neuen, seit 1968 bestehenden Rechtssicherheit entwarf der Architekt Grant Copeland Pläne für einen gänzlich neuen Typ von »floating homes«: Die bisherigen Hausboote in Seattle waren eingeschossige Holzhäuser auf Flössen aus Zedernholzstämmen. Die Baumstämme verrotten unter Wasser zwar nicht, saugen sich aber – wenn auch langsam – mit Wasser voll und verlieren so ihre Schwimmfähigkeit. Von Zeit zu Zeit wurden daher neue Lagen von Stämmen untergeschoben, die jedoch heute von den privaten Hauseigentümern kaum noch zu bezahlen sind. Die neuen »floating homes« Copelands sind dagegen zweigeschossig, architektonisch gestaltet, mit allem Wohnkomfort ausgestattet, der zu einem Einfamilienhaus gehört, und sie stehen auf billigeren und zugleich haltbareren Betonflössen, die mit Hartschaum gefüllt sind. Die Betonflösse sind etwa 1,70 Meter hoch und haben einen Tiefgang von 1,30 Meter. Gebaut wurden zunächst 11 individuell geplante »floating homes», deren Bauherren – zu denen auch der Architekt selbst gehörte – sich zu einer Kooperative zusammengeschlossen hatten, um so gemeinsam die Steganlage – die »Portage-at-bay« – errichten zu lassen und zu unterhalten.

Die 1970 fertig gestellte »Portage-at-bay« wurde zum Prototyp für diese neue Art von Einfamilienhäusern. Mit dieser Anlage bekamen die Hausboote auf den beiden Seen Seattles einen neuen Status. Floating homes waren nicht mehr nur ein romantisch anmutendes, liebenswertes historisches Relikt, sondern wurden nun zunehmend als attraktive Alternative zum Einfamilienhaus in der Vorstadt angesehen. Waren die Bewohner der älteren Hausboote zumeist Arbeiter und Handwerker, so kamen jetzt gut verdienende Angestellte und Selbstständige hinzu. So stellte sich zunächst wieder eine ähnliche soziale Mischung her, wie sie bereits zu Beginn der zwanziger Jahre bestanden hatte, nur mit dem Unterschied, dass nun alle Hausboote ganzjährig bewohnt wurden. Zumeist bestand diese neue Gruppe von Bewohnern aus jungen Akademikern und Bootsbesitzern, die die innerstädtische Nähe sowohl zu ihren Arbeitsplätzen wie zum Wasser und ihren Booten zu schätzen wussten.

*Lake Union, Eines der größten »Floating Homes«*

*Lake Union, Das Nebeneinander von traditionellen Hausbooten und neuen, zweigeschossigen »Floating Homes«*

***Die 1970 fertiggestellte Steganlage »Portage-at-Bay« mit 11 »Floating Homes« nach Entwürfen des Architekten Grant Copeland***

Wer hier wohnt, wohnt gerne hier. Die Bewohner, mit denen wir im Sommer 1997 gesprochen haben, würden das Leben auf dem Wasser nicht mehr eintauschen wollen mit dem in einem herkömmlichen Einfamilienhaus. Fast alle haben ein eigenes Boot, sei es ein einfaches Paddelboot oder eine teure Hochseeyacht. Man schätzt die Nähe zur Natur, die hier wild lebenden Enten, Gänse, Waschbären und Biber gehören genauso zum alltäglichen Wohnumfeld wie die Nähe der Nachbarn, mit denen man zumindest das gleiche Interesse am Wasser teilt. Die Bewohner eines »docks« kennen sich, sie helfen sich gegenseitig und achten auf die Häuser der Nachbarn, was ein Gefühl der Sicherheit gibt. Man schätzt die als beruhigend empfundene stetige, leichte Bewegung der Häuser und den immer neuen Ausblick aufs Wasser. Änderungen des Lichtes und des Wetters spürt man hier direkter als in Häusern auf festem Boden. Das durch die Wasseroberfläche in die Räume gespiegelte, bewegte Licht gehört zum faszinierendsten Unterschied zu »gewöhnlichen« Häusern, den man feststellt, wenn man eins dieser »floating homes« betritt.

Das Beispiel der neuen »floating homes« auf dauerhaften Pontons aus Beton machte schnell Schule. Als nächstes wurde die Idee in Sausalito, in der Nähe von San Francisco, aufgenommen.

Seattle und Sausalito sind seit den siebziger Jahren die beiden wichtigsten, bis heute wirkenden Vorbilder schwimmender Siedlungen in den USA. Inzwischen gibt es an der Westküste Nordamerikas zwischen Alaska und Mexiko kaum einen Küstenort, der an einer Flussmündung oder einer geschützten Bucht liegt und in dem es nicht wenigstens eine kleinere Ansiedlung von »floating homes« gäbe. Zunehmend findet man sie auch an der gesamten Ostküste. Überall konnte dabei auf die technischen, juristischen und politischen Erfahrung der »Floating Home Association« und der Stadtentwicklungsabteilung von Seattle zurückgegriffen werden.

Auch in Europa fanden die Beispiele von Seattle und Sausalito ein Echo, zumeist aber nur bezogen auf die Konstruktion und Gestaltung einzelner Hausboote auf Betonschwimmkörpern. Einzig ein Marinabesitzer in Lauterbach auf Rügen hat das Beispiel der »docks« aufgegriffen und bietet seit diesem Jahr die ersten zweigeschossigen Schwimmhäuser auf Betonpontons zum Kauf und als Ferienwohnungen an. Die Liegeplätze sind an Steganlagen kombiniert mit denen der Segelyachten.

Das Interessanteste am Beispiel Seattle scheint mir jedoch neben der städtebaulichen Grundeinheit des »docks», die die einzelnen Häuser aus ihrer Isolation befreit, ihr städtischer Zusammenhang zu sein. In Seattle tragen die »floating homes« inzwischen wesentlich zum Stadtbild und zur Identität bei, sodass die Stadt bereits auf den Titelblättern offizieller Broschüren mit Fotografien dieser Bauten für die Stadt wirbt. Sie sind eine Bereicherung des innerstädtischen Wohnangebots gerade für junge, gutverdienende Familien, die es gilt, in der Stadt zu halten. Für sie bieten diese Häuser mit ihrer Nähe sowohl zum Arbeitsplatz als auch zum Freizeitangebot der Seen eine attraktive Alternative zum Einfamilienhaus im Umland, das mit langen Wegen und Zweitwagen erkauft werden muss.

## *Jürg Steiner*
# Salvador de Bahia, Brasilien

Salvador de Bahia ist eine der ältesten Städte Brasiliens. Vor 450 Jahren und somit bereits 50 Jahre nach der Entdeckung Brasiliens durch die Portugiesen gegründet, war sie im 17. Jahrhundert für mehrere Jahrzehnte niederländisch. Salvador liegt am Eingang einer Bucht, die 50 Kilometer ins Landesinnere des Staates Bahia führt. Das traditionelle Stadtgebiet teilt sich in drei Zonen: Die Lagen am Wasser waren lange Zeit dem Transport und der Industrie vorbehalten. Ein bis zu 50 Meter hoher, meist steiler Abhang reicht an vielen Stellen der Stadt bis ans Wasser, einige Subzentren sind auf flachen Landzungen unter dem Abhang entstanden. Zum Teil ist diese abschüssige Zone dicht bebaut, wobei es auffällt, dass die Häuser hier ungepflegt, ja sogar meist ruinös oder bereits verfallen sind und besonders an einer dort verlaufenden Schnellstraße unkontrollierte Bauwerke, sogenannte »Favelas«, zu finden sind. Diese Orte, wo sich arme Menschen eine dürftige Behausung schafften, siedeln sich in scheinbar rechtsfreien Räumen an und befinden sich auch durchaus in Nachbarschaft zu guten Wohngegenden. Auf den hügeligen Anhöhen befindet sich auch das barocke Salvador, gekennzeichnet durch viele Kirchen mit ihren typischen Doppeltürmen. Hier hat man sich in den letzten Jahren auf das Erbe besonnen und mit der Sanierung schon bemerkenswerte Wohnverbesserungen erreicht. Die Stadterweiterungen des 19. und frühen 20. Jahrhunderts zeichnen sich über dem Abhang durch beste Lage aus und sind dennoch meist unbewohnt oder bereits abgerissen. Hier entsteht ein Hochhaus neben dem anderen.

*Salvador de Bahia, Als Restaurant umgenutztes Lagerhaus*

Die Hochhäuser der letzten 20 Jahre sind ganz deutlich zur Bucht hin ausgerichtet. Ihre schmale, hohe Architektur kann als »Wasserstadtarchitektur« bezeichnet werden. Bemerkenswert ist, wie anders diese Häuser vom Wasser aus wirken als von der Straße her. Meist verfügen sie über nur eine rundumführende Wohnung pro Geschoss. Im Zentrum befindet sich der Aufzug, der direkt ohne weitere Flure in die Wohnung führt. Man verlässt den Lift und blickt auf das Meer. Besonderheiten wie Balkone mit Swimmingpools führen das Wasser auch physisch an die Hochhauswohnung heran. Durch den Äther nehmen die privaten Wasserbecken mit der unbegrenzten Wasserfläche der Bucht einen Dialog auf. Der Abhang am Fuße der Hochhäuser ist mit Bäumen bewachsen und ist wie das Grundstück auf der Anhöhe nicht öffentlich zugänglich. Unten am Abhang ist der hauseigene Bootssteg ins Wasser

*Lina Bo Bardi, Kontraste zwischen Wasser und Schnellstraße*

gebaut. Dieser ist bei einigen Häusern über eine Seilbahn mit der Zugangsebene des Hauses verbunden.

Die Hänge sind also entweder privatisiert oder vom Verkehr durchzogen, an den sich die enge Notbebauung schmiegt, vorzugsweise sogar direkt unter der aufgeständerten Schnellstraße. Aber die gehobeneren Schichten drängt es ans Ufer, sodass unter der Problemzone direkt am und auf dem Wasser neue Nutzungseinheiten entstehen, vornehmlich der Freizeit gewidmet, aber auch der Dienstleistung. Drei Beispiele stechen heraus:

Eine ehemalige Zuckerfabrik mit Werkstätten, Manufaktur, Lager- und Bedienstetenhäusern, ja sogar einer kleinen Kirche ist behutsam und innovativ zum Museum für Moderne Kunst durch eine der herausragendsten Architektenpersönlichkeiten Brasiliens, der verstorbenen Lina Bo Bardi umgebaut worden. Gaststätten und ein Museumspark am Hang mit kleinen Ausstellungspavillons üben einen hohen Reiz aus, auch die kleine Kirche ist inzwischen Ausstellungsraum in diesem Idyll zwischen Wasser und Schnellstraße.

Im alten Passagierhafen gibt es keine Fahrgastschiffe mehr, hier dominieren Gewerbe und Freizeit neben- und miteinander. Unweit davon liegt die neue Marina. An modernsten, weit ins Wasser hinausragenden, breiten Stegen, die mit allen notwendigen Medien ausgestattet sind, ankern gepflegte Freizeitschiffe.

Zwischen altem Hafen und neuer Marina stehen unscheinbare Pfahlbauten, fensterlos und auch vom Ufer aus unscheinbar und schmucklos. Es sind Lagerhäuser aus der Mitte des 20. Jahrhunderts. Pfähle, Stützen und Balken formen ein Betonskelett, das mit billigen Materialien ausgefacht wurde. Betritt man den größten Komplex, steht man im »Design Center«. Auf zwei Geschossen haben sich Möbelläden, Boutiquen und Büros angesiedelt. Auch der Architekt der Umnutzungsmaßnahme, David Bastos, hat sein Studio dort eingerichtet. Bekannt für seine opulenten Dekorationen, die vorzugsweise in Casa Vogue abgebildet werden, hat er in diesem Komplex mit einfachsten Mitteln viel Vorhandenes belassen und es sinnfällig mit ausgesuchten Materialien und europäischem Design ergänzt. Am Auffälligsten ist ein Restaurant, das praktisch vom Wasser umspült ist. Ein ehemaliger Landungssteg ist Außengastronomie, mit modischen Stühlen und traditionellem Holztisch augenfällig möbliert. Auf drei Seiten ist dieser Ort von Wasser umgeben. Hier treffen sich die Benutzer der Schiffe von der nahe gelegenen neuen Marina mit denen, die vom Land her das Juwel erschlossen haben.

Die neuen Wasserlagen für Wohnen, Freizeit und Dienstleistung sind in der Stadt eigentliche Inseln. Der Transfer von einer zur anderen geschieht ausschließlich mit dem Auto, sei es das eigene oder ein Taxi. Ob es in einem Land wie Brasilien möglich sein wird, dies einmal zu ändern und die »Inseln« mit dem »Hinterland« und noch vielmehr mit dem alles bestimmenden Abhang an der Küste räumlich und sozial zu verbinden, bleibt zu hoffen.

## Dirk Schubert

# Toronto und London

### Vom Traum zum Alptraum? Die Docklands in London

Die Themse diktierte die Geographie von London. Stromabwärts der London Bridge entstand die Keimzelle des Hafens, der »Pool of London«. Güter wurden direkt vom Fluss in die Speicher umgeschlagen. Im 19. Jahrhundert wurden künstliche Hafenbecken, die Docks, angelegt und zum Ausgleich des Tidenhubs sowie zum Schutz der Waren vor Diebstahl durch Schleusen erschlossen. Später wurden größere Dockkomplexe weiter flussabwärts gebaut. So entstand der einst größte Hafen der Welt, das East-End, ein Gemisch aus Güterumschlag, Seehafenindustrien, Werften, Kneipen und Wohnungen der Docker.
Winston Churchill institutionalisierte für Planung und Betrieb 1909 die Port of London Authority (PLA). 1964 wurde mit 63 Millionen Tonnen der höchste Güterumschlag im Londoner Hafen verzeichnet. 500 Schiffe liefen wöchentlich London an. 20 Jahre später gab es so gut wie keinen Güterumschlag mehr. 80.000 Arbeitsplätze in den East-End-Bezirken gingen verloren. Der berühmte Streik der Dockarbeiter legte 1970 für drei Wochen alle britischen Häfen lahm. Erkämpft wurden feste Anstellungen und durchgehende Bezahlung. Noch Ende der siebziger Jahre zahlte die PLA über 1.000 Dockern Löhne von über 1 Million Pfund jährlich, ohne dass noch Arbeit vorhanden war. Die letzten Docks brachten 1981 täglich 25.000 Pfund Verluste ein.

*Die Themse zwischen London Bridge und Tower Bridge*

Die räumlichen Anforderungen des Containerumschlags waren im Londoner Dockhafen mit den schmalen Fingerpiers nicht umzusetzen. Die PLA versuchte, den Landbesitz zu verwerten, um einem drohenden Konkurs zu entgehen. Das Verwaltungsgebäude am Tower Hill und die ältesten Docks wurden verkauft, das St. Katherines Dock schon 1969 an den Developer Taylor Woodrow. Ein Hotel, das World-Trade-Center, Eigentumswohnungen und eine Marina entstanden nur einen Steinwurf von der Londoner City entfernt. Der Verkauf der Hafenareale schien die lukrative Perspektive zu sein. Aus den Docks wurden die Docklands. Sie umfassen nach der später vorgenommenen Gebietsabgrenzung mit der Zuständigkeit der London Docklands Development Corporation (LDDC) ein Gebiet von 22 Quadratkilometern und 88 Kilometern Uferzonen.

Die besonderen Sozialbeziehungen und Netzwerke der Hafenarbeiter sollten einst bei der Umstrukturierung beachtet werden. Noch 1980 hatten 40 Prozent der Bevölkerung der Isle of Dogs immer hier gelebt. Vor dem Hintergrund der sozialen und Strukturprobleme war mit der Bevölkerung und der Labour-Partei 1976 der »London Docklands Strategic Plan« ausgearbeitet worden. Er sah vor allem sozialen

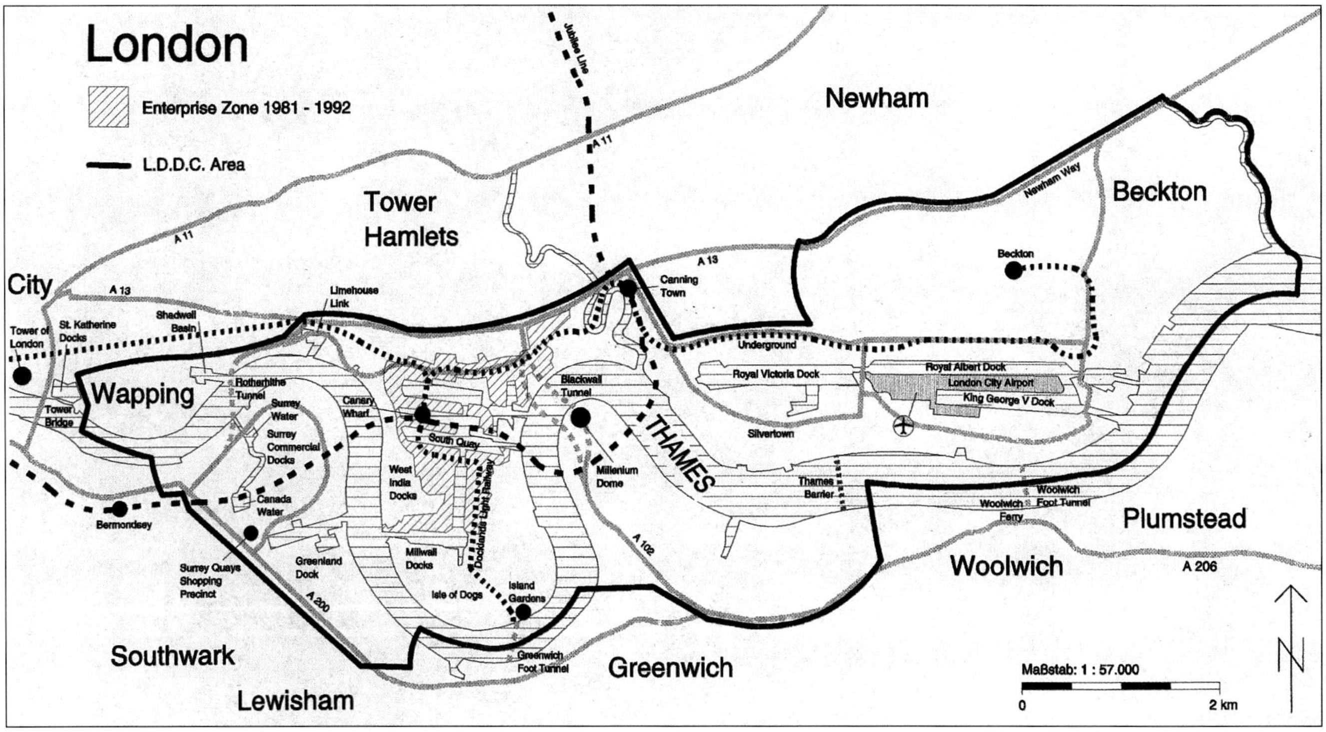


*Plan der Docklands in London*

Wohnungsbau und Gewerbeflächen für neue Arbeitsplätze vor. Der Plan blieb Vision, denn die PLA veräußerte Flächen nur nach dem Höchstgebot. Grunderwerb für sozialen Wohnungsbau war unrealistisch.

Zwei Jahre später wandelten sich mit dem Wahlsieg der Konservativen 1979 die Perspektiven. Für Margaret Thatcher und Michael Heseltine wurden die Docklands zum Schlüsselexperiment der freien Marktwirtschaft. Sie sollten zum Flaggschiff deregulierter, marktorientierter Planung im Rahmen der Liberalisierungs- und Privatisierungspolitik werden. Der Paradigmenwechsel brach mit dem Nachkriegskonsensus, der Planung als Gesellschaftsreform verstand. Im März 1986 wurde der Greater London Council (GLC), die für Gesamt-London zuständige Verwaltungs- und Planungsinstitution, ohne Einsatz der üblichen »Royal Commission«, ohne öffentliche Befragung oder Diskussion von Alternativen abgeschafft. Seitdem produziert jeder der 33 Londoner Bezirke eigene Pläne.

In diesem Vakuum wurden die Planungen in den Docklands und von Canary Wharf ungehindert betrieben. Die Planungshoheit für die Docklands wurde nach Abschaffung des GLC von den Anliegerbezirken Tower Hamlets, Lewisham, Greenwich, Newham und Southwark auf die London Docklands Development Corporation (LDDC) übertragen. Sie weitete ihren Grundbesitz von 240 Hektar Land durch Enteignungen auf 800 Hektar (1990) aus. Die Ressorts Bildung, Gesundheit und Wohnungswesen verblieben bei den Bezirken. Diese Verlagerung von sozialen Aufgaben auf die Bezirke verstärkte die Differenzierung in Arm und Reich. Im ehemaligen Hafen mit seinen Strukturproblemen, hoher Arbeitslosigkeit und überdurchschnittlichem Anteil einkommensschwacher Bevölkerungsgruppen führte das zu einem kumulativen Kreislauf von Desinvestition, Verslumung, steigenden Sozialausgaben und immer geringeren Ressourcen. Noch heute gibt es dort die meisten Obdachlosen, die meisten überbelegten Wohnungen und die längsten Wartelisten für Sozialwohnungen von allen Londoner Bezirken.

Vor dem Hintergrund des damals steigenden Büroflächenbedarfs spielte für die Konservativen jedoch der Versuch, mit den Docklands Londons Position als Welthandelszentrum auszubauen, die entscheidende Rolle. Nicht gewählte Urban Development Corporations (UDC) mit der bekanntesten, der LDDC, an der Spitze wurden errichtet. Sie sollten als moderne, unbürokratische, schlanke Organisationen die vermeintlich uneffektiven Bezirksverwaltungen umgehen. Die LDDC erhielt fast ein Fünftel aller staatlichen Zuschüsse für die 11 UDCs in Großbritannien zwischen 1981 und 1994. Ihr Budget stieg von anfangs 200 Millionen Pfund auf 547 Millionen Pfund 1989. Die Entscheidungsprozesse waren für die Öffentlichkeit nicht transparent, Haushalt und Beschlussprotokolle blieben geheim. Die Bezirke waren an vielen Entscheidungen nicht mehr beteiligt. Aufgabe war es, Investoren zu gewinnen. Ein Gesamtkonzept gab es nicht, Planungen wurden markt- und nachfrageorientiert an den Interessen der jeweiligen Investoren ausgerichtet und fortgeschrieben.

Die Möglichkeiten für privates Kapital wurden durch die Einrichtung einer Enterprise Zone (194 Hektar der Isle of Dogs) in den Docklands 1982 weiter verbessert. Das bedeutete 100-prozentige Steuerbefreiungen für Baukosten, eine zehnjährige Befreiung von lokalen Steuern und vereinfachte, schnellere Genehmigungsverfahren. Die Strategie zielte ausschließlich auf Büroansiedlungen, gewerbliche Betriebe waren nicht vorgesehen, vorhandene wurden verlagert.

Zeitgleich 1986 wurden mit dem »Big Bang« die bis dahin streng reglementierten Zugangs- und Handelsbedingungen an der Londoner Börse aufgehoben, um internationales Kapital nach London zu locken. Die Funktion Londons als Finanzmetropole Europas sollte ausgebaut und London als »Global City« gestärkt werden. Mit dem »Big Bang« wurde der Büroflächenbedarf weiter angeheizt, die Preise für Büroflächen sprangen in die Höhe.

Es kam jedoch zur fatalen Konkurrenz der Büroflächenneuproduktion zwischen der alten City und den Docklands. Zu den zirka 14 Millionen Quadratmetern Bürofläche, die es in London bereits gab, kamen Anfang der

*London, St. Katherines Dock*

*London, Limehouse, Free Trade Wharf*

*Ansicht Isle of Dogs, Canary Wharf*

neunziger Jahre fast auf einen Schlag zwei Millionen Quadratmeter Büroraum in den Docklands hinzu. Der Zeitpunkt der Fertigstellung hätte nicht ungünstiger liegen können, denn Ende der achtziger Jahre setzte in der britischen Wirtschaft eine Rezession ein. Die Immobilienpreise fielen, und es kam zu zunehmenden Leerständen von Bürogebäuden: im Londoner Durchschnitt über 20 Prozent, in der City bei 15 Prozent, in den Docklands teilweise bei über 60 Prozent. Die Preise sanken allein in der City um über ein Drittel.

Es gelang kaum, Firmenzentralen mit den »front-offices« zum Auszug aus der City und zum Umzug in die Docklands zu bewegen. Die Investoren wurden Opfer einer selbst beförderten Überproduktionskrise. Auch der Erfolg der Docklands bei der Schaffung neuer Arbeitsplätze ist anzuzweifeln. Vielfach wurde betriebsintern verlagert, um in den Genuss der Vorteile der Enterprise Zone zu kommen. Oft nutzten die Firmen den Umzug sogar für Rationalisierung, Personalabbau und Outplacement. Die hohe Arbeitslosenquote von 20 Prozent blieb unverändert. Neben Arbeitsplätzen sollte die LDDC aber auch neue Wohnungen schaffen. Betrug der Anteil des kommunalen Wohnungsbaus in den Docklands 1981 noch über 80 Prozent (Eigentum 10 Prozent), so waren es 1991 nur noch 25 Prozent (Eigentum über 50 Prozent). Von über 12.000 neuen Wohnungen sind 85 Prozent Eigentumsmaßnahmen. Die Preise für Wohneigentum stiegen allein zwischen 1984 und 1988 um durchschnittlich 200 Prozent. Das Angebot ging damit vollständig an der lokalen Nachfrage vorbei. Inseln des Luxuswohnungsbaus entstanden neben dem alten Sozialwohnungsbau und blockieren die früheren Blickbeziehungen zum Wasser.

Angestrebt war, dass ein Pfund öffentliche Investitionen fünf Pfund private Investitionen auslösen sollten, öffentlich finanzierte Infrastrukturmaßnahmen wie die Docklands Light Railway und die Verlängerung der U-Bahn »Jubilee Line« nicht mitgerechnet. Die LDDC bilanziert sogar einen Multiplikatoreffekt von 1:10. Die Angaben sind leider nicht detailliert und nicht überprüfbar.

Verkehrsprobleme während der Bau- und Bezugsphase erschwerten das Vorhaben. Die 12,5 km lange Docklands Light Railway (Kosten: 77 Mio Pfund) hatte zunächst keine direkte Anbindung an die City (später wurde sie bis zur Station Bank verlängert), war unzureichend mit den neuen Wohngebieten verknüpft und hatte erhebliche Betriebsprobleme sowie eine unzureichende Kapazität von 30.000 Fahrgästen täglich.

Nach Fertigstellung von Canary Wharf müssen 130.000 Pendler befördert werden, 2001 sollen es annähernd 200.000 sein. Die inzwischen erweiterte U-Bahn erhöht die Beförderungskapazität der Schienenverkehrsmittel auf 35.000 Passagiere pro Stunde und Richtung. Die Straßenanbindung erfolgte über eine stark überlastete Straße. Staus waren an der Tagesordnung. Für die Schnellstraße zwischen City und Docklands, den Limehouse Link, der dieses Verkehrsproblem entkrampfte, mussten 450 Wohnungen abgerissen werden und gingen 270 Arbeitsplätze in dort ansässigen Betrieben verloren. Der dazugehörige, zirka 1,5 Kilometer lange Tunnel verursacht eine erhebliche Lärmbelästigung und Luftverschmutzung. Die Baukosten stiegen von geschätzten 188 Millionen Pfund 1986 auf 560 Millionen Pfund 1989. Für die London Arena, eine Konzert- und Veranstaltungshalle mit 12.500 Plätzen, war nicht einmal ein Parkplatz vorgesehen.

Canary Wharf war das Megaprojekt in den Docklands (1 Million Quadratmeter Bürofläche, 500.000 Quadratmeter Einzelhandel, 1,2 Millionen Quadratmeter umbaute Fläche). Das größte Bürobauvorhaben in Europa wurde ohne öffentliche Anhörungen, ohne Diskussionen realisiert. Dem schlechten Image der Docklands, dieser schmutzigen Arbeiter- und Hafengegend mit schlechten Verkehrsanbindungen, begegnete man mit einer aggressiven Werbekampagne. Message Anfang der achtziger Jahre war: »Why move to the middle of nowhere when you can move to the middle of London«. Später hieß es: »Looks like Venice. Feels like New York«.

Der größte private Investor in den Docklands ist Olympia and York (O&Y), ein kanadisches Unternehmen, das die Gebrüder Reichmann kontrollieren, und das auch für das World Trade Center in New York verantwortlich zeichnet und umfangreichen Immobilienbesitz in Toronto und Tokio hat. O&Y zählen zu den häufig mystifizierten Global Players und zu den Globalisierungsgewinnern, die zwischen Investitionsort, Produktionsort, Steuerort und Wohnort wählen. Sie wurden mit verdeckten Steuervergünstigungen und Infrastrukturen mit einem Wert von zirka 350 Millionen Pfund, das ist weit mehr als der Etat des britischen Gesundheitsministeriums, in die Docklands gelockt. O&Y investierten vor allem im Bereich von Canary Wharf und veränderten die Skyline Londons. Sie gebärdeten sich zu Planungsbeginn als Retter der Stadt. Niemand außer ihnen hätte dieses hochriskante Projekt angerührt. Mit drei Milliarden Pfund werden die Kosten beziffert. Sie stellten als größter Investor unter Hinzuziehung externer Berater und unter Ausschluss der lokalen Verwaltungsebene sowie der Öffentlichkeit auch den »Master-Plan« auf. Für eine »Fish-and chips«-Imbiss-Bude in London war mehr Planungs- und Verwaltungsaufwand erforderlich, als er bei Canary Wharf je betrieben wurde.

*Docklands, Riverside Apartments in Alt- und Neubauten*

Die Bekanntgabe der Zahlungsunfähigkeit von O&Y im April 1992, nicht ganz zufällig zwei Wochen nach den Wahlen in Großbritannien, schlug wie eine Bombe auf dem internationalen Immobiliensektor ein. Täglich entstanden mit Canary Wharf Verluste von 38 Millionen Pfund. Das Flaggschiff war gestrandet, neue Wege mussten beschritten werden. Die LDDC sprach von »Problemen des Erfolgs«, suchte nun stärker die lokale Bevölkerung einzubeziehen und Absprachen mit den Bezirken zu treffen. Die britische Regierung leistete prompt weitere Hilfe und mietete Büroflächen in Canary Wharf an, obwohl ihr anderenorts weit günstigere Mietobjekte angeboten wurden. Das Projekt wurde dann von einem Bankenkonsortium, das an der Finanzierung beteiligt war, zwangsverwaltet. Inzwischen haben O&Y das Vorhaben durch Umschuldung zu einem erheblich günstigeren Preis zurückgekauft. 1996 waren endlich zumindest 80 Prozent der Büroflächen vermietet.

Die physische Regeneration sollte seit Ende der achtziger Jahre durch eine soziale Regeneration ergänzt werden. Die Developer sicherten den Bezirken vertraglich Arbeitsplätze und neue, preiswerte Wohnungen für die lokale Bevölkerung zu. Die Notwendigkeit einer besser abgestimmten Planung wird nicht mehr bestritten. Die Preise beim Wohnungseigentum purzelten nach unten. 1992 musste für Eigentumswohnungen mit Wasserblick nur noch die Hälfte des Preises von 1988 bezahlt werden. Unternehmen wie Tobacco Dock und die London Arena standen vor dem Konkurs.

Mit dem Rückkauf von Canary Wharf begann die letzte Phase des Projekts und der Ausstieg der LDDC. Die Bezirke übernahmen wieder die Planungsbefugnisse und andere Aufgaben. Der Wohnungs- und Büroflächenmarkt erholte sich langsam. Bewohnergruppen erkämpften sich Entschädigungen für die mit den Bauarbeiten verbundenen Belastungen. 1998 endete die Tätigkeit der LDDC. Sie hatte zuletzt eine negative Presse und auch parlamentarische Anfragen hatten die Defizite der Arbeit offenkundig werden lassen. Aber auch die Politik der ehemals Labour-dominierten Bezirke hatte sich gewandelt. Teilweise wurden LDDC-Angestellte von den Bezirken übernommen.

Die langfristigen Auswirkungen des Umbaus der Docklands sind schwer bewertbar. Ob die Renaissance des East Ends nachhaltig die Ungleichgewichte zwischen dem Osten und Westen Londons verändern wird, ist noch nicht absehbar. Die Folgen des Megaprojektes sind janusköpfig. Die städtebaulichen Ergebnisse in den Docklands sind mehr das Ergebnis von unkoordinierten Einzelentscheidungen und Zufällen als das Resultat von Planung. Die Aufmerksamkeit ist inzwischen von der Isle of Dog auf die Uferzone der Themse insgesamt, auf die Greenwich Waterfront, den Millennium Dome und auf das Thames Gateway Projekt verlagert worden.

Das Beispiel der Docklands zeigt, wie nach neoliberaler Ideologie die Stadt als Standort für die Wirtschaft optimal herzurichten ist – das Gegenteil nachhaltiger Entwicklung. Die überörtliche Einbindung wurde vernachlässigt, eine sozial ausgleichende Planung fand nicht statt, ökologische Aspekte wurden nicht berücksichtigt und die lokale Bevölkerung nicht an der Planung beteiligt. Für die alten Bewohner der Docklands wurde der Traum von einer besseren Zukunft zum Alptraum.

Die Waterfront und das Hafenambiente wurden zwar in die Marketingstrategie integriert, aber von der Architektur kaum reflektiert. So entstand ein fragmentiertes Patchwork von Einzelbauten und Nutzungen ohne kohärenten Zusammenhang. Die Widersprüchlichkeit und das direkte Nebeneinander von privatem Reichtum und öffentlicher Armut, Wohnungsleerstand im oberen Marktsegment und Obdachlosigkeit für untere Bevölkerungsschichten in den Docklands sind neue Erscheinungen sozialer Ungleichheit, die sich hier stadträumlich manifestieren. Zu den alten kamen neue soziale Ungleichheiten. Die Globalisierungsgewinner brauchen die Verlierer nicht. Unternehmen wie O&Y agieren weltweit, optimieren Infrastrukturen, kassieren Subventionen, minimieren Steuern und externalisieren Kosten. Sie erzielen Traumgewinne und stehlen sich aus der Verantwortung. Die Bezirke, die lokale Ebene, werden dagegen in zunehmendem Maße zum »Sozialstaat in Reserve«.

### Canadians do better?

Häfen und Hafenstädte waren seit Beginn der Besiedlung Kanadas Entwicklungsknoten, über die das Land erschlossen wurde. Toronto zählt zu den am schnellsten wachsenden nordamerikanischen Metropolen (1991: 635.000 Einwohner, im metropolitanen Gebiet 2,275 Millionen, und in der Greater Toronto Area 4,236 Millionen Einwohner).

Seit Mitte des 19. Jahrhunderts war Toronto ein wichtiger Handelsplatz mit Güterumschlag, Werften, Docks und Piers. Es konkurrierte mit dem frankokanadischen Montreal, das mit eigenem Seehafen eine Vormachtstellung hatte. Toronto verfügte jedoch bald über das bessere Eisenbahnnetz mit riesigen Rangier- und Umladeflächen. Die Uferkante wurde immer weiter in den Ontariosee verschoben, die »Railway Lands« entstanden und trennten schließlich gänzlich die Stadt vom Wasser. Um die Dominanz der Eisenbahn zu brechen und den Hafenausbau zu steuern, wurde 1911 die Toronto Harbour Commission (THC) eingesetzt. Sie legte 1912 den Waterfront Development Plan vor, der eine großzügige Hafenerweiterung im Osten vorsah. Bis zum Zweiten Weltkrieg waren die Planungen weitgehend realisiert. Mit der Eröffnung des St. Lawrence Seaway in den fünfziger Jahren, der Anbindung der großen Seen und von Chicago, Detroit und Toronto mit gigantischen Schleusenbauten an den Atlantik ergaben sich optimistische Prognosen für den weiteren Ausbau des Hafens.

Seit 1969 ist der Güterumschlag im Hafen rückläufig. Zwischen 1957 und 1980 ging die im Hafen umgeschlagene Tonnage fast um die Hälfte auf 2,8 Millionen Tonnen zurück. Der Optimismus hatte sich als Fehleinschätzung erwiesen. Nur wenige Industrien in Toronto waren auf die Schiffahrtsverbindungen angewiesen. Planungen für die Hafen- und Uferzonen wurden daher kaum noch durch hafenökonomische Interessen tangiert. Durch den Bau des aufgeständerten, uferparallelen Gardiner Expressway wurde jedoch die Trennung zwischen Stadt und Hafen weiter zementiert. Neben den Eisenbahnbetriebsflächen entstand so eine zweite Barriere zwischen Stadt und Uferzonen.

Seit Anfang der sechziger Jahre gab es in Toronto Überlegungen, die Hafen- und Uferzonen neu zu nutzen. Als 1967 ein Waterfront Plan vorgelegt wurde, war der Bezug der Stadt zum Wasser für die meisten Bewohner längst verloren gegangen. Visionen für eine große Pyramide am Lake Ontario entstanden, mit aufwendigen Molen, Hafennutzungen und Wohnungen für 50.000 Menschen in Hochhäusern der »Harbour-City« auf den Toronto Islands, Flughafenverlegung und Ausbau als City-Airport; sechziger Jahre-Planungsphilosophie: Siedlungen aus Beton und Glas, Separierung der Nutzungen von Hafen, Flughafen und Harbour City. Die Planung wurde heftig kritisiert. Ein Finanzierungskonzept konnte nicht vorgelegt weden.

1968 legten auch die Eisenbahngesellschaften einen Entwicklungsplan für das in ihrem Besitz befindliche Gebiet (81 Hektar) vor. Der ehemalige Rangierbahnhof sollte mit Geschäfts- und Wohnhäusern bebaut werden. Der Hauptbahnhof sollte abgerissen und durch einen neuen intermodalen Verkehrsterminal ersetzt werden. Uferparallel sollten Hochäuser mit brutaler Betonarchitektur entstehen. Auch dies Zeitgeist der sechziger Jahre. Das Projekt scheiterte an der Überdimensionierung, obwohl bereits über 6 Millionen Dollar für Planungskosten ausgegeben waren. Die Finanzierung war die Archillessehne auch dieses Vorhabens.

In den achtziger Jahren lief Toronto Montreal und Vancouver den Rang als Kanadas World City ab und wurde zur einflussreichsten Metropole des Landes. Der Boom manifestierte sich auch an der Waterfront. In der zentralen Uferzone lassen sich von Westen nach Osten baulich und funktional das Exhibition Gelände, Harbourfront, Central Bayfront, East Bayfront und Port Industrial unterscheiden. Die Central Bayfront bildet die südliche Verlängerung von Downtown. Die nördlich angrenzenden Railway Lands bilden einen Streifen, der westlich zwischen Downtown und der Uferzone liegt. Östlich in der East Bayfront sind industrielle Betriebe angesiedelt und der anschließende Bereich des Port Industrial (468 Hektar) ist der größte Bereich, der zukünftig erschlossen werden kann. Im Süden sind der Uferzone die Toronto Islands vorgelagert, ein beliebtes Naherholungsgebiet mit begehrten Wohnhäusern. Der Island Airport, ein kleinerer Flughafen für Inlandsflüge und Wasserflugzeuge, liegt im nordwestlichen Bereich der Toronto Islands und ist nur über eine Fähre zu erreichen.

*Hafen Toronto mit Wohnbebauung*

Die Ausdehnung der Cityfunktionen in südliche Richtung zur Central Bayfront war naheliegend. 1962 war der »Plan for Downtown Toronto« veröffentlicht und eine Studie »The Core of the Central Waterfront« (1963) vorgelegt worden. Die Campeau Corporation, eine der größten Immobiliengesellschaften Kanadas, legte einen Plan mit einer massiven Hochhausbebauung vor. Hafenbehörden, die Entwicklungsgesellschaft und die Stadt zogen an einem Strang: Bis zu 32-stöckige Hochhäuser, Waterpark Place, One York Quay und das World Trade Center entstanden. Mitte der achtziger Jahre bot sich das Bild eines Hochhaus-Canyon entlang der Waterfront. Der Betonvorhang am Ufer löste Unmut und Kritik aus.

Der östlich der Central Bayfront gelegene Bereich Harbourfront ist derzeit das Kernstück der Umstrukturierungen. Hier wurde ein 1926 erbautes Kraftwerk zu einer Galerie und einem Theater-Center umgebaut. Der Schuppen von Pier 4 bietet Räume für Ateliers, öffentliche Veranstaltungen und Restaurants. Eine Freilichtbühne und ein Antik-Markt runden das Angebot ab. Weiter östlich am York Quay und John Quay dominieren gemischte Nutzungen für Wohnen und Kultur. Die Harbourpoint-Hochhäuser sind indes wenig geglückte Wohnbauten,während die Bathurst Neighbourhood einen interessanten Kontrast dazu bildet. Das

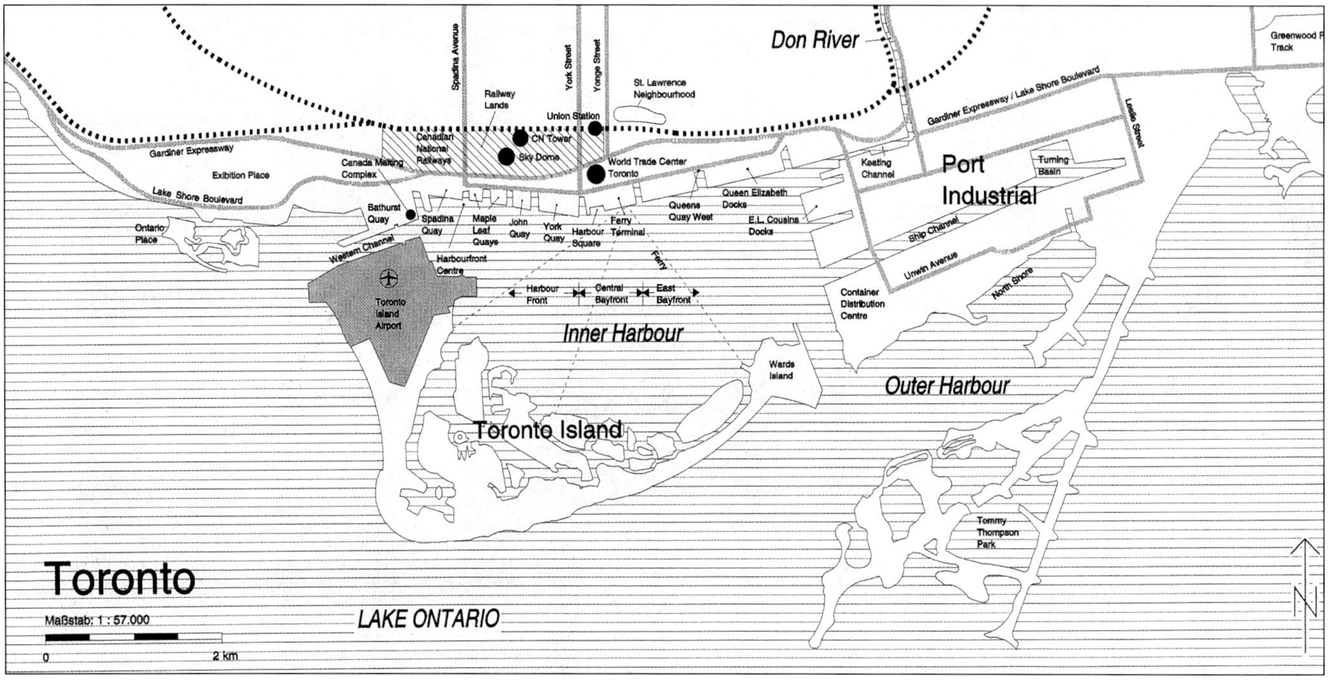


*Plan der Docklands in Toronto*

soziale Wohnungsbauprojekt ist durch eine kleinteilige Bebauung gekennzeichnet und hebt sich deutlich von den Beton-Hochhäusern ab. Hier wurde ein neuer Sportboothafen angelegt. Nur die Getreidesilos erinnern an die Zeiten, als der Güterumschlag im Hafen noch boomte. Konzepte für die Umnutzung der Silos liegen vor, scheitern aber an der Finanzierung.

Am westlichen Ende der Waterfont befindet sich das Ausstellungsgelände Ontario Place (zirka 78 Hektar) mit Marinas, Biergärten, Theatern und Ausstellungshallen. Der von der Royal Commission 1992 vorgelegte Masterplan ist noch nicht rechtsverbindlich. Die Anbindung des Areals an die City würde den Rückbau des Gardiner-Expressway erfordern. Die gegenwärtige Planung zementiert ihn jedoch als Barriere.

Ein Nebenschauplatz ist der Toronto Island Airport, ein Flughafen für Sportflugzeuge und Firmenjets mit immerhin 400 Arbeitsplätzen. Die Wirtschaft fordert seinen Ausbau, denn der Toronto Airport liegt außerhalb der Stadt und ist schlecht an die City angeschlossen. Die neuen Nachbarschaften indes fordern die Aufgabe des kleinen Flughafens und seinen Umbau zu einem Park.

Unmittelbar hinter der Uferzone liegen die Railwaylands. Der Güterverkehr wurde inzwischen in den Norden der Stadt verlagert. Durch die Neubauten hat sich die Skyline von Toronto dramatisch verändert. Der Blick von Toronto Island auf die Uferkante wird durch Skydome (Baseball-Stadion, 1989 fertiggestellt), CN-Tower (533 Meter, 1975 fertiggestellt) und nach Einführung der Satellitenkommunikation im wesentlichen touristisch genutzt.

Der Uferstreifen östlich der Central Bayfront wurde bis in die achtziger Jahre industriell genutzt und bildet heute mit seinen Lagerhallen einen Kontrast zu den Büro- und Wohntürmen der Central Bayfront. 15 Eigentümer mit unterschiedlichen Interessen erschweren die Umstrukturierung. Die dortige Zeitungsproduktion des Toronto Star macht intensiven Lastwagenverkehr erforderlich. Größter Landeigner ist die Provinz Ontario. Red Path Sugar Ltd. ist einer der letzten Betriebe, der das Wasser für die Anlieferung des Rohzuckers nutzt. Auch der Port Industrial, etwas abseits von der innerstädtischen Waterfront gelegen, ist mit seinen ca. 400 Hektar teilweise brachgefallen und bietet für die Zukunft ein bedeutendes Entwicklungspotenzial für die Stadt.

Die ersten Neubauprojekte wurden im Bereich der Harbourfront realisiert. Die kanadische Regierung schenkte Toronto 1972 eine Uferfläche von zirka 35 Hektar. 1976 wurde die Harbourfront (development) Corporation (HC) gegründet, die als Reaktion auf die Hochhausbebauung am Harbour Square die bis dahin unwirtliche zentrale Uferzone in einen neuen Stadtraum für die Bürger verwandeln sollte. Die Anteile hielt der Staat. Die Entwicklungsgesellschaft finanzierte aus der Entwicklung und Vermarktung des Grundbesitzes kulturelle Programme. Die HC konnte zunächst Erfolge vorweisen: Die Torontonians entdeckten ihre Waterfront wieder. Aber die Institution wurde zwischen divergierenden Interessen aufgerieben, und die Kombination der ambitionierten Ziele zwischen kommerzieller Verwertung und Non-profit-Kultur war kaum realisierbar.

Die Entwicklung an den Ufern Torontos musste in eine andere Richtung gelenkt werden. 1987 wurde ein Baustopp für die Waterfront verhängt. Um die Konflikte zwischen THC und der Harbourfront Corporation zu moderieren, wurde 1988 eine Royal Commission on the Future of the Toronto Waterfront von der kanadischen Bundesregierung unter dem Vorsitz des vormaligen Bürgermeisters David Crombie eingesetzt. Damit wurde ein Wechsel von der traditionellen Betrachtungsweise einzelner Projekte zu einem integrierten, nachhaltigen Planwerk, dem ecosystem approach vollzogen.

Die THC suchte die Entwicklung zu ihren Gunsten zu beeinflussen und legte einen Harbourfront 2000-Plan vor, der öffentliche Plätze und einen Boulevard entlang des Ufers vorsah. Die Stadt forderte jedoch den ursprünglich vorgesehenen Park ein und verlängerte den Baustopp bis 1989. Schließlich wurde der THC das Mandat entzogen, die Bereiche Kultur und Immobilienverwertung wurden getrennt. Die THC hatte zwar die Entwicklung der Uferzone beschleunigt, aber einen Hochhausvorhang entstehen lassen. Nun wurden die menschliche Dimension und ein einfühlsames Design eingefordert. Die Einberufung der Royal

***Docklands in Toronto***

Commission kam einer Bankrotterklärung der kanadischen Bundesregierung gleich, die 16 Jahre zuvor die Harbourfront Corporation ins Leben gerufen hatte. Nun sollte die Royal Commission in vier Jahren eine Bestandsaufnahme vornehmen und die Interessen der Akteure und Gruppen moderieren. Mit dem Bioregion Approach verfolgte sie eine nachhaltige Entwicklungsstrategie und formulierte für die Uferzonen die Prinzipien: Sauber, grün, vernetzt, offen, zugänglich, nutzbar, vielfältig, bezahlbar und attraktiv. Wachstum und Akkumulation standen in direktem Zusammenhang mit der Natur. Ziel war Öko-Modernisierung. Nicht nur Projekte und Bauvorhaben rückten ins Zentrum der Aufmerksamkeit, sondern ein ganzheitlicher Ansatz, der weit über die Revitalisierung der Uferzonen hinausging. Die Kommission wurde zum Think Tank, der komplexere und nachhaltige Ansätze zu befördern suchte.

Der »Waterfront Regeneration Trust«, eine Non-profit-Organisation, ist als Ideenschmiede, Vermittler und Sponsoring-Manager die Nachfolgeorganisation der Royal Commission, die deren Ideen und Ziele durch intelligente Private-Public-Partnerships umsetzen soll, wiederum unter Vorsitz von David Crombie. Erste Erfolge sind die Projektvernetzung in einem Waterfront Trail, der entlang des Ontario Sees auch weitere Städte und Gemeinden in die Wiederaneignung der Ufer einbezieht, oder die Lake Ontario Greenway Strategy, ein integriertes Management zum Erhalt und zur Renaturierung des Seeufers, die Lower Don Lands Strategy, ein Projekt zur Renaturierung des Don Rivers und zur Schaffung von Grünkorridoren bis in den Port Industrial, das Toronto Central Waterfront Implementation Programme, ein Vorhaben, das die Anbindung der Uferzonen an die Innenstadt verbessern soll und schließlich die

Planung des olympischen Dorfes für die Olympiade 2008, das im Port Industrial District lokalisiert werden soll. Die Kulturevents des Waterfront Regeneration Trust, wie Open-Air-Konzerte, haben einen Einzugsbereich, der weit über die Waterfront hinausgeht.

Der THC wurde institutionell entmachtet, die ehemaligen Hafenflächen, 165 Hektar im Port Industrial District, teilweise hochkontaminierte Böden, wurden der Toronto Economic Development Corporation zur effektiveren Vermarktung übertragen. Letztgenannte versteht sich als unabhängige, steuerfinanzierte Organisation der Stadt mit einem Management aus Vertretern der öffentlichen Verwaltung und der lokalen Wirtschaft. In der Regel werden nur zehnjährige Pachtverträge vergeben, und die Ansiedlungsbemühungen konzentrieren sich vor allem auf Leichtindustrie, High-Tech-Unternehmen und die Filmindustrie.

Ein weiterer wichtiger Akteur ist die Toronto Bay Initiative. Sie organisiert Diskussionsforen und Aktionen, die die Aufmerksamkeit der Öffentlichkeit auf ökologische Verbesserungen an den Uferzonen Torontos lenken soll. So wurden Müllsammel- und Baumpflanzaktionen durchgeführt sowie der Big Summer Splash, eine Veranstaltung, bei der Vertreter der Initiative im immer noch stark verschmutzten Ontariosee schwimmen.

Obwohl die Zugänglichkeit der Waterfront durch die Eisenbahnbetriebsflächen und den Gardiner Expressway (Fußgänger müssen dunkle, tunnelartige Unterführungen queren) erschwert ist, sind die Uferzonen in Toronto wieder zu beliebten Aufenthaltsorten geworden und werden jährlich von über 3,5 Millionen Besuchern aufgesucht. Sie werden von den Bewohnern teilweise als störend empfunden, und die touristischen Attraktionen bringen eine unnatürliche Künstlichkeit mit sich.

Die Fehlentwicklungen der ersten Phase der Revitalisierung sucht man durch Gebäudeerhalt (Kraftwerk) und Einfügung von sozialer Infrastruktur nachzubessern. Immerhin ist ein funktional durchmischter Stadtteil mit 6.000 Wohnungen entstanden und die Waterfront als Lebensraum für die Stadt zurückgewonnen worden. Zirka 10.000 Arbeitsplätze, vor allem im Freizeitsektor, wurden zwischen 1981 und 1987 an der Waterfront geschaffen. Auffallend ist die Zähigkeit der Entwicklung, die nun schon vier Dekaden andauert. Widersprüche zwischen nationaler, provinzieller und lokaler Politik, überlagert von divergierenden Interessen von Investoren und Eigentümern, haben ihre Eigendynamik erfahren. Die Deregulierungspolitik mit der Verlagerung der Planung und Umsetzung in die Hände von privaten und semistaatlichen Entwicklungsgesellschaften hat das unkoordinierte Nebeneinander befördert. Die institutionellen Fragmentierungen und bürokratischen Hindernisse haben die Implementierung der Vorhaben dabei immer wieder behindert. Es bleibt der Nachgeschmack, dass die tatsächliche Entwicklung weit hinter dem zurückgeblieben ist, was dieser großartige Standort an Potenzialen zu bieten hat.

Entstanden sind in Toronto sehr heterogene Ensembles. Den tabula rasa-Planungen der ersten Phase folgten behutsamere Ansätze. Allerdings sollte daraus nicht auf einen Paradigmenwechsel und auf eine eindeutige neue Linie geschlossen werden. Vielmehr handelt es sich um eine hybride Struktur aus neuen Wohnnachbarschaften, Einkaufszentren, touristischen Nutzungen und Einkaufszentren. Gescheiterte Projekte und Fehlentwicklungen sind dabei genau so aufschlußreich wie die als gelungen zu bezeichnenden Vorhaben.

### Nachhaltige Entwicklung oder See You in Disneyland?

Die Revitalisierung brachgefallener Hafen- und Uferzonen ist aktueller denn je. Diese Bereiche werden als letzte verfügbare innenstadtnahe Flächenreserven für neue Nutzungen und als zukunftsträchtiges Arbeitsfeld entdeckt. Vielfach kommt es zu Verzögerungen zwischen Verfall und Erneuerung. Zwei Dekaden sind die Regel. Stadtentwicklung am Wasser ist jedoch keine modische Attitüde der Postmoderne, sondern die einmalige historische Chance der Reintegration von Wasser und Stadt. Das Brachfallen von Hafen- und Uferzonen fällt zusammen mit einer neuen Wertschätzung dieser Areale durch die Immobilienwirtschaft.

Aus der Sicht der Städte, der individuellen Akteure und der Stadtforschung ist es an der Zeit, die realisierten und geplanten Vorhaben weltweit zu vergleichen und zu kategorisieren, sie in ihrer sozialen, ökologischen, ökonomischen, planerischen und soziokulturellen Dimension zu analysieren. Vergleichen heißt dabei nicht gleichsetzen, sondern Gemeinsamkeiten und Unterschiede herausarbeiten. Noch fehlen Längsschnittstudien, »cross national studies« und komperative Studien, die die Spezifika der jeweiligen Projekttypen in einem vergleichenden Kontext einschätzbar machen. Themenbezogene Erfahrungstransfers sind Mangelware.

Vor einer simplen Bewertung von Projekten und Übertragung von Vorgehensweisen muss gewarnt werden. Generalisierungen sind schwierig und Patentrezepte gibt es nicht. Unterschiedliche Anlässe, Verfahren, Ergebnisse und Planungskulturen sind zu berücksichtigen. Während eine quantitative Evaluierung der Dimensionierung, Finanzierung, der Anzahl von

Wohneinheiten oder Büros, der Trägerschaft etc. noch leistbar erscheint, ist eine qualitative Untersuchung über ökologische Auswirkungen, mittel- und langfristige Folgen für die Stadt(teil)entwicklung sowie Auswirkungen für den lokalen Wohnungs- und Arbeitsmarkt schwieriger.

Die Projektziele sind in der Regel nicht explizit formuliert, die Bewertungsmaßstäbe und Interessen einer Evaluierung sind unklar, globale und lokale Entwicklungen, unterschiedliche individuelle Faktoren und örtliche Kontexte sind zu reflektieren und zu analysieren. Es handelt sich bei den Revitalisierungsvorhaben nicht nur um architektonische Gestaltungsfragen, es geht vielmehr um komplexe planerische, organisatorische, politische, trägerschaftliche, ökonomische, ökologische, juristische und finanzielle Aspekte. Inzwischen sind viele Städte unsicher geworden im Umgang mit den Filetstücken am Wasser:

- Wie entwickeln sich der regionale Büroflächenmarkt und Wohnungs(teil)märkte weiter?
- Welche Nutzungen, welche Träger und welche Investoren werden sich nicht nur kurzfristig, sondern langfristig als sozial- und umweltverträglich und sinnvoll erweisen?
- Wie kann eine Einbettung der Revitalisierungsprojekte in den regionalen und gesamtstädtischen Stadtentwicklungs- und Planungskontext erfolgen?
- Wie kann der Bedeutungsverlust der Innenstädte gegenüber der Peripherie und die Auflösung der Stadt verhindert werden und welche Rolle spielen dabei die Hafen- und Uferzonen?

Die in Nordamerika, vor allem in den USA, erfolgreichen Modelle von Mixed Used Developments und Festival-Markets (Shopping is fun) an Uferzonen sind nicht ohne weiteres auf hiesige Lebensstile und Konsumgewohnheiten übertragbar. In der Regel handelt es sich um Inselplanungen (Mixing pleasure with business), die vor allem den Interessen der Investoren folgen, aber lokale und gesamtstädtische Bezüge wenig reflektieren. Investoren und Developern werden häufig größere Kompetenzen und Freiheiten gewährt.

Weltweit wird häufig Kritik an der Gleichartigkeit, dem Einheitsbrei an der Waterfront artikuliert. Der scheinbar beliebige Mix von Clustern, von Museumshafen, Aquarium, Marinemuseum, Marinas, Festival Marketplaces, Promenade, neuen Restaurants in alten Speichern, Büros und Condominiums rekurriert nicht auf den jeweiligen Genius Loci. Ähnliche Funktionszuweisungen haben die Gefahren einer globalen Einheitsarchitektur an der Waterfront befördert. Die Festivalisierung oder Disneyfication macht die Waterfront zum Traumgebilde eines Konsumkapitalismus, zur Maskerade und Inszenierung, die dazu dient, bei der Bevölkerung Akzeptanz für auf Gewinnstreben ausgerichtete Vorhaben zu erzielen. Die Waterfront wird durch Inszenierungen zum Ort kollektiver Nostalgie, zum Mythos von einer positiv besetzten historischen Hafenstadt. Die »maritime Erlebniswelt« mit musealen Erinnerungen an »große Zeiten« läßt sich gut vermarkten. Die Chancen, die Besonderheiten und die kulturelle Bedeutung der Hafen- und Uferzonen herauszuarbeiten, wurden bisher häufig vertan.

Die Trends der globalen Ökonomie, Deregulierung, Städtetourismus, Condominiums, Stadtmarketing, Festivalisierung und Disneylandisierung manifestieren sich auch an den Uferzonen. Spezifische Bezüge zum Wasser werden selten aufgenommen, die Architektursprache ist postmoderne Austauschbarkeit, hybrider Historismus, Künstlichkeit und inszeniert ausschließlich den Lebensstil der Yuppiekultur. Hier ist aus Fehlern zu lernen, und es wären Konzeptionen zu entwickeln, die das Globale im Lokalen nicht negieren, sondern den Genius Loci, lokale Baukulturen und Traditionen zum Ausgang für eine qualitätvolle Gestaltung nutzen. Es gibt Chancen für deutsche Städte und Projekte, für Spätstarter, aus Fehlern anderer Städte und Vorhaben der Vergangenheit für die Zukunft zu lernen. Wir sollten keine großen Würfe und allgemein gültigen Rezepte entwerfen, sondern Konzepte und Strategien entwickeln, die auf Örtlichkeiten, Ereignisse, Situationen und Prozesse bezogen sind. Solche Prinzipien und Grundsätze sind dann in einer demokratischen Verfahrenskultur umzusetzen.

# 10 Grundsätze* für eine nachhaltige Stadtentwicklung am Wasser

1. Die städtische Kultur ist an den Ufern und Mündungen von Flüssen entstanden. Das Wasser ist die Quelle des Reichtums und der Schönheit der Stadt. Das Wasser symbolisiert den Prozess des Lernens und der Veränderung der Stadt. Über viele Jahrhunderte haben die Städte am Wasser unter verschiedenen ökonomischen und technologischen Bedingungen ihre Vitalität und Nachhaltigkeit unter Beweis gestellt.

2. In der post-industriellen Zeit sind die ehemaligen Hafen-und Industrieareale am Wasser besondere Räume neuer urbaner Lebens- und Arbeitsformen in der Stadt. Die Neugestaltung der Nahtstelle zwischen Stadt und Fluß ist eine der großen urbanistischen und stadtkulturellen Herausforderungen der Gegenwart.

3. Die Wiedergewinnung der aufgelassenen Ufer und verschmutzten Gewässer für die Stadt setzt deren nachhaltige Rekultivierung voraus. Die Reurbanisierung dieser Flächen stellt die nachhaltige Alternative zur Suburbanisierung des Umlandes dar. Die wichtigsten Ziele nachhaltiger Stadtentwicklung am Wasser sind:

- Wiederherstellung der biologischen Grundlagen auf dem Land und im Wasser durch Sanierung und Neugestaltung der Gewässer und ihrer Ufer;
- Reduzierung des Energieverbrauchs und der damit verbundenen Emissionen durch kompakte Bauweise und verkehrsreduzierende Konzepte;
- Wiederverwertung des begrenzten Rohstoffes Boden;
- Optimierung der Nutzung vorhandener Infrastruktur-Ressourcen.

4. Die neuen Quartiere am Wasser bauen die bestehende Stadt weiter. Sie müssen daher mit den Nachbar-Quartieren zusammenwachsen und ihren Beitrag zur Vitalität der ganzen Stadt leisten. Die Ufer müssen grundsätzlich öffentlich zugänglich und stadträumlich mit den alten Quartieren vernetzt sein. Aufgrund vielfältiger Nutzungsanforderungen wie Freizeit, Erholung, Sport und Muße und hoher öffentlicher Frequentierung müssen sie qualitativ hochwertig und robust ausgeführt sein.

5. Die alten Hafen- und Industriereviere am Wasser sind historisch wichtige Landmarken der Stadt. Sie verkörpern das Werden und den Wandel des städtischen Lebens und Arbeitens. Die Zeitzeugen dieser urbanen Geschichtlichkeit sind soweit eben möglich in die neue Stadt am Wasser und die neuen Nutzungen zu integrieren. Das Flair und das Ambiente der historischen Substanz hilft auch der neuen Stadt, ein bedeutungsvolles Gesicht auszuprägen.

6. Die neuen Quartiere am Wasser dürfen keine Inseln der Reichen, aber auch keine neuen Großsiedlungen des geförderten Wohnungsbaus werden. Das Leitbild der neuen Wasserstädte ist die funktional und sozial gemischte Stadt. Dabei ist die bestehende Nutzung grundsätzlich zu integrieren. Dies schließt auch die Isolierung und Privatisierung der neuen Stadtteile (gated areas) aus.

7. Die neuen Wasserstadtprojekte müssen in öffentlich-privater Partnerschaft entwickelt werden. Dies bedeutet, daß kooperative Strukturen der Zusammenarbeit, der Planung, Finanzierung und Realisierung gefunden werden müssen. Dabei kommt der öffentlichen Hand insbesondere die Verantwortung der Qualitätssicherung von Städtebau und Architektur, die Gestaltung des öffentlichen Raumes, die Sicherstellung der baulichen, sozialen und kulturellen Infrastruktur und der sozialen Ausgewogenheit sowie die politische Impulsgeberfunktion zu.

8. Für die Lösung komplexer Entwicklungsaufgaben am Wasser haben sich Entwicklungsträger bewährt. Sie sind die Koordinatoren des Prozesses und der beteiligten Investoren und Verwaltungen. Sie haben darüber hinaus die Aufgabe, die dauernde Funktionsfähigkeit der neuen Quartiere in wirtschaftlicher, sozialer und ökologischer Hinsicht sicherzustellen.

9. Nachhaltige Stadtentwicklung am Wasser ist ein Gewinn für die Stadt. Sie rechnet sich ökologisch und ökonomisch. Die ökonomische Nachhaltigkeit der Reurbanisierung aufgelassener Flächen am Wasser ist ein mittel- bis langfristiger Prozess, der nicht kurzfristigen Sparzwängen geopfert werden darf. Politik und Verwaltung sind aufgefordert, die Ziele und die Zukunftsfähigkeit der Stadtentwicklung am Wasser auch über Konjunkturzyklen und Legislaturperioden hinaus zu sichern und die Planungen und Verfahren elastisch weiter zu entwickeln.

10. Die neuen Wasserstädte müssen schrittweise und in Abschnitten gebaut werden, damit lebensfähige Quartiere entstehen. Die Konversion großer Hafen- und Industrieareale am Wasser ist eine Generationenaufgabe, die auch zur Sicherung der Zukunftsfähigkeit der Gesamtstadt bewältigt werden muß.

** Die 10 Grundsätze sind Ergebnis des internationalen EXPO 2000-Workshop »Wasserstädte – Eine Zwischenbilanz« am 7. Oktober 1999 in Berlin*

# Exkurse

## Vom Nutzen des Wassers in den Städten

# 1.
# Sanierung und Restaurierung städtischer Gewässer

*Gernot Ladinig*
## Die Alte Donau, Wien

Die Alte Donau in Wien ist ein Rest des Armsystems der früheren Donau. Sie ist durch die Regulierung des Flusses vor über 120 Jahren entstanden bzw. übriggeblieben. Vor 150 Jahren hatte die Donau in Wien sehr viele Seitenarme. Sie war so aufgefächert, dass die Menschen nicht in ihrer unmittelbaren Nähe leben konnten. Wien lag damals wirklich nicht an, sondern neben der Donau. Es gab riesige Überflutungen, und obwohl die Stadt Wien höher liegt als die Donau, wurden viele Vororte regelmäßig davon betroffen. Ein weiteres besonderes Phänomen sind die Eisstöße. Wenn es im Winter sehr kalt ist, kommt es zur Eisbildung an diesen Gewässern, und bei einem Hochwasser gibt's dann echte Katastrophen.

Die Wiener haben deshalb seit Jahrhunderten versucht, die Donau zu regulieren. Letztendlich wurden im 19. Jahrhundert Dämme gebaut und ein neues Gerinne für die Donau gegraben. Der heutige Donaustrom entstand ebenso wie der See Alte Donau, das Hochwasserentlastungs- und Freizeitparadies sowie der Donaukanal. Ein paar weitere Altarme des ehemaligen Donaustromes gibt es noch im jetzigen Nationalparkgebiet, und diese Gewässer schützen wir intensiv.

Aus der Alten Donau entwickelte sich vor rund 120 Jahren ein See, der von den Wienern als Badeparadies genutzt wurde. Die Alte Donau ist ein 1,6 Quadratkilometer großer Seichtwassersee, im Schnitt knapp 3 Meter tief. Viele Bereiche sind bis zu 1 Meter, an zwei Stellen ca. 7 Meter tief. Im Laufe der Jahrzehnte wurden ehemalige Gewässer und Seitenarme der Donau mit städtischem Müll zugeschüttet, und daraus sind Altlasten entstanden. Das Grundwasser strömt durch die Altlasten hindurch in Richtung Alte Donau und belastet den See mit ausgeschwemmten Nährstoffen.

Falsch verstandene Tierliebe half den Zustand zu verschlimmern. Die Schwäne leben hier in Massen, weil sie intensivst gefüttert werden. Menschenmengen pilgern zur Alten Donau, um die bis zu 500 Schwäne konzentriert an einzelnen Stellen zu füttern. Tierliebe steht bei vielen Menschen hoch im Kurs, so dass die Politiker kein Fütterungsverbot aussprechen können. Wir versuchen, dieser Dinge Herr zu werden, indem wir das Gewässerufer weniger gut zugänglich machen und die Menschen über die Folgen der Fütterung aufklären. In der Tat ist die intensive Fütterung auch für die Zunahme der Stickstoff-Phosphormenge der Alten Donau verantwortlich.

Über 100 Jahre lang reichte die Selbstreinigungskraft des Gewässers aus. Erst 1992 nahm die Eutrophierung extrem zu, und das Wasser wurde fast überfallartig intensiv gelb-grünlich. Wir hatten die Alte Donau in den Vorjahren zu wenig intensiv untersucht. Die Medien forderten uns Wasserbauer auf, Wiens Badeparadies, die Alte Donau, zu retten.

Was tut man in so einem Fall? Man kann ein Gewässer nicht innerhalb von ein paar Wochen untersuchen und Sanierungsmethoden ausarbeiten. Wir haben als Sofortmaßnahme eine Oberflächenbelüftungs-Notmaßnahme installiert. Die Medien nahmen die Aktionen sehr positiv auf – die Oberflächenbelüfter konnten fotografiert, gefilmt und beschrieben werden. Allerdings halfen diese zwei Belüfter nur, zwei einzelne anoxische Bereiche mit 6 bis 7 Meter Tiefe mit Sauerstoff zu versorgen. In der Zwischenzeit konnten innerhalb der Stadt Wien (Magistratsabteilung 45/Wasserbau) umfangreichere Sanierungsprojekte diskutiert und ausgearbeitet werden.

1993 haben wir Sanierungsmethoden getestet und parallel dazu Maßnahmen gesetzt, die bereits als Sanierung gewertet werden können. Nach einem großtechnischen Ver-

*Regenerierte Alte Donau*

**Gernot Ladinig**

150 years ago Vienna many suburbs were regularly flooded by the Danube. In the 19th century the Viennese built dams and a new sluice for the river to allow it to flow past the city. 120 years ago a lake developed out of the old Danube, its average-quality water was enjoyed by bathers and used for municipal needs. The ground water flowed through toxic waste that accumulated between the present and the old Danube. People flocked to the lake to feed some 500 swans. Their droppings were partially responsible for an increase in nitrogen-phosphate levels. We have since reduced the number of birds and have limited access to the water.

Eutrophication increased in 1992. The water turned a yellow-green colour. As an emergency measure we installed a

such in der Alten Donau haben wir zwei Jahre lang die gesamte Alte Donau durchgearbeitet. Wir haben im Umland der Alten Donau an den Ufern die Betonverbauungen entfernt, haben Schilfzonen angesetzt und Zugänge für die Menschen gebaut, dass sie über das Schilf zum Wasser gehen können. Für die Funktion als Badeparadies wurde über 2 Kilometer Länge ein biologisch intakter Strand mit Stegen und Flößen geschaffen. Teile mussten gegen Bootsfahrer, die mit Vorliebe hineingefahren sind, abgegrenzt werden.

Ein Jahr lang haben wir die Sanierung vorbereitet, im Jahr darauf folgten die ersten Tests. Dann haben wir begonnen, die Eutrophierungsproblematik mit Eisen(III)-Chlorid und Kalziumnitrat zu bekämpfen. Am Ufer waren die chemischen Anlagen aufgebaut. Über Verbindungsleitungen wurde vom Boot aus das Eisen(III)-Chlorid gezielt eingebracht, um den Phosphor zu binden und den Blaualgen die Nahrungsquelle zu entziehen. In der zweiten Stufe haben wir im Wasser Kalziumnitratrührwerke installiert. Mehrere Wochen lang wurde das Kalziumnitrat eingetragen und durch die Rührwerke verteilt. So eine Aktion dauert 3 bis 4 Wochen für eineinhalb Quadratkilometer. Die Wirkung auf die Farbe des Wassers, als Chemikalien durch perforierte Rohrleitungen eingetragen wurden, sah zum Teil dramatisch aus. Doch die Farbe war jeweils innerhalb eines Tages verschwunden.

Öffentlichkeits- und Medienarbeit ist extrem wichtig. Durch die intensive Aufklärungsarbeit mit und durch die Medien hatten wir keinerlei Akzeptanzprobleme. Wir haben die Medien eingeladen und gezeigt, was wir für die Alte Donau tun, und sie gebeten uns zu helfen, sie zu sanieren. Wir haben bei unseren wasserbautechnischen Projekten nicht nur Techniker beauftragt, sondern auch Medienfachleute, die mitgeholfen haben, diese Projekte verständlich zu erklären.

Es war vor 10 Jahren nicht üblich, dass Magistratsabteilungen sich intensiv mit Medienarbeit auseinandergesetzt haben. Projekte wurden durchgeführt, ohne sie vor der Umsetzung mit der Bevölkerung zu diskutieren. Hier an der Alten Donau haben wir nicht mit einer Maßnahme begonnen, sondern die Alte Donau hat plötzlich ein Bild von sich gegeben, das farblich gesehen nicht in Ordnung war. Die Medien stürzten sich kurz vor der Badesaison auf die Stadtverwaltung und haben gefragt, was ist da los? Wa-

surface ventilation. That sprayed water high into the air and helped supply the six-metre deep anoxic areas with oxygen. The media had something to photograph and we had time to come up with more fundamental projects.

Wells were constructed to prevent the ground water from flowing through accumulated toxic waste. Enough groundwater is pumped off to prevent polluted groundwater from flowing in the direction of the old Danube. This water is treated and then returned to the Danube. We removed the concrete walls from embankments on the city's outskirts, planted reed grass and built access points so people could walk to the water over the reeds. For bathing purposes a two kilometre long, biologically intact beach was created complete with piers and floats.

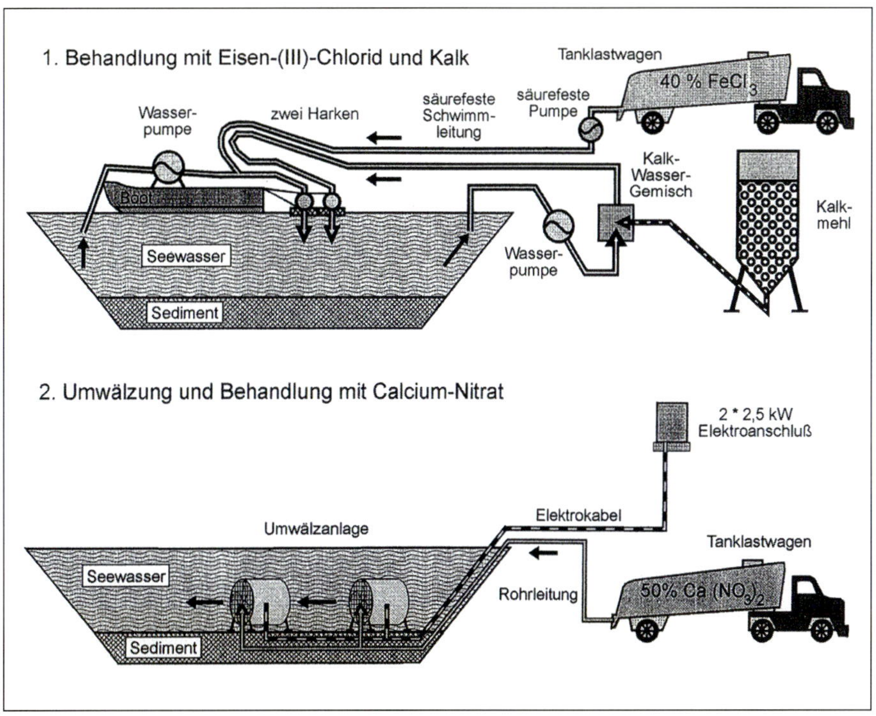

rum hat die Alte Donau diese Qualität, die auch farblich sichtbar wird? Das war der Anlass, Medienarbeit professionell zu betreiben und vor allem die betroffenen Anrainer zu integrieren. Wir machen jetzt auch kleinste Wasserprojekte nicht mehr allein, das heißt ohne die Bevölkerung. Wir entwickeln das Rohprojekt. Danach laden wir die Anrainer ein, fordern sie auf, sich einzubringen. Sie sollen sagen, was sie davon halten. Wir führen die Umplanungen entsprechend der Diskussionen durch, stellen das fertige Projekt noch einmal dar, bevor es dann umgesetzt wird. Und nach Fertigstellung holen wir wieder die Anrainer dazu und sagen: Das ist eure Mitplanung, das haben wir daraus gelernt. Und es funktioniert. Das ist wichtig, denn kein professioneller Planer hat soviel Detailinformationen über die Gewässer, über die Landschaft wie die Anwohner, die teilweise seit mehreren Generationen dort leben und Dinge kennen, die auch mit intensivster Nachforschung nicht erhoben werden können.

Die Alte Donau hatte bis 1987 sehr viele Makrophyten (Wasserpflanzen). Ab 1992 verschlechterten sich die Bedingungen. Im Jahr 1993 nahm die Anzahl der Wasserpflanzen extrem ab und ab 1994 waren quasi keine Wasserpflanzen mehr in der Alten Donau. Mit dem Einsatz von Eisen(III)-Chlorid ist es uns gelungen, wieder Verbesserungen zu erreichen.

Weil diese Methode kaum irgendwo auf der Welt erprobt war, haben wir nur die Genehmigung bekommen, sie in zwei Teilschritten durchzuführen. So konnten wir beobachten, an welcher Stelle ein verstärkter Einsatz, an welcher Stelle überhaupt nicht und wo durchschnittlich nachzuarbeiten war. So konnten wir die Phosphormenge deutlich senken.

Für die Medien war die Sichttiefe von besonderem Interesse. Die Sichttiefe hatte in den kritischen Jahren 1992 bis 1994 auf teilweise unter 50 Zentimeter abgenommen. In den Badebereichen ist 1 Meter Sichttiefe gefordert, weniger aus Qualitätsgründen, sondern eher, damit bei Unfällen die Verunglückten besser zu bergen sind. Eine Messung, die direkt auf den Eintrag des Eisen(III)-chlorids erfolgt ist, hatte eine Sichttiefe bis zum Grund in 4 Meter Tiefe.

Das Gewässer war also eutroph und in der kritischen Phase 1993 und 1994 hypertroph.

Mit den beschriebenen Maßnahmen haben wir es in zwei Jahren geschafft, von der hypertrophen sehr weit wieder in die eutrophe Phase hineinzukommen.

Nochmals die Maßnahmen im Überblick.

1. Errichtung von Sperrbrunnen: Wir haben die Altlast vor fünf Jahren saniert. Indem wir Sperrbrunnen angelegt haben, wird verhindert, dass das Grundwasser die Altlast durchströmt. Das Grundwasser wird so weit abgepumpt, dass kein belastetes Grundwasser mehr Richtung Alte Donau fließen kann. Dieses Wasser wird gereinigt und danach erst wieder in die Donau eingeleitet.
2. Künstliche Belüftung: Das waren diese Notmaßnahmen an den tiefsten Stellen.
3. Wassertausch: Zweimal wurde ungefähr ein Drittel des belasteten Wassers der Alten Donau ausgetauscht. Das ergab deutliche Verbesserungen, aber nur kurzfristig. Es wurde nicht die Wurzel des Übels bekämpft. Aber es war eine Möglichkeit, um knapp vor einer Badesaison das Wasser wieder auf Qualität zu bringen und nicht die Kritik der Medien auf sich zu ziehen. Es war wichtig, den Menschen sagen zu können: »Ihr könnt baden.«
4. Wasservogelbestand, Verbesserung der Uferstruktur: Es wurden die Schilfbestände erweitert und verschiedenste andere Pflanzen eingesetzt. Und dann wurde das Riploxverfahren angewandt, also der Eintrag des Eisen(III)-Chlorids und Kalziumnitrats.
5. Phosphor binden: Wir haben verhindern können, dass von außen weitere Nährstoffe in die Alte Donau gelangen. Wie schon in den letzten fünf Jahren setzen wir die künstliche Besiedelung mit Makrophyten fort. Wir werden im nächsten Jahr auch den Wasserspiegel der alten Donau etwas tiefer setzen, um mit einer höheren Belichtung das Wachsen der Makrophyten zu beschleunigen, zu verbessern. Wir erwarten, dass dadurch die Makrophyten vermehrt Phosphor aufnehmen und für die Algen nicht mehr verfügbar machen.
6. Ökotechnische Maßnahmen, Nahrungskette verändern: Wir setzen mehr Raubfische und weniger Friedfische ein. Damit wird der Fraßdruck auf tierische Kleinlebewesen reduziert.
7. Wasserstandsschwankungen: Vor der Errichtung des Freudenauer Kraftwerkes in Wien war die Alte Donau stärkeren Wasser-

***Gewässerbehandlung mit Eisen(III)-Chlorid***

Then we began to tackle the eutrophication. Iron(III)chloride was selectively introduced to bond the phosphate and eliminate the blue algae's source of nourishment. In the second phase we introduced calcium nitrate and distributed it with an agitator. In 1995 there was hardly any plant life in the old Danube. The use of iron(III)chloride helped us achieve a slight improvement.

Public relations is extremely important. We invited the media and gave a presentation on what we were doing for the Danube. Many specialised journalists helped explain the project in simple language. Of special interest to them was the depth of visibility, which had dropped to under 50 centimetres. Safety precautions in areas that permit bathing call for a visibility depth of one metre to aid the recovery of accident victims. A measurement taken directly after the introduction of the iron(III)chloride showed a visibility depth of four metres all the way down to the bed.

schwankungen ausgesetzt. Da ist also sowohl mehr Grundwasser zu- als auch abgeflossen. Diese Zustände sollten wieder erreicht werden.

8. Dem Ort eine Identität geben: In der Vergangenheit wurden an der Alten Donau großartige Feste gefeiert. Zu diesen Ereignissen sind Tausende von Menschen an das Gewässer gepilgert. Im Sommer wurde auf Booten und im Winter auf Schlittschuhen gefeiert.

Wir gehen davon aus, dass wir innerhalb der nächsten zwei, drei Jahre unsere Sanierungsbemühungen zu 100 Prozent umgesetzt haben werden. Zusätzlich schaffen wir noch einen Gewässerverbund zwischen Marchfeldkanal und Lobau. Damit entsteht eine künstliche Verbindung zwischen der neuen, der Alten Donau und dem Nationalpark.

Jürgen Siebert

Hamburg is distinguished by 60 square kilometres of water. The river Alster flows into Hamburg from Schleswig-Holstein, it runs through the city centre and in the south flows into the Elbe. Two large basins are particularly conspicuous, the Binnen (interior) Alster and the Aussen (outer) Alster. The Alster and Alster canals were historically used as transportation routes. Today they are centre stage for recreational water sports, steam boat excursions, fishing and dragon boat races. The water is off limits for swimmers because of the pollution through rain and sewage. This water mixture is transported to the sewage treatment plant through a canal system. During rain storms the canal network is often overflows into adjacent water causing fish kill and odour. In 1982 the "Alster Improvement Concept" was drawn up to upgrade the water to Grade II. It took 15 years and a 1.1 billion Mark investment to achieve our goal.

The most important measure implemented was the construction of collectors

*Jürgen Siebert*

## Das Alster-Entlastungskonzept, Hamburg

Hamburg ist sehr durch Gewässer geprägt. Zirka 60 Quadratkilometer groß ist die Wasserfläche in Hamburg. Das sind acht Prozent der Gesamtfläche des Staates Hamburg. Wenn Sie an Hamburg denken, fällt Ihnen sicher der Hafen und die Elbe ein. Das ist jetzt hier nicht Thema, sondern der Bereich der Alster, der der städtischen Naherholung dient und der auch stark durch Wohnen am Wasser geprägt ist.

Die Alster ist für Hamburg von großer Bedeutung. Sie durchfließt Hamburg von Schleswig-Holstein im Norden, läuft durch den gesamten Innenstadtbereich und mündet dann im Süden der Innenstadt in die Elbe. Besonders auffällig dabei sind zwei große Alsterbecken, die Binnenalster und die Aussenalster. Die Binnenalster ist mit 0,2 Quadratkilometern eher klein, die Außenalster mit 1,8 Quadratkilometern relativ groß. Beide werden intensiv für die Freizeit genutzt. Die Länge der Alster beträgt 56 Kilometer. Dazu gehören auch die Alsterkanäle unmittelbar im städtischen Wohnumfeld. Man denkt hier am Wasser manchmal, dass man gar nicht mehr in der Stadt, sondern irgendwo weit draußen ist.

Früher wurden Alster und Alsterkanäle als Transportwege genutzt. Heute spielt die Freizeitnutzung eine besondere Rolle mit Segeln, Kanusport, Paddeln, Tretbootfahren und Dampferfahrten. Es wird auch geangelt an der Alster. Und neuerdings finden auch Drachenbootrennen statt. Zunehmend wird jetzt auch der Wunsch nach einer Badenutzung laut. Dem steht und stand auch bisher die Belastung des Gewässers mit Mischwasser entgegen. Mischwasser ist ein Gemisch aus Regenwasser, häuslichem und gewerblichem Abwasser. Hamburg hat im Zentrum ein Mischwasserkanalsystem, das das Regen- und Abwasser zum Klärwerk transportiert. Bei starken gewitterartigen Regenereignissen, insbesondere im Sommer, kommt es zur Überlastung des Kanalnetzes. Wenn das Kanalsystem aufgefüllt ist, wird das Mischwasser durch Überläufe in das nächste Gewässer übergeleitet, damit es nicht in Keller und Unterführungen gelangt.

Bei großem Mischwassereintritt stinkt manchmal das Gewässer, häufig tritt Fischsterben auf. Das alles ist natürlich in einem Gewässer, das sich im städtischen Raum befindet, nicht hinnehmbar. Die Alsterkanäle sind stehende Gewässer oder Standgewässer mit einem eutrophen Zustand. Das heißt vor allem, ich muss die Nährstoff- und Schadstoffeinträge in die Gewässer über die Mischwasserkanalisation begrenzen, um eben dadurch Geruchsbelästigung und Fischsterben zu verhindern. Um diese Ziele zu erreichen, sind Anzahl und Menge bzw. Frachten der Mischwassereinträge zu begrenzen. Bei den Standgewässern soll nur etwa alle zwei bis fünf Jahre ein Überlauf in diese Gewässer stattfinden.

Wir haben dazu 1982 das »Alster-Entlastungskonzept«, einen Sanierungsplan, aufgestellt, um diese Ziele zu erreichen. Die wichtigsten Maßnahmen sind der Bau von Sammlern und Transportsielen, um das Mischwasser möglichst zügig zum Klärwerk zu befördern. Wir haben in Hamburg seit einem Monat nur noch ein Klärwerk, bisher hatten wir zwei. Beide entlasteten zur Elbe hin, also belasteten sie die Alster selber nicht. Speichersiele und Mischwasserrückhaltebecken sollten gebaut werden, um das Mischwasser zwischenzuspeichern, um es erst dann zur Kläranlage zu befördern, wenn die entsprechende Kanalisation entlastet ist.

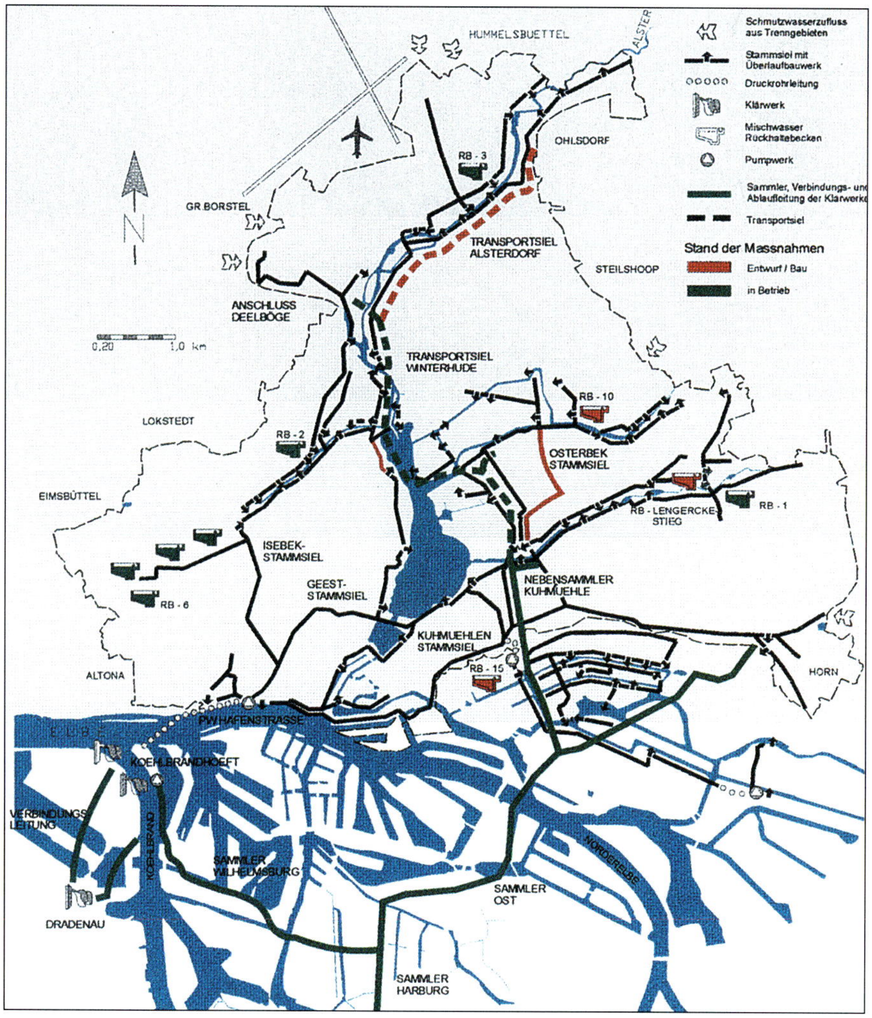


*Alsterentlastung Bauprogramm bis 2010*

*Hamburg, Binnenalster*

Wichtig ist auch die Entschlammung der Siele, um Speicherraum zu gewinnen. Grundsätzlich haben die europäischen Großstädte alte Sielnetze. Das von Hamburg stammt aus der Mitte des vorigen Jahrhunderts. Es gibt inzwischen viele Schäden, und Erneuerungsmaßnahmen werden ständig erforderlich.

Die Verbindungsleitungen, die im östlichen Bereich die Alster umfassen, sind schon sehr lange in Betrieb. Die neuen großen Transportsiele haben einen Durchmesser von 2,5 bis 3 Meter. An einzelnen Stellen fangen wir das Mischwasser ab und versuchen, es möglichst schnell zum Klärwerk zu bringen. Aus Kosten-Nutzen-Überlegungen installieren wir bei Erneuerungen Siele mit größerem Durchmesser.

Anders sieht es im westlichen Bereich um die Alster aus. Wir haben hier nicht so viele Kanäle, die wir schützen müssen. Hier geht es im Wesentlichen nur um den Isebekkanal. Da haben wir mit Rückhaltebecken einiges getan, aber wir haben hier keine neuen Siele geschaffen. Und das ist auch ein Schwachpunkt.

Zu den Rückhaltebecken: Wir bauen zwei verschiedene Typen von Rückhaltebecken: ein rechteckiges Becken (»Zigarrenkiste«) mit 12.000 Kubikmetern, wenn wir genügend Platz haben und ein zylindrisches Becken (»Coladose«) mit einem Inhalt von

and transport sluices to quickly move the water mixture to the sewage treatment plant. Storage sluices and retention basins act as an intermediary storage facility if there are large volumes to process. The water mixture is only directed to the sewage plant once the burden on the canalisation eases. Constructing sluices usually involves digging up roads. Whenever an open pit is involved, residents get impatient, drivers are inconvenienced by detours and retailers fear a loss of business. It's important to make sure those who will be affected are well informed.

7.500 Kubikmetern. Das sind Baumaßnahmen, die zwischen 40 und 50 Millionen Mark pro Stück kosten.

Für Sielbaumaßnahmen müssen in der Regel Straßen aufgegraben werden. Manchmal kann man im Schildvortrieb oder im Rohrpressverfahren arbeiten, dann ist es relativ einfach. Wenn mit offener Baugrube gearbeitet wird, entstehen Akzeptanzprobleme bei Anwohnern, bei Autofahrern wegen der Verkehrsumleitung und bei Einzelhändlern, weil sie den Verlust an Kunden fürchten. Die Vorabinformation spielt heute eine sehr viel grössere Rolle als früher. Einerseits sind umfangreiche Informationen vor Ort nötig und andererseits muss der Zeitpunkt der Maßnahmen sorgfältig geplant werden. Handelt es sich beispielsweise um Straßen mit vielen Geschäften, muss die Weihnachtszeit von solchen Baumaßnahmen frei sein. Die Stadtentwässerung informiert die Bevölkerung sowohl mit Faltblättern, die vorher verteilt werden, als auch mit Containern vor Ort, wo Anwohner und Händler das persönliche Gespräch suchen können.

Die Gesamtkosten des Alster-Entlastungskonzepts von 1982 bis 1998 beliefen sich auf rund 1,1 Milliarden DM. Die Finanzierung erfolgte zunächst durch ein Sondervermögen, das Hamburg dafür geschaffen hat. Vor einigen Jahren wurde die Stadtentwässerung in eine Anstalt öffentlichen Rechts überführt. Seit dieser Zeit werden die Maßnahmen aus dem Gebührenaufkommen finanziert. Die Abwassergebühr beträgt heute 5,04 DM pro Kubikmeter, ohne das Frischwasser, nur die Entsorgung. Damit liegt Hamburg im Mittelfeld der größeren deutschen Städte. Mittelfristig bis zum Jahr 2003 ist mit diesem Beitrag die Finanzierung gesichert. Die Kosten für die geplanten Maßnahmen betragen um die 35 Millionen DM pro Jahr nur für das Alster-Entlastungskonzept. Daneben führen wir auch Maßnahmen für die Elbe und Bille durch. Bei innovativen Maßnahmen haben wir die Förderprogramme der EU genutzt.

Die Erfolgskontrolle geschieht auf der Emissionsseite. Die Mischwassermengen werden über Sielpegelmessungen erfasst. Wenn man weiß, wie das Abwasser beschaffen ist, kann man auch die Frachten ausrechnen. Im Gewässer selber bestimmen wir den heterotrophen Aufwuchs vor und nach der Durchführung der Maßnahme. Dazu bringen Biologen kleine Glasplatten ins Gewässer für zirka 14 Tage ein. Auf diesen Glasplatten entwickelt sich Bewuchs aus Bakterien und anderen Lebewesen, aus deren Zusammensetzung und Artenvielfalt wird die Gewässergüte klassifiziert.

Nach 15 Jahren sind wir mit dem Alster-Entlastungskonzept den angepeilten Zielen ein gutes Stück nähergekommen. Unser Ziel, die Gewässergüteklasse II für die Fließalster zu schaffen, haben wir weitgehend erreicht. Der Zustand der Alsterkanäle hat sich deutlich verbessert. Durch den Bau weiterer Rückhaltebecken werden wir dieses Ziel bis 2002 auch im östlichen Alsterbereich mit den meisten Nebengewässern erreichen. Schwierigkeiten dagegen bereitet der Isebekkanal im westlichen Alsterbereich, wo eine Sammler- und Transportleitung für rund 300 Millionen DM gebaut werden müsste. Wir versuchen derzeit, mehr Stauraum im Siel zu schaffen, um eine etwas kostengünstigere Lösung zu realisieren. Seit 1988 betreiben wir dort eine Sauerstoffanreicherungsanlage, um die Gewässergüte des Kanals künstlich zu stabilisieren. Auch mittlere Mischwasserstöße werden von diesem System gut aufgefangen. Das hat dann seine Grenzen, wenn mehrere 10.000 Kubikmeter auf einmal in den Kanal hineinströmen. Genau das ereignete sich vor zwei Jahren und war begleitet von Fischsterben und Geruchsbelästigung.

Bis zum Jahr 2010 wird der Transportsielbau im Oberlauf der Alster abgeschlossen sein. Die Siele werden im Westteil der Alster erneuert, u.a. auch um etwas Gutes für den Isebekkanal zu tun. Wir bauen derzeit zwei rechteckige Rückhaltebecken. Eines mit 23.500 Kubikmetern Fassung entsteht im Tiefkeller eines neuen Bürogebäudes. Der Bauträger baut es und überlässt es im Leasing-Verfahren der Stadtentwässerung. Das ist neu für Hamburg.

Weitere Speicherraumgewinnung geschieht durch Sielerneuerung bzw. durch den Bau von Speichersielen. Weitere zusätzliche und flankierende Maßnahmen sind: Schaffung von Flachwasserzonen mit Bepflanzung; Verminderung des Eintrags von Nähr- und Schadstoffen durch Regenwasser aus der Trennkanalisation (Niederschlagswasser-Behandlungsanlagen); Entschlammung von Gewässerabschnitten.

*Klaus-Peter Lehmann*
## Die Pleiße-Öffnung, Leipzig

Die Stadt Leipzig hat sich 1992 entschieden, dass die Pleiße wieder ein sichtbares Element im Stadtraum werden soll, zumal die Freilegung des vergrabenen Flusses ein großes Wendethema des Herbstes 1989 war. 1994 wurden die Rahmenbeschlüsse zur Freilegung bestätigt und die ersten Visionen vorgestellt. Viele historische Situationen lassen sich nicht wieder so herstellen, wie sie einst waren. Die neuen Ufer mussten also ein neues Gesicht erhalten. Da waren die Architekten wie die Bürger gefragt. Es wurden Visionen erstellt, wie es einmal aussehen könnte. Die Stadt bildete eine Projektgruppe zur Koordinierung der Architekten, Planer und Verwaltungsangestellten.

Da die Stadt diese große Maßnahme nicht allein finanzieren konnte, wurde um Geld geworben. Sehr wichtig war dabei die Öffentlichkeitsarbeit. Wir haben unendlich geworben. Am 13. November 1996 konnte dann die Öffnung des ersten Abschnitts mit einem feierlichen Spatenstich und einem Volksfest begangen werden. Zum Projekt sollten alle stehen, also die Bürger, die Presse, das Fernsehen, ansonsten gibt es hinterher Probleme. Als Ort wurde eine Stelle direkt am Regierungspräsidium gewählt, auch weil in diesem Haus über das Wohl und Wehe der Fördermittelvergabe entschieden wurde. Wenn die Mitarbeiter dieses Hauses aus ihrem Gebäude schauen, sehen sie nun den wiedererstandenen Fluss unter sich. Um die Attraktivität zu erhalten und das Entstehen eines schlechten Images zu verhindern, mußten unsere Mitarbeiter anfangs kontinuierlich zum Fluss, um diesen von hineingeworfenen Müll wie Bierbüchsen, Folien etc. zu bereinigen.

Der Pleißemühlgraben ist zirka 3,5 Kilometer lang. Um diese Strecke zu öffnen, fallen Kosten von zirka 16.000 DM pro laufendem Meter an, damit werden insgesamt etwa 55 Millionen DM notwendig. Die Sanierung der Wölbleitung, in die der Fluss in den fünfziger Jahren gezwängt wurde, hätte rund 24 Millionen DM gekostet. Es gibt aber keine Programme zur Förderung der Sanierung einer Wölbleitung. Das heißt, die Stadt hätte diese Kosten allein tragen müssen. Es gab hingegen Förderprogramme, die eine Öffnung des Flusses unterstützten, so dass nur ein Drittel der Gesamtkosten, also viel weniger als 24 Millionen DM an Eigenmitteln aufzubringen waren.

Das zweite Drittel wurde durch den Freistaat Sachsen und das letzte Drittel von privater Seite gefördert. Die Pleiße fließt mitten durch die City an exponierten und für Investoren höchst interessanten Standorten vorbei. Alle, die am Wasser gebaut haben, wie Dresdner Bank, DG Immobilien, Bilfinger & Berger und einige andere, haben die Standortvorteile erkannt. So wurden von den bisher zirka 750 Meter geöffnetem Fluss über 30 Prozent durch Sponsoren finanziert bzw. durch eigene Bauleistungen unterstützt.

Unser derzeitiger, zirka 100 Meter langer Abschnitt befindet sich in unmittelbarer Nähe zum Reichsgericht. Die Allianzstiftung hat 1,5 Millionen DM zur Verfügung gestellt, um den ehemaligen historischen Park, die Fritz-von-Harck-Anlage, neu zu gestalten. Das Reichsgericht soll künftig als Bundesverwaltungsgericht genutzt werden.

Wir hatten gehört, dass die Allianz-Stiftung auch in Berlin einen Park gefördert hat und wegen der geplanten Gestaltung erhebliche Probleme mit den Bürgern bekam. Obwohl in unserem Falle keine unmittelbaren Anlieger und Investoren betroffen sind, haben wir ein Visionsbild erstellen lassen und dieses in der Presse und auf einem Bürgerforum vorgestellt. Das Bild zeigt, wie Park und Fluss ehemals aussahen und wie es hier bald aussehen kann. In Leipzig haben die Architekten wie in Berlin die umstrittenen Rasenwellen geplant und diese wurden nach kontroversen Diskussionen von der Öffentlichkeit akzeptiert.

Die Flussöffnung bedeutet keinesfalls eine bloße Rekonstruktion historischer Vorbilder. Bei der Freilegung des Pleiße-Mühlengrabens handelt es sich um notwendige Stadtreparatur. Es ist somit weniger ein ökologisches als ein städtebauliches Projekt. Die vorhandenen alten Ufermauern sollen saniert und an die neuen Gegebenheiten und Bedürfnisse angepasst werden, ohne die Historie aus den Augen zu verlieren.

Mancher erinnert sich an die fünfziger Jahre, als es unerträglich nach Phenol und Abwasser stank. Einige Menschen befürchten, dass das vielleicht mal wieder so werden könnte. Die meisten Betriebe sind aber inzwischen geschlossen oder rekonstruiert.

**Klaus-Peter Lehmann**

In 1992, the city of Leipzig decided to bring the river Pleisse back to the surface and make it visible again. Two years later the first models were presented, and in 1996 the first section was inaugurated. Opening the 3.7 kilometer segment costs about 50 million marks. Restoring the old underground pipe system for the river would have cost about 24 million marks, but there were no subsidy programmes to pay for it. The city would have had to cover the costs on its own. But there were programmes to subsidise an opening up of the river, so that just a third of the total cost -- ie much less than 24 million Marks -- was required of the city's own resources. Another third was paid for by the State of Saxony and the final third by the private sector.

With 5,000 people in temporary work schemes the city has its own business that trains stone masons and specialists in concrete and wood work who carry out many of the jobs. The non-profit organisation Neue Ufer (New Embankments) has been very helpful in the area of public relations work. It's less about money than about creating acceptance.

*Nach der Freilegung, 1999*

*Pleiße, um1930*

*1951, vor der Überwölbung*

*Pleißemühlgraben als Baustelle, um1998*

Das, was jetzt wieder da ist, arbeitet nach den Regeln der Technik. In den offenen Abschnitten sind Wasserqualitäten von Güteklasse III und in einigen Zuflussbereichen schon Güteklasse II zu verzeichnen. Es ist aber kein ungetrübtes Binnenlandgewässer, kein klar sprudelnder Gebirgsbach. Der Pleiße fehlt auch allgemein eine bestimmte Fließgeschwindigkeit, weil sie natürlich auf ihrem Wege Frachten mit sich bringt und die dann ablagert. Wir werden sie in Abständen entschlammen müssen.

Diese Mühlengräben waren immer künstliche Gewässer, die durch Leipzig flossen und Mühlen angetrieben haben. An einigen Stellen haben wir die Möglichkeit, den Pleißemühlgraben auch ausufern zu lassen. Im Oberlauf gleich hinter der Schleuse von der Pleiße ist ein Absetzbecken mit einer größeren Fläche vorgesehen, wo wir erhebliche ökologische Effekte erhoffen. Aber eigentlich ist das nicht der Zweck dieser Gewässeröffnung.

Wir streben keine Wasserqualität an, die zum Baden einlädt. Wir sind hier realistisch, obwohl die Leipziger Mühlengräben ja ursprünglich auch städtische Badegewässer mit vielen Badeanstalten waren. Die Mühlgräben hatten viele Funktionen: Transportwege, Antrieb für Mühlen, sogar das »Säcken« wurde hier vollzogen, das war eine Todesstrafe im Mittelalter. Badegewässer wird es um Leipzig in Zukunft genügend geben. Die Seenlandschaft, die im ehemaligen Braunkohlenabbaugebiet entsteht, wird der um Berlin ebenbürtig sein und an Größe und Vielfalt vielleicht sogar noch übertreffen.

Wir konnten leider immer nur in dem Bereich öffnen, wo jemand bereit war, mitzufinanzieren. So entstand ein Flickwerk. Mal wurde ein Stück geöffnet, dann blieben wieder 300 Meter geschlossen. Mittlerweile konnten vier voneinander getrennte Abschnitte mit insgesamt zirka 750 Metern geöffnet werden. Die nicht zusammenhängenden Öffnungsbereiche bedingten zusätzliche Ein- und Auslaufwerke mit zusätzlichen Kosten. Die Stadt hat deshalb durch eine Architektengruppe eine Typologie erstellen lassen. An Marmor, Stein, Glas und Eisen, Zeitgeist, an postmodernen Formen der Architektur und verbliebenem Gründerzeitambiente muss diese sich orientieren. Die Typologie von 1995 legt die Gestaltung des gesamten Gewässerablaufs fest. Sie sagt, was wohin gehört, einschließlich Beleuchtung und Möblierung, dahin kommt das Wehr und dort ist Kunst am Bau vorgesehen. Mir geht dies, obwohl von erheblicher Wichtigkeit, manchmal schon zu weit. Die durch Stadtratsbeschluß bestätigte Typologie und die Gestaltung des Flusses wurden Teil des Planfeststellungsverfahrens. Die Partner werden in vielen Gesprächen im Rahmen der Beantragung einer Baugenehmigung darauf hinweisen, was da alles Positives vorgesehen ist und wie sich die Bauherren am Vorhaben beteiligen können.

Mit dem Betrieb für Beschäftigung mit über 5000 ABM-Beschäftigten hat die Stadt Leipzig einen Eigenbetrieb, der viele Arbeiten selbst ausführt. Dort werden Steinmetze, Betonarbeiter und Holzfacharbeiter ausgebildet. Ein Teil ihrer Ausbildung besteht darin, vor Ort die historischen Mauern aus alten Bruchstellen wiederherzustellen oder zu reparieren. Der Begriff ABM hat in Leipzig dadurch auch viel von seinem Negativimage verloren, da von den Mitarbeitern anerkannte Qualität erbracht wurde.

Die Unterstützung durch einen gemeinnützigen Förderverein »Neue Ufer« spielt eine wichtige Rolle. Unsere Vorbilder dafür waren die Initiativen im Wörlitzer Park/Dessau und bei der Frauenkirche in Dresden. Der Förderverein publiziert etwa zweimal im Jahr einen Band aus der Reihe »Neue Ufer«. Unser Amt publiziert daneben jedes Jahr einen Kalender und geht mit Ausstellungen und Gesprächsangeboten an die Öffentlichkeit. Die Leipziger freuen sich über jeden Fortschritt. Immer wenn ein Stückchen geöffnet ist, gibt es ein kleines Fest. Die Akzeptanz und Beliebtheit der bisherigen Maßnahmen läßt keinen Zweifel aufkommen, dass die Pleiße-Öffnung trotz der allgemeinen Finanzprobleme künftig weitergehen wird.

In Leipzig gibt es weitere große Wasserbau-Projekte. So soll auch der kleine fehlende Abschnitt vom Karl-Heine-Kanal (eine attraktive, touristisch intensiv genutzte kleine Wasserstraße) an den Lindenauer Hafen angeschlossen werden und dieser dann an den Elster-Saale-Kanal. Auch hier fehlen nur wenige Meter. Dahinter liegen dann die Saale, die Elbe und die Nordsee – wir haben eben Träume und Visionen.

*Peter Schirmer*

## Die Sanierung des Rummelsburger Sees

Die Sanierung des Rummelsburger Sees ist für den Senat des Landes Berlin ein außerordentlich wichtiges Vorhaben zur nachhaltigen Entwicklung dieser Stadt und wird deshalb sehr positiv und engagiert begleitet. Das Engagement einer Vielzahl von Mitarbeitern in der Senatsverwaltung für Stadtentwicklung, hat diese Sanierung überhaupt möglich gemacht.

Das Thema »Sanierung und Restaurierung städtischer Gewässer« hat einen provozierenden Untertitel: Städtebauliche Entwicklung als Motor der Sanierung oder Sanierung als Voraussetzung für städtebauliche Entwicklung am Wasser. Man sollte vermuten, Wasserwirtschaftler lassen sich ungern von Städtebauern sagen, wie welche Gewässer wann zu sanieren sind; und Städtebauer möchten kaum von Wasserbauern wissen, wie man attraktive Wohnlagen am Wasser entwickelt. Können Wasserwirtschaftler und Städtebauer überhaupt gemeinsame Ziele verfolgen oder dominieren Nutzungskonkurrenzen? Können wirtschaftliche Nutzungszwänge ein Sanierungserfordernis begründen? Kann man Umweltschutz durch Städtebau oder Nutzungsdruck befördern, zum Beispiel Wassertiefen für die Schiffahrt verlangen, die notwendigerweise Entschlammung bedeuten. Weil Wasserstädter gern Wassersport treiben, wünschen sie sich den sauberen See. Insgesamt ein interessantes Geben und Nehmen. Sicher ist nicht der Städtebau allein und vor allem der Motor der Gewässersanierung, wie umgekehrt nicht die Sanierung städtischer Gewässer wichtigste Voraussetzung oder Bedingung für den städtebaulichen Erfolg sein wird. In der Rummelsburger Bucht wie am Spandauer See war es dennoch die Kompatibilität von interessanten Zielen zweier Partner, die ihre jeweiligen Vorhaben in gemeinsamen Anstrengungen koordinierten.

Das Thema der Sanierung städtischer Gewässer hat seine Geschichte in Berlin. Die Rede ist von Wassermengen und von Wassergüte. Seit Beginn dieses Jahrhunderts, so stellte man 1916 fest, kam es immer häufiger zu sogenannten Wasserklemmen in der Stadt, einem zu geringen Abfluss infolge künstlicher Veränderungen entlang der Spreeufer. Damals wurde der Begriff der Schadensgrenze eingeführt, wonach die Spree einen Mindestzufluss von 15 Kubikmeter je Sekunde benötigt, damit die Innenstadt durchspült werden kann. Im Verlaufe des zweiten Weltkrieges wurde der Spree-Havel-Verband mit dem Ziel gegründet, diesen Mindestabfluss zu gewährleisten. Doch erst heute, zum Ausgang dieses Jahrtausends, ist es durch Verträge mit den Ländern Brandenburg und Sachsen gelungen, tragfähige Lösungen, die sogenannten Speichersysteme »Lohsa II«, im ehemaligen bzw. teilweise noch aktiven Braunkohlentagebaugebiet Sachsen-Brandenburg zu realisieren. Fast ein Jahrhundert war notwendig, um das, was man zu Beginn als notwendige Wassermengenkorrektur richtig erkannte, nämlich den Ausgleich der Wasserführung im Sommer und ihre Stabilisierung auf hohem Niveau, umzusetzen.

Die Wassergütekorrektur beginnt später. 1978 erschien dazu die Grundlagenarbeit von Kloos »Berliner Gewässer-Wassermenge, Wassergüte». Im Zentrum stand die Eutrophierung der Berliner Gewässer. »Nach wie vor ist für die Havelseenkette die Nährsalzanreicherung mit der Folge einer übermäßigen Algenproduktion das Problem. Dieses bald befriedigend zu lösen, muss unsere vornehmste Aufgabe der nahen Zukunft sein», heißt es dort. Das geschah dann auch. 1981 wurde die Phosphateliminierungsanlage Beelitzhof in Betrieb genommen. Dadurch konnten einige Landseen saniert werden. 1982 wurde eine Gewässerschutzregelung mit der DDR vereinbart, wonach die Klärwerksabläufe von Münchehofe, Falkenberg und Schönerlinde am östlichen bzw. nördlichen Rand von Berlin mit Einwirkung auf das städtische Gewässersystem ab 1. Januar 1986 auf maximal 2 Milligramm Phosphat pro Liter zu reduzieren sind. Natürlich wurde dafür auch bezahlt. Ergebnis war eine deutliche Reduzierung der Phosphorfracht und eine Senkung der Biomassenproduktion. 1985 startete das Großprojekt Phosphateliminationsanlage Tegel. Damit wurde im wesentlichen der Tegeler See saniert. In den Jahren 1983 bis 1985 wurde im Bereich des Teltowkanals mit Sauerstoffanreicherung, Sanierung im Einzugsbereich und teilweise mit Entschlammung begonnen. Von 1991 bis 1993 wurden aus dem Kleinen Müggelsee, der Schlammtasche des Großen Müggelsees,

**Peter Schirmer**

The history of efforts to clean up Berlin's waterways began with moves to regulate the water volume. Since the beginning of the last century, artificial changes to the embankments often led to an inadequate drainage of the river Spree. Today water volume is equalised in the summer through storage systems in open cast lignite mines in the states of Saxony and Brandenburg.

Since 1978, water quality has been corrected to reduce algae over-production. The phosphate elimination plant at Beelitzhof began operation in 1981. By regulating the sewage run-off, phosphate and biomass production was reduced. In 1985 the phosphate elimination facility was used to rehabilitate Lake Tegel. Between 1983 and 1985 the Teltow canal was enriched with oxygen, the catchment basin was restored and de-sludged. Between 1991 and 1993, 200,000 cubic metres of wet sludge were removed from the Kleiner Müggelsee. In 1999 a sewage disposal plan was drawn up with the aim of achieving Grade II quality in all surface water.

From 1991, rehabilitation of Lake Rummelsburg was projected to cost 200 million marks. Professor Wilhelm Ripl has now developed a plan that will cost just 25 million Marks, 75 percent of which is being funded by the European Union.

200.000 Kubikmeter Nassschlamm entnommen. Im Kleinen Müggelsee wurde also wieder Platz geschaffen. Er steht nunmehr als Sedimentationsraum in der Müggelspree zur Verfügung und entlastet die stromabliegenden Gewässer, sowohl den Großen Müggelsee wie auch die Rummelsburger Bucht.

Jüngstes Projekt aus dem Jahr 1999 zur Wassergüte in Berlin ist der Abwasserbeseitigungsplan. Das Ziel ist die Güteklasse II in allen Oberflächengewässern nach dem Trophiemaßstab. Das bedeutet eine drastische Reduzierung des Phosphoreintrages sowohl in Berlin als auch im Einzugsbereich von Berlin und letztlich eine Badegewässerqualität in den größeren Flussaufweitungsbereichen, wo Baden vorgesehen ist. Notwendig dafür sind etwa 20 bis 25 Jahre sowie ein mit den Berliner Wasserbetrieben zu entwickelndes Finanzierungsmodell, das nicht zu einer spürbaren Erhöhung der Abwasserkosten führt.

Nach der Erfüllung der notwendigen Wassermengenkorrektur wird an der Gütekorrektur weiter gearbeitet. Die begonnene Sanierung des Rummelsburger Sees ist dazu ein wichtiger Beitrag. Der lokale und regionale Kontext des Einzugsgebiets und die Abfolge der Maßnahmen gewährleisten, dass nicht wiederum neue Schadstoffe in größerem Umfang in den Rummelsburger See gelangen und die Sanierung nach 50 bis 100 Jahren wiederholt werden muss, sondern dass die Lösung dauerhaft und somit nachhaltig für Berlin ist.

Die Zeit war reif für die Seesanierung, über die seit 1991 nachgedacht wurde. Die früheren Überlegungen hatten die goldene Fundamentalsanierung für 200 Mio DM zum Ziel. Professor Ripl von der Technischen Universität Berlin entwickelte im Auftrag der Wasserstadt GmbH ein Konzept, dessen Umsetzung nur 25 Mio DM kostet und zu 75 Prozent von der Europäischen Union gefördert wird. Ein wichtiger Motor für den jetzigen Zeitpunkt der Seesanierung war zweifelsohne die Entwicklung der attraktiven Wohnlagen in der Rummelsburger Bucht. Wohnen am Wasser auf der einen und Geruchsfahnen, Sichttiefen im Zentimeterbereich auf der anderen Seite passen nicht zusammen. Die zweite Triebfeder war das gelungene Zusammenspiel zwischen vielen Experten innerhalb der Senatsverwaltung und die genutzte Chance der EU-Umweltförderprogramme. Der dritte wichtige Faktor heißt: Jetzt lohnt es sich dauerhaft, denn es gibt bessere Klärwerke, Einleitungen in den Rummelsburger See wurden reduziert oder gestoppt und manche Industrie, die über die Spree ihre Abläufe hier entsorgte, ging an andere Standorte. Positiv ist, dass zum Zeitpunkt der Seesanierung auch Maßnahmen im Einzugsgebiet realisiert werden können, dass mit den Mulden-Rigolen-Systemen naturnahe Regenwasserversickerung in großem Maßstab erstmalig realisiert wird und dass schließlich zum ersten Mal eine Kombination mehrerer Maßnahmen zur Gewässersanierung stattfindet, die bislang nur vereinzelt und räumlich getrennt zur Anwendung kamen. Das ist beispielhaft auch für andere Metropolen und Regionen auf dieser Welt.

*Ufer des Rummelsburger Sees vor Bau des Uferwegs, 1997*

*Dietrich Jahn*

## Der Rummelsburger See: Eingebunden in die wasserwirtschaftlichen Ziele Berlins

Die Gewässersanierung bzw. -restaurierung hat in Berlin Tradition. Die Einheit von Wassermenge und Wassergüte wird dabei stets in den Mittelpunkt gestellt; die entwikkelten Konzeptionen berücksichtigen die Wirkungszusammenhänge und beachten die regionale Struktur.

Der Rummelsburger See nimmt im Spreeverlauf durch die Stadt eine Sonderstellung ein; im Gegensatz zu den Flussseen von Spree und Dahme wird er nicht durchströmt, kann als Blind- bzw. Totarm der Spree betrachtet werden und prägt durch die Größe seiner Oberfläche das Erscheinungsbild in der oberen Spreelandschaft.

Der See weist eine mittlere Tiefe von rund 2,5 Meter auf, eine maximale von rund 4,5 Meter und beinhaltet ein Wasservolumen von rund 1.250.000 Kubikmeter. Die geringen Wassertiefen verhindern eine ausgeprägte Tiefenwasserzone, so dass die Belastungspotenziale stets kurzfristig auf den gesamten Wasserkörper einwirken können.

Die Belastungen in den Berliner Gewässern werden geprägt durch die Klärwerksabläufe; die Regenwassereinleitungen; die Grundwassereinströmungen und die Zuläufe aus dem Einzugsgebiet. Dies gilt natürlich auch für den zur Spree offenen Rummelsburger See, wobei die »Grundbelastung« aus dem Einzugsgebiet und den Klärwerken prägend ist und noch von einer »Stoßbelastung« infolge der Regenereignisse überlagert wird.

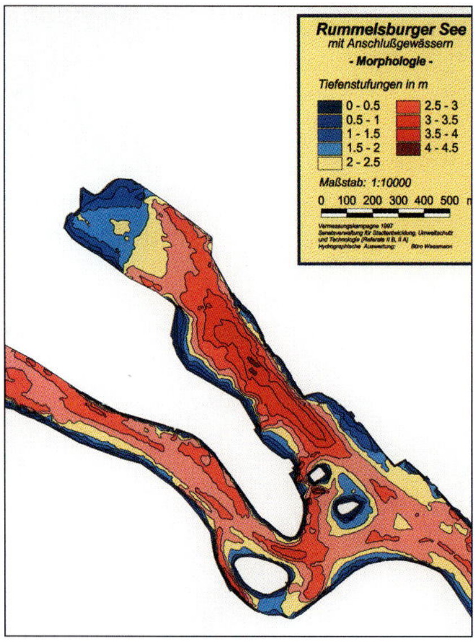


*Bild 1*

In der oberen Spree haben die Kläranlagenabläufe von Münchehofe und Falkenberg einen prägenden Einfluss. Eine erste direkte Entlastung für den Rummelsburger See erfolgte bereits Ende 1992, als ein Teilvolumenstrom aus der Kläranlage Falkenberg nicht mehr über den Mahrzahn-Hohenschönhauser-Grenzgraben (MHG) in den See eingeleitet wurde. Die Belastung verblieb im Spreegebiet, wurde jetzt aber oberhalb des Rummelsburger Sees über die Wuhle der Spree zugeführt. Mit der Schließung der Kläranlage Falkenberg Ende 2002 und der Verteilung der Abwasservolumenströme auf die Kläranlagen Schönerlinde (Ablauf zum Tegeler See) und Waßmannsdorf (Ablauf zum Teltowkanal) wird diese Belastung vollständig aus dem Spreegebiet herausgenommen und damit auch aus dem Spreezulauf zum Rummelsburger See.

Über den Mahrzahn-Hohenschönhauser-Grenzgraben ist eine entwässernde Fläche von rund 26 Kilometern und über den Ruschegraben eine von rund 9,5 Kilometern an den Rummelsburger See angeschlossen. Beide Gräben haben vorrangig als Funktion die Regenwasserableitung übernommen, überwiegend aus Wohnbereichen, aber auch aus Industrie- und Gewerbegebieten. Ihr Einfluss auf den See dokumentiert sich in den ausgebildeten Schwemmkegeln; ihre Belastung kann nur schrittweise (hydraulisch, stofflich und zeitlich) zurückgenommen werden.

Um die Belastungen durch das Regenwasser nicht noch weiter zu erhöhen, wurde für das Entwicklungsgebiet rund um den Rummelsburger See (Stralauer Halbinsel, Lichtenberger Ufer) beschlossen, weitgehend auf die traditionelle direkte Ableitung des Regenwassers ohne effektive Reinigungseinrichtung zu verzichten. Die Planung für die Regenwasserkanalisation wurde überarbeitet und durch ein Mulden-Rigolen-System ersetzt bzw. ergänzt, mit dem Ziel, das Regenwasser nur nach einer Passage über die belebte Bodenschicht (Mulde) in den See einlaufen zu lassen. Durch diese naturnahe

**Dietrich Jahn**

Because of the blue algae on its surface, the Lake Rummelsburg is a Grade III lake. It has no deep water into which pollutants can sink. Every autumnal cycle brings them back to the surface and the familiar bio-activities take place. Run-off from the Falkenberg sewage plant went straight into the lake until 1992. Since then phosphate levels have dropped 25 percent. Lower phosphate levels curb algae growth.

Rainwater from a 30-square-kilometre area was funnelled into the lake. The syncline drainage ditch system allows rainwater to drain in a natural way. The goal of achieving a Grade II should be reached by summer 2000 and allow for a visibility of one metre.

Many measures are being undertaken in the region to establish permanent, good biological conditions on the Spree side of the lake. The river Spree has transported sediments from Köpenick into this so-called »appendix of Berlin«. As industry moves away and pollution is reduced in small tributaries such as the Panke, Wuhle, and Erpe, the pollution in the region will be reduced by 75 percent.

Efforts are underway to redesign vertical embankment constructions, plant reeds and reshape the shoreline. Unpleasant odours should be reduced through hydrogen sulphide gas emissions. Partial desludging should reduce pollution in ground and surface water.

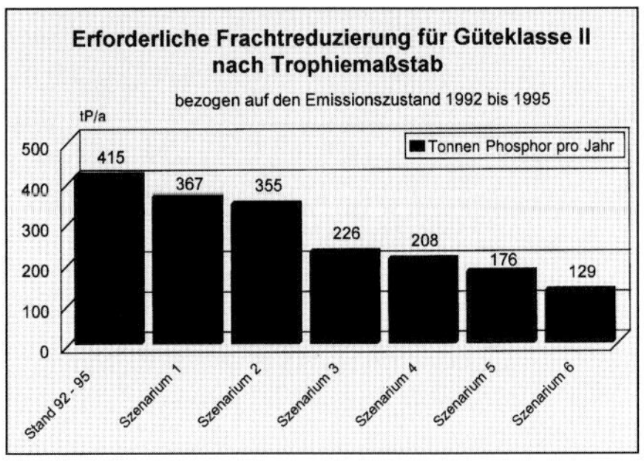


*Aktionsprogamm Spree/Havel 2000, Bild 2*

**Szenarien für erforderliche P-Reduktion**
(bezogen auf den Emissionszustand 1992 bis 1995)

| | |
|---|---|
| Szenarium 1 | Klärwerkskonzeption der BWB sowie Ruhlebener Standard in allen Kläranlagen Berlin |
| + | |
| Szenarium 2 | 50-prozentige Reduzierung der P-Einträge aus den Trenn- und Mischsystemen Berlins |
| + | |
| Szenarium 3 | 90-prozentige Reduzierung der punktförmigen Einträge im übrigen Einzugsgebiet |
| + | |
| Szenarium 4 | 20-prozentige Reduzierung der diffusen Einträge im übrigen Einzugsgebiet |
| + | |
| Szenarium 5 | 75-prozentige Reduzierung in den kleinen Zuflüssen |
| + | |
| Szenarium 6 | Einführung einer weitergehenden Nährstoffelimination in den Berliner Kläranlagen mit Ablaufwerten um 50 Mikrogramm/Liter |

*Aktionsprogamm Spree Havel 2000, Bild 3*

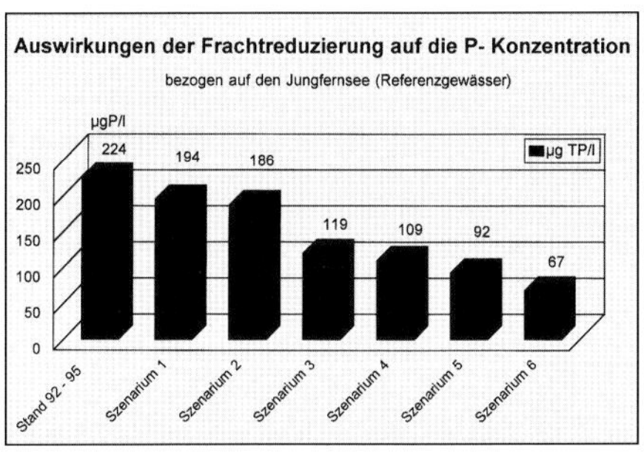


*Aktionsprogamm Spree Havel 2000, Bild 4*

Behandlung und Reinigung des Regenwassers sowie nachfolgende Versickerung im Gebiet wurden neue Wege im Umgang mit dem Regenwasser aufgezeigt – mit Modellcharakter für neue Siedlungsgebiete in dieser Stadt.

Der Rummelsburger See liegt am Rande des Wasserschutzgebietes für die Wasserwerke Wuhlheide und Kaulsdorf. Diese 1999 neu ausgewiesenen Schutzzonen belassen das Gebiet um den Rummelsburger See außerhalb des Absenkungsbereiches für die Grundwasserförderung zur Trinkwassergewinnung. Damit ist für dieses Gebiet von konstanten Grundwasserverhältnissen auszugehen, die von den Wasserspiegellagen in der Spree (speziell dem Oberwasser an der Mühlendammschleuse) geprägt sind. Mit schadstoffbelasteten Grundwassereinströmungen aus dem Gebiet heraus ist nicht zu rechnen.

Eine andere Situation ergibt sich bei der Betrachtung der im See vorhandenen Sedimentbelastung. Die Gewässersedimente im Rummelsburger See spiegeln die industrielle Entwicklung in diesem Gebiet wider. Mehrere Untersuchungskampagnen (im Zusammenhang mit der Bewerbung Berlins für die Olympiade 2000) zeigen ein hohes Belastungsniveau mit Mineralölkohlenwasserstoffen, Cyaniden, polyzyklischen aromatischen Kohlenwasserstoffen und Schwermetallen (außer Nickel) in den oberen ein bis zwei Sedimentmetern auf. Hier besteht die potenzielle Gefahr, dass die organischen und anorganischen Schadstoffe in das Oberflächenwasser bzw. in das Grundwasser »verschleppt« werden können. Aus Vorsorgegründen ist hier eine Teilentschlammung der kontaminierten Bereiche anzustreben.

Die Bemühungen zur Verbesserung der Verhältnisse am, um und im Rummelsburger See müssen mit den übergeordneten Zielsetzungen für das Land Berlin und das Einzugsgebiet der Spree in Einklang gebracht werden. Vorrang hat in Berlin die Eindämmung der Algenmassenentwicklung und das Erreichen der Gewässergüteklasse II nach Trophiemaßstab. Verbunden ist damit eine mittlere Sichttiefe von 1 Meter auch im Sommerhalbjahr. Diese Verhältnisse sollen sich in den Berliner Gewässern – also auch im Rummelsburger See – langfristig einstellen. Ein wichtiger Baustein ist dabei der Abwasserbeseitigungsplan des Landes Berlin, der noch 1999 als Entwurf veröffentlicht wird und die genannten Immissionsziele mit einer zulässigen Emissionsbelastung verbindet.

Zur Einleitung der erforderlichen Maßnahmen wurde im Sommer 1999 in Berlin das Aktionsprogramm Spree/Havel 2000 verkündet. Die daraus entnommenen Bilder 2, 3 und 4 zeigen die entscheidenden Aktionen bei dem verursachenden Eutrophierungsparameter Phosphor auf. Die auch real umzusetzenden Szenarien 1 bis 6 (Bild 3) führen letzten Endes zu einem schwach eutrophen Status in den Berlin / Brandenburger Gewässern.

Die voranstehenden Ausführungen verdeutlichen die Notwendigkeit, die Maßnahmen im See in Verbindung mit den Belastungen im Einzugsgebiet zu betrachten. Zum Erreichen der festgesetzten Ziele: Leben und Wohnen am Wasser; Erleben einer intakten Gewässer- und Uferlandschaft, – bietet sich das Aufstellen und Umsetzen eines Stufenplanes an. Bereits 1995 hat die zuständige Senatsverwaltung eine Sanierungskonzeption für den Rummelsburger See entwickelt. Die Sanierungskomponenten teilen sich in kurz-, mittel- und langfristige Maßnahmen auf. Während in Stufe A die Verbesserung der örtlichen Gegebenheiten am Rummelsburger See im Mittelpunkt steht, werden in den Stufen B und C das angeschlossene Entwässerungsgebiet zum See bzw. das oberstromige Spree-Einzugsgebiet näher betrachtet und die Belastung begrenzt.

Die Maßnahmen der Stufe A werden bis zum Ende des Jahres 2001 weitgehend abgeschlossen sein; die Maßnahmen zur Regenwasserbewirtschaftung im Gebiet (Stufe B) hängen von der Finanzkraft des Landes Berlin ab und erstrecken sich zumindest bis 2010; die Umsetzung des Aktionsprogramms Spree/Havel 2000 (Stufe C) kann nur langfristig erfolgen und wird mit ihrem Ende erst in 2025 erwartet.

*Wilhelm Ripl*

## Ökologische Wasserwirtschaft vor dem Hintergrund der Berliner Stadtentwicklung am Wasser

Die Antrittsvorlesung meines Mentors Professor Sven Björk im Jahr 1969 hatte »Gewässer als Kulturspiegel« zum Thema. Der Titel macht deutlich, dass unsere Gewässer Indikatoren dafür sind, wie wir unsere Kulturlandschaft bewirtschaften, wie sich im Umgang mit Wasser die Intelligenz der Gesellschaft entwickelt und auf welchem Entwicklungsstand sie sich zur Zeit befindet.

In der Vergangenheit haben sämtliche Hochkulturen in den Wasserhaushalt eingegriffen. Sie haben die Landwirtschaft und Wasserwirtschaft gekoppelt, um die Nettoproduktion zu steigern. Kurzgeschlossene Wasser- und Stoffkreisläufe des Landes wurden damit geöffnet, geändert und allmählich fruchtbares Land in Wüste verwandelt. Auch die jetzt zu sanierende Rummelsburger Bucht war über lange Zeit Teil dieses gesellschaftlichen Prozesses.

Sanierungsziele für Gewässer werden meist global definiert über ihren ökologischen Effekt, ihre Vorteile für die Stadt- bzw. Landschaftsplanung, die Wirtschaftlichkeit von Sanierungsmaßnahmen, die Möglichkeit der Durchführung einer Sanierung im sozioökonomischen Kontext und ihre Akzeptanz.

Über die Sanierungsziele befinden vorrangig die Vertreter der Ökologie, der Stadtplanung, der Ökonomie und der Wasserwirtschaft und zuletzt auch die allgemeine Öffentlichkeit. Die Frage nach der Funktion des Gewässers im Naturhaushalt wird dabei oft zweitrangig behandelt.

Sollten wir uns bei Sanierungsmaßnahmen von Gewässern und Landschaften nicht zuerst nach der Funktion des Naturhaushalts fragen, wie z.B: Was bedeutet denn eigentlich ein bestimmtes Gewässer im größeren Zusammenhang? Welche Rolle spielt es in Natur und Gesellschaft? Welche Funktion hat es unmittelbar? Welche Funktionen hat es in einer längeren Perspektive? Sollte die Funktionalität dieses Gewässers nicht oberstes Kriterium sein? Sollten wir nicht von dieser Funktionalität ausgehen und ausloten, wieviele Freiheitsgrade für unser Handeln vorhanden sind und damit unsere gesellschaftlichen Nutzungskonflikte diesem obersten Kriterium unterstellen?

Unsere Gewässer sind der Landschaft nachgeordnete Transportsysteme. Diese Transportsysteme haben sich im Laufe der Evolution so entwickelt, daß die Stoffkreisläufe im und am Gewässer mit der Selbstorganisation der Organismen immer mehr kurzgeschlossen und die Stofffrachten reduziert wurden. Die Ursache dafür ist, daß es einen limitierenden Faktor als Regulator in diesen Gewässern gab. Dieser Regulator (in den meisten Fällen Phosphor) bestimmte, was gleichzeitig und was hintereinander in diesen Gewässern an Lebensprozessen ablaufen kann.

Wenn Phosphor in einen See mit zufließenden Wässern eingeleitet wird, beeinflusst es die Vergesellschaftung der dort vorhandenen Organismen. Die kurzgeschlossenen Kreisläufe, Rückkopplungen zwischen Algen, Bakterien, von organischer Substanz und allem, was sich im Gewässer tummelt, ändern sich durch die Limitierung bzgl. des Nährstoffangebots. Jeder Organismus kann wachsen und tun und lassen, was er will bis der nächste limitierende Faktor als Regulator greift und Rückkopplungen auslöst. Der Sauerstoff, das Licht bzw. der Raumfaktor stellen weitere limitierende Faktoren dar.

Heute sind die Oberflächen in der Stadt überhitzt. Die Dächer werden auf 60 bis 70 Grad erhitzt. Das erzeugt warme Luft und Emissionen. Dort, wo die Luft wieder kühler ist, schlagen sich die Immissionen nieder. Da liegt es nahe, über das Kühlsystem einer Stadt nachzudenken. Wasser, auch das Grauwasser, könnte genutzt werden, um diesen Kühlkreislauf wieder zu »reparieren«. Dazu müssten jedoch die Prozesse an Land, in der Atmosphäre und in den Gewässern zusammenhängend gesehen werden. Es ist wichtig, daß auch in der Stadt ständig und kleinräumig Wasser zur Verdunstung, auch von Dächern und versiegelten Straßenflächen, vorgehalten wird. Fäkalien, Grauwasser und Regenwasser stellen Ressourcen dar, mit denen man bereits in und auf den Dächern der Gebäude anders umgehen sollte, um lokale, integrierte Stoff- und Wasserkreisläufe zu ermöglichen. Dies ist zwar zur Zeit noch ökonomisch schwierig, aber für die nachhaltige Entwicklung unabdingbar erforderlich. Die Biomasseproduktion muss in unsere Reinigungs-, Gewässer-

**Wilhelm Ripl**

Waterways adapt to what we put into them. Pollution affects all life in the water and creates conditions that allow some organisms to take on a dominating role. Phosphate influences paragenesis by short-circuiting the cycles. Bacteria, organic substance, everything that lives in the water can grow or stop growing as it pleases.

Today the ground in cities is overheated. Temperatures on the rooftops can reach up to 70 degrees Celcius. That creates warm air and emissions. Emissions precipitate wherever the air is cooler. Water, including grey water, could be used to »repair« this cooling cycle. That would require taking a coherent view of things and enabling continuous evaporation.

Cleaning urban waterways depends on the financial conditions. In Sweden communities have machines and workers who clear snow off the roads in winter and clean the lakes in summer. They've built polders from the sludge and used them in park landscaping. That can't be done in Germany as sludge has to first be dry-pressed. In this process, the toxic concentration becomes so high that the sludge can then only be stored in special depots. But hauling toxic waste across the world is not a viable long-term solution. We have to learn to solve our landscape-related problems locally.

Cities are the most subsidised systems we have. They only work the way they do because energy is so cheap. And agricultural subsidies are the sweetener so they can survive. Transportation and road construction will maintain the city's ability to function, up until the day someone shuts off the oil tap. To free ourselves of this dependency, we have to invest heavily in research.

*Dachbegrünung in Kreuzberg*

und Energiesysteme lokal integriert werden. Darüber wird jedenfalls zur Zeit in skandinavischen Ländern intensiv nachgedacht.

Die Sanierung bzw. Sanierungsstrategien von urbanen Gewässern hängen natürlich von den finanziellen Rahmenbedingungen ab. Bei meiner ersten Erfahrung in Schweden im See Trummen beschäftigte die Kommune Arbeitskräfte und Maschinen, um im Winter Schnee zu räumen. Im Sommer hat man viele dieser Arbeitskräfte und Fahrzeuge eingesetzt, um den See zu sanieren. Man hat dort die Entschlammung mit Hilfe einer Firma durchgeführt und für die Schlämme Polder angelegt, diese Schlämme wurden später zur Parkgestaltung verwendet. Es wurden Versuche gemacht, um festzustellen, mit welchen Zuschlagsstoffen die über Winter getrockneten Schlämme als Böden anderweitig genutzt werden können. Die Entschlammung von ungefähr 660 Hektar bei 1 Meter Tiefe hat damals (1969-1970) nur zwei Millionen schwedische Kronen gekostet.

In Deutschland hingegen muss der Schlamm durch Bandpressen entwässert und zu Deponien transportiert werden. Die Schadstoffkonzentrationen liegen meist nach den gesetzten Grenzwerten so hoch, dass dieser Schlamm in teuren Spezialdeponien endgelagert werden muss. Der Wert der Nutzstoffe wird dabei kaum berücksichtigt. Die Praxis zeigt jedoch, dass diese Schlämme ein hohes Wachstumspotenzial für Biomasse aufweisen. Auf Dauer und bei knapperer Finanzlage scheint ein solches Handeln kaum motivierbar, geschweige denn finanzierbar.

Wir müssen wahrscheinlich unsere Probleme mit solchem »Abfall« vor Ort lösen lernen. Dazu ist die Unterstützung der Bürger notwendig. Am Beispiel der Pleiße-Öffnung in Leipzig wurde gezeigt, wie Gewässersanierung vor Ort mit den Bürgern gelöst wurde. In jeder Großstadt sollte als oberstes Prinzip im behutsamen Umgang mit der Natur die Schonung der Ressourcen für den natürlichen Produktionsprozeß gelten. Das kann nicht nur ein technisches Problem für die Verwaltung sein. Es gilt, die für den Erhalt der ökologischen Serviceleistungen für die Gesellschaft wichtigen Prozesse und ihre Zusammenhänge tief in der Bevölkerung zu verankern, und so wieder das kreative Potenzial der Menschen zu wecken. Dabei spielt die Kommunikation eine Schlüsselrolle.

Eine Kostenkontrolle und -optimierung ist vielfach schlecht möglich, weil viele Kosten nicht in ihrer gegenseitigen Abhängigkeit gezeigt werden. Hohe Kosten für die Umwelt sind in einer nicht mehr von starkem Wachstum geprägten Gesellschaft kaum bezahlbar. Steuern und Abgaben würden ausufern. Andere Strategien und andere Maßnahmen sind deshalb erforderlich, um mit den Problemen zu Rande zu kommen. Der wichtigste Ansatz ist dabei die Internalisierung externer Effekte auf kommunaler bzw. regionaler Ebene. Wir müssen in Kreisläufen denken und damit das »End of Pipe«-Handeln überwinden.

Beim Rummelsburger See waren die Kosten für die Entnahme des mit Schadstoffen belasteten Schlamms so hoch, dass man beschloß, eine günstigere Lösung zu finden. Am Fachgebiet Limnologie der Technischen Universität Berlin haben wir uns drei Fragen gestellt: Wieviel müssen wir entschlammen? Welche Wasservertiefung soll erzielt werden? Wie lange kann dieses Ziel nach der Maßnahme aufrecht erhalten werden?

Die zugeführten Nährstoffströme resultieren in einer stark gesteigerten Algenproduktion, belasten die Sedimente und haben den Verlandungsprozeß bis zum hundertfachen beschleunigt. Eine Entschlammung ist rasch hinfällig, wenn die zugeführten Nährstoffströme Produktionsprozesse im See auf höchstem Niveau ermöglichen. Ich kann verstehen, dass die Ziele nur sequentiell und über längere Zeiträume zu erreichen sind. Eine Sanierung des gesamten Einzugsgebietes ist schwierig und nur mittel- bis langfristig zu erreichen.

Die Finanzierungskosten und Abschreibungslaufzeiten sind heute leider oft große Hindernisse für erfolgreiche Sanierungsprojekte, da dadurch die einzelnen Sanierungsschritte nicht in optimalen Eingriffssequenzen und Zeitschritten vorgenommen werden können. Die Durchführung von Sanierungsmaßnahmen wird daher oft stärker von finanziellen Vorgaben beeinflußt als von den naturräumlichen Erfordernissen. Lokales rückgekoppeltes Handeln müßte allmählich durch eine harmonische Entwicklung des Wechselspiels zwischen naturräumlicher Notwendigkeit und sozioökonomischer Zielstellungen vor Ort entstehen.

## 2.
# Öffentlicher Personennahverkehr auf dem Wasser

*Uli Hellweg*

**Die Bedeutung der Wasserwege für die Stadtentwicklung Berlins**

Eine Einführung

Berlin verfügt wie kaum eine andere Großstadt über ein ausgeprägtes Gewässernetz. 200 Kilometer schiffbare Flüsse und Kanäle durchziehen die Stadt. Zwischen Köpenick und Spandau fließt über 46 Kilometer Länge in vorwiegend südöstlich-nordwestlicher Richtung die Spree. Als künstliche Gewässer sind vor allem die im 19. Jahrhundert entstandenen Kanäle, der Landwehrkanal mit einer Länge von 11 Kilometer, der Berlin-Spandauer-Schiffahrtskanal mit 12 Kilometer sowie vor allem der Teltowkanal mit 38 Kilometer zu nennen. Im Westen durchzieht die Havel die Stadt in Nord-Südrichtung.

Im 18. und in der ersten Hälfte des 19. Jahrhunderts waren die Berliner Wasserwege bedeutende Medien des Personentransports. Bereits 1702 richtete der erste Preußenkönig Friedrich I. einen regelmäßigen Treckschutenverkehr zwischen Berlin, Lützenburg (heutiges Charlottenburg) und Spandau ein, der später nach Potsdam erweitert wurde. In den sechziger Jahren des 19. Jahrhunderts wurden Wasserbusse betrieben. 1863 war die Einrichtung von fünf Linien auf der Spree und dem Landwehrkanal geplant, die im Fünfminutentakt verkehren sollten. Wegen der Überlastung der Gewässer durch die Spreekähne, aus denen Berlin gebaut wurde, kam es jedoch nicht dazu. Die privaten Investoren, die Stettiner Kaufleute Wittenberg und Kühl, entschieden sich schließlich für die lukrativere Ausflugsschiffahrt außerhalb der Innenstadtgewässer.

Durch die Wiedervereinigung der Stadt steht der ganze Gewässerreichtum der Region den Berlinern wieder zur Verfügung. Hiervon machen die Ausflügler und Wassersportler bekanntlich ausgiebig Gebrauch. Die öffentlichen Verkehrsträger tun sich dagegen noch schwer, schließlich ist der landgebundene ÖPNV in Berlin relativ gut ausgebaut und leistungsfähig.

Auch die bisherige Nutzung der Ufer als Standorte für Industrie und Infrastruktur sprach gegen eine Erschließung der Stadt von der Wasserseite. Aber auch in diesem Punkt haben sich die Verhältnisse seit dem Fall der Mauer grundlegend geändert. Die dritte historische Randwanderung der Industrie führte viele Betriebe ins Umland und hinterließ Industrie- und Infrastrukturbrachen wie z.B. an der Rummelsburger Bucht oder an der Havel in Spandau. Als wesentliche weitere räumliche Ressource der Stadtentwicklung am Wasser stehen seit 1990 die ehemaligen Grenzareale an der Spree zur Verfügung. Hier entstanden in den letzten Jahren wichtige zentrale Einrichtungen des Staates und privater Investoren, die Zehntausende von Arbeitsplätzen an die Ufer der Spree brachten.

Als Beispiele seien genannt: das Innenministerium in Moabit, das Bundespräsidialamt im Schloß Bellevue, der Zentralbahnhof am Humboldthafen mit Büros, Geschäften und Wohnungen, das Bundeswirtschafts- und das Bundesbauministerium am Spandauer Schiffahrtskanal, das Bundeskanzleramt und die Einrichtungen von Parlament und Regierung im Spreebogen am Reichstag, die Bundespressekonferenz und das Hauptstadtstudio der ARD am Schiffbauer Damm bzw. Reichstagsufer, der Bahnhof Friedrichstraße, das Auswärtige Amt am Spreekanal, das Haus der Verbände der deutschen Wirtschaft an der Mühlendammbrücke, die Firmensitze der Berliner Wasserbetriebe, der Deutschen Bahn AG, der TLG, der Allianz usw. an der Spree. Auch zentrale Einrichtungen des Landes Berlins sind über den Wasserweg leicht erreichbar wie z.B. das Rote Rathaus, der Finanzsenat, der Umweltsenat, zahlreiche Museum, Humboldtuniversität und Charité.

*Bürogebäude an der Jannowitzbrücke*

**Uli Hellweg**

Before the emergence of post carriages, buses, streetcars, local trains and subways, public transportation in Berlin took place on the water. In 1701, barges carried passengers and goods several times daily between the city palace on the Spreeinsel, Charlottenburg Palace, Tegel and Potsdam. That changed when local trains and subways were built. Today the roads are jammed, public transport is overcrowded and the waterfront is being re-discovered. New people living and working by the water hold out the possibility of new passengers at the water front.

Bei den Büroflächenstandorten lokalisiert der Flächennutzungsplan 32,7 Prozent (3,6 Mio. Quadratmeter BGF) im Bereich des Spreebandes. Weitere 4,5 Mio. Quadratmeter BGF (40,9 Prozent) befinden sich in der Innenstadt, d.h. im Einzugsbereich von Spree, Landwehrkanal und Berlin-Spandauer Schiffahrtskanal. Allein aus der Hauptstadtentscheidung werden Arbeitsplatzeffekte von bis zu 12.400 Arbeitsplätzen erwartet, von denen der größte Teil (12.100) im Bereich Parlament und Regierung angesiedelt ist, d.h. in unmittelbarer Nachbarschaft zum Spreebogen und zur Einmündung des Berlin-Spandauer Schiffahrtskanal in den Humboldt-Hafen.

Neben den Arbeitstätten enstanden und entstehen zahlreiche neue Wohngebiete an den Gewässerbändern der Stadt, deren Bewohner als potentielle Fahrgäste für einen Öffentlichen Personennahverkehr auf dem Wasser in Frage kommen.

Mit den 1992 bzw. 1994 festgelegten städtebaulichen Entwicklungsgebieten in Spandau und in Friedrichshain bzw. Lichtenberg an der Rummelsburger Bucht setzte der Senat von Berlin ein erstes wichtiges Zeichen zur Aufwertung und Reurbanisierung der innerstädtischen Wasser- und Uferlagen. In beiden Entwicklungsgebieten sollen bis zum Jahre 2010 insgesamt rd. 18.000 Wohnungen sowie 1 Million Quadratmeter Gewerbe- und Dienstleistungsflächen geschaffen werden. Gegenwärtig befinden sich ein Viertel der Maßnahmen in Durchführung oder sind bereits fertiggestellt.

Im Parlaments- und Regierungsvietel entstanden mit der Bebauung des Moabiter Werder rund 2.000 Wohnungen überwiegend für Bundestagsmitglieder und ihre Angehörigen.

Der in Aufstellung befindliche Stadtentwicklungsplan Wohnen weist bis zum Jahre 2010 einen Wohnungsbedarf in Höhe von 150.000 zusätzlichen Wohnungen aus. Von den insgesamt in den Prioritätsräumen bis 2010 zu entwickelnden 54.500 Wohnungen liegen allein 23.000, d.h. 42,2 Prozent in den städtebaulichen Entwicklungsgebieten am Wasser sowie in weiteren Wasserlagen. Nicht mitgerechnet ist hierbei das Entwicklungsgebiet Johannisthal/Adlershof, in dem weitere 9.000 Wohnungen gebaut werden sollen und das durch den Teltow-Kanal ebenfalls an das Wasserstraßennetz angebunden ist. Die prioritären Entwicklungsräume für das Wohnen am Wasser sind: die Innenstadt mit der Stadtspree vom Charlottenburger Spreebogen bis zur Rummelsburger Bucht sowie Parlament und Regierung mit insgesamt 8.500 Wohnungen; der Entwicklungsraum West mit der südlichen Altstadt Spandaus an der Havel, dem Umfeld der Zitadelle am Spandauer See sowie dem städtebaulichen Entwicklungsbereich Wasserstadt am Spandauer See mit insgesamt 15.000 Wohnungen; der Entwicklungsraum Südost mit dem Umfeld der Altstadt Köpenick, den Bereichen entlang der Dahme und der Oberspree mit insgesamt 2.000 Wohneinheiten in Wasserlagen.

Zusammenfassend kann man also feststellen, daß bis zum Jahr 2010 fast jede zweite neue Wohnung in den Wohnungsbauschwerpunkten in unmittelbarer Nähe zu den Gewässern, insbesondere von Spree, Havel und Dahme liegt. Die Wohnungsbaupotentiale an den Kanälen, insbesondere dem Teltow-Kanal und dem Berlin-Spandauer Schiffahrtskanal sind bis heute noch nicht untersucht worden. Insgesamt dürften in den nächsten 10 Jahren zirka 50.000 Menschen zusätzlich an den Berliner Wasserlagen wohnen. Zusammen mit dem oben aufgezeigten Arbeitsplatzpotential ergeben sich daraus neue stadträumliche und funktionale Bezüge, die hinsichtlich ihrer Auswirkungen auf die Tragfähigkeit einer Wiederbelebung der Berliner Wasserwege für den regelmäßigen Personentransport noch nicht untersucht wurden.

Neben den an die Wasserkante hinzuziehenden Menschen sind die Touristen und vor allem auch die Bewohner zu berücksichtigen, die durch die Öffnung der Ufer aus den angrenzenden Gebieten als Fahrgäste in Frage kommen. Die sich hierdurch als Einzugsgebiet für einen wassergebundenen ÖPNV eröffnenden Arbeitsplatz- und Wohnungsstandorte machen ein erhebliches zusätzliches Potenzial aus, das erst durch die städtebauliche Entwicklung der Ufer und ihre Anbindung an die gewachsenen Stadtteile gewonnen wird. Beispiele hierfür sind z.B. die angrenzenden, dicht bebauten Gründerzeitviertel von Friedrichshain und Lichtenberg im Entwicklungsgebiet Rummelsburger Bucht oder in Oberschöneweide.

Berlin's public transport system operates well on the road and on the tracks. The city's waterways are narrow and full of curves, and the number and locations of its docking facilities are not optimal. The full potential of waterfront areas and the urban developments adjoining the water as well as the potential for passengers in the people who live and work there have not been acknowledged. A pilot project in central Berlin would be key in creating acceptance for the view that public transport and waterways go hand-in-hand.

Aus der Zurückgewinnung der städtischen Ufer für die städtebauliche Entwicklung lassen sich Schlußfolgerungen ableiten, die Gegenstand der Diskussion und der weiteren Untersuchungen sein können:
– Der regelmäßige Personentransport auf dem Wasser nimmt aufgrund der Rückgewinnung der Ufer für städtebauliche Nutzungen auch in Berlin an Bedeutung zu.
– Der Städtebau am Wasser muß von vornherein mit den Bedürfnissen des wasserbezogenen Personentransportes abgestimmt werden. Besondere städtebauliche Interfaces zwischen Land und Wasser sind zu entwickeln.
– Isolierte Systeme sind zum Scheitern verurteilt. Nicht nur der Netzverbund muß hergestellt werden, sondern auch der Tarifverbund. Dabei sind besondere Tarife für den wassergebundenen Verkehr keine Ausnahme.
– Das Geschwindigkeitsproblem auf dem Wasser ist für unterschiedliche Verkehrsarten (Berufs-, Sport- und ÖPNV-Schiffahrt) sowie verschiedene Schiffstypen differenziert zu lösen.
– Der ÖPNV auf dem Wasser hat bestimmte Marktvorteile (Komfort, Zuverlässigkeit, Pünktlichkeit) gegenüber anderen Systemen, die konsequent zu nutzen sind.
– Das Problem des ÖPNV auf dem Wasser in Berlin ist seine Derugulierung, d.h. das nebeneinander unterschiedlicher privater und öffentlicher Betreiber, die dringend miteinander kooperieren müssen.
– Die unterschiedlichen privaten und öffentlichen Interessen von Betreibern und Eigentümern brauchen einen Moderator, der Kooperationsmodelle erarbeitet und den Prozess strukturiert.

*Rinio Bruttomesso*

## Potenziale und Initiativen

Die Ausgangsfragen sollten sein: Wie kann der öffentliche Personennahverkehr auf dem Wasser zur Verbesserung der Lebensqualität in den Städten beitragen? Was ist in den vergangenen 20 bis 25 Jahren auf diesem Wege in den Wasserstädten passiert? Was sind die Merkmale und besonderen Charakteristika der verschiedenen Lösungen? Und: Erleichtern diese Erfahrungen die Bewertung verschiedener aktueller Initiativen und Potenziale? Bieten sie uns die Chance, neue Maßnahmen auch vor dem Hintergrund der Effektivität wie des Ressourcenmanagements vernünftig zu dimensionieren?

Zunächst ist es sicher ein Erfolg, dass die Entwicklung der neuen Wasserstädte weltweit das Thema des öffentlichen Personennahverkehrs auf dem Wasser als eine der ältesten Transportarten überhaupt wieder auf die Tagesordnung gesetzt hat.

Die Erneuerung der ÖPNV-Systeme auf dem Wasser in den vergangenen 20 bis 30 Jahren geschah auf öffentlichem wie auf privatem Wege. Nicht jedes System lässt sich auf jede beliebige Wasserstadt übertragen. Zu unterschiedlich sind die Morphologien und die Strukturen der Städte am Wasser. Oft, wie in London, Boston oder Vancouver verliefen diese Projekte Hand in Hand mit neuen städtebaulichen Entwicklungen. Manchmal ging es aber auch um eine verbesserte oder alternative Erschließung existierender Stadtteile, so in Hamburg oder in San Francisco, wo nach der Zerstörung von Brücken durch Erdbeben der öffentliche Personalverkehr auf dem Wasser neu entdeckt wurden. Vor allem im Laufe der neunziger Jahre wurde angesichts der realen großstädtischen Verkehrssituationen auf Straße und Schiene den Verkehrssystemen auf dem Wasser eine neue strategische Rolle zuerkannt. Fünf Kategorien positiver Ergebnisse lassen sich festhalten:

1. Viele große Städte entdeckten ein Verkehrsmittel neu, das in der Vergangenheit genutzt und dann vergessen wurde. Das hatte positive, wenn auch mancherorts begrenzte Vorteile: Die Situation der ständigen Verkehrsstauungen entspannte sich, denn die Verkehrsmittel auf dem Wasser verminderten als ergänzende Alternative real das konventionelle Verkehrsaufkommen, und sei es vor

**Rinio Bruttomesso**

Ferries are a part of the urban landscape all over the world. Many major cities have rediscovered waterborne transportation. The various systems are adapted to the different morphologies of individual waterfront cities. They all serve to relieve the burden on existing land networks, if only by taking on tourists. For the most part, the boats have low emissions and only seldom need a special infrastructure. Travelling on the water gives one an attractive perspective of the city. In many places transportation on the water was resumed when deteriorated zones were upgraded. By opening up once inaccessible embankments and creating new uses, a desire arises for new mooring places. The potential of waterfronts is increased by a water-oriented public transportation system. The new ferry docks have to be an attraction, because they need to serve as a magnet for upgrading buildings in the area. Ferry and cruise liners end at terminals, which need to be linked with transport systems on land. Long waiting times should be avoided. The city, its embankments and the water need to be planned as a unit.

*Sydney, The River Cat*

*Bahnhof Mihonoseki, Shin Takamatsu*

*Vancouver, Terminal Canada Place*

allen Dingen durch die Aufnahme von Touristen. In Städten wie Sidney, New York oder Istanbul werden aber gerade auch von Pendlern in großem Umfang Fährlinien genutzt, um Zeit zu sparen. Dadurch werden die Straßen spürbar entlastet. Ein weiterer Vorteil besteht im gesamtstädtischen Zusammenhang darin, dass Verkehrsmittel auf dem Wasser eine geringere Umweltbelastung (Abgase, Lärm) im Vergleich zu anderen Verkehrsmitteln bedeuten. Für die wassergebundenen Verkehrsmittel müssen darüber hinaus keine besonderen Infrastrukturen gebaut und instand gehalten werden. Die Gewässerbänder sind vorhanden. Die Wiederentdeckung der Verkehrsmittel auf dem Wasser bedeutet gleichzeitig eine Zunahme des öffentlichen Personennahverkehrs gegenüber dem Individualverkehr. So verbessert sich das ÖPNV-Angebot der Städte überhaupt, gut insbesondere auch für Touristen. Verkehrsmittel auf dem Wasser erlauben schließlich ein bequemeres, angenehmeres Reisen, und dies oft schneller, interessanter und lehrreicher als auf den gewohnten Wegen. Man gewinnt einen anderen Blick auf die Stadt und erlebt sie aus einer neuen Perspektive.

2. Vielerorts wurde der Verkehr auf dem Wasser deshalb wieder interessant, weil sich an den Ufern neue Stadtteile entwickelten und damit die früher unzugänglichen oder verfallenen Uferzonen aufgewertet wurden. Mit der Zugänglichkeit früher versperrter Uferzonen und den neuen Nutzungen entsteht zwangsläufig der Wunsch nach Anlegern und neuen Wegebeziehungen über die Gewässer. Das gilt auch für Venedig. So bietet die Stadtentwicklung von Forsina der Stadt Venedig die Möglichkeit, den Touristenstrom über die Brücke einzudämmen und diese landgebundene Zuwegung in die Stadt sukzessive über Wasserwege zu drei neuen Terminals zu ersetzen. Erst die Entwicklung von Forsina bot diese Gelegenheit, den neuen Terminal zu bauen, der dann nicht nur die Staus auf der Brücke verringern, sondern auch die ehemals vernachlässigten Quartiere von Fosina aufwerten wird. Dort werden eine Piazza, tourismusorientierte Dienstleistungen und Parkplätze entstehen. Erst auf dem Wasserweg nach Venedig werden die Touristen die wahre Natur dieser Stadt, die intime Verbindung zwischen Stadtentwicklung und Wasser verstehen lernen.

3. In vielen Entwicklungsgebieten am Wasser wirken die ÖPNV-Anleger wie Bahnhöfe und werden zu Magneten bei der Aufwertung der sie umgebenden Quartiere. Sie implizieren selbst neue Verkehrsverbindungen zwischen der City und den neuen Ufern. Das gilt zum Beispiel für die Stadtentwicklung in Sidneys Hafengebiet. Zwischen Business-Distrikt, City und Hafenareal entstanden neue Wegebeziehungen, Fuß- und Radwege, Bushaltestellen und Parkplätze. Darling Harbour ist der Knoten- und Umsteigepunkt von Fuß- und Radwegen, von land- und wassergebundenen ÖPNV-Systemen.

4. Intermodale Bahnhöfe erlauben den Wechsel zwischen ÖPNV zu Lande und zu Wasser. Fähr- und Schiffahrtslinien enden an Terminals oder Anlegern, über die zum Beispiel in Sidney neu nachgedacht wurde. So entstand eine Verbindungsplattform zwischen Verkehrssystemen zu Lande und zu Wasser. Die so entstehende Menge der Fahrgäste mit Umsteigeoption wandelt sich in eine Menge von Verbrauchern. Das hat Einkaufs-, Dienstleistungs- und kulturelle Angebote und höhere wirtschaftliche Gesamterträge zur Folge. Die Nutzerströme werden durch ein effizientes System der Signalisierung, der Beschilderung und anderer Informationen gelenkt.

5. Der Wasserbus oder das Riverboat, die grünen und gelben Fähren in Sidney, die New Yorker Fähren oder die in Istanbul, die Motonavi in Venedig, sie alle sind schon zu einem Merkmal der urbanen Landschaft dieser Städte geworden. Die Neubelebung des ÖPNV auf dem Wasser hat neue technische Erfolge nach sich gezogen, angepasste schnelle und sichere, bequeme und kosteneffektive Verkehrsmittel, umweltverträgliche und wartungsarme Wasserfahrzeuge mit großer Leistungsfähigkeit. In Sidney, Vancouver oder Venedig gibt es eine große Vielfalt öffentlicher Verkehrsmittel auf dem Wasser, ganze Wasserfahrzeugflotten, öffentliche und private Transportunternehmen, Schiffe mit Kapazitäten für 1.000, 200 oder für zehn Fahrgäste. Immer wieder werden vor allem die Katamarane verbessert und in neuen Formen auf den Markt gebracht.

Im folgenden sollen Vorschläge zur Konsolidierung und weiteren Entwicklung des ÖPNV auf dem Wasser unterbreitet werden. Stadtentwicklung am und ÖPNV auf dem

Wasser gehören zusammen. Das Potenzial der neuen Ufernutzungen wird durch ein funktionierendes ÖPNV-System für die städtischen Gewässer größer. Umgekehrt kann dieses Verkehrssystem durch die Stadtentwicklung am Wasser entschieden gefördert werden. Wichtig ist zunächst zu entscheiden, solche Verkehrslösungen einzuführen. Überlegungen sind für drei städtische Zonen wichtig, die miteinander in Verbindung stehen: für die Innenstadt und die Cityrandlagen, für die Uferzonen und für das Wasser mit den Wasserfahrzeugen selbst. In jeder dieser Zonen muss der ÖPNV auf dem Wasser Unterstützung finden, und nur in diesem Beziehungsgeflecht kann er funktionieren. Das ist eine notwendige, wenn auch nicht hinreichende Bedingung.

**Die Stadt**

Die Stadt liefert die Nutzer des ÖPNV auf dem Wasser, denn hier leben und arbeiten die meisten Menschen. Die Stadt generiert den Bedarf. Hierher kommen die Touristen. Die Stadt ist Ankunfts- und Abreisepunkt für einen kontinuierlichen Strom potenzieller Nutzer. Die urbane Organisation der Stadt muss in der Lage versetzt werden, diese Ströme so zu lenken, dass auch Transportwege und -verbindungen mit Wasserbezug überhaupt sichtbar werden. Dafür sind zunächst geeignete Fußwege zwischen Uferzonen und Citybereichen wichtig, so dass man den Fluss überhaupt erreichen kann. Diese Fußwege müssen zum einen am Wasser, zum anderen in der Innenstadt enden. Daneben muss nach den bestmöglichen Verknüpfungen mit anderen Verkehrssystemen gesucht werden.

**Die Ufer**

Die Ufer der Stadt sind von strategischer Bedeutung und müssen im Hinblick auf diesen Stellenwert organisiert werden. Beim ÖPNV auf dem Wasser dürfen am Ufer keine großen Wartezeiten entstehen. Das muss beim Bau der Terminals, ob als simple Haltestelle oder großartige städtebauliche Maßnahme mit hohem ästhetischen Anspruch, aber auch bei den Uferanlagen selbst berücksichtigt werden. Die Ufer sind nichts Separates, nichts Abgehobenes im städtischen Kontext, sie sind die bedeutsamste und organische Komponente der Stadtentwicklung am Wasser. Sie können und müssen erheblich zum Funktionieren des Wassertransportsystems beitragen. Die Verkehrsführungen von der Stadt zu ihren Ufern hin müssen klar und einfach sein. Andere komplementäre städtische Funktionen müssen sich an den Ufern ansiedeln, so dass dort Magneten gebildet werden. Die Qualität des Wassers selbst hängt nicht nur von den unmittelbar am Wasser angesiedelten städtischen Funktionen ab, sondern auch von der Funktion des Wassers am jeweiligen Ufer. Umgekehrt ist die Attraktivität des Ufers nicht zuletzt von der Wasserqualität abhängig. Zu große Höhenunterschiede zwischen Wasser und Uferbereich haben disfunktionale Wirkungen, führen zu Irritationen und werden von Passagieren nicht akzeptiert.

**Das Wasser**

Die Konstrukteure der Wasserfahrzeuge dürfen sich nicht nur auf den Aspekt der Geschwindigkeit beschränken. Sie sollten auch immer die Ästhetik, den Umweltkontext und die Innenarchitektur im Auge behalten.

Die Stadt, die Ufer und das Wasser – jeder dieser drei Kernbereiche einer Stadt am Wasser muss zu jedem Zeitpunkt der Planung in seiner Verschränkung zu den anderen beiden gesehen werden. Und dann gilt es noch, diese Projekte zu organisieren und Entscheidungsabläufe zu beeinflussen. Man muss im richtigen Moment sämtliche Beteiligten an einen Tisch bringen: Die Verkehrstechnik, den Städtebau, die öffentliche Verwaltung und die Politik. Es geht nicht nur um den Transport auf dem Wasser, es geht um verkehrliche Verknüpfung, um städtische Räume und Nachbarschaften. Isolierte Lösungen sind wohl nicht möglich. Das zeigen auch die Erfahrungen gescheiterter Projekte.

*Sydney, Wasser-Taxi*

## Jose Manuel Viegas

The river Tejo was always a barrier. Eighteen of Lisbon's districts lie on its north, nine on its south bank. Ferries were once the only link. The first bridge was completed in 1966. It encouraged the south bank's urbanisation. Traffic increased quickly both across the bridge and on the water. In 1999 a train service began carrying some 50 thousand commuters across the bridge each day. By the end of 2000 that number is expected to have doubled. The second bridge, the 17-km long Vasco da Gama Bridge, was inaugurated at the opening of Expo '98. Today, 135 thousand people cross the river every day. The figure was just half that four years ago, even though the city had roughly the same population.

The Trans-Tejo company knew in 1996, when it was experiencing steadily increasing demand, that a second bridge would be built. New catamaran services enabled it to maintain its passenger numbers even after the Vasco da Gama Bridge opened. But the catamarans' energy consumption is ten times higher than that of the old ferries and passenger numbers have stagnated. In future they will have to be subsidised.

*José Manuel Viegas*

## Über den Tejo

Lissabon, die Stadt am Tejo, der einmal nur 2,5 Kilometer, an der Mündung in den Atlantik 8 km, an anderer Stelle stadteinwarts jedoch 15, manchmal 18 Kilometer breit ist. Der Tejo war immer Barriere und wird es bleiben. 18 Stadtteile liegen heute am Nordufer, neun am Südufer. Die Stadterweiterungen von Lissabon vollzogen sich radiozentrisch – in Ringen. Heute leben 2,7 Millionen Menschen in Lissabon. Jede Brükke über den Tejo ist teuer.

Früher gab es nur Fähren. In der ersten Hälfte des 20. Jahrhunderts überquerten so täglich 10.000 bis 15.000 Menschen den Fluss. Die erste Brücke wurde 1966 nach sechsjähriger Bauzeit in Dienst gestellt und förderte die Urbanisierung des Südufers. Der Verkehr über die Brücke nahm wie auch der Fährverkehr schnell zu. Die Kapazitätsreserven der Brücke waren dem Siedlungsprozess am Südufer nicht angemessen. Erst seit Sommer 1999 allerdings fährt eine Eisenbahn (Konzession für ein privates Eisenbahnunternehmen) über diese Brücke, sechs Züge pro Stunde und Richtung für 50.000 Pendler pro Tag. In etwa einem Jahr könnte diese Eisenbahnlinie 100.000 Fahrgäste pro Tag befördern. Die zweite, die Vasco da Gama-Brücke mit einer Länge von 17 Kilometer wurde vor zwei Jahren in Vorbereitung der EXPO'98 eröffnet. Täglich überqueren heute 135.000 Menschen den Fluss in jeder Richtung. Noch vor vier Jahren waren es bei etwa gleicher Bevölkerung halb soviel.

In den vergangenen 30 Jahren musste die Fährgesellschaft immer unter Druck arbeiten, immer neue Schiffs- und Terminalkapazitäten schaffen, um immer mehr Fahrgäste zu befördern. Zwei Hauptfährlinien bewältigen gegenwärtig 85 Prozent des gesamten Verkehrs über den Tejo. Schiffe mit 500 Passagieren legen alle drei Minuten ab. Die Fährlinie von Barreiro gehört der Eisenbahngesellschaft. Da es bis vor kurzem diese Eisenbahnverbindung über den Tejo nicht gab, hatte die Eisenbahngesellschaft selbst vor 80 Jahren diese Fährlinie gegründet. Man kam mit dem Zug, stieg um ins Boot und wieder in den Zug. Diese Linie operiert inzwischen mit Schiffskapazitäten für 1.000 Passagiere alle 15 Minuten. Inzwischen verkehren viele komfortable Katamarane zu unverändert niedrigen Preisen über den Tejo (15 Minuten Fahrzeit, Abfahrt alle 20 Minuten). Die Nachfrage der Nutzer hat sich etwa verdoppelt. Pro Jahr werden von den Fährunternehmen 40 Millionen Passagiere befördert, täglich etwa 100.000, also 83 Prozent des gesamten übersetzenden Verkehrs. Ein Hintergrund des Erfolges auf dem Wasser ist die intensive Vorbereitung des Trans-Tejo-Unternehmens, einer öffentlichen Gesellschaft, auf den Wettbewerb mit der Vasco da Gama-Brücke. Man wusste auch bei stabil steigender Nachfrage 1995/96, dass die zweite Brücke kommt, und man verschaffte sich mit den qualitativ neuen Katamaran-Ange-

*Vasco da Gama-Brücke*

*Oceanum auf der Expo '98*

boten zumindest Zeitvorteile und selbst nach Brückeneröffnung bislang nahezu konstante Passagierzahlen. Hinzu kommt: Eisenbahn (privat) und Trans-Tejo (öffentlich) arbeiten nicht mit-, aber auch nicht gegeneinander. Es herrscht ein moderater Wettbewerb, man ist einander nicht direkter Gegner, »Hauptfeind« ist das Auto. Vielleicht gibt es bald gemeinsame Monatskarten für Zug oder Fähre. Man redet miteinander, hat aber noch keine optimalen Lösungen.

Vor der Eisenbahnverbindung hatten die Fähren einen Transportanteil bei PKW von 51 Prozent, danach von 50 Prozent, bei Bussen von 15 Prozent bzw. 9 Prozent. Allein das Unternehmen Trans-Tejo hält noch immer 30 Prozent Marktanteil (33 Prozent vor der Eisenbahnverbindung). Die Zugverbindung hält zur Zeit einen Anteil von 10 Prozent. Niemand erwartet, dass das langfristig so bleibt. Doch mehr als 20 Prozent Marktanteil traut niemand der Eisenbahnverbindung zu. Die Fährlinien werden sich auch im Wettbewerb zur Eisenbahn behaupten. Doch betriebswirtschaftlich wird es für die Fährdienste schwerer. Vor den Katamaranen war die Gewinn- und Verlust-Rechnung ein Nullsummenspiel. Der Energieverbrauch der Katamarane ist zehnmal höher als bei den alten Fähren und die Passagierzahlen wachsen nicht weiter. Bei den Katamaranen deckt Trans-Tejo gegenwärtig etwa 70 Prozent der Kosten. Das ist im Vergleich zu Bus und Metro (50 bzw. 55 Prozent) noch gut. Alle Betriebe sind öffentlich-rechtlich im Sinne von Regierungsunternehmen. Sie gehören nicht der Stadt. Und sie werden immer Subventionen brauchen und bekommen.

Die Strategie der Fährunternehmen zielt inzwischen auf Landungspunkte in der Nähe der U- und S-Bahn, neuer Straßen- und Autobahnanbindungen oder der neuen Universität von Lissabon mit 12.000 Studenten und so auf neue alternative Linien. Selbst die fußläufige Erschließung mancher Linie wird neu überdacht. 2001 sollen zwei neue Hauptlinien eröffnet werden. Direkt vom Boot wird man ohne Treppenhindernisse dann in die U-Bahn umsteigen können, ein Vorteil gegenüber der Eisenbahnverbindung.

*Brian Fisher*

## Über den Mersey-River

Die Mersey-Fährlinie von Liverpool im Nordwesten Englands gibt es seit 850 Jahren. Unterschieden wird der Betrieb der Fähren vor 1990 und nach 1990. Vor 1990 ging es um den eigentlichen Fährbetrieb, um die Überquerung des Flusses Mersey zwischen dem Zentrum Liverpools und den Vororten, und es ging nur darum.

In den achtziger Jahren ging aufgrund der Inbetriebnahme eines Tunnels das Passagieraufkommen der Fähren dramatisch zurück. Man fuhr mit dem Auto. Hinzu kam der Wettbewerb mit Eisenbahn und U-Bahn. Die finanzielle Situation von Mersey Ferries verschlechterte sich zusehends. Die Schiffe mit 40 Jahre alten Dieselmotoren waren heruntergekommen, und die 65 Jahre alten Landungsbrücken hatten unter den rauhen Wasserbewegungen des 10,5 Meter hohen Tiedenhubs gelitten. Ende der 80er Jahre überlegte man in der Stadtverwaltung, den Fährbetrieb gänzlich einzustellen. Doch der Trumpf der Fähren war ihre 850-jährige Tradition. Diese durch Beschluss plötzlich zu beenden war schwierig. Die Mersey-Fährlinie wurde zu einem Problem für die Politik. Die Abgeordneten debattierten so lange, bis keiner mehr ernsthaft die Einstellung des Fährbetriebes in Erwägung zog.

Beraterunternehmen wurden engagiert, Meinungsumfragen unter den Passagieren durchgeführt, Workshops und Seminare organisiert. Die systematische Umsetzung erster Maßnahmen begann 1990. Die Schiffe wurden modernisiert, ästhetisch auf Vordermann gebracht, neu angestrichen, mit Catering und moderner musikalischer Beschallung ausgestattet. Drei Schiffe wurden durch neue ersetzt. Die Terminals wurden völlig neu gestaltet. Für die Belegschaft gab es ein Fortbildungsprogramm, das im Marketing bei der Kundenzufriedenheit ansetzte. Öffentlichkeitsarbeit und Werbung erhielten einen völlig neuen Stellenwert.

Wir setzten dort an, wo die Fahrgäste attraktive neue Angebote erwarteten. Und das waren nicht die eigentlichen Fähren selbst. Die Uferzonen wirkten verlassen. Die Hafenaktivitäten hatten sich stromabwärts verlagert. Die alten Docks blieben ungenutzt zurück. Historisch vielleicht alles sehr inte-

*Mersey-Fähre*

**Brian Fisher**

Liverpool's Mersey Ferry line in northwestern England has operated for 850 years. Before 1990 it only crossed the river Mersey between central Liverpool and the suburbs. In the 1980s passenger revenue dropped dramatically after the opening of a tunnel. In addition, there was competition from the railway and the underground. As Mersey Ferries financial situation deteriorated, so did the condition of its ships and landing docks. In the late 1980s the city administration considered closing down the ferry service, but politicians decided otherwise.

In 1990 the fleet began to be modernised, three ships were replaced and the terminals were redesigned. To improve service, the crew received training. A new emphasis was placed on public relations and advertisement. After two years, the annual deficit was reduced by 1.3 million Marks. The harbour had moved. The banks appeared abandoned and dilapidated. The city and its residents turned their backs on the water.

The core group »Strategic Mersey Development« was founded together with a local company. Its strategy paper »Vision 2000« was the result of six years of discussions. Apart from the redesign of the waterfront, events are key to attracting attention to the water. Today,

events take place whenever a cruise ship docks in Liverpool. The mayor comes down to shake hands with the passengers. Nowadays 50 such ships sail into Liverpool each year. The hotel and restaurant industries aren't the only ones to profit.

The river is a trump card on which the city can build. Ships of all kind are an attraction. Exhibitions and events are organised at the docks. The River Festival is a week-long event. There are yacht and motor boat races, and a hot air balloon festival. That attracts the media. Developers arrived when the site's potential became evident. Much is now being built, including recreational facilities on the waterfront.

Commuter services are fast and efficient. The terminals were upgraded with souvenir shops, good restaurants and child-friendly design. There's free coffee on board, and during the Christmas season each ferry is decorated with a Christmas tree. That doesn't cost much and goes a long way toward keeping customer satisfaction high. Mersey Ferries' financial situation is improving steadily. The tourism and commuter markets are growing. In the evenings there's the charter and party business. 25 percent of turnover comes from commuter business. Tourists pay four times the commuter fare. Costs are covered through business from tourism, cruises, events, retail and restaurants.

ressant, aber unattraktiv und abstoßend. Alles wirkte heruntergekommen, und Mersey Ferries hatte wunderschöne neu angestrichene Fährboote. Der Fluss floss an der Politik vorbei. Er hatte für sie keinen städtebaulichen Wert, war infolge der Arbeitsplatzverluste sogar negativ besetzt. Die Stadt und ihre Bewohner drehten dem Fluss den Rücken zu und orientierten sich vor allem weg vom Wasser.

»Neue Serviceangebote« war für Mersey Ferries ein Schlüssel. Die »Cruise«-Rundfahrt, insbesondere für Touristen, dauert etwa 15 Minuten und bedient mehrere Terminals zwischen 10 Uhr und 16 Uhr. Die regelmäßig genutzten Verbindungen sind der flussüberquerende Pendler-Verkehr von morgens 8 Uhr bis abends 22 Uhr. Die Mitarbeiter kamen nicht mehr in schlampiger Kleidung und unrasiert zum Dienst, sondern erhielten neue Uniformen. Das Personal wurde auf Kundenfreundlichkeit geschult. Mitarbeiter, die hier nicht mitzogen, wurden nicht weiterbeschäftigt. Nach zwei Jahren boomten die neuen Linien, und das jährliche Defizit konnte zunächst um über 500.000 Pfund, also um 1,3 Mio. DM, gesenkt werden.

Mersey Ferries hatte etwas Großartiges geschafft, doch ohne eine Neuentwicklung der Uferzonen und des Hinterlandes konnte es nicht weitergehen. Zwischen 1992 und 1993 also erneut Berater und Workshops – von Mersey Ferries organisiert. Es gab nur die eine Zielsetzung: Wie schafft man es, dass die Menschen dem Ufer wieder ihr Gesicht zuwenden? Eine Kerngruppe »Strategische Mersey-Entwicklung« wurde gegründet, alle interessierten Seiten, Unternehmen, Hafengesellschaft Mersey-Docks, Behörden auf beiden Seiten des Flusses, die lokale Tochter des BBC-Hörfunks, Tourismusverein, Hotel- und Gaststätteninnung, Flughafengesellschaft, wurden an einen Tisch gebracht. Doch das ist nur ein halber Erfolg. Mindestens genauso wichtig war es, die richtigen Leute aus diesen Unternehmen zu identifizieren. Vieles, wenn nicht gar alles, hängt von den richtigen Personen ab: Menschen, die sich mit der Geschichte ihres Unternehmens und der des Standorts identifizieren, die etwas verändern, die Diskussion voranbringen wollen und können. Diese Strategiekerngruppe arbeitete sechs Jahre lang. Berater wurden immer wieder hinzugezogen.

Das Strategiepapier »Vision 2000« entstand. Gegenstand war die Gestaltung der Uferzonen mit internationaler Ausstrahlung auf der Grundlage eines Event-gestützten Entwicklungsplanes. Die Events waren und sind wichtig für das Klarmachen und Bewusstwerden der eigentlichen Aufgabe: Wie gelingt es, dass die Menschen ihre Aufmerksamkeit wieder dem Wasser zuwenden. Es gab hier einmal einen großen traditionsreichen Hafen mit berühmten Schiffahrtslinien nach Irland und Amerika. Folglich sollten in Liverpool wieder neue Kreuzfahrtschiffe Halt machen. Das wurde über Marketingmaßnahmen erreicht, indem man Präsenz zeigte auf internationalen Festivals und Veranstaltungen der Kreuzfahrtgesellschaften wie Cruise Europe. Und Europa-Kreuzfahrten sind nach den langweiligen Karibik-Touren im Kommen! Wir haben Angebote geschaffen: Immer, wenn ein Kreuzfahrtschiff in Liverpool anlegt, finden Veranstaltungen statt. Der Bürgermeister begrüßt die Passagiere mit Handschlag. Busse stehen bereit. Den Gästen wird die Gegend gezeigt. So wurde ein Bewusstsein dafür geschaffen, dass nicht einfach nur Wasser durch Liverpool

*Mersey Ferry Terminal*

*Mersey Ferries-Marketing in Liverpool*

fließt, sondern dass dieses Wasser wertvoll ist, dass der Fluss an sich einen Trumpf darstellt, auf den die Stadt bauen kann. Hinzu kamen Flussfestivals. Kriegschiffe und sogar ein Flugzeugträger gingen als Touristenattraktion vor Anker, Ausstellungen und Veranstaltungen wurden in den Docks organisiert. Inzwischen ist das Riverfestival als ganzwöchige Veranstaltung ebenso eine neue Tradition wie das Heißluftballonfestival. Die Heißluftballons landen selbstverständlich auf einer Fähre oder heben von dort ab. Es gibt inzwischen Yacht- und Motorbootrennen auf der Mersey. Solches Marketing zieht Medienaufmerksamkeit auf sich. Organisiert hat das alles die Fährgesellschaft Mersey Ferries.

Ergebnis der neuen Aufmerksamkeit für den Fluss und seine Ufer sind interessierte Entwicklungsträgergesellschaften, die an die Tür klopfen, weil ihnen nun erst der städtebauliche Wert des Standorts bewusst wird. Es wird viel gebaut, auch Freizeiteinrichtungen an den Ufern. Das Marketing von Mersey Ferries wurde somit ein Katalysator der Stadtentwicklung. Eigentlich wollte Mersey Ferries nur zeigen, dass Festivals und Kreuzfahrtschiffe in Liverpool gut sind für die Stadt und gut für das eigene Geschäft. Inzwischen hat dieser Prozess seine Eigendynamik gewonnen. Die Terminals für Kreuzfahrtschiffe werden ausgebaut. Inzwischen laufen 50 dieser Riesen pro Jahr Liverpool an. Das befördert wiederum das Hotel- und Gaststättenwesen etc. Diese Ergebnisse nutzen selbstverständlich auch Mersey Ferries: Den Passagieren der Cruise-Linie kann man inzwischen mehr zeigen als nur verfallene Docks und Industriebrachen. Es hat sich etwas ereignet.

Veränderungen gab es auch im Pendlerverkehr. Die 10-Minuten-Verbindung vom Terminal ins Stadtzentrum von Liverpool ist attraktiv, doch der Wettbewerb mit den anderen Transportmitteln hart. Etwa 200 gesicherte Parkplätze wurden unmittelbar an den Terminals gebaut und weitere kommen hinzu. Mit Pendlern muss man anders als mit Touristen umgehen: schnell und effizient, ziel- und zeitbewusst arbeiten. Doch auch im Pendler-Segment ist der Service der Trumpf im Wettbewerb mit dem U-Bahn-Tunnel, der gerade die Gebühren um 20 Prozent anhob, mit dem Bus oder dem Auto. Die Terminals wurden aufgewertet und thematisch entwickelt. Die Leute können dort Zeitungen kaufen, an Bord gibt es Kaffee kostenlos, in der Weihnachtszeit hat jedes Fährboot einen Weihnachtsbaum. Das kostet nicht viel, aber die Kundenzufriedenheit nimmt schnell zu. Für die Pendler entsteht Clubatmosphäre. Man kennt sich untereinander. Manche haben schon Weihnachtsfeiern an Bord veranstaltet. Für den Pendlermarkt wurde ein gemeinsames Fahrkartensystem mit U-Bahn- und Bus-Linien eingeführt, dennoch laufen die eigenen Fahrkarten besser. Für Touristen gibt es Paketangebote im öffentlichen Nahverklehr und gemeinsam mit Kultureinrichtungen.

Manche Fährboot-Terminals erhielten Souvenierläden und gute Restaurants, manche laden bereits abends zum Tanz ein. Andere sind besonders kindgerecht gestaltet, mit Aquarium, Räumen für Kindergeburtstage etc. Joint ventures mit dem Tourismusverein oder mit der Universität wurden ins Leben gerufen. Und so müssen die Touristen nicht nur 15 Minuten auf der Cruise-Line, so können sie einen halben Tag mit Mersey Ferries verbringen.

Mersey-Travel und die Tochtergesellschaft Mersey-Ferries haben viele Hürden genommen und viel Geld investiert. Der Fluss und die Ufer wurden ihnen dafür zurückgegeben und sind wieder eine Attraktion von Liverpool. Die finanzielle Situation von Mersey Ferries verbessert sich ständig. Der Touristen- und auch der Pendlermarkt wachsen. Abends läuft das Charter- und Partygeschäft. Sonderfahrten sind die Beatle- oder die Weihnachtsmann-Kreuzfahrten. Catering, Einzelhandel und Restaurants sind gut angenommen worden. Die Umsätze steigen. Betriebswirtschaftlich steht das Fährgeschäft mit Pendlern heute für 25 Prozent des Umsatzes. Die Fährpreise für Pendler sind nicht sehr hoch. Die Touristen zahlen etwa das Vierfache und subventionieren das Pendlergeschäft. Die Kostendeckungsbeiträge kommen aus dem Touristengeschäft, dem Kreuzfahrtbereich, aus den Events, dem Einzelhandel und der Gastronomie. Nächstes Ziel ist die Einrichtung von Liniendiensten nach Irland mit kleinen integrierten Kreuzfahrt- und Pendlerschiffen.

***Venedig, Canal Grande, traditionelle und moderne Transportmittel***

Renzo Brunetti

Venice lives in the water and its local public transport system waterborne. In winter the system is hardly used, with the exception of the big carnival in February. The transportation infrastructure is practically shut down for six months. Winter is devoted to maintenance work, and there is hardly any income during this period.

In the 19th century a bridge was built to the mainland. During rush hour commuters and tourists get stuck in bumper-to-bumper jams. The best would be to close the bridge to thoroughfare traffic and only allow through vehicles with special permits. That would offer a chance to distribute commuters and tourists across different ferry terminals.

Venice's fleet consists of 150 boats with capacities ranging from 25 to 1,200 passengers. There are 73 vaporettos, which can carry up to 300 passengers the motoscafi 25 to 150 passengers. The Venice waterborne public transportation network employs a total of 1,500

*Renzo Brunetti*

## Auf der Lagune

Venedig ist die einzige Stadt weltweit, die im Wasser lebt und den ÖPNV auf dem Wasser als Grundlage ihres öffentlichen Personennahverkehrs überhaupt sieht. Saison ist in Venedig von April bis Oktober. Im Winter wird der ÖPNV weniger genutzt, mit Ausnahme des großen Karnevals im Februar.

Im 19. Jahrhundert erst wurde eine Brücke als Verbindung zum Festland gebaut. Diese Brücke wird von Tag zu Tag zu einem größeren Problem. Venedig muss durchschnittlich 100.000 Fahrzeuge von Pendlern und Touristen pro Tag bewältigen, die meisten kommen mit öffentlichen Verkehrsmitteln, mit dem Zug oder mit Bussen. Darunter sind aber auch 13.500 PKW. Die Brücke ist in Stoßzeiten überfrequentiert, Pendler wie Touristen stehen dort im Stau. Die Brücke hat inzwischen auch das Funktionieren der Stadt Venedig völlig verändert, weil alle Menschen im gleichen einzigen Eingangsbereich der Stadt ankommen. Alle großen Bürostandorte Venedigs befinden sich an der Haupteinfallstraße direkt an dieser Brücke an der Piazza di Roma, kaum attraktiv, sicher nicht schön, aber effektiv für die Gewerbetreibenden und Dienstleister.

Die beste Verkehrslösung für Venedig wäre es, diese Brücke als landseitige Verbindung für den Durchgangverkehr zu schließen, d.h. dort nur Fahrzeuge mit Sondergenehmigung zuzulassen. Alle anderen Verkehrsteilnehmer, vor allem die Touristen, wären umzuleiten. Dann gäbe es die Chance, Pendler wie Touristen ausgewogen auf verschiedene Zugangspunkte von Venedig zu verteilen. Für solche alternativen Erschließungen sollen nun neue Zuwegungen für den ÖPNV nach Venedig eingerichtet werden. Dazu gehören Parkplätze an den Fähr-Terminals, so dass die Autos schon weit vor Venedig abgefangen und auf verschiedene Park and Ride-Plätze dirigiert werden. Schon auf den Fähren des ÖPNV soll es Events und Informationen über Museen, Shopping, Hotels etc. in Venedig geben. Doch bislang funktioniert der ÖPNV auf dem Wasser in Venedig noch solitär. Selbst Kombi-Tickets für öffentliche Verkehrsmittel und Museen gibt es noch nicht. Das behindert das Management der Verkehrsströme in der Stadt.

Das Liniennetz des öffentlichen Personennahverkehrs in Venedig ähnelt dem einer U-Bahn in einer großen Metropole. Die Fahrpläne für täglich 24 Stunden und 365 Tage sind nahezu hundertprozentig zuverlässig, Verspätungen oder Ausfälle betreffen ein Prozent der Verkehrsleistung. Wettbewerber wie Autos gibt es nicht. Der ÖPNV auf dem Wasser bedeutet für Venedig auch die Versorgung der kleineren Inseln, Murano, Burano (5.000 Einwohner), Giudecca und den Lido di Venetia mit 20.000 Einwohnern.

Die Flotte Venedigs besteht aus 150 Schiffen verschiedener Größen und verschiedener Kapazitäten von 25 bis zu maximal 1.200 Passagieren. Der Vaporetto, ein schon grösserer Wasserbus, kann 200 bis 300 Passagiere befördern. Davon sind zur Zeit 73 Stück in Betrieb. Die kleineren Motoscafi fassen 25 bis 150 Fahrgäste. Insgesamt beschäftigt der ÖPNV auf dem Wasser in Venedig 1.500

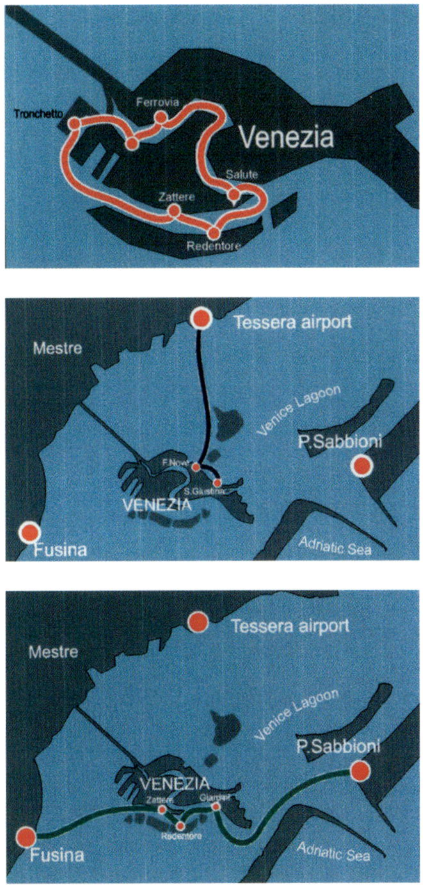


*Nah- und Fernverbindungen in Venedig*

| kind of boat | number | passengers | crew |
|---|---|---|---|
| ferry-boats | 7 | 900-1.500 (34-70 cars) | 6 |
| "motonave" | 13 | 1.200 | 6 |
| " vaporetto" | 73 | 205/330 | 2 |
| "motoscafo" | 47 | 157 | 2 |
| "Motoscafo" single driver | 10 | 19 | 1 |

*Flotte Venedigs*

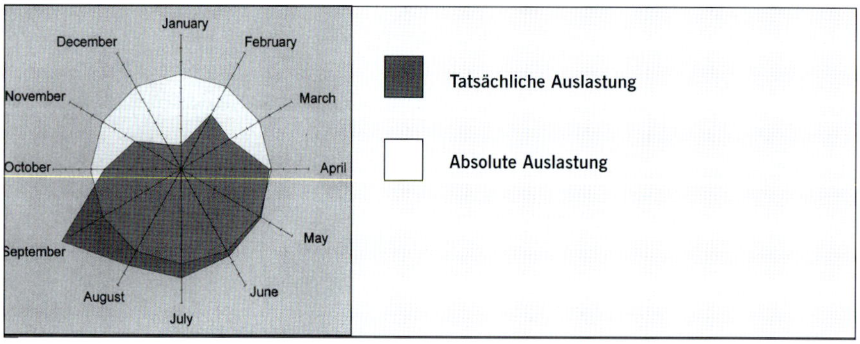

*Auf der Seine in Paris*

Mitarbeiter. 63 Prozent aller Kosten werden durch Fahrpreiseinnahmen abgedeckt. Die Kosten pro Personenkilometer beim ÖPNV auf dem Wasser sind in Venedig etwa vergleichbar mit den Beförderungskosten je Straßenbahn-Kilometer. Doch der Vergleich ist schwierig. Zwar ist die Infrastruktur durch die Natur gegeben und es müssen keine Gleise verlegt, oder Tunnel gegraben werden. Doch müssen viele Regeln und Zwänge beachtet werden, die auf Schiff- und Seefahrtsbestimmungen gründen, sowohl vor dem Hintergrund des Naturschutzes, zum Beispiel in der Lagune, wie auch der Personalintensität.

Die neuen Fährterminals in Tessera (Flughafen) und in Fosina kosteten 50 Millionen Euro. Doch hier entstanden nicht nur Haltestellen, sondern Dienstleistungspools mit gastronomischen Einrichtungen, Online-Informationssystemen etc. Fahrkartenverkauf und Reservierungen sollen noch attraktiver gestaltet werden. Dafür wurden ein ÖPNV-Betreiberclub für Informations- und Buchungssysteme sowie einheitliche Standards auf allen Booten gegründet. Weil 50 Prozent aller Nutzer Ausländer sind, ist dieses einheitliche Informationssystem so wichtig. Ab 1. März 2000 wird es ein zusätzliches Datennetzwerk geben, das mit dem bestehenden System verknüpft wird. So wird Venedig in der Lage sein, die vielen zusätzlichen Pilger im Heiligen Jahr in die Touristenströme zu integrieren. Die neuen Fährterminals werden sogar Eintrittskarten für die Kirchen verkaufen.

Arsenale ist der brachliegende Industrie- und Werftstandort von Venedig. Hier arbeiteten 25.000 Menschen. Der Standort mit seinen Quartieren muss nun umgestaltet werden. Es gibt zahlreiche Vorschläge zur Erschließung des Standorts, u.a. auch durch eine U-Bahn. Aber neue, schnelle Boote wären für die Stadt wichtiger und preiswerter. Fest steht: Die Stadterneuerung in Arsenale wird mit einem neuen Verkehrsnetz verbunden sein, zu dem eine Schnellverbindung zum Flughafen Tessera gehören muss. Dieses neue Verkehrsnetz muss marketingseitig innovativ vorbereitet werden und dadurch auch Anziehungskraft auf Investoren ausüben.

workers. 63 percent of the costs are covered by the fares.

The new ferry terminals in Tessera (airport) and in Fosina are stops offering travellers' services, restaurants, on-line information systems etc. There are plans to improve ticket and reservation counters. Because 50 percent of the passengers are foreigners, a unified information system is important. Venice is prepared to accommodate the many additional tourists expected to visit during the Holy Year 2000. Tickets to the city's churches can even be bought at the new ferry terminals.

*Richard Goblot*

## Auf der Seine

Batobus ist ein privates Transportunternehmen, eine Tochtergesellschaft der französischen Unternehmensgruppe Sotex-Solans mit dem Kerngeschäft Unternehmenscatering, 270.000 Beschäftigten in 65 Ländern und einem Jahresertrag von insgesamt 55 Mio. französischen Francs. Batobus selbst ist als Teil des Unternehmensbereiches Freizeit (insbesondere Kreuzfahrten) nicht groß. In Frankreich gibt es Batobus in Paris als Bateau Parisienne für Sightseeing- und Cateringfahrten und in Nantes in der Bretagne. Niederlassungen gibt es darüberhinaus in London und in acht Städten der Vereinigten Staaten, darunter New York, Washington, Boston und Chicago. Die Geschäftsfelder in den USA sind nicht mit denen in Paris vergleichbar und konzentrieren sich ausschließlich auf Catering (Restaurantschiffe). In London wurde bis vor zwei Jahren der Markt auf der Themse in Individualkonzessionen nach Linien vergeben. Inzwischen unterscheidet man zwischen Individualkonzessionen für Linien und für touristische Rundfahrten, die auch im Marketing und Management deutlich getrennt werden. Batobus befördert pro Jahr 4 Mio. Fahrgäste mit insgesamt 40 Schiffen, davon operieren 16 in Paris.

Im 19. Jahrhundert war auch die Seine in Paris ein bedeutsamer Transportweg. Manche behaupten, bis zu 42 Millionen Passagiere pro Jahr benutzten seinerzeit den Fluss als Verkehrsmittel. Dann wurde die Metro gebaut und die Wasserwege verloren an Bedeutung. Erst nach dem Zweiten Weltkrieg begannen private Unternehmen damit, das Wasser für neue Geschäftsfelder wieder zu nutzen, nämlich als Attraktion für Touristen. Die berühmte Bato-Much-Compagnie, heute Wettbewerber von Batobus, hat diesen Markt geschaffen. Inzwischen gibt es in Paris acht bis zehn Unternehmen mit Freizeitangeboten auf dem Wasser.

Batobus, 1989 anlässlich des 200. Jahrestages der Französischen Revolution als Shuttle-Service auf dem Wasser gegründet, ist ein junges Unternehmen. Zu Beginn bedienten zwei, drei Boote fünf Haltestellen von Mai bis September. Geschäftsgrundlage war ein Ein-Jahres-Vertrag mit der autonomen Hafenbehörde für die Seine-Schiffahrt Port de Paris, der jährlich verlängert werden musste, also kaum Investitionssicherheit bot. Befördert wurden von 1989 bis 1996 jährlich etwa 100.000 Fahrgäste.

Erst eine Ausschreibung von Port de Paris im Jahr 1996 für einen Zehn-Jahres-Vertrag eröffnete neue Perspektiven. Die Ausschreibung kam u.a. auf Drängen von Batobus selbst zustande, da der Ein-Jahres-Vertrag unbefriedigend und der Markt für alle offen war. Ausgeschrieben wurde die Dienstleistung des ÖPNV auf dem Wasser zwischen den damals vorhandenen fünf Anlegern. Feste Bestandteile waren auch die Taktzeit von 25 Minuten und die täglichen Betriebszeiten. Die Anbieter wurden als Betreiber darüber hinaus aufgefordert, auch neue Serviceleistungen außerhalb des bisherigen Kerngeschäftes anzubieten. Vier Unternehmen hatten sich an der Ausschreibung beteiligt. Die Compagnie de Batobus gewann die Ausschreibung und es wurde sogar ein 11-Jahres-Vertrag daraus. Ein weiterer Anleger wurde eingerichtet. Sechs Terminals gibt es inzwischen am Louvre, am Eiffelturm, dem Musée, bei Notre Dame, dem Rathaus und Saint Germain des Prés. Fünf Schiffe sind gleichzeitig von 10 Uhr bis 21 Uhr alle 25 Minuten von April bis Ende Oktober im Einsatz. 9 Millionen DM wurden in vier neue glasüberdachte Trimaran-Boote mit je 200 Sitzplätzen und zwei Mann Besatzung (der Kapitän und ein Assistent/Guide für Sicherheit, Fahrscheinkontrolle und Ansagen) investiert, das letzte wird im April 2000 in Dienst gestellt. Investitionen waren auch für die Terminals und deren Umfeld als die Visitenkarten von Batobus erforderlich. Ein automatisches Anlegesystem zum Andocken auch in Fließrichtung wurde entwickelt, um Zeit zu sparen. An den Ufern und bei den Anlegern kommen die Passagiere zum ersten Mal mit Batobus in Kontakt, lernen das Unternehmen kennen. Der erste Eindruck ist wichtig, die Qualität des Service dort also entscheidend. Das Unternehmen entschied sich gegen den Fahrscheinverkauf an Bord und für Servicepersonal an modernen Terminals bei den Anlegern. Die Präsenz des Unternehmens am Ufer und der persönliche Kontakt zum Kunden waren wichtig. In der Saison beschäftigt das Unternehmen 40 Mitarbeiter.

Selbstverständlich dürfen auch private Boote oder andere Charterer an den sechs

**Richard Goblot**

In the 19th century up to 42 million passengers a year used the river for transportation. Then the metro was built and the waterways lost their importance. It was only after the Second World War that private companies began using the water as a tourist attraction. Batobus was established in 1989 as a shuttle service to coincide with the 200th anniversary of the French Revolution.

60 percent of the passengers who use Batobus are foreign visitors, 25 percent are French tourists and 15 percent residents of Paris who use the service for pleasure. In the eyes of commuters, the Bateaubus is nice but the metro is faster. The only time the Batobus was ever appreciated by Parisian commuters was when all the other means of public transport were on strike. After an annual average of 100,000 passengers until 1996 (on a annual contract basis), Batobus has managed to increase passenger numbers to 415,000 passengers since

Terminals anlegen. Batobus verfügt nicht über die exklusiven Nutzungs- und Betriebsrechte für die Anleger. Nur das Beförderungsangebot nach Fahrplan, faktisch die Betriebsrechte im Linienverkehr, darf ein anderer Wettbewerber nun nicht für sich beanspruchen.

Bei der Positionierung am Markt musste Batobus neben anderen Rundfahrtunternehmen, die sich ausschließlich an Touristen wenden, bestehen. Die Marketingbotschaft war deshalb: Batobus ist auch für Touristen, aber grundsätzlich ein Transport- und Shuttleserviceunternehmen für Paris. Im Hinblick auf die Nutzerstruktur sind 60 Prozent der Fahrgäste von Batobus ausländische Besucher, 25 Prozent sind Touristen aus Frankreich und 15 Prozent sind Einwohner von Paris, die am Wochenende in ihrer Freizeit den Batobus nutzen. Im Hinblick auf den Berufsverkehr gilt: Batobus ist zwar nett, doch die Metro ist schneller. Der ÖPNV auf dem Wasser ist in Paris auch aufgrund von Geschwindigkeitsbegrenzungen langsam. Nur im Dezember 1995, als der gesamte öffentliche Nahverkehr von Paris streikte, trat die Stadtverwaltung an die Schiffahrtsgesellschaften heran und bat darum, alle verfügbaren Schiffe einzusetzen. Batobus beförderte damals 50.000 Fahrgäste pro Tag. Nach Beendigung des Streiks blieben die Berufspendler schnell wieder weg.

Für Marketing wurde eine Vollzeitkraft eingestellt. Das Marketingbudget beträgt 210.000 DM im Jahr. Partnerschaften im Netzwerk wurden begründet: Mit anderen Unternehmen des ÖPNV, wie der RATP als öffentlicher Metro-Betreiber. Die Metro verkauft auch Batobus-Fahrscheine und Batobus verkauft auch Metro-Tickets. Opentour ist ein junges dreijähriges Busunternehmen mit öffentlichem (RATP als Gesellschafter) und privatem Kaptial, eine public-private partnership für Touristen-Sightseeing, wie man es von London und New York kennt. Diese offenen Busse gab es zuvor in Paris nicht. Mit dem Tagesticket von Opentour kann man auch den Batobus-Service nutzen. Partnerschaften gibt es mit dem Louvre und 17 anderen Museen von Paris.

Die Preisgestaltung ist differenziert: Es gibt Einfachtickets, wenn man vom Eiffelturm zu Notre Dame oder eine andere beliebige einfache Fahrt will. Je nach Entfernung kostet das 20 bis 50 Francs. Daneben gibt es Tages- und Saisontickets, über die 60 Prozent des Umsatzes erwirtschaftet werden, davon noch einmal 95 Prozent über Tagestickets. Bislang nur etwa 100 Kunden nutzen das Saisonticket (für sieben Monate). Es kostet 250 Francs; eine Monatskarte für die Metro kostet je nach Wohnort in Paris zwischen 250 und 400 Francs (70 DM bis 170 DM). Natürlich gibt es Sonderpreise für Studenten und andere Nutzer aus Paris. Passagiere mit Metro-Pass erhalten Sondertarife. Sie zahlen für das Tagesticket 45 Francs. Ein normales Tagesticket für die Metro kostet 55 Francs (17 DM). Schließlich verfolgt Batobus das Ziel, Fahrscheinkontingente an Partner wie Reise-/Tourismusveranstalter zu veräußern, denen Provisionen eingeräumt werden.

Nach jährlich durchschnittlich 100.000 Fahrgästen bis 1996 (Ein-Jahres-Vertragsbasis) konnte Batobus nach Veränderung der Geschäftsgrundlagen (11-Jahresvertrag) und entsprechender Investitionssicherheit das Passagieraufkommen kontinuierlich steigern: auf 160.000 Fahrgäste 1997, 225.000 im Jahr 1998 (Einsatz zweier zusätzlicher neuer Boote) und schließlich 415.000 Passagiere in der letzten Saison 1999. Hauptfaktoren dieses Erfolges sind Konzeptarbeit, Investitionen und Marketing.

Im laufenden Jahr wird ein siebenter Anleger in der Nähe der Champs Elysées errichtet. Als neues Ticket wird im Sommer 2000 der Paris-Pass eingeführt, eine 3-Tages-Karte gemeinsam für Metro, Batobus, »Opentour« und Louvre. Dieses Kombiticket wird etwa 100 DM kosten.

Der Bürgermeister von Paris machte die Seine vor etwa zwei Jahren zu einem wichtigen Programmpunkt seiner Kommunalpolitik. Events und Märkte sollten auf der Seine stattfinden, das Gewässerband illuminiert werden. Wichtig in diesem Zusammenhang war ein Pilotprojekt für ein Swim-and-ride-System an der städtischen Peripherie. Im Osten der Stadt wurde es umgesetzt. Dort entstand ein großer Parkplatz, insbesondere für Touristenbusse. Fußläufig gelangt man zu den Anlegern und fährt per Boot in die Innenstadt. Solche politischen Initiativen sind nicht hoch genug zu schätzen. Sie stärken das Image des ÖPNV auf dem Wasser und nützen damit jedem Schiffahrtsunternehmen.

the eleven year contract. The main factors in this success were conceptual work, investments and marketing. The terminals and their surroundings are Batobus's winning ticket. An automatic system that enables downstream docking was developed to save time. First impressions are important, and the quality of service is also decisive.

Two years ago the mayor of Paris put the Seine on his policy agenda. He wanted events and a market to take place on its banks, and to light up the river at night. A large parking area was built in the east of the city, especially for tourist buses, within walking distance of landing stages and boats heading for the city centre. Such initiatives on a political level strengthen the image of public transportation networks on the water.

Bernhard Voll

The Constance public transportation authority is also responsible for ferry services on Lake Constance. With an annual 5.6 million passengers, 1.5 million cars, 180,000 lorries, 300,000 bicycles and 150,000 motorbikes, it counts among the larger ferry operations in Europe. The car ferry service between Constance and Meersburg is an important life line for the city. In the 1920s, there was no interest in the private sector in such a service, so the city took up its operation in 1929 — with success.

Concepts and strategies are important to keep the ferries in public awareness. Intensive event marketing and improvements on the boats through glass cabins, a dancefloor, inexpensive as well as gourmet restaurants, and parties at "high sea" form the basis of the new image. Residents have accepted this new image and that's something which efforts to market Constance as a good business location can build on. The ferry operation has an annual turnover of 25.4 million Marks, the return on capital comes to between three and five million marks a year.

In 1997, Constance and Friedrichshafen agreed to build a new catamaran service linking the two cities' railway stations to encourage a cultural and economic exchange, create synergies for the two locations and sharpen their competitive edge in the European market. From the boat terminals in both cities, it's 50 metres to the railway station, 70 metres to the main bus station, and 200 metres to each city centre, all with wheelchair access. Problems have arisen with the need to adhere to European Union environment policy. While Lake Constance is an important winter habitat for birds, in summer it's the playground of some 55,000 sail boats. The project could be completed in two to three years.

*Bernhard Voll*

## Über den Bodensee

Konstanz, im vierten Jahrhundert nach Christus nach Kaiser Constantius Clorus erstmals namentlich erwähnt, hat heute 79.000 Einwohner und ist EU-Grenzstadt zur Schweiz im äußersten Südwesten Deutschlands, gelegen am Ausfluss des Rheins am Bodensee. Konstanz wird zu Lande und vom Wasser begrenzt, hinzu kommt ein Naturschutzgebiet.

Die Stadtwerke Konstanz stehen neben Strom-, Gas- und Trinkwasserversorgung sowie Busverkehr und Verkehrsverbund auch für den Fährbetrieb auf dem Bodensee. Befördert werden im Fährbetrieb jährlich 5,6 Millionen Fahrgäste, 1,5 Millionen Pkw, 180.000 Lkw, 300.000 Fahrräder und etwa 150.000 Motorräder. Damit gehören die Stadtwerke Konstanz zu den größeren Fährunternehmen Europas. Seit 1998 existiert die Katamaran-Reederei Bodensee GmbH als Tochtergesellschaft, an der die Stadtwerke Konstanz einen Geschäftsanteil von 50 Prozent halten und für die technische Geschäftsführung verantwortlich zeichnen.

Die Autofähre Konstanz - Meerseburg ist historisch wie in der Gegenwart eine wichtige Lebensader der Stadt. Im Ergebnis des Ersten Weltkrieges und ständiger landwirtschaftlicher Konflikte in den Bereichen Vieh- und Milchwirtschaft wurde beginnend im Jahre 1918 schließlich 1926 die Grenze zum Kanton Thurgau durch die Schweiz geschlossen. Konstanz verlor damit sein gesamtes traditionelles Hinterland. Die Straße nach Singen und nach Stuttgart war nicht ausgebaut, ein Feldweg, nicht geteert, nicht gepflastert. Die Eisenbahnverbindung war noch schlechter. Alles andere war Bodensee. Der damalige mutige Bürgermeister Fritz Arnold wollte als Alternative eine Autofähre bauen. Im gesamten Bodenseeraum gab es etwa 600 PKW und praktisch keine LKW. Die Bodensee Dampfschiffahrtsgesellschaft im Besitz der Deutschen Reichsbahn lehnte das Projekt ab, denn niemals werde es so viele Autos zur Rechtfertigung einer solchen Entscheidung geben. Das Land Baden teilte die Auffassung der Bahn und strich sämtliche Zuschüsse. Alle sagten nein, der Bürgermeister wurde als »Totengräber der Stadt« angegriffen, man befürchtete den wirtschaftlichen Ruin, doch die Konstanzer beschlossen, eine Autofähre zu bauen. Am 30. September 1928 wurde die »Konstanz Nr. 1« als eine der ersten Doppelendfähren Europas in Dienst gestellt, und die Nachbargemeinden Singen und Radolfzell erklärten Konstanz für verrückt. Das erste Betriebsjahr mit 359.000 Passagieren und 37.800 übergesetzten PKW lief so gut, dass 1929 eine zweite Fähre bestellt wurde. Es machte scheinbar auch Spaß, mit dem Auto Schiff zu fahren.

Seit 1928 wurden zwischen Konstanz und Meersburg 200 Millionen Fahrgäste befördert. Sieben Fährschiffe verkehren jetzt ganztägig an 365 Tagen. Das größte ist die MS-Kreuzlingen für 700 Fahrgäste und 54 PKW, mit einer Wasserverdrängung von 850 Tonnen. Ein ähnlich großes Schiff mit 80 Metern Länge für 70 PKW ist in Planung und soll in zwei Jahren in Dienst gestellt werden. Seit 1997 stagnierte leider das Verkehrsaufkommen bei etwa 1,7 Millionen PKW und 71.000 Fähr-Überfahrten pro Jahr.

Konzepte und Strategien waren wichtig, um die Fähre wieder stärker ins Bewusstsein der Menschen zu bringen. Nach 70 Jahren Fährbetrieb war sie eine Selbstverständlichkeit geworden, sie fiel nicht mehr auf. Ähnlich wie in Liverpool setzte ein neues intensives Eventmarketing mit großem Erfolg für die Fähre ein. Die Schiffe erhielten Glasvorbauten und eine Art Wintergarten, eine 70 mal 10 Meter große Tanzfläche, preiswerte wie auch gehobene Gastronomie, und die Parties auf »hoher See« konnten beginnen. Das Image der Bahnhofsgaststätte verflog, allein die Millennium-Fähren waren ein Riesenerfolg. Die Tourismusveranstalter der Region erkennen die neuen Angebote, und für die Bevölkerung von Konstanz ist die Fähre wieder das Rückgrat und der Stolz der Stadt. Das neue Identifikationsangebot wird von den Einwohnern angenommen, und darauf kann wiederum das Standortmarketing setzen.

Der Fährbetrieb musste noch nie bezuschusst werden. Die Linie erwirtschaftet einen Jahresumsatz von 25,4 Millionen DM, die Rendite vor Steuern liegt bei 1,5 bis 3 Millionen DM im Jahr, ein durchaus profitables Geschäft.

Größter Wettbewerber sind inzwischen die Straßen rund um den See, Autobahn und Brücken in der Stadt. 1911 gab es eine Eisenbahnbrücke. Mit dem Autoverkehr wurden es später zwei. Für die Fußgänger war eine beliebte kleine Rheinfähre für 20 Pfennig pro Tour in Betrieb. Auch Motorboote, faktisch kleine Wassertaxis, setzten am Bahnhof, am Busbahnhof und dort über den Fluss, wo im Stadthafen die Bundesbahnschiffe anlegten, und verbanden die Stadt mit den Vororten. 1991 wurde der Motorbootbetrieb eingestellt, denn inzwischen waren zwei Fußgängerbrücken errichtet worden. Kürzlich forderte eine Zukunftswerkstatt in Konstanz die Wiederaufnahme dieses Motorbootbetriebes, doch ist eine betriebswirtschaftliche Geschäftsgrundlage voraussichtlich nicht gegeben.

Standortmarketing, Wirtschaftsförderung und die Strategie der Stadt Konstanz zielen weiter: auf Friedrichshafen, die zweitgrößte Stadt am Bodensee, das Industriezentrum mit MTU, Dasa, ZF, Zeppelin, dem Flughafen und der Messe. Konstanz hingegen ist Einkaufs-, Kultur- und Bildungsstadt. Eine Katamaranlinie soll die zwei wichtigsten Zentren am Bodensee verbinden, den kulturellen und wirtschaftlichen Austausch fördern, Synergien für beide Standorte schaffen, Kompatibilitäten gemeinschaftlich nutzbar machen und die Region mit ihren 150.000 Einwohnern im europäischen Wettbewerb stärken. Der Bodensee soll vom trennenden zum verbindenden Element werden.

Schon 1973 wurde mit dem IHK-Geschäftsführer Bodensee-Oberschwaben die Idee geboren, eine Tragflügelbootverbindung zwischen beiden Städten einzurichten. Ein Gutachten wurde beauftragt. Kernkonflikt blieb der Widerspruch zwischen der Mindestgeschwindigkeit der gewollten Boote von 60 bis 70 km/h und der Geschwindigkeitsbegrenzung auf dem Bodensee von 40 km/h. Das Projekt schlief ein. Daneben hatte, wie schon 1928, die Deutsche Bahn kein Interesse daran, sich einen Wettbewerber ins Boot zu holen. 1991 wurde durch eine Initiative des Landtagsabgeordneten Ulrich Müller, heute Verkehrsminister des Landes Baden-Württemberg, die Idee wieder aufgegriffen. Die Weiterentwicklung in der Schiffstechnik beim Bau von kleinen, umweltfreundlichen Katamaranen tat ein übriges, um die Chancen der Realisierung zu erhöhen. 1996 lag die Machbarkeitsstudie vor, ökologische Interessen waren jedoch noch ungenügend berücksichtigt. Mit einer Vertiefungsstudie wurde nachgebessert. Im Ergebnis sollte sich die direkte Städteverbindung rechnen. Der Geschäftsplan für eine Katamaran-Verbindung wurde aufgestellt. 1997 entschieden Konstanz und Friedrichshafen, die direkte Schiffsverbindung zwischen den Bundesbahnhöfen beider Städte zu bauen. Vom Schiffsterminal sind es jeweils 50 Meter zum Bahnhof, 70 Meter zum Busbahnhof, 200 Meter ins jeweilige Stadtzentrum, alles behindertengerecht. Die Häfen stehen im Eigentum der Deutschen Bahn Immobilien AG und werden derzeit hauptsächlich von den Schiffen der Bodenseeschiffsbetriebe GmbH, einer Tochter der Deutschen Bahn AG, genutzt. Die Terminals werden so zum Verkehrsknotenpunkt. Friedrichshafen besitzt darüber hinaus ein Parkhaus direkt am Standort, in Konstanz ist es 300 Meter entfernt. 1998 wurde beschlossen, eine Reederei zu gründen.

Dann begann die Bürokratie: Wasserrechtsverfahren nach den Flora-Fauna-Habitat-Richtlinien der Europäischen Union, denn der Konstanzer Trichter im Bodensee ist ein bedeutendes Überwinterungsgebiet von Schell-, Reiher-, Tafel-,Stock-, Kolben- und Schnatterenten. Und: der Bodensee ist Segelsportrevier, im Sommer tummeln sich 55.000 Freizeitboote auf dem Wasser. Mit 22 Knoten (40 km/h) sollten nun Katamarane das Revier befahren. Es gibt nur zwei kurze 10 km/h-Strecken, damit die Enten nicht verjagt werden. Die Segler meinten jedoch, gestört zu werden und begannen ihre Lobbyarbeit. Das Verfahren dauert an und es wurde nicht einfacher. Voraussichtlich kann es in zwei bis drei Monaten abgeschlossen sein. Die Bürokratiekosten betragen inzwischen etwa 200.000 DM, die Gutachterkosten 200.000 DM, viel Schweiß und Arbeit wurden geleistet, um ein Schiff zu genehmigen, das nur deshalb nach dem Baden-Württembergischen Wassergesetz genehmigungspflichtig ist, weil es nicht zwischendrin hält. Schiffe, die an drei Punkten halten, sind keine Fähren und nicht genehmigungspflichtig.

Wichtig war die politische Priorisierung. Die Katamaranlinie wurde bereits im Bodensee-Leitbild zu einer politischen Zielvorgabe: Im Landesentwicklungsplan, in der deutsch-schweizerischen Raumordnungskommission, bei den Regierungschefs der Internationalen Bodensee-Konferenz und im Regionalverband Oberschwaben.

*Autofähre von Konstanz nach Merseburg*

Die Katamarane sind extrem umweltfreundlich: 65 dB Lärmwert, 140 Liter Treibstoffverbrauch pro Stunde für 200 Fahrgäste, zwei MTU 2000-Motoren mit je 400 kw-Nennleistung, betrieben mit einer durchschnittlichen Leistung von etwa 340 kw, bestückt jeweils mit Rußfiltern. Die Bugwelle der Katamarane beträgt zirka 26 Zentimeter im Abstand von 25 Metern bei 40 km/h. Der Fährbetrieb soll von morgens 5.00 Uhr bis abends 22.00 Uhr erfolgen. Die Konstruktion der Schiffe schließt eine Ausstattung wie in der Business-Class der Airlines und Erlebnisqualitäten wie Business-Lunch (free coffee and croissant) und Unterhaltungsvideos ein. Um den Stundentakt zu gewährleisten, werden zwei Schiffe gekauft. Das Design ist wie beim Rivercat in Sidney von Graham Parker Design, Manly, Australien. Die Daten: 34 Meter Länge, 150 Passagiere im Innenraum in Dreier-Bestuhlung, in der Mitte eine Art Business-Lounge und Cafeteria, 90 Passagiere an Deck, 40 Fahrradabstellplätze.

Das Fazit bei der volkswirtschaftlichen Bewertung (Zeit, Treibstoffverbrauch, Emissionen, Infrastruktur Straße, Schiene, Wasser, alternative Beförderung der Fahrgäste durch PKW, Bus oder Bahn, Mannschafts-/ Personalkosten) ist ein jährlicher Überschuss des Schiffsverkehrs bei heutigen Straßenverhältnissen von etwa 4,4 Mio. DM, von etwa 3,7 Mio. DM gegenüber einer verbesserten Busverbindung und von 2,5 Mio. DM jährlich gegenüber der Bahnverbindung. Bei den für 2010 zu erwartenden Straßenverhältnissen wäre der volkswirtschaftliche Vorteil noch größer.

Doch volkswirtschaftliche Bewertungen müssen auch dem Bürger zu vermitteln sein: Das Ticket Zürich - Berlin - Zürich kostet 1.600 DM und von Konstanz bis Zürich ist man 45 Minuten unterwegs. Das Ticket Friedrichshafen - Berlin - Friedrichshafen kostet 700 DM und von Konstanz bis Friedrichshafen sind es heute 105 Minuten und in zwei Jahren mit dem Katamaran (45 Minuten) und Flughafenzug (10 Minuten) nicht einmal eine Stunde. Ein Katamaran-pre-check-in für Fluggäste soll eingeführt werden.

## Stellungnahmen zum 2.Exkurs

Volkmar Strauch, Industrie-und Handelskammer Berlin: Die Debatte lässt zwei Fragen zu: Einmal, warum in Berlin alles mögliche nicht geht. Und zum anderen, warum in Berlin doch alles Mögliche gehen könnte, wenn man nur wollte.

Die Hindernisse sind vielfältig. In San Francisco gibt es Erdbeben, Brücken und Straßen stürzen ein; da sind Boote praktisch. Wir haben keine Erdbeben. Der Tejo in Lissabon ist 18 Kilometer breit, die Fähren haben ununterbrochene Tradition und Wettbewerbschancen bei diesen Entfernungen. Die Spree ist leider schmal. In Liverpool würde es die Fährschiffahrt kaum noch geben, wären da nicht die Riverfestivals, das Kreuzfahrtentertainment und die Deckungsbeiträge aus Wirtschaftszweigen weit neben dem Kerngeschäft des Fährverkehrs. In Berlin legen keine Kreuzfahrtschiffe an, und das erste Berlin-Brandenburgische Wasserfest fiel 1999 buchstäblich ins Wasser. Venedig ist eine Insel; Autos dürfen dort nicht hin. Ein daraus resultierendes Monopol beim ÖPNV auf dem Wasser gibt es in Berlin nicht. Neben dem guten Tourismusgeschäft war der Berufspendlerverkehr bei Batobus in Paris dann ein Erfolg, wenn die anderen öffentlichen Verkehrsmittel streikten. Wir wollen diese Momentaufnahme nicht zum Zielszenario machen. Konstanz verlor sein Hinterland und war auf den Bodensee angewiesen. Gottseidank erhielt Berlin vor zehn Jahren sein Hinterland zurück, und die Spree kann sich in Breite und Tiefe nicht mit dem Bodensee messen.

Doch die Debatte lässt auch andere Fazits zu: Öffentlicher Personennahverkehr auf dem Wasser macht Spaß. Es gibt auf der Welt neue Schiffe ganz ungeahnter Qualitäten. Es gibt Fährbetreiber und -dienste, die den Wettbewerb mit Brücken und Eisenbahnen wagen und erfolgreich bestehen. Anleger und Terminals werden zu Themenparks entwickelt. Das Wasser als vorhandene und zunächst kostenlose Infrastruktur wieder entdeckt zu haben, brachte Betreiber andernorts auf positive volkswirtschaftliche Rechnungen mit erschlagendem Beweischarakter. Batobus in Paris befördert natürlich vornehmlich Touristen. Doch Touristen soll es auch in Berlin gebe Wo liegen in Berlin die Marktnischen für Verkehrsträger auf dem Wasser?

Niek van Trigt, Clover BV, Volkswirt, Vorsitzender des International Waterborne Transport Committee IWTC, langjähriger Direktor des niederländischen Verkehrsbetriebsverbandes in Harlem, Aerdenhout/ Niederlande: Weltweit gibt es Lösungen für den öffentlichen Personennahverkehr auf dem Wasser. Technische Hindernisse sind also kein Problem, auch nicht in Berlin. Die Hauptaufgabe für Berlin besteht darin, die richtigen Unternehmen und dort die richtigen Personen in einer Kreativplattform zusammenzuschließen, zunächst die Bedürfnisse, dann den Markt und dann die Nachfrage dafür zu schaffen, dass Personen vom Punkt A zum Punkt B und das auf dem Wasser wollen.

Weil die Verkehrsalternativen in Berlin zu offensichtlich sind, wären Impulse aus den neuen städtischen Zentren am Wasser entscheidend. Von dort müssen neue Attraktionen ausgehen, sie müssen Attraktivitätszentren werden: Morgens, tagsüber, abends und nachts müssen sie wie ein Magnet mit Ereignissen am Standort eine Anziehungskraft auf die Menschen ausüben. Und wie selbstverständlich sind diese Standorte und Events dann vor allem auf dem Wasser zu erreichen. Es geht nicht darum, nach Nischen zu suchen, neue Märkte müssen geschaffen werden. Entwickeln Sie Ihre Wasserstädte nicht monolithisch! Setzen Sie auf Aktionen, Kultur, Theater, Restaurants am Wasser. Schaffen Sie eine neue Atmosphäre an der Spree.

Brian Fisher, Liverpool: Berlin verfügt über große Chancen auf dem Wasser, weil Berlin viele Ufer hat, die schon oder noch entwickelt werden. Ich kenne keine Stadt, die über Wasserflächen verfügt und diese nicht mit den Nutzungen an den Ufern verbinden will oder kann. Wie viele Städte mögen Berlin um diese Uferlängen beneiden! Bitte erkennen Sie das als großen Trumpf, als große Stärke! Zusätzliche Angebote für Touristen, die dann nicht mehr alle die Straßen benutzen, wären sicher nur ein Anfang. Erschließen Sie doch die Sehenswürdigkeiten von Berlin vom Wasserweg aus und ähnliches wie in Paris wird geschehen. Verlegen Sie einen Anleger nur 100 Meter weiter, und Sie können ganz neue Zielgruppen erschließen. Denken Sie beim geplanten Ausbau von S- und U-Bahnnetzen, bei jeder Stadtplanung frühzeitig daran, ob eine innovative Alternative auf dem Wasser nicht viel preiswerter wäre. Denken Sie schließlich über neue Schiffstypen für Flachwassergebiete nach. Denken Sie beim Wohnen am Wasser nicht nur an das immobilienpreisfördernde nasse Element, sondern sehen Sie auch den verkehrlichen Zusammenhang mit der City und dem herrlichen Berliner Umland. Suchen Sie die Verknüpfung zu Verkehrskonzepten auf dem Wasser im Land Brandenburg.

Bernd Grondke, Stern und Kreis Schifffahrt Berlin: Berlin verfügt traditionell über ein sehr starkes ÖPNV-System mit viel Parallelverkehr zu den Wasserstraßen, insbesondere der Innenstadt. Die Schiffahrt ist dauerhaft touristisch geprägt und hat in den vergangenen zehn Jahren neue Chancen genutzt. Parallel zur S- und U-Bahn könnte sie mit neuen Angeboten vor und nach den Tourismuszeiten weitere Passagiere gewinnen. Dazu müsste man morgens früher starten und abends länger fahren. Diese Ausweitung der Verkehre ist mit wirtschaftlichen Risiken verbunden. Die potenziellen Kunden kaufen indes ÖPNV-Fahrscheine. Zusatztickets wären eine Hemmschwelle. Das Problem vernünftiger Verknüpfungen ist ungelöst. Ungelöst auch die Frage der Modernisierung des Schiffsparks. Die Stern und Kreis Schiffahrt unternimmt dennoch bereits eine Reihe Aktivitäten sowohl im Rahmen der »Schaustelle Berlin« als auch im Zusammenwirken mit Museen, allerdings nicht als Eigeninitiative, sondern auf Wunsch der Partner.

Zwischen der Jannowitzbrücke in der City und Charlottenburg gibt es bereits sechs Anleger (Jannowitzbrücke, Palast der Republik, Berliner Dom, Friedrichstraße, Haus der Kulturen der Welt, Schloss Charlottenburg), die etwa halbstündlich bedient werden. Weitere Standorte, wie der neue Lehrter Bahnhof, könnten hinzukommen. Dieser ausgeprägt touristische Verkehr mit Drei-Stunden- oder Vier-Stunden-Fahrten vollzieht sich gegenwärtig zwischen 10 Uhr und 18 Uhr. Die Strecke würde aber auch eine 90-Minuten-City-Tour für Touristen erlauben.

Ein Problem sind die Verkehrszeiten. Die touristischen Einnahmen in verkehrsschwachen Zeiten bei verbindlichem Linienverkehr wieder auszugeben, bedeutet ein hohes unternehmerisches Risiko. Vielleicht fehlt dort auch Mut, neue Angebote zu schaffen, sicher fehlen dafür auch spezielle neue, auf die Strecke im Linienbetrieb zugeschnittene Fahrzeuge. Die Anleger sind vorhanden. Sie könnten zu Terminals mit zusätzlichen Nutzungen ausgebaut werden. Doch dazu braucht man interessierte Partner: die BVG, die Bahn, den Verkehrsverbund. Denn die Kostenfrage stellt sich sofort. Und als öffentliche Aufgabe für Berlin ist das Problem bisher weder erkannt noch konzipiert. Will denn die Politik überhaupt einen solchen öffentlichen Personennahverklehr auf dem Wasser? Schließlich: Wie geht man mit den anderen Reedereien um? Werden Konzessionen eingeführt? Ist es überhaupt vorstellbar, bestimmte Linien über Konzessionen und einen Tarifverbund faktisch zu subventionieren, während die anderen Reedereien privatwirtschaftlich allein auf eigenes Risiko fahren?

Rainer Lawerentz, Berliner Verkehrsgesellschaft, Direktor des Betriebsbereiches Busse: Zunächst hoffe ich besonders durch diesen EXPO-Workshop auf einen positiven Impuls für Berlin. Berlin verbindet Schiffahrt leider immer noch mit dem Begriff Dampfer. Man fährt mit keinem Wassertaxi oder einem Wasserbus, man geht nicht auf die Fähre – nein: man macht eine Dampferfahrt. Eine nächste Besonderheit Berlins ist der Egoismus des Einzelnen. Auch auf dem Wasser gibt es Parallelverkehr der vielen Reedereien im Kampf um den touristischen Ausflugsverkehr. Auch ein Grund dafür, dass bislang kein Linienverkehr zustande kam. Niemand denkt über den eigenen Bug hinaus, jeder denkt nur an seine Schiffe, an seine Anleger. Und so denkt Berlin bereits jahrelang über sich selbst nach, anstatt die Menschen zu bewegen, unsere potenziellen neuen Angebote zu wollen. Das wäre unter Stadtmarketing zu verstehen! Doch Berlin redet über Verkehrs- und Tarifverbünde! Damit stirbt das Thema, bevor Nachfrager darauf aufmerksam werden könnten! Die Subventionsdiskussion macht doch das Nachdenken über sich selbst tragende wirtschaftliche Konzepte überflüssig. Es geht aber nicht nur um Personentransport auf dem Wasser. An den Ufern befinden sich viele Wissenschafts- und Wirtschaftszentren. Die Rede ist also auch von Gütertransporten, vielleicht von Post, von Kurierdiensten auf dem Wasserwege. All diese potenziellen Nutzer gehören an einen Tisch; und der Subventionsgedanke sollte erst einmal aufgegeben werden.

Christian Gaebler, Stellvertretender Fraktionsvorsitzender der SPD im Berliner Abgeordnetenhaus und verkehrspolitischer Sprecher, Diplom-Ingenieur für Planung und Betrieb des Verkehrswesens: Das ehrgeizige Ziel der Berliner Landesregierung ist es, im zentralen Bereich 80 Prozent Verkehr über öffentliche Verkehrsmittel und 20 Prozent über motorisierten Individualverkehr abzuwickeln. Dafür wollen und müssen wir alle Möglichkeiten, auch die der Wasserwege, nutzen.

Es wurde viel darüber geredet, es gab Konzepte, die wieder in den Schubladen verschwanden. Wir sollten den deutschen Perfektionismus verlassen, keine weiteren zwei Jahre über Tarif- und Verkehrsverbünde von Cottbus bis zum Reichstag reden, klein anfangen und schrittweise vorgehen. Tauglich für Berlin mit seinen bereits vorhandenen Angeboten scheint insbesondere das Pariser Vorbild. Dazu müssen die Berliner touristischen Angebote auf dem Wasser zunächst bekannter werden. Bewerbung ist wichtig wie auch die Aufwertung der teilweise unzumutbaren und schwer auffindbaren Anleger.

Zielsetzung könnte sein, am zukünftigen Berliner Verkehrsknotenpunkt, dem Lehrter Bahnhof, auch auf ein Wasserverkehrsmittel umsteigen zu können. Dafür wäre ein zentrales Terminal zu schaffen, das auch zusätzliche Nutzungen zur Förderung von Querfinanzierungen aufnehmen sollte. Eine Zusammenarbeit zwischen den Reedereien, eine Mischeigentümerschaft wäre dafür nützlich, vielleicht auch eine öffentliche Eigentümerschaft denkbar. Die Pilotstrecke könnte zwischen Innenministerium in Moabit und Außenministerium in Mitte liegen. Innen- und Außenminister könnten mit dem Schiff zur Kabinettssitzung fahren und sich am Spreebogen im Kanzleramt treffen. Staats- und Regierungsgäste könnten nach der Landung in Tegel am Hohenzollernkanal oder am Jakob-Kaiser-Platz ins Boot steigen und kämen direkt zum Reichstag oder Bundeskanzleramt.

Uli Hellweg, Wasserstadt GmbH: Die besseren Chancen bestehen zunächst tatsächlich im touristischen Geschäftsfeld. Doch auch das Wohnen und Arbeiten am Ufer der Spree, in der Rummelsburger Bucht, in Ober- und Niederschöneweide, Tausende von Arbeitsplätzen bei der Allianz in Treptow, die Entwicklungen an der Stralauer Spree in Friedrichshain und Kreuzberg mit den Speicherspeichern oder der OberbaumCity bedeuten Passagierpotenziale in Richtung Innenstadt. Man darf den ersten Schritt nicht zu groß, man sollte ihn aber auch nicht zu klein machen, damit er öffentlich wahrnehmbar bleibt. Andernfalls und ohne integrierendes Marketing verliert die Öffentlichkeit den Blick dafür, dass es uns und der Politik des Landes Berlin tatsächlich um ein qualitativ neues Verkehrsmittel geht, das mit den Touristen und der »Ministerialgondel« vielleicht beginnt, aber nicht auf diese beschränkt bleibt. Das neue Verkehrsmittel muss auch für die Berliner da sein. Leider gilt wirklich für Berlin, dass alles sehr lange dauert. Man sollte deshalb das EXPO-Jahr 2000 nutzen, ein Modellprojekt initial mit allen Beteiligten voranzubringen. Für die zusätzlichen EXPO-Besucher in der Stadt gibt es keinen besseren Weg, Berlin kennenzulernen, als das Wasser. So wie der »Milliennium«-Wechsel Anlass für einen Riesenschritt nach vorn war bei der Entwicklung der Londoner Waterfront und des Verkehrs auf der Themse, so sollte die EXPO für eine Initialzündung beim öffentlichen Personennahverkehr auf Berlins Gewässerbändern gut sein.

Niek van Trigt, Aerdenhout: In Amsterdam und Rotterdam verbinden seit zwei Jahren bzw. etwa sechs Monaten Highspeedferries die City mit den Vorstädten. Das funktioniert sehr gut. In Amsterdam habe ich das Unternehmen selbst gegründet. Befördert werden dort zu 65 Prozent Berufspendler und zu 35 Prozent Touristen. In Rotterdam sind sind es kaum Touristen, etwa hälftig Pendler und hälftig Hausfrauen, die zum Einkaufen fahren. Auch das Londoner Beispiel bewegt sich in diese Richtung. Ähnliche Perspektiven sehe ich in Dresden und Wien.

Brian Fisher, Liverpool: Liverpool startete 1990 faktisch ohne jegliche Berufspendler, nur mit touistischen Freizeitangeboten. Heute sind 25 Prozent unserer Kunden Berufspendler, die selbstverständlich weniger zahlen als die Touristen. Mit dem Berufspendlerverkehr finanzieren wir nicht das Geschäft. Aber die Pendler sind wichtig für den Einzelhandel in den Terminals und ein Signal für den Wettbewerb gegen die Bahn und den Tunnel. Und für die Pendler erweitern wir deshalb jetzt zum dritten Mal unsere Parkplatzkapazitäten. Die Pendler sind nicht das schlechteste Geschäftsfeld. Man darf das nicht rein monetär sehen! Denken Sie daran, dass Ihre Berufspendler bisher nur Busse und Bahnen kennen. Sie kennen den Bootsverkehr nicht und genau das ist ihr Problem! Marketing, Werbemaßnahmen sind hier wichtig, um zunächst Bewusstseins- und schließlich Verhaltensänderungen herbeizuführen. Begeisterung muss man aufbauen und dafür muss man sie selbst natürlich erst einmal haben. Dann wird man die Leute auch in die Boote bekommen. Davon bin ich fest überzeugt. Und politische Entscheidungen sind dafür unerlässlich.

Bernd Grondke, Stern und Kreis Schifffahrt Berlin: Die Stern und Kreis Schiffahrt Gesellschaft verfolgt die Entwicklung sehr aufmerksam und nutzt diese Diskussion, um Fallbeispiele in anderen Städten und Ländern zu studieren. Doch handeln müssen wir immer konkret unter der Berücksichtigung der Berliner Situation. Wir möchten die Chancen, gerade auch des Regierungsumzuges, der Mitarbeiter der Bundesverwaltung und der vielen Polit-Touristen nicht verpassen. Viele von diesen Kunden befördern wir bereits. Das Jahresergebnis der Stern und Kreis Schiffahrt ist ein sehr gutes. Aber es ist bislang eben ein touristisches. Nun müssen wir die beruflich am Wasser Tätigen gewinnen. Dafür wären Linienangebote wichtig. Und die Angebote müssten öffentlich wahrgenommen werden. Dafür müssen wir unsere Marketing(haus)aufgaben lösen. Daneben brauchen wir, um Berufspendler auf die Schiffe zu bekommen, Partner. Wir schaffen das nicht allein. Wir reden darüber mit der Bundestagsverwaltung und mit den Verbänden. Vielleicht könnte man Sonderkonditionen vereinbaren. Wir suchen die Kooperation mit den eigentlichen Trägern des öffentlichen Nahverkehrs, mit der BVG. Das Problem der Sondertarife für Berufspendler, wie in Liverpool oder Paris, ist ungelöst. Die Geschwindigkeitserweiterung über 10 km/h hinaus ist ungelöst. 15 km/h Maximalgeschwindigkeit wären schon ein Erfolg gegenüber der Schiffahrtsverwaltung. Das ist dann noch nicht die Durchschnittsgeschwindigkeit, denn bei den schmalen Wasserstraßen in Berlin, den viele Brücken und dem Gegenverkehr können Sie die eigene Durchfahrt nicht erzwingen. Wir brauchen deshalb Schiffe für 70 bis 80 Passagiere, mit hohem Beschleunigungs- und Bremsvermögen, möglichst mit Ein-Mann-Betrieb. Dem stehen dann wieder gewaltige bürokratische Hindernisse gegenüber.

Rainer Lawerentz: Es gibt die gemeinsame Erfahrung mit sechs Fährlinien in Berlin (drei Ganzjahres- und drei Saisonfähren), die in den ÖPNV integriert sind, d.h. mit BVG-Tickets im Verbundnetz benutzt werden. Die Bezuschussung pro Jahr beträgt etwa 1,5 bis 1,8 Millionen DM netto nur für den Fährbetrieb. Koppeln wir uns mit dem 3,90 DM-Ticket an den Ausflugsverkehr auf dem Wannsee, wo der Reeder 5 DM für die Fahrt nehmen möchte, so heißt es, das sei geschäftsschädigend. Wir haben ein wirtschaftliches Problem mit einem Partner, den wir im Nachhinein beauftragen, diesen Fährbetrieb zu realisieren! Wir sollten im Alltag und in der City beginnen, die öffentlichen und privaten Einrichtungen am Wasser dort ansprechen, mitzutun.

Ottfried Franke, urban PR: Ein Linienverkehr als Pilotprojekt in der City zwischen Nikolaiviertel und Charlottenburg wäre wichtig und zweifellos eine Attraktion für Touristen. Für die Wasserstädte in der Rummelsburger Bucht und am Spandauer See hätte die ÖPNV-Anbindung zu Wasser neben der rein verkehrlichen zusätzlich eine standortpolitische Bedeutung. Das Beispiel Konstanz zeigte, wie Standorte durch alternative Verkehrserschließlung auch wirtschaftlich aufgewertet werden können. Eine Wasserstadt ohne Schiffsverkehr könnte auch auf dem Trockenen stehen. Doch so wie die BVG-Bus und die GSW als Wohnungsbauherr in Spandau unkonventionelle Wege zur dringlichen Erschließung eines Wohnquartiers durch einen kleinen Bus-Shuttle gegangen sind, der durch Sonderticketvertrieb faktisch anteilig durch die Wohnungsbaugesellschaft finanziert wird, so sollte es doch möglich sein, dass Investoren und Bauherren am Wasser gemeinsam mit Berliner Reedern Modelle zur wassergebundenen Erschließung neuer Wohnquartiere an Berlins Gewässerbändern entwickeln können. Dafür wäre ein Projektteam zu bilden, das konkret Bedarf und Kosten überprüft. Ich kann mir schon vorstellen, dass die zu je einem Viertel realisierten Wasserstädte mit gegenwärtig etwa 4.500 Wohnungen ein Passagierpotenzial darstellen, das auch zu Lande den hier geschilderten Komplementärangeboten wie Entertainment, Catering und Einzelhandel offen, wenn nicht gar fordernd gegenübersteht.

Frau Luchner-Brock, Industrie- und Handelskammer zu Berlin: Die IHK Berlin will sich dem Thema Wassertourismus in Berlin-Brandenburg stärker annehmen. Brandenburg ist ein so wasserreiches Land; und wir müssen uns sorgen, dass Berlin da nicht in Vergessenheit gerät. Die Wassertouristen müssen die Möglichkeit erhalten, bis in die City Berlins fahren zu können. Weil dafür noch einiges zu tun ist, wird eine Arbeitsgruppe Wassertourismus ins Leben gerufen.

Christian Gaebler: Es ist sicher Aufgabe der Politik, Rahmenbedingungen zu schaffen, die ein solches ÖPNV-Angebot und die damit zusammenhängenden Investitionen auf sichere Grundlagen stellt. Bisher ist die Personenschiffahrt auf Gewässern in Deutschland ein völlig deregulierter Raum. In Berlin gibt es keine Konzession dafür. Jeder kann fahren wie er will. Dort sind Veränderungen notwendig, ohne sofort überzuregulieren. Beginnen sollte man dennoch im zentralen Bereich der Spree, dort scheint das Potenzial am größten. Auch eine Anbindung der Wasserstädte wäre zu begrüßen und vielleicht schon finanzierbar gewesen, hätte man in den vergangenen Jahren dort auf die eine oder andere Brücke verzichtet.

## 10 Thesen zum Öffentlichen Personennahverkehr auf dem Wasser

1. Der Öffentliche Personennahverkehr (ÖPNV) auf dem Wasser (Wasserbus, Wassertaxi) ist eine in Vergessenheit geratene Ressource städtischer Mobilität und städtebaulicher Attraktivität. Die Entwicklung des ÖPNV's auf dem Wasser stösst in Berlin gegenwärtig auf spezifische Schwierigkeiten: ÖPNV auf Schiene und Straße ist relativ gut ausgebaut, Berlin leidet insgesamt noch nicht unter großen Verkehrsstaus, die Wasserstraßen sind zum großen Teil schmal und kurvenreich und Umsteigemöglichkeiten bestehen bisher nur an einigen Stellen. Dennoch besteht für Wasserbusse und Wassertaxis auch in Berlin ein erhebliches Potenzial, wenn die folgenden Entwicklungen beachtet und untersucht werden.

2. ÖPNV auf dem Wasser muss integraler Bestandteil einer umfassenden Gesamtstrategie (Waterfront Development Plan) zur Aufwertung der städtischen Ufer werden. Die Elemente dieser Gesamtstrategie sind die Stadt, die Gewässer und die Ufer. Der ÖPNV auf dem Wasser leistet einen wichtigen Beitrag zur Verknüpfung dieser drei Elemente und ermöglicht damit eine neue Wahrnehmung der Stadt.

3. Durch die Reurbanisierung ehemaliger Industrie-, Hafen- und Verkehrsflächen an den städtischen Gewässern entsteht ein wachsendes Potenzial an Fahrgästen und Kunden für einen öffentlichen Personennahverkehr auf dem Wasser. Der ÖPNV auf dem Wasser seinerseits vernetzt die Entwicklungsprojekte am Wasser, verbessert ihre Erreichbarkeit und wertet sie auf.

4. Zum Erfolg des ÖPNV auf dem Wasser tragen in besonderer Weise die landseitigen Einrichtungen, insbesondere die Terminals bei. Sie sollten attraktive Aufenthaltsorte für Jung und Alt sein und an städtischen Plätzen und Zentren liegen. Die Kombination der Terminals mit Cafés, Restaurants, Einzelhandel, themenbezogenen Angeboten etc. erhöht die Attraktivität des Verkehrsmittels ebenso wie die der öffentlichen Räume am Wasser. Die Terminals sollten von der Stadt fussläufig und per Fahrrad bequem und sicher erreicht werden können.

5. Der ÖPNV auf dem Wasser ist nicht eine quantitative Konkurrenz, sondern eine qualitative Ergänzung der landgestützten Systeme. Seine Vorteile liegen in einer bestimmten Erlebnisqualität, im höheren Reisekomfort, der größeren Zuverlässigkeit und – unter bestimmten Voraussetzungen – einer höheren Geschwindigkeit.

6. Die Konkurrenzfähigkeit des ÖPNV auf dem Wasser wird auch durch die Geschwindigkeitsregeln bestimmt. Die für die Freizeit- und Berufsschiffahrt geltenden Geschwindigkeitsbegrenzungen sollten für den ÖPNV auf dem Wasser überprüft werden. Spezielle Schiffstypen (Katamarane, Trimarane) erlauben höhere Geschwindigkeiten, ohne Uferbefestigungen oder Ufervegetation zu gefährden.

7. Der ÖPNV auf dem Wasser hat sich in der Form öffentlich-privater Partnerschaften bewährt. Perspektivisch sollen die Wasserbusse in das Netz und den Tarifverbund der öffentlichen Verkehrsträger eingebunden werden. Hierfür muss der öffentlich-rechtliche Rahmen ebenso geschaffen werden wie für ein System der nutzbaren Anlegestellen.

8. Private Betreiber der Flotte können innovative Servicekonzepte entwickeln, die sowohl den Berufs- wie den Pendlerverkehr oder auch touristische Angebote beinhalten können. Die Diversifizierung des Serviceangebotes stärkt die wirtschaftliche Tragfähigkeit des Projektes.

9. ÖPNV auf dem Wasser hat erfahrungsgemäss anfängliche Akzeptanzprobleme, da kein öffentliches Bewusstsein über diesen Verkehrsträger als Bestandteil des ÖPNV besteht. ÖPNV auf dem Wasser braucht daher einen breiten öffentlichen Diskussionsprozess und ein besonderes Marketing.

10. Um ÖPNV auf dem Wasser zu ermöglichen, müssen die verschiedensten Stellen zusammen arbeiten. Es wird angeregt, ein Initialprojekt zu starten, das über eine Testphase begleitet und ausgewertet wird. Eine Arbeitsgruppe aus den beteiligten Verwaltungsstellen, der BVG, dem Verkehrsverbund und den privaten Betreibern sollte das Initialprojekt vorbereiten und begleiten. Bestandteil eines solchen Initialprojektes sollte ein Terminal »Zentralbahnhof« am Humboldt-Hafen sein.

3.
# Stadtentwässerung und Städtebau Von der Konkurrenz zur Partnerschaft

Dieter Jacobi

Planning drainage also means dealing with environmental responsibility and urban demands for the Berliner Wasser Betriebe. Since the eighties, ecological concepts for urban drainage, prevention of run-off and the drainage of clean rainwater have returned to the centre of specialists' and public attention. Aside from re-establishing the natural water cycle, Berliner were to be informed about environmentally appropriate rainwater management. The areas are large than those needed traditionally. This in turn gave rise to new conflicts between architects, city planners and water management. Meanwhile many projects have achieved a symbiosis. Drainage systems now suit the use, city-scape and specific situation of streets, which are adjusted to landscaping and parking facilities. Old and new problems were solved both in agreement with all parties involved and in the interest of sustainability

*Rinnen-Entwässerung im alten Berlin*

*Dieter Jacobi*

## Stadtentwässerungsplanung zwischen ökologischer Verantwortung und städtebaulichen Anforderungen

Noch im 19. Jahrhundert nahmen Rinnsteine zur Abwasser- und Abfallentsorgung großen Raum im Straßenbild ein. Sie machten die Straße zur Kloake und Quelle für Seuchen. Zum Wohle der Gesundheit wurden die Abflussrinnen deshalb in den Untergrund verbannt. Das häusliche und gewerbliche Abwasser wurde gemeinsam mit den Oberflächenabflüssen bei Regen in der erdverlegten Schwemmkanalisation zum nächsten Gewässer, später zu Rieselfeldern und Klärwerken abgeleitet. Damit wurde der Straßenraum frei, Städteplanern eröffneten sich neue Gestaltungsräume. Die Sammlung und schnelle Ableitung aller Oberflächenabflüsse führte aber zu erheblichen Gewässerbelastungen.

In den achtziger Jahren des 20. Jahrhunderts traten mit der Rückbesinnung auf umweltgerechte Konzepte der Stadtentwässerung die Abflussvermeidung und Versickerung der unverschmutzten Regenabflüsse in den Vordergrund. Neben der Wiederherstellung des natürlichen Wasserkreislaufes sollte Wasser in der Stadt für die Bewohner u.a. durch umweltgerechte Regenwasserbewirtschaftungsmaßnahmen wieder »erfahrbar« werden. Daraus resultierten erhebliche Flächeninanspruchnahmen im Straßen- und Freiraum, die zu Konflikten mit Architekten und Städteplanern führten. Sie sahen »... die Insignien ihrer Zunft geopfert auf dem Altar der ìokosî, die weder der Schönheit noch der Gestaltung huldigen, sondern einem Schlammloch«. In vielen Projekten ist es inzwischen Siedlungswasserwirtschaftlern, Städteplanern und Erschliessungsträgern gelungen, eine Symbiose zu finden, die zu einer Bereicherung des Stadtbildes durch situationsgerechte Unterbringung der Entwässerungseinrichtungen in einem nutzungsgerecht gestalteten Straßenraum mit angepasster Bepflanzung, Stellplätzen etc. führte. Im Folgenden werden diese Erfolg versprechenden Ansätze am Beispiel von Berlin und im Zusammenhang mit der EXPO 2000 für den Raum Hannover vorgestellt.

Vielfältige, bislang wenig oder nicht gekannte Probleme konnten einvernehmlich und im Sinne der Nachhaltigkeit gelöst werden: konkurrierende Belange von Stadt-, Freiraum-, Verkehrs- und Entwässerungsplanung wurden frühzeitig in der Phase der Bauleitplanung abgestimmt und im städtebaulichen Vertrag berücksichtigt. Das Wasser selbst wurde in städtebauliche Planungen einbezogen, natürliche Fließwege berücksichtigt, Versiegelung bei Neuplanungen vermieden. Gemeinsam wurde über die Aufteilung und Gestaltung des öffentlichen Raumes zur städtebaulich und verkehrstechnisch verträglichen Unterbringung der dezentralen und zentralen wasserwirtschaftlichen Anlagen beraten. Die Verantwortlichkeiten für die Verkehrssicherheit und den Betrieb der Bestandteile der Entwässerungssysteme konnte geklärt werden (Flachrinnen, Mulden, Sondernutzung des Straßenlandes für die Direktableitung unverschmutzter Regenabflüsse aus dem privaten Raum in das nächstliegende Gewässer). Die privaten und öffentlichen Finanzierungsanteile wurden unter Beachtung der Folgepflicht bei künftigen Änderungen der Verkehrsführung zugeordnet. Genehmigungstechnische Belange für die Inanspruchnahme des Grundwassers und der Fließgewässer bei Überlaufereignissen, insbesondere in Wasserschutzzonen, konnten geklärt werden. Schließlich wurde die Abfolge für Hochbau, Straßenbau und Entwässerungseinrichtung koordiniert.

Verbindliche Regelungen der o.g. Sachverhalte zwischen den an Planungs- und Genehmigungsverfahren Beteiligten stehen noch aus; sie sind unbedingt erforderlich, um die Abstimmungsprozesse zu vereinfachen.

*Julian Wékel · Hartmut Rudolph*

## Stadtplanung und technische Infrastruktur
## Die Entwicklung des Berliner Kanalnetzes

1871 legte der vom Berliner Magistrat beauftragte Königliche Baurat James Hobrecht eine neuartige Konzeption für eine Mischkanalisation im gesamten damaligen Stadtgebiet vor. Sie sah ein Kreislaufsystem von Wasserversorgung, Kanalisation und biologischer Abwasserreinigung vor. Das Abwasser sollte nicht in die Fließgewässer geleitet, sondern auf Rieselfelder gepumpt, dort langsam versickert und, durch die Bodenfilterung gereinigt, wieder dem Grundwasser zugeführt werden. Mit dem Wachstum der Stadt nahmen auch die Abwassermengen zu. Bereits in den 20er und 30er Jahren des vergangenen Jahrhunderts waren die Rieselfelder hydraulisch und stofflich überlastet. Seitdem wurden sie nach und nach durch biologische Kläranlagen ersetzt. Mit dem Bau der Kläranlage Schönerlinde 1985 wurden die letzten Rieselfelder außer Betrieb genommen.

In der Nachkriegszeit wurden alte Stadtteile abgerissen, Großwohnsiedlungen entstanden in der Innenstadt und Satellitenstädte am Stadtrand. Die technische Infrastruktur musste neue technische Schwellen überwinden und aufwendige Erschließungssysteme für die zusätzlichen Wege zwischen Wohnen und Arbeiten schaffen. Beide Stadthälften Berlins bauten auf das Hobrechtsche System auf. Die gesamtstädtische Abwasserkanalisation war auch während der Spaltung der Stadt nicht unterbrochen. Unter der Mauer wurden nur Gitter eingebaut. Seit der Wiedervereinigung erfährt Berlin eine für die Metropolen Europas einzigartige Erneuerung seiner technischen Infrastruktur. 50 Jahre lang getrennte Ver- und Entsorgungsstrukturen werden wieder miteinander verbunden. Bisher wurden dafür 25 Mrd. DM investiert.

*Hobrecht-Plan, 1871*

**Modellbeispiel kompakte Stadt: Planwerk Innenstadt**

Ziel des Planwerks Innenstadt sind Innenverdichtung durch neue Siedlungsflächen im Bestand und gleichzeitig Stadtreparatur. Der umfangreiche innerstädtische Grundbesitz Berlins, der oft brach liegt oder unter Wert genutzt wird, soll aktiviert und als fiskalisch wirksame Ressource eingesetzt werden. Der gesamte infrastrukturelle und städtebaulich intendierte Umbau soll sich aus den Erlösen dieser Flächenverkäufe refinanzieren. Interessant aus Sicht der technischen Infrastruktur ist der Molkenmarkt. Die geplante Veränderung der bestehenden städtebaulichen Struktur wird hier auch eine Vielzahl unter-

**Julian Wékel · Hartmut Rudolph**

Since unification Berlin's technical infrastructure has been overhauled. 25 billion German Marks were invested. New strategies, methods and instruments were evolved to enable both cooperation bet-

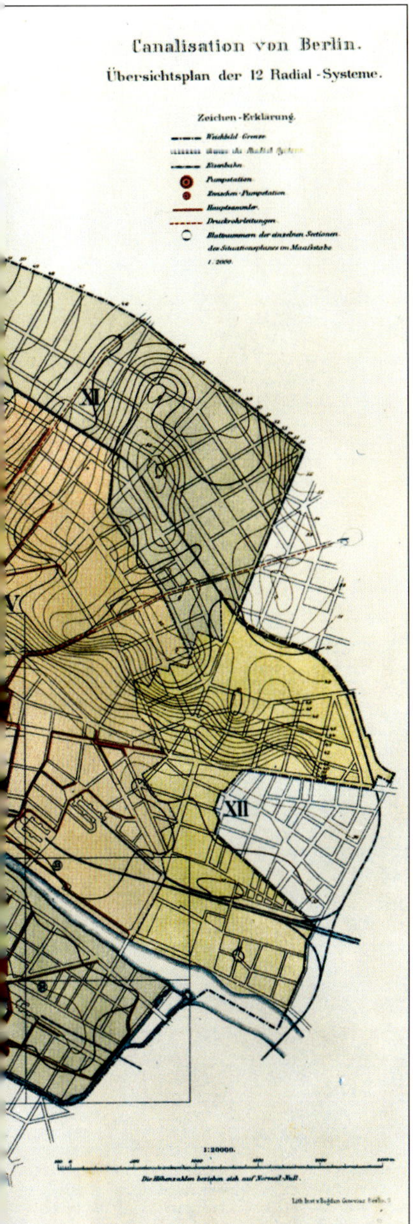


ween all of the specialist parties involved in the planning process and to ensure economically and ecologically sustainable development. The Berliner Wasser Betriebe were faced with extensive, long-term and cost-intensive tasks: the supra-regional cleansing of surface water from pollutants and dissolved nutrients, sewa-

irdischer Trassen der Ver- und Entsorgungssysteme betreffen, nicht nur lokale Leitungen zur inneren Erschließung der Gebäude, sondern auch übergeordnete Trassen zur Versorgung der City. Eine Machbarkeitsstudie kommt zu dem Schluss, dass selbst in derart problematischen Lagen die anfallenden Kosten für den Stadtumbau, einschließlich der Umverlegung der Leitungen, durch den Erlös aus Grundstücksverkäufen kompensiert werden können. Um dies zu erreichen, wird empfohlen, die Planziele durch Aufstellung von Bebauungsplänen bzw. Verknüpfung bestehender Bebauungspläne mit städtebaulichen Verträgen zu sichern, die Infrastruktur- und Erschliessungsmaßnahmen verpflichtend durch die Erwerber/Investoren zu finanzieren, die Erwerber im Falle eines Verkaufs der Grundstücke unterhalb des Verkehrswertes zu binden und eine funktionsfähige Trägerorganisation für das Management zu schaffen.

**Stadtentwicklung und Wasserwirtschaft**

Umweltschutz als Voraussetzung für eine nachhaltige Stadtentwicklung ist eine gesamtstädtische Aufgabe, die in der Senatsverwaltung für Stadtentwicklung querschnittsorientiert und medienbezogen gebündelt wird.

Es sind Strategien, Methoden und Instrumente zu entwickeln, die auf der Grundlage fachübergreifender Kooperation aller am Planungsprozess Beteiligten eine wirtschaftlich und ökologisch nachhaltige Stadtentwicklung ermöglichen.

Die Stadtentwicklungsplanung (StEP) als Steuerinstrument des Flächennutzungsplanes und als integrierender Prozess im Berliner Planungssystem bietet dazu gute Voraussetzungen. Der Stadtentwicklungsplan Ver- und Entsorgung enthält zuverlässige Planungsgrundlagen über die technische Infrastruktur für die Umsetzung der Ziele des Flächennutzungsplans, für seine Fortschreibung sowie für andere übergeordnete Entwicklungs- und Fachplanungen. Gleichzeitig dient er den Berliner Ver- und Entsorgungsunternehmen beim Ausbau der Anlagen im ganzen Stadtgebiet als strategische Orientierung auf die Ziele der Stadtentwicklung und übergeordneter Entwicklungsvorhaben.

Umfangreiche, langfristige und kostenintensive Handlungsbedarfe liegen ausschließlich im wasserwirtschaftlichen Bereich: Sie betreffen die regionsübergreifende Entlastung der Oberflächengewässer von Schmutz und Nährstoffeinträgen, die Abwasserbehandlung und Regenwasserbewirtschaftung, letztlich den Schutz des Grundwassers und damit die nachhaltige Sicherung der Trinkwasserversorgung. Zur Lösung der komplexen Aufgabe kann die räumliche Stadtentwicklungsplanung beitragen, indem sie die begrenzten Ressourcen als Rahmen begreift, die grundlegenden Aspekte und Anforderungen von Wasserwirtschaft und Naturhaushalt aufnimmt und sie als abgestimmte Handlungsstrategie in die Bauleitplanung integriert.

Am wichtigsten ist dabei die Regenentwässerung, da sie als flächenrelevante Größe in erheblichem Maße die Qualität und die Quantität der Belastung der Oberflächengewässer mitbestimmt. Der Konflikt zwischen den Interessen der Wasserwirtschaft und der Stadtentwicklung besteht in der Inanspruchnahme von Flächen und deren Nutzung durch mehr oder weniger wasserverträgliche Funktionen einerseits, andererseits in der Nutzung der Ressource Wasser in der unterschiedlichsten Form (als Trinkwasser, Transportmittel für Fäkalien, Vorflut, Badegewässer, für Sport und Erholung, aber auch als Verkehrsweg für die Schiffahrt etc.). Die Konfliktlösung erfordert ein generelles Umdenken aller am Planungsprozess Beteiligten mit dem Ziel, bei der Ursache des Problems anzusetzen. Das gilt für Maßnahmen des Stadtumbaus in der bestehenden Bausubstanz, insbesondere jedoch für städtische Neuplanungen zur Arrondierung oder Stadterweiterung. Ein naturnaher Umgang mit Regenwasser bietet dazu Möglichkeiten und zugleich Chancen.

Aus Sicht der Stadtentwicklungsplanung geht es nicht nur um die Einordnung und Realisierung von technisch gestützten Maßnahmen der dezentralen Regenwasserbewirtschaftung, sondern vielmehr um die Einbeziehung des Naturelements Wasser in die städtebauliche Planung zur Gestaltung von öffentlichen Räumen und Plätzen, von Erlebnisbereichen und zur ökologischen Aufwertung städtischer Teilräume. Dabei sind gestalterische, klimatische und wasserwirtschaftliche Aspekte in Einklang zu bringen: Die Verlagerung von Regenwasserbewirtschaftungsmaßnahmen an die Oberfläche muss bei der Gestaltung des öffentlichen Raumes berücksichtigt werden. Das Wasser als wertvolles Element der Stadtgestaltung sollte wieder erlebbar werden. Der bewusste Umgang mit Wasser soll, insbesondere in dicht bebauten Kernbereichen der Stadt, zur Verbesserung des Umfeldes, der Aufenthaltsqualität und des Kleinklimas beitragen.

Die Stadtentwicklungsplanung kann durch städtebaulich flankierende Maßnahmen und Einhaltung bzw. Neudefinierung von Planungsgrundsätzen wesentlich zum Erfolg von wasserwirtschaftlichen Maßnahmen beitragen. Bei Struktur-, Freiraum- und Landschaftsplanungen sollten die Gewässerverträglichkeit und die Maßnahmen der dezentralen Regenwasserbewirtschaftung Berücksichtigung finden. Es sollten Flächen sparende Siedlungsformen konzipiert und Neuversiegelungen weitestgehend vermieden werden. Wichtig ist die Orientierung auf abflussarme Bauweisen. Regenwasser sollte möglichst nicht zusätzlich in bestehende Kanäle eingeleitet werden. Der Oberflächenabfluss, insbesondere im Innenstadtbereich, sollte reduziert werden. Möglichkeiten dazu gibt es durch Entsiegelung, Abkopplung von Hof- und Dachflächen von der Regenkanalisation und Dachbegrünung; durch Vorhalten von wasserwirtschaftlich erforderlichen Flächen zur Regenwasserbewirtschaftung; durch die weitgehende Verwendung von wasserdurchlässigen Oberflächen für Wege, Stellplätze und Zufahrten.

Die dezentrale Regenwasserbewirtschaftung in der Innenstadt ist problematisch. Im Stadtgebiet werden die Spielräume zur Einordnung von technischen Maßnahmen der dezentralen Regenwasserbewirtschaftung im Wesentlichen durch die Stadtstruktur, die Bebauung, den Versiegelungsgrad und die Entwässerungsstruktur vorgegeben. Häufig steht für die Realisierung wasserwirtschaftlicher Maßnahmen im Innenstadtbereich nicht ausreichend Fläche zur Verfügung. Hier sind vor allem die Hofsituationen auf ihre Nutzbarkeit zu prüfen. Dabei geht es nicht darum, das Regenwasser um jeden Preis zu versickern, sondern vielmehr um die Prüfung von Möglichkeiten der Regenwassernutzung oder der Regenwasserverdunstung in Verbindung mit Maßnahmen zur Umgestaltung und Aufwertung der Aufenthaltsqualität der Höfe. Erst wenn grundsätzlich alle Möglichkeiten der Rückhaltung, der Nutzung, Versickerung oder Verdunstung ausgeschöpft sind, sollte das Regenwasser in Oberflächengewässer oder in die Kanalisation abgeleitet werden. Die Umsetzung von Bewirtschaftungsmaßnahmen ist besonders unter solchen Bedingungen an die Mitwirkung aller am Planungsprozess beteiligten Akteure und der Eigentümer gebunden.

Im Rahmen des Stadtentwicklungsplanes Ver- und Entsorgung wurden Untersuchungen durchgeführt, die eine erste Einschätzung der Möglichkeiten zur Einordnung technisch gestützter Maßnahmen zur dezentralen Regenwasserbewirtschaftung aus stadt- und baustruktureller Sicht für das gesamte Stadtgebiet zum Ergebnis hat: Für 57 Prozent der bebauten Fläche von Berlin sind dezentrale Bewirtschaftungsmaßnahmen möglich, für 27 Prozent der Fläche ist dies nur bedingt und für 16 Prozent nach dem jetzigen Stand nicht möglich.

ge treatment and rainwater management, the protection of the ground water and maintenance of a sustainable drinking water supply. Rainwater drainage determines the extent of surface water pollution. For urban planners, however, it's not just a question of decentralised rainwater management, but about utilising rainwater management to make water a visible element in the design of public spaces.

*Matthias Klein*

## Gewässerbezogene Anforderungen an die Stadtentwässerung in Berlin

Eng verknüpft mit der Entwicklung der Stadtentwässerung in Berlin ist die Entwicklung der städtischen Hygiene, der Wassergüte des Grund- und Oberflächenwassers sowie der Nutzungsintensität und -art der im Stadtgebiet befindlichen Wasserressourcen. Heute ist die Wasserwirtschaft vorrangig der Erhaltung der Multifunktionalität und der Reökologisierung des Oberflächenwassers sowie dem flächendeckenden Grundwasserschutz verpflichtet.

Mit einem hohen Konfliktpotenzial stehen sich in Berlin Gewässernutzungen gegenüber, die nur durch umfangreiche Bewirtschaftungsmaßnahmen auch langfristig in Einklang zu bringen sind. Die Wiedervereinigung der Stadt war die Voraussetzung dafür, der Notwendigkeit einer einheitlichen wasserwirtschaftlichen Planung und einer am Gewässerschutz orientierten Stadtentwässe-

**Matthias Klein**

Berlin takes its drinking water almost exclusively from resources in and around the city. Its quality depends above all on the surface water, since a large portion of the city's untreated water is taken from the bank filtrate. Since 1990 the situation of Berlin's waterways has been adversely affected both by a reduction of inflowing sump water from areas with opencast lignite mines and by inflowing rainwater. This quality deterioration has caused damage on several fronts. Berlin faces EU fines because it is not yet able to fulfill European guidelines for natural and recreational waterways. Despite investments and noticeable improvements in water quality there is still much to be done. It is important to reduce the strong influence rainwater drainage has on the condition of waterways. Berlin's

*Brunnengalerie*

rung und Abwasserbehandlung unter Einbeziehung des Umlandes nachzukommen.

**Gewässerschutz in Berlin – Eine besondere Herausforderung?**

Berlin nimmt in wasserwirtschaftlicher Hinsicht eine Sonderstellung ein, aus der sich generell der traditionell hohe Stellenwert des Gewässerschutzes erklären lässt:

• Berlin gewinnt sein Trinkwasser nahezu ausschließlich aus den eigenen Ressourcen des Stadtgebietes und des Nahbereiches. Auf andere Wassergewinnungsgebiete wird aus dargebots- und umweltpolitischen Gründen nicht zugegriffen.

• Die Qualität des Trinkwassers hängt in entscheidendem Maße von der Qualität der Oberflächengewässer ab, da ein Großteil des Rohwassers indirekt via Uferfiltration aus Spree und Havel stammt. Der Anteil des Oberflächenwassers an der Rohwasserförderung der Berliner Wasserbetriebe schwankt je nach Lage der Brunnengalerie zwischen 40 Prozent und 100 Prozent.

• Das Berliner Spree-Havel-System ist extrem abflussschwach, rückgestaut und somit empfindlich gegenüber Nähr- und Schadstoffeinträgen. Der stetige Rückgang der Spreewasserführung seit 1990 durch die drastische Reduzierung der Einleitung von Sümpfungswässern aus dem Braunkohletagebau der Lausitz im Einzugsgebiet verschärft die ohnehin angespannten Gewässergütesituationen in den Sommermonaten. Berlinbürtige Abwasser- und Regenwassereinleitungen prägen zunehmend die Gewässerbeschaffenheit.

• Die hohe Nutzungsintensität der Flussseen als Badegewässer und zur Naherholung im Einflussbereich von Regen- und Abwassereinleitungen birgt Konfliktpotenziale in sich, die nur durch das Zusammenspiel von effizienten Gewässerüberwachungsstrategien und weitergehenden Maßnahmen zur gewässerverträglichen Stadtentwässerung gelöst werden können.

unique water management situation calls for a long-term action plan. From technical, financial and environmental standpoints decentralised methods of rainwater management should have precedence over other solutions. This means planners and water managers have to enter into new types of partnerships. This is possible if the communication process starts at an early stage. Last but not least, ecologically oriented and sustainable water management can add to Berlin's attractiveness and further the development capability of the greater area.

**Schadenssymptome in den Gewässern durch die Regenentwässerungspraxis**

Folgende wesentlichen Schadenssymptome der Regenentwässerung implizieren exemplarisch für Berlin konkrete Anforderungen an Gewässerschutzmassnahmen:

| Wirkungsart | Symptome |
|---|---|
| Akute Auswirkungen | • Hydraulischer »Stress« an der Sohle durch hohe Sohlschubspannung durch ungedrosselte Einleitungen<br>• Überflutungsgefahr<br>• Sauerstofftotalauszehrungen<br>• Akute Toxizitäten<br>• Mikrobiologisch-hygienische Belastung |
| Verzögerte Wirkungen | • Sauerstoffzehrungen<br>• Verzögerte toxische Wirkungen<br>• Forcierung der Eutrophierung |
| Langzeitwirkungen | • Veränderung des Trophiestatus<br>• Nährstoffakkumulation in Sedimenten<br>• Forcierte Verschlammung der Gewässersohle<br>• Akkumulation persistenter Schadstoffe in den Sedimenten und in biotischen Ketten<br>• Ökologische Verädungen der Gewässer |

**Rechtliche und fachliche Anforderungen an die Gewässerbeschaffenheit und an die Maßnahmenprogramme**

Von den europäischen Rechtsnormen sind für Berlin die Badegewässer- und die Fischgewässerverordnung von besonderer Bedeutung. Sie regeln konkrete nutzungsbezogene Anforderungen an die Gewässerbeschaffenheit. Innerhalb eines begrenzten Zeitraumes nach Erlass der Verordnung müssen die chemisch-physikalischen Anforderungen an die Gewässerqualität erfüllt werden. Berlin droht derzeit ein Zwangsgeldbescheid, da die mikrobiologisch-hygienischen Anforderungen der Richtlinie in einigen Berliner Gewässern, insbesondere in Gewässern, die Regen- und Mischwassereinleitungen ausgesetzt sind, überschritten werden.

Ziel des Gewässerschutzes ist die Erreichung der Gewässergüteklasse II. Problem und Hauptbewertungskriterium der Gewässerbeschaffenheit für den Berlin/Brandenburger Raum sind die Algenmassenentwicklung (Eutrophierung) und somit ursächlich die hohen Nährstoffeinträge, die im Spree-Havel-Raum deutlich reduziert werden müssen. Die Fließgewässer in Berlin liegen mit 2 Gewässergüteklassen (von insgesamt sieben) unter der Zielklasse. Im Rahmen eines Abwasserbeseitigungsplanes für Berlin wurden auf der Grundlage einer umfassenden Nährstoffeintragsbilanz Sanierungsszenarien zur Erreichung der Gewässergüteklasse II erarbeitet. Dieses Maßnahmenprogramm beinhaltet u.a. eine 50-prozentige Reduzierung der Nährstoffeinträge, die derzeit über die Stadtentwässerungssysteme in die Oberflächengewässer eingetragen werden. Das bedeutet, dass durch laufende Stadterschließungsmaßnahmen keine signifikante Zunahme an Stoffeinträgen erfolgen soll (Konservierung der Emissionssituation) und das durch dezentrale, semizentrale und zentrale Maßnahmen im Bestand langfristig eine Entlastung eintritt (Sanierung).

Eine vor der Verabschiedung stehende umfassende EU-Wasser-Rahmenrichtlinie formuliert als Hauptziel die Erreichung eines guten ökologischen und chemischen Zustandes in den europäischen Oberflächengewässern. Allgemein wird als gute ökologische Qualität eine geringfügige Auslenkung der biologisch/ökologischen Gewässerbeschaffenheit vom natürlichen Zustand (Referenzzustand) verstanden. Welche Auswirkungen dies für Berlin hat, ist derzeit nicht abzuschätzen. Prognostiziert werden kann, dass die nationalen und regionalen bundesdeutschen Gewässerschutzziele und Handlungsschwerpunkte (u.a. Gewässergüteklasse II, Reduzierung diffuser Einträge) bestätigt und in einigen Facetten auch noch verschärft werden. Wie alle europäischen rechtsverbindlichen Verordnungen regelt die Wasserrahmenrichtlinie auch Umsetzungszeiträume, innerhalb derer die Maßnahmenprogramme abgeschlossen sein müssen. In Diskussion ist derzeit ein Zeitraum zwischen 16 und 28 Jahren.

Trotz der bisher getätigten Investitionen Berlins in den Gewässerschutz und der erkennbaren Verbesserungen der Gewässerqualität besteht aufgrund der vorherrschenden Immissionssituation umfangreicher Handlungsbedarf. Auf Grund der besonderen wasserwirtschaftlichen Situation Berlins ist ein langfristig angelegtes Handlungskonzept zur Erreichung der wasserwirtschaftlichen Zielstellungen erforderlich. Der Entwurf eines Abwasserbeseitigungsplanes (Niederschlagswasser ist per Definition Abwasser) liegt zur Diskussion vor und zeigt den Handlungsbedarf zur Reduzierung der Emissionen aller Eintragspfade auf. Bisher haben sich die Maßnahmen zum Gewässerschutz vorrangig auf den Bau und die Ertüchtigung von zentralen Kläranlagen konzentriert. Der prägende Einfluss der derzeitigen Regenwasserableitungspraxis auf die Gewässerbeschaffenheit tritt seitdem zunehmend in den Vordergrund. Die Erfahrungen der letzten Jahre haben gezeigt, dass technische, finanzielle und ökologische Gründe dafür sprechen, dezentralen Formen der Regenwasserbewirtschaftung den Vorrang zu geben. Diese Erkenntnis zwingt dazu, dass zwischen Stadtplanern und Wasserwirtschaftlern eine neue Form der Partnerschaft und Kooperation praktiziert werden muss. Beispiele belegen, dass Konflikte dann beherrschbar und lösbar sind, wenn dieser Verständigungsprozess frühzeitig einsetzt. Nicht zuletzt trägt auch eine ökologisch orientierte und nachhaltige Wasserwirtschaft zur Attraktivität des Standortes Berlin bei und sichert und fördert die Entwicklungsfähigkeit des Großraumes.

*Klärwerk Waßmannsdorf.*
*Modernstes Berliner Klärwerk mit hoher Reinigungsleistung (biologische Nährstoffelimination), 1999*

Norbert Engel

In Berlin rainwater is treated in a decentralised, semi-centralised and centralised manner. The Berliner Wasser Betriebe therefore invite urban planners and local authorities to cooperate with the water management in the development of new projects right from the start. This helps to avoid additional expenses accrued by having to change uncoordinated plans. The consideration of the previous use of brownfield areas is vital to study the degree of contamination. At Berlin-Adlershof a variety of measures were implemented: minimising impermeable paving, installing drainage on properties, street-specific syncline drainage ditch systems and separate centralised or semi-centralised rainwater drainage and treatment. However, switching areas with well functioning drainage systems to solely decentralised systems would be unrealistic in the city centre. Syncline drainage ditch systems, which need 15 percent of the developed space, are therefore only feasible outside the city. But the provision of permeable street surfacing, courtyard and roof planting as well as an at least partial use of rainwater can considerably relieve the strain on canalisation. Incentives for this could be state subsidies and separate rainwater fees. A portion of the rainwater will continue to be centrally pumped off and treated. In future retention ground filters will be an important technological facet of Berlin's.

*Norbert Engel*

## Regenwasserbehandlung in Berlin

Der Nutzungskonflikt zwischen Stadtentwicklung und Infrastrukturmaßnahmen einerseits und dem nachhaltigen Gewässer- und Grundwasserschutz andererseits stellt besondere Anforderungen an die Regenwasserbehandlung. Die enge räumliche Verflechtung zwischen Trinkwasserversorgung, Abwasserableitung und Gewässernutzung birgt ein Konfliktpotenzial, das langfristig nur durch gemeinsame Anstrengungen einer nachhaltigen Lösung zuzuführen ist.

### Anforderungen an die Regenwasserbehandlung in Berlin

Messungen belegen hohe Stoffkonzentrationen in Berliner Regenabflüssen. Die Ursachen und die Bandbreite unterschiedlicher Schmutzstoffe sind bekannt, darunter 35 Tonnen Hundekot pro Tag. Ein Eingreifen zur Regenwasserbehandlung im Berliner Trennsystem ist notwendig. Zur Erreichung der wasserwirtschaftlichen Ziele Berlins ist es u.a. erforderlich, die diffusen Phosphoreinträge der Berliner Trenn- und Mischkanalisation um zirka 50 Prozent zu reduzieren. Neben den unterschiedlichen konzeptionellen und dezentralen Maßnahmen wird für Regenwasserbehandlungsmaßnahmen im Trennsystem eine Reduzierung der mittleren Jahresfracht von CSB, BSB5, TP und Schwermetallen um zirka 80 Prozent gefordert.

Als Verfahrenstechnik für Behandlungsmaßnahmen (dezentral, semizentral und zentral) im Trennsystem wird grundsätzlich die Aufleitung des Regenabflusses auf Vegetationsflächen mit anschließender Versickerung über eine belebte Bodenzone gefordert, um unterschiedlichste Schadstoffe durch die Prozesse Sedimentation, Filtration, Sorption und mikrobiellen Abbau eliminieren zu können.

### Maßnahmen bei Neubebauungen

In Berlin konzentrierte sich die Regenwasserbehandlung im Trennsystem in der Vergangenheit auf die Einleitungen in die Grunewaldseenkette und den Tegeler See. Hier wurden insgesamt acht Regenklärbecken angeordnet. Es handelt sich dabei um unterirdische Betonbecken, die im Dauerstau betrieben werden. Die Anlagen sind so dimensioniert, dass eine bestimmte Fließgeschwindigkeit im Becken nicht überschritten wird und damit eine mechanische Reinigung des Regenwassers durch Sedimentation erfolgt.

Bei Neuplanungen wird nach dem Grundsatz »Regenwasserbewirtschaftung statt Ableitung« verfahren. Die wasserwirtschaftlichen Anforderungen werden frühzeitig in die Bauleitplanung integriert (Flächensicherung im FNP, Planungsvorgaben im B-Plan), der Regenabfluss vermieden oder gedrosselt (minimaler Versiegelungsgrad, Gründächer). Der anfallende Niederschlag wird möglichst auf dem Grundstück zurückgehalten und versickert, unvermeidbare Regenabflüsse ortsnah durch straßenbegleitende Mulden und Mulden-Rigolen-Systeme bewirtschaftet. Sonstige Regenabflüsse werden vor ihrer Einleitung in Oberflächengewässer abgeleitet und semizentral bzw. zentral behandelt, vorzugsweise durch Bodenfilter, wenn dezentrale Maßnahmen aufgrund des anstehenden Bodens, des nicht ausreichenden Platzdargebotes oder der starken Verschmutzung der Straßenregenabflüsse nicht möglich sind.

In der Praxis kommt es immer wieder zu Kollisionen zwischen den wasserwirtschaftlichen Zielvorgaben und den Interessen der Bauträger, da der Platzbedarf von ca. 10 bis 20 Prozent der angeschlossenen versiegelten Fläche innerhalb des Bebauungsgebietes für dezentrale Regenwasserbewirtschaftungsmaßnahmen den Interessen der Bauträger nach hohen Bebauungsdichten und möglichst grosser vermarktbarer Fläche entgegensteht. Nur durch frühzeitige Berücksichtigung wasserwirtschaftlicher Anforderungen bei der Bauleitplanung und durch Verbesserung der Synchronisation zwischen Stadtplanern, Entwässerungsplanern und Genehmigungsbehörde lassen sich zusätzliche Aufwendungen für die nachträgliche Überplanung nicht genehmigungsfähiger städtebaulicher Entwürfe vermeiden.

Im Ergebnis der Abstimmungen wird bei der Erschließung neuer Gebiete verstärkt nach der Nutzung und dem sich daraus ableitenden Verschmutzungsgrad der unterschiedlichen Flächen differenziert. So wurde im Entwicklungsgebiet Berlin-Adlershof ein modifiziertes Trennsystem konzipiert, das neben dem Schmutzwasserkanal aus zwei separaten Regenwassernetzen für behandlungsbedürftige und nicht behandlungsbedürftige Regenabflüsse besteht. Während letztgenannte nach Passage eines Sandfanges direkt in das Gewässer eingeleitet werden, müssen die behandlungsbedürftigen Regenabflüsse einem Retentionsbodenfilterbecken zugeführt werden.

Als bevorzugte technische Lösung insbesondere zur dezentralen Versickerung von Straßenregenabflüssen wurde in den letzten Jahren das Mulden-Rigolen-System entwickelt. Es handelt sich um ein kombiniertes System aus Ableitung und Versickerung. Der Regenabfluss der Straßen wird in eine begrünte Mulde geleitet. In der Mulde werden die Abflüsse zwischengespeichert und versickern in die darunter liegenden Kies-Rigolen, die durch Drän- und Transportrohre miteinander verbunden sind und einen Ablauf ins Gewässer haben. Während der Versickerung aus der Mulde in die Rigole durch die belebte Bodenzone findet aufgrund der dort stattfindenden biochemischen und physikalischen Prozesse ein Abbau bzw. Rückhalt von Schmutzstoffen statt. Im Falle gut versickerungsfähiger Böden ist die kiesgefüllte Rigole unter bestimmten Umständen nicht erforderlich, so dass eine einfache und kostengünstige Muldenversickerung ausreicht.

**Maßnahmen in bestehenden Systemen**

In bestehenden dicht bebauten Entwässerungsgebieten mit vorhandener und hydraulisch wie baulich funktionstüchtiger Regen- oder Mischkanalisation ist die Modifizierung zu einem dezentralen Entwässerungssystem kaum möglich. Insbesondere im hochverdichteten Innenstadtbereich ist eine ausschließlich dezentrale Bewirtschaftung illusorisch. Zum einen sind die Kosten für eine nachträgliche Modifizierung außerordentlich hoch und durch die derzeitigen Abwassergebühren nicht zu finanzieren. Dezentrale Versickerungsmaßnahmen lassen sich zum anderen selbst im Zuge notwendiger Sanierungsmaßnahmen am Kanalnetz kaum in die vorhandenen hohen Bebauungsdichten und die überwiegend geringen Straßenbreiten integrieren. Der Flächenbedarf für straßenbegleitende Mulden-Rigolen-Systeme beträgt etwa 15 Prozent der angeschlossenen befestigten Fläche. Aus Platzgründen ist die Anordnung von Mulden-Rigolen-Systemen daher in der Regel nur in den Außengebieten möglich. Zu großen Problemen führen auch der hohe unterirdisch vorhandene Leitungsbestand und die Vielzahl vorhandener Straßenbäume. Auf wenig Akzeptanz stoßen auch die zwangsläufige Reduzierung des Parkplatzangebotes und die Gefahr der Müllablagerung in den Mulden.

Möglichkeiten zur dezentralen Bewirtschaftung bieten sich in dicht bebauten Gebieten insbesondere bei der Grundstücksentwässerung. So ist eine deutliche Entlastung der Kanalisation durch Entsiegelungsmaßnahmen, Hof- und Dachbegrünungen sowie teilweise durch Regenwassernutzungen erzielbar. Die Finanzierung dieser Maßnahmen kann einerseits durch Entlastungen beim separaten Niederschlagswasserentgelt und andererseits durch finanzielle Zuschüsse, z.B. im Rahmen von Dach- und Hofflächenbegrünungsprogrammen, unterstützt werden.

Für die in bestehenden Siedlungsgebieten unvermeidbaren Regenabflüsse ist eine Regenwasserableitung in Kanälen mit anschließender semi-zentraler oder zentraler Regenwasserbehandlung erforderlich.

Als wesentliche Technologie zur zentralen Regenwasserbehandlung im Berliner Trennsystem werden zukünftig Retentionsbodenfilter angeordnet. Die Behandlungsanlage besteht aus drei Komponenten. Im Zulauf zum Bodenfilter wird ein Trennbauwerk angeordnet, um den Zulauf zur Regenwasserbehandlungsanlage auf den Bemessungszufluss zu reduzieren und die darüber hinausgehenden Abflüsse in den Vorfluter abzuschlagen. Eine Tauchwand verhindert den Eintrag von Schwimmstoffen und Leichtflüssigkeiten in den Vorfluter. Zur Vermeidung der Kolmation des Bodenfilters wird ein vorgeschaltetes Absetzbecken bzw. Regenklärbecken zum Rückhalt grober bis mittlerer Absetzstoffe angeordnet. Nach Durchströmung des Absetzbeckens werden die Regenabflüsse in einem offenen, gegen den Untergrund abgedichteten Erdbecken gespeichert und können durch die als Mehrschichtfilter aufgebaute Sohle des Beckens versickern. Die kontrollierte Ableitung des so gereinigten Regenwassers aus dem gedichteten Becken in das Gewässer erfolgt über ein Dränagesystem, das an der Sohle angeordnet wird.

*Mulden-Rigolen-System, Rummelsburger Bucht*

Mathias Uhl

Case studies in Hanover-Kronsberg, Langenhagen-Weiherfeld and Berlin-Adlershof show the possibilities of establishing sustainable rainwater management in residential areas. In Hannover-Kronsberg, the award-winning urban plan was altered to enable the incorporation of an exemplary rainwater management concept. In view of the topography and subsoil, green axes which run downhill are the »backbone« of the rainwater concept. The location of the incline, as well as demands for kerbstones and outlet strips between parking spaces and the trough, were difficult preconditions for both the function and an agreeable design. Water management stock plans and a hydrological concept were key to the planning competition in Langenhagen-Weiherfeld. A modified radial system links the fan-shaped building plots with green wedges. A control group including all specialist planners assured the success of the integrative planning process.

*Mathias Uhl*

# Regenwasserbewirtschaftung im städtebaulichen Kontext

In den vergangenen Jahren lag die Flächenversiegelung in der Bundesrepublik gemäß der Gutachten des Sachverständigenrates für Umweltfragen bei 90-120 Hektar pro Tag. Die hohe und zunehmende Versiegelung von Flächen und die vollständige Ableitung der Regenabflüsse wurden bereits vor 20 Jahren als Ursache für den »Urbanisierungseffekt« in Gewässern identifiziert. Der naturwissenschaftlich und wirtschaftlich bedingte Paradigmenwechsel in der Wasserwirtschaft enthält die Abwendung von der vollständigen, schnellstmöglichen Regenwasserableitung und erhebt das Retentionsprinzip zum führenden Leitbild einer nachhaltigen Bewirtschaftung des Wasserhaushaltes urbaner Gebiete. Vorrangige Aufgaben der Regenwasserbewirtschaftung in Siedlungsgebieten sind: Vermeidung versiegelter Flächen; Versickerung gering verschmutzter Niederschlagsabflüsse; naturähnlich verzögerte Ableitung nicht versickernder Niederschlagsabflüsse; dezentrale oder zentrale Behandlung stark verschmutzter Niederschlagsabflüsse.

Die Gebietsentwässerung als zentrale infrastrukturelle Voraussetzung von Erschliessungsvorhaben wurde von der nachgeordneten, technischen Entsorgungs- zur Bewirtschaftungsaufgabe einer nachhaltigen Siedlungsentwicklung. Sie ist frühzeitig und in enger Abstimmung zwischen Siedlungswasserwirtschaft und Stadt-, Freiraum- sowie Verkehrsplanung zu lösen. Zur erfolgreichen Realisierung sind Anpassungen der Planungsabläufe in Leit- und Objektplanung erforderlich. Die Objektplanung der Anlagen zur Grundstücks- und Straßenentwässerung ergibt individuellere und gestaltungsfreudigere Lösungen als frühere technische Standardlösungen, wobei der bisherige Entwässerungskomfort gewahrt bleibt. Anhand von zwei Beispielen soll die Umsetzung der Regenwasserbewirtschaftung in großen Erschließungsgebieten aufgezeigt werden.

## Hannover-Kronsberg

Die Landeshauptstadt Hannover entwickelt in der Nähe des EXPO-Geländes den neuen Stadtteil Kronsberg als Wohngebiet mit 6000 Wohnungen in Geschoss- und Reihenhausbebauung. Die ersten beiden Bauabschnitte mit 3000 Wohnungen auf etwa 100 Hektar sind im Jahr 2000 fertiggestellt. Der Höhenzug Kronsberg besteht aus Mergelkalkstein und Ton-Mergel mit überlagerndem Geschiebelehm und quartären Ablagerungen und weist Geländeneigungen von zirka 2 bis 4 Prozent im Bereich des neuen Stadtteils auf. Die Durchlässigkeit der Verwitterungshorizonte ist sehr gering. Altablagerungen sind im Bereich des derzeit erschlossenen Bereiches nicht vorhanden. Einziges Fließgewässer am Hangfuß ist der Rohgraben mit einem jahreszeitlich schwankenden Basisabfluss von 0,5-4 l/s. Aus dem Gebiet erfolgt ein Grundwasserabstrom in Richtung eines Stadtwaldes, der aufgrund detaillierter hydrogeologischen Untersuchungen bei konventioneller Entwässerung gefährdet ist.

Dem städtebaulichen Wettbewerb wurden generelle Ziele zum Wasserkonzept zugrunde gelegt, deren Erfüllung im Rahmen einer aufwändigen ökologischen Vorprüfung bewertet wurden. Der Preisträgerentwurf mit rigider riegelhafter Blockstruktur ließ jedoch keine elegante Lösung zur Regenwasserbewirtschaftung erkennen. Im zähen Diskurs wurden die den Entwurf prägenden geschlossenen Blockstrukturen mit rasterhaften Erschließungstrassen teilweise geöffnet und entzerrt. Hangabwärts verlaufende Grünachsen sind angesichts von Topografie und Untergrund das Mittel der Wahl für ein einfaches Regenwasserkonzept, das sich an zwei Stellen realisieren ließ. Das Konzept zur Regenwasserbewirtschaftung besteht aus folgenden Komponenten: 1) Versickerung und dezentrale Rückhaltung (dezentral und semizentral auf allen Privatgrundstücken und öffentlichen Flächen; Verkehrsflächen bis zur Sammelstraße). Anlagen: Mulden-Rigolen-Systeme, ober- und unterirdische Speicher, Drosselorgane [3 l/(s xha $A_{red}$], durchlässige Befestigungen, Flächenminimierung, Dachbegrünung. 2) Ableitung (der Drosselabflüsse und Überläufe aus Grundstücks- und Straßenent-

*Blick entlang der Hangallee an der Weinkampswende*

wässerung in Retentionsflächen; der stärker verschmutzten Abflüsse der Haupterschliessungsstraße). Anlagen: Reduziertes Regenwasserkanalnetz, konventioneller Regenwasserkanal. 3) Zentrale Rückhaltung (der Drosselabflüsse und Überläufe aus Grundstücks- und Straßenentwässerung). Anlagen: Retentionsflächen am Hangfuß (Rückhalt und Reinigung), vorhandenes Regenrückhaltebecken, naturnah umgestalteter Rohgraben. 4) Regenwasserbehandlung (dezentral: Oberbodenpassage vor der Versickerung; zentral: Absetz- und Filterzonen in Retentionsfläche und naturnahem Regenrückhaltebecken).

Für 5 Regelquerschnitte der Erschliessungsstraßen wurden Musterlösungen zur Regenentwässerung erarbeitet. Die Entwässerung der häufigen 18 Meter- bzw. 20,5 Meter-Profile wurde mit beidseitig je 2 Meter breiten Mulden-Rigolen-Systemen realisiert. Die Hanglage sowie nicht diskussionsfähige Forderungen nach Hochborden und Austrittsstreifen zwischen Stellplätzen und Mulde ergaben schwierige Randbedingungen für Funktion und gefällige Gestaltung der Mulden-Rigolen-Systeme.

Eher im Sinne des genius loci entwickelte Lösungen finden sich hingegen an mehreren Stellen: oberer Gebietsrand (Anliegerstraßen mit einseitigem Quergefälle, Randgraben mit Versickerung); zwei hangabwärts führende Grünachsen[kaskadenhafte Retentionsfläche, angrenzende Sammelstraßen mit einseitigem Quergefälle, Anschluß angrenzender Grundstücksentwässerungsanlagen, Wasserspiel]; Quartierparks [Rigole mit Regenwasserklangspiel, Feuchtfläche am Tiefpunkt; (Lohaus/Carl/Uhl]; Grundschule [Regenwassernutzung, Feuchtzone zur Regenentwässerung und Geländeabgrenzung]; mehrere Blöcke mit Freiraumgestaltungen zum Wasserkonzept.

Die ökologischen Ziele wurden im Rahmen von Bauleitplanung, Satzungen, städtebaulichem Vertrag, Kauf- und Erschliessungsverträgen abgesichert. Eine Vielzahl von Maßnahmen dienten der reibungsarmen Umsetzung. Ein Stadtteilkoordinator, Informationsveranstaltungen für Bauträger, Musterplanungen und Bauhandbuch zum Mulden-Rigolen-System waren hilfreich für die Realisierung. Anwaltsplanung und Bürgerberatung dienten der Information und Beratung der Bewohner. Die Erschließungsabfolge des sehr schnell erschlossenen Gebietes war im Detail vorbestimmt.

*Regenüberlaufbauwerk, 1999*

In Berlin-Adlershof flexible solutions were needed for street drainage. A modular system of linear soakaways was developed based on the grid of the roadside trees. This flexible system can be adapted to different needs in different locations.

**Berlin-Adlershof**

Das etwa 420 Hektar große Entwicklungsgebiet Adlershof wird in 4 Teilgebieten als Wohngebiet und Gewerbegebiet für Forschung, forschungsnahes Gewerbe sowie Medien erschlossen. Auf der Basis eines bestandsorientierten Rastersystems ist eine bereichsweise variierende städtebauliche Dichte und Nutzung vorgesehen. Die naturräumliche Situation ist geprägt durch sehr geringe Geländeneigung sowie Fein- und Mittelsande als Untergrund, der jedoch im oberen Horizont anthropogen durch Aufschüttungen und teilweise Altablagerungen überprägt ist. Das Gebiet liegt im Schutzgebiet III eines Trinkwasserwerkes, die Flurabstände des HHGW bewegen sich im unbeeinflussten Bereich bei 1 bis 2,5 Meter. Vorflutgewässer sind Teltow-Kanal und Spree. Einleitungsbeschränkungen hinsichtlich der Wassermenge existieren nicht, doch ist eine Behandlung aller Regenwassereinleitungen erforderlich.

Folgende Randbedingungen waren für die Regenwasserbewirtschaftung von besonderer Bedeutung: hohe Wasserdurchlässigkeit des natürlichen Untergrundes und ausreichende Grundwasserflurabstände; sehr geringes Geländegefälle; Behandlung der Regenabflüsse vor der Einleitung in Oberflächengewässer erforderlich; hierarchische Verkehrserschliessung mit stark befahrenen Haupterschliessungsstraßen; Bestandschutz hinsichtlich der Entwässerung für erhaltungswürdigen Baubestand; Teilbereiche mit tiefgründigen Altlasten.

Zur Regenwasserbewirtschaftung dient ein qualifiziertes Trennsystem mit folgenden Komponenten: 1) dezentrale Versickerung (auf Neuerschließungsflächen mit Wohnnutzung und großen Teilen der Gewerbenutzung; auf Bestandsflächen soweit möglich nach örtlicher Detailprüfung und Einverständnis der Eigentümer; auf Verkehrsflächen bis zu Hauptsammelstraßen). Anlagen: Versickerungsmulden, durchlässige Befestigungen, Flächenminimierung.

2) Ableitung stark verschmutzter Niederschlagsabflüsse (von Haupterschließungsstraßen; von angrenzenden Gewerbeflächen mit Gefährdungspotential). Anlagen: separates Regenwasserkanalnetz (bR-Netz), Pumpwerk, Sandfang, Bodenfilter, Drosselorgane für Grundstücksabflüsse [10 l/(s xha $A_{red}$)]. Ableitung nicht versickernder Niederschlagsabflüsse (von Bestandsflächen ohne Versickerungsmöglichkeit und einzelnen vorzeitig gebauten neuen Straßen; von Flächen mit tiefgründigen Altablagerungen; von Gewerbeflächen mit langfristig variablen Nutzungen; von Überläufen von Versickerungsanlagen der Straßenentwässerung). Anlagen: separates Regenwasserkanalnetz (R-Netz), Pumpwerk, Sandfang. Drosselorgane für Grundstücksabflüsse [10 l/(s xha $A_{red}$)], Vorbehandlungsanlagen für Grundstücksabflüsse, Trassierung des R-Netzes unter Berücksichtigung der Erschließungsabfolge, Längenreduzierung im Rahmen der Ansiedlungspolitik möglich.

Regenwasserbehandlung: 1) dezentral: Oberbodenpassage vor der Versickerung, Leichtstoffabscheider vor Einleitung in R-Netz; 2) zentral (R-Netz): Sandfang und Leichtstoffabscheider; 3) zentral (bR-Netz): weitergehende Regenwasserbehandlung durch Absetzbecken und Bodenfilter.

Die innere Verkehrserschließung erfolgt durch ein Rastersystem. Der Straßenraumgestaltung wurde in funktionaler und ästhetischer Sicht erhebliches Gewicht zuerkannt. Im Zuge der Planung der Regenwasserbewirtschaftung sind Straßenraumgestaltung und vor allem Grundstücksanbindungen, Stellplatzkonzepte und Lage der Ver– und Entsorgungsanschlüsse noch offen. Für die Standardquerschnitte der Anlieger- und Sammelstraßen waren flexible Lösungen erforderlich, mit denen im Rahmen der Generalentwässerungsplanung die Entwässerbarkeit der Straßen nachzuweisen war. Entwickelt wurde ein Modulsystem linearer Sickermulden, das an das Rastermaß der Straßenbäume anknüpft und mit Breiten von 1,5 bis 2 Meter sowie in Einzelfällen erforderliche Aufweitungen bis zu 4 Meter sich an die örtlichen Erfordernisse flexibel anpassen läßt. Die noch strengen Modullösungen wurden im Zuge der weiteren Detailplanungen örtlich differenziert und gestalterisch optimiert weiterentwickelt zum städtischen Straßengraben in Adlershof.

*Herbert Dreiseitl*
## Gestaltungspotenziale der Stadthydrologie

Die Wasserwirtschaft hat wesentlich zu hohem Komfort und zur Hygiene in unseren Städten und Siedlungen beigetragen. In gleichem Maße wie das Trinkwasser- und das Abwassersystem ist Regenwasser jedoch aus unserem Gesichtsfeld verschwunden. Aus dem globalen Wasserkreislauf angekommen, aufgefangen und möglichst rasch der Kanalisation zugeführt, vielerorts vermischt mit häuslichem und gewerblichem Schmutzwasser, gelangt es in ein technisches Labyrinth, in das scheinbar nur noch Spezialisten Einsicht haben. Zunehmende Hochwasserspitzen mit daraus resultierenden Schäden, folgenschwere Eingriffe in den Grundwasserhaushalt und Klimaveränderungen haben dazu geführt, neue Wege zu suchen, dem Regenwasser dort wieder Raum und Zeit zu lassen, wo es anfällt, auch in städtischen Räumen. Dabei spielen Erlebbarkeit und Nachvollziehbarkeit durch Bewohner und Nutzer eine entscheidende Rolle.

### Urbanes Gewässer am Potsdamer Platz in Berlin

Das städtebauliche Großprojekt am Potsdamer Platz in Berlin integriert Regenwasserbewirtschaftung und öffentliche Freiraumgestaltung und stellt in seiner Dimension und Vernetzung mit den umliegenden Gebäuden ein Novum dar. Bereits auf den Dachflächen wird ein Rückhalt von Regenwasser erreicht. Rund ein Drittel der gesamten angeschlossenen Dachfläche (ca. 5 Hektar) ist begrünt. In fünf semizentralen Zisternen wird das gesammelte Dachablaufwasser dunkel und kühl gespeichert. Auf dieser Ebene findet eine erste Nutzung des Regenwassers für Toilettenspülung und die Bewässerung von Grünzonen statt. Das Urbane Gewässer mit 12.050 Quadratmeter offener Wasserfläche, fast 1,7 Kilometer Uferlänge und zirka 1 Meter mittlerer Wassertiefe, durchzieht einen großen Teil des Areals. Das Gewässer gliedert sich in drei Bereiche (Südgewässer, Hauptgewässer und Piazza-/Nordgewässer), deren Wasserkörper über einen zentralen Technikraum mit Umwälzzisterne in Verbindung stehen. Das Hauptgewässer kann im Bedarfsfall kurzzeitig bis zu 15 Zentimeter über Normalwasserstand eingestaut werden. Bei Einstau werden maximal 3 l/s/ha in den Landwehrkanal abgeschlagen, was dem Abfluss einer unbebauten Fläche entspricht. Aus Einstau und Puffervolumen in den Zisternen ergibt sich für das Gesamtsystem ein Speichervolumen bei Starkregen von 3.100 Kubikmeter.

Das gesamte Gewässer funktioniert auf Regenwasserbasis. Um eine gute Wasserqualität mit hoher Transparenz und ästhetischem Erscheinungsbild zu erreichen, wird das Wasser unterschiedlichen Reinigungsstufen innerhalb eines Kreislaufssystems zugeführt. In den Zisternen findet bereits eine Sedimentation von Schwebstoffen statt. Das so vorgereinigte Wasser wird danach über bepflanzte Reinigungsbiotope in das Gewässer eingespeist (physikalisch-chemische Reinigung). Über ein Mikrosieb mit einem Mehrschichtfilter können innerhalb der Umwälzung selbst kleinste Algen entfernt werden. Um in jedem Bereich des Gewässers innerhalb von 48 Stunden einmal einen vollständigen Wasseraustausch zu erreichen, wurde die optimale Lage der Zu- und Abläufe im Urbanen Gewässer mit Hilfe einer Strömungssimulation ermittelt. Ziel dieser Maßnahmen ist es, ein Gleichgewicht zwischen natürlichen Prozessabläufen und den steuernden Eingriffen durch technische Anlagen zu erzielen. Ökologische Prozesse sollen erlebbar sein. Man kann verfolgen, wie sich die Wasserflora und Wasserfauna im Lauf der Jahreszeiten in diesem limnologisch dynamischen System ansiedelt und entwickelt. Die Gestaltung der Wasserflächen beschränkt sich auf wenige Elemente, die immer auch eine bestimmte Funktion erfüllen. Die Wasseroberflächen zeigen nicht nur durch Windanregung differenzierte Wellenmuster. Spezielle Wellenstufen vor dem Musical-Theater lassen rhythmische Wellenstrukturen entstehen. Im Piazzabereich fließt das Wasser von beiden Seiten über lineare Wellenkaskaden, die das Wasser in Schwingungen versetzen. Diese Kaskaden haben neben dem ästhetischen Wert den Zweck, das Wasser mit Sauerstoff anzureichern. Alle besonderen Strömungsdetails wurden im Originalmaßstab mit realer Wassermenge im Modell entwickelt. Nur so konnte die angestrebte Synergie zwischen Ökologie und Ästhetik überzeugend erreicht werden.

*Potsdamer Platz, Piazza*

Rainwater has increasingly disappeared from sight. The waterways at Potsdamer Platz in Berlin and the rainwater drainage in Hanover-Kronsberg show that its visible potential can be used in the designing of urban public space. The use of rainwater in both the engineering and design of Potsdamer Platz is functional and shows the large design potential. It has raised public awareness through its popularity. All three possible types of syncline drainage ditch systems were successfully implemented in the new residential quarters at Lake Rummelsburg in Berlin, thus avoiding further pollution of the waterway through rainwater. But not all locations offer such advantageous development conditions.

*Potsdamer Platz, Piazza. Wasser als städtebauliches Gestaltungselement*

**Regenentwässerung im Stadtteil Kronsberg-Hannover**

In direkter Nachbarschaft zum EXPO-Gelände entsteht am Kronsberg ein neuer Stadtteil von Hannover. Als Vorbild für zukünftiges Bauen wird das Projekt Teil der EXPO 2000 sein und u.a. einen vorbildlichen Umgang mit dem Regenwasser im Städtebau vorstellen. Nach Fertigstellung der Bebauung werden sich der Wasserhaushalt des Landschaftsraumes und die Grundwasserströme nicht wesentlich verändern. Für die Gesamtfläche bleibt nach der Bebauung der Abflusswert von 3l/s/ha unverändert.

Die einzelnen Komponenten setzen sich zu einem gestuften und sehr differenzierten System zusammen. Schon aus den einzelnen Quartieren ist nur ein gedrosselter Überlauf an ein Sammelsystem erlaubt. Offene Ableitung, Rückhalt und Versickerung des Regenwassers finden also schon direkt auf privaten und halbprivaten Flächen statt. Das Straßenwasser wird gemeinsam mit den Quartiersüberläufen in öffentliche Grünflächen und -streifen geführt, versickert dort und erfährt dabei eine Reinigung in der belebten Bodenzone der Mulden. Nicht nur die Anwohner erleben das Regenwasser in vielfältiger Weise, sondern auch EXPO-Besucher können sich von den Reizen des Wassers in der Stadt überzeugen.

Die Mulden sind als Retentions- und Versickerungsmulden terrassiert angeordnet. Einige Bereiche sind als Retentionsteiche ausgebaut. Eine Siefe verläuft durch die gesamten Grünbereiche und verbindet die Ableitungselemente miteinander. Deren gedrosselter Abfluss und Überlauf wird durch die Siefe hangabwärts weitergeleitet. Bei starkem Regen wird durch die Drosseleinrichtungen der Siefen ein Anstau der Retentions- und Versickerungsmulden bis zu einer definierten Anstauhöhe erreicht. Die Siefe kann auch als permanenter Wasserlauf mit Umwälzung genutzt werden.

Fließende Formen der Natur sind in die rasterhaften, geradlinigen Bebauungsstrukturen integriert, wodurch ein spannungsreiches und qualitätvolles Gesamtbild geschaffen wird.

Die Gliederung des Grünraumes wird durch Vegetationsstrukturen erreicht. Dem Charakter einer urbanen Auenlandschaft entsprechend sind Wiesen, periodisch eingestaute Feuchtbereiche und dauerhaft eingestaute Wasserflächen angeordnet. In Verbindung mit der jeweiligen standortgerechten Vegetation sind hier positive Voraussetzungen für die Entwicklung einer vielfältigen und ökologisch wertvollen Fauna gegeben. Durch die Gliederung der Vegetationsstrukturen werden Blickachsen geschaffen. Gleichzeitig entstehen an vielen Stellen geborgene Räume mit Naherholungswert für Anlieger und Besucher.

An vielen Stellen sind die Überläufe und Drosselelemente zwischen den Muldenstufen oberflächlich angeordnet. Durch eine Gestaltung mit Staumauern und sich anschließenden Steinkaskaden, über die das Wasser plätschernd herunterläuft, entstehen begehbare Bereiche, in denen Wassergeräusche eine frische und von der Außenwelt abgegrenzte Atmosphäre schaffen.

Das gesamte überschüssige Regenwasser aus der Siedlung wird in den Retentionsflächen entlang der Stadtbahn aufgefangen, in Mulden gespeichert und nur gedrosselt in die Auenlandschaft des Rohgrabens weitergeleitet. Einzigartig für die Gestaltung der Hangalleen und der Retentionsflächen ist sicher die starke Verknüpfung des naturnahen Regenwassersystems mit der hochwertigen Gestaltung von nutzbaren, erlebbaren und bespielbaren Stadtparks.

**Fazit**

Die Bebauung am Kronsberg wird zur EXPO 2000 fertiggestellt. Der Erfolg dieses ingenieurtechnisch und gestalterisch anspruchsvollen Projektes wird sich nicht nur an den Belangen der Regenwasserbewirtschaftung messen lassen dürfen. Doch wenn sich ein ähnlicher Zuspruch bei der Bevölkerung einfindet, wie dies am Urbanen Gewässer am Potsdamer Platz zu beobachten ist, wo sich den ganzen Sommer lang tags und nachts Menschen tummeln, dann wird das Wasserthema auch dort ins tägliche Bewusstsein gelangen. Denn neben der nötigen Funktionalität ist deren ästhetische Einbindung in den Stadtraum als Gestaltungspotenzial Grundlage für nachhaltige Partnerschaft zwischen Menschen und Umwelt.

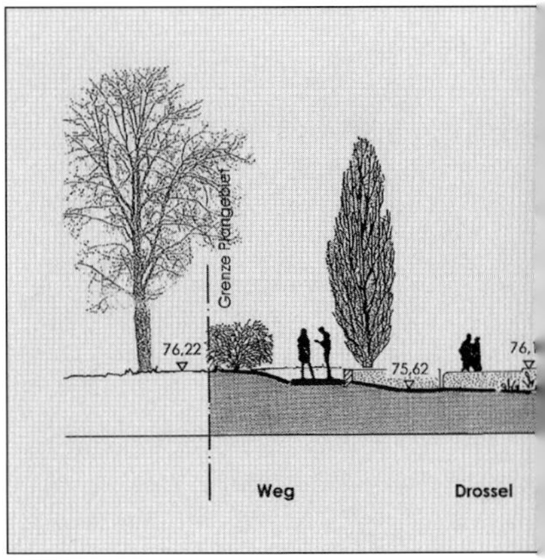


*Hannover-Kronsberg, Retentionsmulden*

The »Innodrain«® system replaces the customary banked ditches by space-saving »deep beds«. Empirical studies show that reservations against syncline drainage ditch systems are unfounded. Ditch overflows neither endanger the land nor the ground water. Threats are posed, however, by the canalisation and pavement. Aside from these decentralised solutions, modern centralised measures for continuous rainwater treatment are also used today. Rainwater is transported in waste water systems to treatment plants together with dirty water from the roads and treated there. With separate sewage collection systems, rainwater across the country is generally untreated when it is transferred to receiving waters.

*Friedhelm Sieker*

## Regenwasserbewirtschaftung in der Rummelsburger Bucht

Der Rummelsburger See wird über Jahrzehnte durch Regenwasserzuflüsse aus städtischen Gebieten insbesondere über den Marzahn-Hohenschönhauser-Grenzgraben und den Ruschegraben belastet. Ein Wasseraustausch mit der fließenden Spree findet nur in geringem Maße statt. Im Zuge der Neubebauung der Uferregion des Sees sollte die zusätzliche Belastung des Sees durch die Regenwasserabflüsse der Neubaugebiete verhindert oder eingeschränkt werden. Die Regenabflüsse über ein herkömmliches Trennsystem und Sandfänge direkt einzuleiten wurde wegen der unzureichenden Reinigung von vornherein ausgeschlossen. Auch die Überlegung, die Abflüsse über zentrale Klär- oder Bodenfilterbecken vor der Einleitung zu reinigen, wurde wegen des Flächenbedarfs und der hohen Investitions- und Betriebskosten verworfen.

### Das Mulden-Rigolen-System als generelle Lösung

Zur Lösung des Problems bot sich das Mulden-Rigolen-System. Dieses System besteht aus oberirdischen begrünten Mulden, die im Nahbereich der abflusswirksamen Flächen angelegt werden (Kurzzeitspeicher des Systems). Die unterirdischen kiesgefüllten Anlagenteile, die Rigolen (Langzeitspeicher des Systems), erhalten ihren Zulauf im wesentlichen durch die Versickerung in den Mulden, also durch eine reinigende Oberbodenpassage. Drittes Element ist ein Ableitungssystem, in dem die »überflüssigen« Wassermengen, soweit diese nicht aus den Rigolen in den Untergrund versickern, stark gedrosselt zum Vorfluter hin abgeleitet werden.

Diese Komplett-Lösung braucht nur dann angewendet zu werden, wenn aufgrund der Boden- und Grundwasserverhältnisse oder bei hohen Versiegelungsgraden mit Drosselabflüssen zu rechnen ist. Andernfalls kann auf die Ableitungskomponente verzichtet werden. Bei sehr hoher Versickerungsfähigkeit des anstehenden Bodens bzw. bei ausreichendem Flächenangebot für die Anlage von Mulden kann auch auf die Rigolen verzichtet werden, so dass sich die Lösung auf die Versickerungsmulden reduziert.

In den Quartieren an der Rummelsburger Bucht kommen alle drei Varianten des Mulden-Rigolen-Systems vor: In den Erschliessungsstraßen mit schmalen Grünstreifen zwischen Fahrbahn und Fußweg war eine Komplett-Lösung mit Vernetzung erforderlich. In weniger beengten Bereichen konnte auf die Vernetzung verzichtet werden, auf den so genannten Angerflächen genügte die Anlage von Mulden. Die Niederschlagsabflüsse der Grundstücke werden im allgemeinen autark auf ihrem jeweiligen Grünflächenanteil bewirtschaftet, d.h. sie haben im Allgemeinen keinen Anschluss an das System des öffentlichen Bereichs. Das gilt sogar für Grundstücke, deren Grünflächenanteil größtenteils durch Tiefgaragen unterbaut ist. Die Garagen dienen hier als Unterbau für gering mächtige, flächendeckende Mulden-Rigolen-Elemente, deren Drosselabfluss auf den verbleibenden durchlässigen Flächenanteilen der Grundstücke endgültig versickert wird. In der Praxis versickert heutzutage der weitaus größte Teil der Regenabflüsse der neuen Quartiere und belastet damit den See weder quantitativ noch qualitativ. Außerdem handelt es sich um eine besonders kostengünstige Lösung.

### Das System »Innodrain«® als Abwandlung des generellen Mulden-Rigolen-Prinzips

Nicht überall sind die städtebaulichen Voraussetzungen für die Einbindung der erforderlichen Muldenflächen so günstig wie am Rummelsburger See. In schmaleren Straßen stößt man mit der linienhaften Entwicklung der Mulden zwischen Fahrbahn und Fußweg an Grenzen bzw. es fehlt grundsätzlich die erforderliche Straßenbreite. Das System »Innodrain«® ersetzt die geböschten Mulden durch so genannte »Tiefbeete«, deren Bodenoberfläche gegenüber dem Straßenniveau um zirka 30 Zentimeter abgesenkt ist und die durch Beton-Winkelsteine eingefasst und mit Sträuchern oder Stauden möglichst dicht bepflanzt werden. Die Tiefbeete lassen sich vielseitig gestalten und können z.B. als Straßenbegleitgrün Parkbuchten eingrenzen. Sie übernehmen die Funktion der Mulden im Sinne eines Kurzzeitspeichers und einer Rei-

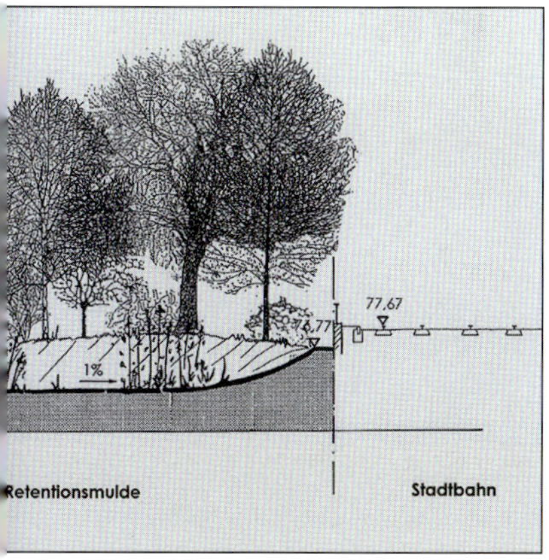

nigung der Zuflüsse durch Oberbodenpassage in die darunter durchgehend verlaufenden Rigolen. Das Wasser läuft den Tiefbeeten oberirdisch über Rinnen oder Gossen oder unterirdisch über »Quellschächte« zu. Die Tiefbeete erhalten wie die Mulden Überlauf- bzw. Kontrollschächte, die gegebenenfalls miteinander kombiniert werden können. Das Gesamtsystem wird auf eine Überlastungshäufigkeit von 1 mal in 5 Jahren dimensioniert, wobei der Tiefbeetüberlauf durchaus häufiger anspringen darf. Die Kosten dieses Systems liegen deutlich unter denen eines herkömmlichen Ableitungssystems.

**Behördliche Einwendungen**

Für die Anwendung des beschriebenen Systems ist, da es sich um gezielte Einleitungen in Boden und Grundwasser handelt, eine wasserrechtliche Erlaubnis erforderlich. In Berlin werden zwei Aspekte diskutiert, die die Anwendung des Systems erheblich einschränken können: Zwischen der Muldensohle und einem Mittelwert der höchsten Grundwasserstände soll ein Mindestabstand von 1,0 m obligatorisch sein. Und: Muldenüberlaufschächte, die bei einer Überlastung der Mulden das Wasser direkt in die Rigolen einleiten, sollen nicht in der Grundwasserschutzzone III zugelassen werden.

Die Forderung nach einem Mindestabstand zwischen »der Sohle einer Versickerungsanlage« und einem bestimmten Grundwasserstand wurde ursprünglich für unterirdische Versickerungsanlagen wie Versickerungsschächte und Rohrrigolen aufgestellt. Dies sollte jedoch nicht für die Muldenversickerung gelten, da für die Reinigungswirkung nach vorliegenden Messergebnissen eine Oberbodenpassage von 30 Zentimeter entscheidend ist. Die Durchsickerung eines mehr oder weniger sterilen Unterbodens ist demgegenüber zu vernachlässigen. Daher sollte der Mindestabstand bei der Muldenversickerung auch geringer als 1,0 Meter sein, insbesondere wenn der Abstand auf nur selten und kurzzeitig auftretende Grundwasserstände bezogen wird.

Der zweite Aspekt hat zu einem Messprojekt am Rummelsburger Ufer geführt. Die Ergebnisse bestätigen, dass die Wassermenge, die über die Muldenüberläufe in die Rigolen gelangt (1 bis 2 Prozent der gesamten jährlichen Zuflüsse), außerordentlich gering ist. Legt man ferner noch eine Absetzwirkung der Mulden bei Überlaufereignissen zugrunde, so gelangen weniger als 1 Prozent der auf den angeschlossenen Flächen anfallenden Schmutzstoffe über den Überlauf in die Rigole. Dies konnte durch die Messergebnisse bewiesen werden. Die Muldenüberläufe stellen keine Gefährdung des Bodens und Grundwassers dar, da auch auf dem Weg durch den anstehenden Boden eine weitere Verminderung der Schmutzstoffe stattfindet.

Wenn es eine Gefährdung des Bodens und Grundwassers durch Straßenabflüsse gibt, ist sie eher in der Versickerung durch Straßenpflasterungen und in der Gefährdung durch Kanalisationseinleitungen in den Rummelsburger See zu sehen. Das Gefährdungspotenzial für den See ist im Falle der Pflasterung etwa 50 mal bzw. im Falle der Kanalisationseinleitungen sogar 100 mal höher als beim Mulden-Rigolen-System. Das Mulden-Rigolen-System (mit Muldenüberläufen) stellt unter allen bekannten Bewirtschaftungsmaßnahmen demzufolge den höchsten Schutz von Boden und Grundwasser dar.

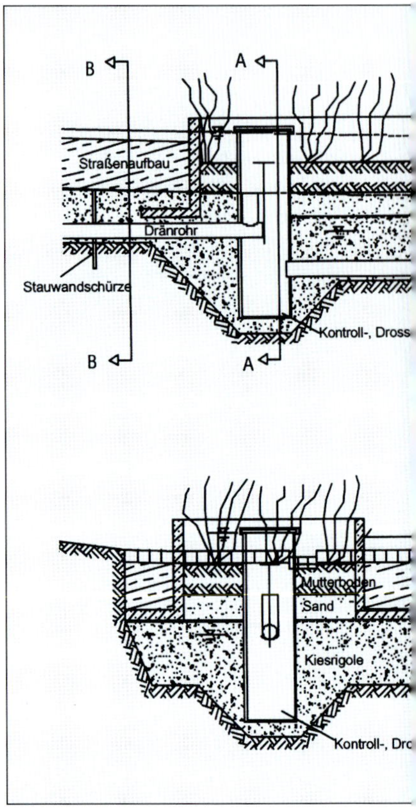


*Prinzipskizze des »Innodrain®-Systems«*

*Neithard Müller*

## Zentrale Maßnahmen für die weitergehende Regenwasserbehandlung

Zentrale Maßnahmen zur Behandlung von Regenwasser werden als End-of-Pipe Lösungen heute erst dann eingesetzt, wenn alle anderen Möglichkeiten der dezentralen Behandlung oder zur Reduktion des Regenwassers ausgeschöpft sind. Lange Zeit überwogen in der Abwasserbeseitigung zentrale Maßnahmen, weil durch die Größe der Behandlungsanlage spezifisch geringere Kosten entstehen. Bei der Regenwasserbehandlung ist wegen der Transportkosten zur Behandlungsanlage dieser Grundsatz im Einzelfall zu prüfen.

Bei Mischwassersystemen wird Regenwasser üblicherweise zusammen mit Schmutzwasser in Kläranlagen behandelt. Die weitergehende Regenwasserbehandlung bezieht

**Neithard Müller**

At Berlin-Adlershof both the central rainwater treatment and procedural technologies such as precipitation, floculation, floatation, filtration or biological processes are in use. The sooner they are integrated in the urban planning process, the easier it is to realise high quality technical and design solutions. Aside from the decentralised rainwater systems, there is a second circuit in which, according to the degree of dirt, the rainwater is collected and transferred to a modern rainwater treatment plant, designed as a »technical garden«.

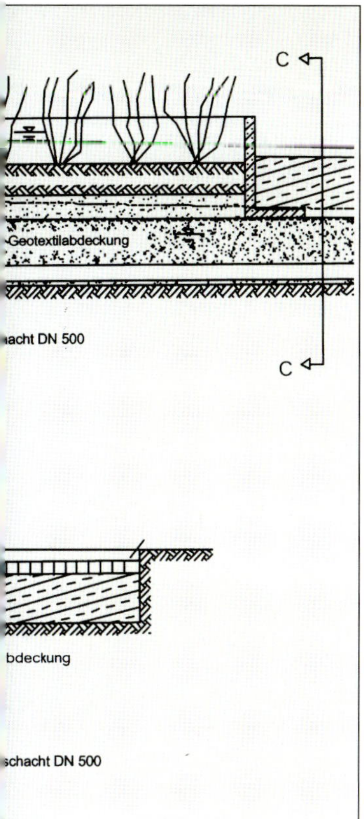


sich hier nur auf die Überläufe der Abschlagsorgane. Ein Anteil des Regenwassers fließt nicht über die Leitungen ins Klärwerk. Bei der Trennkanalisation wird die gesamte Abflussmenge betrachtet, obwohl aus Kosten-Nutzen-Abwägungen auch hier in der Regel nur ein bestimmter Anteil des Regenwassers gereinigt wird.

Die normale Regenwasserbehandlung besteht aus technischen Einrichtungen, wie Geschiebeschächte, Sandfänge oder Regenklärbecken mit Rechen oder Sieben, in denen absetzbare Stoffe sedimentiert oder Feststoffe durch einen Siebeffekt aufgrund ihrer Größe abgetrennt werden. Für die weitergehende Regenwasserbehandlung werden Verfahrenstechniken wie Fällung/Flockung, Flotation, Filtration oder biologische Prozesse eingesetzt, um höhere Wirkungsgrade zu erreichen oder andere Wasserinhaltsstoffe zu eliminieren. Andere prinzipiell mögliche Verfahrenstechnologien (z.B. Desinfektion) kommen aus Kostengründen noch nicht zum Einsatz.

Eine gezielte Regenwasserbehandlung wird bundesweit aufgrund der vorhandenen Systeme nur in Einzelfällen durchgeführt. In vielen Fällen erfolgt eine Einleitung in die Vorfluter ohne vorherige Reinigung. Hauptziel der zentralen Regenwasserbehandlung ist die Verbesserung der Regenwasserqualität, also die Elimination von gelösten oder ungelösten Wasserinhaltsstoffen. Bei der klassischen Regenwasserbehandlung werden fast ausschließlich die ungelösten Stoffe eliminiert. Mit der weitergehenden Behandlung ist neben einer fast vollständigen Entnahme der ungelösten Stoffe auch eine Reduktion der gelöst im Wasser vorhandenen Verschmutzung möglich.

Zahlreiche Filtertechniken sind für den Einsatz bei der weitergehenden Regenwasserbehandlung denkbar: Die Flotation dient wie die Sedimentation zur Phasenabtrennung. Durch die Einleitung von unter Druck stehendem, luftgesättigtem Wasser entstehen bei der Entspannung sehr feine Bläschen, die sich an kleine Partikel anlagern und diese an die Oberfläche transportieren, wo das Feststoff/Gas-Gemisch als Schlamm abgeschöpft wird. Der Prozess ist durch die technischen Einrichtungen steuerbar und damit leistungsfähiger als die Sedimentation, aber es werden die gleichen Schmutzfraktionen entfernt.

Bei der Filtration wirken zwei Prozesse: Durch einen Siebeffekt werden Stoffe zurückgehalten, die größer als der Porendurchmesser sind. Außerdem werden durch Anlagerungsprozesse im Filter (Adsorption) auch Teilchen zurückgehalten, die noch kleiner sind. Je nach Filterschichtdicke und Porengröße werden beide in unterschiedlichem Maße wirksam. Die herausgefilterten Stoffe können zum Verstopfen des Filters führen. Dies wird in den technischen Anlagen durch das Reinigen des Filters vermieden.

Beim Flockungsfilter, der aus einer etwa 1 bis 2 Meter dicken Sandschicht oder ähnlichem Material besteht, wird durch Rückspülung mit einem Luft-Wasser-Gemisch das Filterbett aufgewirbelt, der angelagerte Schmutz von den Körnern abgelöst und anschließend als Rückspülschlamm entsorgt. Beim Bodenfilter bleibt der Schmutz im Filter, der mit Schilf bewachsen ist. Durch die Wurzelaktivität der Pflanzen, unterstützt durch das zyklische Feuchtwerden und Trockenfallen, wird das Verstopfen (Kolmatieren) vermieden. Die zulässige flächenbezogene Belastung ist sehr viel kleiner als bei den rückgespülten Filtern. Daraus resultiert der deutlich größere Flächenverbrauch für Bodenfilter (etwa 40 mal soviel für die reine Filterfläche). Bei beiden Filtertechnologien wird zur Minimierung der Filterbelastung eine Sedimentationsstufe vorangeschaltet. Auch sonst sind die peripheren Einrichtungen wie Pumpwerke und Trennbauwerke vergleichbar.

Beide Technologien haben eine deutlich unterschiedliche Reinigungsleistung. Beim Flockungsfilter werden zur Steigerung der Wirkung in einer vorgeschalteten Stufe durch Zugabe von chemischen Fällungs- und Flockungsmitteln gelöste Stoffe in ungelöste und damit leichter abtrennbare Stoffe überführt. Beim Bodenfilter werden infolge komplexer biologisch-physikalisch-chemischer Prozesse auch ungelöste Stoffe in hohem Maße zurückgehalten und teilweise im Boden langfristig akkumuliert. Zum Teil werden die im Filter angelagerten organischen Stoffe auch in den Trockenwetterpausen durch Mikroorganismen abgebaut. Für die meisten heute relevanten Schmutzstoffparameter ist die Reinigungswirkung der Bodenfilter etwas höher als die der Flockungsfiltration.

*Abwasserkanalisation in Berlin*

| Wirkungsgrad der Gesamtanlage bezogen auf den Parameter | CSB | TKN | AFS | P |
|---|---|---|---|---|
| Bodenfilteranlagen | 74 % | 33 % | 90 % | 74 % |
| Flockungsfilteranlage | 63 % | 34 % | 89 % | 70 % |
| Regenklärbecken | 45 % | 25 % | 65 % | 35 % |

*Charakteristische Reinigungsleistungen unterschiedlicher Verfahrenstechnologien*

Aus städtebaulicher Sicht sind neben dem Flächenverbrauch die Gestaltungsmöglichkeiten wichtig. Bei den Bodenfiltern beschränkt sich das auf die Formgebung der eigentlichen Bodenfilterbecken und die Gestaltung der vorgeschalteten Abtrennstufe sowie der Außenanlagen. Dieser Anlagentyp zeichnet sich meist dadurch aus, dass die Anlage mehr oder weniger ebenerdig ist. Die sehr viel kompakteren Flockungsfilteranlagen haben einen größeren Anteil von Bauwerken, die über dem Gelände liegen. Diese Funktionsbauwerke werden in Betonbauweise ausgeführt. Die Gesamtwirkung kann durch entsprechende Gestaltung der Fassade oder eine ansprechende architektonische Detailgestaltung aufgewertet werden.

Bei der Planung von Bodenfilteranlagen in städtischen Gebieten wird wegen der natürlichen Ausprägung dieses Anlagentyps häufig die Frage gestellt, ob solche Anlagen nicht öffentlich zugänglich gemacht werden können. Sie wären dann als erlebbarer Teil der Abwasserbehandlung nutzbar und könnten der Bevölkerung als Anschauungsobjekte dienen. Dazu müssen neben Sicherheitsaspekten jedoch auch die Betreiberinteressen berücksichtigt werden.

Je früher im städtebaulichen Planungsprozess die zentrale Regenwasserbehandlung integriert wird, um so leichter ist es, eine insgesamt optimale Lösung zu finden. Dazu müssen zu einem sehr frühen Zeitpunkt eine intensive Planung betrieben und die dafür nötigen finanziellen Mittel bereitgestellt werden. Nur so kann eine städtebaulich vertretbare Anordnung der Behandlungsanlagen zu ökonomisch vertretbaren Kosten erfolgen.

*Hildebrand Machleidt*

## Der städtische Straßengraben in Adlershof

James Hobrecht, der mit seinem Bebauungsplan von 1862/ 65 den größten Entwicklungssprung dieser Stadt das gründerzeitliche Berlin vorbereitete, war kein Baumeister oder Architekt, sondern ein Ingenieur und Kanalisationsexperte. Sein Auftraggeber war der Polizeipräsident, der u.a. für das technische und hygienische Funktionieren der rapide wachsenden Stadt verantwortlich war. Hobrecht entwarf aber nicht nur die stadttechnischen Leitungs- und Kanalsysteme, sondern den öffentlichen Stadt- und Strassenraum als Ganzes. Ein Katalog von Regelprofilen ordnete sowohl den unterirdischen Leitungsraum wie auch die Straßen- und Platztypen mit ihren Elementen, Maßsystemen, Materialien und Details. Bis heute haben insbesondere die Straßen funktional und ästhetisch Bestand und stehen für das Berliner Stadtbild schlechthin. Dennoch werden heute Teile dieses technischen Systems in Frage gestellt: Der Anspruch an Ökologie und Nachhaltigkeit verlangt nach einer sorgfältigeren Bewirtschaftung des Grundwassers und damit nach einer möglichst umfassenden und flächenhaften Rückführung des Regenwassers in den städtischen Boden. Darüber hinaus kann damit Geld gespart, das Stadtklima verbessert und die zusätzliche Kontamination von Kanälen und Flüssen vermieden werden.

### Das Beispiel Adlershof

Die Straßenprofile im städtebaulichen Entwicklungsgebiet Berlin Adlershof sollten sich in Aufbau und Material an den klassischen Berliner Straßentypen orientieren und bewusst diesen regionalen und städtischen Bezug in das Entwicklungsgebiet tragen. Die Regelprofile der Straßen waren bereits bestimmt, als der Senat die dezentrale Versickerung des anfallenden Oberflächenwassers zur Auflage machte. Unser Ziel war es, den gewünschten urbanen Charakter der Straßen beizubehalten und unter dem Gesichtspunkt des Prototypischen versickerungsfähige Stadtstraßen zu entwickeln. Das Regenwasser sollte aufgrund der spezifischen räumlichen Bedingungen im Gebiet dezentral im

**Hildebrand Machleidt**

A decentralised drainage system can be realised in the classical form of a roadside ditch. The normal kerbstone serving as a water sluice and ramp was replaced by a rounded boarder in black concrete. The water can run over it into the ditches, even though there is a clear roadside ramp. Thus decentralised rainwater systems can be integrated in the city, allowing the possibility to install short mains lines and an unusually designed green space. These drainage ditches on roads are considerably cheaper than normal canalisation

*Muldenentwässerungssystem in Adlershof*

laufenden Querprofil bewältigt werden. Gefordert war das klassische Prinzip des Straßengrabens, der das Regenwasser von Damm und Gehweg ohne Barrieren und Umwege aufnimmt. Das bedeutet den Verzicht auf das Hochbord in üblicher Form, das Wassersammelrinne und Fahrbahnbegrenzung zugleich darstellt.

Die bekannten Lösungen, die das herkömmliche Hochbord mit dem neuen Strassengraben verbinden, erscheinen inkonsequent und gestalterisch unbefriedigend: Entweder wird das Hochbord beidseitig freigestellt und fortlaufend auf Lücke gesetzt, was ästhetisch unbefriedigend ist, oder das Wasser wird am Hochbord gesammelt und in größeren Abständen über eingefügte Formsteine in die Versickerungsmulde geleitet. Diese häufig angewandte Lösung hat den Nachteil des punktuellen Wassereintrags. Vor allem aber muss die Mulde bei gleicher Einstauhöhe um das Maß des Hochbordes tiefer sein. In Adlershof hätte das bedeutet, die Mulden um 40 Prozent tiefer anzulegen. Ziel war jedoch, die Mulde flach zu halten, um auch informelle Querungen zu ermöglichen und einen Barrierecharakter zu vermeiden.

Wir haben in Adlershof einen abgesenkten, niveaugleichen Rundbord aus schwarzem Beton vorgesehen, weil wir die konsequente gestalterische Umsetzung des wasserwirtschaftlichen Prinzips und damit das Prototypische der neuen versickerungsfähigen Stadtstraße gesucht haben.

Die Mulden sollten aber nicht nur flach, sondern auch schmal gehalten werden, um die Straßen nicht unnötig breit werden zu lassen. Dennoch ist der Flächenverbrauch im öffentlichen Straßenland nicht unerheblich: Das 20-Meter-Standardprofil mit kombiniertem Längsparken und Alleebäumen sowie das 22-Meter-Profil mit gesondertem Grünstreifen und Längsparken sollten ursprünglich 2 Meter schmaler sein. Der Mehrverbrauch an Straßenfläche beträgt etwa 4,5 Hektar. Dem gegenüber stehen der ökologische Gewinn, die Vermeidung aufwendiger technischer Systeme und die Einsparung zentraler Klärflächen von annähernd gleicher Größe, aber auch die großzügigere Ausstattung des öffentlichen Raumes mit Grün, was zumindest dem Charakter der Vorstädte entgegenkommt.

Nicht alle Straßen in Adlershof werden allerdings in der geschilderten Weise entwässert. Rund 40 Prozent des Gesamtnetzes werden aufgrund ihres Verschmutzungsgrades traditionell entwässert. Dieses Wasser wird gesondert gesammelt und in einer bereits konzipierten modernen Regenwasserbehandlungsanlage gereinigt. Modern nicht nur in der konsequenten Anwendung biologischer Reinigungssysteme, sondern auch in der Art der städtischen Integration, nämlich als artifiziell gestalteter blockinterner »Technischer Garten«. Unser Fazit lautet also:

1. Eine offene, dezentrale Regenwasserversickerung in strassenbegleitenden Mulden ist kein Modell für die innere Stadt. Zu groß sind die funktionalen Belastungen und Verschmutzungen und zu knapp das öffentliche Straßenland, aber auch zu dicht und intensiv die Gestalterwartungen an den öffentlichen Raum der Innenstadt.

2. Für Vorstädte und die Stadtperipherie ist das Prinzip der dezentralen Straßenentwässerung durchaus geeignet. Das betrifft etwa zwei Drittel aller Berliner Bauflächen. Doch erscheint es äußerst kritisch, traditionsreiche Stadtquartiere und Siedlungsgebiete technisch umzufunktionieren, ohne den angestammten Charakter des öffentlichen Raumes empfindlich zu verletzen.

3. Auch in den neuen Vorstädten kann und sollte nicht nach der 100-prozentigen Lösung gesucht werden. Einmal gibt es ohnehin die belasteten Straßen, deren stärker verschmutztes Oberflächenwasser einer zentralen Reinigung zugeführt werden muss. Zum anderen gibt es städtische Situationen, die nach räumlicher Dichte und Konzentration verlangen. Dort wäre das Motiv der Versickerungsmulde fehl am Platze, nicht aus technischen, sondern aus sozio-kulturellen Gründen.

4. Die Versickerungsmulden sollten nach Art der traditionellen Baum- und Grünstreifen angelegt werden und den linearen Charakter der Straße unterstützen. Sie sollten als flache Mulden nicht schmaler als 2 Meter und nicht breiter als 3 Meter (bei einseitiger Anordnung) sein. Je nach Versickerungsfähigkeit des Bodens müssen ggf. Rigolen als Speicherraum eingebaut und eine angepasste Überlaufhäufigkeit mit geringfügigen Restverschmutzungen in Kauf genommen werden.

5. Die Gestalt der versickerungsfähigen Stadtstraße verlangt ein konsequentes Um-

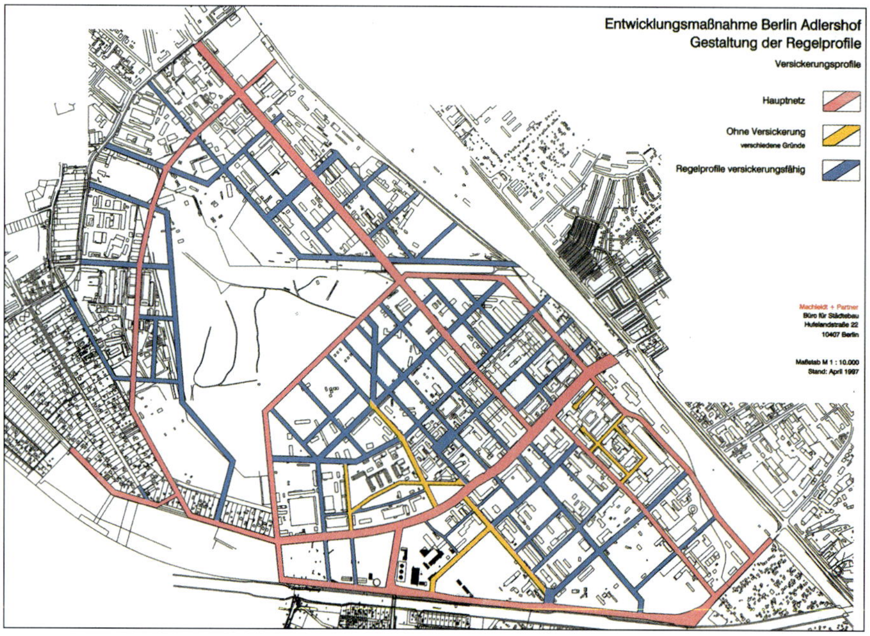


denken mit neuen Materialien und Details. Noch wird zu viel mit Elementen und Versatzstücken aus dem Bereich konventioneller Entwässerung gearbeitet. Das dammbegrenzende und wasserführende Hochbord ist obsolet. Es geht hier um den gleichmäßigen Abfluss des Wassers von Damm und Gehweg auf ganzer Länge und um ein gleichermaßen signifikantes Leitmotiv in der technischen Umsetzung.

6. Einen Hauptkonflikt bei der Abnahme der Straßen stellt die Frage des Überfahrschutzes für die Mulden dar. Nach fast zweijährigen Erfahrungen zeigt sich, dass es in der Praxis kein ernsthaftes Überfahrproblem gibt. Insbesondere das Einparken erweist sich als deutlich einfacher als mit Hochbord, zumal ein muldenseitiger 35 Zentimeter breiter Rasenschotterstreifen ein leichtes Überfahren des Rundbordes ermöglicht.

7. Ein neuer Aspekt ist die Wartung und Pflege der Mulden, die aufgrund ihrer ausgerundeten Form und der Flächengröße besonders aufwendig ist und neue Praktiken erfordert. Es geht dabei um die dauerhafte Sicherung der Versickerungsfunktion, aber auch um das kultivierte Erscheinungsbild des Stadtteils, der bei dem großen Flächenanteil an Mulden sehr schnell einen besonders ungepflegten Eindruck vermitteln kann.

8. Die Muldenentwässerung von Straßen ist erheblich billiger als die herkömmliche Kanalisation mit zentralen Behandlungsanlagen. Eine Modellrechnung für das ohne Rigolensystem konzipierte 20-Meter-Profil in Adlershof von 1997 liegt bei Kosten von DM 3.400 pro 100 Meter Straße pro Jahr gegenüber DM 19.800 für die entsprechende herkömmliche Lösung samt Kläranlage. Dem gegenüber stehen ein gemäßigter Mehrverbrauch an Straßenland und die noch fehlenden Erfahrungen mit der Dauerhaftigkeit des Systems.

Für einen bestimmten Straßenanteil in den betreffenden Stadtgebieten wird aus Gründen der Verschmutzung oder Gestaltung weiterhin die herkömmliche Kanalisation mit zentraler Regenwasserbehandlungsanlage in Frage kommen. Das Beispiel Adlershof zeigt jedoch, dass solche Anlagen durchaus städtebaulich integrierbar sind und nicht aus der Stadt hinaus gedrängt werden müssen. In dezentraler Anordnung bieten sie technisch die Chance der kurzen Leitungswege und stadträumlich das Angebot eines außergewöhnlichen, artifiziell gestalteten Grünraums in der Stadt.

# 4.
# Wassermanagement in Großstädten

**Chris Shirley-Smith**

The Metropolitan Water Company (MWC) is solving the problem of London's rising groundwater by providing consumers with an alternative, local and cheaper source of Potable and Non-Potable. A market strategy for surplus water was developed, and launched by the Minister for London and other partners. Guidelines were drawn up for the development of wells and boreholes. The water is extracted, treated and used locally, and according to customer demand, supplied in drinking water quality or as partially treated water for street cleaning, gardening or washing cars. The latter comes at rates between 25 and 30 percent cheaper than London tap water, with non-forking conduit systems, fewer leaks and less engergy consumption for transport. Customers are the public sector, schools, hospitals, residential areas, and industrial and office users. The MWC tinges the grey water with green vegetable dye at a specific dilution. This Green Water is offered parallel to drinking water for industrial, household and public uses (toilets, gardening, laundry, industry etc). Green Water is clear, free of pathogens, contains less than 10 mg of BOD and less than 10 mg of suspended solids per litre. It will be distrbuted for non-potable use in dedicated pipework colour coded green, and of non-compatible diameters to potable systems to avoid cross-connection. Rain and waste water can also be turned into Green Water.

*Chris Shirley-Smith*

## Wasser für eine Grüne Stadt

Die Metropolitan Water Company hat die Aufgaben: das Problem von Londons steigendem Grundwasser zu lösen, Kunden eine alternative lokale und billigere Quelle von Trinkwasser und nichttrinkbarem Wasser anzubieten sowie Grauwasserrecycling bei der Regenerierung städtischer Umwelten zu entwickeln. Die Metropolitan Water Company konzentriert sich auf die produktive Nutzung und die Entwicklung eines Marktes für das überschüssige Wasser, das sich im Kalk-Grundwasserleiter unter London sammelt. Wir nennen es das steigende Grundwasser von London. Die Metropolitan Water Company ist Mitglied bei »Gardit« (General Aquifer Research Development and Investigation Team), einer Gruppe, die aktiv die Bedrohungspotenziale durch steigendes Grundwasser beobachtet und kontrolliert. Andere Mitglieder dieser Gruppe sind Thames Water, London Underground, die Environment Agency, British Telecom und British Property Federation.

Das »Gardit« Strategie-Papier, das im März 1999 vom Minister für London beschlossen wurde, legt fest, wohin das abgezogene Wasser am besten geleitet wird. Es enthält Richtlinien für alle Aktivitäten in der Brunnen- und Bohrlochentwicklung der Region. Das nachhaltige Abziehen dieser Wasserressourcen wird von der Environment Agency unterstützt, die für die strategische Kontrolle des Grundwassers zuständig ist. Sie möchte, dass dieses Wasser als eine Chance und als Reservoir für London und nicht als ein Problem gesehen wird. Die Metropolitan Water Company arbeitet mit vielen Kunden in Londons zentralen und den Außenbereichen, die diese Wasserquelle aus Bohrlöchern praktisch nutzen können. Das Wasser wird lokal produziert, behandelt und verbraucht.

Durch diese lokale Quelle kann der spezielle Bedarf der Kunden individuell gedeckt werden: das richtige Wasser für den richtigen Zweck! Das Wasser kann in Trinkwasserqualität hergestellt werden oder in einem niedrigen Reinigungsgrad für die Straßenreinigung, die Bewässerung und zum Auto-

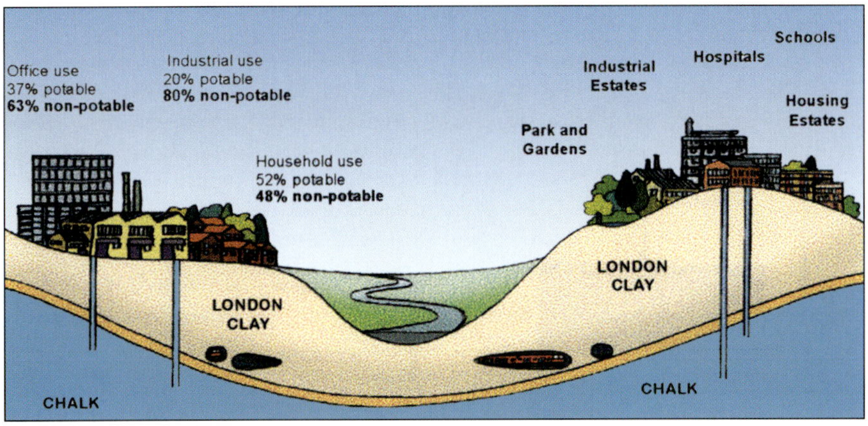


*Potenzielle Nutzung des Londoner Grundwassers*

waschen eingesetzt werden. Vorzüge dieses Ansatzes sind, dass die Produktions- wie auch die Verbrauchskosten abhängig sind von der Wasserqualität.

So kann die Metropolitan Water Company die Kosten für einen Kubikmeter Wasser beim Verbraucher billiger anbieten als übliche Wasserversorger. Allgemein kostet unser Wasser aus Bohrlöchern zwischen 25 und 30 Prozent weniger als das Londoner Leitungswasser. Es gibt keine langen und verzweigten Leitungssysteme, die unterhalten werden müssen, keine oder wenige Lecks, man spart Energie, weil das Wasser nicht über weite Entfernungen gepumpt wird und schließlich ist die Wasserbehandlung auf einen bestimmten Zweck abgestimmt.

Die Metropolitan Water Company arbeitet mit vielen Klienten in London, insbesondere mit denen, die viele Dienstleistungen vorhalten müssen, wie die örtlichen Verwaltungen. Wir versorgen Schulen, Krankenhäuser, Wohnsiedlungen und Parks. Als Versorger individueller Nutzer arbeiten wir auch mit industriellen, kommerziellen und Büroprojekten zusammen. Als zugelassener Wasserversorger muss die Metropolitan Water Company, wie jeder andere Wasserversorger auch, die volle Verantwortung gegenüber den Klienten tragen. Wir sind auch im Sinne des Kunden verantwortlich für die Verhandlungen mit den externen Behörden.

Die Schlüsselelemente dieser juristischen Vereinbarungen sind:

1. Der Kunde kontrolliert den Standard des Service.
2. Die Metropolitan Water Company trägt das volle Risiko der Entwicklung.
3. Sie trägt die volle Verantwortung für den Betrieb.
4. Es gibt kein Risiko für den Kunden.
5. Es gibt starke Bemühungen, weitere Einsparungen besonders bei der Mehrfachnutzung des Wassers zu erzielen.

### Grünwasser

Die Metropolitan Water Company arbeitet mit Architekten, Ingenieuren und Wohnungsbauunternehmen zusammen, um das Potenzial für das Wasserrecycling in dicht bewohnten städtischen Umgebungen zu untersuchen. Ein Schwerpunkt dabei ist das Sammeln und Aufbereiten von Grauwasser aus Mehrfamilienhäusern in Erneuerungsgebieten, um die Wasserkosten für den Verbraucher durch die Wasserneunutzung zu senken. Dieses erneut behandelte Wasser nennen wir Grünwasser. Weil es keine gesetzliche Regelung dafür gibt, definiert die Metropolitan Water Company Grünwasser wie folgt: Grünwasser ist eine Flüssigkeit, die zu Nicht-Trinkwasser aufbereitet und meist, aber nicht ausschließlich parallel mit der Versorgung von Trinkwasser für industrielle, Wohn- und öffentliche Nutzungen angeboten wird. Beispiele dafür sind: Toilettenspülungen, Gartenbewässerung, Wäschereien, Industrieprozesse, Heizungssysteme oder Kühlungsfunktionen. Grünwasser ist klar, frei von Pathogenen und entspricht den Kriterien für eine dritte Behandlung, typischerweise weniger als 10 Milligramm pro Liter BOD und weniger als 10 Milligramm pro Liter Schwebestoffe. Grünwasser soll als getrennte Versorgung klar erkennbar sein. Weil es sich nicht für die Trinkwasserversorgung von Menschen eignet, wird es mit Pflanzenfarbe in einer Verdünnung von 1:10.000 grün einfärbt. Regen- und Mischwasser kann, wenn es mit behandeltem Wasser von anderen Quellen gemischt wird, zu Grünwasser werden. Grünwasser wird in besonderen, grün gekennzeichneten Leitungen für Nicht-Trinkzwecke verteilt. Die Leitungsquerschnitte unterscheiden sich von den Trinkwassersystemen, um eine versehentliche Verbindung zu vermeiden.

Die Metropolitan Water Company erarbeitet mit Forschern in der Industrie und an Universitäten geeignete biologische Behandlungssysteme, um Grau- in Grünwasser unter Verwendung sehr geringer Mengen chemischer Stoffe, z.B. von Chlor, umzuwandeln. Die Ergebnisse dieser Forschung werden bald als attraktives, vermarktbares System für die Produktion von Grünwasser sichtbar werden, – geeignet für die Wohnbauten des 21. Jahrhunderts.

Ryszard Novakovski

The principal source of raw water for Wroclaw is the river Olawa. The transport system is composed of a weir, two pumping stations and a 27-kilometre-long canal. The Municipal Water and Sewage Authority is seeking to improve supply guarantees, increase the amount of quality infiltration water, and fulfill all WHO and EU norms in the near future. It is expanding its capacity to supply drinking water from groundwater enhancement plants that also pre-process surface water,. The company is setting up a modern groundwater resource management and constructing a model for water management conditions to optimise the costs of raw water provision. Hydrogeological profiles and water balances in the area of ground water concentration are being prepared. Measures are being implemented to improve the water quality in the areas surrounding the rivers, and remove agricultural and municipal pollution. Together with the existing filter beds a pond-drainage system will lead to better infiltrate quality. Finally, a database is being set up for the extraction plants in order to optimise the water management system and provide a basis for short-term and strategic decisions.

*Ryszard Nowakowski*

## Ressourcenmanagement zur Sicherung der Trinkwasserversorgung von Wroclaw

Das Rohwasser für die Trinkwasseraufbereitung in Wroclaw wird hauptsächlich als Oberflächenwasser aus dem Fluss Olawa (Ohle) gewonnen. Die Ohle wird zusätzlich aus der Nysa Klodzka (Glatzer Neiße) gespeist. Die Überleitung erfolgt über das in der Glatzer Neiße bei Michalow (Woiwodschaft Opole) errichtete Wehr, einen Zulaufkanal und ein Überpumpwerk. Dann wird das Wasser über die Wasserscheide zwischen den Einzugsgebieten der Glatzer Neiße und der Ohle in einem offenen Kanal von 27 Kilometer Länge gefördert. Dieser Kanal mündet bei Jaczkowice in der Nähe der Stadt Olawa in die Ohle. Die entsprechenden Durchflüsse in der Glatzer Neiße sichern selbst bei lang anhaltenden Trokkenperioden das Wasseraufkommen der Talsperren Jezioro Nyskie und Jezioro Otmuchowskie oberhalb der Stadt Nysa. Dieses Netzwerk gewährleistet für den kommunalen Wasserbedarf von Wroclaw und die in den Einzugsgebieten beider Flüsse liegenden Gemeinden eine ausreichende Rohwasserentnahmemenge.

Das Zuleitungssystem in Richtung Wroclaw endet am Entnahmebauwerk in Czechnica an der Ohle. Zusammen mit dem Pumpwerk sichert dieses die Rohwasserüberleitung zur Wasseraufbereitungsanlage Mokry Dwór und zu den Infiltrationsanlagen des Wasserwerkes Na Grobli. Die Infiltrationsanlage selbst besteht aus 54 Teichen und 570 Heberleitungsbrunnen mit Sammelbrunnen im Pumpwerk Swiakniki. Das Fassungssystem wird durch ein Pumpwerk in Radwanice und eine Reservefassung in Bierdzany mit Reservepumpwerk vervollständigt. Beide letztgenannten Elemente dienen im Gesamtsystem der kontinuierlichen Wasserzuführung im Fall von Störungen.

Die Kapazität der Infiltrationsfassungen im derzeitigen System liegt bei 75.000 bis 85.000 Kubikmeter pro Tag, davon Grundwasseranteile von 15.000 bis 18.000 Kubikmeter pro Tag, Uferfiltration aus der Ohle

*Sickerteiche im Spandauer Forst, Berlin*

von 25.000 bis 30.000 Kubikmeter pro Tag und künstliche Grundwasseranreicherung von 35.000 bis 40.000 Kubikmeter pro Tag.

Die vergangenen Jahre machten die wachsenden Anforderungen unserer Trinkwasserkunden deutlich: Man möchte Trinkwasser mit den bestmöglichen Qualitätsparametern, die nahezu natürlichem Quellwasser entsprechen sollen. Dieser Herausforderung stellen sich die Wasserbetriebe von Wroclaw. Folgende Ziele sollen erreicht werden:

1. Höhere Versorgungssicherheit für die Stadt Wroclaw.
2. Höherer Anteil an qualitativ gutem Infiltrationswasser.
3. Verbesserte Trinkwasserqualität bis hin zur vollen Erfüllung der WHO-Normen und der EU-Direktive.
4. Vergrößerung des Versorgungsgebietes der Stadt mit Trinkwasser aus Grundwasseranreicherungsanlagen auf zirka 550.000 Einwohner.
5. Vorreinigung des Oberflächenwassers vor der Grundwasseranreicherung zur Verbesserung der Qualitätsparameter.
6. Ausarbeitung eines Managementsystems und Modellierung der wasserwirtschaftlichen Verhältnisse zur Optimierung der Kosten der Rohwasserbereitstellung.

Um diese Ziele zu erreichen, wurde mit der Einführung eines modernen Grundwasserressourcenmanagement begonnen. Das Programm sieht folgende Aktivitäten vor:

1. Reinigung aller Infiltrationsteiche von Bodenschlamm.
2. Modernisierung der Entlüftung des Heberleitungssystems.
3. Regenerierung der Entnahmebrunnen.
4. Erneuerung von zerstörten und verschlissenen Brunnen.
5. Modernisierung der Überpumpwerke des Fassungssystems.
6. Wiederherstellung des Überwachungssystems (Mengen- und Pegelmessung) in den einzelnen Brunnengruppen.
7. Einführung der Kontrolle und Steuerung der Entnahmesysteme, um eine übermäßige hydraulische Belastung zu vermeiden und eine ausreichend lange Bodenpassage zu ermöglichen.
8. Regelmäßige Ablesung der Wasserstände in den Pegeln zur Erarbeitung von hydrogeologischen Profilen und Wasserbilanzen im Bereich der Grundwasseranreicherung. (So kann eine rationale Beschickung der Infiltration aus der Fassung Czechnica unterstützt werden).
9. Bestimmung der Filtergeschwindigkeit in den Teichen zur Festlegung des Regenerationszyklus.
10. Kontrolle der Verockerungsprozesse in den Entnahmebrunnen durch Pumpversuche in vorgegebenen Zeitabständen.
11. Unterstützung einer aktiven Politik zur Verbesserung der Wasserqualität in den Einzugsgebieten der Ohle und Glatzer Neiße. (Beseitigung der Quellen landwirtschaftlicher und kommunaler Verschmutzungen in ländlichen Gebieten).
12. Monitoring des Zustandes aller Kompartimente der natürlichen Umwelt.
13. Einführung moderner Methoden zur Erzielung guter Infiltratqualitäten durch Anwendung horizontaler Drainagefassungen in Verbindung mit den bestehenden Infiltrationsteichen.
14. Erstellung einer Datenbank für die Fassungsanlagen zur wasserwirtschaftlichen Optimierung des Fassungssystems und als Datenbasis für kurzfristige und strategische Entscheidungen.

Dieses umfangreiche und vielfältige Programm umzusetzen braucht Zeit. Doch aufgrund der hydrogeologischen Situation der Stadt Wroclaw gibt es keine realen Möglichkeiten, weitere Grundwasserressourcen für kommunale Zwecke zu erschließen. Es sind insbesondere das Engagement der Mitarbeiter unserer Wasserbetriebe, ihre Ausdauer und Identifikation mit den Unternehmenszielen, die uns zu der optimistischen Einschätzung Anlass geben: Das Programm hat gute Erfolgschancen. Es ermöglicht Problemlösungen für die Wasserfassungen der Wroclawer Wasserbetriebe. Es bietet Perspektiven für die Stadt Wroclaw und die Versorgung der Umlandgemeinden. Und wir erhalten die erforderlichen Werkzeuge für ein effektives Wassermanagement mit den verfügbaren Ressourcen. Das ist umso wichtiger, da Wasser in Polen ein defizitäres Gut ist. Angesichts der drohenden Versteppung von Teilen des Kontinents wird seine Bedeutung weiter wachsen.

Raffaele Occhi

The Public Works Authority of the Lombardy region is responsible for Milan's groundwater management. The Po-Valley's hydro-geographical make-up contains one of the biggest underground water reservoirs in Europe. Construction of the first more than 50-metre-deep operational well and water mains began in 1888. Today Milan has 540 wells and extracts 16,000 litres per second. The fluctuations in the ground water table are largley due to water consumption by the population and industry, and have little relation to the weather and climate. Until 1920, the piezometric surface varied between very shallow depths in the north and depths of two to three metres in the south near the Fontanili, the springs where underground water comes to the surface south of Milan. The groundwater table sank up until the sixties, but since the mid-seventies it's been rising again. In the early nineties water rising water flooded underground structures, that were not designed to to be in the saturated zone, and water pollution increades by the mobilisation of pollutants that were previously immobile under dry conditions. A further rise in the groundwater level had to be prevented to avoid damage to public and private buildings. The Region of Lombardy, the Po River Authority, the City and Province of Milan and the Po Magistrate agreed on a mutual action programme. So far, 17 million German Marks have been invested in the continual monitoring of critical areas, the development of mathematical models, the drilling of new wells and pumping of water into surface channels. An quarry lake was pumped dry and the Fontanili reactivated

*Raffaele Occhi*

## Grundwasser-Management in Mailand

Im dicht bebauten Stadtgebiet von Mailand wohnen rund zwei Millionen Menschen. Die Entwicklung Mailands als Wohn-, Industrie- und Landwirtschafts-Standort hängt mit der Menge des unterirdischen Wassers zusammen. Die hydrogeografische Struktur der Po-Ebene enthält eines der größten unterirdischen Wasserreservoirs Europas. In Mailand ist der obere Grundwasserleiter 100 bis 120 Meter dick mit eingelagerten Tonlinsen; ein weiterer Grundwasserleiter befindet sich darunter.

Früher wurde die Bevölkerung durch Tiefbrunnen versorgt, die jedoch verschmutzen oder auch Quelle für Krankheiten werden können. Die ersten Projekte für öffentliche Wasserleitungen stammen aus den Jahren 1877 und 1881. Der Bau der über 50 Meter tiefen Brunnen und der Wasserleitungen begann dann 1888. Das Ursprungspotenzial lag bei 140 Liter pro Sekunde. Die Entwicklung schritt schnell voran. 1910 gab es 87 Brunnen (3.000 Liter pro Sekunde), 1928 331 Brunnen (6.000 Liter pro Sekunde) und heute hat Mailand 540 Brunnen (16.000 Liter pro Sekunde).

Die Analyse der historischen Daten über die Schwankungen des Wasserspiegels zeigt, dass bis 1920 die piezometrische Oberfläche variierte zwischen sehr geringen Tiefen in der nördlichen Zone und Tiefen bis 2 bis 3 Meter in der südlichen Zone neben den »Fontanili«, den natürlichen Austritten des unterirdischen Wassers südlich von Mailand. Danach sank der Wasserspiegel bis in die sechziger Jahre. In den Jahren des Wirtschaftsbooms Mitte der siebziger Jahre stieg er wieder an und er steigt weiter. In den frühen neunziger Jahren begann das Wasser in die Keller der Infrastrukturbauten einzudringen.

Wenn man die Schwankungen der Wasserentnahme im Gebiet von Mailand untersucht, stellt man fest, dass diese weitgehend auf das Maß des Wasserverbrauchs durch die Bevölkerung und die Industrie zurückzuführen sind und nur geringfügig von Wetter und klimatischen Faktoren abhängen.

Das steigende Wasser verursachte zwei Hauptprobleme: die unterirdischen Tragstrukturen waren zum einen nicht für solche Nässe ausgelegt. Das führte zu einer steigenden Wasserkontamination durch die Lösung von Substanzen, die vorher im Trockenen immobil waren. Die Bedeutung dieser Zone, der wirtschaftliche und materielle Schaden an öffentlichen und privaten Immobilien, die Zahl der direkt oder indirekt betroffenen Personen verlangte zum anderen, viel Geld zu investieren, um ein weiteres Ansteigen des Wasserspiegels zu verhindern.

Die Region Lombardien, die Bäderverwaltung des Po-Flusses, die Stadt und die Provinz Mailand sowie der Magistrat des Po beschlossen ein Aktionsprogramm. Es umfasste folgende Hauptmaßnahmen: laufende Kontrolle der kritischen Bereiche; mathematische Modellbildung; Bohren von neuen Löchern, Abpumpen in oberirdischen Rinnen; Kontrolle und Reduzierung eindringenden Wassers durch Management der landwirtschaftlichen Kanäle; Abpumpen eines Tagebau-Sees; Reaktivierung der Fontanili.

Bis heute wurden rund 17 Millionen DM investiert.

*Havelwiesen im Bereich der Brunnen des Wasserwerks Stolpe werden zur Grundwasseranreicherung überstaut*

*Jens Thierbach*

## Zur hydrogeologischen Situation des Landes Berlin

Das Land Berlin gewinnt den größten Teil seines Trink- und Brauchwassers für seine über 3,4 Millionen Einwohner aus den Grundwasserleitern des eigenen Stadtgebietes. 1989 wurde mit 378 Millionen Kubikmeter die bisher größte Rohwassermenge in einem Jahr gewonnen. 1999 förderten die Berliner Wasserbetriebe immer noch zirka 228 Millionen Kubikmeter.

Neben der Trinkwassergewinnung werden die hiesigen Grundwasservorkommen zusätzlich durch große Baumaßnahmen beansprucht, die mit ihren Kellergeschossen sehr tief in das Grundwasser eindringen. Oberflächennahe, schwebende Grundwasservorkommen auf den Hochflächen des Barnim und des Teltow führen ebenso wie das Warschau-Berliner-Urstromtal mit seinen teilweise geringen Flurabständen immer wieder zu Kellervernässungen, wenn Bauten nicht fachgerecht gegen drückendes Wasser abgedichtet wurden. Neuerdings wird das Grundwasser in Berlin auch zur Wärmegewinnung bzw. -speicherung genutzt.

Konflikte aus diesen vielfältigen Nutzungen des Grundwassers können nur durch ein berlinweites flächendeckendes Grundwassermanagement bewältigt werden. Als wichtigste Grundlage dazu wurde eine hydrogeologische Gliederung der nutzbaren Grundwasservorkommen des Landes Berlin erarbeitet. Nur damit können überhaupt erst Bilanzierungen der nutzbaren Grundwasservorräte des Landes durchgeführt sowie weitergehende Grundlagen für hydraulische Modellierungen geschaffen werden. Das darauf aufbauende Grundwassermanagement dient damit der dauerhaften Sicherung einer qualitativ hochwertigen Trinkwasserversorgung, dem Schutz der Ökosysteme vor zu niedrigen und der Bausubstanz vor zu hohen Grundwasserständen.

Berlin liegt – geomorphologisch gesehen – in der Norddeutschen Tiefebene. Dieser Raum wurde in der jüngeren Erdgeschichte durch die drei großen nordischen Eiszeiten (Elster, Saale und Weichsel) teilweise bis in über 200 Meter Tiefe geformt. Dabei hat die Weichsel-Kaltzeit als jüngste dieser drei Eiszeiten die Oberfläche Berlins am stärksten gestaltet. Aus dieser mehrfachen glazialen Überprägung unseres Raumes ergibt sich der heutige geologische Aufbau Berlins.

Die Stadt wird von Südost nach Nordwest vom Warschau-Berliner Urstromtal mit mächtigen Talsanden gequert. Hier hat auch die Besiedlung unserer Stadt begonnen. Die weichselzeitlichen Grundmoränenplatten des Barnim im Norden und des Teltow im Süden begrenzen das Urstromtal. Diese bis über 20 Meter mächtigen Geschiebemergelhochflächen werden überwiegend aus gering durchlässigen tonig bis schluffigen Lockersedimenten aufgebaut.

Der hydrogeologische Schnitt gibt einen Überblick über die beiden Grundwasserstockwerke mit ihren Grundwasserleitern, die für Berlin besondere Bedeutung besitzen. Dabei kann das Salzwasserstockwerk in über 200 Meter Tiefe wegen seiner hochgradigen Mineralisierung für Trinkwasserzwecke nicht genutzt werden. Aus einigen Bohrungen ist bekannt, dass dieses mehrere hundert Meter mächtige, tief gelegene Stockwerk aus tertiären bis triassischen Locker- und Festgesteinen aufgebaut ist. Die Nutzung dieser tiefen Grundwässer hat seit kurzem für die Wärme- bzw. Kältespeicherung eine gewisse Bedeutung erlangt. Zur Zeit befindet sich eine Anlage für die Wärmeversorgung des Deutschen Reichstags in der Erprobung; dafür werden die Grundwässer der jurassischen Hettang-Sandsteine zur Wärmespeicherung genutzt.

Das darüber liegende Süßwasserstockwerk ist mit einer durchschnittlichen Mächtigkeit von etwa 150 Metern von besonderer Bedeutung für das Land Berlin. Aus diesem Stockwerk wird einerseits die gesamte Wasserversorgung gesichert, andererseits werden im oberflächennahen wassergesättigten Bereich tiefe Baumaßnahmen mit ihren teilweise schwierigen Gründungsverfahren durchgeführt. Wegen der Bedeutung des Süßwasserstockwerks für unsere Region wurde es zusätzlich in vier stratigraphisch unterscheidbare Grundwasserleiter untergliedert.

Dieses obere Grundwasserstockwerk ist durch eine differenzierte Abfolge von bindigen und rolligen Lockersedimenten charakterisiert. Die bindigen Sedimente wie Mudden, Tone, Schluffe und Geschiebemergel bilden entsprechend ihrer hydraulischen Durchlässigkeit die Gruppe der Grundwas-

**Jens Thierbach**

Berlin gets most of its drinking and industrial water for its 3.4 million inhabitants from groundwater conductors inside the city. Berlin lies in the North German lowland plain which is characterised by the three major ice ages (Elster, Saale and Weichsel). The city is traversed from the southeast to the northwest by the Warsaw-Berlin glacial valley with extensive glacial valley sands. The saline aquifer lies at a depth of more than 200 metres. It can't be used for drinking water purposes due to its high mineral content. A plant is currently being piloted to supply the Reichstag with heat by using the groundwater in these Jurassic Hettang strata to store thermal energy. Above that, about 150 metres deep, lies the fresh water acquifer which supplies Berlin with all of its drinking water. The main water-bearing stratum used to supply drinking water consists of the commonly found glacio-fluvial sands and gravels laid down during the Saale ice age. The Rupelian marl layer immediately underlying the fresh water aquifer is characterised as a ground water impermeable layer which functions as a hydraulic

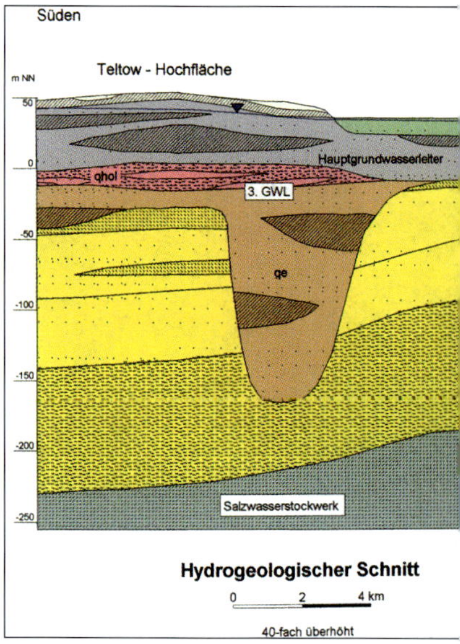


*Grundwasserleiter in Berlin*

barrier against upwelling salt water. It's been completely eroded in some places, so that mineralised ground water can migrate into the fresh water and contaminate drinking water. In extreme cases the entire fresh water acquifer can be locally "hydraulically short circuited".

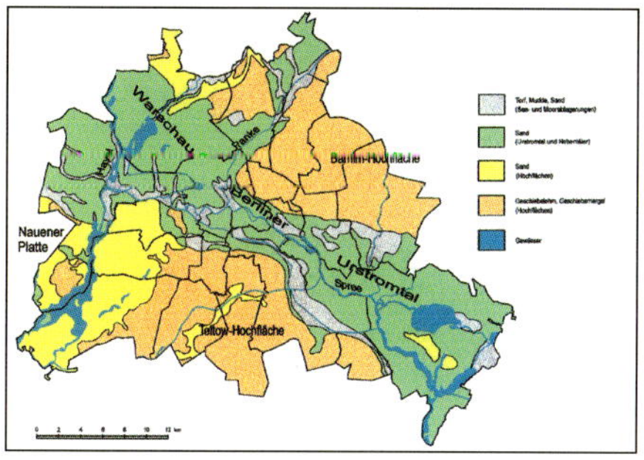


*Geologische Skizze von Berlin*

sergeringleiter oder Grundwasserhemmer, die rolligen Sande und Kiese stellen die Grundwasserleiter dar.

1. Der erste Grundwasserleiter wird von den unbedeckten Sanden und Kiessanden des Holozäns und der Weichsel-Kaltzeit gebildet. Er wird auf den Hochflächen von der weichselzeitlichen Grundmoräne im Liegenden begrenzt. Im Urstromtal kommunizieren die Sande und Kiese der Weichsel-Kaltzeit mit dem liegenden saalezeitlichen zweiten Grundwasserleiter.

2. Der zweite Grundwasserleiter bildet in Berlin wegen seiner besonderen Bedeutung für die Trinkwasserversorgung den Hauptgrundwasserleiter mit weit verbreiteten glazifluviatilen Sanden und Kiessanden der Saale-Kaltzeit. Im Urstromtal korrespondiert er mit dem unbedeckten ersten Grundwasserleiter. Auf weiten Teilen der Hochflächen ist dieser Grundwasserleiter dagegen durch Grundmoränen bedeckt. Die Untergrenze (das Liegende) dieses bedeutenden Grundwasserleiters bilden im Süden von Berlin die Tone und Mudden der Holstein-Warmzeit, im Norden bindige und rollige Ablagerungen des Miozäns oder der Elster-Grundmoräne.

3. Holsteinzeitliche fluviatile Sande und Kiese bilden gemeinsam mit den glazifluviatilen bis fluviatilen elsterzeitlichen Sanden und Kiessanden den dritten bedeckten Grundwasserleiter. Dazu gehören auch die Sande und Kiessande der elsterzeitlichen Rinnenfüllungen, die das gesamte Stadtgebiet überwiegend nord-südlich durchziehen. Die Rinnen können im Stadtgebiet Mächtigkeiten von über 200 Metern erreichen und weisen eine zum Teil »chaotische« Verfüllung mit Sanden, Kiesen, Bekkentonen und Geschiebemergeln auf.

4. Der vierte Grundwasserleiter wird aus tertiären Sanden des Miozäns und des Chatts (Oberoligozän) aufgebaut und zur Tiefe vom Rupelton begrenzt. Die durchschnittliche Mächtigkeit dieses Grundwasserleiters beträgt zirka 120 Meter. In Randsenkenpositionen (wie im Spandauer Forst) ist die Mächtigkeit bedeutend größer (350 Meter), in Scheitelzonen von Salzstrukturen (z.B. Lübars) wesentlich geringer (bis 0 Meter).

Der das Süßwasserstockwerk zur Tiefe begrenzende tonig bis schluffige Rupelton (tolR) ist in Berlin als Grundwasserhemmer bzw. -nichtleiter ausgebildet und besitzt dadurch eine besondere Bedeutung als hydraulisch wirksame Barriere gegen das aufsteigende Salzwasser. Elsterzeitliche Gletscher haben sich in Berlin durch die Anlage tiefer Rinnen (qe) in die tertiäre Oberfläche meist bis ins Miozän und in die Rupel Folge eingeschnitten und sie anschließend mit ihren bindigen und rolligen Sedimenten verfüllt. Dabei wurde stellenweise der Rupelton vollständig erodiert, so dass dort ein direkter Kontakt zum liegenden Salzwasserstockwerk besteht (z.B. Elsenstrasse/ Neukölln).

Durch diese Fehlstellen kann mineralisiertes Grundwasser aus dem Salzwasserstockwerk in das hangende Süßwasser migrieren und die Trinkwassernutzung hier stark beeinträchtigen.

Da die einzelnen grundwasserhemmenden Schichten auf Grund der regional unterschiedlichen Sedimentations- und Erosionsvorgänge meist nicht über das gesamte Stadtgebiet durchgängig aushalten, können zwischen den einzelnen Grundwasserleitern mit ihren lokalen Untergliederungen kleinräumige, aber auch flächenhafte hydraulische Verbindungen bestehen. Im Extremfall können bis zum Rupelton (Salz/Süßwassergrenze) alle Grundwasserhemmer fehlen, sodass örtlich das gesamte Süßwasserstockwerk »hydraulisch kurzgeschlossen« ist. Dies ist z.B. im Bereich der Zitadelle/Spandau der Fall.

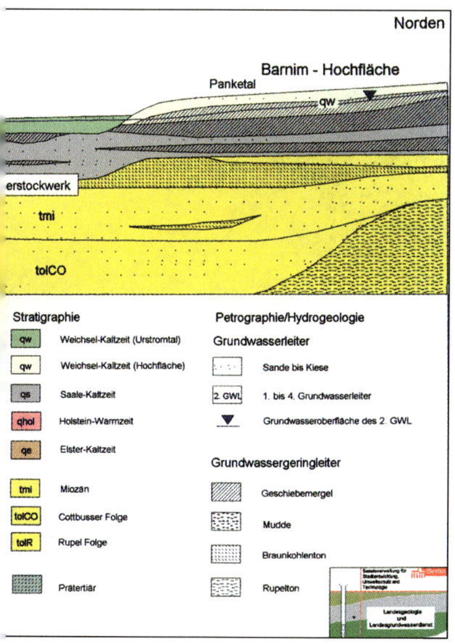

*Lothar Rohrbach*

## Trinkwasserversorgung und Abwasserentsorgung in Berlin

Die Berliner Wasserbetriebe sind der größte Wasserver- und Abwasserentsorger Deutschlands. Die hydrogeologischen Verhältnisse Berlins sind für die Grundwasserentnahme sehr gut geeignet. Grundwasser wird aus über 800 Betriebsbrunnen mit einer Tiefe von 30 Meter bis 170 Meter entnommen und von derzeit 11 Wasserwerken an die Bevölkerung Berlins verteilt.

614.000 Kubikmeter Trinkwasser werden im Jahresdurchschnitt täglich an Privathaushalte und die Industrie über ein 7.733 Kilometer langes Verteilungsnetz abgegeben. Die tägliche Spitzenförderung lag im Jahr 1999 bei 910.000 Kubikmeter.

Durch den Rückgang der Industrie und das veränderte Verbrauchsverhalten der Berliner Bevölkerung ist die Trinkwasserproduktion von 1989 bis 1999 um zirka 40 Prozent gesunken. Der rückläufige Wasserverbrauch und die damit verbundene geringere Grundwasserförderung haben für die Grundwasserstände im gesamten Stadtgebiet Konfliktpotenziale an besonders sensiblen Standorten zur Folge. Von der jährlichen Niederschlagsmenge von zirka 600 Millimeterwerden 150 bis 200 Millimeter dem Grundwasserhaushalt zugeführt. Diese Menge reicht jedoch nicht aus, um den Grundwasserhaushalt der Stadt zu konsolidieren. Das Defizit muss durch Uferfiltration und künstliche Grundwasseranreicherung ausgeglichen werden. Der Uferfiltratanteil ist standortbezogen differenziert zu betrachten und liegt zwischen 20 und 90 Prozent. Die künstliche Grundwasseranreicherung beträgt ca. 50 Millionen Kubikmeter pro Jahr.

Die Berliner Wasserbetriebe sind in der Lage, mit naturnaher Aufbereitungstechnologie ein qualitativ hochwertiges Trinkwasser an die Kunden abzugeben. Damit diese Trinkwasserqualität stabil bleibt, wird in allen Grundwasserfassungen eine behutsame Bewirtschaftung angestrebt. Dies ist auch unter ökologischen Gesichtspunkten für die Stadt und das Umland von beträchtlicher Bedeutung. Aus diesem Grund bauen die Berliner Wasserbetriebe derzeit ein wasserwirtschaftliches Ressourcenmanagement auf mit dem Ziel, alle wasserwirtschaftlichen Betriebsdaten zu erfassen und für eine wirtschaftliche und ökologische Fahrweise aller Wasserwerke umzusetzen. Die Berliner Wasserbetriebe arbeiten dabei mit der Senatsverwaltung für

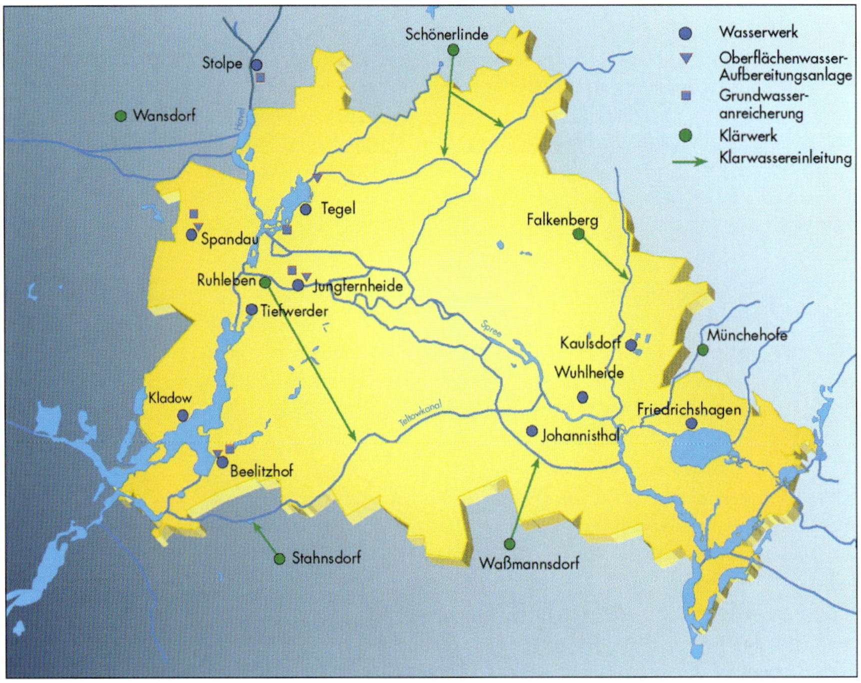


**Lothar Rohrbach**

The Berliner Wasserbetriebe is Germany's biggest water supplier and waste water disposal utility. Groundwater is taken from 800 operational wells (30 to 170 metres deep) and distributed to the population by 11 water treatment plants. An average of 614,000 cubic metres of drinking water are supplied daily to private households and industry via a 7,733 kilometre distribution network. Due to the decrease in industry and changing costumer behaviour a 40 percent decrease of water production and discharge of sewage was registered between 1989 and 1999. The resulting reduction in ground water extraction gave rise to potential problems at critical locations with respect to the ground water level. Only 150 to 200 mm of the 600 mm annual precipitation penetrates into the ground water, which is not sufficient for its recharge. The deficit has balanced by bank filtration (between 20 and 90 percent of untreated water) and about 50 million cubic metres artificial ground water recharge annually. 654,000 cubic metres of waste water is collected daily in a 8,813 kilometre-long sewage collection system. It is pumped to seven sewage treatement plants via a 1,000 kilometre pressure pipe system, where it is treated. The treated sewage flows into the Spree and Havel rivers. Valuable raw materials and energy are extracted from sewage sludge after its processing in incineration and gasification plants. The decreasing waste water quantity in Berlin has led to the closure of one treatement plant. A second one will be set out of operation in 2002.

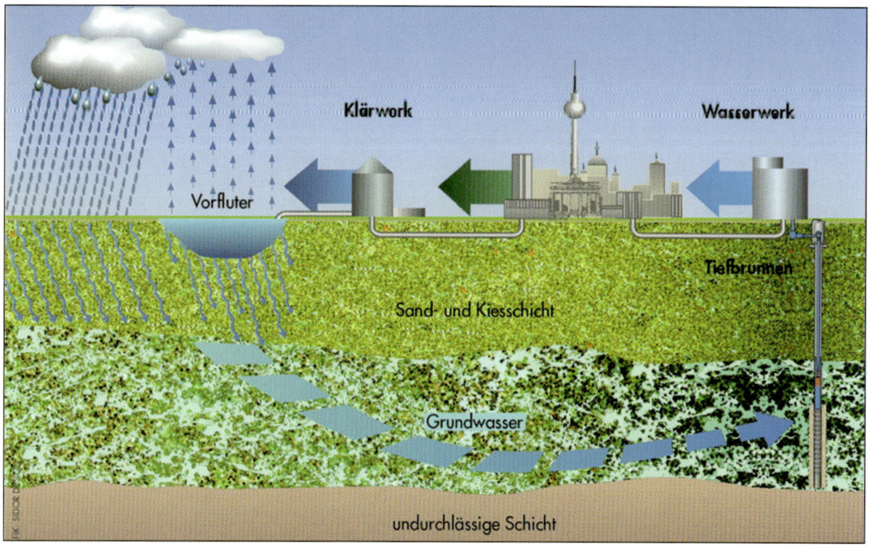


*Prinzip-Skizze Grundwassermanagement*

**Martin Böhme**

Berlin's ground water deposits have been taxed by its large-scale construction sites (train tunnel, government buildings, Potsdamer Platz). The water-tight basements of these projects extend 20 metres into the ground water in an area of 20,000 square metres. Ground water management was of fundamental importance to gurantee overall safety, prevent damage to the environment, the sinking of buildings or flooding of the underground railway system were important to consider during construction. A groundwater monitoring system was installed in the areas of Potsdamer Platz and the government district. The data is analysed on a daily basis, enabling us to localise changes in the ground waterlevels in the different areas, discover when leaks developed in construction troughs or if major accidents occured, to introduce counter-measures to protect both vegetation and buildings. In the Tiergarten park the permissable fluctuation depth was one metre, twice as much as the average seasonal changes that occur naturally in the ground water level. To prevent a drop below the permissable level equipment was installed to top up the park's water level.

Stadtentwicklung zu Umweltfragen in verschiedenen Arbeitsgruppen und Gremien eng zusammen, um eventuelle Kontroversen einvernehmlich zu lösen.

Das anfallende Abwasser wird in einem 8.813 Kilometer umfassenden Trenn- und Mischkanalsystem erfasst. Über ein zirka 1.000 Kilometer langes Druckleitungssystem wird das Abwasser aus den Einzugsgebieten in die insgesamt 142 Abwasserpumpwerke zu den sieben Klärwerken gefördert. Die geklärten Abwasser, die in der Qualität den leistungsschwachen Vorflutern angepasst sind, werden in die Spree und die Havel eingeleitet.

Die tägliche Abwassermenge in Berlin und seinem Umlandes beträgt durchschnittlich 654.000 Kubikmeter. In dieser Menge ist ein Anteil des Regenwassers enthalten, der im innerstädtischen Mischkanalsystem anfällt. Die Abwasserreinigungsanlagen produzieren eine Klarwasserqualität, die die EU-Richtlinien sicher einhalten. Die Klärschlammverwertung wird entsprechend Kreislaufwirtschaftsgesetz so vorgenommen, dass über Verbrennungs- und Vergasungsanlagen Wertstoffe gewonnen und Energie erzeugt wird. Die ebenfalls sinkende Abwassermenge in Berlin führte zu einer Anpassung der Kapazitäten der Reinigungsanlagen. So wurde bereits 1998 die Kläranlage Marienfelde stillgelegt. 2002 folgt die Abschaltung des Klärwerks Falkenberg.

*Martin Böhme*

## Grundwassermanagement auf Berliner Großbaustellen

In den letzten Jahren wurden in Berlin gewaltige Baumaßnahmen im Grundwasser durchgeführt, wie beispielsweise die Fernbahntunnel mit den Bahnhöfen, die Regierungsbauten oder die Bebauung am Potsdamer Platz. Die einzelnen Baugruben, die als weitgehend wasserdichte Bautröge errichtet wurden, reichten dabei bis mehr als 20 Meter in das Grundwasser und besaßen eine Grundfläche von bis zu etwa 20.000 Quadratmeter.

Sowohl in den Vorplanungen als auch in der Bauausführung spielten die Havariesicherheit und die Verhinderung möglicher Folgen in der Umgebung, wie Setzungsschäden an Bauwerken oder Wassereinbrüche in U-Bahnen, eine entscheidende Rolle. Deshalb wurden nicht nur an die Bauausführung höchste Anforderungen gestellt, sondern auch an Überwachungsmaßnahmen in der Umgebung. Neben der Beweissicherung an Bauwerken wurde allein im Umfeld des Potsdamer Platzes oder des Regierungsviertels ein Grundwassermeßnetz aufgebaut, das jeweils aus bis zu mehr als 100 Messstellen bestand, die kontinuierlich die Grundwasserstände aufzeichneten. Die erhobenen Daten wurden täglich ausgelesen und über ein

Grundwassermodell so ausgewertet, dass für jeden Tag Grundwassergleichen- und Differenzenpläne des gesamten Überwachungsgebietes erstellt werden konnten. Damit liegt eine lückenlose Dokumentation aller Änderungen des Grundwasserstandes während der gesamten Bauphase vor. Wie die folgenden Abbildungen der Grundwassergleichenpläne vom Regierungsviertel zeigen, wird aber auch deutlich, wie schnell der Grundwasserleiter auf Veränderungen der baubedingten Grundwasserförderung reagiert. Innerhalb von zwei Wochen stieg dort der Grundwasserspiegel auf grosser Fläche um einen Meter an, nachdem die Restwasserhaltung eingestellt war.

Mit diesem System ist es auch möglich, bei Trögen, die nicht die gewünschte Dichtheit aufweisen oder bei Havarien, also plötzlichen Wassereinbrüchen in den Bautrog, die Reaktion des Grundwassers im Umfeld zu erkennen sowie die Orte, an denen durch die sinkenden Grundwasserstände Schäden an der Vegetation oder an Bauwerken befürchtet werden müssen. Diese kritischen Grundwasserstände waren vor Baubeginn gutachterlich festgelegt worden.

Abgeleitet wurden sie einerseits auf der Basis der Setzungsempfindlichkeit von Gebäuden wie dem Bahnhof Potsdamer Platz, dem Reichstag oder dem Brandenburger Tor, andererseits im Hinblick auf den Erhalt des angrenzenden Tiergartens nach ökologischen Überlegungen. Am kritischsten für die Vegetation sind danach Grundwasserabsenkungen bei einem Flurabstand von zwei bis vier Metern, da die Wurzeln trotz Kapillareffekt vom Grundwasser abgeschnitten werden können. Gerne übersehen wird andererseits die Gefahr einer Anhebung des Grundwasserspiegels, wie er durch Wiederversickerungsmaßnahmen hervorgerufen wird, da verholzte Wurzeln bei Vernässung faulen können. Als Ergebnis ergab sich unter Berücksichtigung der unbeeinflussten Grundwasserstände der letzten 20 Jahre für den Tiergarten eine zulässige Schwankungsbreite von einem Meter - doppelt so viel, wie die natürliche durchschnittliche jahreszeitliche Veränderung.

Als Gegenmaßnahme bei unzulässig stark sinkenden Grundwasserständen wurden insbesondere in Richtung an den angrenzenden Tiergarten, die wichtigste Grünanlage in der Innenstadt, und andere wichtige Schutzgüter Anlagen zur Wiederversickerung installiert. Die Entscheidung, ob überhaupt, wo und in welcher Menge eine gezielte Infiltration von Wasser aus den Baugruben erforderlich wird, wurde anhand der gemessenen Grundwasserstände, der Empfindlichkeit des Schutzgutes und den davon abgeleiteten Soll-Grundwasserständen sowie dem Baugeschehen getroffen. In einigen Fällen wurde aber die Möglichkeit zur gezielten Wiederversickerung auch dazu genutzt, eine hydraulische Sperre zu Altlasten aufzubauen, die sonst durch die Grundwasserentnahmen mobilisiert worden wären.

Dieses ausgeklügelte Überwachungs- und Steuerungssystem hat sich sowohl für den Normalfall als auch bei Havarien bestens bewährt und konnte auch dafür eingesetzt werden, die Folgen weiterer Eingriffe durch zusätzliche Baumaßnahmen im Überwachungsgebiet oder das Zusammentreffen mehrerer kritischer Bauphasen abzuschätzen und vor dem Eintreten von Schäden Gegenmaßnahmen zu ergreifen.

Der Aufwand für die Messstellen, die tägliche Ablesung der Daten sowie die Auswertung mittels Modell darf jedoch nicht unterschätzt werden und ist nur dann gerechtfertigt, wenn mehrere schwerwiegende Eingriffe in das Grundwasser in einem sensiblen Gebiet durchgeführt werden sollen. In einem solchen Fall ist dann allerdings sichergestellt, dass bei unerwarteten Ereignissen die Folgen in der Umwelt zeitgleich ermittelt und unverzüglich Gegenmaßnahmen eingeleitet werden können. Eine solche Steuerung der Grundwasserstände an sensiblen Standorten durch ständige Überwachung, Messung der Grundwasserentnahmen und gegebenenfalls gezielte Wiederversickerungsmaßnahmen kann jedoch auch auf andere Situationen wie große Wasserwerke und die Einhaltung bestimmter Wasserstände in benachbarten Feuchtgebieten übertragen werden.

*Baustelle Potsdamer Platz*

Heidi Dlubek

The Berliner Wasserbetriebe is setting up a water resource management system. The aims are to monitor the amount and composition of ground water resources, to create and constantly update basic information by electronic, data collection, as well as to optimise the operation of the water management. The Ground Water Monitoring System gathers all relevant information on the subterranian catchment area and data on activities relevant to extraction and replentishment of ground water. Parallel to this a conventionally catalogued documentation exists of the drilling and measurement points. A hydrogeological structure model combines the individual information contained in the monitoring system with additional water management and regional knowledge, and compiles the findings into a masterplan. Secondly the three-dimensional ground water flow model for strategic planning (based on the FELFOW simulator) is constantly available. This mathematical instrument simulates the complicated, dynamic processes of the ground water, the dispersion of

*Heidi Dlubek*

## Grundwassermanagement in den Einzugsgebieten der Berliner Wasserwerke

Für eine effiziente Bewirtschaftung und Überwachung der Grundwassereinzugsgebiete unserer Wasserwerke führen die Berliner Wasserbetriebe ein wasserwirtschaftliches Ressourcenmanagement ein. Es entspricht mit der Nutzung dv-gestützter Modellierungstechnik dem aktuellen technischen Stand.

Wesentliche Zielsetzungen sind die Überwachung der Grundwasserressourcen nach Menge und Beschaffenheit für den aktiven Grundwasserschutz, die Beweissicherung, die Schaffung und ständige Aktualisierung der Informationsgrundlagen; die Optimierung des Betriebes wasserwirtschaftlicher Anlagen zur Grundwassergewinnung und Grundwasseranreicherung; die Steuerung und Kontrolle wasserwirtschaftlicher Anlagen und der genutzten Ressourcen.

Es gibt vier Instrumente des wasserwirtschaftlichen Ressourcenmanagements:

1. Grundwasser Monitoring Systeme, einschließlich Bohrungs- und Messstellenkataster und hydrogeologischer Strukturmodelle:

Das Grundwasser Monitoring System ist die Beobachtung und Überwachung der Ressource Grundwasser nach Menge und Beschaffenheit. Alle für ein Einzugsgebiet relevanten geologischen, geographischen, hydrogeologischen, hydrologischen, geohydrotechnischen und betrieblichen Daten werden in einer einheitlichen Datenbank auf Basis der Software GCI-GMS erfasst und in Beziehung zueinander gebracht. Diese Datenbanken enthalten alle Informationen (Stamm- und Bewegungsdaten) zu Bohrungen, Grundwassermessstellen, Brunnen, Oberflächenwassermessstellen, Niederschlagsmessstellen und betrieblichen Anlagen zur Grundwasserförderung und -anreicherung. Die Datenbanken werden ständig aktualisiert und stellen die entscheidende Basis für alle folgenden Untersuchungen dar.

Das Bohrungs- und Messstellenkataster ist die katalogisierte Darstellung der Bohrungen, Messstellen und Brunnen in konservativer Dokumentationsform. Der inhaltliche Aufbau und die Gestaltung sind nach einem eindeutigen Ordnungssystem gegliedert, das die schnelle und zielsichere Recherche nach allen Stammdaten der Bohrungen, Messstellen und Brunnen erlaubt.

Das Hydrogeologische Strukturmodell schließlich beinhaltet die modellhafte Darstellung der Hydrogeologie eines Einzugsgebietes. Es vereinigt alle im Grundwasser Monitoring System enthaltenen hydrogeologischen Einzelinformationen unter Einbeziehung zusätzlicher wasserwirtschaftlicher und regionaler Erkenntnisse zu einer plausiblen, in sich schlüssigen Gesamtkonzeption. Das hydrogeologische Strukturmodell ist unter anderem Grundlage für die Messstelleneinordnung im Grundwasser Monitoring System hinsichtlich deren Zuordnung zu bestimmten hydraulisch klassifizierte Grundwasserleitern. Es ist zugleich notwendige Voraussetzung für die Entwicklung von Grundwasserströmungsmodellen.

2. Ständig verfügbare Modelle:

Hierbei handelt es sich um ein dreidimensionales Grundwasserströmungsmodell auf Basis des Simulators FEFLOW, das ständig verfügbar gehalten und möglichen neuen geologischen Erkenntnissen angepasst wird. Es ist ein anerkanntes mathematisches Instrument, um die komplizierten dynamischen Prozesse des Grundwassers und die Ausbreitung von Schadstoffen zu simulieren. Das Modell dient der Durchführung von Grundsatzuntersuchungen zu wasserwirtschaftlichen Planungen und Bewirtschaftungsstrategien in Form von Szenarioanalysen. Die daraus resultierenden Ergebnisse bilden eine wesentliche Grundlage bei der Entscheidungsfindung zur Grundwasserbewirtschaftung.

3. Grundwasserneubildungsmodell:

Mit diesem Modell wird der innerjährliche monatliche Gang der Grundwasserneubildung, einer wesentlichen Bilanzgröße im Einzugsgebiet eines Wasserwerkes berechnet. Die möglichst genaue Kenntnis der Grundwasserneubildung ist für alle beschriebenen Teilinstrumente wichtig und erleichtert die Bilanzierung der jährlich verfügbaren Ressourcen.

4. Kontroll- und Steuerungsmodell:

Das Kontroll- und Steuerungsmodell ist ein anlagenorientiertes Modell, das aus dem komplexen ständig verfügbaren Modell über Modellvereinfachungen reduziert wird. Es ist ein leicht handhabbares Routinebearbeitsinstrument in den Wasserwerken und funktioniert mit minimalen Rechenzeiten. Durch

*Natürliche Grundwasserbewirtschaftung*

Rückkopplung zu realen Messwerten wird das Modell ständig qualifiziert und so die Aussagesicherheit der kurzfristigen Prognosen erhöht. Mit diesem Modell können im Ergebnis von Optimierungsaufgaben Vorschläge zur Betriebsweise der einzelnen Anlagenteile (Galerie, GWA-Becken) unterbreitet werden. Zu berücksichtigen sind dabei die Einhaltung von Restriktionen für nicht zu überschreitende bzw. nicht zu unterschreitende Grundwasserstände. Für die Modellreduktion und den Zustandsbeobachter wird die für Berliner Wasserbetriebe entwickelte Software MORSE-KSM eingesetzt.

Die Datenbanken und Modelle werden Schritt für Schritt einzugsgebietsweise für jedes Wasserwerk erstellt und angewendet. Die Monitoringsysteme für die Wasserwerke Johannisthal und Tiefwerder sind bereits im Einsatz, die Grundwasser Monotoring Systeme für Spandau und Tegel werden im Sommer fertig sein, der Aufbau der Systeme für Jungfernheide und Stolpe wird als nächstes folgen. Für die Wasserwerke Johannisthal, Tiefwerder und Spandau sind die Grundwasserströmungsmodelle, für Spandau und Jungfernheide sind Grundwasserneubildungsmodelle verfügbar. Das Kontroll- und Steuerungsmodell für das Wasserwerk Spandau wird zur Zeit aktualisiert.

Zur EXPO 2000 Weltausstellung, zu der sich die Berliner Wasserbetriebe als Partner in der Themengruppe »Wasser in der Stadt« in der Rummelsburger Bucht präsentieren, wird auch das wasserwirtschaftliche Ressourcenmanagement vorgestellt. Das Wasserwerk Spandau dient dabei als Referenzobjekt.

Ptoxic substances, and allows one to view the planning and strategies of water management as scenario analyses. The results form the basis for ground water management decisions. Thirdly a ground water recharge model calculates the monthly ground water recharge over the course of a year. Finally, a supervision and controlling model, as used in water works, allows short-term calculations.

## Dank

Wir danken folgenden Institutionen und Firmen für die freundliche Hilfe und großzügige Unterstützung:
**Senatsverwaltung für Stadtentwicklung des Landes Berlin;**
**Senatsverwaltung für Wirtschaft und Technologie des Landes Berlin;**
**Bezirksamt Friedrichshain von Berlin;**
**Bezirksamt Lichtenberg von Berlin;**
**Città d'Acqua, Venedig;**
**Berliner Wasserbetriebe;**
**Deutsche Binnenreederei;**
**HPE Hanseatische Wohnhaus GmbH;**
**Wilhelm Kuhrt Bauregie;**
**Landesbank Berlin;**
**Uferpark Stralau GbR;**
**Trimaran GbR;**
**Ziel Projektentwicklungsgesellschaft mbH**

Buch zur EXPO 2000-Ausstellung
»Wasser in der Stadt«
im ehemaligen Werkstattgebäude
der Stralauer Glashütte,
Alt Stralau 63-67, 10245 Berlin
Vom 1. Juni bis 31. Oktober 2000
http//www.wasserstadt.de
e-mail: zentrale@wasserstadt.de
Telefon: 030-355901-34

Herausgegeben von der
Wasserstadt GmbH
mit Unterstützung der
Berliner Wasserbetriebe

## Autoren

**Hans Ander**: Stadtplanungsamt Göteborg.
**Prof. Riek Bakker**: Architektin und Stadtplanerin, Universität Eindhoven, Lehrstuhl für Baukunde.
**Heike Brandhorst**: Dipl. Ing. Raumplanung, Bauassesorin, seit 1996 Projektentwicklung ERB/Wasserstadt GmbH Berlin.
**Winfried Brenne**: Dipl. Ing. Architekt BDA/DWB, Selbständiges Büro in Berlin, Umbau und Instandsetzung der Thalia-Schule Alt-Stralau im Entwicklungsgebiet Rummelsburger Bucht.
**Prof. Klaus Theo Brenner**: Prof. Dipl. Ing. Architekt, Selbständiges Büro in Berlin, Professur für Städtebau und Entwerfen an der Schule für Architektur und Städtebau in Potsdam seit 1992 verantwortlicher Architekt für das städtebauliche Entwicklungsprojekt Rummelsburger Bucht.
**Prof. Joan Busquets**: Architekt und Stadtplaner, vorm. Chefplaner der Stadt Barcelona für die Olympischen Spiele;
**Prof. Laurenz Demps**: Professor für Territorialgeschichte Berlin-Brandenburg, Humboldt-Universität zu Berlin, Veröffentlichungen zur Berlin-Brandenburgischen Geschichte.
**Prof. Peter Droege**: Professor für Stadtplanung an der Universität Sydney, Australien.
**Prof. Helmut Engel**: Leiter der Obersten Denkmalschutzbehörde in der Senatsverwaltung für Stadtentwicklung in Berlin; Honorarprofessor der Technischen und der Freien Universität Berlin, Veröffentlichungen zur Baugeschichte Berlins.
**Herbert Helle**: Dipl. Ing. für Stadt- und Regionalplanung, Geschäftsstellenleiter Entwicklungsbereich Rummelsburger Bucht, seit 1994 Mitglied in der Geschäftsleitung der ERB mbH Berlin/Wasserstadt GmbH Berlin.
**Uli Hellweg**: Architekt und Stadtplaner, Geschäftsführer der Wasserstadt GmbH, Berlin.
**Prof. Herman Hertzberger**: Architekt Amsterdam, Niederlande Masterplaner Entwicklungsgebiet Rummelsburger Bucht, Teilgebiet Stralau Stadt.
**Ronald Klein-Knott**: Stadtrat für Bauwesen und Stadtplanung, Kiel.
**Dr. Klaus Kürvers**: Freischaffender Architekt und Bauhistoriker, »AKRA-Verein zur Förderung wasserorientierten Bauens«, Berlin.
**Wolfgang Mesenich**: Freier Landschaftsarchitekt, geschäftsführender Gesellschafter im Büro Dr. Szamatolski & Partner, Berlin, Umweltbilanz Wasserstadt am Spandauer See und Umweltmanagement im Entwicklungsgebiet Rummelsburger Bucht, Berlin.
**Dr. Dirk Schubert**: Technische Universität Hamburg-Harburg, Arbeitsbereich Städtebau, Stadtökologie und Wohnungswesen.
**Dieter Steffen**: Geschäftsführer der »Innenhafen Duisburg Entwicklungsgesellschaft mbH«.
**Jürg Steiner**: Architekt, Berlin.
**Dr. Hans Stimmann:** Architekt und Stadtplaner, Senatsbaudirektor in Berlin.
**Karl Thomanek**: Freier Landschaftsarchitekt; seit 1993 in Partnerschaft mit Hiltrud Duquesnoy; Freiraumkonzept Rummelsburger Bucht.
**Jörn Walter**: Oberbaudirektor, Hamburg.

Die Autoren der Exkurse werden unter den entsprechenden Workshops vorgestellt.

# Workshops

# »Nachhaltige Stadtentwicklung« 1999/2000 in Berlin

**Werkstattgebäude der ehemaligen Glashütte Stralau, Alt-Stralau 63--67, 10245 Berlin**

## Workshop 1 am 7. Oktober 1999: Wasserstädte – Eine Zwischenbilanz

**Wissenschaftliche Leitung:**
Rolf Graff: Wasserstadt GmbH Berlin, Projektmanager
**Moderation:**
Klaus Stadler: GEWOBA, Bremen
**Teilnehmer:**
Hans Ander: Stadtplanungsamt Göteborg;
Prof. Riek Bakker: Architektin und Stadtplanerin, Universität Eindhoven, Lehrstuhl für Baukunde;
Dr. Stephan Böhme: Betroffenenvertretung Entwicklungsbereich Rummelsburger Bucht, Berlin;
Prof. Peter Droege: Professor für Stadtplanung an der Universität Sydney, Australien;
Franziska Eichstädt-Bohlig: Architektin und Stadtplanerin, Deutscher Bundestag Bündnis 90/Die Grünen, Berlin;
Dr. Christoph Ewen: Öko-Institut e.V. Darmstadt;
Dr. Friedhelm Fischer: Wissenschaftlicher Mitarbeiter am Fachbereich für Stadtplanung und Landschaftsplanung Gesamthochschule Kassel;
Uli Hellweg: Dipl. Ing. Architektur und Stadtplanung, Geschäftsführer Wasserstadt GmbH, Berlin;
Dr. Gesine Lötzsch: Abgeordnetenhaus von Berlin, PDS;
Reiner Nagel: GHS (Gesellschaft für Hafen- und Standortentwicklung), Hamburg;
Fritz Niedergesäss: Abgeordnetenhaus von Berlin, CDU;
Dr. Peter Meyer: Abgeordnetenhaus von Berlin, SPD;
Dr. Ludovica Scarpa: Freiberufliche Bauhistorikerin, Città d'Acqua, Venedig;
Dr. Dirk Schubert: Technische Universität Hamburg-Harburg, Arbeitsbereich Städtebau, Stadtökologie und Wohnungswesen;
Hiltrud Sprungala: Landesverband Freier Wohnungsunternehmen, Berlin;
Volkmar Strauch: Mitglied der Geschäftsführung der Industrie- und Handelskammer Berlin.

## Workshop 2 am 5. November 1999: Sanierung und Restaurierung städtischer Gewässer

**Wissenschaftliche Leitung:**
Christof Hamm: Dipl. Ing. Raumplanung Wasserstadt GmbH, Berlin, Projektmanager
**Moderation:**
Herbert Helle: Dipl. Ing. Architektur, Stadt- und Regionalplanung, Wasserstadt GmbH, Berlin, Niederlassungsleiter Geschäftsstelle Rummelsburg
**Teilnehmer:**
Uli Hellweg: Dipl. Ing. Architektur und Stadtplanung, Geschäftsführer Wasserstadt GmbH, Berlin;
Dr. Dietrich Jahn: Senatsverwaltung für Stadtentwicklung Berlin, Referatsleiter Wasserwirtschaft, Wasserrecht;
Dipl. Ing. Gernot Ladinig: Magistrat der Stadt Wien, Leiter des Schutzwasserbaus für die Sanierung der Alten Donau;
Klaus-Peter Lehmann: Abteilungsleiter im Amt für Umweltschutz, Leipzig;
Prof. Dr. Wilhelm Ripl: Institut für Ökologie und Biologie, Fachgebiet Limnologie, TU Berlin, Konzeption der Sanierungs- und Restaurierungsmaßnahmen für den Rummelsburger See;
Dr. Jürgen Siebert: Umweltbehörde Hamburg, Referatsleiter im Amt für Gewässer- und Bodenschutz;
Dr. Klaus-Dieter Wolter: Institut für Ökologie und Biologie, Fachgebiet Limnologie, TU Berlin, Konzeption der Sanierungs- und Restaurierungsmaßnahmen für den Rummelsburger See.

### Workshop 3 am 6. Dezember 1999: Städtebau und öffentlicher Raum am Wasser

**Wissenschaftliche Leitung:**
Katharina George: Stadtplanerin, Wasserstadt GmbH, Berlin, Projektmanagerin
**Moderation:**
Prof. Hildebrand Machleidt: Architekt und Stadtplaner, Büro Machleidt & Partner, Berlin
**Teilnehmer:**
Gerald Blomeyer: Architekt, Blomeyer & Milzkott, Gesellschaft für Öffentlichkeitsarbeit in der Stadtentwicklung, Berlin;
Prof. Joan Busquets: Architekt und Stadtplaner, vorm. Chefplaner der Stadt Barcelona für die Olympischen Spiele;
Max Hägen: Geschäftsführer der Unternehmensgruppe Haberent, Berlin;
Dr. Volker Hassemer: Geschäftsführer der Partner für Berlin, Gesellschaft für Hauptstadt-Marketing mbH;
Uli Hellweg: Dipl. Ing. Architektur und Stadtplanung, Geschäftsführer Wasserstadt GmbH, Berlin;
Prof. Bernd Jansen: Freischaffender Architekt und Professor an der TU Berlin, Entwerfen und Baukonstruktion, Beirat für Stadtentwicklung und Stadtgestaltung, Berlin;
Dr. Klaus Kürvers: Freischaffender Architekt und Bauhistoriker, »AKRA-Verein zur Förderung wasserorientierten Bauens«, Berlin;
Dipl. Ing. Malter: Leiter Abteilung Landschaftsplanung und Grünflächen, GSW, Berlin;
Dr. Ludovica Scarpa: Freiberufliche Bauhistorikerin, Città d'Acqua, Venedig;
Barry Shaw: North Kent Architecture Centre, London;
Dieter Steffen: Geschäftsführer der »Innenhafen Duisburg Entwicklungsgesellschaft mbH«;
Jörn Walter: Oberbaudirektor, Hamburg.

### Workshop 4 am 14. Januar 2000: Öffentlicher Personennahverkehr auf dem Wasser

**Wissenschaftliche Leitung:**
Dr. Gunnar Pantel: Wasserstadt GmbH Berlin, Gebietskoordinator
**Moderation:**
Uli Hellweg: Architekt und Stadtplaner, Geschäftsführer der Wasserstadt GmbH, Berlin
**Teilnehmer:**
Prof. Rinio Bruttomesso: Città d'Acqua, Venedig;
Dr. Renzo Brunetti: Vorsitzender des Azienda Consorzio Transporti (Öffentliche Verkehrsgesellschaft) Venedig, Stellvertretender Vorsitz der Europäischen Abteilung des UITP (Union International de Transport Publique);
Brian Fisher: Geschäftsführer der Mersey Travel and Mersey Ferries Ltd., Liverpool;
Christian Gaebler: Abgeordnetenhaus von Berlin, Stellvertretender Fraktionsvorsitzender SPD;
Richard Goblot: Geschäftsführer der Compagnie des Batobus, Paris;
Bernd Grondtke: Stern und Kreis Schifffahrt Gesellschaft, Berlin;
Rainer Lawerentz: Berliner Verkehrsgesellschaft, Berlin;
Volkmar Strauch: Mitglied der Geschäftsführung der Industrie- und Handelskammer Berlin;
Niek van Trigt: Clover BV, International Waterborne Transport Committee (IWTC), Aerdenhout / NL;
Prof. José Manuel Viegas: Professor für Verkehrswesen an der Technischen Universität Lissabon, Stellvertretender Vorsitz der Europäischen Abteilung des UITP (Union International de Transport Publique);
Bernhard Voll: Technischer Werksleiter und Direktor der Stadtwerke Konstanz.

### Workshop 5 am 15. Februar 2000 Verträglichkeit freizeitbezogener Wasser- und Ufernutzungen in neuen Stadtquartieren am Wasser

**Wissenschaftliche Leitung:**
Rolf Graff: Wasserstadt GmbH, Berlin, Projektmanager
**Moderation:**
Dr. Heidede Becker: Deutsches Institut für Urbanistik, Berlin
**Teilnehmer:**
Prof. Dr. Heiner Haass: Professor Städtebau und Erholungsplanung an der Hochschule Anhalt in Bernburg, Vize-Präsident des Bundesverbandes Wasserwirtschaft e.V., Köln, Präsident Deutsche Marina Consult, Hannover;
Uli Hellweg: Geschäftsführer der Wasserstadt GmbH, Berlin;
Prof. Herman Hertzberger: Architekt, Amsterdam/ NL, Masterplaner Entwicklungsgebiet Rummelsburger Bucht, Teilgebiet Stralau Stadt;
Ronald Klein-Knott: Stadtrat für Bauwesen und Stadtplanung, Kiel;
Dr. Bernd Klose: Bürgermeister Stadt Markkleeberg/Sachsen;
Wolfgang Mesenich: Freier Landschaftsarchitekt, Büro Dr. Szamatolski & Partner GbR, Berlin;
Gabriele Schulze: Leiterin der Arbeitsgruppe »Schutz der oberirdischen Gewässer«, Senatsverwaltung für Stadtentwicklung, Referat VIII D Gewässerschutz, Berlin;
Jürg Steiner: Architekt, Berlin;
Katrin Urbitsch: Leiterin Sachgebiet Wasserstraßenüberwachung, Schiffahrt und Gewässerkunde, Wasser- und Schiffahrtsamt Berlin;
Prof. Dr. Gernot Wersig: Professor an der Freien Universität Berlin, Institut für Publizistik- und Kommunikationswissenschaften.

## Workshop 6 am 23. März 2000
## Wassermanagement in Großstädten

**Wissenschaftliche Leitung:**
Dr. Lothar Rohrbach: Berliner Wasserbetriebe, Leiter des Bereichs Wasserwirtschaft
**Moderation:**
Dr. Lothar Rohrbach: Berliner Wasserbetriebe, Leiter des Bereichs Wasserwirtschaft
**Teilnehmer:**
Martin Böhme: Senatsverwaltung für Stadtentwicklung, Berlin, Stellvertretender Leiter der Wasserbehörde;
Heidi Dlubek: Verantwortlich für den Aufbau des wasserwirtschaftlichen Ressourcenmanagement der Berliner Wasserbetriebe;
Ryszard Nowakowsky: Leiter des Unternehmensbereiches Wasserversorgung in Na Grobli, Wroclaw/Polen;
Rafaele Occi: Leiter des Wasserbaubüros der Stadt Mailand;
Chris Shirley-Smith: Direktor der Londoner Metropolitan Water Company;
Jens Thierbach: Senatsverwaltung für Stadtentwicklung, Berlin, Leiter des Bereichs Landesgeologie und Landesgrundwassermanagement.

## Workshop 7 am 24. März 2000
## Stadtentwässerung und Städtebau: Von der Konkurrenz zur Partnerschaft

**Wissenschaftliche Leitung:**
Dieter Jacobi: Berliner Wasserbetriebe, Leiter der Abteilung Netzbau
**Moderation:**
Ludwig Pawlowski: Berliner Wasserbetriebe Technischer Vorstand
**Teilnehmer:**
Herbert Dreiseitl: Geschäftsführer Atelier Dreiseitl, Überlingen;
Dr. Norbert Engel: Berliner Wasserbetriebe, Leiter des Bereichs Generelle Planung;
Jan Hilbert: Geschäftsführer Atelier Dreiseitl, Überlingen;
Dieter Jacobi: Berliner Wasserbetriebe, Leiter der Abteilung Netzbau;
Matthias Klein: Senatsverwaltung für Stadtentwicklung des Landes Berlin, Leiter der Arbeitsgruppe »Wasserwirtschaft und Landeshydrologie«;
Prof. Hildebrand Machleidt: Geschäftsführer Machleidt & Partner, Berlin;
Dr. Ing. Neithard Müller: Geschäftsführer des Büros Voigt-Weber-Ingenieure, Berlin;
Prof. Dr. Ing. Friedhelm Sieker: Geschäftsführer des Instituts für technisch-wissenschaftliche Hydrologie, Dahlwitz-Hoppegarten;
Prof. Ing. Mathias Uhl: Geschäftsführer der Ingenieurgesellschaft für Stadthydrologie mbH ifs, Hannover, Berlin;
Julian Wékel: Leiter der Abteilung Stadt- und Landesplanung, Senatsverwaltung für Stadtentwicklung des Landes Berlin

# EXPO 2000-Ausstellung

**Inhaltliche Konzeption und Gesamtleitung:**
Uli Hellweg
**Ausstellungsarchitektur:**
Jürg Steiner, Stefan Bullerkotte
**Technische Realisierung:**
Jürg Steiner
**Koordination:**
Jörn Oltmanns
**Veranstaltungskoordination:**
Dr. Ottfried Franke, urbanPR
**Bildrecherchen und Leihverkehr:**
Simone Tippach-Schneider
Dominique Krössin

**Wissenschaftliche Bearbeitung der Ausstellungsabteilungen:**

*I. Etage:*
Nachhaltige Stadtentwicklung am Beispiel der Rummelsburger Bucht (Wasserstadt GmbH)

**Geschichte der Wasserstadt Berlin:**
Simone Tippach-Schneider,
Dominique Krössin;
Beratung: Prof. Laurenz Demps
**Berliner Wasserlagen heute:**
Herwarth + Holz, Planung und Architektur
**Das EXPO 2000-Projekt Rummelsburger Bucht:**
Nicolaus Fromlowitz, Holger Schilling
**Rummelsburger Bucht – Wasserstandort mit Geschichte:**
Heike Brandhorst,
Dr. Brigitte Wartmann
**Foyer der Nachhaltigkeit:**
Wolfgang Mesenich,
Büro Dr. Szamatolski & Partner
**Altlastensanierung:**
Harry Memmer, Gesellschaft für Wirtschaft- und Altlasten Consulting (GWAC)
**Sanierung des Rummelsburger Sees:**
Christof Hamm
**Regenwassermangement:**
Klaus Rolapp und Ingenieurgesellschaft Prof. Dr. Sieker mbH
**Wasser-Wohnen-Freizeit:**
Rolf Graff
**Betroffenenvertretung:**
Dr. Stephan Böhme, Berlin

**Wissenschaftliche Bearbeitung der Ausstellungsabteilungen:**

*II. Etage:*
Ausstellung der Berliner Wasserbetriebe
Der Weg des Wassers

**Wasserversorgung und Abwasserentsorgung in Berlin:**
Birgit Schulze-Gabriel,
Dr. Günther Rudolf
**Fotoausstellung »Industriebauten der Berliner Wasserbetriebe«**
Günther Kley, Wolfgang Colwin

Themengruppe Wassermanagement

**EXPO 2000-Projekt »Nachhaltiges Wassermanagement«:**
Dr. Bodo Weigert (Wasserforschung e.V.)
**Wasserwirtschaftliches Ressourcenmanagement:**
Heidi Dlubek, Dr. Lothar Rohrbach
**Ableitung des gereinigten Abwassers aus dem Klärwerk Waßmannsdorf (Südabteilung):**
Matthias Günther, Dr. Klaus Möller, Möller/Darmer GmbH, Fugro Consult GmbH
**Bau der Abwasserdruckleitung (Video) vom Klärwerk Falkenberg zum Klärwerk Waßmannsdorf:**
Michael Dreger, Heiko Bohnhorst (Umwelt Consult Berlin)

## Partnerprojekte

**Ökologisches Nutzfahrzeug-Waschcenter: Fahrzeugreinigungsprozesse – umwelt- und ressourcenschonend**
Truck-Wash GmbH, Berlin: Dr. Wolfgang H. Müller

**Grabenloses Auswechseln von Hausanschlußleitungen für Trinkwasseranschlussleitungen für Trinkwasser aus Blei hydros® LEAD**
Karl Weiss GmbH & Co, Berlin: Dr. Ing. André Rose
+ Dipl. Ing. Uwe Reinecke

**»Ökobrot 2000«: Organisation und Technik für Mensch und Umwelt**
Märkisches Landbrot GmbH, Berlin: Planungsbüro Christoph Deinert

**Nachhaltiges Wasser-Management**
Wasserforschung e.V., Berlin: Dr. Ing. Bodo Weigert

**Umweltverträglicher Wasserstraßenverkehr im Großraum Berlin**
Tourist Consult Berlin Südost GmbH: Hendrik Wunsch

## Bildquellen

**Aeroview Rotterdam:** Seiten 145 oben u. unten
**Archiv der Akademie der Künste, Sammlung Baukunst:** Seiten 85 oben u. unten, 86
**Archiv Hermann Ende:** Seite 63 oben
**Archiv Neubau/IBA:** Seite 90 oben u. unten
**Archiv Stiftung Preußische Schlösser und Gärten Berlin-Brandenburg:** Seiten 77 oben, 78
**Archiv Wasserstadt:** Seiten 18, 83, 89, 92 oben u. unten, 93 oben u. unten, 94, 102, 103, 104, 106, 107, 108, 109, 111 (beide), 112 (rechts), 121 (rechts oben und unten), 122 oben, 123 oben, 132, 133, 135, 137, 205
**Atelier Dreiseitl:** Seiten 240, 242 oben und Mitte, 243, 260 Mitte
**Berliner Wasserbetriebe:** Seiten 96, 253, 255, 262
**Berlinische Galerie:** Seiten 74, 87, 88
**Bauhaus-Archiv Berlin:** Seite 84 oben, unten, Mitte
**Berlin, Slg. Wilhelm Weick:** Seite 46
**Bildarchiv Preußischer Kulturbesitz:** Seiten 32 unten, 33, 71
**DG-Immobilien-Anlagegesellschaft Nr. 31, »Berlin-Mitte, Holzmarktstraße 15-18« Schütze & Dr. Neumann KG Frankfurt am Main:** Seite 271/272
**FHH. STEB 1999** (Fotograf E. Kossak): Seiten 152, 154 oben u. unten, 155 oben u. unten158, 159, 200 Mitte
**Fotoarchiv Schloß Charlottenburg:** Seite 58 oben
**Geheimes Staatsarchiv-Preußischer Kulturbesitz:** Seite 28
**Hellweg, Uli:** Seiten 95, 97, 101, 112 links, 113, 119, 136, 139, 143, 149, 150 rechts, 152, 161, 162, 195, 209, 214, 215 rechts unten, 218/219, 183, 185, 187
**Hempel, Jörg:** Seiten 156 oben, Mitte u. unten, 157
**Joe BrigArtAB, Göteborg:** Seiten 163, 164 oben und unten, 165, 166, 167
**Koeppel, Matthias:** Seite 12 rechts
**Landesarchiv Berlin:** Seiten 21 links, 32 oben, 38, 39 oben u. unten, 67 oben, 69 unten, 77 unten
**Landesbildstelle Berlin:** Seiten 60 oben, 76, 79 oben, 79 unten,
**Meinel, Udo:** Seiten 68 unten, 69 rechts oben, 69 rechts Mitte, 89, 99, 132
**Müller Consult:** Seite 171
**Sammlung Axel Springer:** Seite 61
**Staatliche Museen zu Berlin-Preußischer Kulturbesitz, Nationalgalerie:** Seite 11
**Staatsbibliothek zu Berlin-Preußischer Kulturbesitz:** Seiten 15, 25, 30, 67 unten, 69 Mitte oben
**Stadtmuseum Berlin:** Seiten 27, 31, 36, 37, 42, 51, 59, 60 unten, 62 oben u. unten, 65, 68 oben, 70
**Thomanek, Karl:** Seiten 125, 127, 128
**ZAG Zentrales Archiv der Geschlossenen:** Seiten 21 rechts, 29
**Zentrum für Berlin-Studien:** Seiten 42, 43, 52

Alle übrigen Abbildungen wurden von den jeweiligen Autoren zur Verfügung gestellt.